高等学校"十二五"规划教材
市政与环境工程系列丛书

能源微生物学

主　编　郑国香　刘瑞娜　李永峰

主　审　焦安英

哈尔滨工业大学出版社

内 容 提 要

本书共分为七篇,以能源微生物学为基础,从能源转化的微生物学角度,分析能源转化过程中所涉及的微生物种类和酶类,系统阐述了能源微生物学的基本原理、微生物相关科学以及相互作用关系,以及微生物在污染控制与治理过程中发挥的重要作用,介绍了生物质预处理及水解微生物、沼气发酵微生物、乙醇发酵微生物、石油及煤炭微生物、产氢微生物、产电微生物等方面的基础理论、工艺流程、应用实践和相关的实验技术等。全书集成了可再生能源及化石能源微生物转化的新理论、新工艺、新方法和新进展。

由于微生物学涉及学科多,知识面较广,所以本书本着简明扼要的宗旨,重点阐述基本知识、基本理论和基本操作技能。

本书主要可作为环境工程、环境科学、市政工程和生物学专业及其他相关专业本科生的教学用书,亦可作为研究生及博士生的研究参考资料,也可供其他从事环境事业的科技、生产和管理人员参考使用。

图书在版编目(CIP)数据

能源微生物学/郑国香,刘瑞娜,李永峰主编. —哈尔滨:
哈尔滨工业大学出版社,2013.7
ISBN 978-7-5603-3865-1

Ⅰ.①能⋯ Ⅱ.①郑⋯ ②刘⋯ ③李⋯ Ⅲ.①生物能源–转化–微生物学–研究 Ⅳ.①TK6

中国版本图书馆 CIP 数据核字(2012)第 289023 号

策划编辑　贾学斌
责任编辑　范业婷
封面设计　卞秉利
出版发行　哈尔滨工业大学出版社
社　　址　哈尔滨市南岗区复华四道街 10 号　邮编 150006
传　　真　0451-86414749
网　　址　http://hitpress.hit.edu.cn
印　　刷　哈尔滨工业大学印刷厂
开　　本　787mm×1092mm　1/16　印张 27.75　字数 672 千字
版　　次　2013 年 7 月第 1 版　2013 年 7 月第 1 次印刷
书　　号　ISBN 978-7-5603-3865-1
定　　价　58.00 元

《能源微生物学》编写人员名单与分工

主　　编	郑国香　刘瑞娜　李永峰
主　　审	焦安英
编写人员	李永峰（东北林业大学）：第 1～9 章； 关冰冰（东北林业大学）：第 10 章，第 18 章，第 25 章； 郑国香（东北农业大学）：第 11～13 章，第 28～29 章； 李巧燕（东北林业大学）：第 14～17 章； 刘瑞娜（东北林业大学、琼州学院）：第 19～22 章，第七篇； 乔丽娜（哈尔滨工程大学）：第 23、24 章； 范金霞（东北农业大学）：第 26 章，第 30 章； 张　洪（东北林业大学）：第 27 章，第 31 章； 王占青（青海省环境生态监测中心）：文字整理和图表制作； 李金生（上海工程技术大学）：文字整理和图表制作。

前　言

　　能源是人类社会赖以生存和发展的重要物质基础。当前,人类主要依赖于化石能源。但是随着人类经济、社会的快速发展,化石能源作为一种不可再生能源,它的广泛使用已经给人类的生存环境带来了一系列生态环境污染问题,已无法满足人们日益增长的能源需求。所以,寻找开发生物质能等可再生能源和化石能源等清洁利用技术,对于缓解当前能源供给压力、发展循环经济具有十分重要的意义。

　　微生物在空气、水、土壤等自然环境条件下广泛分布,与人们的生活息息相关。与能源开发及利用和环境污染治理都密不可分,例如燃料乙醇、燃料丁醇、沼气等生物能源的开发利用都离不开微生物的活动。从分子、细胞或群体水平上研究微生物的形态结构、生理代谢、生长繁殖、遗传变异、生态分布和分类进化等生命活动的规律,有助于其在能源生化转化等方面得以更好地利用。

　　本书的特色是简明扼要,让读者系统地了解与微生物有关的生理生化、代谢网络、产物合成与调控等基本知识;从分子、细胞水平上探讨微生物在受污环境中的去污及调节机制,环境条件的优化和控制;并系统地介绍了微生物在生物质液体燃料、气体燃料、产电和化石能源利用等方面的能源转化原理、工艺流程和应用实践。全书图文并茂,内容翔实,既强调能源微生物学理论的基础性,又注重能源转化工艺的实用性及其研究开发的新颖性。

　　本书共分七篇,第一篇为基础微生物学,第二篇为微生物分支学科,两篇共 13 章,介绍了微生物学的基础知识;第三篇为产甲烷菌与沼气化工程,包括 14～18 章;第四篇为燃料乙醇工艺与技术,包括 19～22 章,讲述了燃料乙醇的工艺与技术;第五篇为石油与煤炭微生物学,包括 23～26 章;第六篇为新能源,包括 27～31 章;第七篇为能源微生物工程实验,共由 10 个实验组成。

　　诚望各位读者在使用过程中提出宝贵意见,使用本教材的学校可免费获取电子课件。可与李永峰教授联系(mr_lyf@ 163. com)。本书的出版得到“上海市科委重点科技攻关项目(No.071605122)”、“上海市教委重点科研项目(07ZZ156)”和国家“863”项目(No. 2006AA05Z109)、国家“973”项目(No. 2007CB512608)的技术成果和资金的支持,特此感谢!

　　由于时间和编者水平有限,书中疏漏与不足在所难免,请读者不吝赐教。也希望此书的出版能够起到“抛砖引玉”的作用,更好地促进我国能源生化转化事业更好、更快地发展。

　　谨以本书献给李永峰教授的父亲李兆孟先生(1929 年 7 月 11 日—1982 年 5 月 2日)。

编　者

2012 年 10 月

目　录

第一篇　基础微生物学

第二篇　微生物分支学科

第三篇　产甲烷菌与沼气化工程

第四篇　燃料乙醇工艺与技术

第五篇　石油与煤炭微生物学

第六篇　新能源

第一篇　基础微生物学

第1章　绪　论

1.1　能源环境问题

　　伴随着西方工业文明的兴起,人类在索取自然财富,大肆利用有限资源,提高物质文化的同时,肆无忌惮地索取自然资源,排入各种废物,违反自然生态规律,从而导致了人类赖以生存的环境遭到严重破坏,世界各国的环境污染问题越来越严重。20世纪50年代开始,国际公害问题相继发生,例如20世纪下半叶英国工业发展造成的多次伦敦烟雾事件,还有洛杉矶光化学烟雾、日本的哮喘病、水俣病及骨痛病等。

　　20世纪80年代以后,新兴工业飞速发展。全球每年排入环境数十亿吨固体废物,近万亿吨工业废水和数亿吨碳氧化物,如各种类型工厂产生大量废气和汽车尾气中含有CO、CO_2、NO_x、SO_2、H_2S、NH_3等及附着在其上的各种微生物,排入大气中使空气受到污染。SO_2和NO_x会导致酸雨的产生,大量CO_2排入大气引起全球性的温室效应和厄尔尼诺现象,氮氧化物和碳氢化物在阳光下反应形成光化学烟雾等,有的还会造成大气二次污染,引起人类许多疾病。这些污染物已经造成了人类可利用水源的严重短缺和气候的恶化,也造成了许多种动植物的灭绝。总之,废水、废气、固体废弃物三大公害严重污染人类的生存环境。

　　环境污染是现代社会面临的一个主要问题,我国于20世纪60年代末开始认识到环境污染的危害,继而广泛地开展了环境保护、环境污染治理等工作。

　　20世纪70年代围绕环境危机和石油危机有人提出"增长极限"的观点,全球展开了一场关于"停止增长还是继续发展"的争论。世界环境与发展委员会主席布伦特兰于1987年发表长篇文章《我们共同的未来》,首次提出"可持续发展"的观点。

　　1992年6月在巴西里约热内卢召开第一次联合国环境与发展会议,会上通过了《里约宣言》、《21世纪议程》、《森林问题原则声明》,签署了《气候变化框架公约》和《生物多样性公约》。

1.2　能源微生物学

能源微生物学是在环境保护和环境工程事业蓬勃发展的基础上应运而生的一门微生物学的新的分支学科,生物工程又称发酵工程。

能源微生物学是讲如何利用微生物的生理生态、细胞结构及其功能特性,包括微生物的营养、呼吸、物质代谢、生长、繁殖、遗传与变异等基础知识,来进行城市生活污水、工业废水和城市有机固体废弃物等的生物处理和废气生物处理的学科。

随着分子生物学、分子遗传学的发展,微生物学在各个分支学科中相互渗透,促进了微生物分类学的完善和应用技术的进步。固定化酶、固定化微生物细胞处理工业废水,筛选优势菌,筛选处理特种废水的菌种,甚至在探索用基因工程技术构建超级菌,如分解石油烃类的超级菌,用于环境工程事业。

微生物在环境保护和治理、能源可持续发展、保持生态平衡等方面有着非常重要的作用。

1.2.1　能源微生物学的研究内容

能源微生物学是研究微生物与环境之间的相互关系,以及对不同物质转化的作用规律并加以利用,进而考察微生物对环境质量的影响;研究微生物对污染物质的降解与转化,修复、改善环境的作用和规律。自然界有着丰富的微生物资源,其种类的多样性使其在自然界物质循环和转化中起着巨大的生物降解作用,使陆地和水生系统中碳、氧、氮和硫的循环成为可能,它们也是所有生态食物链和食物网的根本营养来源,是整个生物圈维持生态平衡不可缺少的、重要的组成部分。因此,环境微生物工程是研究利用微生物开展污染废物处理及现代生物工程技术在污染控制工程中的应用。

能源微生物既有有利的一面,也有不利的一面。对人和生物有害的微生物污染大气、水体、土壤和食品,可影响生物产量和质量,危害人类健康,这种污染称为微生物污染。随着工业生产的发展,工业废水中各种新的有机污染物、无机污染物和一些营养物质的源源不断地排入水体、大气和土壤。微生物受环境中多种因素的长期诱导而发生变异,产生新的微生物,使微生物种群和群落的数量变得更加多样性。

现在,城市生活污水、医院污水、各种有机工业废水甚至有毒废水和城市有机固体废物和工业产品废弃物都可用微生物方法来处理。

当然,有些微生物也会对人类的生产、生活造成不利影响,如病原微生物。在 1347 年,黑死病侵袭欧洲,仅 4 年的时间,便夺去了 1/3 欧洲人的生命,随后的 80 年,这种病吞噬了欧洲人口的 75%。细菌、病毒、霉菌、变形虫等能引起人的肝炎、沙眼、肠道病、伤风、感冒等各种疾病;黄曲霉能产生致癌的黄曲霉毒素;枯青霉和黄绿青霉等能产生致癌的黄变米黄毒素。还有的微生物能引起作物病害及动物疾病,蓝藻、绿藻和金藻中的某些种能引起湖泊"水华"和海洋的"赤潮"等现象。

环境监测是了解环境现状的重要手段,它包括化学分析、物理测定和生物监测三个部分。生物监测是利用生物对环境污染所发出的各种信息来判断环境污染状况的过程。生物长期生活于自然环境中,不仅能够对多种污染作出综合反应,还能反映污染历史。因此,生物监测取得的结果具有重要的参考价值。微生物监测是生物监测的重要组成部分,具有其独特的作用。

1.2.2 能源微生物学的研究任务

能源微生物学的研究任务就是充分利用有益微生物资源为人类提供生产资料,防止、控制、消除微生物的有害活动。

微生物是我们星球上最先出现的生命有机体,是地球生物总量的最大组成部分。全部生态系统都依赖于它们的活动,微生物学是一个具有许多不同专业方向的大学科,它对医学、农学和食品科学、生态学和分子生物学都有重大影响。

研究自然环境中的微生物群落、结构、功能与动态,微生物在不同环境中的物质转化和能量流动过程中的作用与机理,同时可以调查自然环境中的微生物资源,为保存和开发有益微生物和控制有害微生物提供科学资料,使微生物在生态系统中发挥更好的作用。

农业微生物学研究微生物对农业的影响,例如:如何防止重要作物的植物疾病,采取措施提高作物产量;研究反刍动物消化道中微生物的作用;利用昆虫的细菌和病毒病原体作为化学农药的代用品等很多方面已引起了人们的广泛关注。

微生物生态研究的是微生物与它们周围生存环境之间的相互关系。主要内容包括微生物对土壤和淡水中碳、氮和硫循环等活动过程。

微生物遗传学和分子生物学的研究重点是遗传信息的本质及其如何调节细胞和有机体的发育和其他功能。微生物遗传学通过培育能更有效地合成有用产物的新菌株而在应用微生物学中起着重要作用。遗传学技术也被用来检测可能引起癌症的物质。分子生物学讨论的是生命物质的物理和化学及其功能的生物学分支学科。目前已深入地参与了遗传密码及 DNA、RNA 和蛋白质合成机理的研究。

在环境污染越来越严重的情况下,环境微生物学者着重研究污染环境下的微生物工程,环境工程中处理废水、废物和废气的方法很多,其中生物处理法占重要位置。因此,环境微生物工程要不断地分离筛选一些对污染物具有高效降解能力的菌株,研究它们的代谢途径;同时,研究开发一些利用微生物降解污染物的应用技术,以便更好地利用微生物处理各种污染物,取得较高的净化效果。在工业微生物学中,用微生物来生产抗生素、疫苗、类固醇、醇和其他试剂、维生素、氨基酸和酶等产品。

利用微生物作为环境监测的指标和手段是环境微生物工程的另一任务,如细菌总数的测定等。

1.3 微 生 物

微生物的传统定义为肉眼看不见的、必须在电子显微镜或光学显微镜下才能看见的直径约小于 1 mm 的微小生物。包括病毒、细菌、藻类、真菌和原生动物。其中藻类和真菌较大,如面包霉和丝状藻,肉眼就可看见。近年来还发现了细菌硫珍珠状菌和鲁銀菌也是不用显微镜就能看见的,所以有科学家提出以微生物研究技术来定义微生物。

1.3.1　微生物的分类

人们将有机体分成五界:原核生物界、原生生物界、真菌界、动物界和植物界。20 世纪 70 年代以来,我国学者陈世骧及国外一些学者对五界系统提出修订,针对五界系统存在的问题提出一个更为完善的六界系统。六界包括:病毒界、原核生物界、原生生物界、真菌界、植物界和动物界。微生物包括了前四界,按细胞核膜、细胞器及有丝分裂等的有无,微生物可划分为原核微生物和真核微生物两大类。所有细菌都是原核,藻类、真菌、原生动物都是真核。

微生物按其生物属性(如形态特征、生理生化特征、生态习性、血清学反应、噬菌反应、细胞壁成分、红外吸收光谱、DNA 中的 G+C 比例、DNA 杂交、16S rRNA 碱基顺序分析等)从大到小,按界、门、纲、目、科、属、种等分类。把属性类似的微生物列为界,在界内从类似的微生物中找出它们的差别,列为门,以此类推,直分到种。最后对每一属或种给予严格的科学的名称。由于病毒是否为生物的争议比较大,因此由国际微生物学会联合会和国际病毒分类委员会作出统一规定,病毒分类不使用界、门、纲这几个分类阶层。

下面简要叙述原核微生物和真核微生物的分纲体系。

原核微生物只有一个称为拟核 DNA 链高度折叠形成的核区,没有核膜,没有细胞器,也不进行有丝分裂。

1. 光能营养原核生物门

①蓝绿光合细菌纲(蓝细菌类);

②红色光合细菌纲;

③绿色光合细菌纲。

2. 化能营养原核生物门

①细菌纲;

②立克次氏体纲;

③柔膜体纲;

④古细菌纲。

真核微生物有完整的细胞核,核内有核仁和染色质,有核膜、细胞器(如线粒体、中心体、高尔基体、内质网、溶酶体和叶绿体)等,进行有丝分裂。真核微生物包括除蓝藻以外的藻类、酵母菌、霉菌、原生动物、微型后动物,还有黏菌等。真菌是真核衍生物的重要成员。

真菌划分各级分类单位的基本原则是以形态特征为主,生理生化、细胞化学和生态等特征为辅。一些病原真菌的鉴定,寄生和症状也可作为参考依据。

真菌可分以下四纲:

①藻状菌纲;

②子囊菌纲;

③担子菌纲;

④半知菌纲。

黏菌也可分为四纲:

①网黏菌纲;

②集胞黏菌纲；

③黏菌纲；

④根肿病菌纲。

非细胞型微生物没有典型的细胞结构，亦无产生能量的酶系统，只能在活细胞内生长繁殖，病毒属于此类微生物。

1.3.2　微生物的生物学特点

微生物种类繁多，形态各异，营养类型庞杂，但都表现为简单、低等的生命形态。微生物在自然环境和污染环境中的作用是与它们的特性紧密相关的。微生物除具有各种生物共有的生物学特性外，也有其独特的特点，正因为其具有这些特点，才使得这类微小的生物类群引起人们的高度重视。

1. 分布广、种类多

微生物在自然界分布极广，无论是土壤、水体和空气，还是植物、动物和人体的内部或表面都存在大量微生物，可以说无处不在（乃至一些极端的环境，酷热的沙漠、寒冷的雪地、冰川、温泉、火山口等，南极、北极、冰河、污水、淤泥、固体废弃物等处处都有）。土壤是微生物的大本营，1 g 土壤中含菌量高达几亿甚至几十亿；空气中也含有大量微生物，人员越聚集的地方，微生物含量越高；水中以江、湖、河、海中含量最高，井水次之；动植物体表及某些内部器官，如皮肤及消化道等也有大量微生物。

微生物的种类极其繁多，已发现的微生物达 10 万种以上，新种不断发现。土壤中微生物的种类最多，几乎所有的微生物都能从土壤中分离筛选得到。利用微生物作为食物等营养物质非常丰富，营养类型和代谢途径也具多样性，所以不但能利用无机营养物、有机营养物，还可在有氧、缺氧、无氧、极端高温、高盐度和极端 pH 环境中生存，以此造就了微生物的种类繁多和数量庞大。

2. 生长繁殖快、代谢能力强

大多数微生物以裂殖方式繁殖后代，在适宜的环境条件下，十几分钟至二十分钟就可繁殖一代。在物种竞争上取得优势，这是生存竞争的保证。大肠杆菌在适宜的条件下，每 20 min 即繁殖一代，24 h 即可繁殖 72 代，由一个菌细胞可繁殖到 4.7×10^{23} 个，如果将这些新生菌体排列起来，可绕地球一周有余。微生物生长繁殖快，代谢能力强是基于它所特有的生理基础，由于个体微小，单位体积的表面积相对很大，有利于细胞内外的物质交换，细胞内的代谢反应较快。微生物不仅不同种类具有不同的代谢方式，使之适于在不同环境中生活，而且有的同种微生物在不同环境中具有不同的代谢方式，所以给人类提供了极大的物质资源。

3. 遗传稳定性差、容易发生变异

多数微生物为单细胞，结构简单，整个细胞直接与环境接触，对外界环境很敏感，抗逆性较差，很容易受到各种不良外界环境的影响引起遗传物质 DNA 的改变而发生变异。在外界条件出现剧烈变化时，多数个体死亡，少数个体可发生变异而适应新的环境，因此，微生物的个体形态类型不多，但是种类却很多。微生物的遗传稳定性差，给微生物菌种保藏工作带来一定不便。但同时，正因为微生物的遗传稳定性差，其遗传的保守性低，使得微生物菌种培育相对容易得多。

4. 个体极小、结构简单

微生物具有微小的个体和简单的结构,必须借助于显微镜把它们放大几万倍甚至是几十万倍才能看到。测量微生物以微米为计算单位,病毒要用纳米来计量。微生物大都是单细胞生物,如细菌、原生动物、单细胞藻类、酵母菌等。霉菌是微生物结构最复杂的一类,是由多细胞简单排列构成。

1.4　环境微生物工程涉及的学科

根据环境微生物的基础研究和应用层次分析,相关工程所涉及的学科范围可概述为:微生物学、细胞学、生理生化学、分子生物学和遗传学等,用于对微生物进行基础研究;基因工程、细胞工程、酶工程和分子遗传学等用于构建环境微生物工程中新菌株;环境微生物工程中污染物的降解转化及评价要涉及环境化学、环境生物学、环境地学、环境毒理学和环境监测与评价等;环境微生物修复工程要涉及土壤学、水力学、气象学和生态学等。

上面简要叙述了所涉及学科中的一少部分,在各个应用层次中,完全可能需要众多学科知识的相互配合形成网络。各门学科知识之间既相互渗透又相互配合,紧紧地围绕着环境微生物工程的目标,发挥多学科的综合效应。

1.5　环境微生物工程进展

微生物在整个生态系统中扮演着重要的角色,是物质的主要分解者,在自然界物质和能量转化中占有特殊的地位,发挥着不可替代的作用。环境微生物工程去除污染的同时实现废物资源化等技术已取得了显著的成就。微生物细胞分泌的各种酶所催化的反应完成降解污染物,使其转化成无机物。自然界存在着大量的去除污染物的微生物菌株资源,人们可以从中筛选并经驯化而得到高效微生物菌株,用于环境微生物工程。

微生物学的研究大大地推动了污染控制工程的发展,特别是当代生物技术的快速发展为解决日趋严重的环境问题提供了技术保障,且已取得显著成效。

污染环境中的微生物往往是环境微生物工程获取菌株的重要场所,从农药污染的水体或土壤中筛选出的微生物加以驯化形成理想的群落结构和优势种群,可以处理农药生产废水、印染废水和尾矿废水等,这些方法是目前广泛应用的获取菌种的途径。

当从自然界筛选驯化获得的微生物有时不能满足治理工程需要的时候,人们利用基因工程技术手段将其编码降解特定污染物的生物酶基因转入繁殖速度快适应能力强的受体菌细胞内,则可能构建出兼具多种优势的新型工程菌。目前已成功构建出基因工程菌,其用于环境微生物工程处理石油污染、化学农药污染、降解塑料等。

微生物降解代谢途径及降解酶系的研究也随之展开。通过对降解酶进行分离和纯化,进一步了解其降解特性。人们已在分子水平上对降解酶的蛋白质组成、相对分子质量大小以及影响酶活性的因子都了如指掌。由此人们可以构建出降解不同物质的基因工程菌。

　　基因工程菌就是采用基因工程技术手段,将多种微生物的降解基因组装到一个细胞中,使该菌株集多种微生物的降解性能于一体。这样,基因工程菌既有混合菌的功能,又拥有纯培养菌株的特点。

　　生物修复是近几年兴起的生物治理技术,特别是20世纪90年代以来,其主要目的是利用微生物清除土壤和水体中的污染。环境微生物在生物修复工程中占据中心位置,多以菌体的固体或液体或以微生物的其他生物制品的形式投放于目标环境之中,达到清除污染的目的。

　　在经济发达国家,废物能源化已建立产业并纳入国家生物能源资源开发的长远战略目标之中。环境微生物工程构建污染物资源化及清洁生产工艺已取得一定的成功。成熟的技术有应用酵母和光合细菌净化高浓度有机无毒废水生产单细胞蛋白,在净化废水的同时生产饲料和饵料;利用有机废物生产甲烷;利用废纤维素生产乙醇等。这些技术已成为废物能源化的有效途径,其中生物制浆造纸工艺是环境微生物工程在清洁生产工艺中一个最新而醒目的例证,它既避免了传统工艺所造成的严重污染,又提高了纸张的质量,降低了生产成本。

　　从环境微生物中分离鉴定出降解特定污染物的基因,并应用该基因构建高效降解污染物的基因工程菌已成为环境微生物工程中高新技术的前沿课题目标之一。利用环境微生物分子遗传学指标和生理生化指标作为生物标志反映环境污染状况,已成为环境污染生物监测的重要技术手段。

第2章 病 毒

2.1 概论和基本特征

病毒作为一种特殊的感染性因子,其中绝大部分种类极大地危害着人类和其他生物的健康乃至生命,全面了解其结构、生活周期、危害程度、危害机理等将更加有助于防止病毒的危害,高效地利用病毒为人类的生产生活服务,提高人类的生活质量,本章将对病毒进行叙述。

2.1.1 概念及分类

病毒是一类极其简单的、非细胞结构的生物实体,原指一种动物来源的毒素。病毒能增殖、遗传和演化,病毒只能在活细胞或细菌内进行增殖等活动,专性寄生在活的敏感宿主体内,较之细菌要小得多,可通过细菌过滤器(大小在 0.2 μm 以下的),有一个或几个 DNA 分子或 RNA 分子。病毒的遗传物质要比原真核基因组的种类更多,其基因组或是单链的或是双链的,外包一个蛋白质外壳(有时也含有脂类和糖)构成超微小微生物。

1971 年,国际病毒分类委员会(ICTV)建立起了统一的病毒分类系统,现在已将病毒分为 3 个目,56 个科,9 个亚科,233 个属,1 550 个种。国际病毒分类委员会提出了几个分科的依据,主要是:核酸的类型、核酸是单链还是双链、有无包膜及宿主特异性等。根据专性宿主可将病毒分为有动物病毒、植物病毒、细菌病毒、放线菌病毒、真菌病毒等。按核酸分为 DNA 病毒(单链 DNA 或双链 DNA)和 RNA 病毒(单链 RNA 或双链 RNA)。

目前仍有新的病毒产生,主要是由于病毒的遗传物质受到外界环境因素的影响发生突变或重组而产生新的毒种。例如:目前的非典病毒、禽流感病毒、甲型 H1N1 病毒等。世界卫生组织宣布,正式确认冠状病毒的一个变种是引起非典型肺炎的病原体。科学家们说,变种冠状病毒与流感病毒有亲缘关系,但它非常独特,以前从未在人类身上发现,科学家将其命名为"SARS 病毒",禽流感病毒(AIV)属甲型流感病毒。流感病毒属于 RNA 病毒的正黏病毒科,分甲、乙、丙 3 个型。其中甲型流感病毒多发于禽类,一些亚型也可感染猪、马、海豹和鲸等各种哺乳动物及人类;乙型和丙型流感病毒则分别见于海豹和猪的感染。H1N1 是 Orthomyxoviridae 系列的一种病毒,它的宿主是鸟类和一些哺乳动物。几乎所有甲型的 H1N1 病毒已被隔离野生鸟类,出现疾病属罕见。有些 H1N1 病毒引起严重的疾病大多发生于家禽,而人类却很少出现。但经过鸟类和哺乳动物的传播和变异,则可能导致疫情或人类流感的大面积传播。

2.1.2　病毒的结构与特征

2.1.2.1　病毒的结构

1.病毒的形态和大小

病毒的形态依种类不同而不同。病毒的大小以 nm 计,毒粒的直径从 10 nm 到 400 nm 不等,最小的病毒(痘苗病毒)与最小的细菌差不多,甚至只在光学显微镜下可见。动物病毒的形态有球形、卵圆形、砖形等,植物病毒则有杆状、球状等。噬菌体有蝌蚪状和丝状等。病毒的化学组成有蛋白质和核酸,除此之外,还含类脂质和多糖。

2.病毒的结构

病毒没有细胞结构,毒粒都是以核壳为中心,有些外面包绕其他组分。核壳由核酸及蛋白质外壳构成。病毒粒子有两种:一种是不具被膜的裸露病毒粒子;另一种是在核衣壳外面有被膜包围的病毒粒子。寄生在植物体内的类病毒和拟病毒只具 RNA,没有蛋白质。

壳体和毒粒结构有 4 种基本形态学类型:二十面体对称形状、螺旋状、近似球形或可能有尾部和其他结构的复杂的形态。二十面体对称形状是形成封闭空间的最有效方式。几个或有时仅一个基因编码蛋白质,然后这些蛋白质通过自动组装形成壳体。通过这种方式,少数的线性基因就可以规范出一个很大的三维结构。二十面体由 42 个壳粒构成;每个壳粒一般由 5 个或 6 个原体组成(原体在条件适合的时候会相互作用而自发地组装成壳体),原体通过非共价键连接成壳粒,而五聚体和六聚体之间的连接较之游离壳粒之间的连接要牢固些。不包含核酸的空壳体又可解离成游离的壳粒。螺旋壳体是具有蛋白质外壁的空心管。遗传物质 RNA 盘绕在蛋白质亚基形成的沟内。螺旋壳体的大小受原体和包围在壳体中的核酸的影响。壳体的直径是原体的大小、形状及原体间相互作用的函数,长度则取决于核酸。

病毒有两种核酸:即核糖核酸(RNA)和脱氧核糖核酸(DNA),但一个病毒粒子只能有其中一种,或是 RNA,或是 DNA。动物病毒与噬菌体大都含 DNA,少数含 RNA;植物病毒则相反。病毒核酸决定病毒遗传、变异和对敏感宿主细胞的感染力。

大多数 DNA 病毒采用双链 DNA(dsDNA)作为其遗传物质。很多病毒为修饰后的线性 dsDNA;另一些则为环状 dsDNA。除了 DNA 中常见核苷酸外,很多病毒 DNA 还含有稀有碱基。大多数 RNA 病毒采用单链 RNA(ssRNA)作为其遗传物质。如果 RNA 的碱基序列与病毒 mRNA 的序列相同,这种 RNA 链称为正链,病毒 mRNA 被规定为正。如果病毒 RNA 基因组与病毒 mRNA 互补,这种 RNA 链称为负链。病毒的正链 RNA 通常也具有带 7-甲基鸟嘌呤的 5′帽子结构,此外,大多数甚至所有的正链 RNA 动物病毒基因组的 3′端也具有一个 polyA 延伸序列。

包膜是一层柔软的膜结构,具有多形性。很多动物病毒,少数植物病毒和很少数细菌病毒外具有包膜。动物病毒包膜的脂类与糖类来源于宿主细胞,而包膜蛋白是由病毒基因编码的。包膜表面的突起称为膜粒,通常是糖蛋白。因为膜粒因病毒不同而异,故可用于鉴定病毒。包膜动物病毒的壳体中常有与病毒核酸的复制有关的酶存在。

2.1.2.2　病毒的特征

病毒是一类独特的感染性因子,它结构简单、无细胞结构、具有独特的繁殖方式。一个完整的病毒颗粒或者毒粒是由一个蛋白质外壳包裹着的一个或几个 DNA 或 RNA 分子构成。某些蛋白质外壳具有其他结构,有可能含有糖类、脂类及附加蛋白等。病毒有胞外和胞内两个存在阶段。细胞外形式是以毒粒状态存在的,可以抵抗几乎所有酶的侵袭,但不能独立于活细胞增殖。胞内阶段,病毒主要以正在复制的核酸的形式存在,诱导宿主细胞利用宿主胞内物质合成胞外阶段的毒粒组分;最后完整的病毒颗粒或毒粒被释放出来。总而言之,病毒至少有三个方面与细胞不同:①结构简单,不存在细胞结构;②在几乎所有的毒粒中只有 DNA 或 RNA 一种类型的核酸;③在细胞外不能增殖,无法像原真核生物一样进行细胞分裂。虽然有的细菌如衣原体和立克次体也可以像病毒一样是细胞内寄生,但是它们不符合前两条标准。

2.1.3 病毒的培养

2.1.3.1 培养

因为病毒在活细胞外不能增殖,故不能像细菌和真核微生物那样进行培养。动物病毒培养时最适宜接种的是宿主动物或胚卵,其中鸡胚孵化 6~8 d 最合适。一般采取接种此时期的鸡胚的方法来培养动物病毒。接种前用于病毒培养的鸡胚要先用碘酒对卵壳表面消毒,然后用消毒过的钻孔器钻出小孔;接种病毒后,小孔用明胶封住并将鸡蛋进行孵化。必须将病毒注射到适当的部位,病毒只能在鸡胚的特定部位才能增殖。例如,黏液瘤病毒在绒毛尿囊膜上生长良好,而腮腺炎病毒则在尿囊腔中生长得更好。感染可能造成局部组织病损,即痘疱(Pock),痘疱的外观常因病毒而异。

植物病毒可用植物组织培养、分离细胞培养或原生质体培养等不同的方法培养。植株的各部分均可供病毒生长,被感染部位的细胞快速死亡会形成局部坏死斑或其他病征。

细菌病毒又称噬菌体,在液体培养基中,因很多的宿主细胞遭到病毒破坏而裂解,从而使混浊的细菌培养物快速变清。也可用双层琼脂法培养:在灭菌的培养皿内倒入适量的琼脂培养基,凝固成平板后烘干水分,取宿主菌于软琼脂培养基中,再加入噬菌体样品,摇动混匀后全部倒入琼脂平板上,凝固后,于一定温度的恒温箱中倒置培养。上层琼脂中的细菌生长繁殖,形成一层不透明的连续的菌苔。无论毒粒由哪里释放出来,它只能感染邻近的细胞并增殖。最后细菌裂解产生噬菌斑。噬菌斑的外观常因培养的噬菌体而异。

2.1.3.2 纯化

病毒的纯化利用了病毒的多种性质,毒粒主要成分为蛋白质,组分稳定。因此,许多用于分离蛋白质和细胞器的技术应用于病毒的分离。常用的技术有差速和密度梯度离心法、病毒沉淀法、杂质变性法和细胞组分的酶促降解法等。

1. 差速和密度梯度离心法

差速离心法用于处理感染后期包含成熟毒粒的宿主细胞时,在缓冲液中裂解受染细胞得到悬浮液,首先高速离心匀浆,病毒和其他较大的细胞颗粒沉淀下来,抛弃上清液;然后低速离心,除去沉淀物质;再高速离心,使病毒沉淀。重复以上步骤可进一步纯化病毒颗粒。

等密度梯度离心法可将病毒与密度相差很小的杂质颗粒分离。纯化病毒的过程是将蔗糖溶液注入离心管,使其浓度在管顶到管底之间呈渐缓的线性上升。将病毒标本平铺于蔗糖梯度上离心。在离心力的作用下,颗粒物质分别沉降到与它们各自密度相等的位置。这两种类型的梯度离心对病毒的纯化都是非常有效的。

2. 病毒沉淀法

和多种蛋白质的纯化一样,可用浓缩的硫酸铵盐沉淀法纯化病毒。首先,加入低于病毒被沉淀析出的水平饱和硫酸铵。去除析出的杂质后,再加入硫酸铵,析出后的病毒需进行沉淀离心收集。如果病毒对硫酸铵敏感则可用聚乙二醇沉淀法纯化。

3. 杂交变性法

病毒与正常的细胞组分相比不容易变性。故采用热处理或改变 pH 值的方法使细胞杂质组分变性沉淀,从而纯化病毒。某些病毒还能耐受丁醇和氯仿等有机溶剂的处理,所以利用有机溶剂处理不仅可以使杂质蛋白变性沉淀,还能抽提出提纯材料中的脂。

4. 酶促降解法

由于病毒更能耐受核酸酶及蛋白酶的降解,所以通过酶促降解法可以将多种病毒材料中的细胞蛋白和核酸除去。例如,核糖核酸酶和胰蛋白酶常可降解细胞的核糖核酸和蛋白质,但不能降解毒粒。

2.1.3.3　测定

样品中病毒的数量可以用颗粒计数法或感染效价测定法测定。

病毒颗粒可以直接用电镜计数。最常用的病毒计数法是血细胞凝集试验。很多病毒可结合于红细胞表面,如果病毒与细胞之比足够大,病毒颗粒可与红细胞发生凝集。以能引起血细胞凝集的最高稀释度为病毒的凝集效价可确定样品中含有的病毒颗粒数。

多种测定病毒数目的方法都是以病毒的感染性为依据的,而且其中的很多测定方法与病毒培养用的是同一种技术。由某一特定稀释度所产生的噬菌斑数可以得出有感染性毒粒的数目或噬菌斑形成单位,而样品中的感染效价可以很容易地算出。

在同一培养皿上产生不同形态类型噬菌斑的病毒分别计数。虽然噬菌斑形成单位数与病毒颗粒数不等,但之间具有对应的正比例关系。

2.2　噬　菌　体

2.2.1　基本概念及其分类

噬菌体是由 D. Herelle 和 Twort 各自独立发现的。噬菌体(bacteriophage,phage)是感染细菌、真菌、放线菌或螺旋体等微生物的病毒的总称,因部分能引起宿主菌的裂解,故称为噬菌体。噬菌体分布极广,凡是有细菌存在,就可能有相应噬菌体存在。例如:在人和动物的排泄物或污染的井水、河水中,常含有肠道菌的噬菌体。在土壤中,可找到土壤细菌的噬菌体。噬菌体有严格的宿主特异性,只寄居在易感宿主菌体内,故可利用噬菌体进行细菌的流行病学鉴定与分型,以追查传染源。由于噬菌体结构简单、基因数少,是分子生物学与基因工程的良好实验系统。噬菌体也被用于评价水和废水的处理效率。蓝细菌病毒广泛存在于自然水体中,已在世界各地的氧化塘、河流或鱼塘中分离出来。由于蓝细菌可引起周期性的水华作用,因而有人提出将蓝细菌的噬菌体用于生物防治。大肠杆菌噬菌体广泛分布在废水和被粪便污染的水体中。由于较易分离和测定,因此建议用噬菌体作为细菌和病毒污染的指示生物,环境病毒学已使用噬菌体作为模式病毒。

噬菌体寄生在细菌体内引起细菌疾病,但噬菌体不能独立地复制自己,因此它们侵入宿主细胞并利用宿主进行复制。

最重要的是噬菌体形态和核酸性质,其遗传物质可以是 DNA 或者是 RNA,且大多数已知的噬菌体为 DNA(双链)。因此,可依据一些特性如宿主范围和免疫学的相关性对噬菌体进行分类。大多数噬菌体可被分为以下几个形态组:无尾的二十面体噬菌体、有收缩尾噬菌体、无收缩尾噬菌体和丝状噬菌体,甚至有一些有包膜。最复杂的形式是有收缩尾噬菌体,如大肠杆菌 T-偶数噬菌体。噬菌体有毒(烈)性噬菌体和温和噬菌体两种类型。侵入宿主细胞后,随即引起宿主细胞裂解的噬菌体称为毒(烈)性噬菌体。毒性噬菌体被看作正常表现的噬菌体。温和噬菌体则是:当它侵入宿主细胞后,其核酸附着并整合在宿主染色体上,和宿主核酸同步复制,宿主细胞不裂解而继续生长。这种不引起宿主细胞裂解的噬菌体称为温和噬菌体。图 2.1 为 T-4 噬菌体的结构。

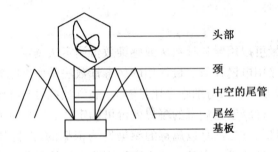

图 2.1　T-4 噬菌体结构示意

2.2.2　噬菌体侵染细菌的过程

噬菌体在宿主细胞中复制之后,其中许多在细胞裂解时释放出来,宿主细胞破坏和释放毒粒的噬菌体生命周期称为裂解周期,裂解性噬菌体的生活周期由五个阶段组成:吸附、侵入、复制、装配和释放。本节将以大肠杆菌 T-4 噬菌体为例叙述双链 DNA 噬菌体的裂解过程。

2.2.2.1　双链 DNA 噬菌体的复制

1. 吸附

噬菌体并非任意地吸附于宿主细胞表面而是附着于被称为受体位点(Reception Sites)的特定细胞表面结构上,这些受体的性质随噬菌体而异;细胞壁脂多糖和蛋白质、磷壁质、鞭毛和菌毛均可作为噬菌体受体。大肠杆菌 T-偶数噬菌体用细胞壁脂多糖或蛋白质作为受体,受体性质的变化至少部分地关系噬菌体对宿主的选择。

吸附是噬菌体与细菌表面受体发生特异性结合的过程,其特异性取决于噬菌体蛋白与宿主菌表面受体分子结构的互补性。只要有细菌具有特异性受体,噬菌体就能吸附,但噬菌体不能进入死亡的宿主菌。T-4 噬菌体尾部的一个尾丝接触受体位点时,噬菌体吸附过程开始。在更多的尾丝接触后,基片便固定在细胞表面。吸附过程受静电、pH 值和离子的影响。

2. 注入

基片稳定地固定于细胞表面后,基片和尾鞘构象发生改变,存在于尾端的溶菌酶水解细菌细胞壁上的肽聚糖,然后尾鞘像肌动蛋白和肌球蛋白的作用一样收缩,露出尾轴,伸入细胞壁内,将头部的 DNA 压入细胞内。噬菌体的核酸注入宿主菌体内,而蛋白质衣壳则留在菌体细胞外。尾管可与质膜作用形成 DNA 通过的通道。其他噬菌体侵入的机制通常与 T-偶数噬菌体不同,但尚未得到详细研究。

3. 复制

噬菌体 DNA 注入后,宿主 DNA、RNA 和蛋白质等合成活动终止,宿主细胞各组分用于合成噬菌体的各组分。

噬菌体 RNA 聚合酶 2 min 内就开始指导合成噬菌体 mRNA,指导合成宿主细胞和噬菌体核酸复制所需的蛋白酶。噬菌体具有的特异性酶可终止宿主基因表,同时,将宿主的 DNA 降解成核苷酸,为噬菌体 DNA 的合成提供原料。5 min 内噬菌体 DNA 开始合成。合成起始,T-4 基因被宿主的 RNA 多聚酶转录。短时间后,因为噬菌体酶的作用将抑制宿主基因的转录并启动噬菌体基因表达。噬菌体的早期和晚期基因分别定位于不同的 DNA 链,早期基因逆时针方向转录,晚期基因顺时针方向转录,晚期 mRNA 指导合成噬菌体结构蛋白,帮助噬菌体装配,但其不成为病毒粒子结构部分的蛋白质,也不成为参与细胞裂解和噬菌体释放有关的蛋白质。T-4DNA 复制是个极其复杂的过程(图 2.2)。

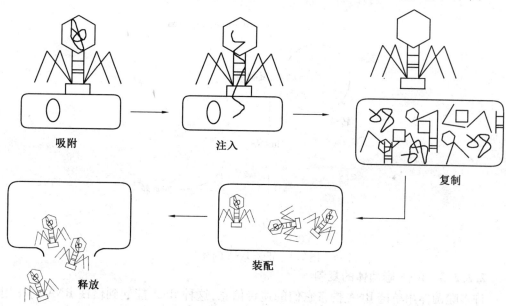

吸附　　　注入　　　复制　　　装配　　　释放

图 2.2　噬菌体复制过程

4. 装配

T-4 噬菌体装配是复杂的自我装配过程。虽然是自发地进行装配,但有些过程需要特定的噬菌体蛋白和宿主细胞因子的协助。噬菌体装配所需的所有蛋白质同时合成,基片由 15 种蛋白质构成,基片装配完成后基轴上建成尾管。噬菌体的头部由超过 10 种的蛋白质组成,前壳体在支架蛋白的协助下装配,一种特定的组是 DNA 转移的头顶结构的一部分,定位于前壳体基底与尾部连接的地方,有助于头部装配和 DNA 进入头部。T-4 头部 DNA 包装在某种酶的作用下,DNA 分子装配进完整的蛋白壳内。在感染后大约

15 min,第一个完整的 T-4 噬菌体颗粒出现。

5.释放

在感染约 22 min 之后,噬菌体在末期裂解宿主细胞,释放出约 300 个 T-4 颗粒,同时放出多个噬菌体基因,指导合成内溶菌素和穿孔索等,穿孔素破坏质膜,使呼吸停止,并允许内溶菌素攻击肽聚糖,膜形成孔洞将噬菌体颗粒放出菌体外。

2.2.2.2　单链 DNA 噬菌体的复制

噬菌体 ΦX174 是以大肠杆菌为宿主的小型单链 DNA(ssDNA)噬菌体,其 DNA 碱基序列是正链的,含重叠基因。当 ΦX174 DNA 进入宿主,复制开始之前,噬菌体单链 DNA首先被细菌 DNA 聚合酶复制成双链 DNA 形式。然后复制时的合成指导更多双链 DNA、mRNA。这种噬菌体的释放机制与 T-4 噬菌体的不同。

丝状单链 ssDNA 噬菌体在许多方面与其他单链 ssDNA 噬菌体有很大区别。其中丝杆噬菌体科的 fd 噬菌体研究最为详尽。丝状的 fd 噬菌体在感染时不杀死宿主细胞,而是与宿主建立一种以分泌方式持续释放新毒粒的共生关系。丝状噬菌体的壳体蛋白首先插入细胞膜,然后当病毒 DNA 通过宿主质膜分泌时开始围绕它进行壳体装配。宿主细菌继续生长,而分裂速率略有下降。正链 DNA 的复制如图 2.3 所示。

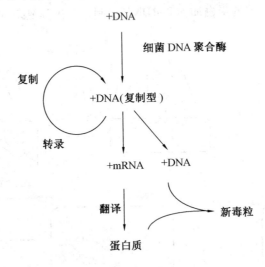

图 2.3　正链 DNA 的复制

2.2.2.3　RNA 噬菌体的复制

许多噬菌体用单链 RNA 携带它们的遗传信息,这种 RNA 能起到信使 RNA 的作用,并指导噬菌体蛋白质的合成。病毒最先合成的酶为病毒的 RNA 复制酶,然后 RNA 复制酶复制最初的 RNA(正链)产生称为复制型的双链中间体(+RNA),它与 ssDNA 噬菌体复制中所见的+DNA 类似,接着复制酶用复制型 RNA 合成更多 RNA,用于促进+RNA 合成和指导噬菌体蛋白质合成,最后+RNA 链被包装入成熟的毒粒中。这些 RNA 噬菌体的基因组既可作为它本身的复制模板,又可作为 mRNA。单链 DNA 噬菌体的复制如图 2.4所示。

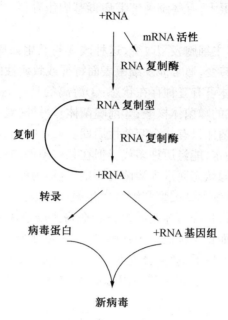

图 2.4 单链 RNA 噬菌体的复制

2.2.2.4 溶源性

烈性噬菌体,即在复制周期中噬菌体裂解其宿主细胞。许多 DNA 噬菌体也可与宿主建立一种与宿主不同的关系,病毒吸附和侵入后,病毒基因组在产生新的噬菌体时并不控制和破坏宿主细胞,而是保留在宿主细胞内,并随细菌基因组一起复制,产生一个可以长时间生长和分裂,而且表现完全正常的感染细胞的克隆。在适当的环境条件下,每个受感染细菌都可产生噬菌体和裂解。温和噬菌体的基因组能与宿主菌基因组整合,并随细菌分裂传至子代细菌的基因组中,不引起细菌裂解。整合在细菌基因组中的噬菌体基因组称为前噬菌体,带有前噬菌体基因组的细菌称为溶源性细菌。溶源性细菌内存在的整套噬菌体 DNA 基因组称为原噬菌体,溶源性细菌不会产生许多子噬菌体颗粒,也不会裂解;但当条件改变使溶源周期终止时,宿主细胞就会因原噬菌体的增殖而裂解死亡,释放出许多子代噬菌体颗粒。前噬菌体偶尔可自发地或在某些理化和生物因素的诱导下脱离宿主菌基因组而进入溶菌周期,产生成熟噬菌体,导致细菌裂解。原噬菌体可以保留在宿主细胞中,但不损伤宿主的病毒基因组。它们通常整合入细菌基因组,有时也可以独立存在。原噬菌体在溶源化过程中重新启动噬菌体复制,导致感染细胞破坏释放出新的噬菌体。

溶源性是指 λ 噬菌体在大肠杆菌体内可以呈环形分子存在于细胞质中,也可通过整合酶的作用而整合到寄主染色体上成为原噬菌体状态,并与寄主染色体一起复制并能维持许多代,这种现象称为 λ 噬菌体的溶源性。

溶源性细菌的特点有:溶源性细菌具有抵抗同种或有亲缘关系噬菌体重复感染的能力,即使得宿主菌处在一种噬菌体免疫状态;经过若干世代后,溶源性细菌会开始进入溶菌周期,此时,原噬菌体与宿主基因分离,开始增殖。

噬菌体在细菌进入溶源状态以前面临两个问题:它们只能在活细菌中繁殖;mRNA 和蛋白质降解中止噬菌体复制。营养丧失有利于噬菌体与宿主一样溶源化可以避免这种困境。噬菌体复制的最后循环将破坏所有宿主细胞,所以就存在噬菌体没有宿主而直接暴露于生物体内环境,危害很大,有些细菌携带病毒基因组存活,当它们繁殖时也合成新的病毒基因组拷贝。

温和噬菌体可诱导宿主细胞表型改变,这种改变与其生命周期是否完成没有直接关系,这种改变称为溶源性转变,通常涉及细菌表面特征或致病性的改变。

由此可知,温和噬菌体可有三种存在状态:①游离的具有感染性的噬菌体颗粒;②宿主菌胞质内类似质粒形式的噬菌体核酸;③前噬菌体。另外,温和噬菌体可有溶源性周期和溶菌性周期,而毒性噬菌体只有一个溶菌性周期。

溶源状态通常十分稳定,能经历许多代。但在某些条件如紫外线、X射线、致癌剂、突变剂等作用下,可中断溶源状态而进入溶菌性周期,这称为前噬菌体的诱导与切离。

某些前噬菌体可导致细菌基因型和性状发生改变,这称为溶源性转换。温和噬菌体在吸附和侵入宿主细胞后,将噬菌体基因组整合在宿主染色体上,随宿主DNA复制而同步复制,随宿主细胞分裂而传递到两个子细胞中,宿主细胞则可正常繁殖,以上过程称为"溶源周期"。但在一定条件下,噬菌体基因组可进行复制,产生并释放子代噬菌体,即"裂解周期"。因此,温和噬菌体既能进行溶源循环,还能进行裂解循环。

2.3　真核生物的病毒

2.3.1　动物病毒

2.3.1.1　基本概念及分类

动物病毒寄生在人体和动物体内引起人和动物疾病,如人的流行性感冒、水痘、麻疹、腮腺炎、乙型脑炎、脊髓灰质炎、甲型肝炎、乙型肝炎等。引起的动物疾病有:家禽、家畜的瘟疫病及昆虫的疾病。

微生物学家最初给动物病毒分类时,很自然地想到一些特性,如病毒的宿主选择性,遗憾的是并不是所有的准则都一样有用。因而在准确区别不同病毒的宿主选择性方面缺乏特异性。现代病毒分类首先建立在病毒的形态学、毒粒组分的理化性质和遗传亲缘关系上。病毒分类中最重要的特征可能是形态学。可用透射电子显微镜观察动物病毒在宿主细胞中或被释放后的过程来进行研究。

2.3.1.2　动物病毒的增殖

动物病毒的复制与噬菌体复制的过程相似:吸附、注入、复制、装配、释放,只是有些细节不同。

动物病毒繁殖循环的第一步是吸附于宿主细胞表面。病毒与细胞质膜表面受体位点蛋白随机碰撞而结合。病毒感染细胞的能力极大地依赖于与细胞表面特异性结合的能力。病毒结合宿主细胞的特异受体通常都是细胞所必需的表面蛋白。因而这些受体蛋白的分布对于动物病毒的组织和宿主特异性具有关键作用。但病毒通常也会通过结合能够引起内吞作用的细胞表面分子,启动宿主细胞内吞作用而进入细胞。许多宿主受体蛋白都是含有Ig结构域的分子的免疫球蛋白超家族成员,多数Ig超家族成员都是细胞表面相互作用的表面蛋白。

病毒表面的结合位点通常由壳体结构蛋白或蛋白聚合体组成,经常位于凹陷或沟槽的底部。这种特殊结构可结合宿主细胞表面突起而使抗体无法到达。其他病毒通过特异的突起或有包膜病毒的钉状物结合于宿主细胞。

病毒吸附之后很快侵入细胞膜进入宿主细胞。侵入过程中或侵入不久即发生病毒脱壳,除去壳体,释放出核酸病毒在结构和复制上的不同导致侵入的机制不同。有包膜病毒与裸露病毒以不同的方式进入细胞。有些病毒只向宿主细胞中注入核酸,而有些则要将病毒 RNA 聚合酶或 DNA 聚合酶也注入宿主细胞。

病毒注入有三种方式:裸露病毒在吸附后壳体结构发生改变,结果是只有核酸被注入宿主细胞中;少数有包膜病毒的包膜直接与宿主细胞的细胞膜融合,融合过程涉及特定的融合糖蛋白;大多数有包膜病毒通过受体介导的内吞作用形成被膜小泡进入宿主细胞。毒粒吸附于胞质侧的特异性被膜凹窝。被膜凹窝内陷形成内含病毒的被膜小泡与溶酶体融合。

早期合成阶段的主要任务是抑制宿主细胞 DNA、RNA 和蛋白质的合成并合成病毒 DNA 和 RNA。但不致病的病毒却可以刺激宿主大分子的合成。DNA 复制通常是在宿主细胞核内进行。

RNA 病毒的转录随病毒基因组性质的不同而不同。正链 ssRNA 基因组利用宿主的核糖体,在 mRNA 指导下合成一个很大的肽,然后由酶将肽切割形成有功能的多肽。负链 ssRNA 病毒则必须依赖 RNA 聚合酶或转录酶合成 mRNA。在复制晚期,RNA 被病毒复制酶复制形成新的病毒的双链 DNA。逆转录病毒则是通过 DNA 中间体合成 mRNA 和复制基因组,此过程必须依赖于 RNA 的 DNA 聚合酶或逆转录酶,将+RNA 基因组复制形成-DNA 拷贝,tRNA 作为核酸合成的引物。

一些晚期基因指导壳体蛋白的合成,如同噬菌体形态发生一样,这些壳体蛋白自发地自我装配形成壳体。在正二十面体病毒装配过程中,首先形成空的前壳体,接着核酸进入。病毒的形态发生位点随病毒种类不同而异。在病毒成熟位点经常可见完整毒粒或前壳体累积形成大量类结晶簇。

裸露的和有包膜的病毒毒粒释放的机制不同。裸露病毒通过裂解宿主细胞释放,而有包膜的病毒的形成包膜和释放同时进行,所以宿主细胞在一段时间内可以持续释放病毒。有的病毒科以一种特异的 M 蛋白结合细胞膜辅助出芽。许多病毒可以改变宿主细胞骨架中的肌动蛋白微丝辅助毒粒释放。这种方式可以在不破坏宿主细胞的情况下从细胞中放出并感染邻近细胞。

2.3.1.3 细胞感染与细胞损伤

细胞感染是导致细胞死亡的感染。病毒可以以多种方式损伤宿主细胞,经常导致细胞死亡。由病毒感染引起宿主细胞和组织中的变化或异常现象称为致细胞病变效应。细胞损伤机制可能有七种:病毒抑制宿主 DNA、RNA 和蛋白合成;细胞溶酶体损伤,导致水解酶释放,细胞崩解;病毒感染后通过向细胞质膜中插入病毒特异性蛋白而迅速改变细胞膜,导致受染细胞受到免疫系统攻击;有些病毒高浓度的蛋白对细胞和机体有直接毒性作用;有些病毒感染过程中形成包含体,或核糖体、染色质,这是中毒粒或亚单位聚集的结果,直接破坏细胞结构;疱疹病毒和其他病毒感染破坏染色体;宿主细胞可能不受直接的损害,但被转化成恶性细胞等。

有些病毒可以产生持续感染,时间长短根据病毒的不同而不同。持续感染分慢性病毒感染、潜伏病毒感染。慢性病毒感染中,病毒一直可以检出,临床症状轻微或不出现临床症状。潜伏病毒感染时,病毒在重新启动活化前处于潜伏状态,基因组不复制。在潜伏过程中,病毒检测不出,没有症状。

慢性病毒疾病感染是由一小类病毒引起的极慢过程的感染。许多慢性病毒可能不是常规病毒,引起慢性病毒疾病。

由癌症广泛的分布可以想到存在多种致癌因素,其中仅有一些与病毒直接相关。目前,人们了解到有 6 种病毒与人类癌症发生有关:Epstein-Barr 病毒(EBV)是研究最多的人类致癌病毒。EBV 是一种疱疹病毒,引起中西非洲儿童颌部和腹部的恶性肿瘤,也可导致鼻咽癌;乙型肝炎病毒的基因组可以整合进入人基因组,与引发肝细胞性肝癌相关;丙型肝炎病毒引起肝硬化,进一步导致肝癌;人疱疹病毒 8 型与卡波西氏肉瘤的发展有关;人乳头瘤病毒的某些毒株与宫颈癌相联系;人 T 细胞白血病病毒 I 型和 II 型分别能导致成人 T 细胞白血病和毛状细胞白血病。

病毒可以携带癌基因进入细胞,并将它们插入基因组。有些病毒携带编码酪氨酸激酶的基因,这种酶主要可将几种细胞蛋白的酪氨酸磷酸化,改变了细胞的正常生长过程。由于许多蛋白的活性受磷酸化调节,而其他数种癌基因也编码蛋白激酶,因而部分癌症是由于蛋白激酶活性改变而导致细胞调控改变的结果。某些致癌病毒携带一个或多个非常有效的启动子或增强子,如果这些病毒整合于细胞癌基因的邻近位点,启动子或增强子可促进癌基因转录而导致癌症发生。这种基因编码的一种蛋白涉及对 DNA 或 RNA 合成的诱导。

2.3.2 植物病毒

2.3.2.1 基本概念及分类

感染高等植物、藻类等真核生物的病毒,如烟草花叶病、番茄丛矮病、马铃薯退化病、水稻萎缩病和小麦黑穗病等。

虽然很早就认识病毒可以感染植物,导致各种疾病,但植物病毒不像噬菌体和动物病毒一样得到很好研究,这主要是因为它们难以培养和纯化。许多植物病毒并不能在原生质体中培养而必须接种于整个植株或组织制备物中。许多植物病毒传播需要昆虫媒介,有些能在来源于蚜虫、叶蝉或其他昆虫的单层细胞培养物上生长。

植物病毒在结构上与相对应的动物病毒和噬菌体没有显著差别。许多是刚直的或柔软的螺旋壳体还有二十面体等。绝大多数壳体似乎由一种类型的蛋白质组成,几乎所有的植物病毒都是 RNA 病毒,少数有 DNA 基因组。

许多植物病毒的形状、大小和核酸组成和其他类型的病毒一样,它们也是根据诸如核酸类型和单双链、壳体对称性和大小,以及有无包膜等特性进行分类的。

2.3.2.2 植物病毒的传播

绝大部分植物病毒是以核酸为核心与蛋白质外壳组成的,极小部分还含有脂肪和非核酸的碳水化合物。植物病毒核酸类型有(ssRNA)单链 RNA、(dsRNA)双链 RNA、(ssDNA)单链 DNA 和(dsDNA)双链 DNA。但绝大多数含(ssRNA)单链 RNA,无包膜,其外壳蛋白亚基呈二十面体对称或呈螺旋式对称排列,形成棒状或球状颗粒。大多数植物病毒是由一种外壳蛋白组成形态大小相同的亚基,多个亚基组成外壳。外壳内含有携带其全部基因的病毒核酸。有的植物病毒的核酸分成 1~4 段,分别装在外壳相同的颗粒中,如烟草脆裂病毒的 RNA 分成两段,各自装在两种颗粒中,长棒状颗粒中的是相对分子质量大的一段,短棒中的是相对分子质量小的一段,故称二分体基因病毒;又如雀麦花叶病毒的 RNA 分成 4 段,RNA1、RNA2、RNA3 和 RNA4 分别装在外形大小相同的 3 种球形颗粒中,故称三分体基因组病毒。二分或三分总称为多分体基因组病毒。病毒在植物中通过植物皮部的维管结构移动。植物病毒在非维管组织中的扩散受到细胞壁的阻碍。有些病毒通过胞间连丝从一个细胞运动至另一细胞,所以扩散很慢。病毒在细胞间的运动需要特定的病毒运动蛋白。

被烟草花叶病毒感染的细胞上可发生多种细胞学改变,通常可产生毒粒聚集而成细胞内含物,有时也会产生毒粒组成的六方晶体,使宿主细胞叶绿体异常或退化,而抑制新叶绿体合成。

植物病毒要在宿主细胞建立感染需要克服植物细胞壁的保护,但当叶片受到机械性损伤时,烟草花叶病毒和一些其他病毒可由风或动物带入。最重要的传播媒介是以植物为食的昆虫,昆虫吃受染植物时简单地将病毒沾在吻部,将病毒传播给昆虫所吃的其他植物。病毒也可保存在蚜虫的前肠,通过反刍感染其他植株。还有一些植物病毒可通过种子、茎块、花粉或寄生真菌传播。

植物病毒的另一特点是植物体内没有像高等动物那样的体液免疫和细胞免疫,感染后病毒能在植物体内无限期地存活,直到寄主死亡,或通过营养繁殖体和块茎、块根、蔓藤、枝条等继续传播。除个别的可通过花粉传播(如大麦条纹花叶病毒)外,一般植物病毒很难进入植物茎尖的分生组织,也不能通过种子传播。

2.3.3　其他病毒

2.3.3.1　真菌和藻类病毒

1. 真菌病毒概述

真菌病毒是以真菌为宿主的病毒。1962 年,英国的霍林斯等人在电子显微镜下从栽培蘑菇 Agaricus 中发现了 3 种与病害有关的病毒:直径分别是 25 nm 和 29 nm 的球形病毒以及 ϕ19 nm×50 nm 的短棒状病毒。

带有病毒的真菌一般无症状,也不引起真菌细胞的裂解。多数要根据真菌提取液或超薄切片的电子显微镜观察及其理化性质和血清学的研究,才能证实真菌病毒的存在。实践中多用血清学反应、免疫电镜、免疫电泳等方法来鉴别真菌病毒。

真菌病毒的毒粒直径为 28~40 nm,呈球形或六边形,双链核糖核酸病毒已被鉴定的有 20 多个,个别是单链核糖核酸或单链脱氧核糖核酸病毒,相当多的基因组为多节段的,例如:①产黄青霉病毒:dsRNA 分为 3 节段,分别包在不同的衣壳内,其总量占毒粒的 15%;②匍枝青霉病毒:有两种形态相同而血清型不同的球形毒粒,其直径均为 30~34 nm。用电泳或离子交换层析法可将两种毒粒分开,并根据其相对迁移率而称之为快病毒或慢病毒。

真菌病毒不能以常规接种方法侵染菌体,病毒致病力不强。在非人为条件下,病毒是以菌体胞质割裂产生有性或无性孢子的方式传到后代——纵向传播并非以细胞广泛裂解的方式释放;或者由于病(带毒)、健康的可亲的菌丝、孢子之间融合发生胞质交换而传播——横向传播。因此,异核体的形成是病毒自感病细胞传入健康细胞的重要途径。病毒天然寄主范围狭窄、传播速度慢的原因是由于种内和种间的不可亲和性。因此,实验室内常用菌丝联合,偶用原生质体融合法接种。

　　2. 藻类病毒的概述

　　藻类病毒最先是在蓝藻中发现的,蓝藻(Blue-green algae)是一类原核生物,具有细菌的一些特征,因此又常称为蓝细菌(Cyanobacterium),由于噬藻体与噬菌体非常相似的缘故,因此,把感染蓝细菌的病毒称为噬藻体(Cyanophage)。除蓝藻外,所有其他的藻类均是真核生物,通常将感染真核藻类的病毒称作"藻病毒"(Phycovirus),它们的绝大多数是多角体的粒子(Polyhedral particles),只有个别病毒是杆状的。蓝藻病毒或噬藻体则完全不同于真核藻类的病毒,二者是藻类病毒的重要组成部分。根据蓝藻病毒的形态不同,国际病毒学分类委员会细菌病毒分会参照噬菌体的分类方式,将蓝藻病毒分为三个科:

　　(1)肌病毒科(Myoviridae):特征是含有一条中央管和能伸缩的尾巴。

　　(2)长尾病毒科(Styloviridae):特征是含有长的、不能伸缩的尾巴。

　　(3)短尾病毒科(Podoviridae):其尾巴较短。

　　绝大多数从高等真菌中分离的真菌病毒含双链 RNA 和全对称壳体,直径大约为 25~50 nm,大多是潜伏病毒。一些真菌病毒确实在宿主上导致疾病症状。

　　对低等真菌病毒的了解较少,其中 dsRNA 和 dsDNA 基因组都有发现,大小变化从 40 nm 到 200 nm,与高等真菌中情况不同,病毒繁殖伴随宿主细胞的崩解和裂解。

2.3.3.2　昆虫病毒

　　昆虫病毒是指以昆虫为宿主的病毒。既能在脊椎动物体内或高等植物体内增殖,又能在昆虫体内增殖的病毒很多。从生物学角度讲,可以认为这些病毒真正的宿主是昆虫,昆虫仍然被当作这些病毒的媒介看待,理由是虽然这些病毒能在昆虫体内增殖,但是,一般对昆虫不表现病原性,而且与昆虫已建立了平衡关系。因此,狭义地讲,昆虫病毒是指以昆虫为宿主并对昆虫有致病性的病毒。

　　已知至少有杆状病毒科、虹彩病毒科、痘病毒科、呼肠孤病毒科、细小病毒科、小 RNA 病毒科和弹状病毒科 7 个病毒科的病毒感染昆虫,并用昆虫作为原始宿主进行复制。其中最重要的是杆状病毒科、呼肠孤病毒科和虹彩病毒科。

　　虽然 3 种类型的病毒都产生包含体,但属于两个明显不同的病毒科。质型多角体病毒是呼肠孤病毒,双层二十面体壳体和双链 RNA 基因组。核型多角体和颗粒体病毒是杆状病毒——杆状、螺旋对称的包膜病毒,双链 DNA 基因组。虹彩病毒是壳体中含有脂类和线性双链 DNA 基因组的二十面体病毒,可以导致长腿蝇和某些甲虫的虹彩病毒病。

　　多角体、包含体在其本质上都是蛋白质,包含一个或多个毒粒。昆虫吃了感染包含体的叶子就会被感染;而病毒可在土壤中存活数年,是由于多角体保护病毒毒粒免受热、低 pH 值等许多外界环境物质伤害。然而,昆虫中的包含体,就会溶解释放出毒粒,感染中肠细胞,有一些病毒还会扩散到昆虫全身,或潜伏或引发症状。

　　昆虫病毒有望成为昆虫害虫的生物防治剂,引起人们的兴趣。许多人希望某些昆虫病毒可以部分地取代有毒化学杀虫剂的使用。杆状病毒有很多优良的性状,如只侵染无脊柱动物;病毒还包裹在保护性的包含体中,具有很好的保质期和生存能力;最后,很适合作为商业产品,因为病毒在幼虫组织中有很高的浓度。

2.3.3.3　类病毒和朊病毒

最早的类病毒是由 T. O. Diener 等人(1969 年)在马铃薯纤块茎病的病株上首先发现的,在电镜下可见到该 RNA 分子呈 50 nm 长的杆状,共有 359 个碱基对,并证实是游离的 RNA,为此正式命名为类病毒。

很多的植物病都是由一类称为类病毒的感染因子引起的。类病毒是目前已知的最小的可传染的致病因子,比普通病毒简单,无蛋白质外壳保护的游离的共价闭环状单链 RNA,可通过机械途径或通过花粉和胚珠在植株间传播,侵入宿主细胞后自我复制,并使宿主致病或死亡。类病毒基本上发现于受染细胞核内,出现若干个拷贝。有的被感染的植物可处于潜伏状态不表现症状。而相同类病毒在另一物种可能导致严重的疾病。目前关于类病毒的感染和复制机理尚不清楚。类病毒仅为一裸露的 RNA 分子,无衣壳蛋白。不能像病毒那样感染细胞,只有当植物细胞受到损伤,失去膜屏障,才能在供体植株与受体植株间传染,因此,又称感染性 RNA、病原 RNA。

人们已经在 300 年前发现在绵羊和山羊身上患的"羊瘙痒症"。其症状大体为:丧失协调性、站立不稳、烦躁不安、奇痒难熬,直至瘫痪死亡。20 世纪 60 年代,英国生物学家阿尔卑斯发现保留组织用放射处理破坏 DNA 和 RNA 后即破坏核酸,其组织仍具感染性,因而认为"羊瘙痒症"的致病因子可能是蛋白质而并非核酸。由于这种推断缺乏有力的实验支持不符合当时的一般认识,因而没有得到认同,甚至被视为异端邪说。1947 年,发现了与"羊瘙痒症"相似的水貂脑软化病。以后又陆续发现了马鹿和鹿的慢性消瘦病(萎缩病)、猫的海绵状脑病。1996 年春天,"疯牛病"在全世界引起的一场空前的恐慌,甚至引发了政治与经济的动荡,一时间人们"谈牛色变"。1997 年,诺贝尔生理医学奖授予了美国生物化学家斯坦利·普鲁辛纳,因为他发现了朊病毒这一新的生物。"朊病毒"最早是由美国加州大学 Prusiner 等人提出的,多年来的大量实验研究表明,它是一组至今不能查到的核酸,对各种理化作用具有很强的抵抗力,传染性极强,相对分子质量在 2.7 万 ~ 3 万的蛋白质颗粒,它是能在人和动物中引起可传染性脑病的一个特殊的病因。

朊病毒是一种不同于病毒和类病毒的感染因子,朊病毒又称蛋白质侵染因子。朊病毒是一类能侵染动物并在宿主细胞内复制的小分子无免疫性疏水蛋白质,能在人类和家畜中致病。朊病毒就是蛋白质病毒,是只有蛋白质而没有核酸的病毒。研究最多的是朊病毒导致绵羊和山羊中枢神经系统一种退化性紊乱,称之为"羊瘙痒症"。这种致病因子中没有检测到核酸存在,似乎是由朊病毒蛋白组成的。

有些慢病毒病可归结于朊病毒,可导致某些人类和动物的神经性疾病。牛海绵状脑病、kuru 病、致死家族性痴呆、克雅氏病和 Gerstmann-Straussler-Scheinker 综合征都是朊病毒病。其结果是进行性脑退化,并最终死亡。

第3章 古 生 菌

3.1 古生菌的发现、定义和分布

3.1.1 古生菌的发现

20 世纪 70 年代，Carl Woese 博士率先研究了原核生物的进化关系。他依据分析由 DNA 序列决定的另一类核酸——核糖核酸（RNA）的序列分析来确定这些微生物的亲缘关系，而没有按常规依据细菌的形态和生物化学特性来研究。我们知道，DNA 是其必须通过一个形成相应 RNA 的过程来指导蛋白质合成，以表达它决定某个生物个体遗传特征的。并且，必须在核糖核蛋白体上完成蛋白质的合成。因此核糖核蛋白体是细胞中最重要的成分，它也是细胞中一种大而复杂的分子，其功能是把 DNA 的信息转变成化学产物。核糖核蛋白体的主要成分是与 DNA 分子非常相似的 RNA，组成它的分子也有自己的序列。

核糖核蛋白体对生物表达功能是非常重要的。因为核糖核蛋白体序列中发生任何改变都可能使其不能行使为细胞构建新的蛋白质的职责，所以它不会轻易发生改变。核糖核蛋白体在数亿万年中都尽可能维持稳定，没有什么改变，即使改变也是十分缓慢而且是非常谨慎的，因此我们可以说，它是十分保守的。由于其这一特征，人们发现可以借助破译核糖核蛋白体 RNA 的序列破译细菌的进化之谜。乌斯通过比较许多细菌、动物、植物中核糖核蛋白体的 RNA 序列，根据它们的相似程度排出了这些生物的亲缘关系。

早期，人们以为大肠杆菌和能产生甲烷的微生物具有亲缘关系，但通过 Woese 和他的同事们对细菌的核糖核蛋白体中 RNA 序列的研究结果表明，虽然它们同为细菌，但在亲缘关系上并不相干。这说明并不是所有的微小生物都是亲戚。产甲烷微生物的 RNA 序列和一般细菌的差别非常惊人，可以说它在微生物世界是个异类，因为甲烷微生物严格厌氧，会产生一些在其他生物中找不到的酶类，因此 Woese 和他的同事们把产生甲烷的这类微生物称为第三类生物。

众所周知，在有生物存在以前，包围地球的大气中富含大量的氨气和甲烷，而没有氧气，可能温度也非常高。这样的环境不适合植物和动物的生存，反而适宜微生物的生长。因此，只有这些奇异的生物可以在这种异常的地球环境下存活、进化并在早期地球上占统治地位。在随后的研究中，研究人员又发现还有一些核糖核蛋白体 RNA 序列和产甲烷菌相似的微生物，这些微生物能够在盐里生长，或者可以在接近沸腾的温泉中生长，因此微生物很可能就是地球上最古老的生命。

3.1.2　古生菌的简介

考虑到产甲烷微生物的生活环境可能与生命诞生时地球上的自然环境相似,Woese将这类生物称为古细菌。据此,Woese 于 1977 年提出,生物可分为三大类群,即真核生物、真细菌和古生菌,即生物的三域系统。开始他们还没有如此大胆,只是称为古细菌(Archaebacteria),后来为了不使人们将这个名词误解为一般细菌的同类,而忽略它们的独特性,所以干脆把"bacteria"后缀去掉了。这就是古生菌一词的由来。

作为一个类群,古生菌在生理学和形态学上都是多种多样的。它们可以是需氧的、兼性厌氧的或是严格厌氧的。营养上它们从化能无机自养生物到有机营养生物。一些是中温生物;另一些是能在 100 ℃以上生长的超嗜热生物。古生菌形态学上也是多种多样的,一些古生菌可以通过二分裂、芽殖、裂殖或其他的机制增殖。它们有的是单细胞,然而也可以形成菌丝体或团聚体。它们染色或是革兰氏阳性或是革兰氏阴性,可以是球形、杆状、螺旋形、耳垂形、盘状、不规则形状或多形态的。它们的直径范围为 0.1 ~ 15 μm,一些菌丝体能够生长到 200 μm 长。

有的古生菌具有原核生物的某些特征,如无核膜及内膜系统;也有真核生物的特征,如:以甲硫氨酸起始蛋白质的合成、DNA 具有内含子并结合组蛋白、RNA 聚合酶和真核细胞的相似、核糖体对氯霉素不敏感;此外还具有既不同于原核细胞也不同于真核细胞的特征,如:细胞膜中的脂类是不可皂化的;细胞壁不含肽聚糖,有的以蛋白质为主,有的含杂多糖,有的类似于肽聚糖,但都不含胞壁酸、D 型氨基酸和二氨基庚二酸。

3.1.3　古生菌的分布

普通常见的生物很难生存在高温、强酸、强碱或盐浓度很高的环境中,如在温度超过100 ℃或极端酸性或碱性的水中。但是,在极端水生和陆生生境中常常发现古生菌。如盐细菌生长在极浓的盐水中,嗜热细菌生长在自然煤堆里以及超嗜热古生菌生长在海底深处或火山口附近,嗜硫细菌生长在硫黄温泉中,嗜压细菌生活在深海等。也有一些古生菌是动物消化系统的共生生物,存在于牛、白蚁和海洋生物的体内并且在那里产生甲烷。还有的古生菌生长在没有氧气的海底淤泥中,甚至能够在沉积于地下的石油中生长。某些古生菌在晒盐场上的盐结晶里生存。最近,已经在冷环境中发现了古生菌。似乎它们占到了南极海岸表面水域原核生物量的 34% 以上。

3.1.4　古生菌的系统发育

目前,三域系统已获国际学术界的基本肯定。总体认为,现今一切生物都是由共同的远祖———一种小的细胞进化而来,先分化出细菌和古生菌这两类原核生物,后来古生菌分支上的细胞先后吞噬了原细菌(相当于 G-细菌)和蓝细菌,并发生了内共生,从而两者进化成与宿主细胞难舍难分的细胞器———线粒体和叶绿体。于是宿主最终发展成了各类真核生物。

3.2　古生菌的主要类群

产甲烷菌和嗜热菌是人们早就熟知的细菌,由于过去人们只注重了它们产甲烷和耐热的特性,一直将其归为真细菌的范畴。直到 20 世纪 70 年代后,由于细胞化学组分分析和分子生物学方法的建立,特别是 16S rRNA 序列分析方法的不断完善,才对产甲烷细菌、嗜热细菌、嗜盐细菌等极端环境微生物的研究逐步深入。根据 16S rRNA 序列分析绘制的古生菌系统发育树展示出古生菌各个类群系统进化的关系。

由根部向上可将古生菌分为 4 个亚群:

第 1 亚群:近根部的甲烷嗜热菌已经能还原硫的超嗜热古生菌,包括硫还原球菌、硫化叶菌、热变形菌、热网菌、热球菌,它们统称泉古生菌界,超嗜热菌的寡核苷酸标记是 UAACACCAG 和 CACCACAAG。

第 2 亚群:产甲烷古生菌,包括产甲烷球菌、产甲烷杆菌、甲烷嗜热菌、古生球菌以及产甲烷八叠球菌-产甲烷螺菌类群。AYUAAG 序列是极端嗜热菌的标记。

第 3 亚群:极端嗜盐的古生菌独立成群,包括盐杆菌-盐球菌,AAUUAG 序列是极端嗜盐菌的标记。

第 4 亚群:嗜酸、嗜热的热源体也是独立成群的,AAAACUG 和 ACCCCA 寡核苷酸序列是热源体的遗传标记。谱系树中的第 2 亚群、第 3 亚群和第 4 亚群构成了广古生菌界。

3.2.1　超嗜热古生菌

嗜热古生菌是指能在高温环境下旺盛生长、繁殖的一类细菌。超嗜热古生菌是古生菌界中能在 100 ℃ 以上的温度环境中生活的嗜热微生物。它们的最适生长温度约为 80 ℃,80 ℃ 以下即失活。所以以极端嗜热菌主要生活在热泉、堆肥、火山口、深海火山喷口附近或其周围区域等高温环境中,且其生存的最适温度都较高。这种温度范围不仅对高等动植物是致死温度,就是对耐热的真细菌来说,也是不能存活的温度。德国的斯梯特(K. Stetter)研究组在意大利海底发现的一族古细菌,能生活在 110 ℃ 以上高温中,最适生长温度为 98 ℃,降至 84 ℃ 即停止生长;美国的巴罗斯(J. Baross)发现的一些从火山喷口中分离出的细菌可以生活在 250 ℃ 的环境中。

超嗜热古生菌分布在地热区炽热的土壤或含有元素硫、硫化物的热的水域中。由于生物氧化作用,富硫的、热的水体及其周围环境往往呈现酸性,pH 值为 5 左右,有的可低于 1。但是,主要的超嗜热古生菌多栖息在弱酸性的高热地区。绝大多数的超嗜热古生菌专性厌氧,以硫作为电子受体,进行化能有机营养或化能无机营养的厌氧呼吸产能代谢。

超嗜热菌的耐热机制是多种因子共同作用的结果。

1. 细胞膜的耐热机制

嗜热古生菌的细胞膜随温度的升高而发生变化,使其适应高温的环境:膜上原本主要由类异戊烯二脂组成并以醚键连接甘油的双层类脂发生结构重排,使膜成为两面都是亲水基的单层脂,避免了双层膜在高温下变性分开,并且保持了完整的疏水内层结构;膜中还存在环己烷型脂肪酸,在高温下这种脂肪酸链的环化能促使二醚磷脂向四醚磷脂转变,巩固膜的稳定性,使其耐受高温;不饱和脂肪酸的含量降低,长链饱和脂肪酸和分支脂肪酸的含量升高,形成更多疏水键,增加了膜的稳定性,提高机体抗热能力。此外,细胞膜中糖脂含量增加也有利于提高细菌的抗热能力形成更多的疏水键,从而进一步增加膜的稳定性。

2.嗜热古生菌蛋白的耐热机制

嗜热古生菌蛋白的耐热机制主要是蛋白质的热稳定性:一级结构中,个别氨基酸的改变会引起离子键、氢键和疏水作用的变化,从而大大增加整体的热稳定性,这就是氨基酸的突变适应。二级结构中的螺旋结构稍长,三股链组成的 β 折叠结构以及 C 末端和 N 末端氨基酸残基间有特殊的离子相互作用,能阻止末端区域的解链。可使其蛋白形成非常紧密而有韧性的结构,利于稳定。

蛋白质的构象也具有热稳定性,它的蛋白与常温菌蛋白的大小、亚基结构、螺旋程度、极性大小和活性中心都极为相似,但构成蛋白质高级结构的非共价力、结构域的包装、亚基与辅基的聚集以及糖基化作用、磷酸化作用等却不尽相同,通常蛋白对高温的适应取决于这些微妙的空间相互作用。但有同样活性中心的嗜热蛋白在常温下却会由于过于"僵硬"而不能发挥作用。

还有一些古生菌有其他特别的抗热机制,如:除有肽聚糖外还有由六角形排列的外膜蛋白组成的类似鞘的外层结,又如:具有蛋白表面层或糖蛋白表面层等。

3.嗜热酶的耐热机制

在80 ℃以上环境中能发挥功能的酶称为嗜热酶。嗜热酶对不可逆的变性有抗性,并且在高温下(60~120 ℃)具有最佳活性。嗜热酶在高温环境中由以下机制保持其稳定性:

动态平衡学说是最初的解释其机制的学说。有人认为嗜热菌的许多酶在高温下分解-再合成循环进行得非常迅速,只要酶在这段很短的循环过程中有活性,细胞内的这种酶活就能保持一定水平,这就是动态平衡学说。

其他促进酶热稳定性的因素包括化学修饰、多聚物吸附及酶分子内的交联也可提高蛋白的热稳定性。嗜热蛋白酶离子结合位点上所结合的金属离子(如 Cu^{2+}、Mg^{2+}、Zn^{2+} 等)可能起到类似于二硫键那样的桥连作用,促进其热稳定性的提高。

4.遗传物质热稳定性

DNA 双螺旋结构的稳定性是由配对碱基之间的氢键以及同一单链中相邻碱基的堆积力维持的;DNA 中,组蛋白和核小体在高温下均有聚合成四聚体甚至八聚体的趋势,这能保护裸露的 DNA 免受高温降解;嗜热古细菌中还存在一种特殊的机制对抗热变性;tRNA 的热稳定性较高,也是对热比较稳定的核酸分子之一;核糖体的热稳定性是生长上限温度的决定性因子,发现 rRNA 的热稳定性依赖于 tRNA 与核糖体之间的相互作用;多胺在核糖体的稳定性上起着独特的作用。

5.代谢途径及产物

具有多种糖代谢途径:EMP 戊糖循环、乙醛酸循环;有大量嗜热酶;呼吸链蛋白质和细胞内大量的多聚胺,利于热稳定性;重要代谢产物能迅速合成,tRNA 的周转率提高。

6. 特殊因子

嗜热细菌还可通过胞内一些特殊因子来提高生物分子的热稳定性,如胞内钙离子;离子浓度的提高可提高嗜热细菌 tRNA 的解链温度。

3.2.2　嗜酸菌

人们第一次发现嗜酸菌,是将它从日本的温热硫黄温泉中分离出来的。极端嗜酸菌一般指生活环境的 pH 值在 1 以下的微生物,往往生长在火山区或含硫量极为丰富的地区、地热区酸性热泉和硫质喷气孔以及海底热液口或发热的废煤堆,如硫化叶菌、嗜酸两面菌和金属球菌、热原体等。虽然它缺少常规细胞壁,但在质膜外有一个 S 层。细胞生长呈不规则球形,直径 1 ~ 1.5 μm,并有不被膜包裹的巨大胞质腔。嗜酸菌是好氧的,生长温度在 47 ~ 65 ℃ 之间,最适生长温度为 60 ℃。这些嗜酸古生菌体内 pH 值保持在 7 左右,能将硫氧化后排出作为代谢产物的硫酸。它们大多也是耐高温的,所以往往也是嗜高温菌。

在中性条件下嗜酸菌的细胞质膜会溶解,细胞也即溶解,所以它必须生长在酸性环境,特别是专性嗜酸菌,这表明只有低 pH 值条件下才能使细胞质膜维持稳定。然而细胞内 pH 值近于中性,细胞的酶和代谢过程通常与中性细菌一样。而且部分细菌没有普通细菌都有的细胞壁,而只裹了一层细胞膜。下面是研究人员对菌体内保持中性并忍耐体外高酸浓度机理的猜测:

①在其细胞壁和细胞膜上有阻止 H^+ 进入细胞内的成分。

②细胞壁和膜上含有一些特殊的化学成分使得这些微生物具有抗酸能力。

③泵的功能很强。

④有的菌具有编码氧还电势铁硫蛋白基因和铁质兰素基因。

⑤可能与硫或硫化物的存在和氧化有关。

⑥近年来还发现在 Thiobacillus thiooxidans 细胞中存在着质粒,推测可能与其抗金属离子有关。

3.2.3　嗜盐菌

嗜盐菌是生活在高盐度环境中的一类古细菌。它们生长在高盐条件下,主要生长在盐湖、死海、盐场等浓缩海水中以及腌鱼、盐兽皮等盐制品上。嗜盐古细菌分为一科:嗜盐菌科,六属:嗜盐杆菌属、嗜盐小盒菌属、嗜盐富饶菌属、嗜盐球菌属、嗜盐嗜碱杆菌属、嗜盐嗜碱球菌属。一般生活在 10% ~ 30% 的盐液中。对嗜盐菌的盐适应机理,有如下几种观点:

1. 嗜盐菌的 Na^+ 依存性

嗜盐菌要在高盐环境下生存,Na^+ 与细胞膜成分发生特异作用,增强了膜的机械强度,对阻止嗜盐菌的溶菌起着重要作用;在细胞膜的功能方面,嗜盐菌中氨基酸和糖的能动运输系统内必须有 Na^+ 存在,而且 Na^+ 作为产能的呼吸反应中一个必需因子起着作用;Na^+ 被束缚在嗜盐菌细胞壁的外表面,嗜盐杆菌的细胞壁以糖蛋白替代传统的肽聚糖,这种糖蛋白含有高量酸性的氨基酸,形成负电荷区域,吸引带正电荷的 Na^+,维持细胞壁的稳定性,防止细胞被裂解。“过量”的酸性氨基酸残基在蛋白表面形成负电屏蔽,促进蛋白在高盐环境中的稳定。

2. 嗜盐菌中酶的盐适应特性

嗜盐酶只有在高盐浓度下才具有活性。嗜盐酶在低盐浓度下（1.0 mol/L 的 NaCl 和 KCl 条件下）大多数变性失活，若将盐再缓慢加回，可恢复酶活性；然而若将盐去除，嗜盐酶又失活。根据嗜盐酶与盐的依存关系可分为三类：第一类为不加盐时，酶活性最高，加盐就受抑制；第二类为不加盐时有一定活性，加盐可增强酶活性，但过高浓度的盐会使酶活性受抑制，盐浓度低于细胞内离子浓度时具有最适盐浓度；第三类酶为不加盐时几乎不显示活性，由于盐的作用使酶强烈的活性化。

3. 嗜盐菌质膜、色素及 H^+ 泵作用

嗜盐菌具有异常的膜。嗜盐菌细胞膜外有一个亚基呈六角形排列的 S 单层，这个所谓的"S 单层"由磺化的糖蛋白组成，由于磺酸基团的存在使 S 层呈负电性，因此使组成亚基的糖蛋白得到屏蔽，在高盐环境中保持稳定。

限制通气，即低氧压或厌氧情况下光照培养，嗜盐菌产生红紫色菌体，这种菌体的细胞膜上，有紫膜膜片组织，约占全膜的 50%，由 25% 的脂类和 75% 的蛋白质组成。现已发现四种不同功能的特殊的色素蛋白——视黄醛蛋白，即细胞视紫红质、氯视紫红质、感光视紫红质 I 及感光视紫红质 II。当在低氧浓度生长时，某些盐杆菌合成一种经修饰了的细胞膜称为紫膜，紫膜是由三个 bR 分子构成的三聚体，可在细胞膜上形成一个刚性的二维六边形的稳定特征结构。紫膜中含有由菌视蛋白与类胡萝卜素类的色素以 1∶1 结合组成的菌视紫素或称视紫红质。没有细菌叶绿素或叶绿素参与下通过一个光合作用独特类型产生 ATP。盐杆菌实际上有 4 个视紫红质，每个都有不同的功能。嗜盐菌的视紫红质利用光能转运 Cl^- 进入细胞并维持胞内 KCl 浓度至 4~5 mol/L。最后有两个视紫红质作为光吸收者，一个吸收红光，一个吸收蓝光。它们控制鞭毛活动使细菌处于水柱中最适位置。盐杆菌移到高光强地方，但是这个地方紫外光的强度不足以使其致死。嗜盐菌的菌视紫素可强烈吸收 570 nm 处的绿色光谱区的光，菌视紫素的视觉色基（发色团）通常以一种全-反式结构存在于膜内侧，它可被激发并随着光吸收暂时转换成顺式状态，随着这种转型作用 H^+ 质子也转移到膜的外面，同时由于菌视紫素分子的松弛和黑暗时吸收细胞质中的质子，顺式状态又转换成更为稳定的全-反式异构体，这又激发了光吸收，转移 H^+，如此循环，形成质膜上的 H^+ 质子梯度差，即 H^+ 泵，产生电化势，菌体利用这种电化势在 ATP 酶的催化下，进行 ATP 的合成，为菌体贮备生命活动所需要的能量。

4. 排盐作用

虽然嗜盐菌的生长需要环境中的 Na^+ 浓度较高，但细胞内的 Na^+ 浓度并不高，因为 H^+ 质子泵具有 Na^+/K^+ 反向转运功能，即吸收和浓缩 K^+ 并向胞外排放 Na^+ 的能力。嗜盐古菌是采用细胞内积累高浓度 K^+ 来对抗胞外的高渗环境。

5. 嗜盐细胞内溶质浓度的调节

由于渗透作用悬浮在高盐溶液中的细胞将失去水分，成为脱水细胞。嗜盐微生物由于产生大量的内溶质或保留从外部取得的溶质而得以在高盐环境中生存。在嗜盐细胞中氨基酸对内溶质浓度调节起着重要作用。其中主要是谷氨酸和脯氨酸及甘氨酸，它们具有渗透保护作用，是溶质浓度调节的重要因子。嗜盐菌的细胞质蛋白含有许多低相对分子质量的亲水性氨基，这一特质使细胞质可在高离子浓度的胞内环境中呈现溶液状态，而

疏水性氨基酸过多则会趋向成簇,从而使细胞质失去活性。

6.嗜盐菌具有特殊产能系统

嗜盐菌可通过两条途径获取能量:一条是有氧存在下的氧化磷酸化途径;另一条是有光存在下的某种光合磷酸化途径。

3.2.4 嗜碱古生菌

与嗜盐类群同时生活在盐湖或盐池中的还有非常耐碱的嗜碱古生菌。经测试,嗜碱古生菌生活环境几乎达到了氨水的碱度,溶液的 pH 值竟然达到 11.5 以上,它们却能正常地生长和繁殖。其最适生长 pH 值在 8.0 以上,通常在 9 ~ 10 之间。为了保证生物大分子的活性和代谢活动的正常进行,细菌细胞质 pH 值不能很高。细胞呼吸时排出 H^+ 使细胞质变碱性,为了 pH 平衡,反向运输系统排出阳离子将 H^+ 交换到胞内,使 H^+ 重新进入细胞。嗜碱菌可以在 pH 值为 10 ~ 11 的条件下生长,但胞内也要维持 pH 值为 7 ~ 9,嗜碱菌细胞质酸化的基本原因是 Na^+ 质子反向运输,因此胞内要有足够的 Na^+。

3.2.5 近期分类方法

依据 rRNA 数据,《伯杰氏手册》(第 2 版)将古生菌分为广古生菌门和泉古生菌门。广古生菌门的命名是由于它们有各种不同的代谢类型,并生活在许多不同的生态位中。广古生菌门多种多样,有 7 个纲、9 个目及 15 个科。产甲烷菌、极端嗜盐菌、硫酸盐还原菌和依赖硫代谢的极端嗜热菌放在广古生菌门。产甲烷菌是这个门中的优势生理类群。

泉古生菌(图 3.1)与古生菌的祖先相似,已被人们了解的种类是嗜热菌或超嗜热菌。泉古生菌门仅有 1 个纲(热变形菌纲)及 3 个目。

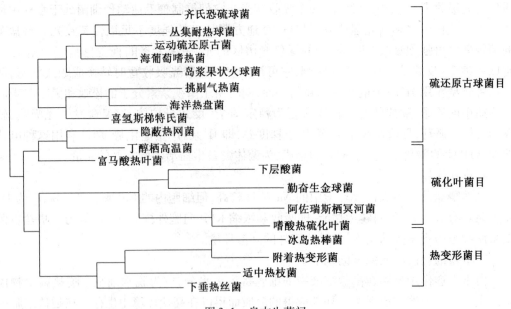

图 3.1 泉古生菌门

3.2.5.1　泉古生菌门

前面提到过的,人们了解的大多数泉古生菌是极端嗜热的,许多嗜酸并依赖硫。硫可以作为厌氧呼吸中的一个电子接受者或作为无机营养的一个电子源。几乎所有菌都是严格厌氧的,它们生长在含硫元素的地热水或土壤中。

热变形菌为长瘦杆状,能够弯曲或分支。它的细胞壁由糖蛋白组成。热变形菌严格厌氧,生长温度为 $70 \sim 97$ ℃,pH 值为 $2.5 \sim 6.5$,通常生长在富硫的温泉及其他热的水环境中。它可有机化能营养生长并氧化葡萄糖、氨基酸、酒精和有机酸,以元素硫作为电子受体。即热变形菌能进行厌氧呼吸。它用 H_2 和 S^0 也可无机化能营养生长。一氧化碳或二氧化碳能作为唯一碳源。

3.2.5.2　广古生菌门

广古生菌门是非常多种多样的一个门,有许多纲、目和科,出于分类的目的,下面将重点讨论包括广古生菌在内的五个主要类群的生理学和生态学。

1. 产甲烷菌

产甲烷菌是严格厌氧的,通过把 CO_2、H_2、甲酸、甲醇、乙酸和其他的化合物转变成甲烷或甲烷和 CO_2 来获得能量。有五个目和 26 个属。在整个形态、16S rRNA 序列、细胞壁化学和结构、膜脂及其他特性上有大的差别,例如,产甲烷菌有三种不同类型的细胞壁。其中几个属含有假胞壁质的细胞壁(图3.2),其他菌的壁含有蛋白质或异多糖。图3.3显示典型甲烷菌的形态,代表属的选择特征见表3.1。

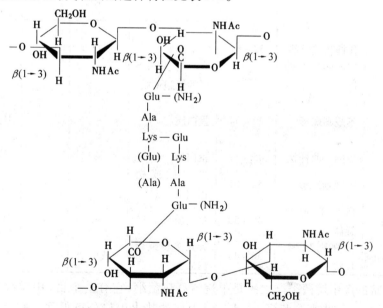

图 3.2　假肽聚糖的结构(括号内的成分不总存在)

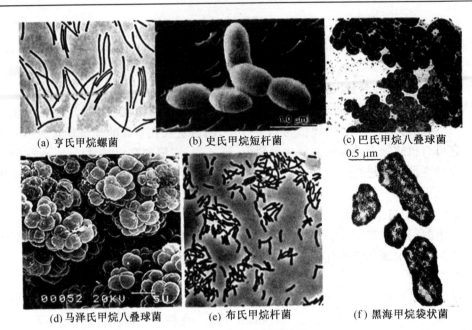

图3.3　一些产甲烷细菌

表3.1　产甲烷菌代表属的选择特征

属	形态学	(G+C)/%	细胞壁组成	革兰氏反应	运动性	用于产甲烷的底物
甲烷杆菌目						
甲烷杆菌属	长杆状或丝状直或轻微弯曲杆状	32～61	假细胞质	+或可变	-	H_2+CO_2,甲酸
甲烷嗜热菌属		33	有一外蛋白S层的假胞壁质		+	H_2+CO_2
甲烷球菌目						
甲烷球菌属	不规则球形	29～34	蛋白质	-	-	H_2+CO_2,甲酸
甲烷微菌目						
甲烷微菌属	短的弯曲杆状	45～49	蛋白质	-	+	H_2+CO_2,甲酸
产甲烷菌属	不规则球形	52～61	蛋白质或糖蛋白	-	-	H_2+CO_2,甲酸
甲烷螺菌属	弯曲杆或螺旋体	45～50	蛋白质	-	+	H_2+CO_2,甲醇
甲烷八叠球菌属	不规则球形,片状	36～43	异聚多糖或蛋白质	+或可变	-	胺、乙酸

　　最不寻常的产甲烷菌类群之一是甲烷嗜高热菌纲,它有1个目(甲烷嗜高热菌目)1个科和1个属(甲烷嗜高热菌属)。人们从海底的热火山口分离得到这些极端嗜热的棍状甲烷菌。坎氏甲烷嗜高热菌生长最低温度是84 ℃,最适温度是98 ℃,即使在110 ℃下也能生长。甲烷嗜高热菌属是广古生菌门中最古老的分支。

　　值得一提的是产甲烷菌厌氧产甲烷的能力和代谢与众不同。这些细菌有几个独特辅因子:甲烷呋喃(MFR),四氢甲烷嘌呤(H_4MPT),辅酶 M(2-巯基乙烷磺酸),辅酶 F_{420} 和辅酶 F_{430}(图3.4)。

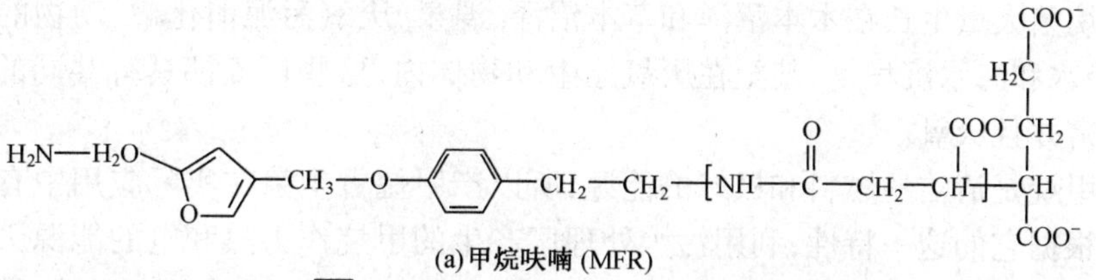

(a) 甲烷呋喃 (MFR)

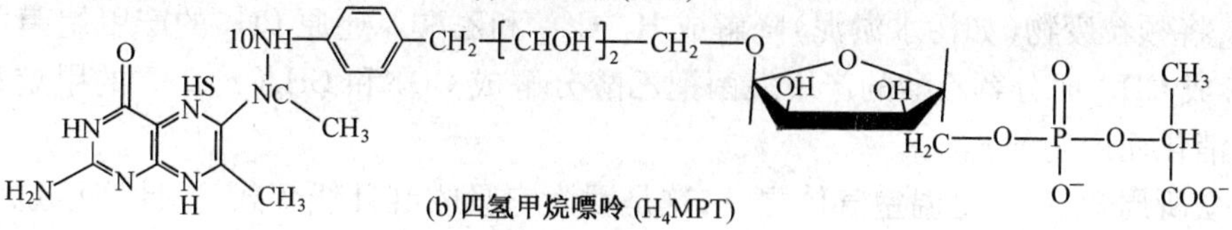

(b) 四氢甲烷嘌呤 (H₄MPT)

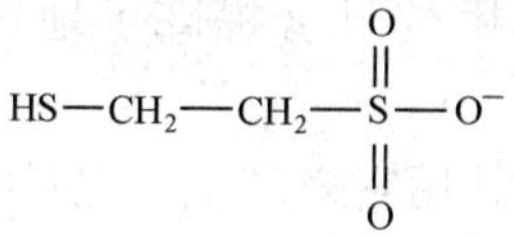

(c) 辅酶 M

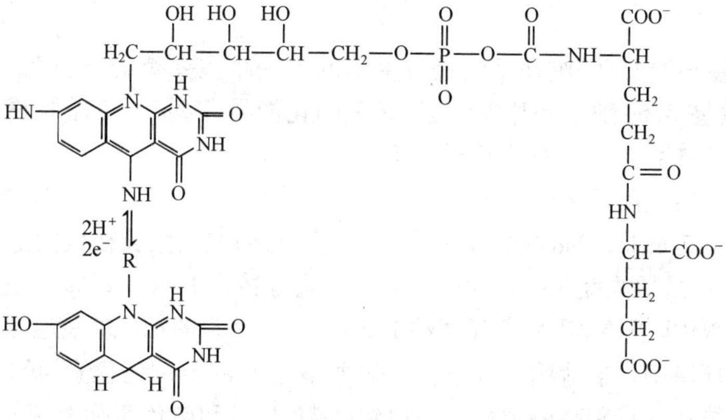

(d) 辅酶 F₄₂₀

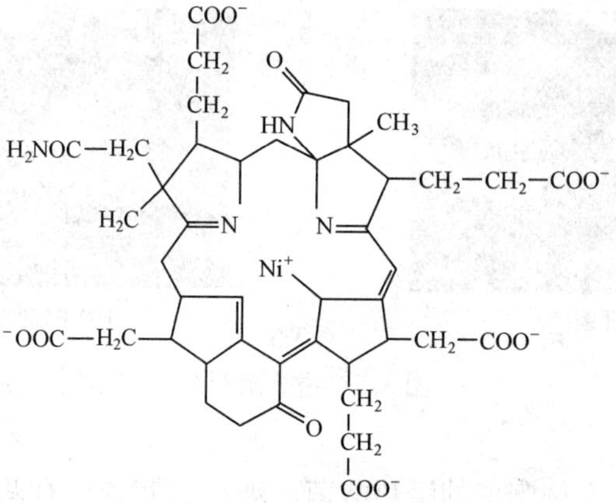

(e) 辅酶 F₄₃₀

图 3.4 产甲烷辅酶

注:图 3.4(d) F₄₂₀ 的氧化和还原可逆的部分用双箭头表示。图 3.4(a) MFR、图 3.4(b) H₄MPT 和图 3.4(c) 辅酶 M 在产甲烷过程中携带一个碳单位(MFR 和 MPT 也参与乙酰-CoA 的合成)。碳单位结合的部位用双箭头表示。H₄MPT 用与辅酶四氢叶酸同样方法在氮 5 和 10 上携带碳单位。图 3.4(e) 辅酶 F₄₃₀ 是甲基-CoM 甲基还原酶的辅酶。

产甲烷菌大量生长在木本沼泽和草本沼泽、温泉、厌氧污泥消化罐、动物的瘤胃和肠道系统、淡水和海水沉积物,甚至在厌氧原生动物体内,这些环境都具有共同的特点——有机物丰富并且厌氧。

由干甲烷是清洁的燃料和极好的能源,所以产甲烷古生菌在实际应用中有巨大的潜力。人们根据它的这一特性,利用污水处理厂产生的甲烷作为热和电的能源厌氧消化微生物,将颗粒废物(如污水淤泥)降解成 H_2、CO_2 和乙酸。还原 CO_2 的产甲烷菌用 CO_2 和 H_2 形成 CH_4,而分解乙酸的产甲烷菌把乙酸分解成 CO_2 和 CH_4(约 2/3 的甲烷是由乙酸厌氧消化而产生的)。

众所周知,甲烷是温室气体之一,这是因为它吸收红外线辐射,因此产甲烷成为一个严重的生态问题。根据大量报道,甲烷显著提高了地球温度,并在最近 200 年呈上升趋势。

最近发现产甲烷菌能氧化 Fe^0 并用它来产生甲烷和能量。这意味着产甲烷菌生长在埋着的或沉没着的铁管子周围,并和其他物质一样可能在铁腐蚀中起重要作用。

2. 盐杆菌

极端嗜盐菌或嗜盐菌,嗜盐菌纲是古生菌的另一个主要类群,现在一个科中有 15 个属。盐杆菌科(图 3.5)细菌是呼吸代谢、好氧的化能异养型,生长需要复杂的营养物,一般是蛋白质和氨基酸。它们的种或不能运动或通过丝鞭毛运动。

前面介绍过嗜盐菌显著区别于其他古生菌的特征是它绝对依赖高浓度 NaCl。这些细菌需要至少 1.5 mol/L NaCl(质量分数约 8%),它们可以生长在接近饱和的盐度中(质量分数约 36%),最适浓度 3~4 mol/L NaCl(质量分数为 17%~23%)。盐杆菌属菌的细胞壁非常依赖 NaCl,当 NaCl 浓度降至约 1.5 mol/L 时,它的细胞壁就会不完整,嗜盐菌仅仅生长在高盐环境中。嗜盐菌常有来自类胡萝卜素的红至黄色色素,可能用来保护避免强阳光。它们能达到特别高的数量水平以致盐湖、盐场和咸鱼实际上变成了红色。

　　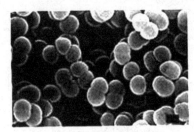

(a) 盐沼杆菌　　　　　　　　　　　(b) 鳕盐球菌

图 3.5　嗜盐菌例图

3. 热原体

热原体目的细菌是无细胞壁的嗜热酸菌。现在已知的仅有两个属:热原体属和嗜酸菌属。它们彼此间有充分区别,放在不同科中——热原体科和嗜酸菌科。

人们在煤矿的废物堆中发现了热原体,而无机化能营养细菌能将废物堆中的大量硫化铁(FeS)氧化成硫酸,因此使这个废物堆的温度升高并显酸性。这正是热原体理想的生境,因为该菌生长最适温度为 55~59 ℃,pH 值为 1~2。虽然热原体缺少细胞壁,但是用大量二甘油四乙醚、脂多糖和糖蛋白,增强了它的质膜。与一个特殊似组蛋白的蛋白质相连稳定 DNA,该蛋白质压缩 DNA 呈颗粒状类似于真核生物核小体。在 59 ℃时,热原体呈不规则菌丝状,然而在较低温度下它是球状的(图 3.6)。细胞可能有鞭毛并且是运动的。

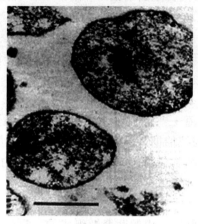

图 3.6　热原体透射电镜照片

4. 极端嗜热 S^0 代谢菌

这一生理类群包括热球菌纲,仅有一个目——热球菌目。热球菌目是严格厌氧的,能还原硫成硫化物。它们通过鞭毛运动,最适生长温度为 88~100 ℃。这个目包括一个科和两个属,热球菌属和热球菌属。

5. 还原硫酸盐古生菌

还原硫酸盐古生菌被放于古生球菌纲和古生球菌目。古生球菌目仅有一个科和一个属。古生球菌是革兰氏阴性的,是不规则类球形,细胞壁由糖蛋白亚单位组成。它能从各种电子提供者(如 H_2、乳酸、葡萄糖)抽提电子,并把硫酸盐、亚硫酸盐或硫代硫酸盐还原成硫化物。元素硫不作为电子接受者。古生球菌是极端嗜热的(最适温度约 83 ℃),能从海底热水流火山口分离到。这个菌不仅仅不像其他古生菌,有独特的还原硫酸盐的能力,而且它也有产甲烷辅酶 F_{420} 和甲烷嘌呤。

3.3　古生菌的生理特征

3.3.1　古生菌的大小和细胞形态

古生菌与真菌的相同点是都属于单细胞生物。它非常微小,最小的小于 1 μm,在高倍光学显微镜下可以看到它们;最大的有芝麻粒般大小,可以用肉眼观察到。通过人们用电子显微镜对其形态的观察发现,虽然它们很小,但形态各异,有的像细菌那样为球形、杆状,但也有的为叶片状或块状。特别奇怪的是,古生菌有呈三角形或不规则形状的,还有方形的,像几张连在一起的邮票。

3.3.2　古生菌的细胞结构

和其他原核生物一样,古生菌细胞也有细胞壁、细胞膜和细胞质三种基本结构。

3.3.2.1　细胞壁

细胞壁是一层半固态的物质,可以维持细胞的形状,并保持细胞内外的化学物质平衡。除热原体属外,几乎所有的古生菌细胞的外面都围有细胞壁,然而从其化学成分看差别则非常大。主要可分为以下五个主要类群:

1. 硫酸化多糖细胞壁

极端嗜盐古生菌——盐球菌属的细胞壁是由硫酸化多糖组成的。其中含葡萄糖、甘露糖、半乳糖、氨基糖、糖醛酸以及乙酸。

2. 糖蛋白细胞壁

极端嗜盐的另一属古生菌——盐杆菌属的细胞壁是由糖蛋白组成的,其中包括葡萄糖、葡糖胺、甘露糖、核糖和阿拉伯糖,而它的蛋白部分则由大量酸性氨基酸尤其是天冬氨酸组成。这种带强负电荷的细胞壁可以平衡环境中高浓度的 Na^+,从而使其能很好地生活在 20%～25% 的高盐溶液中。

3. 假肽聚糖细胞壁

甲烷杆菌属古生菌的细胞壁是由假肽聚糖组成的。它的多糖骨架是由 N-乙酰葡糖胺和 N-乙酰塔罗糖胺糖醛酸以 β-1,3 糖苷键交替连接而成,连在一起后氨基糖上的肽尾由 L-glu、L-ala 和 L-lys 3 个 L 型氨基酸组成,肽桥则由 1 个 L-glu 型氨基酸组成。

4. 蛋白质细胞壁

少数产甲烷菌的细胞壁是由蛋白质组成的。但有的是由几种不同蛋白组成的,如甲烷球菌和甲烷微菌,而另一些则由同种蛋白的许多亚基组成,例如甲烷螺菌属。

5. 独特多糖细胞壁

甲烷八叠球菌的细胞壁含有独特的多糖,并可染成革兰氏阳性。这种多糖含半乳糖胺、葡糖醛酸、葡萄糖和乙酸,不含磷酸和硫酸。

虽然古生菌能因细胞壁的厚度与面积的不同而使革兰氏染色呈阴性或阳性,但它们细胞壁的结构和化学成分与细菌也是不同的。古生菌细胞壁有相当大的变化。许多革兰氏阳性古生菌的细胞壁像革兰氏阳性细菌那样有一个单独厚厚的均一层,因而呈革兰氏阳性(图 3.7(a))。革兰氏阴性古生菌一般有蛋白质或糖蛋白亚基的表层,而没有外膜和复杂肽聚糖网络或革兰氏阴性真细菌的囊(图 3.7(b))。

古生菌细胞壁的化学成分也与细菌有很大差异,没有细菌肽聚糖的胞壁酸和 D-氨基酸特征。所有古生菌都不受溶菌酶和 β-内酰胺抗生素(如青霉素)的作用。革兰氏阳性古生菌细胞壁中有各种复杂的多聚体。假肽聚糖是一种在它的交联中有 L-氨基酸的似肽聚糖聚合物,它存在于甲烷杆菌和某些其他产甲烷菌的细胞壁中,N-乙酰塔罗糖胺糖醛酸代替 N-乙酰胞壁酸,$\beta(1\rightarrow3)$ 糖苷键代替 $\beta(1\rightarrow4)$ 糖苷键(图 3.2)。甲烷八叠球菌和盐球菌与动物结缔组织的硫酸软骨素相似,缺少假肽聚糖,含复杂聚多糖。在革兰氏阳性古生菌细胞壁中也找到了其他异聚多糖。

革兰氏阴性古生菌有位于质膜外的蛋白层或糖蛋白层。这个蛋白层可厚达 20～40 nm,有的是两层,一个鞘围绕着一层电子密度层。这些层的化学物质变化相当大。一些产甲烷、盐杆菌属和其他极端嗜热菌的细胞壁有糖蛋白。相反,其他产甲烷菌和极端嗜热的脱硫球菌属有蛋白质壁。

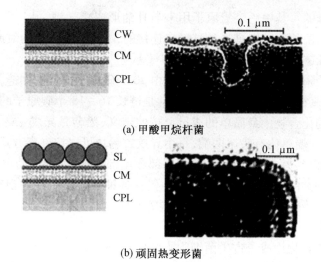

(a) 甲酸甲烷杆菌

(b) 顽固热变形菌

图 3.7　古生菌的细胞外膜

CW—细胞壁;SL—表层;CM—细胞膜或细胞质;CPL—细胞质

3.3.2.2　古生菌的细胞膜

众所周知,细胞质膜是在上下两暗色层之间夹着一浅色中间层的双层膜结构。它的主要成分是磷脂,是两层磷脂分子按一定规律整齐排列而成的。其中每一个磷脂分子由一个带正电荷且能溶于水的极性头(磷酸端)和一个不带电荷、不溶于水的非极性尾(烃端)所构成。极性头朝向内外两表面,呈亲水性,而非极性端的疏水尾则埋入膜的内层,于是形成了一个磷脂双分子层。因此细胞膜或内膜是紧贴在细胞壁内侧、包围着细胞质的一层柔软、脆弱、富有弹性的半透性薄膜。

细胞膜具有重要的生理功能,是细胞不可缺少的组成部分。所有的古生菌均具有细胞膜。与其他生物不同,古生菌的细胞膜存在独特的单分子层膜或单、双分子混合膜。目前发现,这类单分子层膜主要存在于嗜高温的古生菌中,原因可能是这种膜有更高的机械强度。

3.3.2.3　细胞膜的化学成分

和其他生物相比,古生菌的细胞膜在化学组成上具有显著的差别,基本差别有 4 点:①甘油的立体构型;②醚键;③类异戊二烯链;④侧链的分支。

1. 甘油的立体构型

组成细胞膜的基本单位是磷脂。这是在甘油分子一端加上了一个磷酸分子,另一端则加了两条侧链。当细胞膜靠在一起时,甘油和磷酸分子的末端就悬在膜的表面,中间则夹着长的侧链。这样一层结构在细胞周围形成了一道有效的化学壁垒,以便细胞维持化学平衡。用来构建古生菌磷脂的甘油是细菌和真核生物细胞膜上所用的甘油的立体异构体。这两种甘油就像物体和它在镜子中的影像一样。它们不可能简单地旋转一下就从一种变成另一种,化学家给其中一种命名为 D 型,另一种命名为 L 型。细菌和真核生物的细胞膜中是 D 型甘油,而古生菌的是 L 型。

2. 醚键

当侧链加到甘油分子上时,大多数生物是通过加上两个氧原子而连接到甘油的一端,即通过酯键来结合的。其中一个氧原子用来与甘油形成化学键,另一个原子则在发生结合后伸出来。古生菌的侧链则是通过醚键来连接的,并没有伸出来的氧原子。

3. 类异戊二烯链

古生菌膜上的磷脂是由异戊二烯构成的由 20 个碳原子形成的侧链,这与细菌和真核生物不同,细菌和真核生物磷脂上的侧链通常是链长 16~18 个碳原子的脂肪酸。异戊二烯是称为烯萜类的化合物中最简单的成员。按照定义,烯萜是异戊二烯彼此联合而构成的分子,每个异戊二烯单位有头尾两端,每个异戊二烯块可以按许多方式连接。它们既可以头尾相连,也可以与另一头不相连,还可尾部和尾部相连。因此,简单的异戊二烯单位可以连接成无数种类的独特的脂类化合物。仅在各种嗜盐菌中就发现有细菌红素、α 胡萝卜素、β 胡萝卜素、番茄红素、视黄醛和奈醌等。

4. 侧链的分支

很多不同的化合物构成了古生菌细胞膜的侧链,而细菌和真核生物的脂肪酸则没有这些侧分支,这些侧分支能够形成碳原子环,既可以使古生菌具有稳定的膜结构,又有助于其在高温中生存。

3.3.2.4 古生菌的细胞质

古生菌细胞质没有细胞器的分化。其主要成分包括核糖体、蛋白质和一些酶类、RNA以及大量的水分。其核糖体和细菌一样,大小为 70 S,但是古生菌的核糖体对作用于其他细菌的抗生素不敏感。细菌、动物、植物、真菌的转移 RNA 的结构特征是相同的,其作用都是解读 DNA 的遗传密码、合成蛋白质,是一种相对比较小的核糖核酸分子。但是古生菌的 tRNA 分子的结构却很特别,其核苷酸序列中不存在其他生物中常见的胸腺嘧啶。tRNA 和 rRNA 中内含子的类型均为 3′-P/5′-OH 生成。转译起始 tRNA 均为甲硫氨酸、细菌的 tRNA 则为甲酰甲硫氨酸,肽链延长因子 EF2 对白喉毒素敏感。此外,有的古生菌在细胞的一端生有多条鞭毛。鞭毛是一种像头发一样的细胞附属器官,它的功能是使细胞能够运动。

3.3.3 细胞核和基因组结构

前面提到的古生菌是原核生物,与细菌相同,它没有核膜,DNA 也以环状形式存在,大小为 1 600~2 900 Kb,有些种的细菌除了一条大的环状染色体 DNA 外,还有几条小型环状染色体,合计不超过 4 Mb。古生菌中含有大量的类组蛋白,但其一级结构和空间结构与真核生物的组蛋白大不相同。虽然核小体也常见,但是相当一部分 DNA 还是裸露的。有些古细菌的核小体结构呈正超螺旋,而真核生物核小体都呈负超螺旋;古核生物染色体结构相关基因一般簇集排列,类似原核,其基因组含有插入序列,但与通常内含子的性质不大相同。

3.3.4 古生菌的微生态学

古生菌遗传学的某些特性与细菌的相似。它们的染色体是单链闭合环状 DNA,然而一些古生菌的基因组比正常细菌的基因组显著较小。嗜酸热原体 DNA 约 0.8×10^9 Da,热自养甲烷杆菌 DNA 是 1.1×10^9 Da,然而大肠杆菌 DNA 大小约为 2.5×10^9 Da。G+C 含量变化大,质量分数 21%~68%,是古生菌多样性的另一特征。古生菌很少有质粒。根据已全部测序完毕的古生菌詹氏甲烷球菌的基因组结果,与其他生物的基因组比较,它的1 738个基因中约56%与细菌和真核生物中的不同。如果差异的程度是古生菌域的特征如同它们在其他方面那样,那么这些生物的遗传型也是独特的。

古生菌 mRNA 与真核生物的 mRNA 相似些。已经发现了多基因 mRNA,但没有出现mRNA 剪接的证据。古生菌的启动子与细菌的启动子相似。

除了这些和其他细菌的相似性,古生菌和其他的生物也有许多差别。古生菌起始tRNA 有甲硫氨酸,像真核生物起始 tRNA 一样。虽然古生菌的核糖体像细菌的一样都是70S,但是通过电子显微镜对其观察发现,它们的形状是显著变化的,并且有时与细菌和真核生物核糖体的都不同。某些古生菌有组蛋白与 DNA 结合形成似核小体结构,与其他的原核生物不同。另外,古生菌依赖 DNA 的 RNA 聚合酶与真核生物的聚合酶相似,但不同的是这些酶是巨大的和复杂的酶,并且对利福平和利迪链霉素不敏感。

3.3.5　代　谢

由于古生菌生活方式的变化,不同类群成员之间代谢情况是有很大不同的。一些古生菌是有机营养生物;另外一些是自养生物,少数甚至进行不一般形式的光合作用。

其中最明显的是古生菌的糖类代谢。古生菌没有通过糖酵解途径降解葡萄糖,并且人们也确实发现没有6-果糖磷酸激酶的存在。极端嗜盐菌和嗜热菌是通过 ED 途径的一种被修饰的方式降解葡萄糖的,这个途径起始中间物不是磷酸化的。虽然嗜盐菌相比极端嗜热菌的途径有稍微不同的修饰,但仍产生丙酮酸和 NADH 或 NADPH。与葡萄糖降解相反,产甲烷菌不分解葡萄糖,嗜盐菌和产甲烷菌通过 EMP 途径的逆途径进行葡萄糖异生。经过研究,人们发现所有古生菌都没有在真核生物和呼吸性细菌中存在的丙酮脱氢酶复合物,而代之以丙酮氧化还原酶,且能氧化丙酮酸生成乙酰 CoA。在嗜盐菌和嗜热菌中已经获得了功能性的呼吸链,但没有发现产甲烷菌有一个完整的三羧酸循环。

目前,人们对古生菌中生物合成途径的了解还很少。根据初步的数据得知,氨基酸、嘌呤和嘧啶的合成途径与其他生物相似。产甲烷菌能将空气中的分子氮固定,虽然不是所有的古生菌都使用糖酵解逆途径合成葡萄糖,但是至少某些产甲烷菌和极端嗜热菌使用糖原作为它们的主要贮藏物质。

产甲烷菌和极端嗜热菌大多数为自养型生物,并可固定 CO_2,热变形菌和硫化叶菌属通过还原性三羧酸循环结合 CO_2(图 3.8(a)),绿硫细菌也可能通过这个途径结合 CO_2。产甲烷细菌通过还原性乙酰 CoA 途径结合 CO_2,可能大多数极端嗜热菌也是这样(图 3.8(b)),产乙酸菌和自养型还原硫酸盐细菌中也有一个相似的途径。

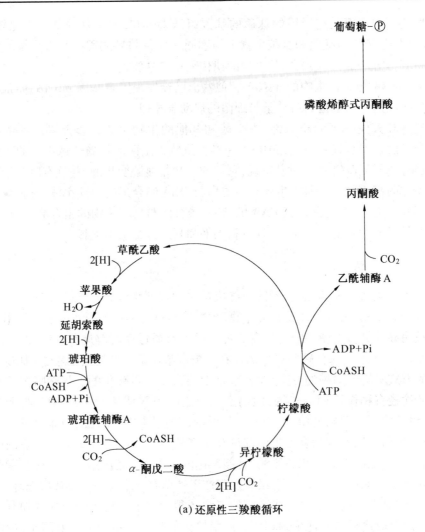

(a) 还原性三羧酸循环

(b)热自养甲烷杆菌以CO_2合成乙酰－CoA 和丙酮酸

图 3.8　自养型生物固定 CO_2 的机制

3.3.6　主要古生物类群的特征

主要古生物类群的特征见表 3.2。

表3.2 主要古生物类群的特征

类群	一般特征	代表属
产甲烷古生菌绝对厌氧	甲烷是主要代谢最终产物。S^0 可以还原成 H_2S 不产生能量。细胞有辅酶 M、因子 F_{420} 和 F_{430} 及甲烷嘌呤	甲烷杆菌属、甲烷球菌属、甲烷微菌属、甲烷八叠球菌属
硫酸还原古生菌	不规则革兰氏阴性类球状细胞,从硫代硫酸盐和硫酸盐生成 H_2S,利用硫代硫酸盐和 H_2 自养性生长。能异养生长,也能形成少量甲烷,极端嗜热和绝对厌氧,有因子 F_{420} 和甲烷嘌呤,没有辅酶 M 和因子 F_{430}	古生球菌属
极端嗜盐古生菌	类球状或不规则杆状,革兰氏阴性或革兰氏阳性,主要为好氧有机化学营养型,生长需要高浓度 NaCl。菌落嗜中性或碱性,嗜温或微嗜热。有些种有细菌视紫质并利用光合成 ATP	盐杆菌属、盐球菌属、嗜盐碱杆菌属
无细胞壁古生菌	无细胞壁的多型细胞,嗜热嗜酸及化学有机能营养型,兼性厌氧,质膜含有丰富甘露糖的糖蛋白和脂多糖	热浆菌属
极端嗜热 S^0 代谢菌	革兰氏阴性杆状、丝状或球状。绝对嗜热,通常绝对厌氧但可以是好氧或兼性,嗜酸或嗜中性,自养型或异养型,大部分为硫代谢者。在厌氧下还原成 H_2S,在好氧下 H_2S 或 S^0 氧化成 H_2SO_4	脱硫球菌属、热网菌属、火球菌属、硫化叶菌属、热球菌属、热变形菌属

3.4 古生菌目前的研究与应用

3.4.1 古生菌适应机理的研究与应用

1. 耐热问题

研究人员从嗜热生物的 DNA 不易被降解的途径进行研究,从中得到一种具有保护作用的类组蛋白。在离体培养的 DNA 中加入这种类组蛋白,DNA 就能经受住比平常高 30 ℃的温度。这个问题的研究对于生物抗高温,或者是在高温条件下增加繁殖系数,达到增产、增益都有极为现实的意义。

2. 耐酸问题

嗜酸生物在极度酸性环境中生活,其体内却能保持中性,pH 值大约是 7。前面已经详细介绍了它是如何形成高度韧性的膜和这种膜的泵功能强度。目前,在生产上已经利用它们作为商业性开采矿物之用,收益很大。特别是利用它们从低品位的矿物中溶提贵重金属非常成功。另外,利用它们进行生物制酸,还可以达到节省投资、少消耗或不消耗能量的目的。

3. 耐压问题

膜系统在生命科学中占有很重要的地位,它关系着生物与环境条件之间物质和能量的交换,以及生命如何形成、延续和发展等重大课题。一般来说,在压力增加的条件下,膜的通道也会相应地增加。但是,人们找到了一组能够调整压力影响的基因,并通过它减少某些蛋白质的产出率,从而在压力增加的条件下,可以减少膜的通道,达到阻止体内的糖和其他营养成分扩散到体外的效果。

3.4.2　古生菌极端酶资源的研究与开发利用

古生菌大多生长在比较极端的环境条件中,如高温、低温、高盐、高压、高或低的 pH 值等极端环境中。它们体内产生的各种酶一般也能在极端的条件下保持活性,这些酶在实践应用中具有很多优良的形状,在现代生物技术中将发挥巨大的作用。

由嗜热微生物产生的嗜热酶具有高温反应活性,以及对有机溶剂、去污剂和变性剂的较强抗性,使它在食品、医药、制革、石油开采及废物处理等方面都有广泛的应用潜力。

1. 食品加工中的应用

食品加工过程中,通常要经过脂肪水解、蛋白质消化、纤维素水解等过程处理。由于常温条件下进行这些反应容易造成食品污染,所以很难用普通的中温酶来催化完成。嗜热性蛋白酶、淀粉酶及糖化酶已经在食品加工过程中发挥了重要作用。

嗜盐酶因其特殊的活性(在高盐浓度下仍保持高活性),可应用于处理海产品、酱制品及化工等工业部门排放的含高浓度无机盐废水以及海水淡化等方面。海藻嗜盐氧化酶在催化结合卤素进入海藻体内代谢中起作用,这对化学工业的卤化过程有潜在的价值。

嗜冷酶在食品工业中的应用潜力相当大。牛奶加工业中,嗜冷 β 半乳糖苷酶可在兼备高乳糖水解水平的同时缩短水解时间,还可减少细菌污染的风险。肉类加工业中,理想的肉类柔嫩酶可在低温条件下作用于结缔组织胶原和弹性硬蛋白,并可在 50 ℃ 左右失活,在肉类 pH 值(pH 4~5)状态下也具有良好的活性。烘焙面包工艺中,嗜冷性淀粉酶、蛋白酶和木糖酶能减少生面团发酵时间,提高生面团和面包心的质量及香味和湿度的保留水平。脂酶可用于乳制品和黄油的增香、生产类可可脂、提高鱼油中多聚不饱和脂肪酸含量等。还有一些嗜冷酶在酿造和白酒工业、动物饲料等应用中比相应的中温酶更好。

2. 工业生产中的应用

嗜冷酶的特殊性质使其在工业生产应用中具有一定优势。低温下催化反应可防止污染:经过温和的热处理即可使嗜冷酶的活力丧失,而低温或适温处理不会影响产品的品质等。下面介绍一些具体的工业应用:嗜冷性纤维素酶可以用于生物抛光和石洗工艺过程,能降低温度上的工艺难度和所需酶的浓度,而且嗜冷酶的快速自发失活可提高产品的机械抗性。生物降解及低水活条件下的生物催化:混合培养的专一嗜冷微生物在污染环境中扩增和接种产生的酶能提高不耐火化学药品的降解能力,但我们对这些微生物知之甚少。目前,处理人类活动所带来的废水污染可能是在生物降解方面的一个可行性用途。近年来有关嗜冷酶的研究日益增多,相信随着研究的持续深入以及生物工程技术的充分利用,嗜冷酶工业应用前景将会更广阔。

嗜碱酶的主要工业用途是作为去污剂添加成分,洗涤试验表明,去污剂中加入嗜碱枯草菌的耐碱蛋白酶,可显著提高洗涤效率,另外碱性淀粉酶还用于纺织品退浆,在环保方面,利用嗜碱酶的催化作用可对洗涤剂工业、印染工业、造纸工业所产生的碱性废水进行生物处理。个别嗜碱酶还可运用于生物工程方面。

3. 环境保护中的应用

嗜热酶在污水及废物处理方面有着其他方法无法比拟的优越性。科学家们不仅利用嗜热酶的耐热性,更重要的是利用它对有机溶剂的抗性。在许多污染地区,其污染源的主要成分是烷类化合物,由于它们在水中的溶解度随链的增长而降低,随温度的提高而提高,所以用生物法在高温下去除烷类化合物的污染有很大优势。在生物转化及抗生素的生产方面随着对嗜热酶研究的深入,其在生物转化方面的作用日益引起人们的重视。

3.4.3　古生菌资源的研究与药物的开发

一种从嗜盐古生菌中分离出来的 84 ku 的蛋白质,已被用于测定癌症患者血清中原癌基因 Myc 的产物所产生的抗体。值得一提的是,它比用大肠杆菌基因工程菌中产生的 Myc 蛋白有更高的阳性率。这种现象也说明,嗜盐古生菌和真核生物细胞之间,在分子水平上存在着显著的相似性。

嗜盐古生菌具有敏感模式,可用于细胞抑制靶位。包括嗜盐古生菌在内的古生菌所产生的复杂脂类,特别适于制备脂质体,因而可用于药物释放和化妆品的包装。古生菌的脂类因高度的化学稳定性和对脂酶的耐受性具有一定的优势。用嗜盐古生菌的极性脂制备的脂质体可维持稳定性达 1 月之久,比普通的脂质体有更广泛的应用潜力。

热球菌形成的与蘑菇香精相关的有机硫化合物,有一些有药学活性。古生菌结晶的 S 层网格是优良的分子筛。

已有报道,嗜热菌对维生素及类固醇等生物物质的修饰有重要作用。在抗生素的生产中,利用嗜热酶催化获得的抗生素也有报道。在利用嗜热菌获得的九种抗生素中,两种热红菌素及热绿链菌素已进行工业化生产并在医药领域得到应用。虽然自然界赋予嗜热酶耐高温和极强分子稳定性的特性,但由于嗜热酶的来源有限,培养条件苛刻,虽然利用基因工程技术已在中温宿主中得到表达,但酶的表达量低,限制了嗜热酶的广泛应用。随着对新型嗜热菌的分离及对高温酶反应条件的探索,嗜热酶必将展现更加广阔的应用前景。

第4章 细 菌

正如前面提到的,原核生物包括两种类群:古生菌和细菌。第3章已经介绍过古生菌,本章将继续介绍原核生物的另一成员——细菌。

4.1 细菌的形态、大小和细胞结构

4.1.1 细菌的形态与大小

4.1.1.1 细菌的形态

细菌有四种形态:球状、杆状、螺旋状和丝状。分别称为球菌、杆菌、螺旋菌和丝状菌(图4.1)。

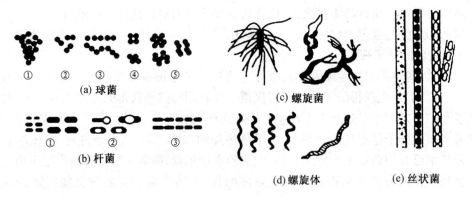

图4.1 细菌的各种形态

(a)中①—球菌;②—双球菌;③—排列不规则的球菌;④—四联球菌;⑤—八叠球菌

(b)中①—单杆菌;②—双杆菌;③—丝状菌

(1)球菌

球菌包括单球菌、双球菌、排列不规则的球菌、四联球菌(四个球菌垒叠在一起)、八叠球菌、链状球菌等。

(2)杆菌

杆菌包括单杆菌、双杆菌和链杆菌。单杆菌又包括长杆菌、短杆菌(或近似球形)、梭状杆菌等。

(3)螺旋菌

螺旋菌呈螺旋卷曲状。螺纹不满一圈的叫弧菌。

（4）螺旋体

（5）丝状菌

丝状菌分布在水生环境、潮湿土壤和活性污泥中。丝状体是丝状菌分类的特征。

在正常的生长条件下，细菌的形态是相对稳定的。但培养基的化学组成、浓度、培养温度、pH 值、培养时间等的变化，常会引起细菌的形态改变。而有些细菌则是多形态的。

4.1.1.2　细菌的大小

细菌的大小以 μm 计。多数球菌的直径为 0.5 ~ 2.0 μm。杆菌的长×宽平均为 (0.5 ~ 1.0)μm×(1 ~ 5) μm。螺旋菌的宽度与弯曲长度为 (0.25 ~ 1.7) μm×(20 ~ 60)μm。细菌的大小在个体发育过程中不断变化，刚分裂的新细菌小，随发育逐渐变大，老龄时又变小。

4.1.2　细菌的细胞结构

细菌为单细胞结构。所有的细菌均有如下结构：细胞壁、细胞质膜、细胞质及其内含物、细胞核物质。部分细菌还具有以下特殊结构：芽孢、鞭毛、荚膜、黏液层、菌胶团、衣鞘及光合作用层片等。细菌细胞结构模式如图 4.2 所示。

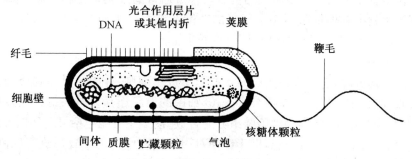

图 4.2　细菌细胞结构模式

4.1.2.1　细胞壁

细胞壁是包围在细菌体表最外层的、坚韧而带有弹性的薄膜，占菌体质量的10% ~25%。

细菌分为革兰氏阳性菌和革兰氏阴性菌两大类，二者细胞壁的化学组成和结构各不相同。革兰氏阳性菌的细胞壁较厚，但结构较简单。革兰氏阴性菌的细胞壁较薄，但其结构较复杂，分为内壁层和外壁层。内壁层含肽聚糖，不含磷壁酸。外壁层又可分为三层：最外层是脂多糖，中间是磷脂层，内层为脂蛋白。革兰氏阳性菌和革兰氏阴性菌细胞壁化学组成的比较见表 4.1。细菌细胞壁的结构如图 4.3 所示。

表 4.1　革兰氏阳性菌和革兰氏阴性菌细胞壁化学组成的比较

细菌	壁厚度/nm	肽聚糖/%	磷壁酸/%	脂多糖/%	蛋白质/%	脂肪/%
革兰氏阳性菌	20 ~ 80	40 ~ 90	+	−	约20	1 ~ 4
革兰氏阴性菌	10	10	−	+	约60	11 ~ 22

细菌细胞壁的生理功能有：①维持细胞形态；②保护细胞免受渗透压危害；③为鞭毛提供支点；④细胞壁是多孔结构的分子筛，阻挡某些分子进入和保留蛋白质；⑤许多病原菌细胞壁还与其致病性有关，例如，细胞壁可保护细胞免受有毒物质的损害，但同时也是多种抗生素作用的靶点。

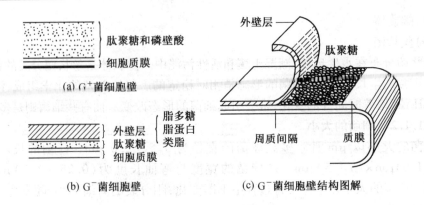

(a) G⁺菌细胞壁

(b) G⁻菌细胞壁　　　(c) G⁻菌细胞壁结构图解

图 4.3　细菌细胞壁的结构图

4.1.2.2　细胞膜

1. 质膜

包裹着细胞质的结构为质膜(Plasma Membrane)。它是细胞与其所处环境相互接触的主要部位,决定着细胞与外部世界的相互关系。膜都包含蛋白质和脂类,但不同膜中两者的实际含量变化很大。细菌质膜的蛋白质含量通常高于真核生物的膜,这可能是因为许多在真核生物中其他细胞器膜上行使的功能在细菌中由质膜来负责完成。细胞膜很薄,厚度约为 5~10 nm,只有在电子显微镜下才能看到。

细菌的质膜兼具多种功能:①质膜可保留细胞质,将其与周围环境隔开;②质膜是一个选择性的渗透屏障,它允许特定的离子和分子进出细胞,并阻止某些物质的穿行,如营养物质吸收、废物排放以及蛋白质分泌等;③细菌的质膜还是多种关键代谢过程的场所,如呼吸代谢、光合作用、脂类和细胞壁组分的合成,甚至还可能包括染色体的分离等;④质膜上还包含有特定的受体分子,有助于细菌对周围环境中的化学物质进行探测并作出回应。由此可见,质膜对微生物的生存起着至关重要的作用。

图 4.4 为细菌质膜结构的流动镶嵌模型示意图,图中漂浮于脂双层中的为整合蛋白,而外周蛋白则与内膜表面松散结合。小球体代表膜磷脂的亲水端,摆动的尾巴代表疏水的脂肪酸链。在膜中还可能存在其他脂类,例如藿烷类化合物。为清楚起见,图中磷脂的

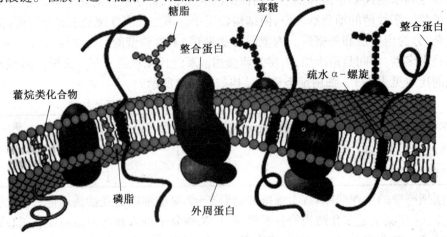

图 4.4　质膜结构

比例尺寸要比其在实际膜中的大得多。

2. 内膜系统

细菌细胞质中最常见的一种膜状结构是间体，它是由于质膜内陷而形成的管状、薄层状或泡囊状结构。它们可为较强的代谢活性提供较大的膜表面，可能参与分裂时细胞壁的形成，或在染色体复制和子细胞的分配中发挥作用。但是，目前也有许多细菌学家认为，间体是由于化学固定过程所产生的人工假象。间体结构如图4.5所示。

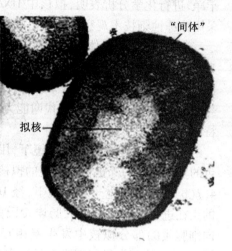

图 4.5 间体结构

4.1.2.3 细胞质基质

与真核生物不同，原核生物细胞质中不具有膜包裹的细胞器。细胞质基质（Cytoplesmic Matrix）是存在于质膜与拟核之间的主要物质，其主要成分是水，并存在由蛋白质组成的类似细胞骨架的系统。

1. 内含体

存在于细胞质基质中的各种有机或无机物质的颗粒，被称为内含体（Inclusion Bodies）。这些内含体通常用于贮存碳化合物、无机物和能量等，也可用于降低渗透压。有些内含体无膜包裹，一些内含体则由一厚为 $2.0 \sim 4.0$ nm 的单层膜所包裹，而不是典型的双层膜。下面对几种重要的内含体进行简要的介绍。

首先介绍几种有机物内含体：①藻青素颗粒（Cyanophycin Granules），由大的多肽组成，可为细菌贮存多余的氮；②羧酶体（Carboxysomes），是 1,5-二磷酸核酮糖羧化酶的贮存场所，还可能是一个固定二氧化碳的场所；③气泡，可见于许多蓝细菌、紫色光合细菌以及绿色光合细菌等一些水生细菌中，这些具有气泡的细菌可对其浮力进行调节，从而漂浮在适当的深度以获取最优的光强、氧含量和营养。

无机物内含体主要有以下两种类型：①多聚磷酸盐颗粒（Polyphosphate Granules），又称迂回体（Volutin Granules），许多细菌利用其进行磷的贮存，由于多聚磷酸盐在反应中可作为能量来源，迂回体还可作为能量仓库；②有些细菌可利用硫粒临时贮存硫。

2. 核糖体

核糖体既可充满于细胞质基质中，也可松散地结合在质膜上。它由蛋白质和核糖核酸（RNA）组成，结构非常复杂。核糖体是蛋白质合成的场所，存在于基质中的核糖体，所合成的蛋白质会留在细胞内，而与质膜结合的核糖体所合成的蛋白质则运输到胞外。原核生物的核糖体比真核生物的小，其大小约为 20 nm $\times (14 \sim 15)$ nm，相对分子质量约为 2.7×10^6。

4.1.2.4 拟核

原核生物与真核生物之间最明显的差别就是遗传物质的包裹方式不同。真核细胞具有两条或两条以上的染色体，由膜包裹在细胞核中。相反原核生物不具有细胞核，其染色体位于一个称为拟核（Nucleoid）的形状不规则的区域。原核生物通常包含一个双链 DNA 的单环，有些也具有线状的 DNA 染色体，有些细菌甚至不只含有一条染色体。拟核与间体或质膜是相互接触的，这说明细菌 DNA 是与细胞膜相结合的。将与拟核相连的膜去除干净,进行化学分析表明,拟核中 DNA 占 60%、RNA 占 30%、蛋白质占 10%。图 4.6 为采用冰冻蚀刻技术观察的水华鱼腥蓝细菌。

许多细菌除染色体外还含有质粒(Plasmids)。质粒通常为环状的双链 DNA 分子,可独立于染色体存在并复制遗传,也可整合到染色体上。一般来说,质粒基因可使细菌具有抗药性、产生致病性、形成新的代谢能力或赋予它们一些其他特性。

图 4.7(a)为在光学显微镜下,用 HCl-姬姆萨染液染色的正在生长的芽孢杆菌细胞的拟核(标尺为 5 μm)。图 4.7(b)为在透射电子显微镜下,经 DNA 特异性免疫染色的正在进行旺盛生长的大肠埃希氏菌的细胞切面。在伸向细胞质的部分拟核中发生着相互耦联的转录和翻译。图 4.7(c)为正在进行旺盛生长的大肠埃希氏菌细菌中两个拟核的模型。注意代谢旺盛的拟核并不呈致密的球形,而是有突出物伸入细胞质基质中。

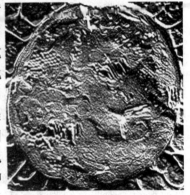

图 4.6　采用冰冻蚀刻技术观察的水华鱼腥蓝细菌

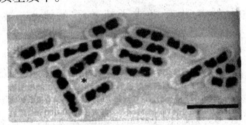

(a) 芽孢杆菌细胞的拟核

(b) 大肠埃希氏菌的细胞切面

(c) 大肠埃希氏菌拟核模型

图 4.7　细菌拟核

4.1.2.5　细胞壁外部的组成结构

1. 荚膜、黏液层和 S 层

有些细菌的细胞壁外裹有一层物质,如果这层物质排列有序且不易被洗脱,则称其为荚膜(Capsule)(图 4.8);若它的结构松散、排列无序且易被清除,则称为黏液层(Slime

Layer)。荚膜和黏液层常由多糖组成,少数由氨基酸构成。荚膜还含有大量的水分,可避免细胞干燥脱水;此外,荚膜可帮助细菌抵抗宿主吞噬细胞;荚膜还可隔绝细菌病毒和去污剂等疏水性强的有毒物质。黏液层有助于细菌的滑移运动。

图 4.8　细菌的荚膜

许多革兰氏阳性菌和革兰氏阴性菌在细胞壁表面具有一个由蛋白质或糖蛋白有序排列组成的层状结构,称为 S 层(S-layer)(图 4.9)。S 层可保护细胞免受离子、pH 值、渗透压和酶的影响;它也有助于维持细胞的形状和外壳的硬度;S 层还可保护某些病原菌免于遭受攻击和细胞吞噬,因此有助于其毒力。

2. 鞭毛

大多数运动细菌都是利用鞭毛(Flagella,单数为 Flagellum)进行运动的。鞭毛是细胞壁的一种附属物,细长、坚硬,宽约 20 nm,长度可达 15 ~ 20 μm。不同种细菌鞭毛的分布具有不同特点:单鞭毛细菌只有一根鞭毛;极生鞭毛细菌的鞭毛仅着生于一端;两端鞭毛是指细胞的每一端均有一根鞭毛;端生丛鞭毛则是在细胞的一端或两端长有一簇鞭毛;周生鞭毛细菌的整个表面都均匀地覆盖有鞭毛。鞭毛着生方式对细菌鉴定非常有用。细菌鞭毛的着生位置如图 4.10 所示。

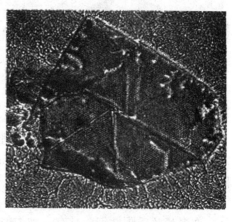

图 4.9　投影制样的耐放射异常球菌(Deinococcus Radiodurans)的 S 层电镜照片

细菌鞭毛由三部分组成:①最长的部分是鞭毛丝(Filament),它从细胞表面一直延伸至鞭毛顶端,鞭毛丝为中空、坚硬的圆柱体,由鞭毛蛋白和封盖蛋白构成;②包埋于细胞中的基体(Basal Body);③钩形鞘(Hook),连接鞭毛丝和基体的一段短小、弯曲的部分,相当于弹性关节。细菌鞭毛的超微结构如图 4.1 所示。

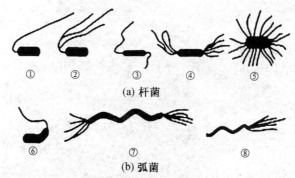

(a) 杆菌

(b) 弧菌

图 4.10　细菌鞭毛的着生位置
①极端生;②亚极端生;③两极端生;④两束极端生;⑤周身;
⑥单根极端生;⑦两束极端生;⑧束极端生

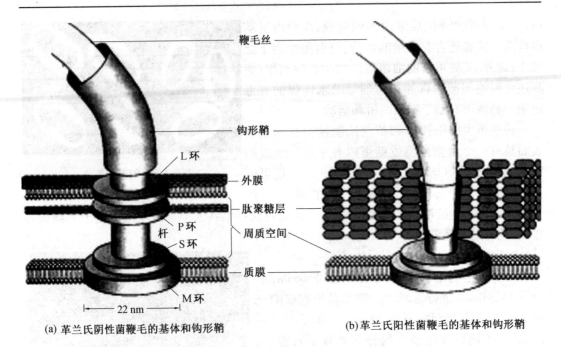

L环
外膜
肽聚糖层
P环
杆
周质空间
S环
质膜
M环
22 nm
(a) 革兰氏阴性菌鞭毛的基体和钩形鞘

鞭毛丝
钩形鞘
(b) 革兰氏阳性菌鞭毛的基体和钩形鞘

图 4.11　细菌鞭毛的超微结构

原核微生物鞭毛丝的形状像一个刚性的螺旋,当螺旋转动时,细菌运动。除鞭毛旋转外,细菌还可通过周质鞭毛构成的特殊轴丝所引起的弯曲和自旋而运动,某些细菌还可滑移运动。

3. 菌毛和性毛

许多革兰氏阴性细菌具有一种类似毛发的附属物,它们比鞭毛细、短,不参与运动,通常称为菌毛(Fimbriae,单数为 Fimbria)。菌毛呈细管状,有些菌毛可使细菌黏附于固体表面。鞭毛和菌毛如图 4.12 所示。

性毛(Sex Pih,单数为 Pilus)是与菌毛类似的附属物,每个细胞大有 1~10 根。性毛通常比菌毛粗大,是细菌间进行结合所必需的,有些细菌病毒在开始其复制循环时,可特异性地与性毛上的受体结合。

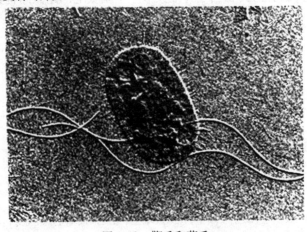

图 4.12　鞭毛和菌毛

4.1.2.6　细菌内生孢子

很多的革兰氏阳性细菌、芽孢杆菌属和梭菌属(杆菌)、芽孢八叠球菌属(球菌)等细菌均可形成一种称为内生孢子(Endospore,简称芽孢)的具有特殊抗性的休眠结构,这种休眠结构对热、干燥、γ辐射、紫外辐射和化学消毒剂等有超强的抗性。内生孢子的着生位置及大小如图4.13所示,内生孢子结构如图4.14所示。实际上,目前已知有些芽孢已存活了约10万年。正是由于芽孢的超强抗性,而某些形成芽孢的细菌又是危险的致病菌,因此内生孢子对于食品、工业、医学及微生物学都具有重要意义。

原核细胞的结构和功能见表4.2。

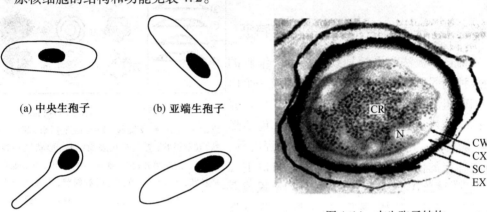

(a) 中央生孢子　　　(b) 亚端生孢子

(c) 端生孢子　　　(d) 使孢子囊膨大的端生孢子

图4.13　内生孢子的着生位置及大小举例

图4.14　内生孢子结构

EX—孢外壁;SC—芽孢衣;CX—皮层;

CW—芽孢壁;N—拟核;CR—核糖体

表4.2　原核细胞的结构和功能

结构	功能
细胞壁	赋予细胞形状,并保护其在低渗溶液中不会裂解
质膜	选择性透过的屏障;细胞的机械界面;营养物质和废物的运输;许多代谢过程的场所(呼吸代谢、光合作用);对环境中的趋化因子进行探测
周质空间	包含用于营养物质加工和摄取的水解酶和结合蛋白
核糖体	蛋白质合成
内含体	在水环境中漂浮的浮力
气泡	碳、磷及其他物质的贮藏
拟核	遗传物质(DNA)的定位
荚膜和黏液层	抵抗噬菌体的裂解;使细胞吸附于某些表面
菌毛和性毛	表面黏附作用;细菌间交配
鞭毛	运动
芽孢	在不良环境条件下存活

4.2　细菌的培养特征

细菌在不同培养基上具有不同的培养特征，下面分别简要介绍细菌在固体培养基上、半固体培养基上、明胶培养基上、液体培养基中的培养特征。

4.2.1　在固体培养基上的培养特征

用稀释平板法和平板划线法将单个细胞的细菌接种到固体培养基上，细菌将繁殖成一个由无数细菌组成的群落，即菌落。细菌在固体培养基上的培养特征主要表现为菌落特征，包括形态、大小、颜色、光泽、透明度、质地柔软程度等，是分类鉴定的依据。菌落的特征主要有以下三个方面：①菌落表面特征，光滑或粗糙、干燥或湿润等；②菌落边缘特征，圆形、边缘整齐、呈锯齿状、边缘呈花瓣状、边缘伸出卷曲呈毛发状等；③纵剖面特征，平坦、凸起、脐状、草帽状、乳头状等。几种细菌菌落的特征如图 4.15 所示。

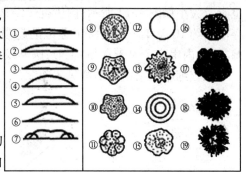

图 4.15　几种细菌菌落的特征

纵剖面：①扁平；②隆起；③低凸起；④高凸起；⑤脐状；⑥草帽状；⑦乳头状表面结构，形状及边缘；⑧圆形，边缘整齐；⑨不规则，边缘波浪；⑩不规则，颗粒状，边缘叶状；⑪规则，放射状，边缘花瓣形；⑫规则，边缘整齐，表面光滑；⑬规则，边缘齿状；⑭规则，有同心环，边缘完整；⑮不规则似毛毯状；⑯规则似菌丝状；⑰不规则，卷发状，边缘波状；⑱不规则，丝状；⑲不规则，根状

4.2.2　在半固体培养基上的培养特征

用穿刺接种法将细菌接种在含琼脂的半固体培养基中培养，细菌将呈现出不同的生长状态。根据这些生长状态的不同，可判断细菌的呼吸类型、有无鞭毛，能否运动。若细菌在培养基的表面及穿刺线的上部生长，则为好氧菌；若沿着穿刺线自上而下生长，则为兼性厌氧菌或兼性好氧菌；若只在穿刺线的下部生长，则为厌氧菌。如果细菌只沿着穿刺线生长，则没有鞭毛，不能运动；如果细菌不但沿着穿刺线生长而且穿透培养基扩散生长，则有鞭毛，能运动。细菌在半固体培养基中的培养特征如图 4.16 所示。

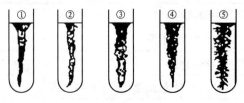

图 4.16　细菌在半固体培养基中的生长特征
①丝状；②念珠状；③乳头状；④绒毛状；⑤树状

4.2.3　在明胶培养基上的培养特征

用穿刺接种法将细菌接种到明胶培养基中培养，细菌将产生明胶水解酶水解明胶，不

同细菌可将明胶水解成不同形态的溶菌区,根据这些溶菌区的不同或溶菌与否可对细菌进行分类。细菌在明胶培养基中的生长特征如图4.17所示。

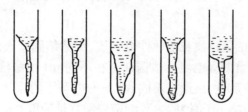

图4.17　在明胶培养基中的生长特征

4.2.4　在液体培养基中的培养特征

在液体培养基中,细菌个体与培养基充分接触,自由扩散生长。各种细菌的生长状态随属、种的特征而异。有些细菌在培养液表面形成黏稠的膜,培养液很少浑浊或不浑浊;有些细菌互相聚成大颗粒而沉在培养基底部,上层培养液澄清;有些细菌均匀分布于培养液中。细菌在液体培养基中的分布状态是分类的重要依据之一。细菌在肉汤培养基中的生长特征如图4.18所示。

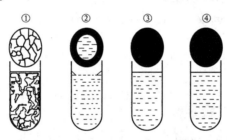

图4.18　细菌在肉汤培养基中的生长特征
①絮状;②环状;③菌膜;④薄膜状

4.3　细菌的理化性质

4.3.1　细菌的表面电荷和等电点

氨基酸是一种两性电解质,在碱性溶液中带负电荷,在酸性溶液中带正电荷。在某一个pH值溶液中,氨基酸所带的正电荷和负电荷相等,此时的pH值称为该氨基酸的等电点。

$$NH_3^+-\underset{H}{\overset{R}{C}}-COO^- + NaOH \longrightarrow NH_2-\underset{H}{\overset{R}{C}}-COO^- + Na^+ + H_2O$$

$$NH_3^+ - \overset{R}{\underset{H}{C}} - COO^- + HCl \longrightarrow NH_3^+ - \overset{R}{\underset{H}{C}} - COOH + Cl^-$$

因此,由氨基酸构成的蛋白质也是两性电解质,细菌细胞壁表面含有表面蛋白,也是两性电解质,它们也有各自的等电点。根据细菌在不同 pH 值溶液中对一定染料的着染性,细菌对阴、阳离子的亲和性,细菌在不同 pH 值的电场中的泳动方向,都可测得细菌的等电点。已知细菌的等电点 pH 值为 2~5,细菌表面总是带负电荷。

4.3.2 细菌的染色原理及方法

细菌菌体无色透明,在显微镜下不易看清其形态和结构。如用染色液将菌体染色,便可增加菌体与背景的反差,则可清楚看见菌体的形态。碱性染料有:结晶紫、龙胆紫、碱性品红(复红)、蕃红、美蓝(亚甲蓝)、甲基紫、中性红、孔雀绿等;酸性染料有:酸性品红、刚果红、曙红等。由于细菌通常带负电荷,故常用带正电的碱性染料使细菌染色。

染色方法主要分为两大类:简单染色法和复合染色法。简单染色法是指只用一种染料染色,增大菌体与背景的反差,便于观察。复合染色法是用两种染料染色,以区别不同细菌的革兰氏染色反应或抗酸性染色反应,或将菌体和某一结构染成不同颜色,以便观察。1884 年,丹麦细菌学家 Christain Gram 创造了革兰氏染色法,它可将一类细菌染色,而另一类细菌不上色,由此可将两类细菌分开。作为分类鉴定时重要的一步,因此又称为鉴别染色法。

4.3.3 细菌悬液的稳定性

细菌在液体培养基中的存在状态可分为稳定和不稳定两种。菌悬液稳定的称 S 型,即光滑型,它均匀分布于培养基中,只在电解质浓度高时才发生凝聚;另一种是不稳定的 R 型,即粗糙型,容易发生凝聚而沉淀在瓶底。细菌悬液的稳定与否在水处理工艺中具有极为重要的意义,若细菌悬液不稳定则其沉淀效果良好。因此,要改善活性污泥的沉淀效果,应增加活性污泥中粗糙型(R 型)细菌的数量,或者投加强电解质。

4.3.4 细菌的趋化性

细菌并非总是漫无目的地运动,它们可被糖、氨基酸等营养物质吸引,也可躲避许多有害物质和细菌代谢废物。趋化性是指细菌通过运动靠近化学引诱剂或离开化学驱避剂的行为,这种趋化行为对细菌显然是有好处的。趋化现象的机理非常复杂,与蛋白质结构的改变、蛋白质的甲基化及蛋白质的磷酸化等有关。细菌也可对其他的环境因素作出反应,如氧气、温度、光线、重力和渗透压等。

4.3.5 细菌悬液的浑浊度

细菌体呈半透明,光线照射时,一部分光线透过菌体,一部分光线发生折射,使细菌悬液呈现浑浊状态。浑浊度可由目力比浊、光电比色计、比浊计等测定。

4.3.6　细菌的比表面积

细菌体积微小,具有巨大的比表面积,这有利于吸附和吸收营养物质、排泄代谢产物,从而使细菌生长繁殖加快。

4.4　几种较重要的细菌类群

本节按照新的《伯杰氏手册》第一卷和第五卷的分类及描述,挑选了 10 个较重要的细菌类群加以介绍。

4.4.1　产液菌门

产液菌门是最古老的细菌分支之一,包括 1 个纲、1 个目和 5 个属。人们了解最多的两个属是产液菌属和氢杆菌属,它们均是嗜热的无机化能自养型菌,这说明细菌的祖先也可能是嗜热的无机化能自养型菌。产液菌属通过氧化供体如氢气、硫代硫酸等并以氧气作为受体而产生能量。嗜火产液菌是一种极端嗜热菌,最适温度为85 ℃,最高生存温度高达95 ℃。

4.4.2　栖热袍菌门

栖热袍菌门也是最古老的细菌分支之一,它也有 1 个纲、1 个目和 5 个属。栖热袍菌属是栖热袍菌门的重要菌属,它的成员是化能异养型细菌,有糖酵解途径,并可通过碳氢化合物和蛋白降解物进行厌氧生长。像产液菌属一样,栖热袍菌属也是极端嗜热菌,它的最适生长温度为 80 ℃,最高生存温度为90 ℃。因而可在活跃的温热地区提取到栖

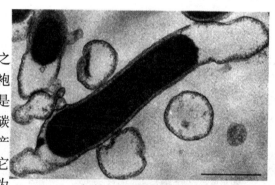

图 4.19　海栖热袍菌

热袍菌(图 4.19),如海洋热水流区急流地带和大陆硫黄温泉等。

4.4.3　蓝细菌门

蓝细菌是光合细菌中最大的、最多种多样的类群。《伯杰氏手册》第二版将蓝细菌分为 5 个亚组、56 个属。由于缺乏纯培养,蓝细菌纲中的种的分类至今仍无定论。蓝细菌的形态具有较大的多样性(图 4.20)。其直径范围在 $1 \sim 10$ μm 之间,可以以单细胞聚集的菌落而存在,或者以大面积紧密排列形成的称为丝状体的丝状结构物而存在。大多数蓝细菌因含有藻蓝素而呈蓝绿色,一小部分因含有藻红素而呈红色或棕色,它们具有典型的原核细胞结构和正常的革兰氏阴性细胞壁。蓝细菌不具有鞭毛,通常利用气泡进行垂直运动,许多丝状菌还可进行滑移运动。

蓝细菌具有很强的代谢能力及灵活性,其细胞结构如图 4.21 所示。尽管蓝细菌属于原核生物,但是它们含有叶绿素 a 和光合系统 Ⅱ,并进行产氧型光合作用,因此与真核生

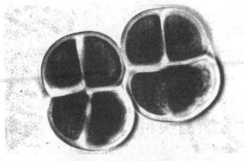

(a)色球蓝细菌，每四个细胞的两个菌落 (×600)

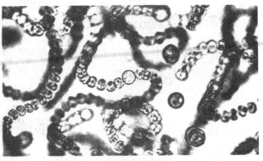

(b)有异型胞的念珠蓝细菌 (×550)

(c)颤蓝细菌丝状体 (×250)

(d)螺旋鱼腥蓝细菌和铜绿微囊蓝细菌 (×1 000)

图 4.20　代表性蓝细菌

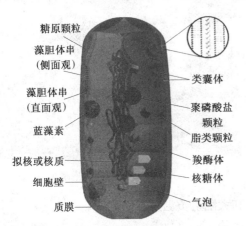
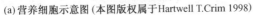

(a)营养细胞示意图 (本图版权属于Hartwell T.Crim 1998)

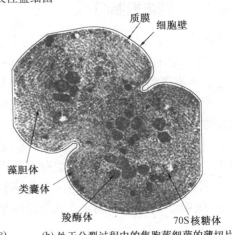

(b)处于分裂过程中的集胞蓝细菌的薄切片

图 4.21　蓝细菌细胞结构

物非常相似。蓝细菌利用藻胆素作为辅助色素。它们通过卡尔文循环吸收二氧化碳，并将产生的碳氢化合物储存在糖原中。许多丝状蓝细菌可通过一种特殊形式的细胞——异形胞来固定空气中的氮气(见图 4.22)；当缺少较适氮源(硝酸盐和氨)时，5%~10%的细胞发展成异形胞进行固氮；某些蓝细菌在黑暗、无氧条件下在微生物群中固氮。虽然许多蓝细菌是专性光能无机自养型，但是在黑暗环境中，一些蓝细菌可通过氧化葡萄糖等糖类的化能异养方式缓慢生长；在厌氧条件下，某些蓝细菌不再氧化水而是氧化硫化氢进行不产氧的光合作用。蓝细菌在繁殖方面也表现出巨大的多样性，具有多种繁殖方式：断裂、二分裂、复分裂和出芽。

(a) 具有端生异形胞的简孢蓝细菌属菌（×500）

(b) 鱼腥蓝细菌属具有的异形胞

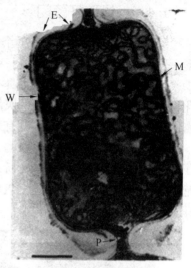

(c) 鱼腥蓝细菌的一个异形胞的电镜图

图4.22 异形胞举例

注意细胞壁(W)，额外的外壁(E)，膜系统(M)和通向临近细胞(P)的孔道。

原绿藻(图4.23)含有叶绿素 a 和 b，但缺少藻胆素和藻胆体，呈草绿色，进行产氧的光合作用。其他蓝细菌只含有叶绿素 a 和藻胆素，原绿藻是唯一含有叶绿素 b 的原核生物。尽管它们在色素和类囊体结构方面与叶绿体相似，但根据它们的 5S 和 16S rRNAs 的测序将其归入蓝细菌。《伯杰氏手册》第一版将原绿藻目分开分类，而第二版将原绿藻属归入蓝细菌门中。

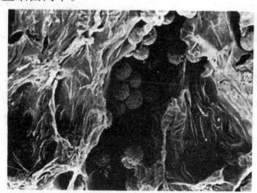

(a)霉－念珠菌(Didemnum candidum)群落表面的原绿藻细胞的扫描电镜图

(b)原绿藻(Prochloron didemni)的切面图

图4.23 原绿藻

蓝细菌对极端环境具有很强的抗性，可存在于几乎所有的水和土壤中。例如，嗜热菌种可在温度高于 75 ℃、中性或碱性的热泉中生存，一些单细胞的蓝细菌生活在沙漠岩石的狭缝。蓝细菌常常与其他生物体建立共生关系，可与原生动物、真菌共生，其固氮菌种可与多种植物形成群丛（苔类、藓类、裸子植物和被子植物）。

4.4.4　绿硫杆菌门

绿硫杆菌门仅有 1 个纲、1 个目和 1 个科。绿硫细菌形态多样,包括杆状、球状或弧形;呈草绿色或是巧克力棕色;一些单个生长,另一些则呈链状和簇状。虽然绿硫杆菌缺少鞭毛,不能运动,但是某些种具有气泡,可以调整到适当的深度从而获得最优的光合硫化物。这些细菌生活在湖泊的厌氧、硫化物丰富的区域。在湖泊和池塘底部的硫化物丰富的泥巴中也曾发现一些不具有气泡的绿硫杆菌。

绿硫细菌是一类专性厌氧的光能无机自养型菌,它利用单质硫、硫化氢和氢气作为电子受体。它们的光合色素位于所谓的叶绿体或叶绿泡的椭圆形泡中,这些叶绿体或叶绿泡在质膜附近但不与之相连。氧化硫化物后生成的单质硫排出到细胞外。典型的绿硫细菌如图 4.24 所示。

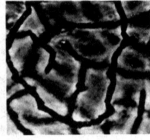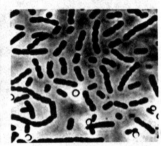

(a)格形暗网菌　　　　　　　(b)有胞外硫颗粒的泥生绿菌

图 4.24　典型的绿硫细菌

4.4.5　绿屈挠菌门

绿屈挠菌门包括光合作用和非光合作用成员。本门中光合绿色非硫细菌的主要代表是绿屈挠菌属。它的特征是嗜热、丝状、滑移运动,橘红色呈垫子形状,通常生活在中性或碱性的热泉中。尽管在超微结构和光合色素方面与绿色细菌相似,但是它的代谢机制与紫色非硫细菌更为相似。绿屈挠菌属可以有机化合物作为碳源进行不产氧的光合作用或化能异养进行好氧生长。非光合菌的代表是滑柱菌,它的特征菌体呈杆状或丝状,滑移运动。生活在淡水或土壤生境中。滑柱菌是一种好氧的化能有机营养型菌,具有呼吸代谢且以氧气作为电子受体。

4.4.6　衣原体门

《伯杰氏手册》第一版将衣原体和立克次氏体归在一起,因为这两个革兰氏阴性类群只有寄生在宿主细胞内才能生长和繁殖。根据 16S rRNA 的分析数据,《伯杰氏手册》第二版把衣原体归入衣原体门,把立克次氏体归入 α-变形杆菌。衣原体门有 1 个纲、1 个目、4 个科和 5 个属。衣原体是球形、不运动的革兰氏阴性细菌,大小为 $0.2 \sim 1.5 \, \mu m$。它们的被膜与其他的革兰氏阴性细菌很相似,但是细胞壁缺少胞壁酸和肽聚糖层。衣原体仅能在宿主细胞的细胞质囊中进行繁殖,但是由于它们同时含有 DNA 和 RNA、质膜、功能性核糖体,代谢途径、二分裂繁殖以及其他显著特征,所以并不等同于病毒。

衣原体繁殖开始于具有侵染性的原生小体(EB),宿主细胞吞噬了原生小体,然后溶酶体和吞噬体融合将宿主细胞分解,并重新合成自身组织,形成一个网状体(RB)或始体,网状体专用于繁殖而不具有感染性。在感染 8 ~ 10 h 后,网状体开始分裂并繁殖直到宿主细胞死亡。感染 20 ~ 25 h 后,非感染性的网状体开始向感染性的原生小体转变,并持续这一循环直到宿主细胞溶解。感染 48 ~ 72 h 后释放衣原体。

衣原体菌代谢能力有限,只能少量分解碳氢化合物,合成部分 ATP,为哺乳动物和鸟类的专性胞内寄生菌,这也与其他革兰氏阴性细菌有很大不同。衣原体的原生小体具有微量代谢活性,不能吸收 ATP 或合成蛋白质。当宿主提供前体时,网状体能够合成 DNA、RNA、糖原、蛋白质和脂类。

衣原体是人类和其他热血动物的重要病原菌。沙眼衣原体可引起人类沙眼、非淋球菌尿道炎等疾病;肺炎衣原体是导致人类肺炎的普遍病因;鹦鹉热衣原体可引起人类和动物的鹦鹉热,并可能侵入肠道、呼吸系统、眼睛和关节的润滑液、产道、胎盘和胚胎等;某些衣原体感染还会引起严重的心脏发炎和损伤。

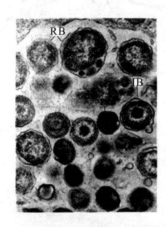
(a)沙眼衣原体微菌落

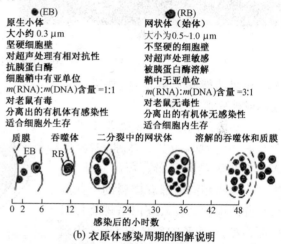
●(EB)
原生小体
大小约 0.3 μm
坚硬细胞壁
对超声处理有相对抗性
抗胰蛋白酶
细胞鞘中有亚单位
$m(RNA):m(DNA)$ 含量 =1:1
对老鼠有毒
分离出的有机体有感染性
适合细胞外生存

●(RB)
网状体(始体)
大小为 0.5~1.0 μm
不坚硬的细胞壁
对超声处理敏感
被胰蛋白酶溶解
鞘中无亚单位
$m(RNA):m(DNA)$ 含量 =3:1
对老鼠无毒性
分离出的有机体无感染性
适合细胞内生存

质膜　　吞噬体　　二分裂中的网状体　　溶解的吞噬体和质膜

0 2　6　12　18　24　30　36　42　48
感染后的小时数
(b) 衣原体感染周期的图解说明

图 4.25　衣原体生活周期

图 4.25(a)是在宿主细胞的细胞质中,沙眼衣原体微菌落的电镜照片。可看见 3 个生长时期:原生小体 EB,网状体 RB,中间体 IB。衣原体细胞形态位于前两种形态之间。图 4.25(b)为衣原体感染周期的图解说明。

4.4.7　螺旋体门

螺旋体门(Spirochaetes)的成员都是革兰氏阴性、化能异养型细菌,碳氢化合物、氨基酸、长链脂肪酸和长链脂肪醇均可作为碳源和能源,可以是厌氧、兼性厌氧或好氧。螺旋体门包含 1 个纲、1 个目(螺旋体目)、3 个科(螺旋体科、小蛇菌科和钩端螺旋体科)和 13 个属。图 4.26 为螺旋体代表实例。

螺旋体门细菌的形态为细长的易弯曲螺旋形,(5 ~ 250) μm×(0.1 ~ 3.0) μm,许多菌种很微小。通过电子显微镜可以清楚地观察到螺旋体的独特形态,它有 2 ~ 100 多根原核生物鞭毛,称为内鞭毛、轴原纤维或周质鞭毛,它们是负责运动的。螺旋体门细菌缺少外部鞭毛,但是据推测,周质鞭毛像外鞭毛那样转动。由于其独特的运动方式,使得当它们与液体表面接触时,表现为爬行或蠕动,如图 4.27 所示。螺旋体门细菌的鞘很重要,虽

(a) 蛤的晶杆中的某种脊螺旋体

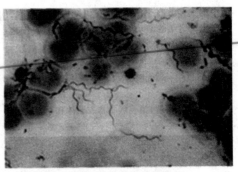

(c) 人血中的达氏疏螺旋体

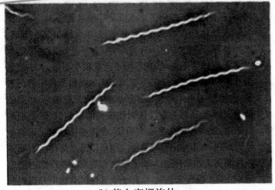

(b) 苍白密螺旋体

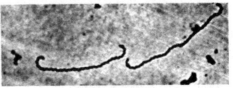

(d) 问号钩端螺旋体

图 4.26　螺旋体代表实例

然其确切功能尚不清楚,但如果鞘被损坏或被移走,则螺旋体将会死亡。

螺旋体门的成员在生态学上的表现具有多样性,在泥土、淡水和海洋、人类口腔等均有分布。脊螺旋体属、密螺旋体属和沟端螺旋体属的一些成员会导致疾病,例如,苍白密螺旋体可引起梅毒,布氏疏螺旋体与 Lyme 氏疏螺旋体病有关。

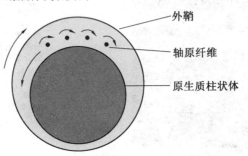

图 4.27　螺旋体的运动性

4.4.8　拟杆菌门

拟杆菌门是《伯杰氏手册》第二版中新加的,有 3 个纲(拟杆菌纲、黄杆菌纲和鞘氨醇杆菌纲)、12 个科和 50 个属。它所包含的成员非常多样化,与绿硫杆菌门关系最近。

各种形状的厌氧、革兰氏阴性、不产孢子、运动或不运动的杆菌都属于拟杆菌纲,它们为化能异养型。拟杆菌纲分布很广而且很重要。它们生活在动物和人类的口腔和消化道以及反刍类的瘤胃中。从人类粪便中分离出的细菌大约有 30% 是拟杆菌属。拟杆菌纲的成员通常对宿主有益,某些菌种通过降解果胶、纤维素和复杂的碳氢化合物,为宿主提供特殊的营养。某些菌种会对人体产生危害,例如,拟杆菌属与人类主要器官系统的疾病有关,脆弱拟杆菌与腹部、腰部、肺部和血液感染有关。

鞘氨醇杆菌纲是拟杆菌中另一个重要类群,它们的最大特点是细胞壁中常含有鞘脂。这个纲的一些属有泉发菌属、鞘氨醇杆菌属、腐败螺旋菌属、生孢噬纤维杆菌属、噬纤维杆菌属和屈挠杆菌属等。噬纤维菌属细菌为细长杆菌,常有尖头末端。噬纤维菌的代表成员如图 4.28 所示。噬纤维菌属的成员均是好氧菌,可降解复杂多糖如纤维素,侵蚀几丁质、果胶和角蛋白、降解琼脂等。它们也是污水处理厂中细菌群落的主要成分,在废水处理过程中起着重要作用。少数噬纤维菌寄生在宿主体内,如柱状噬纤维菌等,可引起柱状病、冷水性疾病,并可导致鱼类腐烂。

(a) 某种噬纤维菌

(b) 黏球生孢噬纤维菌在琼脂上的营养细胞

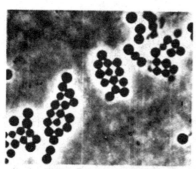
(c) 黏球生孢噬纤维菌

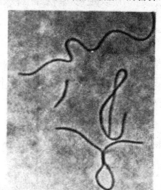
(d) 华美屈挠杆菌的长丝状细胞

图 4.28　噬纤维菌目的代表成员

4.4.9　异常球菌–栖热菌

异常球菌(栖热菌)包含 1 个纲(异常球菌纲)、2 个目(异常球菌目和栖热菌目)和 3 个属。异常球菌呈球形或杆状,好氧,嗜温,过氧化氢酶阳性,通常能利用小部分糖产酸,如图 4.29 所示。尽管染色时它们表现为革兰氏阳性,但它们的细胞壁分层,并有与革兰氏阴性菌相似的外膜,缺少磷壁质,有大量的棕榈酸而非磷脂酰甘油磷脂。异常球菌存在于空气、淡水、肉类、粪便等来源中,至于它们的天然生境还不清楚。

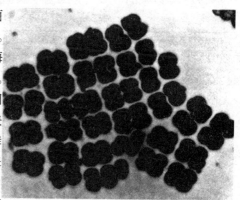
图 4.29　异常球菌

异常球菌中几乎所有的菌种对干燥和辐射均有惊人的抵抗力,甚至能在 $3 \times 10^6 \sim 5 \times 10^6$ rad 的辐射下存活(100 rad 的辐射即可致人死亡)。它们之所以具有如此之高的抗性,主要是由于它们具有极其高效的 RecA 蛋白,能够修复被严重损伤的染色体。强辐射会将染色体分解成许多片段,而异常球菌在 12 ~ 24 h 内可将碎片拼接起来重新形成完好的染色体。

4.4.10　浮霉状菌门

浮霉状菌门包含 1 个纲、1 个目和 4 个属。浮霉状菌门的特征是菌体形态呈球形或卵圆形,出芽细菌,缺少肽聚糖,并且在它们的壁中有显著的杯形结构或小窝。在浮霉状菌纲的隐球出芽菌中核体被膜包裹,在其他细菌中则不存在。浮霉状菌属通过柄和附着器黏附在表面,但这个目中其他属的菌不具有柄。

4.5　细菌的致病性

已知的细菌中,仅有很少一部分能够导致人类疾病,但这不意味着我们就可以忽略细菌的致病性,反而应该足够重视细菌疾病的预防。下面根据不同的获得或传播方式进行讨论。

①经空气传染。多发病于呼吸系统,如白喉、肺炎、百日咳、结核病等。皮肤病如蜂窝组织炎、丹毒和猩红热等。全身性疾病如脑膜炎、肾小球肾炎和风湿热等。

②经节肢动物传播。它们在历史上引起过人类的重大瘟疫(鼠疫),近年来又发现其可引起人类的新疾病,如发生于美国的伤寒类和斑疹热类疾病等。

③经接触传播。大多数发生于皮肤、黏膜和隐伏组织,如炭疽、细菌性阴道炎、麻风病、消化道溃疡、胃炎等,少数能扩散到全身的特定部位,如淋病、梅毒、破伤风等。另外还有肺炎、结膜炎、沙眼、鹦鹉热等。

④经食物和水传播。这些疾病本质上有两种类型:感染和中毒。感染如胃肠炎、痢疾腹泻、大肠杆菌感染和伤寒等。中毒如肉毒中毒、霍乱、葡萄球菌中毒等。

⑤还有一些微生物疾病不能按照某一特殊的传播方式进行分类,如脓毒和脓毒性休克。

1973 年以来的一些人类细菌性病例见表 4.3。

表 4.3　1973 年以来的一些人类细菌性病例

年代	细菌	疾病
1977	嗜肺军团菌	军团杆菌病
1977	空肠弯曲杆菌	肠道疾病(胃肠炎)
1981	金黄色葡萄球菌	中毒性休克综合征
1982	大肠杆菌 O157:H7	出血性结肠炎、溶血性尿毒性综合征
1982	幽门螺杆菌	消化道溃疡
1982	布氏疏螺旋体	Lyme 氏疏螺旋体病
1986	恰菲埃里希氏体	人类埃里希氏体病
1992	霍乱弧菌 O139	新菌株引起的流行性亚洲霍乱
1992	汉式巴尔通氏体	猫瘙痒症、杆菌性血管瘤病
1993	屎肠球菌	结肠炎、胃炎
1994	埃里希氏体属某些种	粒细胞埃里希氏体病
1995	脑膜炎奈瑟球菌	脑膜炎、球菌性声门炎
1997	金氏菌	儿科感染

第5章 真 菌

真菌是指那些真核、产孢子、无叶绿体、吸收营养物质并可以有性和无性方式繁殖的一类有机体。五界分类系统将真菌置于真菌界(Kingdom Fungi)。真菌属真核微生物,种类繁多,形态、大小各异,包括酵母菌、霉菌及各种伞菌。

5.1 真菌的简介

5.1.1 重要性

真菌基本上属于陆生生物,只有一少部分生活在淡水或海水里。目前发现了大约90 000种真菌,但是据估计,自然界中存在的真菌总数应在1 500 000左右。

真菌对于人类具有重要意义,既有益又有害。真菌在物质循环中扮演着分解者的角色,将环境中复杂的有机物降解为简单的复合物和无机小分子,使得构成生命机体的重要元素碳、氮、磷等从死去的生物体中释放出来,以便有生命的生物体得以利用。真菌还是进行生物学研究的重要工具,微生物学家、遗传学家、生物化学家和生物物理学家在各自的研究中经常使用真菌。此外,真菌在以下领域也发挥着重要的作用:面包、葡萄酒和啤酒的制作和酿造;干酪、酱油和腐乳的制备;多种药品(如麦角碱、皮质素)、抗生素(如青霉素、灰黄霉素)和免疫抑制药(如环孢菌素)、有机酸(如柠檬酸、没食子酸)的商业生产等。与此同时,真菌也存在很多危害。真菌是植物致病的主要原因,约有5 000多种真菌攻击许多有经济价值的农作物、花卉和野生植物,真菌同样会引起许多动物和人类疾病。

5.1.2 营养和代谢

尽管在几乎任何有机物上都能发现真菌的存在,但它在阴暗潮湿之处生长得最好。真菌为化能有机异养,利用有机复合物作为碳源、能源和电子源。大多数真菌是腐生菌,即从死去的有机体中摄取营养——真菌释放胞外水解酶以消化胞外有机物质,然后吸收可溶的营养物质。真菌主要以糖原作为多糖的贮藏。大多数真菌利用碳水化合物(主要为葡萄糖或麦芽糖)和含氮化合物来合成氨基酸和蛋白质。真菌大多为好氧菌,某些酵母菌是兼性厌氧的,严格厌氧真菌仅在牛的瘤胃中发现过。

5.1.3 繁 殖

真菌能以无性和有性方式进行繁殖。

5.1.3.1 无性繁殖

(1)最为普遍的无性繁殖方式是形成无性孢子,无性孢子进一步发育成完整个体。

无性孢子的形成有如下几种方式(图5.1):

①通过细胞壁的横隔断裂,菌丝被分裂成数个小的片段,这些小片断进一步发育成单个细胞,这类细胞能起到孢子的作用,称为节分生孢子(Arthroconidia)或节孢子(Arthrospores)。

②母体细胞以出芽方式形成的孢子称为芽生孢子(Blastospores)。

③如果孢子形成于菌丝顶端的囊内(Sporangium;复数为Sporangia),则这类孢子称为孢囊孢子(Sporangiospores)。

④如果孢子并非产生于囊内,而是在菌丝的顶端或侧边产生,则这类孢子称为分生孢子(Conidiospores)。

⑤如果在细胞分离前,这些细胞被一层厚厚的壁所包裹缠绕,则这些细胞称为厚垣孢子(Chlamydospores)。

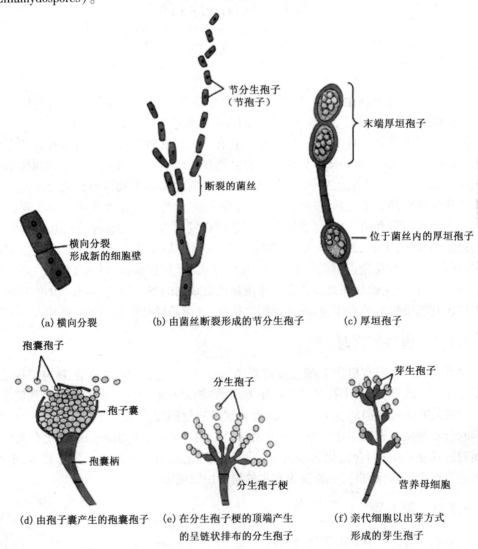

图5.1　真菌的无性繁殖和一些代表性的孢子

（2）亲代细胞通过出芽的方式产生新的有机体,这种繁殖方式在酵母中极为普遍。

（3）亲代细胞通过中央缢缩及新细胞壁的形成分裂为两个子细胞。

5.1.3.2　有性繁殖

真菌的有性繁殖是指可亲合性核的融合。某些真菌为自身可育,能在同源营养菌丝上产生可亲合性的配子。还有些真菌则需在可亲合性的异源营养菌丝上进行异型杂交。某些真菌有性繁殖时的核融合发生在单倍体配子或配子囊（Gametangia）中。核融合是发生于菌丝间,还是发生于单倍体配子或配子囊中,视菌种的不同而定。有时胞质和两个单倍体核能迅速融合产生双倍体的合子。但就一般情况而言,核融合较胞质融合慢一些,二者有一定的时间间隔,这样就会形成双核期（Dikaryotic Stage）,即一个细胞容纳两个来自不同亲本的单倍体核,最后再融合成一个双倍体核。

由于孢子顽强的繁殖及生存能力,使得孢子对真菌显得极为重要。孢子一般体积小、质量轻,因而可长时间漂浮在空气中,这有助于真菌的广泛传播,也是真菌在自然界广泛分布的一个十分重要的原因。此外,真菌孢子还常常通过黏附于昆虫和动物的机体上来进行传播。孢子的大小、形状、颜色和孢子数量是进行菌种鉴定的重要依据。

图5.2为单倍体阶段和双倍体阶段交替的真菌生活史简图。有些真菌并不经历图中所示的双核期。无性阶段（单倍体阶段）一般产生孢子,有助于该物种的传播。有性阶段（双倍体阶段）涉及孢子的形成,孢子可帮助该物种度过恶劣的环境条件（如寒冷、干旱、酷热）而存活下来。

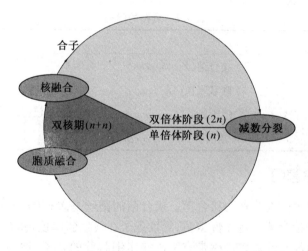

图5.2　真菌的繁殖

5.1.4　二型性

许多真菌,尤其是那些能导致人和动物疾病的真菌是二型的,即有两种不同的存在形式。二型菌寄生在动物体内时以酵母（Y）的形式存在,在外界环境中以霉菌（M）或菌丝体的形式存在,这种转变称为YM转变。在能引起植物疾病的真菌中,这种二型性以相反的方式存在,即寄生在植物体内时以菌丝体的形式存在,而在外界环境中以酵母的形式存在。这种存在形式的转变是由于真菌对各种环境因子（如温度、营养物质、二氧化碳浓度、氧化还原电位等）的变化作出不同反应的结果。一些医学上重要的具有二型性的真菌见表5.1。

表5.1　一些医学上重要的具有二型性的真菌

真菌	疾病
皮肤炎芽酵母菌(*Blasyomycos Dermatitidis*)	芽生菌病(酵母病)
白假丝酵母(*Candida Albicans*)	白假丝酵母病(念珠菌病)
荚膜似球囊酵母(*Coccidioides Capsulatum*)	球孢子菌病
荚膜组织孢浆菌(*Histoplasma Capsulatum*)	组织孢浆菌病(网状内皮细胞真菌病)
申克侧孢霉(*Sporothrix Schenckii*)	孢子丝菌病
巴西副似球囊酵母(*Paracoccidioides Brasiliensis*)	副似球囊酵母病(Paracoccidioidomycosis)

5.2　真菌门的特征

真菌学家按照传统的分类方法,即依据真菌有性生殖上的不同的划分标准,将真菌分为四大门类——接合菌门、子囊菌门、担子菌门和半知菌门。分子微生物学家依据16S rRNA-序列分析,将半知菌分别归入与之关系最为密切的接合菌门、子囊菌门或担子菌门,并增加了一个新门——壶菌门。按真菌学家常用的传统分类系统分类,真菌的门类见表5.2。

表5.2　真菌的门类

门	俗名	估计的物种数
接合菌门	接合菌(*Zygomycetes*)	600
子囊菌门	囊状真菌(*Sac fungi*)	35 000
担子菌门	棒状真菌(*Club fungi*)	30 000
半知菌门	半知菌(*Fungi Imperfecti*)	30 000

5.2.1　接合菌门

接合菌门所包含的真菌称为接合菌。接合菌的菌丝是多核的,即一个菌丝含有多个单倍体核。一部分接合菌进行无性繁殖,无性孢子在气生菌丝顶端的孢子囊内形成,一般靠风传播。接合菌经有性繁殖产生带有坚硬厚实细胞壁的合子,称为接合孢子。当环境条件恶劣,不利于真菌生长时,接合菌就以接合孢子的形式进入休眠状态。接合菌繁殖示意图如图5.3所示。大多数接合菌生活在腐败的植物和土壤动物的机体上,其中一部分寄生在植物、昆虫、动物和人类机体上。

面包霉(葡枝根霉)是接合菌门的主要代表之一。它一般生长在潮湿、富含碳水化合物的食物的表面,如面包、水果、蔬菜的表面。根霉的菌丝能迅速覆盖在面包表面,被称为假根的特殊菌丝能扩展到面包内部吸收其营养物质。匍匐菌丝(生殖根)先是直立着,随后形成拱形,折入基质形成新的假根。有的菌丝始终保持着直立状态,并在其顶端产生无性孢子囊,囊内充满了黑色的孢子,每个孢子释放后都能形成一个新的菌丝体。这就是根霉进行无性繁殖的过程。

　　根霉一般多以无性方式进行繁殖,但是在食物贫乏或环境条件恶劣时,它们就开始进行有性繁殖。有性繁殖需要两种不同交配型的可亲合性菌株结合。当交配菌株相互靠近时产生激素,并且在菌丝间形成突出的原配子囊(Progametangia),进而发育成熟为配子囊。配子囊融合后,配子核发生相互融合形成具有一层坚硬的黑色外壳的合子,成为休眠的接合孢子。在萌发时孢子发生减数分裂,接合孢子裂开产生一个带有无性孢子囊的菌丝,从而开始新一轮的循环。

　　某些接合菌对人类是有益的,它们在许多方面得到应用,如:工业酒精、节育试剂、商业制备麻醉药、食品制造、肉类嫩化剂和人造黄油及奶油制品中的染黄剂等。我们所熟悉的腐乳就是利用一些接合菌(某些毛霉菌种)和大豆制成的。

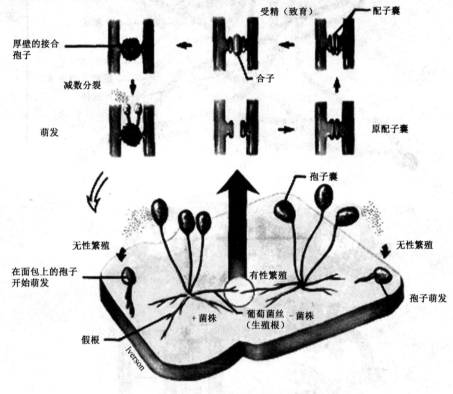

图 5.3　接合菌的繁殖

5.2.2　子囊菌门

　　子囊菌门所包含的真菌称为子囊菌,俗名囊状真菌,子囊菌因其独特的繁殖结构——类囊状的子囊(Ascus;复数为 Asci)而得名。许多子囊菌寄生在高等植物体上。一般来说,酵母是指那些以出芽或二分裂等无性方式进行繁殖的单细胞真菌,但由于它的有性生殖方式与子囊菌类似,因而很多酵母属都被专门划归为子囊菌。

　　子囊菌的菌丝体由隔膜菌丝组成,形成分生孢子进行无性繁殖,是子囊菌较普遍的繁殖形式。子囊菌的有性生殖过程中最重要的一步就是子囊的形成。子囊菌生活史如图5.4 所示。一些较为复杂的子囊菌,在子囊形成过程中,先产生一种具有特殊结构的产囊丝(Ascogenous Hyphae),产囊丝内有一对相互融合的核,其中一个核来源于雄性菌丝体

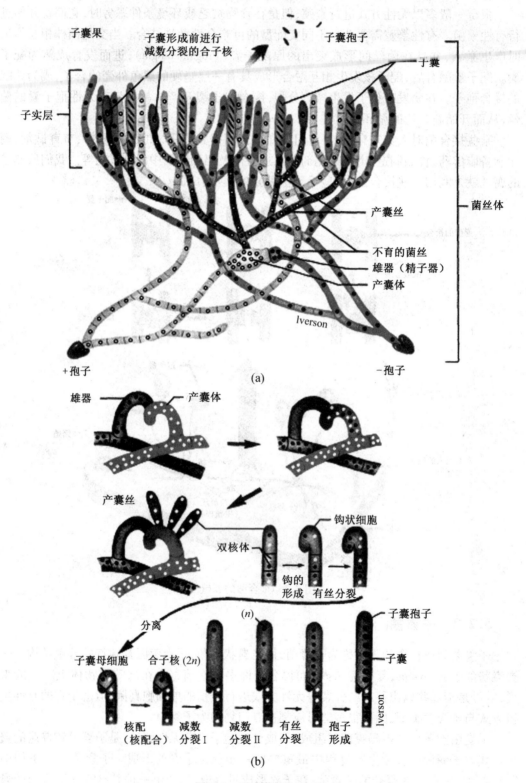

图 5.4　子囊菌的生活史

或细胞,称为雄器(Antheridium),另一个核来自于雌性器,称为产囊体(Ascogonium)。这些产囊丝最终发育成子囊孢子,一个子囊通常含有两个或多个子囊孢子。当子囊孢子成熟时,由于内部产生的巨大压力,子囊破裂,有一股"烟"从子囊内放出,其中含有成千上万的子囊孢子。当接触到合适的环境后,子囊孢子便开始萌发,并进入新一轮的循环。

　　子囊菌对人类的影响作用于方方面面,例如,子囊菌包括许多酵母菌、可食用的羊肚菌和块菌等,曾经作为遗传学和生物化学领域重要研究工具的粗糙脉孢菌(*Neurospora crassa*)也属于子囊菌门。另外,子囊菌也存在很多危害,例如,子囊菌中的红色、褐色、蓝绿色霉菌可导致食物酸败;粉状白色霉菌能攻击植物叶片,某些子囊菌可导致栗树枯萎病和荷兰榆木病;麦角菌(*Clayicepu purpurea*)寄生在黑麦等草本植物上,若食用了这些感染了麦角菌的谷物,常常会出现幻觉、神经痉挛、流产、惊厥(抽搐)和坏疽等中毒症状。但是如果将麦角碱控制在一定剂量内,又能起到缓解疲劳、降血压、治疗偏头痛的疗效。几种常见的子囊菌门如图5.5所示。

(a)普通羊肚菌,羊肚菌 (*Morchella esculenta*)　(b)绯红肉杯菌 (*Sarcoscvpha coccinea*) (c)黑色块菌,冬块菌 (*Tuber brumale*)

图5.5　子囊菌门

　　有性繁殖涉及子囊和子囊孢子的形成。在子囊内,核融合后紧接着进行减数分裂产生子囊孢子。

5.2.3　担子菌门

　　担子菌门所包含的真菌称为担子菌,俗称棒状真菌。它是因其独特的结构——担子(basidium)而被命名的。担子是在有性繁殖过程中形成的结构,它产生于菌丝的顶端,一般呈棒状。大多数担子菌属于腐生菌,它们分解植物残渣获取营养,尤其是纤维素和木质素。蘑菇、胶质菌(木耳)、黑粉菌、锈菌、鬼笔菌、马勃菌、层孔菌、毒覃和鸟巢菌都是担子菌。

　　担子菌在很多方面影响着人类的生活。例如,许多蘑菇都可食用,每年蘑菇的栽培可产生很高的商业利润。但许多蘑菇能产生独特的生物碱,起着毒品或致幻剂的作用,有些蘑菇甚至能导致死亡。新型隐球酵母是一种重要的人类致病菌,主要作用于人体的肺及中枢神经系统。另外,锈菌、黑粉菌和某些担子菌是植物急性致病菌,每年给农作物造成巨大损失。

典型的土壤担子菌的生活史始于担孢子,担孢子萌发产生一个单核菌丝体,菌丝体迅速生长并扩展至整个土壤。当这一初级菌丝体与另一个不同交配型的单核菌丝体相遇时,即发生核融合,产生一个新的双核次生菌丝体。次生菌丝体通过横隔分裂成两个细胞,每个细胞都含有两个细胞核,并分别具有不同的交配型。双核菌丝体受到刺激,进一步生长最终产生担子果。固体团块状菌丝形成纽扣样结构,并穿透土壤逐渐长成长方形进而形成帽状结构。帽状结构有许多片层状被担子所包裹的菌褶。位于顶端的两个担子核融合后形成双倍体合子,双倍体合子又迅速进行减数分裂形成 4 个单倍体核。这些单倍体核最终形成担孢子,成熟后释放出来。担子菌门的生长过程如图 5.6 所示。

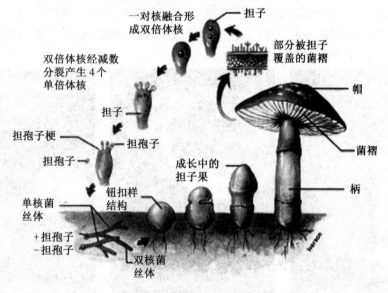

图 5.6　担子菌门的生长过程

5.2.4　半知菌门

真菌的经典分类方法在很大程度上是依据生殖模式来划分的。当一种真菌不具有有性阶段(Perfect Stage)或者至今仍未观测到这一阶段,就将它归入半知菌门,半知菌门所包含的真菌称为半知菌[Fungi Imperfecti 或 Deuteromycetes(Secondary Fungi)]。若随后观测到其具有有性阶段,就将它划入相应的门中。分子系统分类法将半知菌门中的真菌分别归入和它们关系最密切的其他真菌门中。大多数半知菌为陆生,仅有少数几种半知菌生活在淡水和海洋中。绝大多数半知菌营腐生或寄生在植物体上,只有少数半知菌寄生在别的真菌表面。

许多半知菌直接影响人类的健康。其中一些能够引起人类疾病,如导致癣、脚气和组织胞浆菌病;单端孢菌毒素是真核细胞蛋白质合成的强烈抑制剂;黄曲霉和寄生曲霉产生的次级代谢产物——黄曲霉毒素对人和动物有极高的毒性和致癌性。半知菌在很多方面对人类也是有益的,许多半知菌所产生的化学活性物质在工业生产中具有重要作用。例如,青霉菌属中的某些种能合成众所周知的抗生素——青霉素和灰黄霉素,曲霉菌属中的某些种能用来发酵制备酱油、葡萄糖酸、柠檬酸和没食子酸。

5.2.5　壶菌门

最简单的真正的真菌属于壶菌门（Chytridiomycota），壶菌门仅包含一个壶菌纲，成员就是我们所熟悉的壶菌（Chytrids）。它是一类很简单的真菌，体积微小，可由单个细胞、细小多核体或真正的菌丝体构成，它的细胞壁一般由几丁质作为主要成分构成。壶菌既有陆生又有水生，某些壶菌营腐生，生长在死去的有机体上；还有一些壶菌寄生在真菌、藻类、水生及陆生植物体上。壶菌通过形成具有单一后尾鞭型鞭毛的游动孢子进行无性繁殖，但其生活史有时会发生变化而进行有性繁殖，其产生的合子逐渐形成休眠的孢子或孢子囊。现在微生物学家们普遍认为壶菌是由带有类似鞭毛的原生动物门始祖细胞进化而来的，它很可能是其余四个类型真菌的祖先。

5.3　真菌的细胞结构

5.3.1　真核细胞与原核细胞的比较

原核生物包括细菌和古生菌，真核生物包括所有其他有机体——真菌、藻类、原生动物及高等植物和动物。细胞核的存在与否是这两种细胞类型之间最显著的差别，真核细胞有膜包围的核，原核细胞缺少真正的有膜界定的核；真核生物常常比原核生物大，细胞结构更复杂，较原核细胞多出一些有膜界定的细胞器；真核细胞在功能上更复杂，它们具有有丝分裂和减数分裂，遗传物质的组织形式也更复杂；真核生物具备许多复杂的原核生物所不具备的生理过程，如胞饮作用和胞吞作用、细胞内消化、定向细胞质流、类似变形虫的运动等。原核细胞和真核细胞的结构如图5.7所示。原核细胞与真核细胞的比较见表5.3。

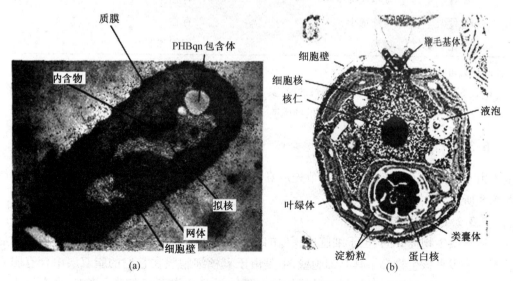

图5.7　原核细胞和真核细胞的结构

表 5.3　原核细胞与真核细胞的比较

性质	原核细胞	真核细胞
遗传物质的组成		
真正的膜包裹的核	缺少	有
与组蛋白复合的 DNA	无	有
染色体数目	1 个[a]	多于 1 个
基因中内含子	稀少	普遍
核仁	缺少	存在
有丝分裂发生	无	有
遗传重组	DNA 的一部分间接转移	减数分裂和分生孢子融合
线粒体	缺少	存在
叶绿体	缺少	存在
含有固醇的质膜	通常无[b]	有
鞭毛	大小为亚显微;由一根纤维组成	大小为显微;有膜包裹;常为 20 根微管的 9+2 型
内质网	缺少	存在
高尔基体	缺少	存在
细胞壁[c]	通常具有化学结构复杂的肽聚糖	化学结构相对简单,缺少肽聚糖
简单细胞器的区别		
核糖体	70S	80S(线粒体和叶绿体除外)
溶酶体和过氧化物酶体	缺少	存在
微管	缺少或稀少	存在
细胞骨架	可能稀少	存在
分化	原始	组织和器官

注:[a]质粒可提供遗传信息

[b]仅支原体和甲烷营养菌(利用甲烷的菌)具有固醇。支原体不能合成固醇,只能利用已合成好的

[c]支原体和古生菌没有含有肽聚糖的细胞壁

5.3.2　真核细胞结构

由于真菌属于真核,所以本小节先从真核细胞的结构入手。真核细胞的超微结构如图 5.8 所示。

5.3.2.1　细胞壁

真核微生物拥有的、位于细胞质膜外的起支撑和保护作用的结构与原核生物有明显差异。许多真核生物都不具有细胞壁,但是由于真核细胞膜在它们的脂双层中含有胆固醇等甾醇类物质,使得其机械强度增强,从而降低了对细胞壁的需求。当然,也有许多真核生物具有细胞壁。真菌细胞壁通常比较坚硬,其具体组成随生物种类的不同而有所变化,但一般都含有纤维素、几丁质或葡聚糖。

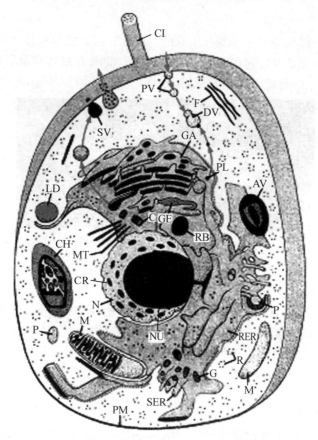

图 5.8 真核细胞的超微结构

AV—自体吞噬泡;C—中心粒;CH—叶绿体;CI—纤毛;
CR—染色质;DV—消化泡;F—微丝;G—糖原;GA—高尔
基体;GE—高尔基氏体-内质网-溶酶体;LD—脂肪粒;
M—线粒体;MT—微管;N—细胞核;NU—核仁;P—过氧化
物酶体;PL—初级溶酶体;PM—质膜;PV—胞饮泡;R—核
糖体及其聚合体;RB—残余小体;RER—糙面内质网;
SER—光面内质网;SV—分泌泡

5.3.2.2 细胞质基质、微丝、微管和中间丝

细胞质基质是细胞中最重要且最复杂的组分,它是细胞器的外环境和许多重要生化过程的发生场所,其成分大部分为水。

微丝是一种微小蛋白丝,它的直径为 4 ~ 7 nm,它们散布在细胞质基质内,或排列成网状、平行状,存在于几乎所有的真核细胞中。微丝参与细胞运动和形状变化,另外,色素颗粒的运动、阿米巴样的细胞运动和黏菌中的原生质流也与微丝有关。

真核细胞中另外一种小型丝状细胞器是微管,它呈管状结构,直径为 25 nm 左右。微管结构较复杂,由两种在结构上略有不同的、被称为微管蛋白的球形蛋白亚基组成,这些亚基以螺旋状排列形成柱状结构。微管至少具有三种功能:①帮助维持细胞形状;②参与胞内运输过程;③与微丝一起参与细胞运动。

基质中还存在一些其他种类的丝状组分,其中最重要的当属中间丝,它的直径为 8 ~

10 nm。

微丝、微管和中间丝构成一个相互关联的、复杂的、巨大的丝状体网络,这种丝状体网络被称为细胞骨架(图5.9),它在维持细胞形态和运动两方面具有重要作用。但原核生物不存在真正意义上的有组织的细胞骨架。

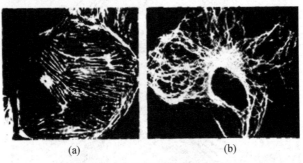

(a)　　　　　　　　(b)

图5.9　真核细胞的细胞骨架

5.3.2.3　核糖体

核糖体真核核糖体直径约为22 nm,可游离在细胞质中,也可与内质网相连,形成糙面内质网。游离的核糖体和与糙面内质网结合的核糖体均可合成蛋白质。游离核糖体负责合成非分泌蛋白质和非膜蛋白质,这些蛋白质可插入线粒体、叶绿体、细胞核等细胞器中;而糙面内质网上的核糖体产生的蛋白质或者进入内质网腔用于运输和分泌,或者插入内质网膜成为整合膜蛋白。

5.3.2.4　线粒体

在大多数真核细胞中都存在线粒体(Mitochondia,单数为 Mitochondrion),它是三羧酸循环、产生 ATP 及氧化磷酸化的发生场所,因此常被称为细胞的"动力站"。线粒体通常为圆柱形结构,大小为$(0.3 \sim 1.0)\ \mu m \times (5 \sim 10)\ \mu m$。一般细胞含线粒体数量多达1 000个,或者更多,但也有少数细胞仅拥有一个巨大的管状线粒体,它扭卷成连续的网状分布于细胞质中。线粒体表面具有双层膜,内膜折叠形成的褶皱称为嵴(Cristae,单数为 Crista),可大大增加膜的表面积。线粒体的稠密基质内含有核糖体、DNA 和磷酸钙颗粒,其中核糖体比细胞质中的核糖体要小一些。线粒体的结构及电镜照片如图5.10所示。

5.3.2.5　叶绿体

叶绿体是光合作用的发生场所,其中含有叶绿素,可利用光能将 CO_2 和 H_2O 转变成碳氢化合物和 O_2。大多数叶绿体为卵圆形,大小为$(5 \sim 10)\ \mu m \times (2 \sim 4)\ \mu m$,但某些藻类具有单个的巨大的叶绿体,占据细胞的大部分空间。叶绿体也由两层膜所包裹。基质位于内膜内,它含有 DNA、核糖体、淀粉颗粒、脂滴和复杂的内部膜系统,内膜系统中最突出的组分是扁平的、有膜界定类囊体。叶绿体的结构如图5.11所示。

5.3.2.6　内质网

内质网(ER)是指细胞质基质中有分支并相互沟通的膜管以及许多被称为潴泡的扁平囊腔组成的不规则网络。内质网的性质随细胞的功能和生理学状态不同而变化。正在大量合成某种目的蛋白的细胞中,大部分内质网的外表面上附着有核糖体,此时称作糙面内质网(rER)或颗粒状内质网(gER);而在其他细胞中,内质网上没有核糖体,此时称为光面内质网(sER)或无颗粒内质网(aER)。内质网是一种重要的细胞器,具有许多功能:

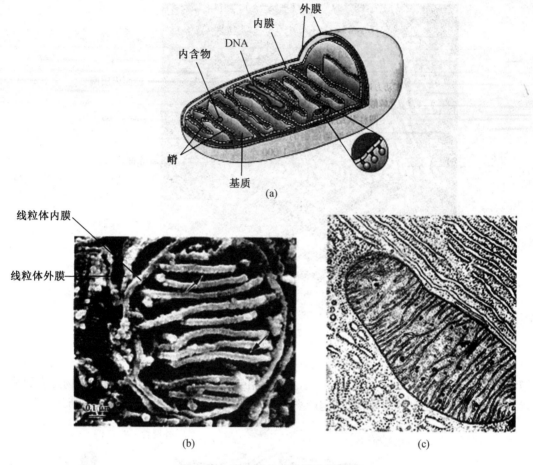

图5.10　线粒体的结构及电镜照片

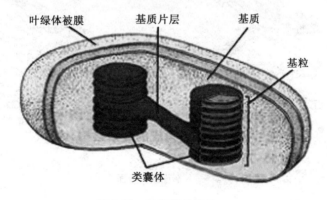

图5.11　叶绿体的结构

它能运输蛋白质和脂类;它可以使一些物质穿过细胞;它还是细胞膜合成的主要场所。内质网的结构如图5.12所示。

5.3.2.7　高尔基体

高尔基体是一种由扁平膜囊或片层的堆叠体相互堆叠形成的膜状细胞器,其表面没有核糖体附着。它存在于大多数真核细胞中,但许多真菌和纤毛虫原生动物并不具有一个完好的

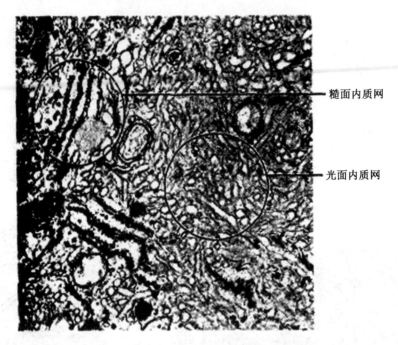

糙面内质网

光面内质网

图 5.12　内质网的结构

高尔基体结构。高尔基体的主要功能是对物质进行包装并为该物质的分泌作准备,但其确切的作用随生物体的不同而有所变化。高尔基体可组建一些鞭毛藻和放射状原生动物的表面鳞状结构,还常参与细胞膜的形成和细胞产物的包装等。高尔基体的结构如图 5.13 所示。

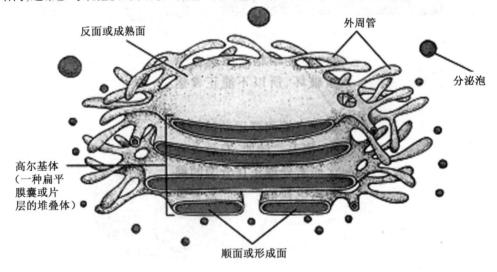

反面或成熟面

外周管

分泌泡

高尔基体
(一种扁平
膜囊或片
层的堆叠体)

顺面或形成面

图 5.13　高尔基体的结构

5.3.2.8　溶酶体

高尔基体和内质网的一个非常重要的功能是合成另一种细胞器——溶酶体(Lysosome),存在于植物和动物细胞、原生动物、某些藻类、真菌等许多微生物细胞中。溶酶体一般为球形,由单层膜包裹,直径平均约为 500 nm。溶酶体含有降解各类型大分子物质所必需的酶,可参与胞内消化。消化酶由糙面内质网合成,并被高尔基体包装形成溶酶体。靠近高尔基体的部分光面内质网也可生出芽,形成溶酶体。在通过胞吞作用获得营养的过程中,溶酶体起到重要作用。溶酶体的结构及形成过程如图5.14所示。

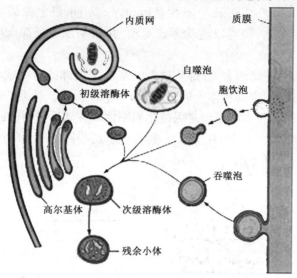

图5.14　溶酶体的结构及形成过程

5.3.2.9　细胞核

细胞核是遗传信息的储存部位,也是细胞的控制中心。细胞核的直径为 5 ~ 7 μm。核由核被膜(Nuclear Envelope)所包裹,它是一个由内、外膜构成的复杂结构。核被膜上有许多穿透性的核孔(Nuclear Pores),是核与其周围细胞质之间的运输通道。每个孔均是由内、外膜融合而成的,孔直径约为 70 nm,集中起来占核表面积的 10% ~ 25%。核仁(Nucleolus)通常是核中最明显的结构,它没有膜的包裹,一个核中可能含有一个或多个核仁。它在核糖体合成中发挥重要作用。细胞核的结构如图5.15所示。

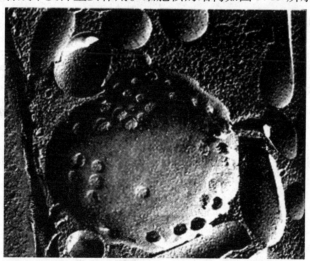

图5.15　细胞核的结构

5.3.2.10　纤毛和鞭毛

纤毛(Cillia,单数为 Cillum)和鞭毛(Flagella,单数为 Flagellum)都是与运动有关的细胞器。纤毛与鞭毛在以下两个方面存在不同:首先是长度不同,纤毛的典型长度为 5 ~ 20 μm,而鞭毛则可达100 ~ 200 μm。其次是运动方式不同,纤毛像桨一样划过周围液体,从而推动机体在水中运动;鞭毛以波动方式运动,并从基部或顶部产生平面的或螺旋形的波。

鞭毛的运动常采用波动的方式,即从鞭毛的基部到顶部的方向或者以相反的方向进行波浪运动。这种波动能推动机体前进,如图 5.16(a)所示。纤毛的摆动可分为两个时期。在有效摆动中,纤毛在水中摆动时保持相当刚性。在随后进行的回复摆动中,纤毛弯曲并恢复到原始状态,如图 5.16(b)所示。箭头表示这些例子中水的运动方向。

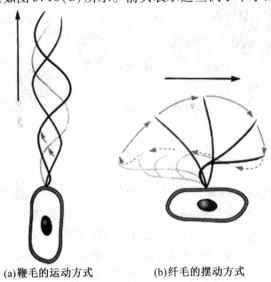

(a)鞭毛的运动方式　　　　　(b)纤毛的摆动方式

图 5.16　鞭毛和纤毛运动模式图

真核细胞器的功能见表5.4。

表 5.4　真核细胞器的功能

细 胞 器	功　　能
细胞壁和表膜	加固并保持细胞形状
质膜	细胞的机械边界;运输系统的选择性渗透屏障;调控细胞与细胞之间的相互作用、细胞的表面吸附及分泌
细胞质基质	其他细胞存在的环境;许多代谢过程发生的场所
内质网	物质运输,蛋白和脂类合成
核糖体	蛋白质合成
高尔基体	用于不同目的的物质的包装和分泌,溶酶体形成
线粒体	通过利用三羧酸循环、电子运输、氧化磷酸化和其他途径产生能量
叶绿体	光合作用——捕捉光能,并由 CO_2 和 H_2O 合成碳氢化合物

续表5.4

细　胞　器	功　　能
溶酶体	胞内消化
液泡	短期储存和运输,消化(食物泡),水分平衡(收缩泡)
细胞核	遗传信息的储存场所,细胞的调控中心
核仁	核糖体 RNA 合成,核糖体组装
微丝、中间丝和微管	细胞结构和运动,形成细胞骨架
纤毛和鞭毛	细胞运动

5.4　几种重要的真菌

5.4.1　酵母菌

　　酵母是一类有单一细胞核的单细胞真菌,在真菌分类系统中分别属于担子菌纲、子囊菌纲和半知菌纲。酵母菌有发酵型和氧化型两种。发酵型酵母菌是发酵糖为乙醇(或甘油、甘露醇、有机酸、维生素及核苷酸)和二氧化碳的一类酵母菌,用于发面做面包、馒头和酿酒。氧化型的酵母菌则是无发酵能力或发酵能力弱而氧化能力强的酵母菌。酵母菌可用于处理淀粉废水、柠檬酸残糖废水和油脂废水以及味精废水等,在处理废水的同时又可得到酵母菌体蛋白用作饲料。某些酵母菌在石油加工中起积极作用,如石油脱蜡、降低石油凝固点等。此外,酵母菌还可用作监测重金属。

5.4.1.1　酵母菌的形态和大小

　　酵母菌的形态有圆形、卵圆形、圆柱形或假丝状,直径为 1~5 μm,长为 5~30 μm 或更长。酵母菌的各种形态如图 5.17 所示。

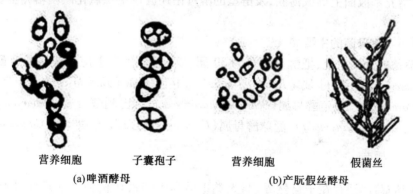

营养细胞　　　　子囊孢子　　　　营养细胞　　　　　假菌丝
(a)啤酒酵母　　　　　　　　　(b)产朊假丝酵母

图5.17　酵母菌的各种形态

5.4.1.2　酵母菌的细胞结构

　　酵母菌的细胞结构包括细胞壁、细胞质膜、细胞质及其内含物和细胞核。酵母菌的细胞壁含有葡聚糖、蛋白质、脂类及甘露聚糖,某些酵母菌细胞壁还含有几丁质。酵母菌的细胞质含大量 RNA、核糖体、线粒体、内质网、中心体、液泡、中心染色质等,老龄菌细胞质还会出现一些储存颗粒,如肝糖、多糖、脂肪粒、蛋白质、异染颗粒等。酵母菌的细胞核具有核膜、核仁和染色体。酵母菌的细胞结构如图5.18所示。

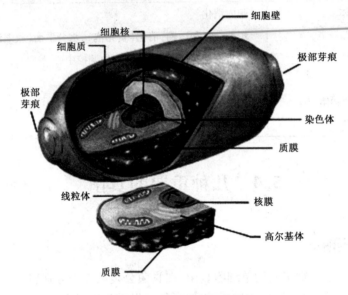

图5.18　酵母菌的细胞结构

5.4.1.3　酵母菌的繁殖

酵母菌的繁殖按繁殖方式可分为无性生殖和有性生殖。无性生殖又分为出芽生殖和横断分裂生殖。有性生殖如形成孢子等。

5.4.1.4　酵母菌的培养特征

酵母菌在固体培养基表面上培养一段时间后,长出表面光滑湿润的酵母菌落,有黏性,菌落大小和细菌差不多,颜色通常呈白色和红色。培养较长时间后菌落表面变得干燥并呈皱褶状。不同种酵母菌在液体培养基中的表现不同。有的酵母菌产生沉淀沉在瓶底,有的在培养基液面上形成薄膜,发酵型的酵母菌还会产生二氧化碳使培养基表面充满泡沫。

5.4.1.5　酵母菌的主要属

根据罗德的分类系统,把酵母菌分为39属,372种。生产上应用较多的有酵母菌属(*Saccharomyces*)、红酵母属(*Rhodo Tonda*)、内孢霉属(*Endomyces*)、结合酵母属(*Zygosaccharomyces*)、裂殖酵母属(*Schizosaccharomyces*)、德巴利酵母属(*Debaryomyces*)、毕赤氏酵母属(*Pichia hansenula*)、隐球酵母属(*Cryptococcus*)及假丝酵母属(*Canaida*)等。

5.4.2　霉菌

霉菌(*Mold*)广泛存在于自然界,与人类生活和生产密切相关。霉菌可用于制酱、制曲、发酵饲料,生产酒精、有机酸、抗生素、酶制剂、维生素、甾体激素及农药等,有的霉菌还可处理含硝基化合物废水、含氰废水等。

5.4.2.1　霉菌的形态及大小

霉菌是由分支的和不分支的丝状的菌丝交织而成的菌丝体。整个菌丝体可分为两部分:营养菌丝(摄取营养和排除废物)和气生菌丝(长出分生孢子梗和分生孢子)。霉菌的菌丝直径为 3 ~ 10 μm。

5.4.2.2 霉菌的细胞结构

霉菌细胞由细胞壁、细胞质膜、细胞质及内含物、细胞核等组成。大多数霉菌的细胞壁由几丁质组成,少数水生霉菌的细胞壁含纤维素。霉菌细胞质中含线粒体和核糖体,老龄霉菌的细胞质内会出现大液泡和各种贮藏物,如肝糖、脂肪粒和异染颗粒。细胞核有核膜、核仁和染色体。霉菌大多数是多细胞的,少数为单细胞的。

5.4.2.3 霉菌的繁殖方式

霉菌借助有性孢子和无性孢子繁殖,也可借助菌丝的片段繁殖。

5.4.2.4 霉菌的培养特征

霉菌的菌落呈圆形、絮状、绒毛状或蜘蛛网状,并且长得很快,可蔓延至整个平板,比其他微生物的菌落都大。不同霉菌的孢子有不同形状、结构和颜色。霉菌菌落疏松,与培养基结合不紧,用接种环很易挑取。

5.4.2.5 霉菌的常见属

霉菌分属于藻菌纲、担子菌纲、子囊菌纲和未知菌纲。

1. 单细胞霉菌有三属

(1)毛霉属(*Mucor*)

毛霉属隶属于藻菌纲毛霉目。霉菌分解蛋白质能力很强,常用于制作腐乳和豆豉,有的种也用于生产柠檬酸和转化甾体物质。毛霉属的结构如图 5.19 所示。

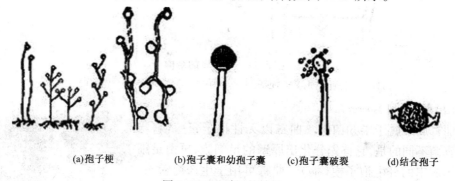

| (a)孢子梗 | (b)孢子囊和幼孢子囊 | (c)孢子囊破裂 | (d)结合孢子 |

图 5.19 毛霉属的结构

(2)根霉属(*Rhizopus*)

根霉属也隶属于毛霉目。根霉既可进行无性孢子繁殖,又可进行有性繁殖。根霉分解淀粉能力很强,可用于生产淀粉酶、脂肪酶和果胶酶,还可用于生产乳酸、延胡索酸、丁烯二酸和转化甾体物质。根霉属的结构如图 5.20 所示。

(3)绵霉属(*Achlya*)。

绵霉属隶属于水霉目。游动孢子囊为棍棒形,产生在菌丝的顶端;孢子囊具分层现象,即新的孢子囊从老的孢子囊基部的孢囊梗侧面长出;游动孢子在孢子囊内呈多分行排列,具两游现象。绵霉多存在于池塘、水田和土壤中。

2. 多细胞霉菌有六属

(1)青霉属(*Penicillum*)

青霉属隶属于未知菌纲,进行无性繁殖。青霉的菌落呈密毡状,大多为灰绿色。青霉

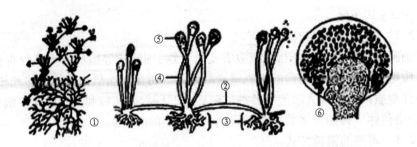

图 5.20　根霉属的结构
①—营养菌丝;②—匍匐菌丝;③—假根;④—孢子梗;⑤—孢子囊;⑥—孢囊孢子

以生产青霉素而著称,除此之外还可用于生产有机酸和酶制剂等。另外,青霉是霉腐剂,能引起皮革、布匹、谷物及水果等腐烂。青霉属的结构如图5.21所示。

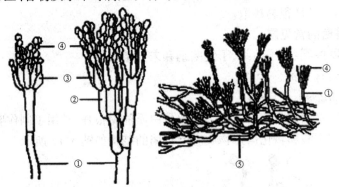

图 5.21　青霉属的结构
①—分生孢子梗;②—梗基;③—小梗;④—分生孢子;⑤—营养菌丝

（2）曲霉属(*Aspergillus*)

曲霉属隶属于半知菌纲。曲霉以无性孢子繁殖,它与其他真菌不同的是,它首先分化出厚壁的足细胞,再由足细胞长出成串的分生孢子梗(柄)。曲霉可用于生产淀粉酶、蛋白酶、果胶酶等酶制剂、有机酸等。应该注意的是,曲霉中有些种可产生致癌因子黄曲霉素。曲霉属的结构如图5.22所示。

（3）镰刀霉属(*Fusarium*)

镰刀霉属隶属于半知菌纲,它产生的分生孢子呈长柱状或稍弯曲像镰刀。镰刀霉多数是无性繁殖,少数是有性繁殖。镰刀霉对氰化物的分解能力很强,可用于处理含氰废水,少数镰刀霉可利用石油生产蛋白酶,镰刀霉还可用作害虫的生物防治。镰刀霉属的结构如图 5.23 所示。

（4）地霉属(*Geotrichum Candidum*)

白地霉是地霉属的一种典型菌属,隶属于丛梗孢子科的地霉属,其繁殖方式为裂殖,其结构如图5.24 所示。白地霉的菌体蛋白营养价值很高,

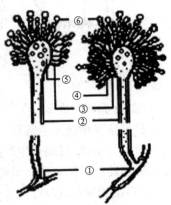

图 5.22　曲霉属的结构
①—足细胞;②—分生孢子梗;
③—顶囊;④—初生小梗;
⑤—次生小梗;⑥—分生孢子

图 5.23 镰刀霉属的结构

可用于提取核酸,合成脂肪、制糖、酿酒、食品、饮料、饲料、豆制品及制药等行业,还可用于处理废水。

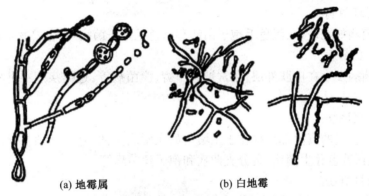

(a) 地霉属   (b) 白地霉

图 5.24 地霉属和白地霉的结构

(5)木霉属(*Trichoderma*)

木霉属隶属于未知菌纲,它通过分生孢子进行无性繁殖,其分解纤维素和木质素的能力较强。木霉属的结构如图 5.25 所示。

(6)交链孢霉属(*Altemaria*)

交链孢霉进行无性繁殖。交链孢霉属的结构如图 5.26 所示。

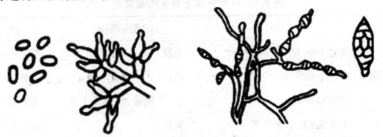

图 5.25 木霉属的结构   图 5.26 交链孢霉属的结构

5.4.3 伞菌

伞菌(*Agaicales*)可分为食用菌、药用菌和毒菌。食用菌和药用菌肉质鲜美、营养价值高,有些伞菌甚至含有抗癌物质。食用菌和药用菌有草菇、香菇、平菇等。毒菌有鹅膏菌属、盔孢伞属及鬼伞属。

多数伞菌通过菌丝结合方式产生囊状担子且最终外生四个担孢子,但孢子最终发育成伞菌。伞菌为有性生殖,少数种进行无性生殖,由它产生的粉孢子和厚恒孢子萌发形成菌丝体。

5.5　真菌的致病性

在庞大的真菌家族中,能够引起人类疾病的却为数不多,只有大约 50 种。这些由真菌引起的人和动物的疾病称为真菌病(Mycoses,单数为 Mycosis),根据宿主体内被感染部位及程度可分为表层、皮肤、皮下、全身性和机会性五大类。

(1)表层真菌病

表层真菌病如花斑癣、黑色毛孢子菌病和白色毛孢子菌病等,主要发生在热带。

(2)皮肤真菌病

皮肤真菌病发生在皮肤外层,通常被称作癣、癣菌病等,这类疾病在世界范围内广泛发生。

(3)皮下真菌病

引起这类疾病的真菌都是存在于土壤中的正常腐生菌,它们必须被导入皮下层才能发生作用,包括着色芽生菌病、足分支菌病和孢子丝菌病等。

(4)全身性真菌病

全身性真菌病是最严重的真菌感染,引发这类病的真菌能够扩散到全身,如芽生菌病、球孢子菌病、隐球菌病和组织胞浆菌病。

(5)机会性真菌病

机会性真菌病会威胁到受损宿主的生命,包括曲霉菌病、念珠菌病和卡氏肺囊虫肺炎。

一些医学上重要的真菌病实例见表5.5。

表 5.5　一些医学上重要的真菌病实例

类别	病原体	感染部位	引发的疾病
表层真菌病	何德毛结节菌	头发	黑色毛孢子菌病
	白色毛孢子菌	胡须	白色毛孢子菌病
	糠秕鳞斑菌	躯干、颈部、脸部及上肢	花斑癣
皮肤真菌病	毛癣菌、犬小孢子菌	头发	头发癣
	红色毛癣菌	皮肤光滑或无毛的部位	钱癣(风癣)
	红色毛癣菌、须癣毛癣菌	脚	脚癣(脚气)
	红色毛癣菌、须癣毛癣菌、絮状表皮癣菌	指、趾甲	甲癣(灰指甲)

续表 5.5

类别	病原体	感染部位	引发的疾病
皮肤真菌病	须癣毛癣菌、疣状毛癣菌、红色毛癣菌	脸颊的胡须	颜面癣（须癣）
	絮状表皮癣菌、红色毛癣菌、须癣毛癣菌	腹股沟及臀部	股癣
皮下真菌病	黑霉疣状瓶霉	下肢及脚	着色芽生菌病
	足菌肿马杜拉分支菌	脚或身体其他部位	足分支菌病
	申克孢子丝菌	刺伤的小孔	孢子丝菌病
全身性真菌病	皮炎芽生菌	肺部及皮肤	芽生菌病
	粗球孢子菌	肺部或身体其他部位	球孢子菌病
	新生隐球菌	肺部、皮肤、骨骼、内脏及中枢神经系统	隐球菌病
	荚膜组织胞浆菌	吞噬细胞内	组织胞浆菌病
机会性真菌病	烟曲霉、黄曲霉	呼吸系统	曲霉菌病
	白色念珠菌	皮肤或黏膜	念珠菌病
	卡氏肺囊虫	肺部，有时是大脑	卡氏肺囊虫肺炎

第6章 藻 类

6.1 概 述

藻类并不是一个自然分类群,它们具有以下特点:

①藻类不是一个单一的紧密相关的分类群,而是一个多种多样、多元的单细胞集聚、集群和多细胞真核有机体。

②虽然藻类能以自养或异养方式生活,但绝大多数藻类是进行无机光能营养的,它们以淀粉、油类和各种糖类等多种形式储存碳。

③藻类生殖构造不受特化组织的保护,除极少数种类外,它们的生殖器官都是由单细胞构成的。

④藻类的合子在母体内并无胚的形成,而是脱离母体后,才进行细胞分裂,并成长为新个体。如果用动物学的术语来说,高等植物是胎生,而藻类则是卵生。

⑤藻类以无性和有性两种方式繁殖。

根据魏塔克(Whittaker)五界分类系统,藻类被划分为 7 个门并分属两个不同的界(表6.1)。这一经典的分类是依据藻类的细胞学性质进行的,包括:①细胞壁(如果存在)化学和形态学;②食物和光合作用的同化产物的储存形式;③引起光合作用的叶绿素分子和辅助色素分子;④鞭毛的数量及其在可运动细胞上的插入位置;⑤细胞形态或原植体(即一个藻体)形态;⑥生境;⑦繁殖结构;⑧生活史模式。表6.2总结了藻类各门的特征。

表6.1 藻类的传统分类

门(俗名)	界
金藻门(黄绿藻和金褐藻;硅藻)	原生生物界(单细胞或集落样、真核)
眼虫藻门(光合作用的类眼虫鞭毛藻)	原生生物界
甲藻门(沟鞭藻)	原生生物界
轮藻门(轮藻)	原生生物界
绿藻门(绿藻)	原生生物界
褐藻门(褐藻)	植物界(多细胞、真核)
红藻门(红藻)	植物界

表6.2　一些藻的特征的比较性总结

门	估计的物种数	俗名和典型种	叶绿素	藻胆素(藻胆蛋白)	色素	叶绿体中的类囊体数	储存物质	鞭毛	细胞壁	栖息地
绿藻门	7 500	绿藻(衣藻)	a,b	—	β-胡萝卜素,±α-胡萝卜素,叶黄素	3~6	糖,淀粉,果聚糖	1,2~8;等长,顶生或近顶端生	纤维素,甘露聚糖,蛋白质,碳酸钙	淡水,半咸水,咸水,陆地
轮藻门	250	轮藻或脆草	a,b	—	α-、β-、τ-胡萝卜素,叶黄素	许多	淀粉	2;近顶端生	纤维素,碳酸钙	淡水,半咸水
眼虫藻门	700	类眼虫鞭毛藻(裸藻)	a,b	—	β-胡萝卜素,叶黄素,±τ-胡萝卜素	3	副淀粉,油滴,糖	1~3;少数顶生	缺乏	淡水,半咸水,咸水,陆地
金藻门	6 000	金褐藻,黄绿藻,硅藻(环藻)	a, c₁/c₂,极少的d	—	α-、β-、ε-胡萝卜素,墨角褐黄素,叶黄素	3	金藻昆布多糖,油滴	1~2;等长或不等长,顶生;或无鞭毛	纤维素,二氧化硅,碳酸钙,几丁质,或缺乏	淡水,半咸水,咸水,陆地
褐藻门	1 500	褐藻(马尾藻)	a,c	—	β-胡萝卜素,墨角褐黄素,叶黄素	3	昆布多糖,甘露醇,油滴	2;不等长,侧生	纤维素,褐藻酸;岩藻多糖	半咸水,咸水
红藻门	3 900	红藻(珊瑚藻)	a,极少的d	C-藻蓝素,异藻蓝蛋白,藻红素	叶黄素,β-胡萝卜素,玉米黄素,±α-胡萝卜素	1	类糖原淀粉(佛罗里达糖苷)	无鞭毛	纤维素,木聚糖,半乳聚糖,碳酸钙	淡水,半咸水,咸水
甲藻门	1 100	沟鞭藻(裸甲藻)	a,c₁,c₂	—	β-胡萝卜素,墨角褐黄素,多角藻黄素,甲藻黄素	3	淀粉,葡萄糖,油滴	2;一根延伸,一根环绕	纤维素,或缺乏	淡水,半咸水,咸水

$\qquad$分子系统分类将一些经典的藻类(如绿藻)划归为植物;一些作为一个单独的谱系(如红藻);一些经典性藻类(如类眼虫鞭毛藻)仍划入原生动物门。依据藻类 rRNA 成分分析和超微结构的研究,最近新设了茸鞭生物(Stramenopiles)和囊泡藻类(Alveolates)两大类群。如金褐藻、黄绿藻、褐藻和硅藻被置于 Stramenopiles 类群;沟鞭藻等被划入囊泡藻类类群。Stramenopiles 有管状线粒体嵴和中空的体毛。它能产生少量纤细的体毛(三联的微管状体毛),这些体毛一般着生在鞭毛上。光合作用色素一般为叶绿素 a 和 c。虽然少数类群(如硅藻)没有体毛,但依据 rRNA 序列分析、线粒体特征和一些其他特征,仍认为它属于 Stramenopiles。囊泡藻类有管状线粒体嵴,并且在毗邻表面处有深层的蜂窝状小泡或小囊。甲藻、纤毛虫和顶端复杂原生动物(Apicomplexan Protozoa)都归属于这一类群。

6.2　分　　布

　　大多数藻类都是水生的,有产于海洋的海藻,也有生于陆水中的淡水藻。它们或漂浮于水表(Neustonic,水表漂浮生物的),或悬浮于水中(Planktonic,浮游生物的),或黏附、生活在水底(Benthic,底栖生物的)。如有躯体表面积较大(如单细胞、群体、扁平、具角或刺等),体内储藏比重较小的物质,或生有鞭毛以适应浮游生活的浮游藻类;有体外被有胶质,基部生有固着器或假根,生长在水底基质上的底栖藻类;也有生长在冰川雪地上的冰雪藻类;还有在水温高达 80 ℃的温泉里生活的温泉藻类。

　　也有很多藻类的藻体不完全浸没在水中,其中有些是藻体的一部分或全部直接暴露在大气中的气生藻类;也有些是生长在土壤表面或土表以下的土壤藻类。

　　就藻类与其他生物生长的关系来说,有附着在动、植物体表生活的附生藻类;也有生长在动物或植物体内的内生藻类;还有和其他生物营共生生活的共生藻类。总之,藻类对环境的适应性很强,环境中几乎到处都有藻类的存在。

6.3　藻细胞的超微结构

　　真核藻细胞(图6.1)被一层薄薄的、坚硬的细胞壁所围绕,某些藻类在细胞壁外有一层富有弹性的、与细菌荚膜类似的凝胶样外在基质。鞭毛(如果存在)是藻类的运动器官。细胞核有典型的带有核孔的核被膜,核物质由核仁、染色质和核液组成。类囊体是叶绿体上有膜束缚的囊状结构,能够进行光合作用的光反应。类囊体镶嵌在基质内,光合作用进行 CO_2 固定的暗反应就发生在基质中。淀粉核(Pyrenoid)这一高密度蛋白质区域可能存在于叶绿体内,它与淀粉的合成和储存密切相关。藻类中的线粒体结构变化很大,一些藻类(如类眼虫鞭毛藻)有盘状嵴;绿藻和红藻等有片状嵴;金褐藻、黄绿藻、褐藻和硅藻等残留着管状嵴。

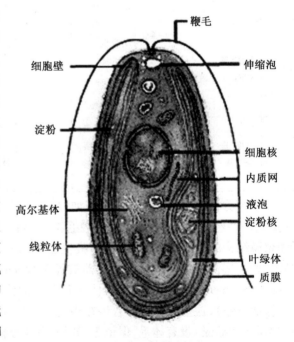

图6.1　藻的形态

6.4　藻的营养

　　一般藻类的细胞内除含有和绿色高等植物相同的光合色素外,有些类群还具有特殊的色素而且多不呈绿色,所以它们的质体特称为色素体或载色体。藻是自养或异养型生物,大多为光能自养,和高等植物一样,都能在光照条件下,利用二氧化碳和水合成有机物质;有些低等的单细胞藻类需要外在的有机复合物作为碳源和能源,在一定的条件下进行有机光能营养、无机化能营养或有机化能营养。

6.5　藻的原植体(营养型)的结构

　　藻的营养体称为原植体(Thallus,单数为 Thalli)。原植体为丝状或片状,大小不一,小的仅数个细胞,大的形态复杂,如树状,其无根、茎、叶的分化,无输导组织。大部分原植体现在被归属为复杂的原生生物。藻的原植体从相对简单的单细胞到较复杂的多细胞(如巨型海藻)有很大的变化。单细胞藻类仅与细菌一般大小,而大型海藻(如海带)则可长达 75 m。藻类具有单细胞、群落样、细丝状、膜状、叶片状或管状等多种形态。

6.6　藻的繁殖

　　一些单细胞藻以无性生殖方式繁殖。以这种方式繁殖时,合子在母体内并不发育为胚,而是脱离母体后才进行细胞分裂,并成长为新个体。有三种基本的无性繁殖类型:断裂、产生孢子和二分裂。在断裂生殖(Fragmentation)中,原植体断裂,每个片段长成一个新的原植体。孢子或是在普通的营养细胞内形成,或是在称为孢子囊(Sporangium;希腊文 Spora,种子;Angeion,容器)的特殊结构内形成。带有鞭毛的可游动孢子称为动孢子(Zoospore)。由孢子囊产生的不运动孢子称为静孢子(Aplanospore)。某些单细胞藻以核分裂后紧跟着进行胞质分裂的二分裂方式繁殖。

　　另一些藻以有性生殖方式繁殖。卵子在藏卵器(Oogonia)内形成,藏卵器是相对而言没有变化的营养细胞,其功能相当于雌性生殖结构;精子在称为雄器(Antheridia)的特殊雄性生殖结构内产生。当进行有性繁殖时,两种配子融合产生双倍体合子。

6.7　藻门的特征

6.7.1　绿藻门(绿藻)

绿藻门或绿藻是一个变化极大的门。它们在淡水、海水和阴冷潮湿的陆生环境中含量极为丰富,还可生长在土壤中的有机体上或有机体内。按分子系统分类表,绿藻与陆生植物关系密切,并且它们具有片层状嵴的线粒体。绿藻有叶绿素 a 和 b,还有特定的类胡萝卜素。它们以淀粉的形式储存碳水化合物。许多绿藻的细胞壁成分是纤维素。其形态呈现广泛的多样性,从单细胞到集落状、细丝状、膜片状和细管状等多种类型。某些种具有固着器结构使它们能黏附到基质上。绿藻繁殖方式有无性繁殖和有性繁殖两种。

1. 衣藻

衣藻是单细胞绿藻的典型代表,单细胞个体,细胞形状有球形、近球形、椭圆形、长圆形、近圆柱形、梨形等,因种类不同而异。其个体前端有两根等长的鞭毛,通过它可以在水中快速移动。每个衣藻细胞仅含一个单倍体核、一个大的叶绿体、一个明显的淀粉核和一个眼点。眼点帮助细胞进行光趋化应答。在鞭毛的基部有两个小伸缩泡,能不断排出水分,从而起到渗透调节的作用。无性生殖为细胞的纵分裂,产生2、4或8团各具1核的原生质后从母细胞内逸出,产生新壁,长成新个体。在某些特殊条件下,这些细胞被包在一个共同的胶被之内,或为胶体群时期,待环境转变,再长出鞭毛,自母细胞中逸出,成为许多新个体。有时,子细胞在环境不利时,形成厚壁孢子。衣藻也进行有性繁殖,这时由细胞分裂形成的某些细胞具有类似配子的功能,融合后形成带有4个鞭毛的双倍体合子。合子最终丢失鞭毛,进入休眠期。在休眠末期进行减数分裂,产生4个单倍体细胞,最终单倍体生长为成熟的个体。

2. 小球藻

在绿藻中,从类似衣藻的简单有机体起,还存在几个独特的进化(特化)谱系。第一个进化谱系含有不能运动的单细胞绿藻,如小球藻。小球藻分布于全世界,多生活于较小的浅水及各种容器、潮湿土壤、岩石和树皮上。它的细胞核非常微小,呈圆形或略椭圆形,细胞壁薄,没有鞭毛、眼点和伸缩泡,细胞内有1个杯形或曲带形载色体,细胞老熟时载色体分裂成数块。小球藻细胞无蛋白核,只有蛋白核小球藻有蛋白核。无性生殖时,原生质分裂形成2、4、8、16个似亲孢子,母细胞壁破裂时放出孢子。

3. 团藻

第二个进化谱系的代表是能运动的群落样绿藻,如团藻。一个团藻集落呈中空的球形,由500~60 000个单细胞形成一个单层。成熟的团藻群体,细胞分化成营养细胞(体细胞)和生殖细胞(生殖胞)两类。营养细胞具有进行光合作用的能力,能制造有机物,并且数目很多。每个细胞具有1个杯状的叶绿体,叶绿体基部有1个蛋白核,细胞前端朝外,生有2条等长的鞭毛。因每个细胞外面的胶质膜被挤压,从表面看细胞呈多边形。每个细胞有2根鞭毛,由500~50 000个类似衣藻的细胞组成。当团藻在水中移动时,鞭毛协调地摆动,使集落按顺时针方向旋转。仅有少数细胞有繁殖功能,它们位于集落后端。其中一些细胞进行无性分裂,而产生新的集落;其余的细胞则产生配子,受精后,合子分裂形成子代集落。以这两种方式形成的子代集落都驻留在亲代集落上,直至其破裂。

6.7.2　轮藻门(轮藻/脆草)

轮藻/脆草相对于绿藻有更为复杂的结构。植物体具有类似根、茎、叶的分化。茎有节和节间之分,在节处有规则地产生短小、分支的螺环,其配子囊为多细胞复杂结构。根据螺旋细胞的旋转方向,轮藻分为三个目:直立轮藻目、右旋轮藻目和左旋轮藻目。细胞里含叶绿素 a、b，类胡萝卜素和叶黄素等光合色素。其同化产物为淀粉。轮藻很丰富，从淡水到海水，而且在化石中能普遍发现。它们常常生活在阴暗的池塘底部，看上去像一层致密的覆盖物。某些种能从水中沉积碳酸钙和碳酸镁，从而形成一层厚厚的石灰石覆盖物。

6.7.3　眼虫藻门（类眼虫鞭毛藻/裸藻）

类眼虫鞭毛藻有叶绿体，而且在生物化学上与绿藻的叶绿体类似，在质膜内有一层富有弹性的蛋白质表膜。它的形状有的是长菱形，有的是圆柱形，前端向里凹陷并生有一条细长的鞭毛，能靠它在水里游动。鞭毛根部附近有红色小点，能感光，称为眼点。它的大多数同伴体内含有色素体，能进行光合作用，有的也能从水中获取有机物。

与绿藻门和轮藻门一样，类眼虫鞭毛藻的叶绿体内有叶绿素 a 和 b。其主要储存产物是副淀粉（由葡萄糖分子以 $\beta-1,3$ 糖苷键连接形成的多糖），这是类眼虫鞭毛藻所特有的储存形式。眼虫藻进行无性繁殖的有丝分裂时，核膜并不消失，染色体搭在核膜上，随着核中部收缩分离成两个子核，然后整个细胞也由前向后纵裂为二。一个子细胞接受原有鞭毛，另一个子细胞长出一条新鞭毛。在池水干涸时，眼虫藻缩成一团，分泌胶质形成胞囊；环境好转时，原生质体从胞囊壳中脱出，形成新的个体。它们生活在淡水、咸水、海水和潮湿的土壤里，而且常常在池塘和蓄水槽里形成水华。在分子分类表中，类眼虫鞭毛藻与变形鞭毛虫（带鞭毛的原生动物）和动质体生物的关系密切。因为它们在生活史的某些阶段，都有相关的 rRNA 序列和盘状嵴的线粒体。

把眼虫藻放在有机质丰富、温度适宜且不见光的地方，细胞分裂速度可超过叶绿体的分裂，产生出没有叶绿体、不进行光合作用的细胞，专靠有机物营异养方式生存。

裸藻属是眼虫藻门代表属。色素体为绿色，呈星状、盘状或颗粒状，具有或不具有蛋白核。少数种类具有特殊的裸藻红素，使细胞呈红色；同化产物是副淀粉，呈杆形、环形或卵形。裸藻细胞有多个叶绿体，其内有叶绿素 a、b 和类胡萝卜素。典型的裸藻细胞被细胞质膜所延伸、束缚。表膜位于质膜下，由可灵活运动的蛋白质带紧密排列而成。表膜有足够的弹性，使细胞能转折、弯曲，同时又有足够的刚性，以阻止其外形发生太大的变化。巨大的细胞核内有一个显著的核仁。眼点定位于前储蓄泡附近。在储蓄泡附近的大型伸缩泡不断收集细胞内的水分，并将其排进储蓄泡。裸藻属正是以这样的方式，调节机体的渗透压。两根鞭毛起源于储蓄泡的基部，但仅有一根鞭毛穿过导管，伸出胞外，并通过它有力地摆动使细胞移动。类眼虫鞭毛藻是通过细胞纵向有丝分裂来完成其繁殖的。

6.7.4　金藻门（金褐藻、黄绿藻和硅藻）

多数金藻为裸露的运动个体，具有 2 条鞭毛，个别具有 1 条或 3 条鞭毛。有些种类在表质上具有硅质化鳞片、小刺或囊壳。有些种类含有许多硅质、钙质，有的硅质可特化成类似骨骼的构造。

金藻门因其色素组成、细胞壁成分和带鞭毛细胞的类型不同，而表现得极为多样。在分子分类系统中，金藻门与茸鞭生物关系密切，并且有管状嵴的线粒体。该门分为三个主要的纲：金褐藻、黄绿藻和硅藻。其主要光合作用色素一般为叶绿素 a、c_1/c_2、类胡萝卜素的墨角褐黄素（褐藻素）。当墨角藻黄素占优势时，细胞就会呈现金褐色。当水域中有机物特别丰富时,这些副色素将减少,使藻体呈现绿色。内含色素体 1~2 个,片状,侧生。其碳水化合物储存形式主要是金藻昆布多糖(主要由葡萄糖残基以 β-1,3 糖苷键连接构成的一种多糖储存物)。金藻门有些种没有细胞壁,其他种类质膜外有一层成分错综复杂的覆盖物,如介壳、壁和板。硅藻有独特的两部分二氧化硅壁,被称为硅藻细胞。

大多数金藻为单细胞或集落状,一般以无性生殖方式繁殖,偶尔也进行有性繁殖。运动的单细胞,常以细胞纵分裂增加个体。群体种类则以群体断裂或细胞从群体中脱离而发育成一个新群体。不能运动的种类产生动孢子或金藻特有的内生孢子,这种生殖细胞呈球形或椭圆形。虽然有些种生活在海水中,但大多数黄绿藻和金褐藻生活在淡水环境,有些种形成的水华能使饮用水产生令人不悦的气味和味道。

硅藻为进行光合作用的、圆形或长方形的金藻细胞,硅藻细胞由两部分或壳像培养皿那样重叠而成。较大的一部分称为上壳,较小的一部分称为下壳。硅藻细胞内有一个或多个呈粒状或盘状、星状、片状的色素体,其内含叶绿素 a、c,β-胡萝卜,岩藻黄素和硅甲黄素。有的种具有蛋白核,但外围无淀粉鞘,同化产物主要是脂肪。硅藻的营养细胞为双倍体;以单细胞、集落状或丝状形式存在;无鞭毛;有一个单一的大细胞核和较小的质体。

硅藻的主要繁殖方式是细胞分裂。分裂形成的 2 个子原生质体分别居于母细胞的上壳与壳内,并各自分泌出另一半细胞壁成为子细胞的下壳。产生的两个子细胞,一个与母细胞同大,另一个较小。当体形减小至原始体积的 30% 左右时,常会出现有性繁殖。双倍体营养细胞经减数分裂形成配子,配子融合产生合子。合子进而发展成复大孢子,其体形又开始增大,并形成新的细胞壁。成熟的复大孢子最终经有丝分裂产生带正常两部分二氧化硅外壁的营养细胞。

硅藻细胞由具有非常精细斑纹的结晶的二氧化硅 $[Si(OH)_4]$ 构成。它们有独特的图案,所以硅藻细胞的形态在硅藻分类上极为有用。当硅藻在水体中大量繁殖时,可在水面形成称为水华的浮沫,对鱼类等的生长有害。

6.7.5　褐藻门(褐藻)

褐藻为多细胞海藻。有些种是真核世界目前已知的长度最大的种。大多数从褐色到橄榄绿的大型海藻都被划入褐藻门。某些种可长达 75 m。大型海藻是长度最大的褐藻,对海洋的生产力和人类的许多需求都有很大贡献。褐藻是由一类几乎仅生活在海洋中的多细胞有机体组成的。褐藻细胞具有明显的细胞壁,壁由 2 层组成,内层为纤维素,外层为褐藻特有的褐藻胶。褐藻细胞中央通常具有 1 个中央大液泡和 1 个细胞核;色素体 1 至多个,盘状或不规则形状,无蛋白核。除有叶绿素 a、c 及 β-胡萝卜素外,还含有大量的叶黄素,其中黄黄质等为褐藻所特有。其同化产物为昆布多糖(褐藻淀粉)和甘露醇。藻体通常很大,但大小悬殊。最简单的褐藻由细小的分枝的藻丝体构成;体形较大,进化较为高级的褐藻有较为复杂的组织结构。一些大型海藻明显地分化出扁平的叶片、叶柄和用于黏附于岩石上的附着器官;有些种(如马尾藻)形成巨大的漂浮块,统治着整个 Sargasso 海。

6.7.6　红藻门(红藻)

红藻门包括大多数海藻。少数红藻为单细胞,大多数为丝状或多细胞。细胞壁分两层,内层为纤维素,外层由藻胶(果胶质)组成。多数红藻的细胞只有一个核,少数红藻幼时为单核,老年时为多核。有些红藻长度可达 1 m 以上。贮存物是称为弗多里达淀粉的碳水化合物,是葡萄糖残基以 α-1,4 和 α-1,6 糖苷键连接构成的。

大多数红藻的细胞壁有坚硬的内在成分,由微原纤维和胶状基质构成。胶状基质由称为琼脂、海萝聚糖、紫菜聚糖和角叉藻聚糖的聚半乳糖硫酸酯构成。这四种多聚物赋予红藻以弹性和光滑的质感。许多红藻还在细胞壁外沉积碳酸钙,从而在珊瑚礁的构建中扮演着重要的角色。

载色体中含有叶绿素 a 和 d、β-胡萝卜素和叶黄素类,此外,还有不溶于脂肪而溶于水的藻红素(藻红蛋白)和藻蓝素(藻蓝蛋白)。这些色素的存在解释了红藻为何能在 100 m 以下的深海中生活。因为光线在透过水时,长波光线(如红、橙、黄光)很容易被海水吸收,在几米深处就可被吸收掉。只有短波光线(如绿、蓝光)才能透入海水深处。藻红素能吸收绿、蓝和黄光,因而红藻可在深水中生活。在强光下,藻红素因光破坏而使其他的色素占优势,藻体就呈现蓝色、褐色或暗绿色。

6.7.7　甲藻门(沟鞭藻)

甲藻门或沟鞭藻是单细胞、可进行光合作用的蜂窝状藻类。藻体呈圆形、三角形、针状等,前端和后端常有突出的角。甲藻的细胞壁又称为壳。少数种类的壁仅由左右两片组成。大多数种类壳壁具一条横沟(又称腰带)和一条纵沟,横沟位于细胞中央,将壳分成上下两半,纵沟位于下壳腹面,将下壳分为左右两半。大多数甲藻为海生,也有一些生活在淡水中。甲藻与金藻和硅藻一起是淡水和海水浮游生物的主要构成者,并且处于许多食物链的底层。

甲藻的鞭毛、防护性外被(板)和生化特性是独特的。大多数甲藻具两条鞭毛,顶生或从横沟和纵沟相交处伸出。色素体多个,呈圆盘状、棒状或片状,除含叶绿素 a、c、β-胡萝卜素、甲藻素外,还含有特殊的多甲藻素。藻体呈金黄色、黄绿色或褐色。同化产物为淀粉和油。

一些甲藻能消化其他细胞;还有些无色、异养;少数甲藻甚至与水母、海蜇、海葵和珊瑚等许多软体动物形成共生体。若甲藻与它们形成共生关系,就会失去纤维素板和鞭毛,在宿主体内变成球形、黄褐色的小球体,称之为虫黄藻。许多甲藻被一层坚硬的纤维素板或鞘所包裹,以起到防护作用;有时还可能有二氧化硅沉积其上形成硬壳。甲藻有管状嵴的线粒体。

夜光藻属、Pyrodinium 和膝沟藻属中的某些种能发光。夜晚,海水中发出的冷光(或磷光)主要就是它们产生的。有时甲藻繁殖数量达到很高的水平,就会引起有毒的赤潮。赤潮发生后,因水体中溶解氧急剧降低和有害物质的积累,造成鱼虾、贝类等大量死亡,对渔业生产不利。甲藻死亡后沉积于海底,是古代生油地层的主要化石,故常以甲藻化石为石油勘探时地层对比的主要依据。

第7章 原生动物

7.1 原生动物的概念

原生动物是最原始、最微小、最低等且结构最简单的动物,它分布很广,江、河、湖泊、海、沟渠、积水、湿土及其他动物体内都有分布。其主要特征是身体由单个细胞构成,或由许多细胞形成群体,在群体中各细胞无差别,且脱离后能独立生活,所以原生动物也称为单细胞动物。

原生动物是异养的,有多种运动类型。它们占据广阔的栖息地和生态位,具有与其他真核细胞相似的细胞器,还具有专有的细胞器。

原生动物通常以二分裂方式进行无性繁殖。一些种具有有性循环,包括减数分裂和配子或配子核的融合,并最终形成双倍体合子。合子常被厚壁、有抗性的壁囊包裹。某些原生动物可进行接合作用,在这一过程中,核在细胞间进行交换。所有的原生动物均有一个或多个核;一些种具有一个大核和一个小核。各种原生动物分别以植物式营养方式、动物式营养方式或食腐式营养方式来摄食,某些种进行捕食或寄生。

目前,原生动物分类学将原生动物分为7个门:肉足鞭毛虫门、盘根黏虫门、顶复门、微孢子虫门、Ascetospora、胶孢子虫门和纤毛虫门。这些门代表4个主要类群:鞭毛虫、变形虫、纤毛虫和孢子虫。在分子分类系统中,原生动物为多源的真核生物。

原生动物学(Protozoology)这一学科研究了称为原生动物的微生物。原生动物通常指可运动的真核单细胞原生生物。原生动物间仅在这一点上具有共性,即它们都不是多细胞。然而,所有的原生动物均能代表单个原生生物真核细胞的基本结构。

原生动物与人类的关系十分密切,如寄生的种类疟原虫、利什曼原虫、痢疾内变形虫等直接对人有害;焦虫危害家畜,一些黏孢子虫、小瓜虫、车轮虫危害鱼类。自由生活的种类有些能污染水源,海水中的一些腰鞭毛虫可造成赤潮,危害渔业。另一方面,有的原生动物如眼虫可作为有机污染的指示种;大多数杆鞭毛虫、纤毛虫是浮游生物的组成部分,是鱼类的饵料。有孔虫、放射虫为探测石油矿的标志原生动物。

7.2 原生动物的分布及形态

如图7.1所示为3个来自无菌培养的 *N. fowleri* 依靠阿米巴口(起吞噬作用的似吸盘结构)正攻击并开始吞噬或吞没第4个可能已死亡的变形虫。这类变形虫导致人类患原发性阿米巴脑膜炎。

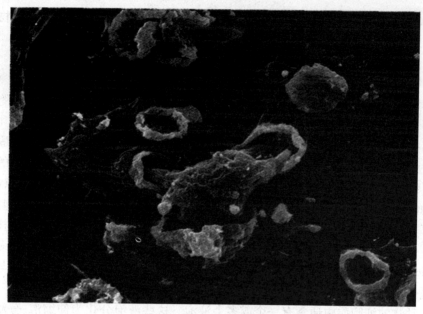

图 7.1　原生动物电镜照片

7.2.1　原生动物的分布

　　原生动物的分布十分广泛,淡水、海水、潮湿的土壤、污水沟,甚至雨后积水中都会有大量的原生动物分布,以致从两极的寒冷地区到 60 ℃ 温泉中都可以发现它们。另外,往往相同的种可以在差别很大的温度、盐度等条件下发现,说明原生动物可以逐渐适应改变了的环境,具有很强的应变能力。许多原生动物在不利的条件下可以形成包囊(Cyst),即体内积累了营养物质、失去部分水分、身体变圆、外表分泌厚壁、不再活动。包囊具有抵抗干旱、极端温度、盐度等各种不良环境的能力,并且可借助于水流、风力、动物、植物等进行传播,在恶劣环境下甚至可存活数年不死,而一旦条件适合时,虫体还可破囊而出,甚至在包囊内还可以进行分裂、出芽及形成配子等生殖活动。所以许多种原生动物在分布上是世界性的。

　　原生动物的分布受各种物理、化学及生物等因素的限制,在不同的环境中各有它的优势种,也就是说,不同的原生动物对环境条件的要求也是不同的。水及潮湿的环境对所有原生动物的生存及繁殖都是必要的,原生动物最适宜的温度范围是 20 ~ 25 ℃,过高或过低温度的骤然变化会引起虫体的大量死亡,但如果缓慢地升高或降低,很多原生动物会逐渐适应正常情况下致死的温度。淡水及海水中的原生动物都有它自己最适宜的盐度范围。一些纤毛虫可以在很高盐度的环境中生存,甚至在盐度高达20% ~ 27% 的盐水湖中也曾发现原生动物。中性或偏碱性的环境中常具有更多的原生动物。此外,食物、含氧量等都可构成限制性因素,但这些环境因素往往只决定了原生动物在不同环境中的数量及优势种,而并不决定它们存活与否。

　　原生动物与其他动物存在着各种相互关系。例如,共栖现象(Commensalism),即一方受益、一方无益也无害,如纤毛虫纲的车轮虫(Trichodina)与腔肠动物门的水螅(Hydra)就是共栖关系;共生现象(Symbiosis),即双方受益,如多鞭毛虫与白蚁的共生;还有寄生现象(Parasitism),即一方受益,一方受害,如寄生于人体的痢疾变形虫等;原生动物的各纲中都有寄生种类,而孢子虫纲全部是寄生生活的。

7.2.2 原生动物的形态学

因为原生动物是真核细胞,所以在许多方面它们的形态和生理特征与多细胞动物相同。然而,因为所有生命的多种功能必须在单个的原生动物个体内完成,所以原生动物细胞具有某些独特的形态和生理特征。在某些种类中,质膜下紧邻的细胞质为半固体或胶质状态,使得细胞体具有一定的硬度,它被称为外质(Ectoplasm)。鞭毛或纤毛的基部和相关的纤维状结构均包埋在外质中。质膜和紧邻质膜下的结构统称为表膜(Pellicle)。在外质的内部是称为内质(Endoplasm)的区域,内质有较强的流动性和较多的泡状结构,含有大部分的细胞器。某些原生动物仅有一个核,还有一些有两个或更多个同样大小的核,另外一些有两种类型明显不同的核——一个大核(Macronucleus)和一个或多个小核(Micronucleus)。大核特别大,与营养活性和再生过程有关。小核为二倍体,参与繁殖过程中的遗传重组和大核的再生。

原生动物的细胞质中通常有一个或多个液泡。这些液泡分化为伸缩泡、分泌泡和食物泡。伸缩泡(Contractile Vacuoles)对于生活在低渗环境如淡水湖中的原生动物而言,起着渗透调节的作用,通过不断地排出水而维持渗透压的平衡。原生动物结构简单,繁殖快,易培养,是研究生命科学活动的好材料。

7.3 鞭 毛 纲

7.3.1 代表动物——绿眼虫

绿眼虫(Euglena Uiridis)过去曾划分到植物中,称为裸藻。绿眼虫生活在有机质丰富的水沟、池沼、积水中,当大量繁殖(温暖季节易繁殖)时,可使水呈绿色(因为体内存在大量的叶绿体)。绿眼虫的结构如图7.2所示。

7.3.1.1 体形和结构

1.体形

绿眼虫呈长梭形,长约 60 μm,前端钝圆,后端尖,在虫体中部稍后有一个大而圆的胞核,体表由具有弹性的带斜纹的表膜所覆盖,使眼虫既能保持一定的形状,又能使部分依次收缩和伸展,称为眼虫式运动。眼虫因胞质内含有叶绿体(其中含叶绿素)而呈绿色,胞质内还有透明颗粒状的副淀粉粒。副淀粉粒与淀粉不同,它不能与碘形成蓝色物质,不同眼虫的副淀粉粒形态不同,因此可用它来区别不同种眼虫。表膜就是质膜,由许多螺旋状的条纹连接而成,每一表膜条纹的一边有向内的沟,另一边有向外的嵴,一个条纹的沟与其相邻条纹的嵴相关联。表膜下的黏液体外包以膜,与体表膜连接,由黏液管通到沟和嵴,可能对沟嵴连接处起滑润作用。表膜条纹是眼虫科的特征,其数目多少是种的分类特征之一。

绿眼虫前端有一胞口,向后连一膨大的储蓄泡(不是取食器官,是水的储存处及鞭毛

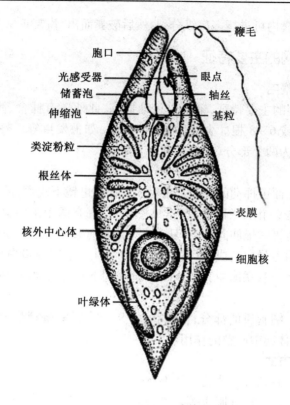

鞭毛
胞口
光感受器　　　　　　　眼点
储蓄泡　　　　　　　　轴丝
伸缩泡　　　　　　　　基粒
类淀粉粒
根丝体
表膜
核外中心体　　　　　　细胞核
叶绿体

图 7.2　绿眼虫结构图

着生部位),储蓄泡附近有一个含有红色色素的眼点,其中主要为类胡萝卜素,靠近眼点近鞭毛基部有一个膨大部分,能接受光线,称为光感受器,可寻找适合它生活的光度。

从胞口伸出一条细长且具有弹性的鞭毛,眼虫借鞭毛的波动而前进,鞭毛下连有两条细的轴丝,每一轴丝与基体相连,基体通过根丝体同细胞核相连,这说明鞭毛的活动受核的控制,基体对虫体分裂起中心粒的作用。电镜下观察鞭毛的结构,最外为细胞膜,其内由纵行排列的微管组成,周围有 9 对联合的微管(双联体),中央有 2 个微管,每个双联体上有 2 个短臂,各双联体由放射辐伸向中心,在双联体间是具有弹性的连丝。微管由微管蛋白组成,臂由动力蛋白组成,具有 ATP 酶的活性。现已有实验证明,鞭毛的弯曲是双联体微管彼此相对滑动的结果。

在眼虫的细胞质内有叶绿体,其形状、大小、数量及其结构为眼虫属、种的分类特征。叶绿体内含有叶绿素,眼虫主要通过叶绿素在有光的条件下利用光能进行光合作用,把二氧化碳和水合成糖类,这种营养方式称为光合营养,制造的过多食物形成一些半透明的副淀粉粒。在无光的条件下,眼虫也可通过体表吸收溶解于水中的有机物,这种营养方式称为渗透营养。因此眼虫为混合式营养。

7.3.1.2　繁殖方式

绿眼虫一般为纵二分裂,细胞核先进行有丝分裂,在分裂时核膜不消失,基体复制为二,接着虫体开始前端分裂,脱去鞭毛,同时由基体再长出新的鞭毛,或一个保存原有鞭毛,另一个产生新的鞭毛。胞口也纵裂为二,然后继续由前向后分裂,断开成为两个个体。

当环境不适于眼虫生活时,虫体变圆,分泌胶质而形成包囊,包囊可被风散布到各处。

当环境适宜时,在包囊内可进行多次纵分裂,然后破囊而出,恢复正常生活。

7.3.2 鞭毛纲的主要特征

7.3.2.1 具有鞭毛

有鞭毛是鞭毛纲的主要特征,鞭毛是运动器官,此外还有捕食、附着和感觉的功能。鞭毛通常有 1~4 根或 6~8 根。少数种类有很多根,如披发虫等。鞭毛是细胞质衍生出来的丝状构造,可分为两个部分(电镜下观察):

(1)鞭状体

鞭状体是细胞表面可挥动的突起。鞭毛横切面在电镜下观察,最外层为细胞膜,膜内有两组微管。周围是 9 个双联体微管,排成一圈,中央有两个由中央鞘包围的单独的微管。每个双联体又由辐射辐伸向中心,且有 2 个短臂对着下一个双联体。一般认为,双联体中的两条短臂由动力蛋白组成,具有 ATP 酶的活性。微管由蛋白质大分子组成,与横纹肌的肌动蛋白相似。双联体微管在 ATP 酶的作用下相对活动,从而使鞭毛产生运动。

(2)基体

基体是鞭毛深入细胞质的部分,呈筒状,由 9 个三联体微管组成。其结构类似中心粒,在虫体分裂时基体起中心粒的作用。

7.3.2.2 营养方式

原生动物中的三种营养方式鞭毛纲都有。

①光合营养,也称自养,如眼虫等。

②渗透营养(腐生性营养)。寄生种类,绿眼虫在无光条件下也能通过体表渗透吸收周围呈溶解状态的物质。

③吞噬营养(动物性营养)。吞食固体的食物颗粒或微小生物。

渗透营养和吞噬营养也称为异养。

7.3.2.3 繁殖

有无性繁殖和有性繁殖,无性繁殖主要为纵二分裂,如眼虫等;出芽生殖,如夜光虫等。有性生殖主要为同配,如衣滴虫等;异配,如盘藻虫、团藻等。

7.3.3 鞭毛纲的重要类群

鞭毛纲有 2 000 多种,主要根据营养方式的不同可分为植鞭和动鞭两个亚纲。

7.3.3.1 植鞭亚纲

植鞭亚纲通常具有色素体,能进行光合作用,如无色素体,它们的其他结构也与其相近的有色素体种类无太大差别,这是因为它们在进化过程中失去了色素体。本亚纲种类很多,形状各异,单体或群体自由生活在淡水或海水中。

①腰鞭目。有 2 条鞭毛,一条在腰部,环绕着腰;另一条游离,如夜光虫(由于海水波动,夜间能发光)、角薄虫等。此目中大多属海洋种类,在海洋中繁殖过剩($2 \times 10^6 \sim 4 \times 10^6$ 个/m^3)。它们密集在一起时,可以使海水变为暗红色,并发出臭味,称为赤潮。如加利福尼亚州,每 2~3 年发生一次赤潮。1971 年在佛罗里达州出现大规模赤潮,产生神经毒,能储存在甲壳动物体内,对甲壳动物无害,而人和其他动物吃了这些受感染的动物后引起中毒。

②隐滴虫目。大多数为淡水产,如隐滴虫等。

③眼虫目。眼虫等。

④植滴虫目。具绿色的色素体。有2~4条鞭毛,多数成群体,如衣滴虫(单细胞)、盘藻(4~16个细胞)和团藻(数百至数千个细胞)。

⑤金滴虫目。具有棕黄色的色素体,有1~2条鞭毛,如合尾滴虫、钟罩虫等。这类动物死亡后也会污染水源。

7.3.3.2　动鞭亚纲

动鞭亚纲无色素体,异养,有不少寄生种类对人和家畜都有害。

(1)领鞭毛目

领鞭毛目在鞭毛基部有一领口。领鞭毛虫与海绵动物的领细胞相似,所以一般认为海绵动物是由领鞭毛虫群体进化而来的,如原钟虫等。

(2)根鞭目

根鞭目有1~2条鞭毛,既有鞭毛又有伪足,是联系变形虫和鞭毛虫的一类,如变形鞭毛虫等。

(3)动体目

①锥虫:浸入脑、脊髓,由一种吸血的采蝇进行传播,感染后引起患者嗜睡,昏迷直至死亡,这种病称为睡眠病。

②利什曼原虫:黑热病原虫,寄生于人体肝、脾等内脏系统的细胞之内,虫体极小,在寄主的一个细胞之内可多达上百个利什曼原虫。主要以肝、脾中的巨噬细胞为营养,并在其中进行二分裂,大量繁殖后,破坏巨噬细胞,使肝、脾肿大。寄主被它们大量寄生时,出现发烧、肝脾肿大、毛发脱落等症状,严重时造成寄主死亡,如人类黑热病(我国五大寄生虫病之一),本病由一种昆虫——白蛉子为传播体。

(4)曲滴虫目

曲滴虫目寄生,有1~4条鞭毛,如唇鞭毛虫等。

(5)双滴虫目

双滴虫目具有2个核、2组鞭毛(8根),寄生在昆虫及脊椎动物的肠道内,也可在人体肠道内寄生,如贾滴虫等。

(6)毛滴虫目

毛滴虫目有4~6条鞭毛,如毛滴虫、阴道滴虫(寄生在女性阴道或尿道里,可引起阴道炎或尿道炎)等。

(7)超鞭目

超鞭目的鞭毛很多,而核只有一个,是白蚁、蜚蠊及一些以木质为食的昆虫消化道内共生鞭毛虫。如披发虫与白蚁共生,白蚁若丧失它,则将因不能消化纤维素而饿死。此目是动鞭亚纲中唯一被证明具有有性生殖的种类。

7.4　群体鞭毛虫的生殖和进化

群体鞭毛虫既可进行无性生殖，又可进行有性生殖。它的细胞有了一定的分化，生殖方式也有一定的进化，说明单细胞群体向着多细胞群体发展。其中植鞭亚纲中的植滴虫目就是最好的例子。例如，衣滴虫是单细胞动物，盘藻是由 4~16 个细胞组成的群体，实球藻为 16 个细胞，空球藻为 32 个细胞，杂球藻为 128 个细胞，团藻有数百至数千个细胞。盘藻、实球藻、空球藻的细胞有了分化，单个细胞不能独立生活。

从衣滴虫、团藻的生殖方式可看出它们的进化，衣滴虫只能进行无性生殖；盘藻为同配生殖；实球藻既有同配又有异配，但主要为异配；空球藻进行异配生殖，且有雌群体及雄群体出现；杂球藻也是异配，但出现了体细胞及生殖细胞的分化；团藻出现了营养个体及生殖个体的分化，所以团藻可看作是由单细胞过渡到多细胞的中间类型。

7.5　肉　足　纲

肉足纲(Sarcodina)包括变形虫、太阳虫等可以改变体形的一类原生动物。

7.5.1　代表动物——大变形虫

7.5.1.1　外形及结构

大变形虫(Amoeba Proteus)体长为 200~600 μm，生活在溪水的池塘里或水流较慢的浅水中，很容易在浸没水中的植物或其他物体的黏性沉渣中找到。变形虫的形态如图7.3所示。

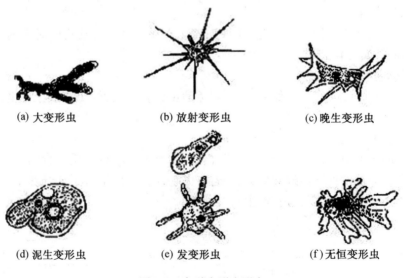

(a) 大变形虫　　　　(b) 放射变形虫　　　　(c) 晚生变形虫

(d) 泥生变形虫　　　　(e) 发变形虫　　　　(f) 无恒变形虫

图 7.3　各种变形虫形态

变形虫的体形可随原生质的流动经常改变,故得此名。在高倍显微镜下观察,可见在变形虫极薄的质膜之内是一层透明无颗粒的外质,外质之内,为占虫体体积极大部分的具有颗粒的内质,内质又分为两部分,靠外层的是较黏稠、滞性大的凝胶质,内层是滞性小流动较快的溶胶质,肉足是变形虫的运动细胞器,由于肉足可以随时形成,也可随时消失,故又称为伪足。一般认为伪足的生成是凝胶质与溶胶质互相转换的结果,其大致过程是外质向外凸出呈指状,内质流入其中,即凝胶质向溶胶质运动,向外突出形成伪足,当内质达到突起,前端向外分开,而转变成凝胶质在虫体的后端,凝胶质则转变成溶胶质,用以不断补充向前流动的原生质流,使虫体不断向伪足伸出的方向移动,这种现象称为变形运动(电镜观察变形虫切面,发现有似肌动、肌球蛋白的两种纤维,故认为变形虫的运动类似肌肉的收缩)。

变形虫体内有一个略呈椭圆形的细胞核和一个无固定位置的伸缩泡,伸缩泡的主要功能是排除体内过多的水分,也有部分排泄作用(海水中的变形虫无伸缩泡)。

7.5.1.2　营养方式

变形虫主要以单细胞藻类、小型原生动物为食,它没有固定的胞口,伪足伸出的方向代表临时的前端,当接触到食物时,伸出伪足把食物和少量水一起裹进细胞内部形成食物泡,称为吞噬作用。食物泡形成后,与质膜脱离,进入内质中,与溶酶体结合。整个消化过程在食物泡中进行,已消化的食物进入周围的胞质中,不能消化的残渣比原生质重,通过体后端的质膜排出体外,这种现象称为排遗,这种在细胞内进行的消化称为细胞内消化。

变形虫除吞噬固体食物外,还能摄取一些液体物质,摄取液体物质的现象,称为胞饮作用。在液体环境中的一些分子或离子吸附到质膜表面,使膜发生反应,凹陷下去形成管道,然后在管道内端断下来形成一液泡,移到细胞质中,与溶酶体结合形成多泡小体,经消化后营养物质进入细胞质中。胞饮作用必须有某些物质诱导才能发生(蛋白质、氨基酸或某些盐类发生胞饮,在纯水、糖类溶液中则不发生胞饮)。

7.5.1.3　繁殖方式

变形虫进行无性繁殖,一般为二分裂,且是典型的有丝分裂,当虫体生长到一定大小时,细胞核进行有丝分裂,然后二核移开虫体也随着在两核之间溢缩,最后虫体断裂成两个相等的新个体,此外,在不良环境下,虫体可以分泌胶质形成包囊,并在囊内进行多次分裂,待环境适宜时破囊而出,成为多个活动的变形虫。其繁殖过程如图7.4所示。

变形虫的呼吸和排泄作用主要靠体表的渗透作用进行。

7.5.2　肉足纲的主要特点

①肉足纲体表无坚韧的表膜,仅有极薄的细胞质膜,无任何固定的细胞器。

②肉足纲细胞质可分为外质(透明而致密,无

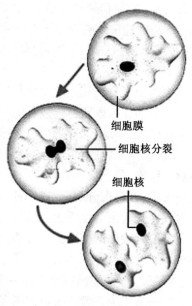

细胞膜
细胞核分裂
细胞核

图7.4　变形虫的繁殖方式

颗粒)和内质(多颗粒,易流动)两部分,内质包括凝胶质和溶胶质。

③肉足纲具有运动胞器——伪足(原生质的突起),它具有运动、摄食、排泄作用。根据伪足形状可分为叶状伪足、丝状伪足、轴伪足和根状伪足。

④肉足纲有的种类具有外壳,外壳为几丁质(表壳虫)、胶质+沙粒(沙壳虫)、石灰质(有孔虫)。

⑤肉足纲无性生殖通常为二分裂,有的可形成胞囊,少数种类如有孔虫、放射虫可进行有性生殖。

⑥肉足纲有的具有胞饮作用,如变形虫等。

⑦肉足纲分布在淡水、海水和潮湿的土壤中,少数进行寄生生活。

7.5.3　肉足纲的重要类群

肉足纲根据伪足的形状及结构不同可分为两个亚纲:根足亚纲和辐足亚纲。

7.5.3.1　根足亚纲

伪足为丝状、网状、叶状和指状,没有轴丝,可分为变形目、有壳目和有孔目。

(1)变形目

变形虫、痢疾内变形虫(Entamoeba histolytica,或称溶组织阿米巴)寄生于人的肠道中,为人体阿米巴痢疾的病原体,可引起痢疾。若进入血管和淋巴管,被运送到肝、脑等处繁殖,则引起脓肿,急性患者若不医治,十天内可以致死。

(2)有壳目

表壳虫、鳞壳虫、沙壳虫生活在淡水里,具外壳。在壳和本体之间空隙很多,其中充满气体,从而使它们成为浮游生物的组成部分。

(3)有孔目

有孔虫,具有 $CaCO_3$ 或拟壳质构成的单室壳或多室壳,生活在海洋里,数量非常大,据统计每克泥沙中约有 5 万个有孔虫的壳。其生活史中有世代交替。有性生殖过程形成具鞭毛的同型配子。它们的壳及尸体在海底形成有孔虫软泥,覆盖了世界的1/3海底,深度约在 400 m 之内。

痢疾内变形虫按其生活过程其形态可分为三种类型:大滋养体、小滋养体和包囊。滋养体指原生动物摄取营养阶段,能活动、摄取养料、生长和繁殖,是寄生原虫的寄生阶段。大滋养体个大,运动较活泼,能分泌蛋白分解酶,溶解肠壁组织;小滋养体个小,伪足短,运动较迟缓,寄生于肠腔,不侵蚀肠壁,以细菌和霉菌为食;包囊指原生动物不摄取食物,周围有囊壁包围,能抵抗不良环境的能力,是原虫的感染阶段。痢疾内变形虫的包囊新形成时为一个核,经两次分裂,变成 4 核时为感染阶段。

痢疾内变形虫的生活史:人误食包囊后,经食道→胃→小肠的下段,囊壁受肠液的消化,变得很薄,囊内的变形虫破壳而出,形成 4 个小滋养体→分裂繁殖→包囊→随粪便排出体外→感染新寄主。当寄主身体抵抗力降低时,小滋养体变成大滋养体,分泌溶组织酶(蛋白水解酶)→溶解肠黏膜上皮→侵入黏膜下层,溶解组织、吞食红细胞→不断增殖→破坏肠壁→有出血现象。急性患者若不医治,十天内可以致死。

7.5.3.2　辐足亚纲

伪足呈针状,其中有轴丝,一般呈球形,过浮游生活。

（1）太阳目

太阳虫,多生活在淡水中。细胞质呈泡沫状态,伪足由身体周围伸出,较长,内有轴丝,有利于增加虫体浮力,是浮游生物的组成部分。

（2）放射目

放射虫,全部海产,具矽质骨骼,身体呈放射状,内外质间有一几丁质囊称中央囊,外质中有很多泡,增加浮力。

放射虫和有孔虫都具骨骼或外壳。它们不仅化石多,而且在地层中演变快,不同时期有不同的虫体,根据它们的化石,不仅能确定地层的地质年代和沉积相,而且能揭示出地下结构状况,在确定地层年代和找矿上有重要价值。

7.6　孢　子　纲

孢子纲(Sporovoa)全部是寄生种类,是原生动物与人类关系最密切的一纲。它们广泛寄生于人和各种经济动物的体内,损害人、畜的健康并带来重大的经济损失。

7.6.1　代表动物——间日疟原虫

疟原虫是疟疾的病原虫,寄生在人类的红细胞及肝脏的实质细胞中。已描述的疟原虫有50多种,寄生在人体的主要有四种:间日疟原虫、三日疟原虫、恶性疟原虫(严重时会引起人体昏迷直至死亡)和卵形疟原虫(在我国不流行)。疟原虫的分布极广,遍及全世界。我国以间日疟原虫和恶性疟原虫最为常见,东北、华北、西北等地区主要为间日疟原虫,西南、贵州、四川、海南岛主要为恶性疟原虫。过去所说的瘴气其实就是恶性疟疾。疟疾对人的危害很大,被感染者除临床的疟疾发作外,还大量破坏RBC造成贫血,肝脾肿大,恶性疟原虫对人的危害更重,以昏睡为主的脑型最危险,此时脑毛细血管和小静脉里充满了含有疟原虫繁殖体的RBC,若不及时处理,多半在1~3天内便会死亡。

疟疾一度曾在世界范围内蔓延,特别是在热带和亚热带地区,我国贵州、云南及长江以南在新中国成立前广为流行,每年发病人数约3 000万人,由于特效药奎宁的问世,人们才能控制它的蔓延。

这四种疟原虫的生活史基本相同,现以间日疟原虫为例加以说明。间日疟原虫寄生在人体内,使人体发病时进行裂体生殖,将大量的裂殖子撒入人体。疟原虫的寄主有两类:人及按蚊(雌),其生活史有世代交替现象,即需经裂体生殖、配子生殖和孢子生殖。其中裂体生殖在人体内进行,配子生殖在人体里开始,在蚊的胃内完成,而孢子生殖则在按蚊体内完成。

7.6.1.1　裂体生殖(在人体内)

疟原虫分别在人体肝细胞和红细胞内发育增殖。在肝细胞内的发育称为红血细胞前期和红血细胞外期,在红细胞内的发育称为红细胞内期。

（1）红血细胞前期(潜伏期,一般抗疟药无作用)

当被感染的雌按蚊叮人时,其唾液含有疟原虫的子孢子,随唾液带入人体,随血流到肝脏,侵入肝细胞,以肝细胞质为营养,成熟后在肝脏中进行裂体生殖。

子孢子随蚊唾液→人血→肝实质细胞(核先分裂成裂殖体)→以肝细胞质为营养→裂殖子→成熟后破坏肝细胞而出→侵入红血细胞(红血细胞前期即病理上的潜伏期)。这一时期间日疟一般为8~9天,恶习性疟为6~7天。

(2)红血细胞外期

此时在红血细胞内已有疟原虫,故称为外期。外期是疟疾复发的根源。最近研究证实,疟疾的复发是由于子孢子进入人体侵入肝细胞后,一部分立即进行发育,引起初期发病;其余的子孢子处于休眠状态,经过一个休眠期,到一定时期才开始发育,经裂体生殖形成裂殖子,侵入红血细胞引起疟原复发。抗疟药对外期疟原虫无作用。

(3)红血细胞内期

随着肝细胞的破裂,裂殖子进入血液并侵入红细胞,在红细胞内进行裂体生殖。开始虫体像一枚镶嵌着宝石的戒指,称为小滋养体。内有一大空泡,核位于一端,又称为环状体。环状体能伸出伪足,吞食红细胞的细胞质,逐渐长大,空泡消失,体内出现疟色素(肝细胞中的疟原虫无色素),此时称为大滋养体。此时疟原虫摄取肝细胞内的血红蛋白为养料,不能利用的分解产物成为色素颗粒积于细胞质内。

裂殖子→入红细胞→环状体(食红细胞质)→大滋养体(核连续分裂形成12~24个核)→裂殖体(细胞质围绕核分裂)→12~24个裂殖子(分裂体)→红血细胞破裂,裂殖子散到血浆中→部分侵入其他的红细胞,重复进行裂体生殖。这个周期所需的时间也是疟疾发作所需的间隔时间(裂殖子进入血红细胞在其中发育的时间里不发作)。另一部分形成大小配子母细胞→配子生殖,如图7.5所示。

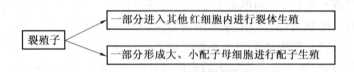

图7.5　裂殖子裂体生殖过程

由于裂殖子破坏了大量的RBC,同时裂殖子及疟色素等代谢产物进入血液,刺激病人血管收缩,从而使患者先恶寒1~2 h;由于身体中枢受刺激和发冷时肌肉战栗所产生的热量不易散出,使病人继而高烧3~4 h后,盗汗2~3 h,然后症状消失,间隔一定时间又发作。

7.6.1.2　配子生殖(在人体内开始,在蚊胃内完成)

这些裂殖子经过几次裂体生殖周期后,或机体内环境对疟原虫不利时,有一些裂殖子进入RBC后,不再发育成裂殖体,而发育成大、小配子母细胞。

红血细胞内的大、小配子母细胞达到相当密度后,若不被按蚊吸去,则1~2个月内被白细胞吞噬或变性;若被按蚊吸去,在蚊的胃腔中进行有性生殖,大、小配子母细胞形成配子。小配子在蚊的胃里面进行游动,同大配子融合为合子,从而配子生殖阶段即告完成,如图7.6所示。

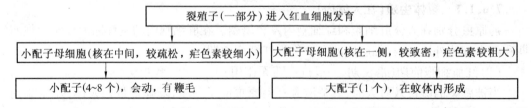

图7.6　裂殖子进入红血细胞的发育过程

7.6.1.3　孢子生殖(在蚊体内进行)

合子变长能蠕动,称动合子(Ookinate)→穿入蚊胃壁(定居在胃壁基膜与上皮细胞之间,体形变圆,外层分泌囊壁)→卵囊(在上皮细胞和基膜之间,卵囊外有囊壁)细胞核及胞质经多次分裂→数百至上万的子孢子(成簇地集中在卵囊里)→子孢子成熟后卵囊破裂,子孢子逸出(可活 70 d)→入蚊体腔(血腔)→大多到蚊的唾液腺中(最多可达 20 余万个),当蚊叮人时子孢子进入人体→吸入人血→红细胞前期裂体生殖。

子孢子在蚊体内生存可超过 70 d,但生存 30 ~ 40 d 后其感染力大为降低。

一般认为幼体所寄生的宿主称为中间宿主,成体的寄主称为终宿主。中间宿主较低等,终宿主较高等,所以人是疟原虫的终宿主,蚊是疟原虫的中间宿主。

疟原虫对人的危害极大,能大量地破坏红血细胞,造成贫血,使肝脏肿大,近年来发现间日疟原虫能损害脑组织。疟原虫病是我国五大寄生虫病之一。原产于南美热带高海拔地区的金鸡纳树,在云南已有大量种植,此树能提取疟疾特效药奎宁。近年来开展了免疫研究,取得了一定的进展。

通过亚显微镜结构研究,了解了其细微结构,改变了一些不正确的看法。如过去认为疟原虫寄生于肝细胞和红血细胞内通过体表吸取营养,现已证明它们以胞口摄取营养,并不是穿过寄主的红细胞膜进入细胞内,而是红细胞凹陷,虫体被包进细胞内,虫体外包一层红细胞膜。

7.6.2　孢子纲的主要特征

①营寄生生活,没有取食的细胞器,也无伸缩泡,靠体表渗透性来取食,其营养方式为异养。

②身体构造较简单,缺乏任何运动细胞器,仅在生活史的某一阶段出现鞭毛或伪足。这只说明了孢子虫与鞭毛虫和肉足虫的亲缘关系。

③生活史复杂,在生活的过程中有两个阶段,即无性生殖和有性生殖。这两个阶段是交替进行的——世代交替。它的典型的生活史可包括以下三个时期。

a. 裂体生殖。裂体生殖是一种无性生殖,且是复分裂,它的核先不断分裂成许多核,然后这些核移到细胞表面,细胞带有一致原生质,围绕核分裂形成与原来相同的许多新个体。滋养体→裂殖体→裂殖子。

b. 配子生殖。配子生殖是有性生殖。在裂体生殖之后的生活方式,由裂殖子发展成大、小配子,大、小配子结合成合子。

c. 孢子生殖。孢子生殖是在配子生殖之后所进行的,是无性生殖的方式;由合子形成孢子母细胞→孢子→子孢子。

孢子母细胞具有卵囊壁,内包有孢子,而孢子内又包有子孢子,子孢子长梭形,具有顶复合器,它包括顶环、类锥体、棒状体及微线体。这些结构作用尚不清楚,可能与穿刺寄主有关。孢子纲的动物都具有顶复合器结构。裂殖子外面只有细胞膜,无壳。

7.6.3　分类

孢子纲有 2 300 多种,可分为晚孢子亚纲、有丝孢子亚纲和无丝孢子亚纲。

（1）晚孢子亚纲

疟原虫、球虫（寄生在脊椎动物消化道的上皮细胞,常导致死亡）、簇虫（寄生在蚯蚓储囊中）,兔球虫对兔的危害极大。

（2）有丝孢子亚纲

碘泡虫（寄生在鱼类体中）、微粒子虫（寄生在蚕中）。

（3）无丝孢子亚纲

肉孢子虫（寄生在哺乳类、鸟类和爬行类体中）。

7.7　纤　毛　纲

纤毛纲（Ciliata）是原生动物中结构最复杂、分化最高级的类群。

7.7.1　代表动物——大草履虫

大草履虫（Paramecium Caudatum）是淡水中常见的自由生活的种类,主要以细菌为食。大多生活在水流缓慢、有机质丰富的环境中。大草履虫长 150 ~ 300 μm,肉眼也能看到。

7.7.1.1　体形及结构

草履虫形状很像倒置的草鞋,在显微镜下可见大草履虫全身密布纤毛,前端钝圆,后端稍尖（图 7.7）。游泳时,全身的纤毛有节奏地摆动,使虫体原地旋转或呈螺旋状运动。

草履虫的体表为表膜所覆盖,表膜下有一层与表膜垂直排列的刺丝泡。刺丝泡囊状,孔和表膜相通,受刺激时刺丝泡射出物质,射出物和水接触时,就变成细长而黏的线,一般认为刺丝泡是草履虫的防御武器,它们所形成的黏的线能缠住敌人,并且在水中膨胀,这样就能把攻击者推开,不过刺丝泡不能算是有效的武器,因为它很少能保护自己不致被敌人吃掉。其主要功能是帮助草履虫在固体物上做暂时的固着用。

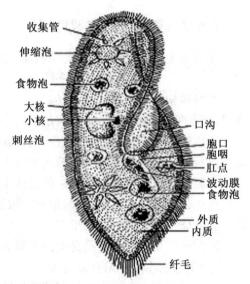

图 7.7　草履虫的结构

草履虫自前端斜向后方,体表内陷形成口沟,有口沟的一侧为草履虫腹面。口沟下面有一个更加凹陷的胞咽,胞咽与口沟的相接处为胞口。口沟里有由纤毛组成的波动膜。胞咽内有特殊的纤毛组（棘毛）不断摆动,使带有食物颗粒的水流通过口沟→胞口→胞咽,在胞咽末端形成食物泡。食物泡在体内沿顺时针方向由后向前环流。在流动过程中,食物泡被草履虫所分泌的酶所消化,变成可溶性与可渗透的形式而为原生质所吸收和同化,在食物泡内进行消化。不能消化的残渣由身体后部的胞肛排出。胞肛是位于胞口后下方的固定结构,此处没有纤毛而有一定的伸缩性,只有在排除残渣时才能看到。

在内、外质之间有两个伸缩泡,一个在体前 1/3 处,另一个在体后 1/3 处。每个伸缩泡向周围细胞质伸出 6~11 条放射排列的收集管。在电镜下,这些收集管端部与内质网的网状小管相连通。当这些网状小管收集内质中过多的水分及部分代谢产物时,可与收集管相连,经收集管再送入伸缩泡。当伸缩泡中充满水分时,收集管停止收集,内质中的网状小管与收集管分离,伸缩泡通过体表固定的开孔排出其中的激体,如此循环。收集管一端与伸缩泡相连,收集多余的水分及液体的代谢产物。两个伸缩泡之间及伸缩泡与收集管之间都是交替伸缩的,主要是排出体内过多的水分,以调节水分平衡。

在草履虫的内质中有细胞核、食物泡等。细胞核有两个,一大一小。大核为肾形,小核紧靠在大核的凹陷处,为圆球形。大核的功能与营养代谢有关,小核的功能与生殖遗传有关。

草履虫通过表膜的扩散作用进行呼吸和排除含氮废物,对外界刺激常呈现一定的反映。如趋向于适宜的温度,或逃避不利因素的刺激,如食盐、紫外光等。将含有草履虫的培养液滴在载玻片上,在水滴的中央加入微量弱酸,草履虫很快游向中心进入弱酸区,这是它的正趋性。如果酸度增加,草履虫会立刻逃避,这是它的负趋性。又如,草履虫对可见光没有反应,但回避紫外光,在紫外光下很快引起死亡。草履虫喜欢在流水中逆流而上,当游到水面后,纤毛不再反转。当通弱电流时,虫体一般趋向负极,遇较强的电流则趋向正极。纤毛虫最适宜的生长温度是 20~28℃,过高或过低的温度会引起它们生长繁殖的延缓或死亡。纤毛虫类许多种表现出明显的试探行为,当前进中遇到障碍物时,它们会前进、后退,再前进,试探多次,直到成功地越过障碍物。

7.7.1.2　生殖

无性生殖为横二分裂,在分裂过程中虫体游动如常。分裂时小核先进行有丝分裂,出现纺锤丝。大核进行无丝分裂,大核先延长膨大,然后浓缩集中,最后进行分裂。接着虫体中部横缢,分成两个新个体。在合适情况下,横分裂全过程通常在 2 h 内完成,而每 24 h 可分裂一次。

有性生殖为接合生殖。接合生殖是当环境不利时或经过一段无性生殖之后所进行的生殖方式,它具有提高草履虫生活能力的作用。当接合生殖时,两个草履虫口沟部分互相黏合,相接触的地方膜被溶解。细胞质互相连通,小核脱离大核,且分裂两次,形成 4 个小核。大核在小核分裂的过程中逐渐消失,4 个分裂后的小核 3 个消失,留下的 1 个又分裂成为大、小两核。然后两个虫体的小核进行互相交换,同对方的大核结合形成结合核,这种融合相当于受精。然后虫体分开,结合核连续 3 次分裂,变成 8 个核,其中有 4 个大核、3 个解体及 1 个小核。此小核再分裂两次,与此同时虫体也分裂两次。所以原来两个相结合的亲本虫体各形成 4 个草履虫,共为 8 个。每个个体都与原来的亲体一样,有一个大核和一个小核。接合生殖对一个物种是有利的,它融合了两个个体的遗传性,特别是使大核得到了重组与更新,这对虫体进行连续的无性生殖是必要的。草履虫的结合生殖必须在两个不同的交配型之间进行,这样体表纤毛才能相互黏着。

7.7.1.3　纤毛

每一根纤毛是由位于表膜下的一个基体发出来的,电镜观察:每个基体发出一条细纤维(即纤毛小根),向前伸展一段距离与同排的纤毛小根连成一束纵行纤维(即动纤丝)。另外有一套与纤毛结合的很复杂的小纤维系统,并连成网状,其机能有的认为是传导冲动和协调纤毛的活动,有的认为与纤毛的协调摆动无关,膜电位变化与纤毛摆动有关。

7.7.2　纤毛纲的主要特征

①纤毛纲具有运动胞器——纤毛。纤毛的构造同鞭毛构造的亚显微结构相似,但较短($3\sim20~\mu m$),且数量多,运动不对称。多数纤毛愈合成叶状小膜,并在口缘排列成行,称为口缘小膜带,如喇叭虫等。有的种类更多的纤毛愈合成大片的波动膜,如草履虫口沟内的纤毛等。有的种类腹部纤毛愈合成坚挺的束,称为棘毛,如棘尾虫等(鞭毛长$15\sim200~\mu m$,数量少,摆动对称)。

②纤毛纲体表具有表膜,表膜下有由毛基体与之相连的小纤维(纤毛基体在其一侧发出的$1\sim2$条很细的小纤维)结构组成的表膜下纤维系统,是纤毛虫所特有的。此系统包括基体+动纤丝+表膜下深部小纤维连接成的网状结构,是纤毛运动的能源器官,也起到神经传导和协调纤毛运动的作用。

③纤毛纲胞质分内、外质,外质中有刺丝泡,刺丝泡中有液体。在受刺激后液体释放出来,形成刺丝。刺丝起防御敌人及附着作用。内质多颗粒,能流动,其内有细胞核、食物泡、伸缩泡等。

④纤毛纲具由原生质分化来的摄食胞器。胞口(口腔前)→胞咽(食道)→食物泡(肠、内质)→胞肛。

⑤纤毛纲具伸缩泡。能排除身体内多余的水分,维持水分平衡,调节渗透压,还可以具有排泄废物的机能,它与内质网相连。伸缩泡的收缩频率与纤毛虫的生理状况相关。运动时停止取食,只有很少的水分进入虫体,伸缩泡收缩的间隔时间较长,如草履虫可达$6~min$之久。而当静止并取食时,两个伸缩泡交替进行收缩,其中间隔的时间仅数秒钟,靠近口部的伸缩泡较远离口部的伸缩泡收缩快。

⑥纤毛纲一般具有两个核,有大、小核之分。大核起营养作用,小核起生殖作用。

⑦纤毛纲生殖,无性是二分裂(横二分裂)法,有性是接合生殖法,极少数为出芽生殖(吸管虫)。

⑧纤毛纲生活在淡水、海水中,也有寄生的。行为反应明显。

7.7.3　纤毛虫的重要种类

纤毛纲有6 000多种,主要根据纤毛多少和分布的位置特点分为4个亚纲。纤毛虫的主要种类如图7.8所示。

①全毛亚纲。如栉毛虫、肾形虫、肠袋虫(寄生在肠中)、草履虫、小瓜虫寄生在鱼的皮肤下层、鳃、鳍等处,形成一些白色的小点虫病,用百万分之一的硝酸亚汞洗澡效果较好。肠袋虫寄生在肠中,侵犯肠组织,引起溃疡。

②旋毛亚纲。喇叭虫(形如喇叭,溪水中常见,能临时固着。它的收缩力极强,收缩以后真是面目全非,故初学者只认识舒展时的个体,而不认识收缩后的个体),如棘毛虫、棘尾虫等。

③缘毛亚纲。钟虫、车轮虫(寄生在淡水鱼的鳃或体表,发生严重时可引起幼鱼大量死亡)具有左旋口缘带,一般营固着生活,体多呈钟形。

④吸管虫亚纲。幼体具有纤毛,成体营固着生活,失去纤毛,代之以能收缩的吸管。有不少种是寄生的,如毛管虫(寄生淡水鱼鳃上)等。

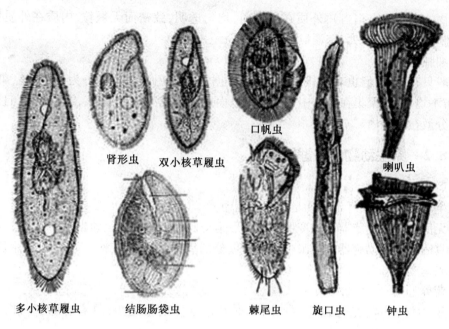

口帆虫

肾形虫　　双小核草履虫　　　　　　　　喇叭虫

多小核草履虫　　结肠肠袋虫　　　棘尾虫　　旋口虫　　钟虫

图 7.8　纤毛虫的种类

7.8　原生动物门的主要特征

7.8.1　概述

原生动物是单细胞动物。原生动物虽然只有一个细胞,但它具有完整的、独立的结构,具有一般多细胞动物所表现出来的基本生命特征,原生动物是由原生质所分化形成的细胞器完成各种生活机能,并不像多细胞动物分化为组织器官等,因此它与高等动物体内的一个细胞不同,而与整个动物体相当,是一个能营独立生活的有机体,对原生动物来说,它的细胞可能是最复杂的,而它们都是最原始的动物。

群体的原生动物每个个体具有相对独立性,细胞不分化为组织,或仅仅是体细胞及生殖细胞的分化。

原生动物的体形较小,最小的为 2 μm,最大可达 10 cm 左右,但它也具有一般细胞的主要结构。

1. 细胞膜

细胞膜很薄,这种膜不能使动物保持固定的形状,称为质膜,多数原生动物体表有一层坚厚而具弹性的表膜,且有些原生动物在身体体表能形成外壳,如表壳虫的几丁质外壳、砂壳虫的砂质外壳等。

2. 细胞质

细胞质多分化为内质和外质两层,分化出各种细胞器(也称细胞类器官,指原生动物的细胞质分化,形成了多种具有一定的形态,执行特定的生理功能的结构,这种结构与多细胞动物的某种器官相当），外质在质膜内，均匀透明，致密而无颗粒，内质在外质里面，内有细胞核，流动性较大，有颗粒。

3. 细胞核

一般只有一个，但也有两核或多核的，根据核内染色质多少可分为：泡状核，染色质少，分布不均匀，或聚集在核的中央或核膜里面或聚集成泡状；致密核，染色较多，且致密，均匀地分散在细胞内。

7.8.2　原生动物的生理特点

1. 运动

原生动物以鞭毛、纤毛和伪足来完成运动。

①无固定的运动胞器。如变形虫的变形运动及簇虫的蠕形运动。

②具固定的运动胞器。如眼虫和草履虫分别借鞭毛和纤毛来打动水流，靠水流的反作用力来运动。

2. 营养

①植物性营养（光合营养、自养）。如有色素体的鞭毛虫，具有叶绿素，进行光合作用。

②动物性营养（吞噬营养、异养）。靠不同的细胞器吞食其周围的营养物质（如草履虫、变形虫等）。

③腐生性营养（渗透营养、异养）。靠体表的渗透作用来吸收周围可溶性有机物质，如一些寄生的种类。

3. 呼吸和排泄

通过体表的渗透，从周围的水中摄取氧，并将二氧化碳排入水中，溶于水中的含氮废物也靠体表渗透作用排除，有伸缩泡的种类，伸缩泡除主要调节渗透压外，也有一定的排泄作用。

4. 感应性

原生动物根据外界环境的变化而产生一系列的反应，这种特性称为感应性。如感应性的要素有趋食性、趋化性、趋光性及趋避性。

5. 体形结构多样化

有的身体裸露、有的分泌保护性的外壳或体内有骨骼。

7.8.3　原生动物的生殖特点

7.8.3.1　无性生殖

①二分裂法：横二分裂，如草履虫；纵二分裂，如眼虫，核先分裂，后质裂。

②复分裂法：又称为裂体生殖，核先迅速形成多个后，通常移到细胞表面，随后围绕每一个子核细胞质也进行分裂，从而形成许多子体，如孢子虫等。

③出芽：二分裂的变态情况，形成的两个个体有一大一小，大的为母体，小的为芽体，如海产的夜光虫等。

④质裂：如蜕片虫和多核变形虫，它们无需先进行核的分裂，而是细胞质和细胞核直接分成两个或多个部分，从而形成两个或多个新个体。

7.8.3.2 有性生殖

①配子生殖。两个原生动物的个体愈合为一个,这两个个体称配子,配子有同型和异型,由同型配子进行的生殖称为同配生殖(衣滴虫);异配生殖,如团薄等。

②接合生殖。为纤毛虫所特有,详见草履虫。

7.8.4 包囊和卵囊的构造

大多数原生动物在碰到不良环境时会发生变化,如鞭毛、纤毛、伪足等缩入体内或消失,其原生质分泌出一种胶状物质,凝固后将虫体包起来,既不食也不动,此即包囊,度过高温、冰冻或干燥等恶劣环境,又很容易被风或其他动物带到远处。

有些原生动物在配子结合形成合子时,合子外面形成一个由合子所分泌的囊壁,合子中囊壁里面进行裂殖,有囊壁的合子称为卵囊。

7.9 原生动物门的系统发展

7.9.1 单细胞动物的起源

从生命的起源和演化的过程可以推断,最原始的动物应是那些构造简单、靠渗透作用吸收外界可溶性有机物生活的类群。在原生动物的4个纲中,过去有人认为肉足类是最原始的,因为它们身体无定形,构造又极简单。但是它们却营吞噬营养,靠其他原生动物、单胞藻类为食,所以显然不可能是最早出现的,也有人认为绿色鞭毛虫是最原始的,因为它们具有叶绿体,能直接利用无机物制造食物。但叶绿体的结构极复杂,最原始的生物而有极复杂的结构,这是不可想象的。因此最早出现的原生动物似乎应该是和现代无色鞭毛虫相似的,构造简单,营腐生性渗透营养的原始鞭毛虫。由此经过漫长的岁月,逐渐演化产生了现代形形色色的鞭毛虫和其他原生动物。无机物形成单细胞动物的过程如图7.9所示。

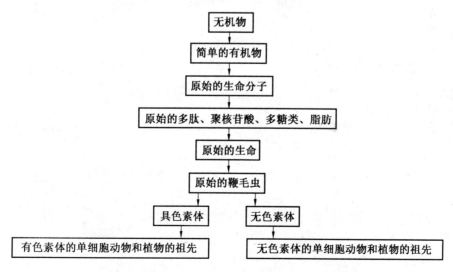

图7.9 无机物形成单细胞动物的过程

7.9.2　各纲的亲缘关系

一般认为肉足纲与鞭毛纲关系极为密切,如变形鞭毛虫就同时具有鞭毛和伪足,肉足纲的有孔虫和放射虫的配子都有鞭毛,也反映了肉足纲来源于鞭毛虫。孢子纲全是寄生种类,必然出现得较晚,因某些种类的配子有鞭毛,或生活史某一阶段可做变形运动,说明它们可能有双重来源,一部分起源于鞭毛纲,一部分起源于肉足纲。纤毛纲的结构最复杂,由于纤毛和鞭毛的结构基本相同,且都由基体产生,因此可以推测纤毛纲来源于鞭毛纲。原始鞭毛虫的进化历程如图 7.10 所示。

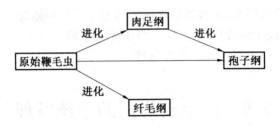

图 7.10　原始鞭毛虫的进化历程

在这四个纲中,鞭毛纲最原始,肉足纲最简单,孢子纲最特化,纤毛纲最复杂。

第二篇　微生物分支学科

第 8 章　微生物的营养与生长

8.1　微生物的营养

　　微生物要正常地生长繁殖就要不断地从外界吸收各种物质来合成自身所需的物质，同时从中获取生命活动所需的能量，在这个过程中微生物所吸收的能量称为微生物的营养物质。这些营养物质是微生物生长、繁殖和进行各种生命活动的物质基础，它能够为微生物的生命活动提供代谢调节物质、能量和结构物质。微生物需要量较大的有 10 种元素，其中部分用于合成糖、脂类、蛋白质和核酸。除此之外，微生物还需要很少量的其他元素作为酶的组分和辅助因子。

8.1.1　微生物的营养物质

　　微生物通过吸收营养物质来组建细胞的物质和能量，从而实现微生物的生长、发育和繁殖等各种重要的生理活动，同时微生物的营养过程是微生物生命活动的重要特征，因此营养物质是微生物赖以生存和得以繁衍生息的重要物质基础。

　　对微生物细胞成分的分析表明：微生物细胞干重的 95% 以上由 C、O、H、N、S、P、K、Ca、Mg 和 Fe 几种主要元素组成，因为微生物对它们的需要量相对较大，因此这些元素被称为大量元素（Macroelement）或大量营养物质。C、O、H、N 是生命活动最基本的组成元素，S 是蛋白质的重要组成元素，P 是组成核酸和 ATP 不可缺少的元素，而 K、Ca、Mg 和 Fe 主要以离子形式存在于细胞中，它们的生理功能是多种多样的。例如，K^+ 是许多酶（包括蛋白质合成过程中涉及的一些酶）的必需组分；Fe^{2+} 和 Fe^{3+} 不仅是细胞色素的组分，也可作为一些酶及电子载体蛋白辅助因子的组分。

　　除了这些大量元素外，所有的生物，包括微生物，还需要一些微量元素（Trace Element 或 Microelement）或微量营养物质（Micronutrient）。大部分细胞需要 Mn、Zn、Co、Mo、Ni 和 Cu 等微量元素，而且细胞所需的量很少。在自然界中，微量营养物质无所不在，通常不会限制生长。微量元素一般作为酶或辅助因子的组分辅助催化反应，维护蛋白质结构的稳定。例如，Mn^{2+} 可以帮助许多酶催化磷酸基团的转移反应。除了大量元素和微量元素外，一些具有特殊形态结构和在特殊环境下生长的微生物具有特殊的营养需求。微生物需要一个平衡的混合营养,如果必需的营养物质供应不足,无论其他营养物质的浓度多大,微生物的生长都将受到限制。

8.1.2　微生物生长所需的主要营养物质

微生物维持生命活动所需的营养物质多种多样,除了水是微生物生命活动所必需的成分,主要还有碳源、氮源、矿质营养和生长因子等。

8.1.2.1　水分

只有少量的微生物能够利用水中的氢来还原二氧化碳,虽然如此,水仍是微生物生命活动不可缺少的物质,它在机体中的作用主要有:①控制细胞内温度的变化,使细胞内的温度不会随外界温度的变化而陡然发生变化;②微生物体内的一切生理生化活动都离不开水,生物体内的物质只有先溶于水,才能参加机体内的各项生命活动,所以它是微生物代谢过程中必不可少的溶剂;③水由于在微生物体内所占的比重较大,所以是微生物经济体的重要组成物质;④水是细胞内代谢物质与细胞外营养物质进行交换的中介。

8.1.2.2　碳源

能被微生物吸收用来构成细胞物质和代谢产物中的碳的来源的营养物质称为碳源。碳元素为构成所有有机分子骨架或主链所必需,一般而言,为微生物提供碳源的分子同时也为其提供氢原子和氧原子,它们是这三种元素的来源,微生物对于碳、氢和氧的需要一般能同时满足。因为这些有机营养物几乎总是被还原,它们能够提供电子给其他分子,因而也有较高的能量(如脂类比糖类有较高的能量),所以碳源物质通常是能源物质。因为 CO_2 为氧化态并缺乏氢,所以 CO_2 是不能提供氢或能量的一个重要碳源,只有自养型微生物能够以 CO_2 作为唯一或主要碳源。其中大多数可进行光合作用,它们可利用光作为它们的能源或氧化无机物,并从电子传递中获取能量,从而光合固定 CO_2。

8.1.2.3　氮源

氮源是能提供微生物生长繁殖所需氮元素的营养源物质。这类营养物质主要用于合成微生物体内的含氮物质,不能提供能量。氮用于合成氨基酸、嘌呤、嘧啶、某些糖和脂类、酶的辅助因子及其他一些物质。许多微生物以氨基酸为氮源,而氨可以在谷氨酸脱氢酶、谷氨酰胺合成酶及谷氨酸合酶的作用下直接加以利用。自然界中的氮源物质有分子态氮、无机态氮化物、简单的有机氮化物和复杂的含氮有机物。不同类型的微生物对氮源的要求不同,能够以分子态氮作为氮源的微生物是固氮微生物,它能够用分子态氮合成自身生命和活动所必需的蛋白质和氨基酸。在碳源不足的情况下,一些微生物能够利用氨基酸来作为能源物质。许多细菌(如一些蓝细菌和共生细菌、根瘤菌)能通过固氮酶系统将气态氮还原并吸收利用。

8.1.2.4　矿质营养

矿质元素是微生物生命活动不可缺少的营养物质,为微生物生长、繁殖提供所需的大量和微量元素。

8.1.2.5　生长因子

微生物在具有无机物、能源和碳、氮、磷及硫源的条件下常会生长繁殖,因为这些微生物具有合成自身所有细胞组分所需的酶及代谢途径。某些微生物不能通过碳源、氮源合成的、需要外加才能满足微生物机体生长的有机物质称为生长因子。在一般情况下,微生物生长需要较少的营养。狭义的生长因子只包括氨基酸,广义的生长因子除了包含需要量较大用于蛋白质合成的氨基酸外,还有碱基、胺类等物质。生长因子虽然是微生物生长的一种重要的营养要素,但它不像氮源和碳源那样,并不是每个微生物都必须从外界吸收的,有的微生物需要吸收很多种,有的微生物就只需要一种,甚至有的都不需要,许多微生物对生长因子的需求是随着外部条件的变化而变化的,如温度、通风条件等都会影响微生物对生长因子的需求。

8.1.3　微生物对营养物质的吸收

微生物细胞只有吸收了营养物质才能够利用它,这种吸收机制只吸收需要的物质,是专一性的,微生物通常生活在营养物质比较贫乏的环境中,因此它们必须要具有将营养物质从胞外低浓度环境运输到胞内高浓度环境的逆浓度运输能力,又由于吸收不能利用的物质对细胞不利,所以细胞质膜必须具有选择透过性,这样允许所需的营养物质进入胞内,而阻止其他物质自由进入,以确保满足细胞对营养的要求的同时不会对细胞构成危害。由于营养物质的多样性和复杂性,微生物有多种方式对营养物质进行运输。其中最重要的包括促进扩散、主动运输和基团转位。

8.1.3.1　促进扩散

被动扩散简称扩散,指营养物质从高浓度部位向低浓度部位运动的过程。某种物质通过被动扩散进行跨膜运输的速度取决于膜内外该物质的浓度差。内外浓度差越大,运输的速度越快,吸收速度随着细胞对该物质吸收量的增加而下降,除非该物质进入细胞后被立即利用而没有导致其胞内浓度过高。载体蛋白是一种位于质膜上的蛋白质,在载体蛋白的帮助下,可以大大提高通过选择性渗透膜的扩散速度。促进扩散是在载体蛋白协助下进行扩散的运输方式。促进扩散的速度随着胞内外营养物质浓度差的增加而增加,在营养物质浓度较低的情况下,增加的幅度大大高于被动扩散。但是当体蛋白分子最大限度地与营养物分子结合并协助其运输时,促进扩散的速度就不再随胞内外营养物质浓度差的增加而增加,促进扩散速度与营养物质浓度梯度之间的关系类似酶与底物之间相互作用的关系。同时,载体蛋白与酶的相似之处还表现在其对所运输物质具有专一性,每种载体蛋白只选择性地运输紧密相关的某类物质。在原核生物中,促进扩散并非一种重要的运输方式,因为细胞外的营养物浓度常常较低,以致不能利用促进扩散吸收营养物。相对而言,促进扩散在真核细胞中的作用较为明显,很多糖和氨基酸通过这种方式进入细胞。

8.1.3.2　主动运输

促进扩散只能有效地将营养物质在胞外溶质浓度高时运输进入胞内,但不能在胞内溶质高时进行逆浓度运输。主动运输是一种可将溶质分子进行逆浓度运输的运输方式,也可将胞外较高浓度的溶质分子运输至胞内,不过在这一过程中需要消耗能量。主动运输也需要载体蛋白,在某些方面主动运输促进扩散。主动运输与促进扩散最大的区别是主动运输可利用能量进行逆运输而促进扩散则不能。载体蛋白对被运输物质具有较强的专一性,性质相近的溶质分子会竞争性地与载体蛋白结合,在营养物质浓度较高的情况下主动运输也具有载体饱和效应。新陈代谢抑制剂可以阻止细胞产生能量而抑制主动运输,但对促进扩散没有影响。质子梯度还能通过形成钠离子梯度而直接推动主动运输。例如,大肠杆菌运输系统在质子进入胞内的同时将钠排出胞外。在真核细胞中,钠离子同向运输或协同运输(Cotransport)也是细胞吸收糖和氨基酸的重要运输方式,但钠离子梯度通常是由 ATP 的水解作用产生的,而不是质子动势的作用。

8.1.3.3　基团转位

主动运输进行跨膜运输的营养物质是没有被修饰而发生改变。而通过基团转位吸收营养物质时被运输的物质发生化学变化(因为要利用代谢能,此运输方式属于依赖于能量的运输类型)。许多糖通过这种方式进入原核生物胞内,同时被磷酸化,磷酸烯醇式丙酮酸(PEP)作为磷酸供体。

$$PEP+糖(胞外)\longrightarrow 丙酮酸+糖—P(胞内)$$

PTS 非常复杂,在大肠杆菌和鼠伤寒沙门氏菌中,PTS 由两种酶(EI 和 EⅡ)和一个低分子质量热稳定蛋白(HPr)组成。PTS 广泛存在于原核生物中,大肠菌属、沙门氏菌属和葡萄球菌属的细菌及其他兼性厌氧细菌具有 PIIs,一些专性厌氧菌(如梭菌)也具有 PTS,芽孢杆菌属的某些种同时具有糖酵解和 PTS 系统,但好氧性细菌似乎缺少 PTS。

8.1.4　微生物的营养类型

所有生物生长除需要碳、氮和水之外,还需要能源和电子。根据微生物对碳源物质需求的不同,可将它们分为自养型和异养型。对生物而言,仅有两种能源可以利用:①光能;②化学能。光能营养型(Phototroph)利用光能,而化能营养型(Chemotroph)从化合物(有机物或无机物)的氧化作用中获得能量。根据微生物对碳源和能源的需求不同,可将微生物分为四种营养类型:光能自养型、化能自养型、光能异养型和化能异养型(表 8.1)。

表 8.1　微生物的营养类型

营养类型	电子供体	碳源	能源	举例
光能自养型	H_2、H_2S、S、H_2O	CO_2	光能	蓝细菌、藻类
光能异养型	有机物	有机物	光能	红螺细菌
化能自养型	H_2、H_2S、NH_3、NO_2^-、Fe^{2+}	CO_2	化学能(无机物氧化)	氢细菌、硫杆菌、硝化杆菌等
化能异养型	有机物	有机物	化学能(有机物氧化)	全部真核微生物、绝大多数细菌

8.1.4.1　光能自养型

光能自养型微生物以光为能源,以二氧化碳作为唯一或主要碳源,以无机物作为供氢体,使二氧化碳还原成细胞的有机物。藻类、着色细菌等都以这种营养方式生存。真核藻类和蓝细菌以水为电子供体,并能释放氧,紫硫细菌和绿硫细菌不能氧化水,而利用 H_2、H_2S 和 S 等无机物为电子供体。

8.1.4.2　化能自养型

化能自养型微生物是以二氧化碳或碳酸盐作为碳源,以无机物氧化所产生的化学能作为能源,可以在完全无机的条件下生长发育。氢细菌、硫细菌和铁细菌等都属于此类营养方式。

8.1.4.3　光能异养型

光能异养型微生物可以利用光能并以有机物作为电子供体和碳源，如某些紫绿细菌。光能有机异养型微生物通常生活在被污染的湖泊和河流中，其中的某些种类也可利用 H_2 作为电子供体而以光能自养型的方式生活，另外，光能异养菌生长时一般需要外源的生长因子。

8.1.4.4　化能异养型

化能异养型所需的能源、电子供体（氢供体）和碳源都来自有机物。在通常情况下，同一种有机物可满足所有这些需要。值得注意的是，所有致病微生物本质上都是化能有机异养型，微型动物和大多数微生物都属于此营养类型。

8.2　微生物的生长

8.2.1　微生物生长概述

微生物在比较适宜的环境条件下，不断吸收外来营养物质，按照自己的代谢方式进行新陈代谢活动。在正常情况下，异化作用与同化作用相比较小，从而使微生物的细胞数量不断增长，体积不断增加，这个过程就称为微生物的生长。它也指由于微生物细胞成分的增加导致微生物的个体大小、群体数量或两者的增长。微生物生长就是细胞物质有规律的不可逆的增长，导致细胞体积扩大的生物学过程。当单细胞个体生长到一定程度时，会发生一个亲代细胞的分裂，一个细胞变成两个大小、形状与亲代细胞都很相似的子代细胞，使得个体数目得到增加。微生物的生长繁殖对环境条件有一定的要求。如果条件适宜，其生长、发育旺盛，生长也较快；如果某一个或某些环境条件发生改变，且超过微生物生长适应的范围时就会对机体产生抑制作用甚至使微生物死亡。微生物的生长与繁殖是交替进行的。从生长到繁殖，这个由量变到质变的过程称为发育。

8.2.2　生长曲线

微生物的生长表现在微生物的个体生长和群体生长水平上。通常对微生物群体生长的研究是通过分析微生物培养物的生长曲线来进行的。细菌的生长繁殖期可细分为 6 个时期：停滞期（适应期）、加速期、对数期、减速期、稳定期及死亡期。由于加速期和减速期历时都很短，可把加速期并入停滞期，把减速期并入稳定期。微生物生长规律的生长曲线由延滞期、对数期、稳定期和死亡期四个阶段组成。

8.2.2.1　延滞期

延滞期又称为停滞期、调整期，指少量微生物被接种到新鲜培养基时，代谢系统慢慢适应新环境，其数量并不立即增加，这个阶段称为延滞期。在这个时期的初始阶段中，有的细菌产生适应酶，其细胞物质开始增加，细菌总数尚未增加；有的细菌不适应新环境而死亡，故总菌数有所减少。在这一阶段，尽管细胞没有立即分裂而导致数量的净增加，但细胞一直在合成新的细胞成分，开始逐渐适应新的培养基，并且开始合成新的酶，以便可以利用培养基中的营养物质使细胞能够更新自己的组分，从而使微生物得到生长。延滞期的长短主要取决于接种的微生物的活性和培养基的情况,如果接种的微生物活性较弱就会延长延滞期,如果所接种的新培养基与微生物原来适应的旧培养基的条件差距较大也会使延滞期延长。相反,如果所接种的微生物活性较强且新培养基的营养和环境都比较适宜微生物的生长,那么延滞期会相应地缩短。在此阶段,生长速率常数为零。

处于停滞期的细菌细胞特征如下:在停滞期初期,一部分细菌开始适应环境,而另一部分死亡,细菌总数下降。到停滞期末期,存活细菌的细胞物质增加,菌体体积增大,菌体增多,细菌总数出现回升。

8.2.2.2　对数期

在对数期(Log Phase)或指数期,在一定的培养基和培养条件下,微生物的遗传潜力以最快的速度进行生长和分裂,生长速度不变,也就是说,细胞繁殖一代所需时间保持恒定,由于每个细胞个体分裂的微小差异,因而生长曲线是平滑的,而不是不连续的跳跃型曲线。它是继停滞期的末期,细菌的生长速度增至最大,细菌数量以几何级数增加。在这个阶段,培养基中的营养能够满足微生物生长所需的营养且微生物生长繁殖产生的有毒代谢物积累得比较少。微生物的代谢最强,合成新的细胞物质的能力也最强,微生物生长状况最好,微生物大量繁殖。如果将处于对数期的细菌接种到新配的、成分相同的培养基中,则细菌不经过停滞期就可进入对数生长期,并且会大量繁殖。如果要保持对数生长,需要定时、定量地加入微生物所需的营养物质,同时排除代谢产物。此阶段生长速率常数 R 最大且为常数。

8.2.2.3　稳定期

稳定期又称为恒定期或最高生长期,经过对数期,群体的生长最终会停止,生长曲线趋于平稳。其特点是生长速率常数 R 等于零,即处于新繁殖的细胞数与衰亡的细胞数相等。微生物生长进入稳定期有多种原因,其中一个主要原因是营养物质有限,如果一种必需的营养物质严重缺乏,生长就会放慢。由于处于对数期的细菌生长繁殖迅速,消耗了大量的营养物质,致使一定容积的培养基浓度降低。同时,代谢产物大量积累对菌体本身产生毒害,pH 值、氧化还原电位等均有所改变,溶解氧供应不足。这些因素对微生物的生长很不利,使微生物的生长速率逐渐下降甚至到零,死亡速率渐增,进入稳定期。导致细菌进入静止期的主要原因是营养物质浓度降低,营养物质成了生长限制因子,同时,处于静止期的细菌开始积累储存物质。

8.2.2.4　死亡期

继稳定期之后,营养物质的消耗和有害废物的积累引起环境条件恶化,微生物因缺乏营养而利用储存物质进行内源呼吸,导致活细胞数量下降,这是死亡期的特点。在这个阶段死亡率增加,活菌数减少,甚至死菌数大于新生菌数。细菌在代谢过程中产生的有毒代谢产物会抑制细菌生长繁殖。在这个阶段,微生物个体的死亡速率大于新生速率,生长速率常数为负值,整个群体呈负增长状态。尽管大多数微生物以对数方式死亡,但当细胞数量突然减少后,细胞死亡的速度反而会减慢,这是由于一些抗性特别强的个体继续存活。

8.2.3　环境因子对微生物生长的影响

微生物除了需要营养外,还需要温度、pH 值、氧气、渗透压、氧化还原电位、阳光等合适的环境生存因子。如果环境条件不正常,就会影响微生物的生命活动,甚至发生变异或死亡。

8.2.3.1 温度

环境的温度对微生物也有很大影响。由于微生物通常是单细胞型生物,它们的温度随周围环境温度的变化而变化,所以它们对温度的变化特别敏感。微生物细胞温度也直接反映了所处环境的温度。在适宜的温度范围内微生物能大量生长繁殖,温度对微生物生长影响的一个决定性因素是微生物酶催化反应对温度的敏感性。在适宜的温度范围内,温度每升高 10 ℃,酶促反应速度将提高 1 ~ 2 倍,微生物的代谢速率和生长速率均可相应提高。在适宜的温度范围内微生物能大量生长繁殖。根据一般微生物对温度的最适生长需求,可将微生物分为四大类。以细菌为例,分为嗜冷菌、嗜中温菌、嗜热菌及嗜超热菌。大多数细菌是嗜中温菌,嗜冷菌和嗜热菌占少数。其中,嗜热菌或嗜超热菌是特殊的微生物,这两类菌包括芽孢杆菌和嗜热古菌。而嗜冷微生物(也称为低温性微生物),尤其是专性嗜冷微生物能在 0 ℃生长。有的在零下几摄氏度甚至更低也能生长。它们的最适宜温度为 5 ~ 15 ℃。嗜冷微生物能在低温生长的原因是:①嗜冷微生物具备更有效的催化反应的酶;②其主动输送物质的功能运转良好,使之能有效地集中必需的营养物质;③嗜冷微生物的细胞质膜含有大量的不饱和脂肪酸,在低温下能保持半流动性。低温对嗜中温和高温的微生物生长不利。在低温条件下,微生物的代谢极微弱,基本处于休眠状态,但不致死。

8.2.3.2 pH 值

pH 值是溶液的氢离子活性的量度,它与微生物的生命活动、物质代谢密切关系。不同的微生物要求不同的 pH 值(表 8.2)。微生物可在一个很宽的 pH 值范围内生长,从酸终点(pH 值为 1 ~ 2)到 pH 值为 9 ~ 10(盐湖和土壤环境可能具有这样的 pH 值)都是微生物能生长的范围。大多数细菌、藻类和原生动物的最适 pH 值为 6.5 ~ 7.5,它们的 pH 值适应范围为 4 ~ 10。细菌一般要求中性和偏碱性 pH 值对微生物生长具有显著影响,每种微生物都有一定的生长 pH 值范围和最适 pH 值。酵母菌和霉菌要求在酸性或偏碱性的环境中生活,最适 pH 值范围为 3 ~ 6,有的为 5 ~ 6,其生长极限为 1.5 ~ 10。嗜酸菌生长最适 pH 值为 0 ~ 5.5,嗜中性菌(Neutrophile)为 pH 5.5 ~ 8.0。凡对 pH 值变化适应性强的微生物,对 pH 值要求不甚严格;而对 pH 值变化适应性不强的微生物,则对 pH 值要求严格。尽管微生物通常可在一个较宽 pH 值范围内生长,并且远离它们的最适 pH 值,但它们对 pH 值变化的耐受性也有一定限度,细胞质中 pH 值突然变化会损害细胞、抑制酶活性及影响膜运输蛋白的功能,从而对微生物造成损伤。

表 8.2 几种微生物的生长最适 pH 值和 pH 值范围

微生物种类	pH 值		
	最低	最适	最高
圆褐固氮菌	4.5	7.4 ~ 7.6	9.0
大肠埃希氏菌	4.5	7.2	9.0
放线菌	5.0	7.0 ~ 8.0	70.0
霉菌	2.5	3.8 ~ 6.0	8.0
酵母菌	1.5	3.0 ~ 6.0	10.0
小眼虫	3.0	6.6 ~ 6.7	9.9
草履虫	5.3	6.7 ~ 6.8	8.0

污(废)水生物处理的 pH 值宜维持在 6.5 ~ 8.5,是因为 pH 值在 6.5 以下的酸性环

境不利于细菌和原生动物生长,尤其对菌胶团细菌不利。在废水和污泥厌氧消化过程中,要控制好产酸阶段和产甲烷阶段的产量,pH 值很关键。通常 pH 值应控制在 6.6 ~ 7.6,最好控制在 6.8 ~ 7.2。霉菌和酵母菌对有机物具有较强的分解能力。pH 值较低的工业废水可用霉菌和酵母菌处理,不需用碱调节 pH 值,可节省费用。

8.2.3.3　氧化还原电位

细菌在氧化还原电+100 mV 以下时进行无氧呼吸。专性厌氧细菌要求 E_h 为-200 ~ 250 mV。在自然界中,氧化还原电位的上限是+820 mV,此时,环境中存在高浓度氧,而且没有利用 O_2 的系统存在。不同的微生物对氧化还原电位的要求不同。一般好氧微生物要求的 E_h 为+300 ~ +400 mV,兼性厌氧微生物在 E_h 为+100 mV 以上时可进行好氧呼吸,专性厌氧的产甲烷菌要求的 E_h 更低,为-300 ~ -400 mV,最适 E_h 为-330 mV。

氧分压会对氧化还原电位产生影响:氧分压越高,氧化还原电位也越高;氧分压越低,氧化还原电位越低。同时,由于在培养微生物过程中,微生物生长繁殖需要消耗大量氧气,分解有机物产生氢气,使得氧化还原电位降低,在微生物对数生长期中下降到最低点。环境中的 pH 值也对氧化还原电位有影响。pH 值低时,氧化还原电位低;pH 值高时,氧化还原电位高。但是,氧化还原电位可用一些如抗坏血酸的还原剂加以控制,使微生物体系中的氧化还原电位能够维持在低水平上。

8.2.3.4　太阳辐射

阳光是地球上各种辐射的主要来源,它包括可见光、紫外线、红外线和无线电波。其中,可见光是我们周围环境中最常见和最重要的一种,所有生命都依赖于光合生物从阳光获得的能量。辐射就像水面上的波浪一样以波的形式在空中传播,邻近波峰或波谷的距离称为波长。当波长减小,辐射的能量增加(能量的高低取决于辐射的波长),太阳辐射中有正面生物学效应的辐射是波长短于 1 000 nm 的红外辐射,它被不产氧的光合细菌用作能源进行光合作用。380 ~ 760 nm 的可见光是蓝细菌和藻类进行光合作用的主要能源。许多电磁辐射对微生物非常有害,特别是短波长、高能量的电离辐射,会导致原子失去电子而发生电离。同时电离辐射会使细胞发生很多变化,可破坏氢键,氧化双键,破坏环状结构,并使某些分子发生聚合。低剂量电离辐射会使细胞产生突变并且可能导致微生物死亡,而高剂量电离辐射则会直接具有致死效应。虽然与大型生物相比,微生物更加耐受电离辐射,但在辐射剂量足够高的情况下,微生物也会被杀死。可见光是我们周围环境中最常见和最重要的一种,所有生命都依赖于光合生物从阳光获得的能量。虽然可见光是光合作用的能量来源,对生物有益,但过强的可见光也可损伤或杀死微生物细胞。

8.2.3.5　溶解氧

能在有氧条件下生长的微生物称为好氧微生物。大多数细菌、放线菌、霉菌、原生动物、微型后生动物等都属于好氧性微生物。氧对好氧微生物有两个作用:①作为微生物好氧呼吸的最终电子受体;②参与甾醇类和不饱和脂肪酸的生物合成。

好氧微生物需要的是溶于水的氧,即溶解氧。氧在水中的溶解度与水温、大气压有关。低温时,氧的溶解度大;高温时,氧的溶解度小。好氧微生物需要供给充足的溶解氧。在污水生物处理中需要设置充氧设备充氧,例如,通过表面叶轮机械搅拌、鼓风曝气等方式充氧。在实验中可用振荡器(摇床)充氧。由于充氧量与好氧微生物的生长量、有机物浓度等成正相关,因此,在废水生物处理过程中,溶解氧的供给量要根据好氧微生物的数量、生理特性、基质性质及浓度等因素综合考虑。像贝日阿托氏菌、发硫菌等细菌是微量好氧的,它们在溶解氧的质量浓度为 0.5 mg/L 左右时生长最好。

能在无氧条件下生长的称为厌氧微生物。厌氧微生物又分为两种:一种是要在绝对无氧条件下才能生存,一遇氧就死亡的厌氧微生物称为专性厌氧微生物。它们进行发酵或无氧呼吸,厌氧微生物的栖息处为湖泊、河流和海洋沉积处,泥炭、沼泽、积水的土壤,灭菌不彻底的罐头食品中,油矿凹处及污水、污泥厌氧处理系统中。专性厌氧微生物生境中绝对不能有氧,因为有氧存在时,代谢产生的 $NADH_2$ 和 O_2 反应生成 H_2O_2 和 NAD,而专性厌氧微生物不具有过氧化氢酶,它将被生成的过氧化氢杀死。同时,培养厌氧微生物需在无氧条件下进行。

几乎所有的多细胞生物都必须在有氧条件下生长,称为专性好氧微生物。兼性厌氧微生物不需氧也可以生长,而在有氧条件下生长更好,并且在有氧条件下,它们进行好氧呼吸。兼性厌氧微生物之所以既能在无氧条件下,又可在有氧条件下生存,是因为它不管是在有氧还是在无氧条件下都会既具有脱氢酶也具有氧化酶,然而,微生物在这两种不同条件下所表现出的生理状态是很不同的。在好氧条件生长时,氧化酶活性强,细胞色素及电子传递体系的其他组分正常存在。在无氧条件下,细胞色素和电子传递体系的其他组分减少或全部丧失,氧化酶无活性;一旦通入氧气,这些组分的合成很快恢复。兼性厌氧微生物除酵母菌外,还有肠道细菌、硝酸盐还原菌、人和动物的致病菌、某些原生动物、微型后生动物及个别真菌等。氧对葡萄糖耗量的抑制现象又称为巴斯德效应。氧对葡萄糖利用的抑制机制是通过 $NADH_2$ 和 NAD 的相对含量及 ADP 和 ATP 的相对含量的变化实现的。兼性厌氧微生物在污水、污泥厌氧消化中起着积极的作用,它们多数是起水解、发酵作用的细菌、能将大分子的蛋白质、脂肪、碳水化合物等水解为小分子的有机酸和醇等。它不通过呼吸产生能量,而是通过发酵或厌氧呼吸途径获得能量。

8.2.3.6 水的活度与渗透压

1. 水的活度

水的活度 a_w 是表示水被吸附和溶液因子对水可利用性的影响的一种指标表示在一定温度(如 25 ℃)下,某溶液或物质在与一定空间空气相平衡时的含水量与空气饱和水量的比值,用小数表示。水的活度分基质的水活度(受吸附的影响)和渗透压的水活度(受溶质相互作用的影响)。对于在食品、土壤、固体培养基上生长的微生物及空气微生物,基质的水活度比渗透压的水活度重要,它们普遍受到基质的水活度的影响。

2. 渗透压

任何两种浓度的溶液被半渗透膜隔开,均会产生渗透压。溶液的渗透压取决于其浓度。溶质的离子或分子数目越多,渗透压越大。在同一质量浓度的溶液中,含小分子溶质的溶液渗透压比含大分子溶质的溶液大。微生物在不同渗透压的溶液中呈不同的反应:①在等渗溶液中微生物生长得很好;②在低渗溶液($\rho(NaCl) = 0.1$ g/L)中,溶液中水分子大量渗入微生物体内,使微生物细胞发生膨胀,严重者破裂;③在高渗溶液($\rho(NaCl) = 200$ g/L)中,微生物体内水分子大量渗到体外,使细菌发生质壁分离。

8.2.3.7 重金属对微生物的影响

重金属汞、银、铜、铅及其化合物可有效地杀菌和防腐,它们是蛋白质的沉淀剂。其杀菌机理是与酶的—SH 基结合,使酶失去活性;或与菌体蛋白结合,使之变性或沉淀。硫酸铜对真菌和藻类的杀伤力较强。用硫酸铜与石灰配制成的波尔多液,在农业上可用以防治某些植物病毒。铅对微生物有毒害。将微生物浸在质量浓度为 $1 \sim 5$ g/L 的铅盐溶液中几分钟内就会死亡。

第9章　微生物的生理与代谢

微生物是一切肉眼看不见或看不清的微小生物的总称。它包括细菌、病毒、真菌以及一些小型的原生动物、显微藻类等在内的一大类生物群体。

9.1　微生物的生理

微生物生理的主要内容是生物的形态与发生、结构与功能、生长与繁殖、代谢与调节等生物活动。

9.1.1　微生物细胞结构

原核微生物始终是我们研究的重点。因此,有关微生物形态方面的内容也从原核生物的结构开始,下面以细菌为例来简单介绍微生物的细胞结构。

9.1.1.1　细胞形状

细菌一般都具有球菌和杆菌两种形状。球菌为类似球形细胞,它们可以以单细胞形式存在,也可以相互聚集形成特定排列。杆菌顾名思义是杆状的形态,巨大芽孢杆菌是杆状细菌的典型代表。许多杆菌都是单独存在,但有些也可在分裂后结合在一起成对或成链。还有少数杆菌可弯曲,呈逗号状或不完全螺旋状,被称为弧菌。还有其他各种形态,如放线菌丝状体;螺菌如螺旋的长杆等。

细菌最小的直径约为 $0.3\ \mu m$,还有少数细菌则相当大,如一些螺旋体的长度有时可达到 $500\ \mu m$。

9.1.1.2　组织结构

细菌细胞外表面几乎都有细胞壁。在细胞壁内有细胞质膜,质膜可内陷形成简单的内膜结构。细胞的遗传物质定位于一个离散区域,称为拟核,它与周围的胞质之间没有膜进行分隔。核糖体和内含体分散在细胞质基质中。有些细胞都可利用鞭毛运动,还有许多细胞的细胞壁外都包被有荚膜或黏液层。革兰氏阳性细菌的形态如图 9.1 所示。

（1）拟核

拟核由约 60%、30%、10% 质量比的 DNA、RNA 及蛋白质组成。拟核通常包含一个双链脱氧核糖核酸（DNA）的单环,但有些也具有线状的 DNA 染色体。DNA 必须进行高效包裹才能装进拟核中。而 DNA 的致密缠绕很可能是在 RNA 和拟核蛋白的帮助下实现的。拟核中的 DNA 与细胞膜相结合,细胞分裂期间 DNA 分离进入子细胞的过程可能需要膜的参与。

（2）原核细胞膜

细胞膜不仅能为细胞获得营养、排除废物,还应能维持其内部结构处于稳定且高度有

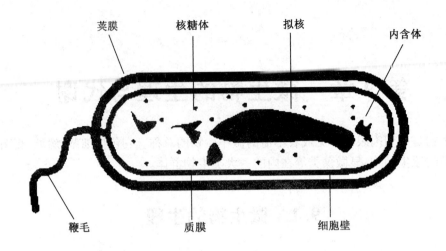

图9.1 革兰氏阳性细菌的形态示意图

序的状态。膜包含蛋白质和脂类,大多数与膜有关的脂类在结构上是不对称的,具有极性端和非极性端。细胞膜的厚度为5~10 nm。在这些膜中小的球形颗粒是膜的脂双层中的膜蛋白。流动镶嵌模型是目前被广泛接受的膜结构模型,这种模型认为膜存在外周蛋白和整合蛋白两种不同类型的膜蛋白。外周蛋白与膜结合松散,可以非常容易地从膜中去除。整合蛋白可沿着表面横向扩散至新的部位,但不能在脂层上进行翻转或滚动。

原核生物的质膜是呼吸代谢、光合作用等多种关键代谢过程的场所,可能还包括染色体的分离。此外,质膜上还包含特定的受体分子,有助于原核生物对周围环境作出回应。质膜的折叠更加广泛、更加复杂,可形成球形泡囊、扁平泡囊或管状膜的聚集体。其功能可能是为较强的代谢活性提供较大的膜表面。

(3)细胞质基质

细胞质基质是存在于质膜与拟核之间的物质,其主要成分是水,约占细菌质量的70%。常被高度有序的核糖体塞满。质膜和其内部包含的所有物质称为原生质体,而细胞质基质正是原生质体的主要组分。

(4)内含体

内含体通常用于储存碳化合物、无机物和能量,也可用来降低渗透压。有的内含体无膜包裹,有的有一厚2.0~4.0 nm的单层膜。

气泡也是一种内含体,常见于水生形式的细菌中。细菌可以通过对气泡的调节,漂浮在必要的深度,以获取适当的光强、氧含量和营养。除了储存磷、硫功能,无机物内含体也可被用在其他方面,如磁小体等。

(5)核糖体

核糖体由蛋白质和核糖核酸组成,是蛋白质合成的场所,常充满于细胞质基质中,也可松散地结合在质膜上。原核生物的核糖体在一般情况下称为70 S核糖体,由50 S和30 S两个小亚基组成。S代表沉降系数单位,用于衡量离心时的沉降速度。

(6)原核细胞壁

细胞壁是紧靠质膜外侧的细胞被层,通常相当坚硬,是原核细胞中最重要的部分之一。除支原体和某些古生菌之外,大多数细菌都有细胞壁,它可维持细菌的形状并保护细胞免遭有毒物质或渗透作用的破坏,但同时也是多种抗生素作用的靶点。

（7）荚膜、黏液层

有些细菌的细胞壁外裹有一层物质。如果这层物质排列有序且不易被洗脱,称为荚膜;结构松散、排列无序且易被清除的则为黏液层。荚膜和黏液层常由多糖组成,但有时也由其他物质构成。荚膜可帮助细菌抵抗宿主吞噬细胞的吞噬作用,保护细菌免受干燥,还可隔绝一些疏水性强的有毒物质。黏液层多存在于滑移运动细菌中,可能有助于其运动。

（8）鞭毛、菌毛

鞭毛是一种从质膜和细胞壁伸出的丝状运动性附属物,大多数运动细菌都是利用鞭毛进行运动的。许多革兰氏阴性细菌具有短、细,类似毛发的附属物,它们比鞭毛细,不参与运动,通常称为菌毛。有些类型的菌毛可使细菌黏附于固体表面。

9.1.2　微生物的营养

微生物需要的营养物质有水、碳素营养源、氮素营养源、无机盐及生长因子等。

1. 水

水是微生物的组分,也是代谢过程中必不可少的溶剂。水在细胞中的生理功能及作用:起到溶剂与运输介质的作用;参与细胞内一系列化学反应;维持蛋白质、核酸等生物大分子稳定的天然构象;控制细胞内温度的变化等。

2. 碳素营养源

在微生物生长过程中能为微生物提供碳素来源的物质称为碳素营养源(简称碳源)。碳源物质在细胞内经过一系列复杂的化学变化后成为微生物自身的细胞物质(如糖类、脂类、蛋白质等)和代谢产物,碳可占一般细菌细胞干重的一半。最易被微生物吸收和利用的碳源是葡萄糖和蔗糖。根据微生物对各种碳素营养物的同化能力的不同,可把微生物分为无机营养微生物、有机营养微生物和混合营养微生物。

①无机营养微生物具有完备的酶系统,利用无机物 CO_2、CO 和 CO_3^{2-} 中的碳素为其唯一的碳源,利用光能或化学能在细胞内合成自身的细胞成分,也称自养型微生物。根据能量来源不同,自养型微生物又分为光能自养型微生物和化能自养型微生物。

②有机营养微生物也称为异养微生物。这类微生物只能利用有机碳化合物作为碳素营养和能量来源。异养微生物有腐生性和寄生性两种。异养微生物又分为光能异养微生物和化能异养微生物。

③混合营养微生物既可以利用无机碳作为碳素营养,又可以利用有机碳化合物作为碳素营养,即为兼性自养微生物。

3. 氮素营养源

凡是能构成菌体物质中或代谢产物中氮素来源的营养物质称为氮素营养源(简称氮源)。氮源的作用是提供微生物合成蛋白质的原料,一般不作为能量。氮源主要有 N_2、NH_3、尿素、硝酸铵和蛋白质等。微生物对这类氮源的利用具有选择性。

4. 无机盐

无机盐也是微生物生长所不可缺少的营养物质。无机盐的生理功能包括:参加微生物中氨基酸和酶的组成;构成酶的组分和维持酶的活性;调节渗透压、氢离子浓度、氧化还原电位等;供给自养微生物能源。微生物需要的无机盐有磷酸盐、硫酸盐、氯化物、碳酸盐及碳酸氢盐等。

5. 生长因子

生长因子通常指那些微生物生长所必需而且需要量很少,但微生物自身不能合成的或合成量不足以满足机体生长需要的有机化合物。

9.1.3　微生物的酶

9.1.3.1　酶的结构和分类

微生物的酶是一类生物催化剂,是用来催化生物化学反应的,并传递电子、原子和化学基团的生物催化剂。绝大多数酶是蛋白质,某些核酸也具有生物催化作用,被称之为核酶。

酶可以是由一条肽链构成的单体酶,也可以是由多条肽链构成的寡聚酶。许多酶也由脱辅酶(蛋白)和辅助因子(非蛋白)组成。含有脱辅酶和辅因子的酶称为全酶,单成分酶只含蛋白质。辅基是牢固附着在酶蛋白上的辅因子,而辅酶通常是松散地附着在酶蛋白上,甚至在产物形成之后能从酶蛋白上解离并将一种产物带到另一种酶上的辅因子。酶蛋白决定反应特异性,辅基、辅酶起传递电子、原子、化学基团的作用;金属离子除传递电子外,还起激活剂的作用。酶的活性中心是酶分子中必需基团相对集中构成的一定的空间结构区域,与催化作用直接相关。

按照酶催化反应的性质,酶可分为氧化还原酶类、转移酶类、水解酶类、裂解酶类、异构酶类及合成酶类等。根据结构的不同,酶主要分为同工酶和别位酶两种。同工酶分子结构、理化性质都不同,但能催化同一化学反应;别位酶有催化亚基、调节亚基等多亚基组成,小分子化合物结合调节亚基后分子构象改变,引起催化活性改变。酶通常以它作用的底物名称和催化反应类型来命名,如丙酮酸脱氢酶等。

9.1.3.2　酶促反应机理及特征

酶作为催化剂遵循一般催化剂共同的特征及性质:先和反应物(酶的底物)结合成络合物,通过降低反应的能来提高化学反应的速度,催化热力学上能进行的反应,但不能产生新反应;可加速达到平衡点,但不能改变一个反应的平衡点。酶的催化作用具有专一性、酶的催化作用条件温和、对环境条件极为敏感、催化效率极高。

当底物分子相互接触发生反应时,底物与酶先形成一个中间产物,是将底物分子活化的过程,活化分子越多反应就越快,然后中间产物再分解得到产物。化学反应的活化是指在特定温度时,能是使 1 mol 物质的全部分子成为活化分子所需的能量(千卡)。而酶具有降低反应活化能的能力,所有更多的底物将有足够的能量来形成产物。尽管平衡常数不变,在酶存在时更迅速达到平衡。

对于酶降低反应的活化能的机制有两种模型。一种是契合模型,即酶和底物通过特异性结合位点精确地契合在一起,形成一个酶——底物复合物进行酶促反应,也称为锁-钥匙模型。另一种是酶与底物结合时,能改变自身形状,使其活性中心包围底物并精确地与其结合,此种机制被称为诱导配合模型。

9.1.3.3　影响酶活力的因素

酶大都是蛋白质大分子,所以会对蛋白质分子的结构和构象产生一定影响的物理和化学因素都会影响酶的活性。酶促反应速度主要受酶浓度和底物浓度、温度、pH 值、激活剂和抑制剂等的影响。

1. 酶浓度对酶促反应速度的影响

在底物浓度相同的条件下，酶促反应速度与酶的初始浓度成正比。酶的初始浓度大，其酶促反应速度就大。但事实上，当酶浓度达到一定高度时，反应速度不再加速，保持在一定水平，可能是高浓度底物所含抑制剂所至。

2. 底物浓度对酶促反应速度的影响

在生化反应中，若酶的浓度为定值，底物的起始浓度较低时，酶促反应速度与底物浓度成正比，随底物浓度的增加而增加。当所有的酶与底物结合生成中间产物后，即酶的利用率达到最高，即使再增加底物浓度，酶促反应速度也不增加。

3. 温度对酶促反应速度的影响

在适宜的温度范围内，温度每升高 10 ℃，酶促反应速度可相应提高 1~2 倍。酶在最适温度时，活性最强。不同微生物体内酶的最适温度不同。温度低会降低酶的活性，但不会使酶失去活性；当提高到合适温度时，酶的活性就会恢复。但温度过高会使大部分酶蛋白被破坏，发生不可逆变性。

4. pH 值对酶促反应速度的影响

酶在最适 pH 值范围内表现出最高活性，大于或小于最适 pH 值，都会降低酶活性。酶的最适 pH 值不是个固定常数，它随酶的纯度、底物的种类和性质等条件的改变而改变。pH 值对酶活力的影响主要是改变底物分子和酶分子的带电状态，从而影响酶和底物的结合或破坏酶蛋白结构，使酶失去活性。

5. 激活剂对酶促反应速度的影响

酶的激活剂是能激活酶的物质的统称。激活剂种类很多，包括无机离子、有机化合物等。

许多酶只有当激活剂存在时，才表现出催化活性或强化其催化活性。

6. 抑制剂对酶促反应速度的影响

酶的抑制剂为能降低或停止酶反应，而本身不引起酶蛋白变性的物质，可降低酶促反应速度。酶的抑制剂有重金属离子、一氧化碳、硫化氢、氰氢酸、氟化物、生物碱、染料、表面活性剂等。对酶促反应的抑制可分竞争性抑制和非竞争性抑制。竞争性抑制是可逆性抑制，通过增加底物浓度最终可解除抑制，恢复酶的活性；而非竞争性抑制是不可逆的。有的物质既可作一种酶的抑制剂，又可作另一种酶的激活剂。

9.2　微生物的代谢

微生物代谢是指微生物吸收营养物质维持生命和增殖并降解基质的一系列化学反应过程。它包括有机物的降解和微生物的增殖，在分解代谢中，有机物在微生物的作用下，发生氧化、放热和酶降解，使结构复杂的大分子降解；在合成代谢中，微生物利用营养物及分解代谢中释放的能量，发生还原吸热及酶的合成，使微生物生长增殖。

9.2.1　生物体的能量

生物本身不能创造新的能量,它只能依赖于外部能量的输入,而几乎所有地球生命所需要的能量都来自太阳。能量可以简单地定义为一种做功能力或引起特定变化的能力。生活细胞进行三类主要的功:化学功,需要能量以增加细胞分子的复杂性;运输功,需要能量以吸收营养物质,排出废物和维持离子平衡;机械功,需要能量改变组织、细胞和胞内结构的物理位置。

细胞有效地将能量从它的产能结构转移到做功的系统,主要能量载体是三磷酸腺苷(ATP),在 ATP 分解成二磷酸腺苷(ADP)和正磷酸(Pi)的过程中,释放大量的能量用于做功。再通过光合作用、呼吸作用和发酵作用的能量使 ADP 和 Pi 重新合成 ATP,形成细胞中的能量循环,如图 9.2 所示。

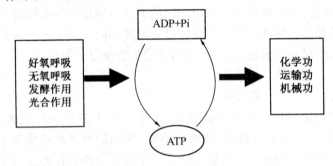

图 9.2　细胞的能量循环

要了解代谢过程中能量变化(如 ATP 如何起能量载体作用),首先了解热力学基本原理。热力学分析能量在系统的物质集合中的变化,重点研究一个系统的起始状态和最终状态之间的能量差别,不涉及这个过程的速率。

热力学有两个重要定律,即热力学第一定律——能量守恒,热力学第二定律——反应总是向着熵值增大的方向进行的。能量守恒是说能量既不能被创造也不能被消灭,它只能从一种形式转换到另一种形式。能量守恒定律主要关注的是变化过程中的能量问题,而不能决定一个过程能否发生。第二定律指出一切涉及热现象的反应是不可逆的,系统的反应过程总是向着熵值增大的方向进行。熵可以看作是系统的随机性或紊乱程度的量度单位。系统的紊乱程度越高,熵也越大。熵的变化指明了热力学过程进行的方向,熵的大小反映了系统所处状态的稳定性。第二定律阐明物理和化学过程以这样一种方式进行:系统中的随机性或紊乱程度尽可能达到最大值。

在活细胞中,可以直接用于做功的能量通常以化学键能的形式储存在 ATP 中。多数能量存于 ATP 结构最外层的磷酸键上,这种高能磷酸键相当脆弱,易于断裂。当 ATP 水解时,一个高能磷酸键断裂,形成比 ATP 更稳定的 ADP,并同时释放出能量。在标准状态下,1 mol ATP 水解形成 ADP,可产生 30.5 kJ 的能量(自由能)。

9.2.2　能量代谢

新陈代谢是发生在活细胞中的各种分解代谢和合成代谢的总称。分解代谢是指复杂的有机物分子通过分解代谢酶系的催化,产生简单分子、ATP 形式的能量和还原力的作用,在这些能量中,有些被捕获并能用于做功,剩下的作为热而释放;合成代谢则是指由简单小分子、ATP形式的能量和还原力一起合成复杂的大分子的过程,合成代谢过程利用能量以增加系统的有序性。

能量代谢是新陈代谢中的核心问题。其主要任务是把外界环境中多种形式的最初能源转换成对一切生命活动都能使用的通用能源——ATP。对微生物来说,它们可利用的最初能源有三大类,即有机物、光能和无机营养物。

微生物获能过程的差别不仅在于能源不同,也在于化能营养微生物采用的电子受体不同。它们主要利用三类受体。由于发酵过程中没有外源的电子受体参加,因此电子受体通常为分解代谢产生的中间产物,如丙酮酸等。当然,产能代谢也能利用外源物质作为电子受体,这种代谢过程被称为呼吸作用,包括有氧呼吸和无氧呼吸。有氧呼吸中氧是最终的电子受体,而无氧呼吸中的电子受体是不同的外源受体,常见的有 NO_3^-、SO_4^{2-}、CO_2、Fe^{3+}、SeO_4^{2-} 等。绝大多数呼吸作用涉及电子传递链的活动,ATP是电子传递链活动的结果。

9.2.2.1 生物氧化过程

生物氧化是发生在活细胞内的一系列产能性氧反应的总称。生物氧化一般包括三个阶段:底物脱氢、氢传递和最终氢受体接受氢等。

1. 底物脱氢

底物脱氢的途径有糖酵解(ENP)途径、磷酸戊糖(HMP)途径、2-酮-3-脱氧-6-磷酸葡萄糖酸(KDPG)裂解(ED)途径和三羧酸(TCA)循环。

(1)糖酵解(EMP)途径

EMP途径是在葡萄糖降解成丙酮酸时最常见的途径,它存在于微生物的所有主要类群中。整个EMP途径大致可分为两个阶段。第一阶段可认为是不涉及氧化还原反应及能量释放的准备阶段,葡萄糖被两次磷酸化,形成果糖-1,6-二磷酸来启动糖酵解途径,这个初级阶段每个葡萄糖要消耗两个分子ATP。生成两分子的主要中间代谢产物——甘油醛-3-磷酸,每个产物带有一个磷酸基团。第二个阶段发生氧化还原反应,甘油醛-3-磷酸首先以 NAD^+ 作为电子受体被氧化,结合一个磷酸基团,产生一个1,3-二磷酸甘油酸,再将一个高能磷酸随后给ADP产生ATP(这种合成ATP的方式称为底物水平磷酸化),形成3-磷酸甘油酸。3-磷酸甘油酸上的磷酸基团转移到第二位碳原子上形成2-磷酸甘油酸再经脱水形成磷酸烯醇式丙酮酸,磷酸烯醇式丙酮酸再交出一个磷酸基团给ADP,形成第二个ATP和丙酮酸,即该途径的最终产物。在整个糖酵解过程中,净得两个ATP,如图9.3所示。

在合成1,3-二磷酯甘油酸的过程中,需要两分子 NAD^+ 被还原成NADH。甘油-3-磷酸的氧化反应只有在 NAD^+ 存在时才能进行。NAD^+ 含量是有限的,通过将丙酮酸还原,使NADH氧化重新成为 NAD^+ 而获得。NADH必须重新被还原成 NAD^+,使得酵解过程中的产能反应得以进行。其总的反应式为

$$葡萄糖+2ADP+2Pi+2NAD^+ \longrightarrow 2 \text{ 丙酮酸}+2ATP+2NADH+2H^+$$

(2)磷酸戊糖(HMP)途径

磷酸戊糖途径指6-磷酸葡萄糖为起始物在6-磷酸葡萄糖脱氢酶催化下形成6-磷酸葡萄糖进而代谢生成磷酸戊糖为中间代谢物的过程,又称为磷酸己糖旁路。HMP途径的

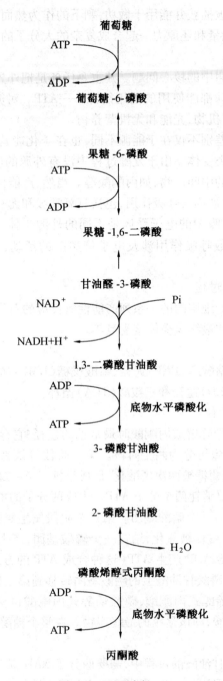

图 9.3　EMP 途径

一个循环的最终结果是 1 分子 6-磷酸葡萄糖转变成 1 分子 3-磷酸甘油醛，3 分子 CO_2 和 6 分子还原力（NADPH），如图 9.4 所示。

　　一般认为，HMP 途径合成不是产能途径，而是分解戊糖为生物合成提供大量的 NADPH 和中间代谢产物，为核酸代谢作物质准备。此过程可分为两阶段：第一阶段为氧化反应，第一步和糖酵解的第一步相同，在己糖激酶的催化下葡萄糖生成 6-磷酸葡萄糖；第二阶段是 5-磷酸核酮糖通过一系列基团转移反应，将核糖转变成 6-磷酸果糖和 3-磷

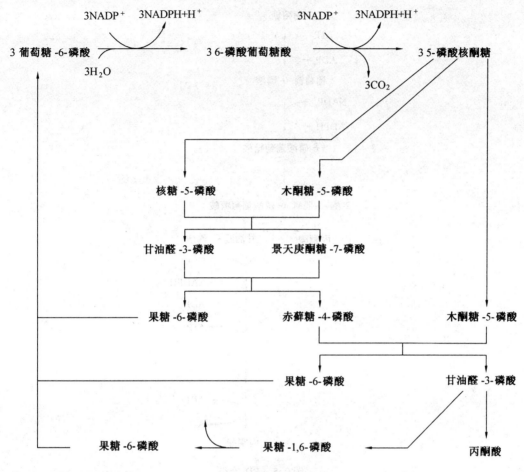

图9.4 HMP途径

酸甘油醛而进入糖酵解途径。大多数好氧和兼性厌氧微生物中都有HMP途径,而且在同一微生物中往往同时存在EMP和HMP途径。

总的结果是3个葡萄糖-6-磷酸转变成2个果糖-6-磷酸、1个甘油醛-3-磷酸和3个CO_2,如下面方程式所示

$$3\text{ 葡萄糖}-6-\text{磷酸}+6NADP+3H_2O \longrightarrow 2\text{ 果糖}-6-\text{磷酸}+\text{甘油醛}-3-\text{磷酸}+3CO_2+6NADpH+6H^+$$

甘油醛-3-磷酸可以利用糖酵解的酶转变成丙酮酸,也能转变成葡萄糖-6-磷酸,返回戊糖磷酸途径。

(3)2-酮-3-脱氧-6-磷酸葡萄糖酸(KDPG)裂解(ED)途径。在ED途径中,葡萄糖-6-磷酸首先脱氢产生葡萄糖-6-磷酸,然后脱水生成2-酮-3-脱氧-6-磷酸葡萄糖酸(KDPG),接着在醛缩酶的作用下,产生一个分子甘油醛-3-磷酸和一个分子丙酮酸。甘油醛-3-磷酸在糖酵解途径的后面部分转变成丙酮酸。一分子葡萄糖经ED途径最后生成2个丙酮酸、1个ATP、1个NADpH和1个NADH,如图9.5所示。大多数细菌有EMP途径和HMP途径,但ED途径在革兰代阴性菌中分布广泛。

(4)三羧酸(TCA)循环。TCA循环也称为柠檬酸循环或Krebs循环,大多数能量是在

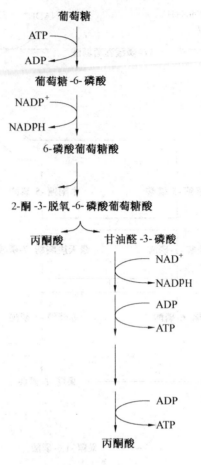

图 9.5　ED 途径

三羧酸循环中丙酮酸降解成 CO_2 的过程中释放的。丙酮酸先经氧化脱羧作用,形成 CO_2、乙酰辅酶 A 和 NADH+H$^+$,乙酰辅酶 A 是乙酸根的活化态,其中的键为高能键。作为一种连接辅酶 A 和乙酸的高能分子进入三羧酸循环,最后被彻底氧化为 CO_2 和 H_2O。其反应过程如图 9.6 所示。

　　TCA 循环第一步是乙酰辅酶 A 和一个 4 碳的草酰乙酸缩合成柠檬酸进入 6 碳阶段,乙酰辅酶 A 的高能键推动这一合成反应。柠檬酸重排生成异柠檬酸,异柠檬酸连续两次氧化脱羧,依次产生 α-酮戊二酸和琥珀酰辅酶 A,这一步产生 2 个 NADH,2 个碳原子以 CO_2 形式从循环释放。循环进入 4 碳阶段,每个乙酰辅酶 A 两次氧化反应在 4 碳阶段产生 1 个 FADH$_2$ 和 1 个 NADH。另外,通过底物水平磷酸化从琥珀酰辅酶 A 产生 1 个 GTP。琥珀酸脱氢酶催化琥珀酸氧化成为延胡索酸,琥珀酸脱氢酶含有铁硫中心和共价结合的 FAD,来自琥珀酸的电子通过 FAD 和铁硫中心,然后进入电子传递链到 O_2。延胡索酸酶仅对延胡索酸的反式双键起作用,使其水化形成 L-苹果酸,L-苹果酸在苹果酸脱氢酶的作用下,苹果酸仲醇基脱氢氧化成羰基,生成草酰乙酸,NAD$^+$ 是脱氢酶的辅酶,接受氢成为 NADH+H$^+$。草酰乙酸重新起乙酰基受体的作用,从而完成三羧酸循环,进入下一循环。图 9.6 所示为三羧酸循环中每个乙酰辅酶 A 氧化产生 2 个 CO_2,3 个 NADH,1

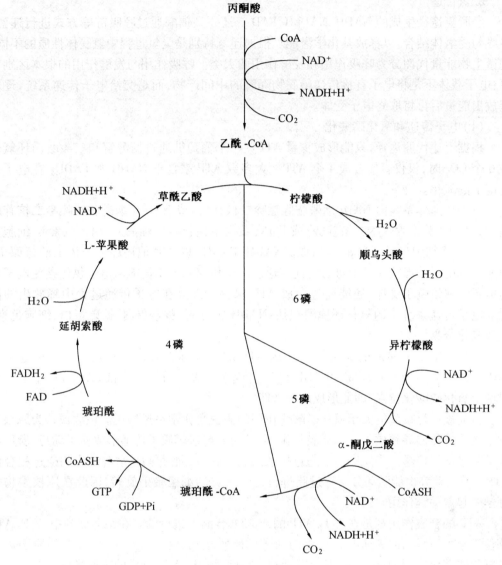

图9.6　TCA循环

个 $FADH_2$ 和 1 个 GTP(相当于 ATP)。其反应式为

$$乙酰-CoA+3NAD^++FAD+GDP+Pi \longrightarrow 2CO_2+3NADH+FADH_2+GTP$$

　　TCA 循环是一种重要的能量来源,广泛存在于微生物的新陈代谢中。

　　TCA 循环的重要特点是:①循环一次的结果是乙酰-CoA 的乙酰基被氧化为 2 分子 CO_2,并重新生成 1 分子草酰乙酸;②整个循环有四步氧化还原反应,其中三步反应中将 NAD^+ 还原为 $NADH+H^+$,另一步为 FAD 还原;③为糖、脂、蛋白质三大物质转化中心枢纽;④循环中的某些中间产物是一些重要物质生物合成的前体;⑤生物体提供能量的主要形式等。

2. 氢传递

经脱氢途径生成的 NADH、NADpH、FAD 等还原型辅酶通过呼吸链等方式进行递氢，最终与受氢体结合，以释放其化学潜能。根据递氢特别是受氢过程中氢受体性质的不同，把微生物能量代谢分为呼吸作用和发酵作用两大类。呼吸作用与发酵作用的根本区别在于：电子载体不是将电子直接传递给底物降解的中间产物，而是交给电子传递系统，逐步释放出能量后再将取终电子受体。

(1)电子传递和氧化磷酸化

根据上述代谢途径，只能形成少量 ATP。一个葡萄糖通过糖酵解和三羧酸循环氧化成 6 个 CO_2 时，仅仅直接合成 4 个 ATP。大多数 ATP 来自于 NADH 和 $FADH_2$ 在电子传递链上的氧化。

电子传递体系是由 NAD(烟酰胺腺嘌呤二核苷酸)或 NADP(烟酰胺腺嘌呤二核苷酸磷酸)、FAD(黄素腺嘌呤二核苷酸)或 FMN(黄素单核苷酸)、辅酶 Q、细胞色素 b、细胞色素 c_1 和 c 及细胞色素 a 和 a_3 等组成。NADH、$FADH_2$ 以及其他还原型载体上的氢原子，以质子和电子的形式在其上进行定向传递。电子传递系统不但能从电子供体接受电子并将电子传递给电子受体，还能通过合成 ATP 保存一部分在电子传递过程中释放出的能量。电子传递系统中的氧化还原酶包括：NADH 脱氢酶、黄素蛋白、铁硫蛋白、细胞色素、醌及其化合物。

将来自电子传递链的能量用于合成 ATP 的过程称为氧化磷酸化。当一对电子从 NADH 到一个 O 原子时，可以由 ADP 和 Pi 合成 3 个 ATP 分子。来自 $FADH_2$ 的电子只通过两个氧化磷酸化位点，即能形成两个 ATP。

目前被广泛接受的关于氧化磷酸化作用的假说是化学渗透假说。该假说认为原核生物中电子的传递导致质子穿过质膜外排，电子向内传递。质子传递形成质子动势，所用的能量来自电子传递。当这些质子通过扩散回到细胞时，通过 ATP 水解反应的逆过程合成 ATP。质子动势也能驱动分子穿过膜进行运输和驱动细菌鞭毛旋转，因此在原核生物生理学中起着关键作用。

ATP 的合成作用都是在 F_1F_0 ATP 酶或 ATP 合酶上进行的。在细菌细胞中，F_1F_0 ATP 酶位于原生质膜的内表面上。F_0 参与质子的跨膜运动，这种穿过 F_0 中通道的质子运动是氧化磷酸化作用的推动力。F_1 是一种大的复合物，是 ATP 合成的主要场所。

(2)呼吸作用

生物体内的有机物在细胞内经过一系列的氧化分解，将释放出的电子交给 NAD、FAD 或 FMN 等电子载体，再经电子传递系统传给外源电子受体，最终生成 CO_2 或其他产物，并且释放出能量的总过程，称为呼吸作用。以分子氧作为最终电子受体的称为有氧呼吸；以氧化型化合物作为最终电子受体的称为无氧呼吸。

①有氧呼吸。

好氧呼吸的进行要求环境中 O_2 的体积分数必须超过 0.2%，在这种情况下，分子氧作为最终电子受体，底物可全部被氧化成 CO_2 和 H_2O，并产生 ATP。

在糖酵解和三羧酸循环过程中形成的 NADH 和 $FADH_2$ 氧化释放电子而成氧化型，电子转移给电子传递体系，最终形成 ATP。电子传递体系再将电子转移给最终电子受体——O_2，O_2 得到电子被还原，与能源脱下的 H 结合生成 H_2O。好氧呼吸利用能量的效率大约是42%,其余的能量以热的形式散发掉。

在好氧呼吸中,除进行三羧酸循环外,有的细菌利用乙酸盐进行乙醛酸循环,乙醛酸循环可以看作三羧酸循环的支路。在乙醛酸循环中,异柠檬酸可分解为乙醛酸和琥珀酸,琥珀酸可进入三羧酸循环,乙醛酸乙酰化后形成苹果酸也可进入三羧酸循环。

好氧呼吸可分为外源性呼吸和内源性呼吸。在正常情况下,微生物利用外界供给的能源进行呼吸,称为外源呼吸,即通常所说的呼吸。如果外界没有供给能源,而是利用自身内部储存的能源物质进行呼吸,则称为内源呼吸。

②无氧呼吸。

某些厌氧和兼性厌氧微生物在无氧条件下进行无氧呼吸。在无氧呼吸的电子传递体系中,最终电子受体不是氧,而是像NO_3^-、NO_2^-、SO_4^{2-}、$S_2O_3^{2-}$、CO_2等这类外源无机化合物,但金属和少数有机分子也能被还原。无氧呼吸同样需要电子传递体,通过磷酸化作用,产生CO_2和较多的ATP用于生命活动,但生成的能量没有氧呼吸多。无氧呼吸的氧化底物一般为有机物,如葡萄糖、乙酸和乳酸等。

a. 以NO_3^-作为最终电子受体。有些细菌能用硝酸盐作为电子传递链终端的电子受体,硝酸盐的NO_3^-在接受电子后变成NO_2^-、N_2,并产生ATP的过程,称为脱氮作用,也称为反硝化作用或硝酸盐还原作用。其供氢体可以是葡萄糖、乙酸、甲醇等有机物,也可以是H_2和NH_3。硝酸盐还原酶取代细胞色素氧化酶将硝酸盐还原成亚硝酸盐。脱氮分两步进行:NO_3^-先被还原为NO_2^-,NO_2^-再被还原为N_2。其总反应式为

$$2NO_3^- + 10e^- + 12H^+ \longrightarrow N_2 + 6H_2O$$

无氧呼吸的电子传递体系比好氧呼吸的短,产生的能量少。在电子传递过程中,氧化还原电位是不断提高的。

b. 以SO_4^{2-}为最终电子受体。在细菌如脱硫弧菌里,硫酸盐也能起最终电子受体的作用,在硫酸还原酶催化下被还原成硫化物(S^{2-}或H_2S)并接受8个电子,生成ATP。其呼吸链只有细胞色素c,氧化有机物不彻底,不会产生大量能量。其总反应式为

$$SO_4^{2-} + 8e^- + 8H^+ \longrightarrow S^{2-} + 4H_2O$$

③发酵作用。

发酵是指无氧条件下,底物脱氢后所产生的还原力不经过呼吸链传递而直接交给一内源氧化性中间代谢产物的一类低效产能反应。在无外在电子受体时,NADH不能通过电子传递链氧化。微生物氧化有机物时,仅发生部分氧化,以它的中间代谢产物(丙酮酸或它的衍生物)为最终电子受体,以实现NADH的再氧化,释放少量能量,产生较多的ATP,而且不需要氧。微生物的发酵作用有两个共同点:一是NADH被氧化成NAD^+;二是电子受体通常是丙酮酸或它的衍生物。

a. 乙醇发酵。许多真菌和一些细菌、藻类及原生动物通过一种被称为乙醇发酵的过程将糖转变成ATP、乙醇分子和CO_2。丙酮酸是各种微生物进行葡萄糖酵解的产物。丙酮酸在各种微生物的发酵作用下,生成各种最终产物。丙酮酸脱羧基成为乙醛,随后再通过乙醇脱氢酶的作用以NADH作为电子供体将乙醛转变成乙醇。大体上可分为酵母菌的乙醇发酵、异型乙醇发酵和同型乙醇发酵,其主要区别为:微生物不同;发酵途径不同;产生的能量不同;碳原子来源不同。

b. 乳酸发酵。乳酸发酵是在厌氧条件下,由乳酸菌(乳杆菌、芽孢杆菌、链球菌、明串

珠菌及双歧杆菌等)进行。在乳酸发酵中,丙酮酸被还原成乳酸,此种发酵作用非常普遍。可以把进行乳酸发酵的生物分成两类,同型乳酸发酵生物通过糖酵解途径,借助于乳酸脱氢酶的作用直接将丙酮酸转变成乳酸,异型乳酸发酵生物通过磷酸酮解酶途径除产生乳酸外,还产生其他产物,如乙醇和 CO_2 等。乳酸发酵包括同型乳酸发酵和异型乳酸发酵两种,其区别见表9.2。

表9.2　同型乳酸发酵和异型乳酸发酵的比较

类型	途径	产物	产能/葡萄糖
同型	EMP	2 乳酸	
		1 乳酸	2ATP
异型	HMP	1 乙醇	1ATP
	(WD)		
		1CO_2	
		1 乳酸	
异型	HMP	1 乙醇	2ATP
	(WD)		
		1CO_2	

　　c. 甲酸发酵。许多细菌可以将丙酮酸转变成甲酸和其他产物,因此被称为甲酸发酵。甲酸可以被甲酸脱氢酶转变成 H_2 和 CO_2。

　　有两种类型的甲酸发酵作用:一种是混合酸发酵,产生乙醇、乙酸、乳酸、琥珀酸、甲酸、H_2 和 CO_2 等多种代谢产物。此种类型的发酵作用常见于埃希氏菌属、沙门氏菌属、志贺氏菌属等微生物中。肠杆菌、沙雷氏菌和欧文氏菌属中的一些细菌具有α-乙酰乳酸合成酶系而进行丁二醇发酵。丙酮酸被转变成3-羟基丁酮,随后被 NADH 还原成2,3-丁二醇。

　　3. 自养微生物的生物氧化和 CO_2 的固定

　　化能自养微生物可以从氧化无机物(如碳水化合物、脂和蛋白质)获得能量,同化合成细胞物质,在无机能源氧化过程中通过氧化磷酸化产生 ATP。电子受体通常是 O_2,但也利用硫酸盐和硝酸盐作电子受体。最普通的电子供体是氢、还原型氮化合物、还原型硫化合物和亚铁离子(Fe^{2+})。

　　(1)自养微生物的生物氧化。

　　①氨的氧化。NH_3 同亚硝酸(NO_2^-)是可以用作能源的最普通的无机氮化合物,NH_3 氧化成硝酸盐至少依赖于两个属细菌的活性,即亚硝化细菌和硝化细菌。氨氧化为硝酸的过程可分为两个阶段,先由亚硝化细菌将氨氧化为亚硝酸,即

$$2NH_4^+ + 3O_2 \longrightarrow 2NO_2^- + 2H_2O + 4H^+$$

　　然后亚硝酸盐被硝化菌属进一步氧化,生成硝酸盐,即

$$2NO_2^- + O_2 \longrightarrow 2NO_3^-$$

氨和亚硝酸盐氧化放出的能量以氧化磷酸化方式产生 ATP。硫氧化细菌与硝化细菌这两种类型的化能无机营养型细菌通过利用质子动势，使来自氮与硫化合物供体的电子在电子传递链上逆向流动，来还原 NAD^+ 的方式提供电子去生成所需要的 NADH 和 NADPH。因为能量同时用于产生 NADH 和 ATP，所以 ATP 的净产生数是相当低的。硝化细菌都是一些专性好氧的革兰氏阳性细菌，以分子氧为最终电子受体，且大多数是专性无机营养型。

②硫的氧化。硫氧化细菌是第三类主要的化能无机营养型细菌，能够利用一种或多种还原态或部分还原态的硫化合物（包括硫化物、元素硫、硫代硫酸盐、多硫酸盐和亚硫酸盐）作能源，将它们氧化成硫酸。硫杆菌 H_2S 首先被氧化成元素硫，随之被硫氧化酶和细胞色素系统氧化成亚硫酸盐，放出的电子在传递过程中可以偶联产生 4 个 ATP。氧化硫细菌像其他化能无机营养菌那样能利用 CO_2 作为它们的碳源，如果将还原型有机碳源像葡萄糖或氨基酸提供给它们，许多菌将异养生长。

③氢的氧化。一些细菌属因为具有催化氢氧化的氢酶，能利用分子氢氧化产生的能量同化 CO_2，也能利用其他有机物生长。氢细菌的细胞膜上有泛醌、维生素 K_2 及细胞色素等呼吸链组分。根据氢酶的类型，电子将提供给电子传递链或 NAD^+。如果产生了 NADH，它能够通过电子传递链和氧化磷酸化以 O_2 作为最终电子受体用于 ATP 合成。在多数氢细菌中有两种与氢的氧化有关的酶。一种是不需 NAD^+ 的颗粒状氧化酶，它能够催化氢气分解成质子和电子，并通过电子的传递过程，驱动质子形成跨膜质子梯度，为 ATP 的合成提供动力；另一种是可溶性氢化酶，它催化氢的氧化，而使 NAD^+ 还原的反应。所生成的 NADH 主要用于 CO_2 的还原。此类氢氧化微生物在有机营养物质存在时，常常利用有机物作为能源。

（2）CO_2 的固定。CO_2 是自养微生物的唯一碳源，化能无机营养型细菌通常是自养型细菌并利用卡尔文循环固定 CO_2 作为它们的碳源，但是，如果还原型有机化合物存在，有些化能无机营养型细菌能起异养型细菌的作用。它们将 CO_2 还原成碳水化合物需要相当多的能量，在卡尔文循环里结合一个 CO_2 需要 3 个 ATP 和 2 个 NADpH。而且，化能无机营养型细菌为了生长与繁殖必须氧化大量的无机物，所以完全氧化成 CO_2 产生的有效能量非常少。自养微生物同化 CO_2 所需要的能量来自光能或无机物氧化所得的化学能，固定 CO_2 的途径主要有卡尔文循环、还原性三羧酸循环和还原的单羧酸环。古生菌、一些绝对厌氧菌和一些微好氧的细菌采用后两种途径进行 CO_2 固定。

卡尔文循环途径存在于所有化能自养微生物和大部分光合细菌中。经卡尔文循环同化 CO_2 的途径可划分为：羧化期、还原期和再生期。

①羧化期：CO_2 加到核酮糖-1,5-二磷酸上，产生两个分子的 3-磷酸甘油酸。

②还原期：在 3-磷酸甘油酸经羧化作用形成后，被还原成甘油醛-3-磷酸。

③再生期：再生核酮糖-1,5-二磷酸并产生碳水化合物，如甘油醛-3-磷酸、果糖和葡萄糖。

卡尔文循环每循环一次，可将六分子 CO_2 同化成一分子葡萄糖，其总反应式为

$$6CO_2 + 18ATP + 12NAD(P)H \longrightarrow C_6H_{12}O_6 + 18ADP + 12NAD(P)^+ + 18Pi$$

4.光合作用

微生物捕捉光能并将它用来合成 ATP 与 NADH 或 NADpH，这个捕捉光能和将光能

转变成化学能的过程称为光合作用。光合作用是自然界一个极其重要的生物学过程,其实质是通过光合磷酸化将光能转变成化学能,以利用 CO_2 合成细胞物质。光合作用作为整体分成光反应和暗反应两部分,在光反应中光能被转变成化学能,然后这种能量在暗反应中用来还原或固定 CO_2,并合成细胞物质。光合作用为光合生物提供能量,供光合生物合成生长,光合生物本身又是生物圈中大多数食物链的基础。

光合色素是光合生物所特有的能将光能转化为化学能的关键物质。光合色素分为叶绿素(或细菌叶绿素)、类胡萝卜素和藻胆素三类。叶绿素 a 普遍存在于光合生物中,除光合细菌外;叶绿素 a、b 共同存在于绿藻和蓝绿细菌中;叶绿素 a、c 存在于褐藻和硅藻中;叶绿素 d 存在于红藻中;叶绿素 e 存在于金黄藻中;胡萝卜素存在于所有光合生物,它不直接参加光合反应,其作用是捕获光能并把传递给叶绿素,还能吸收有害光,保护叶绿素免遭破坏。

光合色素分布于两个系统,分别是光合系统 Ⅰ 和光合系统 Ⅱ。每个系统即为一个光合单位,由一个光捕获复合体和一个反应中心复合体组成。这两个系统中的光合色素的成分和比例不同。

(1)真核生物和蓝细菌的光反应。蓝细菌和真核藻类依靠体内的叶绿素 a、b、c、d,类胡萝卜素,藻蓝素,藻红素等光合作用色素,通过裂解水获得 H_2,还原 CO_2 成 $[CH_2O]_n$ 以提供细胞合成的还原能力。其化学反应式为

$$CO_2+H_2O \xrightarrow[\text{叶绿素}]{\text{阳光}} [CH_2O]_n+O_2$$

藻类光反应最初的产物 ATP 和 $NADpH_2$ 不能长期储存,它们通过光反应把 CO_2 转变为高能储存物蔗糖或淀粉,用于暗反应。在夜晚没有光照的条件下,藻类利用白天合成的有机物作底物,同时利用氧进行呼吸作用,放出 CO_2。

光合系统 Ⅰ 吸收波长较长的光,并将能量传递到称为 P700 的专门叶绿素 a(P700 表示这种叶绿素在波长 700 nm 能最有效地吸收光)。光合系统 Ⅱ 在较短波长处捕捉光能,并将光能转移到专门的叶绿素 P680。

在光合系统 Ⅰ 中,叶绿素分子 P700 吸收光子后被激活,使它的还原电势变得很负,然后释放出一个高能电子传递给叶绿素 a 分子或铁硫蛋白,最后电子被转移到铁氧还蛋白。在此过程中,电子通过一系列电子载体作环式传递,再返回到氧化型 P700,所以这条途径称为环式途径。还原的铁氧还蛋白在 $NADP^+$ 还原酶的作用下,将 $NADP^+$ 还原为 $NADpH$。在细胞色素 b_6 区域中进行的环式电子传递过程中形成的质子动势被用于 ATP 合成。

有些光合细菌也可以以非环式光合磷酸化的方式合成 ATP。在非环式途径里,还原型铁氧还蛋白使 $NADP^+$ 还原成 $NADpH$。给予 $NADP^+$ 的电子不能用来还原氧化型 P700,所以需要光合系统 Ⅱ 参与。

用以还原 P700 的电子来源于光合系统 Ⅱ。光合系统 Ⅱ 将电子提供给氧化型 P700,并在这个过程中产生 ATP。在光合系统 Ⅱ 中,叶绿素分子 P680 吸收光子后,被激发释放出一个高能电子,然后还原脱镁叶绿素 a,随后电子传递给辅酶 Q,再沿电子传递链到 P700,而氧化型 P680 从水氧化成 O_2 过程中得到电子。高能电子从辅酶 Q 到光合系统 Ⅰ 的过程中,可推动 ATP 的合成。这样来自水的电子利用来自两个光合系统的能量一起流到 $NADP^+$,并用非环式光合磷酸化方式合成 ATP。

　　暗反应需要 3 个 ATP 和 2 个 NADH,以还原 1 个 CO_2,用它去合成碳水化合物。其化学反应式为

$$CO_2 + 3ATP + 2NADpH + 2H^+ + H_2O \longrightarrow (CH_2O)_6 + 3ADP + 3Pi + 2NADP^+$$

　　(2)绿色和紫色细菌的光反应。光合细菌主要通过环式光合磷酸化作用产生 ATP,这类细菌主要包括紫色硫细菌、绿色硫细菌、紫色非硫细菌和绿色非硫细菌。绿色和紫色细菌几乎都是严格厌氧菌,是非产氧型光合生物,不能用水作电子供体,不能利用光合作用产生 O_2,以 H_2S 作为还原 CO_2 的电子供体。H_2S 被氧化成 S 或 SO_4^{2-},产生的 S,有的积累在细胞内,有的累积在细胞外。在紫色细菌光反应中不直接产生 NADpH。绿色细菌在光反应中能直接还原 NAD^+,总地来说,有以下三种生化反应合成 NADH。

　　①在有氢气条件下,氢能直接用来产生 NADH。

　　②光合紫色细菌用质子动势使电子在电子传递链逆向流动,然后使电子从无机或有机供体运动到 NAD^+。

　　③绿色硫细菌通过完成一个非环式光合电子流动的简单方式去还原 NAD^+。

9.2.2.2　合成代谢

　　微生物能以许多方式获得能量,这些能量中多数用于生物合成或合成代谢。在生物合成中,微生物利用简单的无机物和单体合成复杂大分子,直到构建出细胞器和细胞。因为合成代谢是按次序进行的,而一个细胞是高度有序和非常复杂的,所以生物合成需要大量的能量。生物合成的 ATP 大多数用于蛋白质合成。

　　生物合成的原则有以下几点:

　　①微生物细胞含有大量的蛋白质、核酸和多糖等大分子都是由较小分子物质相互连接起来形成的相对分子质量很大的多聚体物质。

　　②合成途径在生物合成方向上不可逆地运行。

　　③细胞常常通过在分解代谢和合成代谢中利用一些同样的酶来节约原料和能量。

　　④有些步骤被两种不同的酶催化,使独立调节分解代谢和合成代谢成为可能。

　　⑤合成和分解途径经常使用不同的辅因子,通常分解代谢氧化产生 NADH,当在生物合成期间需要还原剂时,通常是 NADpH 而不是 NADH 作为电子供体。

　　1. 氨基酸的合成

　　蛋白质是一种复杂的有机化合物,氨基酸通过脱水缩合形成肽链。每一条多肽链有二十到数百个氨基酸残基不等。氨基酸合成也需要适当的碳骨架构成,这常常是一个包括许多步骤的复杂过程,合成途径通常受到严格的调节和反馈抑制的调控。

　　氨基酸骨架是从乙酰-CoA 和 TCA 循环、糖酵解途径和戊糖磷酸途径的中间体衍生而来的,本着提高效率和节约能量的原则,氨基酸生物合成的中间体由少数几条主要的代谢途径提供,引导单个氨基酸合成的顺序从这些中心途径分支出来。丙氨酸、天冬氨酸和谷氨酸分别直接从丙酮酸、草酰乙酸和 α-酮戊二酸通过转氨作用合成。大多数生物合成途径更复杂,相关族的氨基酸合成常利用共同的中间体。芳香族氨基酸苯丙氨酸、酪氨酸和色氨酸的生物合成也共同使用许多中间体。

2. 生物固氮

大气中气体氮还原成氨的过程称为固氮作用。所有的生命都需要氮，氮的最终来源是无机氮。尽管大气中氮气的比例占 79%，但因为氨和硝酸盐含量水平通常很低，所有的动植物以及大多数微生物都不能利用分子态氮作为氮源，而只有少数的原核生物能够完成固氮作用。目前仅发现一些特殊类群的原核生物能够将分子态氮还原为氨，然后再由氨转化为各种细胞物质。具有固氮作用的微生物近 50 个属，包括细菌、放线菌和蓝细菌。根据固氮微生物与高等植物以及其他生物的关系，可以把它们分为三大类：自生固氮体系、共生固氮体系和联合固氮体系。其中好氧自生固氮菌固氮能力较强，厌氧自生固氮菌固氮能力较弱。

氮还原成氨的过程是由固氮酶催化的。分子氮还原成氨的过程事实上是放能的，但这个反应需要的活化能高，因为分子氮是由一个三价键连接两个氮原子之间的无活性的气体，所以氮还原需要消耗大量 ATP，至少需要 8 个电子和 16 个 ATP，每对电子需要 4 个 ATP。其化学反应式为

$$N_2 + 8H^+ + 8e^- + 16ATP \longrightarrow 2NH_3 + H_2 + 16ADP + 16Pi$$

在体内进行固氮时，还需要一些特殊的电子传递体，其中主要的是铁氧还蛋白和以 FMN 作为辅基的黄素氧还蛋白。铁氧还蛋白和黄素氧还蛋白的电子供体来自 NADpH，受体是固氮酶。铁氧还蛋白以各种方式被还原：如蓝细菌的光合作用，厌氧细菌的发酵或好氧固氮菌的呼吸过程等。铁蛋白首先被铁氧还蛋白还原，然后与 ATP 结合改变铁蛋白构像并降低它的还原电势，使它能够去还原铁钼蛋白，当电子传递发生时，ATP 被水解，将电子提供给氮原子。

氨同化的主要途径是通过谷氨酰胺合成酶-谷氨酸合酶系统催化谷氨酰胺合成。

固氮酶的结构比较复杂，由铁蛋白和钼铁蛋白两个成分组成。固氮酶除了能催化 N_2—NH_3 外，还具有催化 $2H^+$—H_2 反应的氢酶活性。当固氮菌生活在缺 N_2 条件下时，其固氮酶可将 H^+ 全部还原成 H_2；在有 N_2 条件下，固氮酶也总是用 75% 的还原力 [H] 去还原 N_2，而把另外 25% 的 [H] 以形成 H_2 的方式浪费了，但在大多数固氮菌中，还含有另一种经典的氢酶，它能将被固氮酶浪费的分子氢重新激活，以回收一部分还原力 [H] 和 ATP。

3. 肽聚糖的合成

大多数细菌细胞壁含有一种由 N-乙酰胞壁酸（NAM）和 N-乙酰葡糖胺（NAG）交替连接的长多糖链组成的大的复杂肽聚糖分子。肽聚糖是绝大多数原核生物细胞壁所含有的独特成分，它在细菌的生命活动中有着重要的功能，是许多重要抗生素作用的物质基础。

整个肽聚糖合成过程是在细胞质中、细胞膜上或是在细胞膜外进行的，肽聚糖合成经过以下阶段：

①尿苷二磷酸（UDP）衍生物在细胞质合成。

②氨基酸按顺序加到 UDP-NAN 上形成五肽链，ATP 的能量用来产生肽键。

③NAM-五肽在膜内表面从 UDP 转移到细菌萜醇磷酸上。

④UDP-NAG 中的 NAG 加到 NAM-五肽上形成肽聚糖重复单元。

⑤完整的 NAM-NAG 肽聚糖重复单元通过细菌萜醇焦磷酸载体穿过膜运输到膜的

外表面。

⑥肽聚糖单元连到肽聚糖链的生长端,以一个重复单元延长肽聚糖链。

⑦细菌萜醇载体回到膜的内侧。

⑧短肽通过转肽作用在肽聚糖链之间交联。

肽聚糖合成特别容易被抗微生物剂破坏,对合成过程任何阶段的抑制都会削弱细胞壁,导致渗透裂解;许多抗生素干扰肽聚糖合成。

4. 糖和多糖的合成

从非糖类前体物合成葡萄糖的过程称为糖原异生作用。虽然糖原异生作用途径不同于糖酵解途径,但它们共同利用 7 种酶。

在细菌和藻的糖原和淀粉合成中,由葡糖–1–磷酸产生葡糖腺苷二磷酸,然后将葡萄糖加到合成中的糖原和淀粉链的末端。

$$ATP+葡糖–1–磷酸 \longrightarrow ADP–葡萄糖+PPi$$
$$(葡萄糖)_n+ADP–葡萄糖 \longrightarrow (葡萄糖)_{n+1}+ADP$$

5. 无机磷、硫和氮的同化

为了进行生物合成,除了碳和氧以外,微生物也需要大量的磷、硫和氮。它们被同化或通过不同途径掺入到有机物里。

(1)磷的同化

磷存在于核酸、蛋白质、磷脂、ATP 和像 NADP 那样的辅酶中,最常见的磷源是无机磷和有机磷酯。无机磷通过 ATP 形成的三种方式之一而被吸收,即光合磷酸化、氧化磷酸化和底物水平磷酸化。微生物能从它们周围的环境中得到溶液或颗粒形式有机磷,磷酸酶常常使有机磷酯水解放出无机磷。

(2)硫的同化

硫酸盐同化还原包括硫酸盐通过形成磷酸腺苷–5′–磷酰硫酸而活化,接着硫酸盐被还原。在这个过程中,硫酸盐首先被还原成亚硫酸盐(SO_3^{2-}),然后被还原成硫化氢。半胱氨酸以两种方式由硫化氢合成:真菌似乎使硫化氢和丝氨酸结合形成半胱氨酸,而许多细菌使硫化氢和 O–乙酰丝氨酸中的乙酰基形成半胱氨酸。

半胱氨酸一旦形成,能用于其他含硫有机物的合成。

6. 嘌呤、嘧啶生物合成

嘌呤和嘧啶是 ATP、核糖核酸、脱氧核糖核酸和其他重要细胞的成分,对所有细胞都是非常重要的,所以几乎所有微生物都能自己合成嘌呤和嘧啶。

(1)嘌呤生物合成

嘌呤生物合成途径是复杂的,有 11 步反应。反应中 7 个不同的分子掺入到最终的嘌呤骨架中。该途径从核糖–5–磷酸开始并在这个糖上构成嘌呤骨架,这个途径的第一个嘌呤产物是次黄苷酸,叶酸衍生物将碳分配到嘌呤骨架的 2 位与 8 位上。次黄苷酸合成之后,以相当短的途径合成腺苷酸和鸟苷酸,并通过磷酸基团转移方式从 ATP 上获得磷酸基团,从而产生核苷二磷酸和核苷三磷酸。

脱氧核糖核苷酸通过两条不同途径由核苷二磷酸或核苷三磷酸产生,有些微生物利用一个需要维生素 B_{12} 作辅助因子的系统还原核苷三磷酸,有些微生物在核苷二磷酸上还原核糖。

（2）嘧啶生物合成

嘧啶生物合成由天冬氨酸和氨甲酰磷酸开始,天冬氨酸氨甲酰转移酶催化这两种物质缩合,形成氨甲酰天冬氨酸,然后转变成嘧啶的起始产物乳清苷酸。乳清苷酸脱羧产生尿苷酸,最后形成尿苷三磷酸和胞苷三磷酸。在嘧啶骨架合成之后,利用高能中间体 5-磷酸核糖-1-焦磷酸添加到该骨架上形成核苷酸。第三个常见的嘧啶是胸腺嘧啶,是 DNA 的一种成分,嘧啶核苷酸中的核糖以与嘌呤核苷酸中同样的方式被还原,然后脱氧尿苷酸被一种叶酸衍生物甲基化产生脱氧胸苷酸。

7. 脂类的合成

微生物的细胞膜中存在各种脂类,大多数含有脂肪酸或它们的衍生物。脂肪酸是带有长的烷基链的一元羧酸,长链烷基通常有偶数碳原子,有些脂肪酸是不饱和的,即肽链上含有一个或多个双键。

脂肪酸合成酶复合物催化脂肪酸合成,用乙酰-CoA 与丙二酰-CoA 作为底物,NADpH 作为还原剂。ATP 驱动的乙酰-CoA 的羧化作用产生丙二酰-CoA,在乙酸和丙二酸从辅酶 A 转到酰基载体蛋白（ACP）的巯基之后合成开始。酰基载体蛋白在脂肪酸合成期间携带正在延伸的脂肪酸链。在合成酶的作用下,经过两个步骤每次将两个碳原子加到延伸中的脂肪酸链的羧基端。首先,CO_2 的释放驱动丙二酰-ACP 和脂肪酰-ACP 发生反应产生 CO_2 和多两个碳原子的脂肪酰-ACP;其次,从起始的缩合反应产生的 β-酮基在两步还原和一步脱水的过程中分解,然后,脂肪酸为接受另外两个碳原子作好准备。厌氧细菌和某些好氧细菌在脂肪酸合成期间,以羟基脂肪酸脱水的方式产生双键,以这种方式形成双键不需要氧。

不饱和脂肪酸以两种方式合成,真核生物和好氧细菌利用 NADpH 和 O_2 的好氧途径合成;一个双链在 C_9 和 C_{10} 之间形成,氧与由脂肪酸和 NADpH 提供的电子还原成水。

磷脂是真核生物和大多数原核生物细胞膜的主要成分。它们通常也是通过磷脂酸合成的方式合成,特殊的胞苷二磷酸载体起着类似于尿苷和腺苷二磷酸载体在糖类合成中的作用。

第 10 章　微生物的生态与分布

生态学(Ecology)是一门研究生物系统与环境系统之间的相互作用规律及其机理的科学,也就是研究生物与生物、生物与环境的相互依赖和相互制约的科学。因此,微生物生态学(Microbialecology)就是研究微生物群体(微生物区系或正常菌群)与其周围的生物和非生物环境条件间相互作用的规律的学科。

在地球上,微生物无所不在,在整个生物圈中都可以发现。除非最为极端的环境,它们在酸性湖泊、深海、冰冻的地方和热泉口都能够生存。随着研究的不断深入,微生物在全球物质能量循环中起到的作用被越来越多地认识到,对微生物生态学的研究将对气候、环境研究起到至关重要的作用。

细菌及其他微生物种类很多,适应能力强,繁殖迅速,个体微小,易广泛散播,并且有些还能形成抵抗不良环境条件的休眠体,所以在自然界中具有极广的分布。在许许多多的微生物中,大部分对动植物生长和工农业生产是无害的或有益的,但也有一小部分是对人类和动植物有危害作用的病原微生物。因此,研究微生物在自然界的分布规律、微生物间及其与他种生物间的相互关系以及它们在自然界物质循环中的作用,有助于利用其有益方面而控制其有害方面,在理论和实践上均具有重要的意义。

细菌及其他微生物在土壤、水及空气中分布广泛,种类繁多,相互影响,构成了一定的微生物体系,其中病原微生物备受重视,具有相应的检测指标。

10.1　土壤微生物

10.1.1　土壤中微生物的种类和分布

土壤具备着多种微生物生长繁殖所需的营养、水分、气体环境、酸碱度、渗透压和温度等条件,并能防止日光直射的杀伤作用,是细菌和其他微生物生活的良好环境,故有微生物天然培养基之称。土壤中肉眼无法分辨,只能借助显微镜或电子显微镜才能观察的活有机体多为单细胞生物,包括细菌、放线菌、真菌、藻类和原生动物五大类群。各种微生物含量的变化很大,但以细菌为最多,占土壤微生物总数的 70% ~90%。放线菌数量仅次于细菌,占总数的 5% ~30%;真菌数量次于放线菌,螺旋体、藻类和噬菌体较少。从地球终年结冰的极地、高山到炎热的赤道地带,甚至酷热的沙漠和深海底层的泥土都有微生物存在,但其种类和数量,随着土层深度、有机物质的含量、湿度、温度、酸碱度以及土壤的类型不同而异。大部分微生物在土壤中营腐生生活,靠现成的有机物取得能量和营养成分。

表层土壤由于受日光照射和干燥,微生物数量较少;在离地面 10~20 m 深的土层中微生物数量最多,越往深处则微生物越少,在数米深的土层处几乎可达无菌状态。土壤是微生物在自然界中最大的贮藏所,是一切自然环境微生物来源的主要策源地,是人类利用微生物资源的最丰富的"菌种资源库"。

土壤微生物的主要功能为:

①参与土壤有机物的矿化和腐殖化,以及各种物质的氧化-还原反应。

②参与土壤营养元素的循环,促进植物营养元素的有效性。

③根际微生物以及与植物共生的微生物,能为植物直接提供氮、磷和其他矿质元素及各种有机营养;能为工农业生产和医药卫生提供有效菌种。

④某些抗生性微生物能防治土传病原菌对作物的危害。

⑤降解土壤中残留有机农药、城市污物和工厂废弃物等,降低残毒危害。

⑥某些微生物可用于沼气发酵,提供生物能源、发酵液和残渣有机肥料。

10.1.2　微生物在土壤中的作用

土壤微生物的种类很多,有细菌、真菌、放线菌、藻类和原生动物等。土壤微生物的数量也很大,1 g 土壤中就有几亿到几百亿个。1 亩地耕层土壤中,微生物的质量由几百斤到上千斤。土壤越肥沃,微生物越多。

微生物在土壤中的主要作用如下:

(1)分解有机质

作物的残根败叶和施入土壤中的有机肥料,只有经过土壤微生物的作用,才能腐烂分解,释放出营养元素,供作物利用;并且形成腐殖质,改善土壤的理化性质。

(2)分解矿物质

例如,磷细菌能分解出磷矿石中的磷,钾细菌能分解出钾矿石中的钾,以利作物吸收利用。

(3)固定氮素

氮气在空气的组成中占 4/5,数量很大,但植物不能直接利用。土壤中有一类叫作固氮菌的微生物,能利用空气中的氮素作食物,在它们死亡和分解后,这些氮素就能被作物吸收利用。固氮菌分为两种:一种是生长在豆科植物根瘤内的,称为根瘤菌,种豆能够肥田,就是因为根瘤菌的固氮作用增加了土壤里的氮素;另一类单独生活在土壤里就能固定氮气,称为自生固氮菌。另外,有些微生物在土壤中会产生有害的作用。例如,反硝化细菌,能把硝酸盐还原成氮气,放到空气里去,使土壤中的氮素受到损失。实行深耕、增施有机肥料、给过酸的土壤施石灰、合理灌溉和排水等措施,可促进土壤中有益微生物的繁殖,发挥微生物提高土壤肥力的作用。

(4)形成土壤结构

土壤不仅仅是由各种肥料和土壤颗粒组成,单纯的河沙+泥炭+蛭石+珍珠岩+化肥所构成的并不是真正意义上的土壤。有活性的土壤是由固态的土壤、液态的水和气态的空气共同组成的,因此当表土被碾压、夯实后就失去了土壤本身的意义,我们都知道原来从农田中取土夯实的土城墙历经几百年仍然很难有植物生长。而在土壤中的微生物通过代谢活动的氧气和二氧化碳的交换,以及分泌的有机酸等有助于土壤粒子形成大的团粒结构,最终形成真正意义上的土壤。

在以往的绿化和生态环境建设中土壤微生物往往被忽视了,很多时候(一方面也是由于农田表层土壤难以取得）当做土壤的基质只是包含了从好几米深的地层下挖掘出来的生土、植物纤维和化肥等。植物在短期内可以借助外来的化肥生长，而经过数年后，植物就因为缺乏养分，缺乏共生的微生物对土壤 pH 值等的调节而衰落。

10.1.3　细菌、放线菌、藻类的作用

土壤微生物指的是土壤中的全部微生物，在应用时，我们更着重于对作物生长发育更有益的一些种类。土壤微生物是一个特殊的种群，它是影响作物生长发育的重要环境条件之一。

（1）细菌

细菌适于中性及微酸性的生存条件。一般在 20～30 ℃时会大量繁殖。它通常分为两类：一类称自养细菌，它有同化二氧化碳的能力，所以这个种群的作用是直接影响土壤的理化性质，平衡土壤的酸碱度高低；另一类称异养细菌，这一类细菌通常都是以和作物共生的状态存在，对作物生长有直接促进作用，如豆科植物的根瘤菌等，具强大的固氮作用，产生明显的增产效果。

（2）放线菌、霉菌

在土壤中放线菌是以需氧性异养状态生活，它们的主要活动是分解土壤中的纤维素、木质素和果胶类物质等，通过这些作用来改善土壤的养分状况，便于作物直接吸收利用土壤养分。在酸性土壤中，以霉菌的活动为主，而在中性和微碱性土壤中，则是以放线菌的活动为主。

（3）藻类

藻类为一类单细胞，通常为丝状的微生物。它与高等植物一样有叶绿素，可营碳素同化作用。它通常可以起固定空气中氮素营养的作用，帮助植物多方式利用各种状态存在的氮素养分。与以上几种菌类不同的是，它更适于在碱性环境下发挥作用，一般说来，酸性土壤中多以放线菌和霉菌起作用，碱性土壤中就主要靠这些藻类微生物来维持辅助作用了。

10.1.4　影响土壤中微生物数量的因素

光照、外来物种的数量、pH 值、有机碳、水分、温度等都会影响土壤中微生物的数量与分布。很多放线菌能够分解土壤中的有害物质，例如，它们有些能够分解石油污染、塑料等。

而真菌大多数靠环境中的有机物质提供养分，如腐败的植物等。细菌分类很多，有对人有害的，也有有利的，但是大多数对土壤有害物质的分解不如放线菌强。不过由于种间特异性，对环境的指示作用各有不同。

10.1.4.1　土壤酶与土壤微生物的关系

土壤中细菌、真菌和放线菌等是土壤酶的重要来源之一。一般而言，特定的土壤酶活性与土壤微生物的类群密切相关，但放线菌能释放降解腐殖质和木质素的过氧化物酶、酯酶和氧化酶等。真菌的木霉属和腐霉属可释放酸性和碱性磷酸酶、脲酶、葡聚糖酶、纤维素分解酶和几丁质酶。菌根菌、固氮菌和木霉属等菌类对其他微生物种群具有明显的抑制作用，却能提高土壤酶活性。

10.1.4.2　土壤微生物间相互作用

土壤微生物之间存在复杂的关系,包括共生、互生、捕食等。土壤微生物之间相互作用维持着整个土壤生态系统内土壤微生物群落结构的稳定。土壤微生物之间具有一定的颉颃作用。土壤中细菌产生的挥发性物质能影响其他土壤微生物的生长,从而直接影响土壤微生物的群落结构。细菌的挥发性物质影响真菌的生长和酶的活性,这种作用受细菌种类、年龄、环境因素的影响,并且真菌对不同细菌的产物具有特异性。土壤微生物之间更多的是半共生关系。在植物凋落物分解过程中,不同土壤微生物相互协作共同完成对凋落物的分解。通常,真菌在凋落物分解过程初期占主要地位,分解凋落物中新鲜物质,而细菌在分解后期占主要地位,完成凋落物的最终分解和矿化过程。

10.1.4.3　土壤动物对土壤微生物的影响

土壤动物对土壤微生物的影响主要包括以下三个方面:

(1)土壤动物的粉碎、搅拌、混合作用

土壤动物消化植物残体后通过粪便排出体外,改变了这些物质的化学成分、大小等理化性状,导致了土壤微环境的改变;改变了土壤中细菌、真菌等不同微生物类群的竞争能力,引起土壤微生物群落结构的改变。

(2)土壤动物的选择性捕食作用

土壤中的原生动物主要以细菌和酵母菌为食物,最适合的食物来源是一些假单胞菌和肠细菌,酵母菌中的可勒克氏酵母、红酵母,而有些细菌、放线菌、真菌能产生对原生动物有毒害作用的细胞外物质。

(3)土壤动物的传播作用

土壤动物对土壤微生物体或孢子的散布有作用,特别是在地表下,在干燥条件下,这时风和水对孢子的散布作用相对小。

10.1.4.4　植物多样性对土壤微生物的影响

陆地生态系统中植物多样性是影响土壤微生物的另一个重要因素。植物多样性对土壤微生物的影响主要有两个方面:一方面是植物为土壤微生物提供营养物质;另一方面植物多样性影响整个生态系统的过程,进而间接影响土壤微生物。在陆地生态系统中,植物通过凋落物和地下根系分泌物为土壤中微生物提供营养物质。不同的植物凋落物的理化性质不同,凋落物分解过程中释放的有机物、无机物也不同,从而对土壤中微生物生长的具有选择性刺激作用。另外,不同植物的根系分泌物也有很大差异,很早的研究就发现活的根系能分泌种类繁多的可溶性有机物质,包括糖、氨基酸和有机酸等,这些分泌物质为土壤生物提供源,引起根际微生物的快速生长。

10.1.5　研究土壤微生物多样性的方法

10.1.5.1　传统的微生物培养法

传统的微生物依据耳标微生物选择相应的培养基,然后通过各种微生物的生理生化特征及外观形态等方面进行分析鉴定。此法对于衡量小群体多样性方面是一种快速的方法。由于该法人为限定了一些培养条件,无法全面反映微生物生长的自然条件,常常造成某些微生物的富集生长,而另一些微生物则缺失。

10.1.5.2　生物标记法

近20年来,微生物学者们研究确立了另一种可靠估价微生物的生物量及群落结构的方法——生物标记法。生物标记法的优点是既不需要把微生物的细胞从环境样品中分离,又能克服由于微生物培养而导致不同微生物种群可能发生的选择性生长所造成的麻烦。常使用的生物标记物有磷壁酸酯类多糖类脂肪酸等。应用该方法时首先要选择一种适宜的提取剂直接把微生物从土壤中提取出来,然后对提取物进行纯化,再用合适仪器加以定量测量。

10.1.5.3　BIOLOG 鉴定系统

BIOLOG 系统是 Garland 和 Miss 于1991年建立起来的一套用于研究土壤微生物群落结构和功能多样性的方法。这种方法是根据微生物对单一碳源底物的利用能力的差异,当接种菌悬液时,其中的一些孔中的营养物质被利用,使孔中的氧化反应指示剂四氯唑紫呈现不同程度的紫色,从而构成了该微生物的特定指纹。经过 BIOLOG 系统配套软件分析,并与标准菌种的数据库比较之后,该菌株的分类地位便被确认出来。

10.1.5.4　分子生物学法

自细菌 DNA 首次从土壤中提取以来,土壤微生物群落功能评价和方法研究上取得了很大进展。利用分子技术分析核酸使人们逐渐认识到微生物多样性的复杂性。土壤微生物在基因水平上的多样性可以通过微生物中 DNA 组成的复杂性表现出来。这种方法首先要从土壤微生物中有效地提取 DNA 或 RNA,经过纯化后结合 PCR 扩增、分子克隆等分子技术进行分析。

10.2　水中的微生物

10.2.1　水中微生物的种类和分布

水在各种水域中都生存着细菌和其他微生物。由于不同水域中的有机物和无机物种类和含量、光照度、酸碱度、渗透压、温度、含氧量和有毒物质的含量等差异很大,各种水域中的微生物种类和数量显著不同。在有机物丰富的水中,微生物不但能够生存,而且还能大量地繁殖,因此,水是仅次于土壤的第二天然培养基。

水中的微生物主要为腐生性细菌,其次还有真菌、螺旋体、噬菌体、藻类和原生动物等。此外,还有很多非水生性的微生物,常随着土壤、动物的排泄物、动植物残体、垃圾、污水和雨水等汇集于水中。一般地面水比地下水含菌种类多,数量大;雨水和雪水含菌数量小,特别是在乡村和高山区的雨水和雪水。

在自然界中,水源虽不断受到污染,但由于微生物大量繁殖不断分解水中的有机物、日光照射的杀菌作用、水中原生动物的吞噬和微生物间的颉颃作用、水中悬浮颗粒黏附细菌发生沉淀、清洁支流的冲淡以及水中其他理化因素的作用,可使水中的微生物大量地减少,使水逐渐净化变清,这就是水的自净作用。

微生物于水环境中可见于各层深度,浅则水面,深则达海洋壕沟之底部。上层之表膜及深水域之底部沉积物所含微生物数目大于其他深度。漂浮或漂流于池塘、湖泊及海洋表面区域之微小生命统称为浮游生物(Plankton)。浮游生物群可能以藻类及蓝细菌为主(称为浮游植物,Phytoplankton)或以原虫及其微小动物为优势(称为浮游动物,Zooplankton)。光营性微生物是最重要的浮游生物,因借其光合作用,扮演有机物质的基本制造者。大多数浮游植物性微生物借运动以维持光合作用区的范围;有些则具特殊的构造,或含油滴与气泡,使其上浮,阳光、风、潮汐、气流、营养、被较高等生物捕食等多重因子,均可影响浮游生物集群中的微生物类别。

栖息于水体底部的微生物称为海底微生物(Benthic Organism),也统称为海底动植物(Benthos)。以微生物的数目与种类而言,海底区(Benthic Zone)是水系统的最繁盛区域。此外,还有许多水栖微生物栖息于海洋动物(如鲸鱼与鱼类等)的肠道中。

10.2.2　海洋微生物

海洋微生物是以海洋水体为正常栖居环境的一切微生物。海洋细菌是海洋生态系统中的重要环节。作为分解者,它促进了物质循环,在海洋沉积成岩及海底成油成气过程中,都起了重要作用。还有一小部分化能自养菌则是深海生物群落中的生产者。海洋细菌可以污损水中构筑物,在特定条件下其代谢产物如氨及硫化氢也可毒化养殖环境,从而造成养殖业的经济损失。但海洋微生物的颉颃作用可以消灭陆源致病菌,它的巨大分解潜能几乎可以净化各种类型的污染,它还可能提供新抗生素以及其他生物资源,因而随着研究技术的进展,海洋微生物日益受到重视。

与陆地相比,海洋环境以高盐、高压、低温和稀营养为特征。海洋微生物长期适应复杂的海洋环境生存,因而有其独具的特性。

其特性为嗜盐性、嗜冷性、嗜压性、低营养性、趋化性与附着生长、多形性、发光性等。

嗜盐性是海洋微生物最普遍的特点。真正的海洋微生物的生长离不开海水。海水中富含各种无机盐类和微量元素。钠为海洋微生物生长与代谢所必需的,此外,钾、镁、钙、磷、硫或其他微量元素也是某些海洋微生物生长所必需的。

海洋细菌分布广、数量多,在海洋生态系统中起着特殊的作用。海洋中细菌数量分布的规律是:近海区的细菌密度较大洋大,内湾与河口内密度尤其大;表层水和水底泥界面处细菌密度较深层水大,一般水底泥中较海水中大;不同类型的底质间细菌密度差异悬殊,一般在泥土中高于在沙土中。

10.2.3　影响海洋中微生物数量的因素

10.2.3.1　温度

对深海微生物来说,其物质和能量来源由死亡的海洋生物残骸提供。海洋生物死亡后会沉向海底,在海底形成富含有机物的沉积物,这些有机物会分解形成乙酸盐,而乙酸盐能为微生物提供碳等必需元素,以供细胞维持生存与繁殖。然而,一些深海考察表明,普通海洋沉积物中的乙酸盐并没有丰富到让微生物大量生存的程度。许多模拟实验发现,当温度升高时,海洋沉积物中的有机物质就会加速形成乙酸盐,并且温度越高,这种物质含量也相应增加。但是,这种乙酸盐的形成是由于温度的升高导致微生物对深海沉积物中有机物降解率的提高,还是由于深部高温导致了这些有机物的裂解,目前尚不清楚。

温度变化不仅影响深海微生物的代谢速率,而且还影响其他重要的环境因子,如深海底流、水柱分层、营养循环和初级生产等,这些因子强烈地影响着微生物种群和群落的动力学乃至群落的结构和功能。

10.2.3.2 溶氧

由于海洋水体的巨大,尽管经过海洋生物的有氧呼吸作用后,溶氧仍可波及海底,甚至穿透至海底沉积物中。因此,由于沉积物中溶氧状况的不同,可分别为好氧微生物、微好氧微生物、兼性厌氧微生物和厌氧微生物提供相应的生境。

10.2.3.3 CD

深海的 CD 环境也影响着微生物的代谢。以铁细菌为例,如果在中性 CD 的环境下,亚铁盐将自发地氧化成高铁盐,铁细菌将无能量来源。因此,铁细菌必须生活在酸性环境中,尽管亚铁盐的氧化提供的能量不足以满足其代谢所需,但它能以天然存在的质子梯度作为质子动力,故此 CD 能影响其代谢活性。当然,对大多数微生物而言,CD 主要通过影响其结构的稳定而影响其功能。

10.2.3.4 压力

深海压力也是影响微生物代谢的一个重要因素。研究表明,在不减压的培养条件下,压力可影响到微生物的结构、功能与代谢。

嗜压微生物(Barophilic Organism)不能生长于正常大气压,而需生长于高静水压的微生物。嗜压菌从自 1 000 ~ 10 000 m 深处的太平洋壕沟分离出,分离时需特殊采样设备,自采样至培养期间维持检体的高压。一般而言,嗜压菌生长的最佳压力以稍低于采样处的压力为理想,且均需孵育于嗜冷温度(约 2 ℃)。

10.2.3.5 氢离子浓度(pH 值)

一般水栖微生物的最适生长 pH 值为 6.5 ~ 8.5。海水的 pH 值为 7.5 ~ 8.5,而大多数海洋微生物于培养基上的最佳生长 pH 值为 7.2 ~ 7.6。湖泊与河川依地区环境的不同,范围较大。例如原始细菌从 pH 值为 11.5 的非洲盐分离出来,其他菌种则曾发现生长于 pH 值为 1.0 或以下。

10.2.3.6 营养

水环境中有机与无机物质的含量与种类,显著影响微生物的生长。硝酸盐与磷酸盐为一般的无机成分,可促进藻类的生长。过量的硝酸盐或磷酸盐可引起水体中藻类的过度繁殖,以致耗尽水中的氧供应,导致所有其他水栖生物的窒息。

10.2.3.7 光

大多数水栖生物,直接或间接仰赖光合作用微生物的代谢产物。水环境中的主要光合作用微生物为藻类与蓝细菌,其生长局限于水的上层,即光能穿透的处。发生光合作用的水层深度是谓光合区(Photic Zone),此区域的大小依局部条件而异,如太阳位置、季节,尤其是水的混浊度等。一般而言,光合作用受水的清澈度影响,多局限于水体上层 50 ~ 125 m 处。

10.2.4 水中微生物的作用

水栖生物包括微生物间的相互作用,及微生物与较高等动植物间的相互作用。微生物进行生化反应使水中元素与营养的重循环,其情况与土壤一节所述相似。此类微生物执行的主要任务为维持营养的流通,所以水中的食物链占关键地位。

10.2.4.1 水环境的食物链与食物网

食物链(Food Chain)是生产食物的生物、消耗食物的生物及分解动植物组织为营养以合成更多食物的生物等,其彼此间相互关系中的一种系统。在此系统中,不论哪一方面,微生物均负主要任务。水中食物链的基本现象如图 10.1 所示。

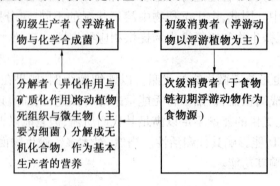

图 10.1　水中食物链的基本现象

然而,在大多数环境中,捕食关系事实上为相互连接的复合体,犹如交错网,即食物网。微生物于浅海湾处的食物网所负角色稍异于海域的食物网。以海湾而言,可观的有机营养由微生物分解植物与碎屑所提供。在此状态下,营养转变为微生物蛋白,并作为原虫的食物。海湾环境的许多高等动物,也直接捕食植物与碎屑,包括甲壳类、蚝、昆虫的幼虫、线虫、多毛类动物(Polychaete)及少数鱼类。浮游植物与海底藻类仅供应海湾少量食物,与充分供给海洋环境截然不同。

在海洋水域,食物链的基本生产主要借浮游植物的光合作用,其次则利用化合菌。

微生物如何供食物给高等水栖动物? 1977 年,沿火山脊,低于海面 2 600 m,于深海温泉或热水出口(Hydrothermal Vent)附近区域,发现含有高密度的微生物与动物。此出口喷出含硫化氢的超高热水,依某些出口的记录,水温高达 350 ℃,但出口周围的平均温度为 10 ~ 20 ℃。此区域栖息许多细菌,非因温度,而因水中含硫化氢。此类细菌为自营性,借硫化氢的氧化获得能量。其中多数能量为细菌所利用以固定二氧化碳,产生有机化合物。

热水出口附近区域也含大量的动物,为该类动物完全依赖硫化物氧化菌产生的有机物质。多种动物相当奇异,巨管虫长达 1 m,巨蚌长达 30 m。

10.2.4.2 海洋生产力

海洋生产力(Fertility of The Ocean)用以表示海洋产生有机物质的能力,生产力主要依浮游生物族群而定。海洋浮游生物可比拟海的牧场(Pasture of The Sea),因鱼、鲸鱼及乌贼等直接以浮游生物或捕食浮游生物的动物为食物。陆地环境每日每平方米可产生 1 ~ 10 g 有机物质,深海区域则为 0.5 g。然而,海洋面积大于陆地生产面积,故海洋的总生产力仍超越陆地。

10.3　空气中的微生物

10.3.1　空气中微生物的种类和分布

空气微生物是指存在于空气中的微生物。

空气中不含细菌和其他微生物生长繁殖所需要的营养物质和充足的水分,还有直射日光的杀菌作用,因此不是微生物良好的生存场所。但是人和动植物体以及土壤中的微生物能通过飞沫或尘埃等散布于空气中,以气溶胶的形式存在。气溶胶是由颗粒构成的空气中的胶体分散系,液体颗粒为雾,固体颗粒为烟,能长期悬浮于空气中,使空气中含有一定种类和数量的微生物。

空气微生物是主要的空中浮游生物,是对较干燥环境和紫外线具有抗性的种类,主要有附着于尘埃上从地面飞起的球菌属(包括八叠球菌属在内的好氧菌),形成孢子的好氧性杆菌(如枯草芽孢杆菌),色串孢属等野生酵母,青霉等霉菌的孢子等。在低等藻类中也似乎存在。

空气中微生物的种类和数量,随地区、海拔高度、季节、气候等环境条件而有不同。一般在畜舍、公共场所、医院、宿舍、城市街道的空气中,微生物的含量最高,而在大洋、高山、高空、森林、草地、田野、终年积雪的山脉或极地上空的空气中,微生物的含量就极少;由于尘埃的自然沉降,越近地面的空气中,微生物的含量越高;冬季地面被冰雪覆盖时,空气中的微生物很少,多风干燥季节,空气中微生物较多,雨后空气中的微生物很少。

用下列方法可进行空气灭菌:紫外线照射,消毒液喷洒,用不使细菌通过的小孔滤筛滤过等。

10.3.2　空气的病原微生物及其传播

空气中一般没有病原微生物存在,但在医院、兽医院以及畜禽厩舍附近的空气中,常悬浮带有病原微生物的气溶胶,健康人或动物往往因吸入而感染,分别称为飞沫传播和尘埃传播,总称为空气传播。

进入空气中的病原微生物一般很容易死亡,如某些病毒和霉形体等在空气中仅生存数小时,只有一些抵抗力较强的病原微生物可在空气中生存一段时期,如化脓性葡萄球菌、肺炎球菌、链球菌、结核杆菌、炭疽杆菌、破伤风梭菌、气肿疽梭菌、绿脓杆菌等。带有病原微生物的气溶胶常引起呼吸道传染病,如结核、肺炎、肺炭疽、流行性感冒,有时可使新鲜创面发生化脓性感染。

10.3.3　空气的细菌学检验

被病原微生物污染的空气,常可成为传染的来源或媒介,引起传染病流行。因此,进行空气的细菌学检查,测定细菌对空气污染的性质和程度,对于传染病预防与控制以及环境的卫生学监督与保护具有重要的意义。污染于空气中的病原菌和其他病原微生物种类多但数量小,逐一检查难以进行或不易检出,某些病原微生物检查需要复杂的设备和条件,故常以测定细菌总数和大肠菌群数等作为细菌学指标。

细菌总数是指在固体培养基上,在一定条件下培养后单位质量(g)、容积(mL)、表面积(cm^2)或体积(m^3)的被检样品所生成的细菌菌落总数。它只反映一群在普通营养琼脂中生长的、嗜温的、需氧和兼性厌氧的细菌菌落总数,常作为被检样品受污染程度的标志,用作土壤、水、空气和食品等卫生学评价的依据。

大肠菌群是指一群在37 ℃培养24 h能分解乳糖产酸产气、需氧和兼性厌氧的革兰氏阴性无芽孢杆菌。这一群细菌包括大肠杆菌属、枸橼酸菌属、肠杆菌属、克雷伯菌属中的一部分和沙门氏菌属肠道亚种的细菌,它们主要来自人和温血动物的粪便,故以此作为土壤、水和食品等受粪便污染的标志,以其含量多少来判定卫生质量。

空气的细菌学检查,主要是测定每1 m^{3}空气中的细菌总数及链球菌数。我国1988年颁布的公共场所室内空气卫生指标中,规定细菌总数不得超过4 000 个/m^3,三级以上的旅馆不得超过2 000 个/m^3,商店、火车站、航运站、汽车站、火车车厢(冬季)不得超过6 000 个/m^3,客机(冬季)不得超过3 000 个/m^3。畜舍的气溶胶中病原微生物的检测指标正在研究之中。

10.4　正常动物体的细菌

动物的皮肤、黏膜以及一切与外界环境相通的腔道,都有细菌和其他微生物的存在。但机体的内部组织器官在正常情况下是无菌的。

在这些微生物中,有的是长期生活在动物体表或体内的共生的或寄生的微生物,称为自生菌系(*Autochthonous Flora*)或常住菌系(*Resident Flora*);也有的是从土壤、水、空气和动物所接触的环境中污染的,称为外来菌系(*Allochthonous Flora*)或临时菌系(*Transient Flora*)。原籍菌是微生物与其宿主在共同的长期进化过程中形成的,各自在动物体内特定的部位定居繁殖,定殖区域内的菌类及其数量基本上保持稳定,正常情况下对宿主健康有益或无害,具有免疫、营养及生物颉颃的作用。外籍菌一般不能定殖在皮肤和黏膜表面,如果发生了定殖,往往对宿主产生不利影响。

10.4.1　正常动物体的细菌分布

10.4.1.1　哺乳动物

动物体表的细菌很多,根据对马的检查统计,共分离出170个菌群,其中球菌最多,包括葡萄球菌、链球菌、细球菌和八叠球菌等,杆菌有大肠杆菌、绿脓杆菌、棒状杆菌和枯草杆菌等。在皮脂腺和汗腺中,常发现金黄色葡萄球菌和化脓链球菌,是引起外伤化脓的主要原因。

呼吸道以鼻腔细菌最多,气管黏膜上也有细菌,距气管分支越深细菌越少,支气管末梢和肺泡内一般是无菌的,只有在病理情况下才有细菌存在。在呼吸道黏膜上主要是葡萄球菌。

初生幼畜的消化道是无菌的,数小时后随着吮乳、采食等过程,在整个消化道即出现细菌,但不同部位其细菌种类和数量有很大差异。口腔细菌较多,有葡萄球菌、链球菌、乳杆菌、棒状杆菌、螺旋体等;食道细菌极少;胃内因受胃酸的限制细菌极少,除乳杆菌、幽门螺杆菌和胃八叠球菌等少量耐酸的细菌外,一般无其他类群的细菌。反刍动物前胃没有消化腺,主要靠微生物的发酵作用消化食物,存在着大量细菌,其中瘤胃中的微生物更具代表性。瘤胃中的细菌据报道有29个属69个种,大多数为无芽孢的厌氧菌,也存在一些兼性厌氧菌;在小肠部位,由于受各种消化液的杀菌作用,细菌较少,特别是在十二指肠受胆汁的作用细菌极少;进入大肠后,由于消化液的杀菌作用减弱或消失和大量残余食物的滞留,营养丰富,条件适宜,故菌数显著增加,大多数为定殖在肠道的土著菌。大约有100种以上的细菌,其总数为每克肠内容物含$10^9 \sim 10^{10}$个以上,而且主要是厌氧菌,如双歧杆菌、拟杆菌及真杆菌等,占总数的90%~99%;其次才是肠球菌、大肠杆菌、乳杆菌、棒状杆菌、葡萄球菌等其他细菌及酵母菌,大肠杆菌并非是大肠内的优势菌。

肾脏、输尿管、睾丸、卵巢、子宫以及输精管、输卵管在正常情况下一般是无菌的,仅在泌尿生殖道口才有细菌。阴道中主要是乳杆菌,其次是葡萄球菌、链球菌、大肠杆菌和抗酸性细菌等,一部分还可检出霉形体;尿道中可检出葡萄球菌、棒状杆菌等,偶尔也可发现肠球菌和霉形体;尿道口常栖居一些革兰氏阴性或阳性球菌,以及若干不知名的杆菌。

10.4.1.2　禽类

禽类因消化系统与哺乳动物不同,在此仅介绍禽类消化道的细菌分布。

禽在胚胎期一般是无菌的,出壳后雏禽受到外界环境细菌的污染,消化道内很快就有大量细菌生长繁殖,并逐渐适应而定殖下来,形成一个微生物群体。嗉囊中主要为乳杆菌;小肠段兼性厌氧菌逐渐增多,如链球菌、大肠杆菌、葡萄球菌和芽孢杆菌等;大肠和盲肠主要是厌氧菌,如双歧杆菌、乳杆菌和拟杆菌。盲肠的优势菌为真杆菌、梭状芽孢杆菌、梭杆菌、消化链球菌、丙酸杆菌、脆弱拟杆菌等。

10.4.2　正常动物体内细菌的生态关系

在正常动物的体表或体内腔道经常有一层微生物或微生物层存在,它们对宿主不但无害,而且是有益的和必需的,这一微生物层称为正常微生物群(Normal Microblota)或正常菌群。

在长期进化过程中,微生物通过适应和自然选择的结果,微生物与其宿主之间,微生物与微生物之间,以及微生物、宿主、环境之间呈现动态平衡状态,形成一个相互依从、相互制约的生态系统。保持这种生态学平衡是维持宿主健康状态必不可少的条件。

10.5　细菌在自然界物质转化中的作用

自然界中的绿色植物以叶绿素利用光能进行光合作用,把CO_2和水合成为碳水化合物,并从土壤和水中吸取无机氮(铵盐或硝酸盐等)和矿物质以合成蛋白质,将无机物合成为植物性有机物,成为自然界中的生产者。

而动物又将植物性有机物同化为动物性有机物,它们是自然界中的消费者。这样就要不断消耗自然界的无机物,以致使生物有机物合成所需的无机物告罄。但是,由细菌和其他微生物构成了自然界中的分解者,可将植物性有机物和动物性有机物分解为无机物,把有机态碳转化为 CO 归还到大气中,把有机态氮转化为铵盐或硝酸盐以供给植物营养。可以说,如果地球上没有细菌和其他微生物,那么一切生物将不复存在。

10.5.1　碳素循环

大气中低含量的 CO_2 只够供绿色植物进行约 20 年光合作用之需,但微生物的作用就是把有机物中的碳素尽快矿化和释放,使得大气中经常保持着大约 0.032% 体积分数的 CO_2,从而使生物界处于一个良好的碳平衡环境中,这对于植物和动物的生命活动是非常重要的。

微生物参与碳素的循环转化,主要是通过它们对各种含碳化合物,特别是碳水化合物的分解作用而体现的,其中最主要的作用就是常见的发酵作用和氧化作用,转化为 CO_2 和 H_2O。

10.5.2　氮素循环

自然界中的氮素呈有机化合态、无机化合态和分子态三种形式,其中以分子态最多,约占大气含量的 4/5。绿色植物和多种微生物可利用无机态的硝酸盐和铵盐作为氮素营养,经同化作用合成氨基酸、蛋白质、核酸和其他含氮有机物;动物则只能利用有机态氮化物合成动物蛋白质和其他含氮有机物;微生物却可将有机态的氮化物分解转化成无机态,甚至转变成分子态的氮进入大气,或者将分子态的氮固定为氮化物。这样,氮便能不断转化,形成自然界氮素循环,其中微生物起着特别重要的作用。

许多动、植物尸体残骸中的含氮有机物(主要是蛋白质)以及随动物尿和粪便排出的大量尿素、尿酸和各种蛋白质的分解产物,不断受到各种细菌的分解,使之完全矿化而转变成氨(氨化作用)。氨又可经细菌的硝化作用,转化为亚硝酸盐后再转变为硝酸盐。铵盐和硝酸盐在土壤中可被植物吸收同化。大气中的分子态氮虽不被植物利用,但许多固氮菌(与豆科植物共生的根瘤菌和非共生性固氮菌)能够从大气中摄取氮气,经固氮作用使之转化为氮化物。由此可见,细菌和其他微生物通过氨化作用、硝化作用、反硝化作用、固氮作用等过程,参与自然界氮素循环转化。

细菌和其他微生物除了在碳素循环和氮素循环起重要作用之外,在硫、磷、铁的转化中也同样起着重要作用。

第 11 章　物质循环与地球生物化学过程

11.1　物质循环

　　物质循环是指物质在生态系统中被生产者和消费者吸收、利用以及被分解、释放又再度被吸收的过程。能流入并通过生态系统,最后又从生态系统中消失,它不能进行循环,因为它被转变成熟后不能再被利用。物质在生态系统中则处于吸收—释放—吸收这一循环过程之中。

　　生态系统的物质循环是指无机化合物和单质通过生态系统的循环运动。生态系统中的物质循环可以用库(Pool)和流通(Flow)两个概念来加以概括。库是由存在于生态系统某些生物或非生物成分中的一定数量的某种化合物所构成的。物质在生态系统中的循环实际上是在库与库之间彼此流通的。例如,在一个具体的水生生态系统中,磷在水体中的含量是一个库,在浮游生物体内的磷含量是第二个库,而在底泥中的磷含量又是另一个库,磷在库与库之间的转移(浮游生物对水中磷吸收以及生物死亡后残体下沉到水底,底泥中的磷又缓慢释放到水中)就构成了该生态系统中的磷循环。流通量通常用单位时间、单位面积内通过的营养物质的绝对值来表达。为了表示一个特定的流通过程对有关库的相对重要性,用周转率和周转时间来表示,即

$$周转率 = \frac{流通率}{库中营养物质总量}$$

$$周转时间 = \frac{库中营养物质总量}{流通率}$$

　　在物质循环中,周转率越大,周转时间就越短。物质循环的速率在空间和时间上有很大的变化,影响物质循环速率的主要因素有:

　　①环元素的性质。即循环速率由循环元素的化学特性和被生物有机体利用的方式不同所致。

　　②物的生长速率。这一因素影响着生物对物质的吸收速度和物质在食物链中的运动速度。

　　③有机物分解的速率。适宜的环境有利于分解者的生存,并使有机体很快分解,迅速将生物体内的物质释放出来,重新进入循环。

　　生态系统的物质循环可分为三大类型:

　　①水循环(Water Cycle)。生态系统中所有的物质循环都是在水循环的推动下完成的,因此,没有水的循环,就没有生态系统的功能,生命也将难以维持。

　　②气体型循环(Gaseous Cycle)。物质的主要储存库是大气和海洋,循环与大气和海

洋密切相联,具有明显的全球性,循环性能最为完善。凡属于气体型循环的物质,其分子或某些化合物常以气体的形式参与循环过程。属于这一类的物质有氧、二氧化碳、氮、氯、溴、氟等。气体循环速度比较快,物质来源充沛,不会枯竭。

③沉积型循环(Sedimentary Cycle)。沉积型循环速度比较慢,参与沉积型循环的物质,其分子或化合物主要是通过岩石的风化和沉积物的溶解转变为可被生物利用的营养物质,而海底沉积物转化为岩石圈成分则是一个相当长的、单向的、缓慢的物质转移过程,时间要以千年来计。属于沉积型循环的物质有磷、钙、钾、钠、镁、锰、铁、铜、硅等。这些沉积型循环物质主要储存在土壤、沉积物和岩石中,没有气体状态,其全球性不如气体型循环,循环性能也很不完善。

气体循环和沉积型循环虽然各有特点,但都能受能量的驱动,并能依赖于水循环。

11.2　气体型循环

11.2.1　氧循环

动物呼吸、微生物分解有机物及人类活动中的燃烧都需要消耗氧气,产生二氧化碳,但植物的光合作用却大量吸收二氧化碳,释放氧气,如此构成了生物圈的氧循环(氧循环和碳循环是相互联系的)。

氧在各圈层中的浓度为:地球整体 28.5%,地壳 46.6%,大气 23.2%,海洋总量 85.8%;溶解氧量 15 ℃时为 6mg/kg。

在地壳中,形成岩石的矿物质中约 95% 是硅酸盐,其主要结构单元是四面体的 SiO_4^{4-}。其余 5% 的组分也大多含有氧元素,如石灰岩中碳酸盐(CO_3^{2-})、蒸发岩中硫酸盐(SO_4^{2-})、磷酸盐岩石中的磷酸盐(PO_4^{3-})等。地壳中存在的氧可看成是化学惰性的。当 SiO_4^{4-} 这类含氧基团在岩石发生风化碎裂时,通常仍能以不变的原形进入地球化学循环,即随水流迁移到海洋,进入海底沉积物,甚至重新返回陆地。

大气中的氧主要以双原子分子(O_2)形态存在,并且表现出很强的化学活性。这种化学活性足以影响能与氧生成各种化合物的其他元素(如碳、氢、氮、硫、铁等)的地球化学循环。大气中的氧气多数来源于光合作用,还有少量系产生于高层大气中水分子与太阳紫外线之间的光致离解作用。在紫外光作用下,大气中氧分子通过光解反应生成氧原子,氧原子和氧分子结合生成臭氧分子,因此,大气层上空形成了臭氧层,由于臭氧的生成和分解都需要吸收紫外光,所以臭氧层成为地球上各种生物抵御来自太阳过强紫外线辐射的天然屏障。

在组成水圈的大量水中,氧是主要组成元素。氧在水体的垂直方向分布不均匀。表层水有溶解氧,深层和底层缺氧,当涨潮或湍流发生时,表层水和深层水充分混和,氧可能被转送到深水层。在夏季温暖地区的水体发生分层,温暖而密度小的表层水和冷而密度大的底层分开,底层缺氧。秋末、初冬时,表层水变冷,比底层水重,发生"翻底"。

由于火山爆发或有机体腐烂产生 H_2S,能在大气中进一步被氧化为含氧化合物 SO_2,化石燃料燃烧及从含硫矿石中提取金属的过程中也都能产生 SO_2,这些 SO_2 在大气中被

氧化为 SO_4^{2-},然后通过酸雨形式返回地面。相似地,由微生物或人类活动产生的各种氮氧化合物最终也被氧化为 NO^{3-},然后通过酸雨形式返回地面。

11.2.2　碳循环

自然界碳循环的基本过程如下:以 CO_2 为中心,CO_2 被陆地和海洋中的植物吸收,合成为植物性碳,动物吃植物就将植物性碳转化为动物性碳,然后通过动物和人呼吸或地质过程,又以 CO_2 的形式返回大气中。

大气中二氧化碳的体积分数为 0.032%,其储藏量约有 $6.0×10^{11}$ t,全球植物每年消耗大气中二氧化碳 $6.0×10^{10} \sim 7.0×10^{10}$ t。由于人、动物呼吸,微生物分解有机物及石油、煤的燃烧放出大量的 CO_2,源源不断补充至大气。

下面是几种含碳化合物的转化。

11.2.2.1　纤维素的转化

纤维素是葡萄糖的高分子聚合物,每个纤维素分子含 1 400 ~ 10 000 个葡萄糖基,分子式为 $C_6H_{10}O_5$。树木、农作物和以这些为原料的工业产生的废水均含有大量纤维素,如棉纺印染废水、造纸废水、人造纤维废水及城市垃圾等。

(1)纤维素的分解途径

纤维素在微生物酶的催化作用下的分解途径如图 11.1 所示。

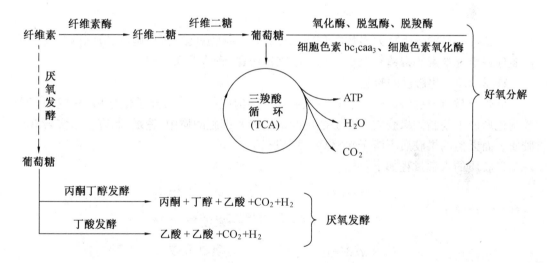

图 11.1　纤维素的分解途径

(2)分解纤维素的微生物

这类微生物有细菌、放线菌和真菌。在好氧的纤维素分解菌中,黏细菌占重要的地位,有生孢食纤维菌、食纤维菌及堆囊黏菌。生孢食纤维菌中的球形生孢食纤维菌和椭圆形生孢食纤维菌两个菌种较常见。前者产生黄色素,后者产生橙色素。黏细菌没有鞭毛,能做蠕动运动,生活史复杂,能形成子实体。另外,还有镰状纤维菌和纤维弧菌。其最适温度为 22 ~ 30 ℃,在 10 ~ 15 ℃便能分解纤维素,其最高温度为 40 ℃左右。其最适 pH 值为 7 ~ 7.5,pH 值最高可达 8.5,pH 值为 4.5 ~ 5 时不能生长。

厌氧的纤维素分解菌有产纤维二糖芽孢梭菌、无芽孢厌氧分解菌及嗜热纤维芽孢梭菌,好热性厌氧分解菌最适温度 55～65 ℃,最高温度为 80 ℃,最适 pH 值为 7.4～7.6,中温性菌最适 pH 值为 7～7.4,在 pH 值为 8.4～9.7 时还能生长。

分解纤维素的还有青霉菌、蚰霉、镰刀霉、木霉及毛霉。有好热真菌属和放线菌中的链霉菌属,它们在 23～65 ℃生长,最适温度为 50 ℃。

(3)纤维素酶所在部位

细菌的纤维素酶是表面酶,结合在细胞质膜上。真菌和放线菌的纤维素酶是胞外酶,可分泌到培养基中,通过过滤和离心很容易分离得到。

11.2.2.2　半纤维素的转化

半纤维素存在于植物细胞壁中,其含有聚戊糖(木糖和阿拉伯糖)、聚己糖(半乳糖、甘露糖)及聚糖醛酸(葡萄糖醛酸和半乳糖醛糖)。一般造纸废水和人造纤维废水中含半纤维素。另外,土壤微生物分解半纤维素的速度比分解纤维素快。

半纤维素的分解过程如图 1.2 所示。

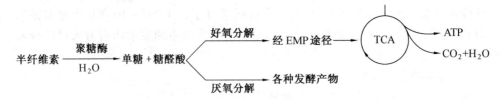

图 11.2　半纤维素的分解过程

分解纤维素的微生物大多数能分解半纤维素。芽孢杆菌、假单胞菌、节细菌及放线菌都能分解半纤维素。霉菌有根霉、曲霉、小克银汉霉、青霉及镰刀霉。

11.2.2.3　果胶质的转化

果胶质是由 D-半乳糖醛酸以 $\alpha-1,4$ 糖苷键构成的直链高分子化合物,其羧基与甲基脂化形成甲基脂。果胶质存在于植物的细胞壁和细胞间质中,造纸、制麻废水多含有果胶质。而天然的果胶质不溶于水,称为原果胶。

果胶质的水解过程如下:

$$原果胶+H_2O \xrightarrow{\text{原果胶酶}} 可溶性果胶+聚戊糖$$

$$可溶性果胶+H_2O \xrightarrow{\text{果胶甲酯酶}} 果胶酸+甲醇$$

$$果胶酸+H_2O \xrightarrow{\text{聚半乳糖酶}} 半乳糖醛酸$$

果胶酸、聚戊糖、半乳糖醛酸、甲醇等在好氧条件下的产物为 CO_2 和水;在厌氧条件下进行丁酸发酵,产物有丁酸、乙酸、醇类、CO_2 和氢气。

分解果胶的好氧菌有枯草芽孢杆菌、浸软芽孢杆菌、多黏芽孢杆菌及不生芽孢的软腐欧氏杆菌;厌氧菌有蚀果胶梭菌和费新尼亚浸麻梭菌。分解果胶的真菌有青霉、曲霉、木霉、小克银汉霉、芽枝孢霉、毛霉、根霉及放线菌。

11.2.2.4　淀粉的转化

淀粉广泛存在于植物种子(稻、麦、玉米)和果实之中。用这些物质作原料的工业废水,如淀粉厂废水、酒厂废水、印染废水、抗生素发酵废水及生活污水等均含有淀粉。

（1）淀粉的种类

淀粉分为两类：

①直链淀粉,由葡萄糖分子脱水缩合,以 α-D-1,4 葡萄糖苷键(简称 α-1,4 结合)组成不分支的链状结构。

②支链淀粉,由葡萄糖分子脱水缩合组成,它除与 α-1,4 结合外,还与 α-1,6 结合,构成分支的链状结构。

（2）淀粉的降解途径

淀粉是多糖,分子式为 $(C_6H_{10}O_5)_n$。在微生物作用下的分解过程如图 11.3 所示。

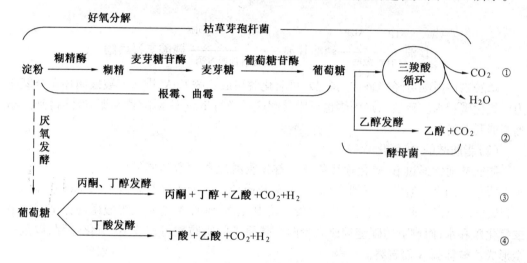

图 11.3　淀粉的降解途径

途径①是在好氧条件下,淀粉水解成葡萄糖,进而酵解成丙酮酸,经三羧酸循环完全氧化为 CO_2 和 H_2O。途径②是在厌氧条件下,淀粉发生转化产生乙醇和 CO_2。途径③和④在专性厌氧菌作用下进行。

（3）降解淀粉的微生物

在途径①中,好氧菌有枯草芽孢杆菌、根霉和曲霉。枯草杆菌可将淀粉一直分解为 CO_2 和 H_2O。参与催化降解的酶有淀粉-1,4-糊精酶(即 α-淀粉酶、液化型淀粉酶)。在途径②中,作为糖化菌的根霉和曲霉先将淀粉转化为葡萄糖,接着由酵母菌将葡萄糖发酵为乙醇和 CO_2。参与催化降解的酶有淀粉-1,6-糊精酶(脱支酶)。在途径③中,由丙酮丁醇梭状芽孢杆菌和丁醇梭状芽孢杆菌参与发酵。参与催化降解的酶有淀粉-1,4-麦芽糖苷酶(β-淀粉酶)。在途径④中,由丁酸梭状芽孢杆菌参与发酵。参与催化降解的酶有淀粉-1,4-葡糖苷酶(葡糖淀粉酶 7-淀粉酶)。此外,淀粉还可在磷酸化酶的催化下分解,使淀粉中的葡萄糖分子一个一个分解下来。

11.2.2.5　脂肪的转化

脂肪是甘油和高级脂肪酸所形成的脂,可溶于有机溶剂。脂肪由饱和脂肪酸和甘油组成的,在常温下呈固态的称为脂;由不饱和脂肪酸和甘油组成的,在常温下呈液态的称为油。

组成脂肪的脂肪酸几乎都具偶数个碳原子。饱和脂肪酸有硬脂酸 $C_{17}H_{35}COOH$、棕榈

酸 $C_{15}H_{31}COOH$、丁酸 C_3H_7COOH、丙酸 C_2H_5COOH 和乙酸 CH_3COOH。不饱和脂肪酸有油酸 $C_{17}H_{33}COOH$、亚油酸 $C_{17}H_{31}COOH$、亚麻酸 $C_{17}H_{29}COOH$。它们的混合物存在于动、植物体中,是人和动物的能量来源,是微生物的碳源和能源。毛纺厂废水、油脂厂废水、制革废水都含有大量油脂。

(1)脂肪的分解

脂肪被微生物分解的反应式如下:

$$脂肪 \xrightarrow[3H_2O]{脂肪酶} 甘油 + 高级脂肪酸$$

$$甘油 \xrightarrow[甘油激酶]{ATP \quad ADP} 磷酸甘油 \xrightarrow[磷酸甘油脱氢酶]{NAD^+ \quad NADH_2} 磷酸二羟丙酮$$

磷酸二羟丙酮可经酵解成丙酮酸,再氧化脱羧成乙酰 CoA,进入三羧酸循环完全氧化为二氧化碳和水。磷酸二羟丙酮也可沿酵解途径逆行生成1-磷酸葡萄糖,最终得到产物葡萄糖和淀粉。

(2)脂肪酸的 β-氧化

脂肪酸通常通过 β-氧化途径氧化。首先脂酰硫激酶激活脂肪酸,然后在 α,β 碳原子上脱氢—加水—脱氢—再加水,最后在 α,β 碳位之间的碳链断裂,生成 1 mol 乙酰辅酶 A 和碳链较原来少两个碳原子的脂肪酸。其中,乙酰辅酶 A 进入三羧酸循环完全氧化成二氧化碳和水;而剩下的碳链较原来少两个碳原子的脂肪酸可重复 β-氧化过程,以至完全形成乙酰辅酶 A 而告终。

11.2.2.6　木质素的转化

木质素的化学结构一般认为是以苯环为核心,带有丙烷支链的一种或多种芳香族化合物(例如苯丙烷、松伯醇等)经氧化缩合而成。经碱液加热处理后可形成香草醛和香草酸、酚、邻位羟基苯甲酸、阿魏酸、丁香酸和丁香醛。木质素是植物木质化组织的重要成分,稻草秆、麦秆、芦苇和木材是造纸工业的原料,木材也是人造纤维的原料。所以,造纸和人造纤维废水均含大量木质素。

分解木质素的微生物主要是担子菌纲中的干朽菌、多孔菌、伞菌等一些种,有厚孢毛霉和松栓菌。假单胞菌的个别种也能分解木质素。微生物分解木质素的速率缓慢,并且好氧条件下比厌氧条件下快,真菌比细菌快。

11.2.2.7　烃类物质的转化

石油中含有烷烃(30%)、环烷烃(46%)及芳香烃(28%)。

(1)烷烃的转化

烷烃的通式为 C_nH_{2n+2}。

$$CH_4 + 2O_2 \longrightarrow CO_2 + 2H_2O + 887\ kJ$$

按理论计算,氧化 1 mol CH_4 需要 2 mol O_2,形成 1 mol CO_2。而实际上,有一部分 CH_4 要参与组成细胞物质,所以实际数据与理论计算不一致。

氧化烷烃的微生物有甲烷假单胞菌(*Pseudomonas Methanica*)、分枝杆菌、头孢霉、青霉能氧化甲烷、乙烷和丙烷。

（2）芳香烃化合物的转化

芳香烃有酚、间甲酚、邻苯二酚、苯、二甲苯、异丙苯、异丙甲苯、萘、菲、蒽及 3,4-苯并芘等,炼油厂、焦化厂、煤气厂、化肥厂等的废水均含有芳香烃。微生物能在不同程度上对芳香烃化合物进行分解。

酚和苯的分解菌有荧光假单胞菌、铜绿色假单胞菌及苯杆菌。苯、甲苯、二甲苯和乙苯可被甲苯杆菌分解。分解萘的细菌有铜绿色假胞菌、溶条假单胞菌、诺卡氏菌、球形小球菌、无色杆菌及分枝杆菌等。分解菲的细菌有菲杆菌、菲芽孢杆菌巴库变种、菲芽孢杆菌古里变种。荧光假单胞菌和铜绿色假单胞菌、小球菌及大肠埃希氏菌能分解苯并（α）芘。

11.2.3　氮循环

自然界氮素蕴藏量丰富,以三种形态存在:分子氮 N_2,占大气的78%;有机氮化合物;无机氮化合物（氨氮和硝酸氮）。尽管分子氮和有机氮数量多,但植物不能直接利用,只能利用无机氮。在微生物、植物和动物三者的协同作用下将三种形态的氮互相转化,构成氮循环,其中微生物起着重要作用。大气中的 N_2 通过某些原核微生物的固氮作用合成为化合态氮;化合态氮可进一步被植物和微生物的同化作用转化为有机氮;有机氮经微生物的氨化作用释放出氨;氨在有氧条件经微生物的硝化作用氧化为硝酸,在厌氧条件下厌氧氧化为 N_2;硝酸和亚硝酸又可在无氧条件下经微生物的反硝化作用,最终变成 N_2 或 N_2O,返回至大气中,如此构成氮素地球生物化学循环。氮循环包括氨化作用、硝化作用、反硝化作用及固氮作用。

11.2.3.1　氨化作用

所谓氨化作用（Amonification）,是指含氮有机物经微生物分解产生氨的过程。这个过程又称为有机氮的矿化作用（Mineralization of Organic Nitrogen）。来自动物、植物、微生物的蛋白质、氨基酸、尿素、几丁质以及核酸中的嘌呤和嘧啶等含氮有机物,均可通过氨化作用而释放氨,供植物和微生物利用。

1. 蛋白质的氨化作用

蛋白质是一种复杂的有机化合物,组成蛋白质的基本单位是氨基酸,氨基酸通过脱水缩合形成肽链。蛋白质是由一条或多条多肽链组成的生物大分子,每一条多肽链有二十至数百个氨基酸残基不等;各种氨基酸残基按一定的顺序排列。蛋白质的分解通常分为两个阶段:首先,在微生物所分泌的蛋白酶作用下,蛋白质水解成各种氨基酸;然后,在体内脱氨基酶的作用下,氨基酸被分解释放出氨。

（1）蛋白质的水解

蛋白质相对分子质量大,不能直接进入微生物细胞,在细胞外被蛋白酶和肽酶水解成小分子肽、氨基酸后才能透过细胞被微生物利用。蛋白酶又称为内肽酶,能够水解蛋白质分子内部的肽键,形成蛋白胨及各种短肽。蛋白酶有一定的专一性,不同蛋白质的水解需要相应蛋白酶的催化。肽酶又称为外肽酶,只能从肽链的一端水解,每次水解释放一个氨基酸。不同的肽酶也有一定的专一性。有的要求在肽链的一端存在自由氨基,称为氨肽酶;有的则要求存在自由羧基,称为羧肽酶。

$$蛋白质 \xrightarrow{\quad} 胨 \xrightarrow{\quad} 胨 \xrightarrow{\quad} 肽 \xrightarrow{肽酶} 氨基酸$$

（上方大括号标注：蛋白酶）

能够分解蛋白质的微生物很多,但分解速度各不相同。分解蛋白质能力强并释放出氨的微生物称为氨化微生物。氨化微生物主要有三类:

①兼性厌氧的无芽孢杆菌。荧光假单胞菌(*Pseudomonas Fluorescens*)、黏质赛氏杆菌(*Serratia Marcescens*)和普通变形杆菌(*Proteus Vulgaris*)是不生芽孢的革兰氏阴性杆菌,兼性厌氧,在有氧和无氧条件下都能进行氨化作用。荧光假单胞菌在厌氧条件下能够以硝酸盐作最终受氢体;黏质赛氏杆菌能够产生不具溶性的红色素,使菌落成为鲜红色。

②好氧性芽孢杆菌。能够进行氨化作用的好氧芽孢杆菌有巨大芽孢杆菌(*Bacillus Megaterium*)、蜡质芽孢杆菌霉状变种、马铃薯芽孢杆菌和枯草杆菌等。巨大芽孢杆菌和蜡质芽孢杆菌霉状变种的细胞直径一般在 1.2~2.0 mm 以下,后者的菌落形成丝状,有点像霉菌菌落。

③厌氧芽孢杆菌。腐败梭菌(*Clostridium Putrificum*)是一种分解蛋白质能力很强的厌氧细菌,芽孢端生、膨大,菌体呈鼓槌状,分解蛋白质时产生恶臭。能够进行氧化-还原偶联脱氨反应(*Stickland's Reaction*)的细菌均是专性厌氧的梭状芽孢杆菌,但并不是所有的梭状芽孢杆菌都能进行 Stickland 反应。

此外,还有致病的链球菌和葡萄球菌,曲霉、毛霉和木霉等真菌,链霉菌(放线菌)等能对蛋白质进行分解。

（2）氨基酸的脱氨基作用

蛋白质水解形成的氨基酸可吸收至微生物细胞内,并进行各种脱氨基作用。脱氨作用是有机氮化合物在氨化微生物的脱氨基作用下产生氨。脱氨的方式有氧化脱氨、还原脱氨、水解脱氨及减饱和脱氨。

①氧化脱氨。在好氧微生物作用下进行。

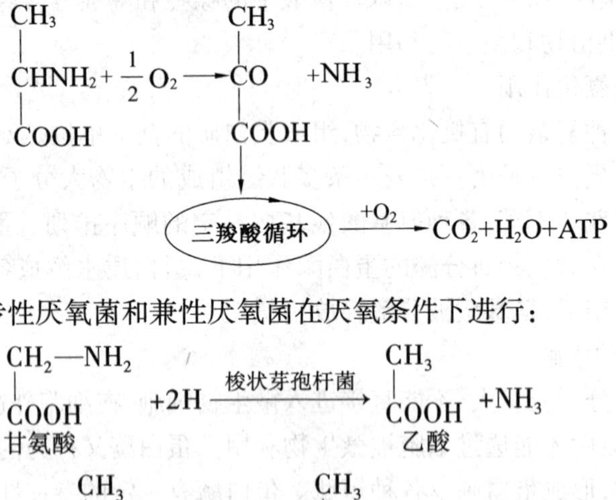

$$
\begin{array}{c}
CH_3 \\
| \\
CHNH_2 \\
| \\
COOH
\end{array}
+ \frac{1}{2}O_2 \longrightarrow
\begin{array}{c}
CH_3 \\
| \\
CO \\
| \\
COOH
\end{array}
+ NH_3
$$

$$三羧酸循环 \xrightarrow{+O_2} CO_2 + H_2O + ATP$$

②还原脱氨。由专性厌氧菌和兼性厌氧菌在厌氧条件下进行:

$$
\begin{array}{c}
CH_2-NH_2 \\
| \\
COOH
\end{array}
+2H \xrightarrow{梭状芽孢杆菌}
\begin{array}{c}
CH_3 \\
| \\
COOH
\end{array}
+NH_3
$$

甘氨酸　　　　　　　　　　　　　乙酸

$$
\begin{array}{c}
CH_3 \\
| \\
CHNH_2 \\
| \\
COOH
\end{array}
+2H \longrightarrow
\begin{array}{c}
CH_3 \\
| \\
CH_2 \\
| \\
COOH
\end{array}
+NH_3
$$

丙氨酸　　　　　　　　　　　　丙酸

③水解脱氨。氨基酸水解脱氨后生成羟酸。

$$
\begin{array}{ccc}
CH_3 & & CH_3 \\
| & & | \\
CHNH_2 & +H_2O \longrightarrow & CHOH & +NH_3 \\
| & & | \\
COOH & & COOH \\
\text{丙氨酸} & & \text{乳酸}
\end{array}
$$

④减饱和脱氨。氨基酸在脱氨基时,在 α、β 键减饱和成为不饱和酸。

$$
\begin{array}{ccc}
COOH & & COOH \\
| & & | \\
CH_2 & \longrightarrow & CH & +NH_3 \\
| & & || \\
CHNH_2 & & CH \\
| & & | \\
COOH & & COOH \\
\text{天门冬氨酸} & & \text{延胡索酸}
\end{array}
$$

以上氨基酸脱氨基作用的共同产物是氨,同时也产生有机酸、醇、碳氢化合物和二氧化碳等,它们可在好氧或厌氧条件下,在不同的微生物作用下继续分解。

（3）氨基酸的脱羧作用

氨基酸脱羧作用多数由腐败细菌和霉菌引起,经脱羧后生成胺。二元胺对人有毒,肉类蛋白质腐败后不可食用,以免中毒。

$$
\begin{array}{cc}
CH_3CHNH_2COOH \longrightarrow & CH_3CH_2NH_2 + CO_2 \\
\text{丙氨酸} & \text{乙胺}
\end{array}
$$

$$
\begin{array}{cc}
H_2N(CH_2)_4CHNH_2COOH \longrightarrow & H_2N(CH_2)_4CH_2NH_2 + CO_2 \\
\text{赖氨酸} & \text{尸胺}
\end{array}
$$

2. 核酸的氨化作用

核酸是动、植物及微生物尸体的主要成分之一,微生物能将其分解。核酸分解时,先由胞外核糖核酸酶或胞外脱氧核糖核酸酶将大分子降解,形成单核苷酸。单核苷酸脱磷酸成为核苷,然后将嘌呤或嘧啶与糖分开。嘌呤和嘧啶可被多种微生物,如诺卡氏菌(*Nocardia*)、假单胞菌、小球菌(*Micrococcus*)和梭状芽孢杆菌等,进一步分解,形成含氮产物氨基酸、尿素及氨。

3. 尿素和尿酸的氨化作用

人、畜尿中含有尿素,印染工业的印花浆用尿素作膨化剂和溶剂,故印染废水含尿素。在废水生物处理过程中,当缺氮时可加尿素补充氮源。此外,尿素是化学肥料的一个重要品种,也是核酸分解的产物。尿素含氮47%,在适宜的温度下,能被许多细菌水解产生氨：

$$
\begin{array}{c}
\quad\quad NH_2 \\
\quad\quad | \\
O{=}C \quad\quad +2H_2O \xrightarrow{\text{尿酶}} (NH_4)_2CO_3 \longrightarrow 2NH_3 +CO_2+H_2O \\
\quad\quad | \\
\quad\quad NH_2
\end{array}
$$

分解尿素的细菌广泛分布在土壤和污水池中,常见的有：芽孢杆菌、小球菌、假单胞菌、克氏杆菌(*Klebsiella*)、棒状杆菌(*Corynebacterium*)、梭状芽孢杆菌。某些真菌和放线菌也能分解尿素。尿素分解时不放出能量,因而不能作碳源,只能作氮源。尿素细菌利用单糖、双糖、淀粉及有机酸盐作碳源。

有一小群细菌特别被称为尿细菌,它们不但能够耐高浓度尿素,而且还能够耐高浓度尿素水解时产生的强碱性。如巴斯德尿素芽孢杆菌(*Urobacillus Pasteurii*),在 1 L 溶液中培养时,能分解 140 g 尿素。

人和动物尿中的尿酸和马尿酸,在微生物作用下可被分解,生成的氨基酸按脱氨的规律转化。

4. 几丁质的氨化作用

几丁质是一种含氮多聚糖,其基本结构单位是 N-乙酰葡萄糖胺,连成长链。其广泛存在于自然界中,昆虫翅膀、许多真菌细胞壁,特别是很多担子菌都含有这种物质。几丁质不溶于水和有机酸,也不溶于浓碱及稀酸,只能溶于浓酸或被微生物分解。纯几丁质含氮 6.9%,被微生物分解时既可作为碳源,也可作为氮源。几丁质在土壤中分解的速度和纤维素差不多,但比蛋白质和核酸慢。

能够分解几丁质的微生物很多,其中以放线菌为主,包括链霉菌属、诺卡氏菌属(*Nocardia*)、游动放线菌属(*Actinoplanes*)、小单孢菌属(*Micromonospora*)及孢囊链霉属(*Streptosporangium*)等。真菌及细菌中也有很多属分解几丁质的能力较强,真菌如被孢霉属(*Montierella*)、轮枝孢霉属(*Verticillium*)、木霉属(*Trichoderma*)及拟青霉属(*Paecilomyces*)、黏鞭霉属(*Gliomastix*)等。细菌如芽孢杆菌属、梭状芽孢杆菌属、假单胞菌属等。分解几丁质的微生物也能分泌几丁质酶,将长链切割成几个单位的短链寡糖胺,最终可得到乙酸、葡萄糖和氨。

微生物对几丁质的分解,不仅可为植物提供有效态氮,而且还有利于消灭植物病原真菌。土壤中加入几丁质后,土生镰刀菌引起的病害明显降低。

5. 碳氮比与有机氮的可利用性

矿化作用和固定作用的相对强弱与有机物质的碳氮比例密切相关。氮素的矿化作用是指有机物质中所含的氮素经微生物作用而以无机氮释放的过程。氮素的固定作用是指在有机物质分解的过程中释放的无机氮素可被微生物吸收,并合成微生物的细胞物质,从而使无机态氮素重新转化为有机态氮的过程。

微生物对各个营养成分的要求有一定比例,当有机物质的碳氮比小(即含氮较多)时,微生物的氮素固定作用就小于矿化作用,多余的氮素释放积累于环境中,供植物利用。反之,如果有机物的碳氮比大(即含氮较少),则微生物的氮素固定作用不仅用尽矿化作用所释放的无机态氮,而且还要从周围环境中吸收无机态氮以弥补不足。有机物 C/N 与矿质氮释放的关系为:当 C/N<20 时,净释放矿质氮;当 C/N 为 20 ~ 30 时,为一个状态,不吸收也不释放;当 C/N>30 时,微生物从环境中吸收无机氮。

11.2.3.2 硝化作用

1. 硝化作用的过程

氨基酸脱下的氨,在有氧的条件下,经亚硝酸细菌和硝酸细菌的作用转化为硝酸,称为硝化作用。硝化作用分为两个阶段:第一阶段为铵氧化成亚硝酸;第二个阶段为亚硝酸氧化成硝酸。

$$2NH_3+3O_2 \longrightarrow 2HNO_2+2H_2O+619 \text{ kJ}$$

$$2HNO_2+O_2 \longrightarrow 2HNO_3+201 \text{ kJ}$$

硝化作用的第一阶段是由亚硝酸细菌催化进行的,作用的底物是铵。在这个反应中,氧分子一方面直接结合于底物,另一方面作为电子受体。产物亚硝酸迁移性较强,对植物和微生物有较大的毒性。淋洗渗入地下水,可污染地下水源。在各种环境中与胺作用形成亚硝胺,有致癌作用。

因为亚硝酸细菌与硝酸细菌多相互伴生,且后者的活性较强,所以亚硝酸不会在环境中积累,硝酸细菌马上可将亚硝酸氧化为硝酸。在此反应中,氧分子只作为电子受体。

2. 参与硝化作用的微生物

(1)化能自养硝化细菌

第一阶段由亚硝酸单胞菌属(*Nitrosomonas*)、亚硝酸球菌属(*Nitrosococcus*)及亚硝酸螺菌属(*Nitrosospira*)、亚硝酸叶菌属(*Nitrosolobus*)和亚硝酸弧菌属(*Nitrosovibrio*)等起作用,这种将铵氧化为亚硝酸的细菌称为亚硝酸细菌,或铵氧化菌(*Ammonia Oxidizer*)。第二个阶段由硝化杆菌属(*Nitrobacter*)、硝化球菌属(*Nitrococcus*)起作用,这种将亚硝酸氧化为硝酸的细菌称为硝酸细菌,或亚硝酸氧化菌(*Nitrite Oxidizer*)。这两类细菌统称为硝化细菌。

亚硝酸细菌和硝酸菌都是好氧菌,适宜在中性和偏碱性环境中生长,不需要有机营养,有报道说,它们能利用乙酸盐缓慢生长。最早分离的亚硝酸细菌为亚硝化单胞菌(*Nitrosomonas*),是土壤中普遍存在的铵氧化菌,其标准菌种为欧洲亚硝化单胞菌(*N. europaea*),细胞杆状,单个存在,具两根极生鞭毛,严格化能无机营养,能将铵和羟胺氧化成亚硝酸。亚硝酸细菌为革兰氏阴性菌,在硅胶固体培养基上长成细小、稠密的褐色、黑色或淡褐色的菌落。最早定名的硝酸菌为硝化杆菌属(*Nitrobacter*),标准菌株维氏硝化杆菌(*N. winogradskyi*),细胞呈杆状,在液体中生长时,细胞单个或成堆,外围有黏质呈契形或梨形,通常不运动。硝酸细菌在琼脂培养基和硅胶固体培养基上长成小的、由淡褐色变成黑色的菌落,且能在亚硝酸盐、硫酸镁和其他无机盐培养基中生长。

无论是亚硝酸细菌还是硝酸细菌,均从无机氮化合物的氧化中取得能量,经 Calvin 循环二磷酸戊糖途径同化 CO_2 合成全部细胞结构物质,不具备完整的三羧酸循环系统。硝化细菌利用氧化无机物取得能量同化 CO_2,如用 N/C 表示其化学计量关系,亚硝酸细菌 N/C 为(14~70):1,硝酸细菌 N/C 为(76~135):1,这表明它们需氧化大量的无机氮,才能满足生长的需要。

(2)化能异养型硝化菌

自然界中除了化能自养菌为硝化作用的主要推动者外,还有化能异养菌参与硝化作用,主要有细菌和真菌(如黄曲霉等)。部分化能异养菌也具有将氨氧化为亚硝酸和硝酸的能力。异养硝化菌纯培养硝化作用的特征是:需很高且狭窄的 pH 值范围,底物浓度保持在 C/H<5,生物量与产物之比极高,且完成细胞合成之后才进行硝化作用。可能是这些特别的生理特性在自然条件下很难使异养菌进行硝化作用。而在自养硝化菌不能生长的环境中,硝化作用可能由异养菌进行。

3. 硝化作用与土壤肥力及环境污染

大量施用铵盐或硝酸盐肥料,所产生的硝酸一部分被植物吸收和微生物固定,还有相当一部分随水流失。流失的硝酸既造成氮素损失,又引起环境污染。若硝酸盐进入地下水或流入水井,则会导致饮用水中硝酸盐浓度升高。这种污染的水被人畜饮用后,在肠胃里硝酸将还原成亚硝酸。后者进入血液并与其中的血红蛋白作用而形成氧化态血红蛋白,损害机体内氧的运输,使人类患氧化血红蛋白病。反刍动物也可因饮入过量硝酸盐而死亡。

硝酸盐流入水体,使水体营养成分增加,导致浮游生物和藻类生长旺盛,这种现象称为富营养化(Eutrophication)。硝化过程也产生相当数量的 N_2O,是一种温室效应气体,能破坏臭氧层。

11.2.3.3　反硝化作用

自然界中包括土壤、水体、污水及工业废水都含有硝酸盐。植物、藻类及其他微生物把硝酸盐作为氮源。吸收至生物体内的硝酸盐经历着两种途径的变化:一种是植物和微生物将硝酸盐吸收至体内后,将它们还原成铵,然后参与合成细胞的含氮组分,这个过程称为同化型硝酸盐还原作用(Assimilatory Nitrate Reduction)。另一种是某些微生物在无氧或微氧条件下将 NO_3^- 或 NO_2^- 作为最终电子受体进行厌氧呼吸代谢,从中取得能量,硝酸盐还原生成 N_2O,最终生成 N_2 的过程称为异化型硝酸盐还原作用(Dissimilatory Nitrate Reduction),也称为反硝化作用或脱氮作用。土壤、水体和污水生物处理构筑物中的硝酸盐在缺氧的情况下,总会发生反硝化作用。若在土壤发生反硝化作用,土壤肥力会降低;若在污水生物处理系统中的二次沉淀池发生反硝化作用,产生的氮气由池底上升逸到水面时会把池底的沉淀污泥带上浮起,使出水含有多量的泥花,影响出水的水质。

1. 反硝化作用

反硝化作用需要有反硝化微生物,适合的电子供体如含碳化合物、还原型硫化物和氢等,电子从"还原性"的电子供体物质通过一系列电子载体传递给一个氧化性更高的氮氧化物。当电子传递给某几个氮氧化物时,能量被电子转移磷酸化作用形成 ATP。其终产物则因不同的作用菌而有所不同。硝酸盐还可异化还原生成铵。在富含 NO_3^- 的贫碳培养基中,反硝化作用占优势;而在富含 NO_3^- 富碳的培养基中,则以生成 NH_4^+ 作用居主导。

2. 参与反硝化作用的微生物

具有反硝化作用的微生物在自然界普遍存在,有 71 属菌能进行反硝化作用,它们在土壤中很丰富,每克土细菌数高达 10^8 个。到目前为止,尚未发现细菌以外的其他生命形式能够进行反硝化作用。

一般反硝化作用均以 NO_3^- 为最终电子受体,但产碱杆菌(*Alcaligenes*)和黄杆菌(*Flavobacterium*)以及奈氏菌(*Neisseria*)的一些种不能还原 NO_3^-,却可从 NO_2^- 开始还原。

3. 反硝化作用中的还原酶

(1)硝酸还原酶(NaR)

硝酸还原酶是催化 NO_3^- 还原为 NO_2^- 的专性酶。同化性和异化性的硝酸还原酶是由不同基因编码的不同蛋白质。异化性硝酸还原酶结合于膜的内表面。

(2)亚硝酸还原酶(NiR)

亚硝酸还原酶催化还原为气态氮氧化物。亚硝酸是一个支点,从这一点可转向同化性反硝化形成羟胺,再还原为氨。因此,亚硝酸还原酶的存在可阻止同化性反硝化的出现。纯化的亚硝酸还原酶可分为两种:一为具有细胞色素 cd 型的血红素蛋白,存在于粪产碱菌(*Alcaligenes Faecalis*)等中;二是含铜的金属黄素蛋白,存在于裂环无色杆菌(*Achromobacter Cyclolastes*)等中。

（3）氧化氮还原酶（NOR）

有无此酶仍有争议。

（4）氧化亚氮还原酶（N_2OR）

氧化亚氮还原酶定位于细菌细胞膜。在电子转移过程中有细胞色素 b 和 c 参与，反硝化细菌产碱菌在 N_2O 下厌氧生长合成氧化亚氮还原酶的过程中铜是制约因子。乙炔、一氧化碳、叠氮、氰化物、氧和普通盐类都可抑制氧化亚氮还原酶的活性。

4. 影响反硝化作用的一些因素

①环境中的氧可以抑制氮氧化物还原酶的活性。关于氧的临界浓度，各研究者因采用的方法、菌种等不同而不同。在硝酸还原过程中越在后面的还原酶，对氧越敏感，在同一氧气浓度时，受抑制越严重。

②厌氧环境中的反硝化活性与这些环境中的有机碳含量密切相关。加入不同外源性有机碳化合物对反硝化过程中不同还原酶的影响不一样。在有机碳极为丰富的环境中加入外源碳对反硝化作用无多大影响，而且在这种环境中反硝化过程的终产物不是气态产物而是 NH^{4+}。

③气态氮氧化物（NO、N_2）不影响离子型氮氧化物（NO^{3-}、NO^{2-}）的还原，但离子型氮氧化物的还原常优先于气态氮氧化物的还原，并造成反硝化中间产物的明显积累。

④反硝化作用最适宜的 pH 值是为 $7.0 \sim 8.0$，且反硝化速率与 pH 值呈正相关。在低 pH 值时，氮氧化物还原酶受到明显抑制，而整个反硝化速率降低，N_2O 在产物中的比例增加。因此要降低整个反硝化速率可降低环境 pH 值或增加氧浓度。

⑤在一定范围内反硝化作用的速率随温度升高而提高，在 $10 \sim 35$ ℃时的反硝化速率值为 $1.5 \sim 3.0$，在 $60 \sim 75$ ℃时速率达到最大值。超过这一范围，Q10 值呈负值，速率急剧下降。低温时反硝化作用显著降低，但即使在 $0 \sim 5$ ℃时仍可检测到土壤中的反硝化产物。

5. 反硝化作用的控制及利用

反硝化作用能造成氮肥的巨大损失。从全球估计，反硝化作用所损失的氮大约相当于生物和工业所固定的氮量。施用硝化抑制剂可收到良好的效果。

利用硝化作用和反硝化作用去除有机废水和高含量硝酸盐废水中的氮，来减少排入河流的氮污染和富营养化问题。利用各种反应器处理城市的或其他废水时，有机废水中的碳源可支持反硝化作用，进行有效的生物脱氮。

11.2.3.4　固氮作用

在固氮微生物的固氮酶催化作用下，把分子氮转化为氨，进而合成为有机氮化合物。这种分子态氮的生物还原作用称为生物固氮作用。

1. 生物固氮机理

（1）固氮反应及其基本条件

尽管能固氮的微生物多种多样，但各类固氮微生物进行固氮的基本反应式相同，即

$$N_2 + 6e + 6H^+ + nATP \longrightarrow 2NH_3 + nADP + nPi$$

此反应很清楚地表明要进行固氮，必须满足以下基本条件：

①必须有具固氮活性的固氮酶。

②必须有电子和质子供体，每还原 1 分子 N_2 需要 6 个电子和 6 个质子，另有 2 个质

子和电子用于生成 H_2。还需有相应的电子传递链传递电子和质子。

③必须有能量供给,由于 N_2 分子具有键能很高的三价键($N \equiv N$),因此需要很大的能量才能打开。

④有严格的无氧环境或保护固氮酶的免氧失活机制,因为固氮酶对氧具有高度敏感性,遇氧即失活。

⑤形成的氨必须及时转运或转化排除,否则会产生氨的反馈阻抑效应。

(2)固氮酶的结构组成和催化特征

①结构组成。尽管自然界中固氮微生物多种多样,但固氮微生物所含固氮酶组成大致相似,都是由两个亚单位(即组分 I MoFe 蛋白、组分 II Fe 蛋白)和一个辅因子(FeMoco)组成。目前已知自然界中存在三套含有不同金属的固氮酶,即在环境中无 Mo 时可被 V 代替,但大多数固氮微生物所含的是钼铁蛋白固氮酶,而且以钼铁蛋白固氮酶的固氮效率为最高。

来自不同固氮微生物固氮酶的两个亚基之间可以进行互补,组成的固氮酶仍然具有固氮活性,但这种活性比各自原始的固氮酶活性要低。

②催化特征。固氮酶除了能催化 N_2 还原为 NH_3 外,还可催化还原下列物质:催化 C_2H_2 为 C_2H_4 ,$2H^+$ 为 H_2 ,N_3 为 NH_3 和 N_2 ,催化 N_2O 为 N_2 和 H_2O ,等等。可见,固氮酶是一个十分活跃、基质谱相当广的酶。但在所有能催化的基质中,以催化 N_2 为 NH_3 的反应效率最高。

③固氮酶的固氮催化机理。在固氮过程中,由呼吸作用、发酵光合作用过程中产生的电子和质子首先还原 NAD 或 NADP 成为 NADH 或 NADpH,由还原态的 NADH 或 NADpH 还原 Fd 或 Fld,再还原固氮酶组分 II 即铁蛋白,由还原态的铁蛋白还原固氮酶组分 I 即 MoFe 蛋白,还原态的 MoFe 蛋白还原 N_2 和其他各种底物。

固氮酶合成、催化和酶活性调控的分子生物学研究已经相当深入,固氮酶合成的各个基因结构及其功能已大多清楚。固氮酶 nif 基因簇表达在有氧和高浓度有效氮素因素下的调控机理也已阐明。

2.固氮微生物与固氮体系

具有生物固氮能力的微生物生理类群统称为固氮微生物。生物固氮的作用是固氮微生物的一种特殊生理功能。固氮微生物分为两类:共生固氮微生物,即是只有与高等植物或其他生物共生时才能固氮或有效固氮的微生物;自生固氮微生物,即是在土壤中或培养基上独立生活时而不与植物共生即能固氮的微生物。

根据固氮微生物是否与其他生物一起构成固氮体系,可分为自生固氮体系和共生固氮体系两大类型。自生固氮体系又可分为光能自生固氮和化能自生固氮两种类型。

自生固氮微生物的种类很多,它们除了能固氮这一共同特性外,形态和生理各不相同。其主要有根瘤菌、圆褐固氮菌、黄色固氮菌、雀稗固氮菌、拜叶林克氏菌属(*Beijerinckia*)和万氏固氮菌(*Awtobaaer Vinetandii*)。它们都是好氧菌,可利用各种糖、醇、有机酸为碳源,分子氮为氮源。当供给 NH_3 、尿素和硝酸盐时固氮作用停止。在含糖培养基中形成荚膜和黏液层,菌落光滑、黏液状、细胞大,杆状或卵圆形,有鞭毛,革兰氏染色阴性反应。适宜温度为 25 ~ 30 ℃,高于 45 ℃即会死亡;在中性和偏碱性环境中宜生长,pH<6 不生长;在较低氧分压下固氮效果好。固氮菌能合成多种对植物生长有一定的刺激

作用的维生素类物质,如生物素、环己六醇、烟碱酸、泛酸、吡醇素和硫胺素等。

厌氧的巴氏固氮梭菌(*Clostridiumpasterianum*)能固氮,该菌是较大的杆菌,单生或成对,周生鞭毛。芽孢位于细胞中部或偏端,形成芽孢后细胞膨大,呈梭状。最适生长温度为 25 ~ 30 ℃,生长 pH 值范围为 5 ~ 8.5。其固氮效率较固氮菌低,每消耗 1 g 糖固定 2 ~ 3 mg氮。此外,硫酸还原菌也有固氮作用。近年来,已证明严格厌氧的产甲烷细菌中有一些种如巴氏甲烷八叠球菌(*Methanosacrina Barkeri*)227 菌株等具有固氮活性。

兼性厌氧固氮微生物主要包括肠道杆菌科和芽孢杆菌科的一些属种,如欧文氏菌(*Erwinia*)、埃希氏菌(*Escherichia*)、克氏杆菌(*Klebsiella*)等。芽孢杆菌中的多黏芽孢杆菌(*B. polymyxa*)、浸麻芽孢杆菌(*B. macerans*)和环状芽孢杆菌(*B. circulans*)都能进行兼厌氧性生长和固氮。

至今发现和证实的仅有一种化能无机营养型类固氮微生物,即硫杆菌属(*Thiobacillus*)中的氧化亚铁硫杆菌(*Thio. ferroxidans*)。这是一种能固氮的独特的营养类型。

光合细菌如红螺菌属(*Rhodospirillum*)、小着色菌(*Coromatium Minus*)及绿菌属(*Chlorobium*)等在光照下厌氧生活时也能固氮。固氮蓝藻(蓝细菌)较多见的有异形胞的固氮丝状蓝藻,如鱼腥藻属(*Anabuena*)、念珠藻属(*Nostoc*)、柱孢藻属(*Cylindrospemum*)、单歧藻属(*Tolypothrix*)、颤藻属(*Oscillatoria*)等。它们都是原核微生物的革兰氏阴性细菌,具有特征性的细菌叶绿素 a,只含一个光系统,进行不放氧光合作用,在异形胞中进行固氮。

3.影响固氮效率的因素

(1)氧对固氮酶的影响

固氮酶对氧气敏感,从好氧固氮菌体内分离的固氮酶,一遇氧就发生不可逆性失活。好氧固氮菌生长需要氧,固氮却不需要氧。好氧固氮菌为了在生长过程中同时固氮,它们在长期的进化中形成了保护固氮酶的防氧机制,使固氮作用正常进行。

(2)固氮作用中的氨效应

氨是固氮作用的产物,但氨的数量超过了固氮微生物机体本身的需要并迅速转换为氨基酸的能力转低时,积累的氨可阻遏体内固氮酶的生物合成。在缺乏 NH_4^+ 的环境里,谷氨酰胺合成酶能与固氮启动基因结合,推动 RNA 聚合酶催化转录 mRNA,合成固氮酶。但在有丰富 NH_4^+ 的环境中,谷氨酰胺合成酶被腺苷化,构象发生变化,失去与固氮酶启动基因区结合的能力,导致固氮酶不能合成。因此在培养固氮菌时如加入铵盐,则固氮菌不进行固氮而依赖铵盐生长。

(3)ADP/ATP 比率对固氮酶活性的调节

在 Mg^{2+} 和 ATP 参与的情况下,固氮酶能催化 N_2 为 NH_3,这是固氮酶活性不可缺少的成分和正效应剂。Mg·ATP 的水解产物是 Mg·ADP,但两者的作用完全相反,Mg·ADP 是固氮酶的负效应剂,对固氮酶的底物还原活性部位起负的别构调节作用。它可以抑制从铁蛋白到钼铁蛋白的电子转移,并控制进入铁蛋白的电子总量,因而能有效地抑制固氮酶活性。因此细胞内 ADP/ATP 的比率可以调节固氮酶活性。

(4)环境中的 C/N 的影响

土壤中 C/N 是影响固氮作用的最重要的因素之一。化能异养型固氮微生物只有在环境中有丰富的有机碳化合物而同时又缺少化合态氮时才能进行有效固氮。如果环境中化合态氮十分丰富,固氮微生物利用现成的氮化物作氮源,而固氮酶被化合态氮抑制,不显示固氮活性。另外,非固氮微生物由于氮源丰富而易于发展,因此与固氮微生物竞争碳源。因此只有在 C/N 比很高的环境中,这类化能异养型固氮微生物才会发挥固氮作用。

11.3　沉积型循环

11.3.1　硫循环

硫是自然界中最丰富的元素之一,它是一种重要的生物营养元素,是一些氨基酸、维生素和辅酶的组成成分。硫元素以有机硫化物 R–SH 和以无机硫化合物 H_2S、S 和 SO_4^{2-} 等形式存在。不同形式的硫之间可以相互转化,而且这些相互转化都有微生物参与,构成了硫的地球生物化学循环,如图 11.4 所示。微生物在硫素循环过程中发挥了重要作用,主要包括脱硫作用、硫化作用和反硫化作用。

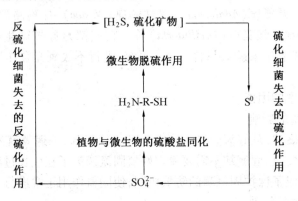

图 11.4　硫素循环简图

11.3.1.1　含硫有机物的脱硫作用

动、植物和微生物机体中含硫有机物主要是蛋白质,蛋白质中含有许多含硫氨基酸,如胱氨酸、半胱氨酸和甲硫氨酸等。含硫有机物经微生物分解形成硫化氢的过程即脱硫作用。凡能将含氮有机物分解产氨的氨化微生物都具有脱硫作用,相应的氨化微生物也可称为脱硫微生物。其分解的一般过程为

含硫蛋白质──→含硫氨基酸──→NH_3+H_2S+有机酸

含硫蛋白质经微生物的脱硫作用形成的硫化氢,如果分解不彻底,就会有硫醇如硫甲醇(CH_3SH)暂时积累,而后再转化为硫化氢,在好氧条件下通过硫化作用氧化为硫酸盐后,作为硫营养为植物和微生物利用。在无氧条件下,可积累于环境中,一旦超过某种浓度,就可危害植物和其他生物。

11.3.1.2　无机硫的转化

1. 硫化作用

在有氧条件下,某些微生物可将 S、H_2S、FeS_2、$S_2O_3^{2-}$ 和 $S_4O_6^{2-}$ 等还原态无机硫化物氧

化生成硫酸,这一过程称为硫化作用。

凡能将还原态硫化物氧化为氧化态硫化合物的细菌称为硫化细菌。具有硫化作用的细菌种类较多,主要可分为化能自养型细菌类、厌氧光合自养细菌类和极端嗜酸嗜热的古菌类三类。

①化能自养型细菌类的典型代表是硫杆菌属(*Thiobacillus*)的细菌,它们为革兰氏阴性杆菌,多半在细胞外积累硫,有些菌株也在细胞内积累硫。在有氧条件下,硫被氧化为硫酸,使环境 pH 值下降至 2 以下,同时产生能量:

$$H_2S+0.5O_2 \longrightarrow S^0+H_2O$$
$$S^0+0.5O_2+H_2O \longrightarrow H_2SO_4$$

硫杆菌广泛分布于土壤、淡水、海水、矿山排水沟中,有氧化硫硫杆菌(*Thoibacillus Thiooxidans*)、排硫杆菌(*Thiobacillus Thioparus*)、氧化亚铁硫杆菌(*Thiobacillus Ferrooxidoans*)、新型硫杆菌(*Thiobacillus Novellus*)等,它们均为好氧菌。还有兼性厌氧的脱氮硫杆菌(*Thiobacillus Denitrificans*)。生长最适温度在 28～30 ℃。有些种能在强酸条件下生长,但在 *pH*>6 时不生长。

②厌氧性光合自养型的紫硫细菌和绿硫细菌。这群细菌在还原 CO_2 时,以 H_2S、S、$S_2O_3^{2-}$ 等还原态无机硫化物作为电子供体,生成的元素硫硫滴或积累于细胞内或排出胞外。而着色菌属(Chromatium)在以光为能源,以 H_2S 或 H_2 为电子供体时氧化生成的是硫酸而不是元素 S,因此也就没有硫滴形成:

$$2CO_2+H_2S+2H_2O \longrightarrow 2[CH_2O]+H_2SO_4$$

其实着色菌属并不是严格的自养型,也能利用乙酸等低碳有机物进行光能异养代谢。

③极端嗜酸嗜热的氧化元素硫的古菌,它们分布于含硫热泉、陆地和海洋火山爆发区、泥沼地、土壤等一些极端环境中,推动着这些环境中还原态硫的氧化,某些种具有很强的氧化能力,如硫化叶菌(*Sulfolobus*)能氧化元素 S 和 FeS_2,酸菌(*Acidianus*)能氧化元素 S。

2.反硫化作用

土壤淹水、河流、湖泊等水体处于缺氧状态时,硫酸盐、亚硫酸盐、硫代硫酸盐和次亚硫酸盐在微生物的还原作用下形成硫化氢,这种作用就称为反硫化作用,也称为异化型元素硫还原作用或硫酸盐还原作用。这类细菌称为硫酸盐还原细菌或反硫化细菌。

硫酸盐还原细菌是一类严格厌氧的具有各种形态特征的细菌,也有少数古菌,现已发现 27 个属细菌中的一些种具有还原硫酸盐的能力。典型代表如脱硫弧菌属(Desulfovibrio)、脱硫肠状菌属(Desulfotomaculum)等。它们可以各种有机物或 H_2 作为电子供体,以元素 S 或硫酸盐作电子受体,将元素 S 或硫酸盐还原生成 H_2S。大多数为有机营养型,有机酸特别是乳酸、丙酮酸、糖类、芳香族化合物等都可被用作碳源和能源。少数为无机营养型,可以 H_2 为电子供体,此时部分电子流向硫酸盐,部分电子流向二氧化碳合成活性乙酸再转换成细胞碳。脱硫作用的化学反应式如下:

$$4H_2+2H^++SO_4^{2-} \longrightarrow S^{2-}+4H_2O+2H^+$$
$$C_6H_{12}O_6+3H_2SO_4 \longrightarrow 6CO_2+6H_2O+3H_2S$$

在海洋沉积物、淹水稻田土壤、河流和湖泊沉积物、沼泥等富含有机质和硫酸盐的厌氧生境和某些极端环境中有硫酸盐还原细菌的存在。土壤中 H_2S 累积过多时,可对植物根系产生毒害,尤其在早春低温时,形成的 H_2S 使水稻秧苗久栽不发。水域中 H_2S 过多使可毒死鱼类等需氧生物,且水质发出恶臭,弥漫于空气中,令人极不愉快,甚至出现中毒症状。

11.3.2　磷循环

磷在生命活动中具有极为重要的作用,它是生物遗传物质核酸和细胞膜磷脂的重要组成成分,在生物细胞能量代谢的载体物质 ATP 的结构元素,不可或缺。

11.3.2.1　自然界的磷素循环

自然界中磷只是在可溶性磷和不溶性磷(包括无机磷化合物和有机磷化合物)之间的转化和循环。磷是一切生物的重要营养元素。然而,植物和微生物不能直接利用含磷有机物和不溶性的磷酸钙,必须经过微生物分解转化为溶解性的磷酸盐才能吸收利用。自然界中可溶性磷的量是很少的,大多数磷是以不溶性的无机磷存在于矿物、土壤、岩石中,也有少量的以有机磷的形式存在于有机残体中。

磷的生物地球化学循环包括:a. 有机磷分解,即有机磷转化成可溶性的无机磷;b. 无机磷的有效化,即不溶性无机磷转变成可溶性无机磷;c. 磷的同化,即可溶性无机磷变成有机磷的生物固磷等三个基本过程。微生物参与了可溶性磷和不溶性磷的相互转化。

11.3.2.2　有机磷的微生物分解

动、植物和微生物体中的含磷有机物有核酸、磷脂及植素。它们均可被微生物分解,能产生核酸酶、核苷酸酶和核苷酶,将核酸水解成磷酸、核糖、嘌呤或嘧啶。

1. 核酸

各种生物的细胞含有大量的核酸,它是核苷酸的多聚体。核苷酸由嘌呤碱或嘧啶碱、核糖和磷酸分子组成。核酸的分解如图 11.5 所示。由核苷生成的嘌呤可继续分解,经脱氨基生成氨。例如,腺嘌呤经脱氨酶作用,产生氨和次黄嘌呤,次黄嘌呤再转化为尿酸,尿酸先氧化成尿囊素,再水解成尿素,尿素分解为氨和二氧化碳。

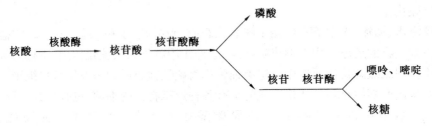

图 11.5　核酸的分解

2. 磷脂

卵磷脂是含胆碱的磷酸酯,它可被微生物卵磷脂酶水解为甘油、脂肪酸、磷酸和胆碱。胆碱再分解为氨、二氧化碳、有机酸和醇。氨化细菌,特别是一些芽孢杆菌分解卵磷脂的能力较强,如蜡状芽孢杆菌(Bacillus Cereus)、蜡状芽孢杆菌蕈状变种(B. Cereusvar. Mycoides)、多黏芽孢杆菌(Bacillus Polymyxa)、解磷巨大芽孢杆菌(Bacillus Megateriumvar. Phosphaticum)和假单胞菌(Pseudomonas sp.)。

3. 植素

植素是由植酸(肌醇六磷酸酯)和钙、镁结合而成的盐类。植素在土壤中分解很慢,经微生物的植酸酶分解为磷酸和二氧化碳。植酸酶是催化植酸及其盐类水解成肌醇与磷酸或磷酸盐的一类酶的总称。该酶由 phy A 和 phy B 基因编码,目前已构建许多基因工程菌并得到高效表达,在提高饲料中有机磷的利用率方面已发挥了重要作用。

11.3.2.3　无机磷的微生物转化

在土壤中存在难溶性的磷酸钙,它可以和异养微生物生命活动产生的有机酸和碳酸,硝酸细菌和硫细菌产生的硝酸和硫酸等作用生成溶解性磷酸盐。可溶性无机磷可直接被植物、藻类及微生物利用于生命活动中而固定为有机磷。这一部分的数量是很少的,而自然界中大多数的无机磷是存在于岩石中的难溶性和不溶性磷,这些无机磷不能被植物和大多数的微生物所利用。只有少数微生物如芽孢杆菌属和假单胞菌属的一些种可以通过它们的生命活动将难溶性无机磷转化为可溶性状态,然后为植物和其他微生物所利用,即可提高土壤中磷的有效性。硅酸盐细菌可分解磷灰石、正长石、玻璃等,产生水溶性的磷盐和钾盐。硅酸盐细菌又称为钾细菌,如胶质芽孢杆菌(*Bacillus Mucilaginosus*)等。

对于微生物的溶磷机制提出了不同的假说,主要是认为微生物通过呼吸作用产生的二氧化碳溶于水后形成的碳酸和形成的其他有机酸都可溶解难溶性的无机磷,还有微生物吸收阳离子时将质子交换出来,有利于不溶性磷的溶解。但这些假说都不能单一地很好解释各种现象。

11.3.3　钾循环

钾不是生物细胞的结构成分,但具有维持细胞结构、保持细胞的渗透压、吸收养分和构成酶的辅基等生理功能。可溶性钾大多存在于一些盐湖中;土壤中的可溶性钾含量并不高,不溶性的钾主要存在于硅铝酸盐矿物中,不能被植物吸收利用,而且由于钾易被以植物秸秆、果实、籽粒等形式带走,因此必须不断补充。国内外研究表明:土壤中某些微生物具有释放矿物中钾的能力,使无效钾转化为植物有效钾,如芽孢杆菌、假单胞菌、曲霉、毛霉和青霉等。胶质芽孢杆菌(*B. mucilaginosus*)俗称为"硅酸盐细菌",是能以硅铝酸钾或长石粉为唯一钾源良好生长的细菌,同时具有微弱固定氮素的能力,在其生长过程中可转化其中的无效钾为有效钾。从释放钾的机制来说,相似于不溶性磷的释放机制解说,但都没有定论。田间的施用效果同样呈现不稳定性。

11.3.4　铁、锰的循环

自然界中铁分布极广,以无机铁化合物和含铁有机物两种状态存在。无机铁化合物有溶解性的二价亚铁和不溶性的三价铁。二价的亚铁盐易被植物、微生物吸收利用,转变为含铁有机物,二价铁、三价铁和含铁有机物三者可互相转化。

所有的生物都需要铁,而且是溶解性的二价亚铁盐的形态。二价和三价铁的化学转化受 pH 值和氧化还原电位影响。pH 值为中性时,在有氧条件下,二价铁氧化为三价的氢氧化物;无氧时,存在大量二价铁。

二价铁转化为三价铁的另一种途径是利用铁细菌氧化。例如,锈铁嘉利翁氏菌(*Gallionella Feruginea*)、氧化亚铁硫杆菌(*Thiobacillus Ferrooxidans*)、多孢锈铁菌即多孢泉发菌($Crenothrix$ $Polyspora$)、纤发菌属($Leptothrix$)和球衣菌属($Sphaerotilus$)。锈铁嘉利翁氏菌是重要铁细菌,为化能自养,严格好氧和微好氧,仅以 Fe^{2+} 作电子供体,通过卡尔文循环吸收 CO_2,每氧化 150 g 亚铁可产细胞干重 1 g。锈铁嘉利翁氏菌并不氧化锰。在寡营养的含铁水中,最适合的 E_h 为 +200 ~ +300 mV,需要 O_2 的质量分数大约为 1%。在 pH 值为 6,温度为 17 ℃ 或更低时,Fe^{2+} 稳定。最适合的 Fe^{2+} 质量浓度为 5 ~ 25 mg/L,CO_2 大于 150 mg/L。锈铁嘉利翁氏菌在水体和给水系统中形成大块氢氧化铁。

$$2FeSO_4+3H_2O+2CaCO_3+0.5O_2 \longrightarrow 2Fe(OH)_3+2CaSO_4+2CO_2$$

$$4FeCO_3+6H_2O+O_2 \longrightarrow 4Fe(OH)_3+4CO_2+能量$$

铁细菌氧化亚铁产生能量合成细胞物质。当它们生活在铸铁水管中时,常因水管中有酸性水而将铁转化为溶解性的二价铁,铁细菌就转化二价铁为三价铁(锈铁)并沉积于水管壁上,越积越多,以致阻塞水管。在含有机物和铁盐的阴沟和水管中一般都有铁细菌存在,纤发菌和球衣菌更易发现。它们的典型种分别为赭色纤发菌($Leptothrix$ $Ochracea$)和浮游球衣菌($Sphaerotilus$ $Natans$),两者的形态和生理特性都很相似,它们常以一端固着于河岸边的固体物上旺盛生长成丛簇而悬垂于河水中。其区别是纤发菌有一束极端生鞭毛,能氧化锰;球衣菌有一束亚极端生鞭毛,不能氧化锰。

趋磁性细菌为革兰氏阴性菌,是由美国学者 R. P. Blakemore 于 1975 年在海底泥中发现的。趋磁性细菌的游泳方向受磁场的影响,由鞭毛(单极生、双极生)进行趋磁性运动。它们是形态多种多样的原核生物,有螺旋形、弧形、球形、杆状及多细胞聚合体。趋磁性细菌分类为两属:水螺菌属($Aquaspirillum$)和双丛球菌属($Bilophococcus$),它们的代表菌分别为趋磁性水螺菌($Aquaspirillum$ $Magnetotacticum$)和趋磁性双丛球菌($Bilophococcus$ $Magnetotacticus$)。

趋磁性细菌的分布最初在海底泥中发现,之后各国学者分别从南北美洲、大洋洲、欧洲、日本的海洋、湖泊、淡水池塘底部的表层淤泥中均分离到趋磁性细菌,可见分布很广。1994 年我国研究人员从武汉东湖、黄石磁湖,1996 年从吉林境泊湖底淤泥中分别分离出趋磁性细菌。趋磁性细菌不仅存在于水体中,还存在于土壤中。

趋磁性细菌的呼吸类型有:a. 好氧型类型,在好氧条件下形成含 Fe_3O_4 的磁体;b. 专性微好氧类型,形成含 Fe_3O_4 的磁体,如趋磁性水螺菌,简称 MS-1;c. 兼性微好氧类型,在微好氧和厌氧条件均能形成 Fe_3O_4 的磁体;d. 严格厌氧类型,菌体细胞内形成含硫化铁的磁体,如 RS-1 等。

趋磁性细菌永久性的磁性特征是由体内大小 40 ~ 100 nm 的铁氧化物单晶体包裹的磁体(Magnetosomes)引起的。磁体是由 5 ~ 40 个形状均一的 Fe_3O_4 磁性颗粒,沿其轴线整齐排列而构成的磁链。磁性颗粒的数目随培养条件,铁和氧气的供给量的改变而改变。磁链类似于指南针,一半为北极杆,另一半为南极杆,以此指导趋磁性细菌的磁性行为。趋磁性细菌的生态学作用尚未清楚。

趋磁性细菌磁体可用于信息储存。因趋磁性细菌的磁体具有超微性、均匀性和无毒性,可用于生产性能均匀、品位高的磁性材料,还可用于新型生物传感器上。日本将提纯的磁体作载体,固定葡萄糖氧化酶和尿酸酶,经比较其酶量和酶活力均比 Zn-Fe 磁粒和人工颗粒固定的酶量和酶活力分别高出 40 倍和 100 倍,且连续使用酶活力不变。在医疗卫生方面,可用作磁性生物导弹,直接攻击病灶,治疗疾病,不伤害人体。

在美国,不仅海底淤泥和淡水底部淤泥中有趋磁性细菌,而且在水处理厂的沉淀物中也分离到趋磁性细菌。它们在水处理厂的趋磁性行为,对水处理设备有什么影响,对水处理效果有何实际意义等问题均需研究。

氧化锰的细菌中能氧化铁的有覆盖生金菌(*Metallogenium Personatum*)和共生生金菌(*Metallogenium Sumbioticum*),还有土微菌属(*Pedomicrobium*)。它们广泛分布于湖泥、淡水湖浮游生物和南半球土壤中。它们能将氧化的锰、铁产物积累,包裹在细胞表面或积累于细胞内,为好氧菌,可氧化来自各种含 Mn^{2+} 的锰矿沥滤的锰化合物。它们为化能有机营养或寄生在真菌菌丝体上。在不加氮或磷源,含乙酸锰 100 mg/L 或 $MnCO_3$ 100 mg/L 及琼脂 15 g/L 的固体培养基上,与真菌共生培养很容易生长。在液体中呈笔直的丝状体,在黏液培养基中呈不规则的弯曲。

能氧化锰的细菌还有铁囊菌属(*Siderocapsa*)和瑙曼氏菌属(*Naumanniella*)。

第 12 章　微生物的遗传与变异

遗传和变异是一切生物最本质的属性。微生物将其生长发育所需要的营养类型和环境条件,以及对这些营养和外界环境条件产生的一定反应,或出现的一定性状(如形态、生理、生化特性等)传给后代并相对稳定地一代一代传下去,这就是微生物的遗传性。生物体的遗传性不易发生改变的特性,是遗传变异性的对立面,在多种环境条件影响下,仍能保持其固有性状的相对稳定性而不致发生变异。遗传变异性是指亲代与子代的个体之间,总是或多或少存在差异的特性,是物种形成和生物进化的基础。

12.1　微生物的遗传

12.1.1　遗传和变异的物质基础——DNA

1928 年 Fred Griffith 关于致病的肺炎链球菌的毒性转移的早期工作(图 12.1)就首次表明了 DNA 是遗传物质。Griffith 发现,如果将有毒的细菌煮沸杀死后注射进小鼠,则小鼠不会被感染,而且也不能从该动物中分离获得肺炎链球菌;但是当他将已杀死的有毒细菌和活的无毒菌株混合注射时,小鼠死亡,而且还可以从死鼠中分离到活的有毒细菌,Griffith 将这种无毒细菌变成有毒致病菌的现象称之为转化。

Oswald T. Avery 和他的同事后来便着手寻找热杀死的有毒肺炎球菌中究竟哪种成分与 Griffith 的转化有关。这些研究者们用水解 DNA、RNA 或蛋白质的酶来选择性地破坏有毒肺炎链球菌抽提物的细胞成分,然后将无毒的肺炎链球菌株与经处理的抽提物混合,进行转化实验,研究结果表明,只有 DNA 被破坏的抽提物,无毒细菌变成有毒病菌的转化就被阻断,从而提出了使 DNA 携带转化所需要的信息(图 12.2)。1944 年由 O. T. Avery、C. M. MacLeod 和 M. J. McCarty 完成的这项研究成果的发表,为 Griffith 的转化要素是 DNA 和 DNA 携带遗传信息的观点提供了第一个证据。

Avery、Macleod 和 McCarty 关于转化因素的实验概要。只有 DNA 使 R 变成 S 型细胞,当抽提物用 DNA 酶处理时,这个作用就丧失,所以 DNA 携带 R 向 S 型转变或转化所需要的遗传信息。

证明 DNA 是遗传物质,还可用大肠杆菌 T_2 噬菌体感染大肠杆菌的实验证明。1952年赫西(Hersey)和蔡斯(Chase)用 $P^{32}O_4^{3-}$ 和 $S^{35}O_4^{2-}$ 标记大肠杆菌 T_2 噬菌体,因蛋白质分子中只含硫不含磷,而 DNA 只含磷不含硫。故将大肠杆菌 T_2 噬菌体的头部 DNA 标上 P^{32},其蛋白质衣壳标上 S^{35}。用标上 P^{32} 和 S^{35} 的 T_2 噬菌体感染大肠杆菌,10 min 后 T_2 噬菌体完成了吸附和侵入过程。将被感染的大肠杆菌洗净放入组织捣碎器内强烈搅拌(以使吸附在菌体外的 T_2 蛋白质外壳均匀散布在培养液中),然后离心沉淀。分别测定沉淀

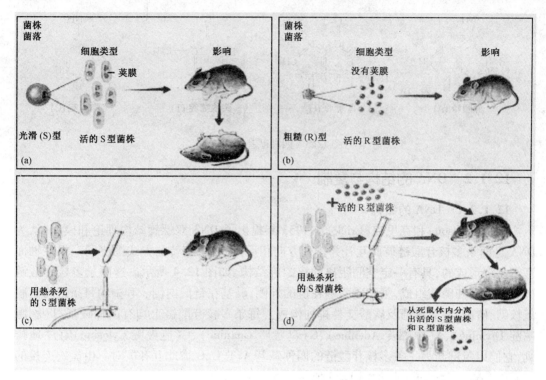

图 12.1　Griffith 的转化实验

注:(a)当用致病的 S 型肺炎链球菌菌株(有夹膜并形成光滑型菌落)注入小鼠体内时,小鼠患肺炎而死;(b)当用非致病的 R 型肺炎链球菌菌株(无夹膜并形成粗糙型菌落)注入小鼠体内时,小鼠存活;(c)用加热杀死的 S 型菌株注入小鼠体内,对小鼠无影响;(d)用活的 R 型菌株和加热杀死的 S 型菌株一起注入小鼠体内,小鼠患肺炎而死,并且从死鼠中可以分离到活的 S 型肺炎链球菌菌株。

R 型细胞 + 纯化的 S 细胞多糖　　　　　　　——→　R 型菌落

R 型细胞 + 纯化的 S 细胞蛋白　　　　　　　——→　R 型菌落

R 型细胞 + 纯化的 S 细胞 RNA　　　　　　　——→　R 型菌落

R 型细胞 + 纯化的 S 细胞 DNA　　　　　　　——→　S 型菌落

S 型细胞抽提物 + 蛋白酶 + R 型细胞 ————→　S 型菌落

S 型细胞抽提物 + RNase + R 型细胞 ————→　S 型菌落

图 12.2　关于转化因子的实验

物和上清液中的同位素标记,结果全部 P^{32} 和细菌在沉淀物中,全部 S^{35} 留在上清液中。证明只有 DNA 进入大肠杆菌体,蛋白质外壳留在菌体外。进入大肠杆菌体内的 T_2 噬菌体 DNA,利用大肠杆菌体内的 DNA、酶及核糖体复制大量 T_2 噬菌体,又一次证明了 DNA 是遗传物质。

　　DNA 是由大量的脱氧核糖核苷酸组成的极长的线状或环状大分子。DNA 分子的基本单位是脱氧核糖核苷酸,它由碱基、脱氧核糖和磷酸基三部分组成。核苷酸分子中有四种碱基,即腺嘌呤(A)、鸟嘌呤(G)、胸腺嘧啶(T)和胞嘧啶(C)。四种碱基的结构如图 12.3 所示。

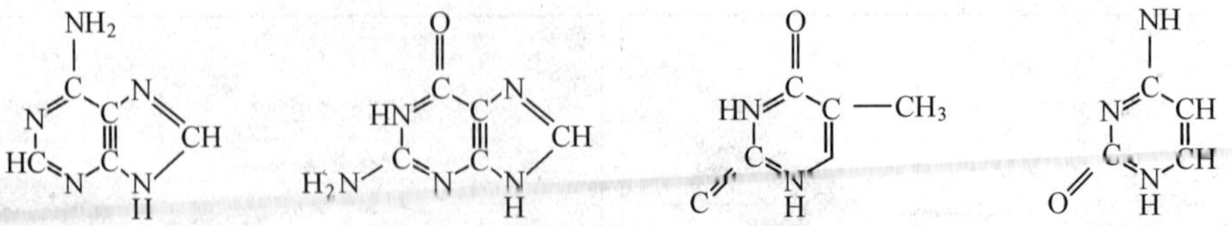

腺嘌呤 (A)　　　　鸟嘌呤 (G)　　　　胸腺嘧啶 (T)　　　　胞嘧啶 (C)

图 12.3　四种碱基的结构

12.1.2　DNA 的结构与复制

12.1.2.1　DNA 的结构

沃森(Watson)和克里克(Crick)在 1953 年提出了 DNA 双螺旋结构理论和模型,认为 DNA 是两条多核苷酸链彼此互补并排列方向相反,以右手旋转的方式围绕同一根主轴而互相盘绕形成的,具有一定空间距离的双螺旋结构,如图 12.4 所示。这两条多核苷酸链的骨架由糖和磷酸组成,糖和磷酸基在链的外侧,碱基在链的内侧。其中的每条链均由脱氧核糖、磷酸、脱氧核糖及磷酸交替排列构成。每条多核苷酸链上均有四种碱基:T(胸腺嘧啶 Thymine)、A(腺嘌呤 Adenine)、G(鸟嘌呤 Guanine)、C(胞嘧啶 Cytosine)有序地排列,它们以氢键与另一条多核苷酸链的四种碱基 A、T、C、G 彼此互补配对。由氢键连接的碱基组合,称为碱基配对,如图 12.5 所示。

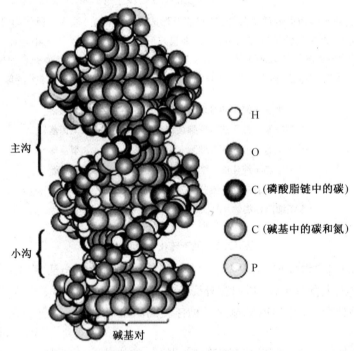

图 12.4　DNA 的双螺旋结构

一个 DNA 分子可含几十万或几百万碱基对,每一碱基对与其相邻碱基对之间的距离为 0.34 nm,每个螺旋的距离为 3.4 nm,包括 10 对碱基。特定的种或菌株的 DNA 分子,其碱基顺序固定不变,保证了遗传的稳定性。一旦 DNA 的个别部位发生碱基排列顺序的

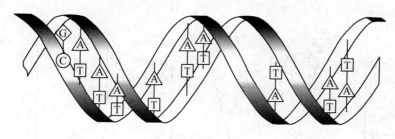

图 12.5　碱基配对

变化,如在特定部位丢掉一个或一小段碱基,或增加了一个或一小段碱基,改变了 DNA 链的长短和碱基的顺序,都会导致死亡或发生遗传性状的改变。

12.1.2.2　DNA 的存在形式

(1)原核微生物中的 DNA

原核微生物的 DNA 只与很少量的蛋白质结合,也没有核膜包围,而是以单独裸露状态存在,由一条 DNA 细丝构成环状的染色体,拉直时比细胞长许多倍(如大肠杆菌的长度为 2 μm,其 DNA 长度为 1 100～1 400 μm),它在细胞的中央,高度折叠形成具有空间结构的一个核区。由于含有磷酸根,所以它带有很高的负电荷。

(2)真核微生物中的 DNA

真核生物(人、高等动物、植物、真菌、藻类及原生动物)的 DNA 和组蛋白等组成染色体,染色体呈丝状结构,细胞内所有染色体由核膜包裹成一个细胞核。DNA 也存在于真核微生物的叶绿体、线粒体等细胞器中,但是量很少,一般不超过细胞核 DNA 的 1%,并且不与蛋白质相结合。DNA 几乎全部集中在染色体上,染色体上存在大量不同的基因,染色体是遗传信息主要的储存场所。除染色体外,另有一类较小环状 DNA 分子独立存在于染色体外,也携带少数基因,这就是质粒,它在细胞分裂中进行复制传给后代,并表现出一定的遗传特性。

12.1.2.3　DNA 的复制

为确保微生物体内 DNA 碱基顺序精确不变,保证微生物的所有属性都得到遗传,则在细胞分裂之前,DNA 必须十分精确地进行复制。DNA 具有独特的半保留式的自我复制能力,确保了 DNA 复制精确,并保证了一切生物遗传性的相对稳定。

DNA 的自我复制大致如下:首先是 DNA 分子中的两条多核苷酸链之间的氢键断裂,彼此分开成两条单链;然后各自以原有的多核苷酸链为模板,根据碱基配对的原则吸收细胞中游离的核苷酸,按照原有链上的碱基排列顺序,各自合成出一条新的互补的多核苷酸链。新合成的一条多核苷酸链和原有的多核苷酸链又以氢键连接成新的双螺旋结构,如图 12.6 所示。

DNA 复制的细节可以分为四个阶段:

①解旋酶在拓扑异构酶(如 DNA 回旋酶)的协助下使双螺旋链解开。

②当先导链被拷贝后,DNA 聚合酶Ⅲ可能持续地催化 DNA 的复制过程。后随链复制过程不是连续的,像先导 DNA 链合成那样,一段段 DNA 按 5′到 3′的方向被合成。在复制开始时,一种被称为引发酶的 RNA 聚合酶以 DNA 为模板催化合成一段短链 RNA 引物,其长度通常约为 10 个核苷酸长,与 DNA 互补。引发酶同一些辅助蛋白质形成的复合

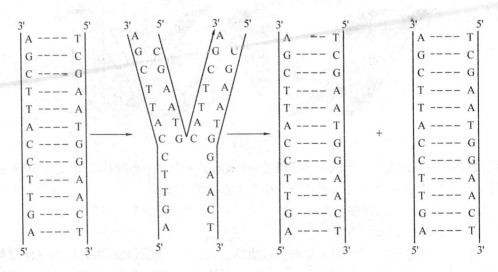

图 12.6　DNA 的复制

物被称为引发体。在 DNA 聚合酶Ⅲ的催化作用下,在引物 RNA 的 3′末端开始合成与模板 DNA 互补的新 DNA 链。先导链和后随链的合成可能同时在一个具有两个催化位点的被称为复制体的单个多蛋白质复合物的表面上进行。如果上述过程是事实,那么后随链的模板必定围绕着这一复合物形成一个环状结构(图 12.7,步骤(3))。合成产生的新 DNA 片段在细菌细胞中为 1 000 ~ 2 000 个核苷酸长,而在真核生物细胞中,其长度约为 100 个核苷酸。它们以其发现者的名字被命名为冈崎片段。

③在几乎所有的后随链以形成冈崎片段的形式复制之后,在 DNA 聚合酶 I 和 RNA 酶 H 的作用下,RNA 引物被去除。DNA 聚合酶 I 在冈崎片段之间的空隙处催化合成与模板互补的 DNA 以填充去除 RNA 引物之后留下的空隙(图 12.7,步骤(4))。

④最后,在 DNA 连接酶的作用下,各个片段被连在一起。

12.1.3　微生物生长与蛋白质合成

微生物生长的主要活动是蛋白质的合成,同化的碳和消耗的能量有 4/5 ~ 9/10 直接或间接与蛋白质合成有关。蛋白质的合成在核糖体上进行,与 RNA 的复制(合成)及 DNA 的复制(合成)有关。

蛋白质合成的过程有以下几个步骤,如图 12.8 所示。

1. DNA 复制

首先,决定某种蛋白质分子结构的相应一段 DNA 链(结构基因)进行自我复制。其复制过程与前述的 DNA 的复制过程相同。

2. 转录

DNA 的碱基排列顺序决定 mRNA(信使 RNA)核苷酸碱基的排列顺序称为转录。转录是双链 DNA 分开,以它其中一条单链(无义链)为模板遵循碱基配对的原则转录出一条 mRNA。新转录的 mRNA 链的核苷酸碱基的排列顺序与模板 DNA 链的核苷酸碱基排列顺序互补。

DNA 除转录 mRNA 外,DNA 分子的某些部分核苷酸碱基顺序还转录成反义 RNA、

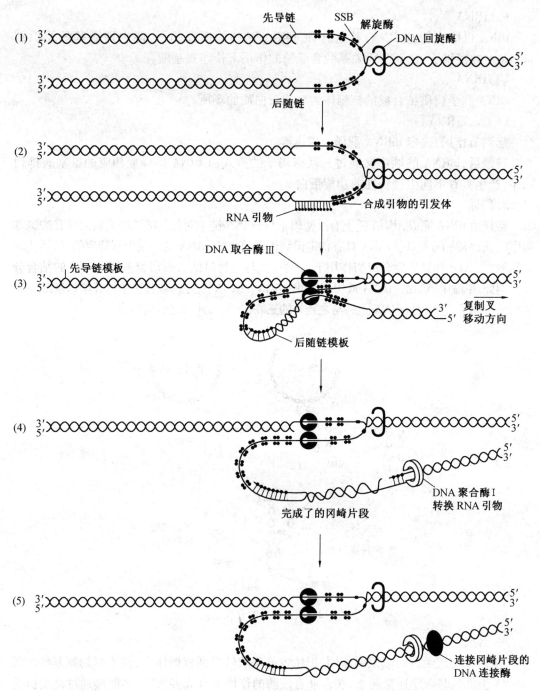

图 12.7　DNA 复制的详细过程

tRNA(传递信息 RNA)和 rRNA(核糖体 RNA)。这四种 RNA 的功能分别是:

(1)mRNA

mRNA 称为信使 RNA,作为多聚核苷酸的一级结构,其上带有指导氨基酸的信息密码(三联密码子),它翻译氨基酸,具转递遗传性的功能。

（2）tRNA

tRNA 也称为转移 RNA，其上有和 mRNA 互补的反密码子，能识别氨基酸及识别 mRNA 上的密码子，在 tRNA-氨基酸合成酶的作用下传递氨基酸。

（3）rRNA

rRNA 和蛋白质结合成的核糖体为合成蛋白质的场所。

（4）反义 RNA

起调节作用，决定 mRNA 翻译合成速度。

转录后，mRNA 的顺序又通过三联密码子的方式由 tRNA 翻译成相应的氨基酸排列顺序，产生具有不同生理特性的功能蛋白。

3. 翻译

翻译由 tRNA 完成，tRNA 链上有反密码子与 mRNA 链上对氨基酸顺序编码的核苷酸碱基顺序（三联密码子）互补。tRNA 具有特定识别作用的两端：tRNA 的一端识别特定的、已活化的氨基酸（由 ATP 和氨基酸合成酶作用下活化），并与之暂时结合形成氨基酸-tRNA 的结合分子。例如，甲酰甲硫氨酸-tRNA 或甲硫氨酸-tRNA。tRNA 上另一端有三个核苷酸碱基顺序组成的反密码子，它识别 mRNA 上的与之互补的三联密码子，并与之暂时结合。

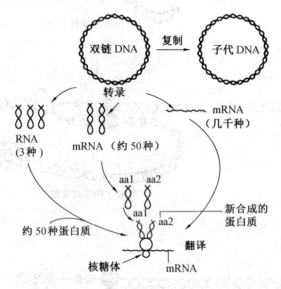

图 12.8　蛋白质的合成过程

4. 合成

蛋白质合成通过两端识别作用，把特定氨基酸转送到核糖体上，使不同的氨基酸按照 mRNA 上的碱基顺序连接起来，在多肽合成酶的作用下合成多肽链，多肽链通过高度折叠形成特定的蛋白质结构，最终产生具有不同生理特性的功能蛋白。

12.2　微生物的变异

微生物比高等生物容易发生变异，这是因为微生物个体微小，结构简单，比表面积大，与外界环境密切接触,容易受外界的影响,加之微生物繁殖迅速,在较短的时间内其遗传过程多次受外界条件的影响,变异机会加大。

微生物的变异有非遗传型变异及遗传型变异两类。

12.2.1　非遗传型变异

非遗传型变异是在微生物的 DNA 没有改变的情况下发生的某些性状的改变。例如,由于环境发生了变化,使有关调节基因活化而产生某种诱导酶,如青霉素可以诱导金黄色葡萄球菌产生青霉素酶。这类变异由于未改变其 DNA,所以是可逆的,即当该诱导条件不复存在时,该变异性也不复存在。此外,这类变异往往涉及群体细胞,即许多细胞同时发生变异。

12.2.2　遗传型变异

遗传型变异是由于微生物个体的 DNA 发生改变而导致某些性状的改变。这种变异多涉及个别细胞,是不可逆的,能相对稳定地遗传。

12.2.2.1　基因突变

1. 基因突变的特点

(1)自发

由于自然界环境因素的影响和微生物内在的生理生化特点,在没有人为诱发因素的情况下各种遗传性状的改变可以自发地产生。

(2)稀有性

自发突变率极低而且稳定,一般为 $10^{-6} \sim 10^{-9}$。而且不同生物和不同基因的突变率是不同的,一般高等动植物的突变率为 $10^{-6} \sim 10^{-8}$,细菌和噬菌体的突变率为 $10^{-4} \sim 10^{-10}$。

(3)诱变性

在诱变剂作用下,自发突变概率可提高 $10 \sim 10^5$ 倍。

(4)不对应性

突变的性状与引起突变的原因之间无直接的对应关系。例如,细菌在有青霉素的环境下,出现了抗青霉素的突变体;在较高的培养温度下出现了耐高温的突变体等。

(5)独立性

某一基因的突变,既不提高也不降低其他任何基因的突变率。

(6)稳定性

由于突变的根源是遗传物质结构上发生了稳定的变化,所以产生的新的变异性状也是稳定的、可遗传的。

(7)可逆性

任何性状都可发生正向突变,也都可以发生相反的过程,即回复突变。

2. 基因突变的分子基础

(1)碱基置换

碱基置换是指 DNA 中核苷酸的一个碱基被另一个碱基所取代。单个碱基置换的结果改变了一个密码子,可以引起蛋白质一级结构中某个氨基酸的替代,或造成多肽链的终止而产生不完全的肽链,如果起始密码子突变,就完全不能合成蛋白质。根据它们对氨基

酸序列的影响不同,可分为以下几种情况:

①同义突变

由于遗传密码具有简单性,所以有些碱基替换并不造成氨基酸的变化。例如,编码天冬氨酸的密码子 GAU 变成 GAC,翻译出来的仍是天冬氨酸,氨基酸序列没有发生变化,因此没有产生突变效应。

②错义突变

错义突变指碱基替换后引起氨基酸序列改变的情况。有些错义突变严重影响到蛋白质的活性,甚至使活性完全丧失,从而影响了基因的表型。

③无义突变

编码区的碱基突变导致终止密码子的形成,使 mRNA 的翻译提前终止,形成不完整的肽链。

(2)移码突变

移码突变指在 DNA 分子的编码区插入或缺失非 3 的整数倍(1 个、2 个或 4 个)核苷酸而导致的阅读框架的位移。因为遗传信息是按三个碱基为一组依次排列而成的,蛋白质的翻译是从起始密码子开始,按密码子顺序依次向下读码。当在起始密码子后面加入或缺失 1 个或 2 个碱基后,则后面的所有密码子的阅读框架都发生改变,结果翻译出来的蛋白质的氨基酸序列与野生型完全不同。当然,如果插入或缺失的碱基数正好是 3 个或其整数倍,那么在翻译出的多肽链上可能是多一个、几个或少一个、几个氨基酸,而不是完全打乱整个氨基酸序列。

在自发突变中,移码突变占很大比例。现已知能诱发移码突变的诱变剂是吖啶类染料。

(3)缺失和重复

大片段的缺失和重复是基因突变的主要原因之一。特别是在放线菌的自发突变中,缺失或重复范围从几个基因到几十个基因。

3.基因突变的类型及其机制

(1)自发突变

自发突变是指生物体自然发生而非人为引起的突变。

①DNA 复制过程中偶然出现差错,引起突变。与 DNA 复制有关的因子以及与复制正确性有关的因子的性质如果发生改变,就会引起自发突变。

当模板核苷酸的碱基以稀有的互变异构形式出现时,通常会发生复制错误。互变异构现象是两种结构的异构体(化学上平衡并且容易互相发生变化)之间的关系。碱基通常是以酮式存在,但有时会以亚氨基式或烯醇式的形式出现,这些互变异构改变了碱基的氢键性质,使得嘌呤与嘌呤、嘧啶与嘧啶发生置换,最终能够导致核苷酸序列的稳定性改变,这种置换又称为转换突变,而且是相当普遍的。

自发突变也来自移码,通常是由于 DNA 片段的缺失导致密码子阅读框的改变而引起的。这些突变一般发生在有短的核苷酸重复序列处,在这样的位置,模板和新链的配对可能被远处的重复序列所取代,导致新链碱基的增加或缺失。

自发突变也来自 DNA 损伤和复制错误。例如,嘌呤核苷酸可能出现脱嘌呤,即失去碱基,这就会导致无嘌呤位点的形成,此处将无正常碱基可配对,在下一轮复制后,可能引起一个转换型突变。

②微生物自身产生诱变物质。如微生物细胞内的咖啡碱、硫氰化合物、二硫化二丙烯、重氮丝氨酸及过氧化氢等,它们既是微生物的代谢产物,又可引起微生物的自发突变。因此在许多微生物的陈旧培养物中易出现自发突变。

(2)诱发突变

①化学因素诱变。利用化学物质对微生物进行诱变,引起基因突变或真核生物染色体的畸变,称为化学诱变。化学诱变物质很多,但只有少数几种效果明显。化学诱变因素对 DNA 的作用形式有三类:

a.亚硝酸、硫酸二乙酸、甲基磺酸乙酯、硝基胍、亚硝基甲基脲等的其中一种,可与一个或多个核苷酸碱基起化学变化,引起 DNA 复制时碱基配对的转换而引起变异,具体过程如图 12.9 所示。

b.5-尿嘧啶、5-氨基尿嘧啶、8-氮鸟嘌呤和 2-氨基嘌呤等的结构与天然碱基十分接近,是类似物。它们中的一种可掺入 DNA 分子中引起变异。

c.在 DNA 分子上缺失或插入一两个碱基,引起碱基突变点以下全部遗传密码转录和翻译的错误,如图 12.9 所示。这类由于遗传密码的移动而引起的突变体,称为码组移动突变体。这种突变称为移码突变。

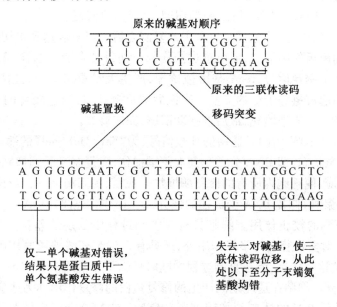

图 12.9　碱基突变示意图

②物理因素诱变。

a.紫外线辐射。紫外线引起的 DNA 变化有 DNA 链的断裂,DNA 分子内部和分子间的交联,核酸与蛋白的交联,嘧啶的水合作用,以及嘧啶二聚体的形成等,已证明胸腺嘧啶二聚体的形成是紫外线改变 DNA 生物学活性的主要途径。在互补双链间形成胸腺嘧啶二聚体会妨碍 DNA 双链正常的拆开和复制;同一链上相邻碱基形成胸腺嘧啶二聚体,会阻碍碱基的正常配对,二者均可引起突变。紫外辐射对 DNA 的破坏及 DNA 修复如图 12.10 所示。

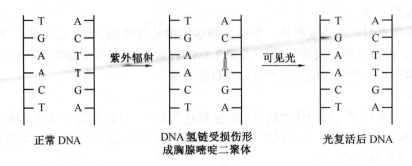

图 12.10　紫外辐射对 DNA 的破坏及 DNA 修复

DNA 的损伤修复可有六种形式。

a)光复活。微生物经紫外线照射,DNA 受损,可形成嘧啶二聚体。在黑暗中,光激活酶(光裂合酶)与嘧啶二聚体结合形成复合物。在可见光照射下,光激活酶吸收光子的能量,解开嘧啶二聚体,使之复原。然后,光激活酶从复合物中释出。

b)切除修复。在有 Mg^{2+} 和 ATP 存在的条件下,uvrABC 核酸酶在同一条单链上的胸腺嘧啶二聚体两侧位置,将包括胸腺嘧啶二聚体在内的有 12~13 个核苷酸的单链切下。通过 DNA 多聚酶的作用,释放出被切割的 12~13 个核苷酸的单链。DNA 连接酶缝合新合成的 DNA 片段和原有的 DNA 链之间的切刻,完成切除修复。

c)重组修复。发生在 DNA 复制过程中或复制之后。当复制达到未切除的 DNA 损伤部位时,该部位的模板作用消失,但可越过损伤部位而继续合成。这样,就在新链上形成一个单链缺口,产生诱导信号,recA 基因被诱导,产生大量重组蛋白,此酶蛋白与新链缺口区结合,从而引起母链和子链的交换。交换后的母链缺口,通过聚合的作用,以对侧子链为模板合成 DNA 片段来填充,最后连接新旧链,完成修复。

d)SOS 修复。"SOS"为国际通用的呼救信号,为"Save Our Soul"的缩写。"SOS"修复是指细胞处于危急状态,即 DNA 分子受到大范围损伤,而复制又受到抑制的情况下,诱导产生一种应急反应,使细胞内所有的修复酶增加合成量,提高酶活性。或诱导产生新的修复酶(即 DNA 多聚酶)修复 DNA 受损伤的部分,从而形成正常的 DNA。

e)DNA 多聚酶的校正作用。细胞具有对复制过程中出现的差错加以校正的功能。DNA 多聚酶除了对多核苷酸的多聚作用外,还具有 3′到 5′核酸外切酶作用。一般认为依靠 DNA 多聚酶的这一作用,能在复制过程中随时切除不正常的核苷酸。

f)适应性修复。细菌在适应期间产生的修复蛋白的修复作用称为适应性修复。如细菌由于长期接触低剂量的诱变剂如硝基胍(MNNG 或 NG)会产生修复蛋白(酶),修复 DNA 上因甲基化而遭受的损伤。

b. 电离辐射。X 射线、γ 射线、α 射线和 β 射线等与基因分子碰撞时,把全部或部分能量传给原子而产生次级电子。这些次级电子一般具有很高的能量,能产生电离作用;因而直接或间接地改变 DNA 结构。直接效应是使碱基的化学键、脱氧核糖的化学键以及糖和磷酸连接处的化学键断裂。间接的效应是从水或有机分子中产生自由基,这些自由基作用于 DNA 分子,引起损伤和缺失。电离辐射还能破坏 DNA 的磷酸二酯键,造成染色体的损伤,引起染色体结构的畸变。

12.2.2.2　基因重组

把两个不同性状个体内的遗传基因转移到一起,经遗传分子的重新组合,形成新遗传型个体的方式,称为基因重组。

（1）杂交

杂交是通过双亲细胞的融合,使整套染色体的基因重组,或者是通过双亲细胞的沟通,使部分染色体基因重组。在真核微生物和原核微生物中可通过杂交获得有目的的、定向的新品种。

如含有固氮基因的肺炎克氏杆菌(*Klebsiella Pneumoniae*)和不含固氮基因的大肠杆菌杂交,产生了含有固氮基因并有固氮能力的 nif⁺ 大肠杆菌。这种通过杂交育种将固氮基因转移给不固氮的微生物使它们具有固氮能力,对农业生产和缺氮的工业废水生物处理是很有意义的。

（2）转化

受体菌直接吸收了来自供体菌的 DNA 片段,并把它整合到自己的基因组中,从而获得供体菌部分遗传性状的现象,称为转化。在肺炎链球菌、芽孢杆菌属、假单胞菌属、奈氏球菌属等及某些放线菌和蓝细菌、酵母菌均发现有转化现象。

细菌转化过程可大体分为:感受态细胞的出现;DNA 的吸附;DNA 进入细胞内;DNA 解链,形成受体 DNA——供体 DNA 复合物,DNA 复制和分离等。其中感受态细胞的出现是关键。所谓感受态细胞是能吸收外来的 DNA 片段,并能把它整合到自己的染色体组上以实现转化的细胞。感受态细胞是由遗传性决定的,也受细胞的生理状态、菌龄、培养条件的影响。

（3）转导

通过温和噬菌体的媒介作用,把供体细胞内特定的基因(DNA 片段)携带至受体细胞中,使后者获得前者部分遗传性状的现象,称为转导。

（4）原生质体融合

原生质体融合作为细胞工程的重要部分,高频重组的有效方法和遗传学研究的重要工具,近年来日益受到国内外生物工作者的重视,使此项技术不断丰富和发展。传统的原生质体融合技术采用化学诱变方法,以营养缺陷型或抗药性作为遗传标记筛选融合子。此法融合率较低,且作遗传标记繁琐、费时,遗传标记还往往干扰菌株的正常代谢。近年来,一些研究者采用物理融合法、电融合法及非遗传标记法,如以对碳源利用的不同作为选择标记,以及将双亲菌株(不需标记)的原生质体灭活后再进行融合(利用灭活细胞经融合后发生致死损伤互补这一机制)直接从再生平板上分离筛选目的重组子等多种新技术,不仅克服了传统方法的缺点,而且提高了融合率。

12.3　基因工程及其在环境保护中的应用

12.3.1　基因工程

基因工程诞生于 1973 年,是在基因水平上的遗传工程,又称为基因剪接或核酸体外重组。基因工程是用人工方法把所需要的某一供体生物的 DNA 提取出来,在离体的条件下用限制性内切酶将离体 DNA 切割成带有目的基因的 DNA 片段,每一片段平均长度有几千个核苷酸,用 DNA 连接酶把它和质粒(载体)的 DNA 分子在体外连接成重组 DNA 分子,然后将重组体导入某一受体细胞中,以便外来的遗传物质在其中进行复制扩增和表达,而后进行重组体克隆筛选和鉴定,最后对外源基因表达产物进行分离提纯,从而获得新品种。这是离体的分子水平上的基因重组,是既可近缘杂交又可远缘杂交的育种新技术。由此看出基因工程的实施至少要有四个必要条件:工具酶、基因、载体及受体细胞。

　　基因工程操作分为五步,如图 12.11 所示。

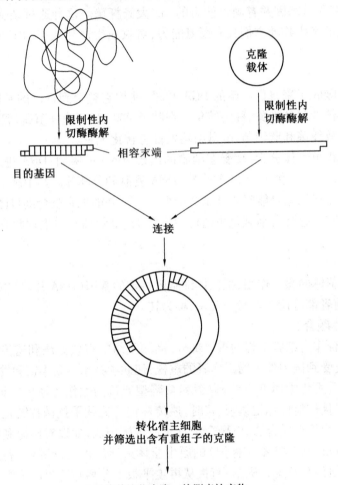

图 12.11　基因工程的操作步骤

12.3.1.1　先从供体细胞中选择获取带有目的基因的 DNA 片段

一般有三种途径:

①从酶切的供体细胞染色体碎片中获得。

②通过转录酶的作用,提取目标产物的 mRNA,然后将其反转录合成 cDNA(即互补 DNA)而获得。

③从目标蛋白的氨基酸顺序推测出基因的碱基顺序,人工合成 DNA 片段。

12.3.1.2　将目的 DNA 的片段和质粒在体外重组

将目的基因的两端和载体 DNA 的两端用特定的限制性核酸内切酶处理,可使参与重组的两个 DNA 分子产生黏性末端。由于每一种限制性核酸内切酶所切断的双链 DNA 片段的黏性末端都有相同的核苷酸组分,因此当两者相混时,凡与黏性末端上碱基互补的片段就会因氢键的作用而彼此吸引,重新形成双链。此时在外加连接酶的作用下,目的基因和载体 DNA 进行共价结合,连接成一个完整的、具有复制能力的环状重组 DNA 载体。

12.3.1.3　将重组体转入受体细胞

上述在体外反应生成的重组载体,只有将其引入受体细胞后,才能使其中的目的基因得到扩增和表达。以质粒为载体的重组载体 DNA 可以通过转化进入受体细胞,而用噬菌体或以病毒为载体的重组载体 DNA 可以通过转导或转染进入受体细胞。受体细胞可以是微生物细胞,也可以是动物或植物细胞。枯草芽孢杆菌、酿酒酵母等是较常用的受体细胞。

12.3.1.4　重组体克隆的筛选与鉴定

重组体 DNA 通过引入受体细胞进行增殖得到大量的重组体细胞。但只有少数细胞中含有目的基因,因而要从这些细胞中筛选含有阴性重组子的菌落并鉴定重组子的正确性。选择目的基因克隆常用的方法有免疫学方法、遗传学方法、核酸分子杂交方法等。

筛选重组体克隆后还要作进一步的鉴定。鉴定目的基因的方法很多,常见的主要有检测目的基因自身的性质、检测目的基因表达产物的性质以及目的基因片段与供体染色体 DNA 的分子杂交等。

12.3.1.5　外源基因表达产物的分离与提纯

目标产物的分离纯化决定着产品的纯度和安全性,也决定着产品的收率和成本。由于目标产物自身的性质以及目标产物的纯度要求不同,分离纯化的方法也有所不同,但主要阶段为初级分离阶段和纯化精制阶段。初级分离阶段主要是将细胞从培养液中分离出来,破碎细胞释放产物,溶解包含体、复原蛋白质、浓缩产物、去除大部分杂质等。纯化是用各种高选择性手段将目标产物和干扰杂质层可能地分开,最后达到要求,形成可储藏、运输和使用的产品。

12.3.2　基因工程在环境保护中的应用

随着工业发展,大量的合成有机化合物进入环境,其中很大一部分难于生物降解或降解缓慢,如多氯联苯、多氯烃类化合物,其水溶性差,难生物降解,致使在环境中的持留时间长达数年至数十年。各国科学家正努力开展将基因工程用于环境保护的研究,并且已有不少成功实例。

如今,利用基因工程获得了分解多种有毒物质的新型菌种。若采用这种多功能的超级细菌可望提高废水生物处理的效果。例如,1975 年有人把降解芳烃、萘烃和多环芳烃的质粒转移到能降解烃的 *Pseudomonas sp.*（一种假单胞菌）内,结果获得了能同时降解四种烃类的“超级菌”,它能把原油中约 2/3 的烃分解掉。据报道,利用自然菌种分解海上浮油要花费一年以上的时间,而这种“超级菌”却只要几个小时就够了。

除草剂 2,4-二氯苯氧乙酸是致癌物质,美国对它的生物降解研究一直很重视,并积极研究基因工程菌。已将降解 2,4-二氯苯氧乙酸的基因片段组建到质粒上,将质粒转移到快速生长的受体菌体内构建成高效降解的功能菌,减少了在土壤中 2,4-二氯苯氧乙酸的累积量,有益于环境保护。

尼龙是极难生物降解的人工合成物质,尼龙寡聚物在污水中难以被一般微生物分解,现已发现自然界中的黄杆菌属、棒状杆菌属和产碱杆菌属含有分解尼龙寡聚物 6-氨基己酸环状二聚体的 pOAD2 质粒。但上述三个属的细菌不易在污水中繁殖。而污水中普遍存在的大肠杆菌又无分解尼龙寡聚物的质粒。冈田等人已成功地把分解尼龙寡聚物的质粒基因移植到大肠杆菌内,使后者获得了分解尼龙寡聚物的能力。

重金属污染环境,对人类的毒害作用众所周知。因此清除环境中的重金属污染现象,也是基因工程的重要任务。生存于污染环境中的某些细菌细胞内存在着抗重金属的基因。这些基因的编码产物,能增强细胞膜的通透性能,将摄取的重金属元素沉积在细胞内或细胞外。已发现抗汞、抗镉、抗铅等多种菌株。但是,这类菌株多数生长繁殖慢。把这种抗金属的基因转移到生长繁殖迅速的受体菌中,构成繁殖率高、富集金属速度快的新菌株,可用于净化重金属污染的废水。我国中山大学生物系将假单胞杆菌染色体中的抗镉基因转移到大肠杆菌 HB101 中,使得大肠杆菌具有抗镉的特征,能在 100 mg/L 的含镉液体中生长。

磷是引起水体富营养化的重要因素之一。无机磷可以用化学法沉淀去除,但生物法更为经济。受微生物本身的限制,活性污泥法只能去除城市废水中 20% ~ 40% 的无机磷。有些细菌能够以聚磷酸盐的形式过量积累磷。大肠杆菌(E. coli)中控制磷积累和聚磷酸形成的磷酸盐专一输运系统和 poly P 激酶由 pst 操纵子编码。通过对编码 poly P 激酶的基因 ppk 和编码用于再生 ATP 的乙酸激酶的基因 ack A 进行基因扩增,可以有效地提高 E. coli 对无机磷的去除能力。重组体 E. coli 中包含高拷贝数的含有 ack A 和 ppk 基因的质粒,并能高水平地表达相应的酶活性,与缺乏质粒的原始菌株相比,重组体的除磷能力提高 2 ~ 3 倍。

在原核微生物与动物之间,动物与植物之间的基因工程均已获得成功。这为微生物与动、植物之间超远缘杂交开辟了一条新途径。苏云金杆菌体内的伴胞晶体含有杀死鳞翅目昆虫的毒素,过去生产苏云金杆菌作棉花和蔬菜的杀虫剂。现在,农业科技人员将苏云金杆菌体中的毒性蛋白质抗虫基因提取出来,用基因工程技术转接到小麦、水稻、棉花植株内中,进行基因重组,使小麦、水稻、棉花具有抗虫、杀虫能力,从此栽培这些作物不需施杀虫剂,避免了农药污染,有利于环境保护。

第 13 章　分子微生物学

微生物是地球上分布非常广泛的生物,是自然界中仅次于昆虫的第二大类生物,对生物的各种活动都有十分重大的影响。通过在分子水平上对环境微生物的研究,我们可以了解到一个环境中的微生物种类、微生物之间的关系以及微生物与生境的相互作用,微生物的遗传物质交换、代谢途径,乃至微生物多样性等,从而对一个环境作出评价,预测环境的变化趋势,并改变不良影响。环境分子微生物学就是运用分子生物学的方法和技术,在基因水平上研究环境与微生物之间的关系,相互影响作用机理,并指导环境微生物工程技术处理环境问题。

以核酸技术为主要内容的分子生物学技术的广泛应用,为揭示生物多样性的研究提供了新的方法论,开拓了分子生物学与环境学交叉领域。从分子水平上对微生物进行基因研究为探索微生物个体以及群体间作用的奥秘提供了新的线索和思路。通过环境分子微生物的研究可以发现环境中对人类有价值的新物种、新基因,开发其潜在的应用价值,更好地揭示微生物与环境之间的意义,为污染环境的生物修复提供理论依据,因此开展环境分子微生物的研究具有重大意义。

13.1　分子微生物学的基础

分子微生物的研究过程涉及分子生物学、基因工程、微生物学、细胞生物学、遗传学、病毒学、环境科学、微生物生理生态学等。下面简要介绍分子生物学、基因工程和微生物学这三门直接相关的科学。

13.1.1　分子生物学基础

13.1.1.1　分子生物学的基本原理

分子生物学是研究核酸、蛋白质等生物大分子的结构与功能,并从分子水平上阐明蛋白质与蛋白质、蛋白质与核酸之间的相互作用及其基因表达调控机理,是在分子水平上研究生命现象的科学。但目前主要研究基因的结构与功能、复制、转录、表达和调控。

分子生物学的研究基于以下几点:

①不同生物体内构成生物体的有机大分子都是相同的。

②生物体内建成有机大分子的规律是共同的。

③某一特定生物体所拥有的核酸及蛋白质决定了生物的属性。

13.1.1.2　分子生物学研究的基本内容

自 20 世纪 50 年代以来,分子生物学是生物学的前沿,着重研究的是大分子,特别是蛋白质和核酸结构功能,以及脂质体系、部分多糖及其复合体系,可以概括为蛋白质体系、蛋白质-核酸体系和蛋白质-脂质体系。

蛋白质是组织细胞中含量最丰富、功能最多样化的生物大分子，一个细胞可能含有10万多种蛋白质，每种蛋白质都有不同的功能。蛋白质功能的多样性是由其复杂的分子结构决定的。

（1）蛋白质体系

蛋白质是氨基酸单体通过肽键连接构成的不分支的线性序列分子。其三维结构称为构象，构象是指蛋白质分子内空间位置的改变，并不涉及共价键的断裂和生成所发生的变化。蛋白质的结构单位是 α-氨基酸，常见的氨基酸共 20 种。它们以不同的顺序排列，可以为生命世界提供各种各样的蛋白质。

蛋白质结构层次可分分子结构的组织形式可分为四个主要的层次。

一级结构，也称为化学结构，一般是指构成蛋白质肽链的氨基酸残基的排列次序。对复合蛋白质来说，完整的一级结构还应包括除肽链之外的其他成分，如糖、脂质等，以何种方式连接肽链的哪些残基上。

蛋白质的二级结构是指肽链中局部肽段的构象。首尾相连的氨基酸通过氨基与羧基的缩合形成链状结构，称为肽链。肽链主链原子的局部空间排列为二级结构。二级结构可以大致分为主链骨架构象和侧链构象两类，各类二级结构的形式几乎都是由主链骨架中羰基与亚胺基之间以氢键、范德华力等作用力维系。蛋白质的二级结构还包括不同类型，包括 α 螺旋、β 折叠、转角、环形、随机性的卷曲等。

二级结构在空间的各种盘绕和卷曲为三级结构。三级结构也是指蛋白质分子或亚基内所有原子的空间排布，但不包括亚基之间或空间排列关系。结构中所有原子、基团的空间排布、相对位置可以用肽键的两面角和一引起原子或基团之间的距离来规定。三级结构的形成和维持需要的作用力有非共价键、疏水作用力、二硫键和配位键等。二、三级结构统称为立体结构。在蛋白的二级结构和三级结构之间还存在着一些超二级结构和结构域。

作为构成蛋白质四级结构组分的多肽链被称为亚基，有些蛋白质分子是由相同的或不同的亚单位组装成的，蛋白质还通过肽链之间非共价键的相互作用，形成亚单位间的相互关系称为四级结构。广义的四级结构包括相同或不同球状蛋白质分子所构成的聚合物，如多酶复合物、病毒外壳蛋白、核糖体等。

蛋白质的特殊性质和生理功能与其分子的特定结构有着密切的关系，这是形形色色的蛋白质所以能表现出丰富多彩的生命活动的分子基础。研究蛋白质的结构与功能的关系是分子生物学研究的一个重要内容。在生命活动中，单独或少数的几种蛋白质是不可能完成某一生命活动的。单独的蛋白质只能完成某种或为数不多的几种反应功能。多种不同的蛋白质可以形成更加复杂的结构，共同来完成一些生命活动。

生物大分子通过它们之间相互作用，实现特异的生物学功能。蛋白质的功能是同其他分子相互作用中表现出来的。

随着结构分析技术的发展，现在已有几千个蛋白质的化学结构和几百个蛋白质的立体结构得到了阐明，如 BRCT 结构域、Lim 结构域、SH_3 结构域、SH_2 结构域、WW 结构域、pH 结构域等。

20 世纪 70 年代末以来，采用测定互补 DNA 顺序反推蛋白质化学结构的方法，不仅提高了分析效率,而且使一些氨基酸序列分析条件不易得到满足的蛋白质化学结构分析得以实现。

(2)蛋白质-核酸体系

核酸是核苷酸的线性多聚物,有 DNA 和 RNA 两类,是生物的遗传信息载体。DNA由四种脱氧核苷酸 A、G、T、C 组成。不同生物 DNA 的分子大小、结构有一定的差异。绝大多数生物的基因都由 DNA 构成。人体细胞染色体上所含 DNA 为 3×10^9 碱基对。细菌,如大肠杆菌的基因组,含 4×10^6 个碱基对。

核酸作为遗传物质的基础具有下列特征:具有稳定的结构,能进行复制传递给子代特定的结构功能;携带生命的遗传信息,决定生命的产生、生长和发育;产物遗传变异,使种族进化不断进行。核酸功能的实现要依赖于蛋白质。相对于核酸是信息分子,蛋白质一般被称为功能分子。

DNA 所拥有的物理、化学和生物学性质功能,都源于它的一级分子结构,它是 DNA分子性质和功能的基础。DNA 的一级结构实际上就是 DNA 分子内碱基的排列顺序,以密码子的方式蕴藏着遗传信息。一级结构决定了 DNA 二级结构、折叠成的空间结构。DNA 的二级结构即由沃森和克里克提出的 DNA 双螺旋模型:核糖-磷酸骨架在双螺旋的外侧,碱基在内侧,碱基配对,一条链绕着另一条链旋转、盘绕,一条链上的嘌呤与另一条链上的嘧啶相互配对。碱基互补的配对规律是 A 与 T 之间以两个氢键结合,G 与 C 之间以三个氢键结合。

RNA 是一大类生物大分子物质,它有两方面功能:一方面是信息分子,另一方面是功能分子。它能传递储存于 DNA 分子中的遗传信息,并参与初始转录产物的转录后加工、蛋白质生物合成中核蛋白复合物的结构组成和功能。RNA 分子的碱基组成主要是 A、G、C、U,一般都是单股的多聚核苷酸链。成熟的 RNA 主要存在于细胞质内,无论是真核或原核细胞,细胞质中成千上万种 RNA 可以分三大类:转运 RNA(tRNA)、信使 RNA(mRNA)和核蛋白体(rRNA)。

基因在表达其性状的过程中贯穿着核酸与核酸、核酸与蛋白质的相互作用。基因表达的调节控制也是通过生物大分子的相互作用而实现的。DNA 与蛋白之间的相互作用是所有活细胞的中心过程。遗传信息要在子代的生命活动中表现出来,需要各种 DNA 结合蛋白去复制、转录和转译。处于静止状态或活性状态的染色体都含有各种蛋白质。这些结合蛋白有两种情况:一种是在 DNA 链上非特异性地结合,把 DNA 包装成一定的结构,但并不妨碍其他 DNA 结合蛋白的接触;另一种情况是蛋白质结合到 DNA 一段短的序列上,这些短序列通常是进化上保守的、特异性的。复制是以亲代 DNA 为模板合成子代DNA 分子的过程。DNA 复制时,双股螺旋在解旋酶的作用下被拆开,然后 DNA 聚合酶以亲代 DNA 链为模板,复制出子代 DNA 链。转录是在 RNA 聚合酶的催化下,根据 DNA 的核苷酸序列决定一类 RNA 分子序列。转译的场所核糖核蛋白体是核酸和蛋白质的复合体,根据 mRNA 的三联体遗传密码,在酶的催化下,把氨基酸连接成完整的肽链。然后进一步转译蛋白质分子中氨基酸的序列。mRNA 分子中以一定顺序相连的三个核苷酸来决定一种氨基酸,这就是蛋白质与核酸的相互作用,包括蛋白质与各种类型的 RNA(包括单链和双链)的相互作用、与双螺旋 DNA 或单链 DNA 的相互作用。与 DNA 的相互作用有特异性和非特异性两类。

RNA 作为遗传信息分子和功能性分子的集合体,参与许多生命的基本生化过程。RNA 携带来自 DNA 的遗传信息进行蛋白质生物合成,形成核糖体、RNA 前体的剪接体等核酸–蛋白质复合物。在大多数情况下,RNA 与蛋白质相互作用在生化过程中,起着关键性、决定性的作用。RNA 同样具有丰富的二级、三级结构,使 RNA 具有各种各样的结构域,进行生物大分子之间的相互作用。所有的 RNA 结构,包括线状序列、发夹、膨泡、内环、假结、双螺旋等都可以作为蛋白质专一性识别的靶结构。有的蛋白质识别相应的 RNA 仅仅通过识别 RNA 整体构象来实现,而不是 RNA 碱基序列。

(3)蛋白质–脂质体系

蛋白质–脂质体系即指生物膜系。生物体内普遍存在的膜结构,统称为生物膜。生物膜是由蛋白质和脂质通过以非共价键连接而成的体系,包括细胞外周膜和细胞内各种细胞器膜。很多膜还含有少量糖蛋白或糖脂。

生物膜膜蛋白可分为外周膜蛋白和内在蛋白,其中内在蛋白占整个膜蛋白的70% ~ 80%。它们部分或全部嵌入膜内,有的则跨膜分布,如受体、通道、离子泵、膜孔以及各种酶等。

生物膜膜脂主要分为三类:甘油磷脂、鞘脂和胆固醇。甘油磷脂是膜脂的主要成分,由亲水和疏水两部分组成,是由甘油衍生而来,如磷脂酰胆碱、磷脂酰乙醇胺等。这些分子不仅起到生物膜的支撑作用,还在信号转导过程中起重要作用。鞘脂的基本结构是鞘氨醇和一分子含长烃链的脂肪酸以氨基键形成酰胺。鞘脂参与细胞中信号转导、膜的运输、离子通道的调节、膜的粘连等过程。胆固醇又称为胆甾醇,是一种环戊烷多氢菲的衍生物,主要有高密度胆固醇和低密度胆固醇两类。

流动镶嵌模型生物膜的基本模型,磷脂双分子层构成其基本骨架,膜脂和膜蛋白均处于不停的运动状态,生物膜在结构与功能上都具有两侧不对称性,在膜运输上具有选择透过性。生物体的能量转换主要在膜上进行,还有一个重要功能是细胞间或细胞膜内外的信息传递。

13.1.2　基因工程原理

基因工程是 20 世纪 70 年代以后发展起来的一门新技术。其基本原理是以分子遗传学为理论基础,用酶学方法,把天然或人工的、同源或异源的生物的遗传物质(DNA)分离出来,在体外进行剪切、拼接,使遗传物质重新组合。然后将重组的 DNA 通过具有复制能力的载体(如微生物质粒、噬菌体、病毒等)转入不具有这种重组分子的受体细胞,进行无性繁殖,从而改变生物原有的遗传特性;有时还使新的 DNA 在新的宿主细胞或个体中大量表达,以获得新品种、基因产物(多肽或蛋白质),或创建新的生物类型。这种创造新生物并给予新生物以特殊功能的过程称为基因工程技术。基因工程技术为基因的结构和功能的研究提供了有力的手段。

环境污染是世界性的难题,基因工程技术在防治各种污染中将起重要作用。众所周知,油轮海上倾油可引起大面积海域污染,国外已采用“超级细菌”进行海面浮油处理。采用可被降解的生物农药也是处理化学农药对土壤的污染较为先进的方法。此外,河流、湖泊水域的污染防治、酸雨危害以及城市垃圾处理等,也都是亟待解决的难题。

基因工程的基础研究包括外源的目的 DNA、载体分子、宿主细胞等要素。基本过程有:目的 DNA 的获得,载体的选择与构建,目的 DNA 与载体的重组,重组 DNA 的转化或转染等,从而导入宿主细胞、筛选含有重组 DNA 分子的宿主细胞,获得克隆。

13.1.2.1　基因工程的主要内容

基因工程的研究包括构建一系列克隆载体和相应的表达系统、建立不同物种的基因组文库和 cDNA 文库、开发新的工具酶、探索基因工程新技术、新的操作方法等基础研究。

1. 工具酶

核酸酶类是基因工程操作中必不可少的工具酶,基因克隆的许多步骤如 DNA 分子的制备、DNA 片段的切割与连接等,都需要使用一系列功能不同的核酸酶来完成。

限制性核酸内切酶在宿主细胞起限制和修饰作用。限制与修饰系统与三个连锁基因有关:hsdR 编码限制性核酸内切酶,这类酶能识别 DNA 分子上的特定位点,并将双链 DNA 切断;hsdM 的编码产物是 DNA 甲基化酶,这类酶使 DNA 分子特定位点上的碱基甲基化,起到修饰 DNA 的作用;hsdS 表达产物的功能则是协助上述两种酶识别特殊的作用位点。

DNA 连接酶是一种能够催化 DNA 链之间形成磷酸二酯键的酶。DNA 片段的体外连接是 DNA 重组技术的核心内容。其催化的基本反应是将一条 DNA 链上的 3′末端游离羟基与另一条 DNA 链上的 5′末端磷酸基团共价结合形成 3′,5′-磷酸二酯键,使两个断裂的 DNA 片段连接起来。

DNA 聚合酶能在引物和模板的存在下,把脱氧核糖单核苷酸连续地加到双链 DNA 分子引物链的 3′-OH 末端,催化核苷酸的聚合作用。DNA 聚合酶可分为两类:依赖于 DNA 的 DNA 聚合酶和依赖于 RNA 的 DNA 聚合酶。

还有末端脱氧核苷酸转移酶、核酸酶、核酸外切酶等都是在催化 DNA 各种特异性反应的酶。

2. 基因工程载体

载体的构建和选择是基因工程的重要环节之一。载体是指基因工程中携带外源基因进入受体细胞的工具,其本质是 DNA 复制子。基因工程载体有三个基本特征:能在宿主细胞内进行自我复制;具有适合的限制性内切酶位点;具有合适的选择标记基因。基因工程载体根据来源和性质不同可分为质粒载体、噬菌体载体、单链 DNA 噬菌体载体、黏粒载体、噬菌粒载体、病毒载体等。

(1)质粒载体

质粒是染色体外能自我复制的小型 DNA 分子,是基因工程中最常用的载体。质粒 DNA 分子有三种构型:闭合环状 DNA、开环 DNA 和线形 DNA。质粒载体的构建是在天然质粒的基础上,根据目的需要,改变质粒一些元件,使其成为一种带有多种强选择标记、低分子质量、具有多种限制性核酸内切酶单一切割位点等诸多优点的理想载体。以质粒作为载体,先用指定的限制酶把质粒切割出一个缺口,露出黏性末端,再用同一种限制酶作用目的基因,产生相同的黏性末端,在 DNA 连接酶作用下,质粒的黏性末端与目的基因 DNA 片段的黏性末端就会因碱基互补原则配对而结合,形成重组 DNA 分子。人们在大肠杆菌中发现了很多不同的质粒,研究较多的有 F 质粒、R 质粒及 Col 质粒。

(2)噬菌体载体

噬菌体除了具有复制起点的 DNA 分子外,还有编码外壳蛋白质的基因,是一种良好的基因克隆载体。噬菌体能够利用寄主细胞合成自己的蛋白质、各种氨基酸等进行生长和繁殖，并且大量释放。

噬菌体载体的构建首先要除去多余的限制酶识别位点，切除掉 DNA 的非必需区段，然后引入适当的选择标记和无义突变，从而构建出安全的噬菌体载体。

（3）单链 DNA 噬菌体载体

单链 DNA 噬菌体载体主要是由 M13 噬菌体构建发展起来的一类载体，它们不存在包装限制问题，且可以大量生产。应用这类载体可以非常容易地测定出外源 DNA 片段的插入方向，并且具有能够在体外进行基因克隆操作等很多优势。

（4）黏粒载体

黏粒载体是一类含有噬菌体的确 cos 序列的质粒载体。它具有噬菌体载体的体外包装和高效感染等特性，也同时具有质粒载体的易克隆操作、高拷贝及同源序列的重组能力的特点。黏粒载体都是在克隆通用的质粒载体的基础上，引入 cos 序列以及其他一些序列改造构建而成的。

除上述载体之外还有人工染色体，如酵母人工染色体、细菌人工染色体、哺乳动物人工染色体等许多过于庞大的真核基因克隆的载体。

13.1.2.2　基因工程的基本操作步骤

依据基因工程研究的内容，基因工程的基本操作过程归纳如下：

①从供体生物的基因组中，分离获得带有目的基因的 DNA 片段。通过酶切和 PCR 扩增等步骤从生物有机体的基因组中分离出带目的基因的 DNA 片段。一般有三种方式：从适当的供体细胞中直接分离 DNA；逆转录法：mRNA 通过反转录酶的作用合成互补 DNA；化学方法合成基因。

②构建基因表达载体，通过限制性核酸内切酶分别将外源 DNA 和载体分子切开。

③DNA 连接酶将含有外源基因的 DNA 片段接到载体分子上，形成 DNA 重组分子，这是基因工程的核心，将带有目的基因的 DNA 片段连接到选好的载体分子 DNA 上，使其成为重组 DNA 分子。实质上就是将不同来源的 DNA 分子组合在一起的过程。

④将重组 DNA 分子导入到受体细胞。基因导入的方法有很多种，可根据具体要求进行选择。较为常用的是转化，即将携带目的基因的重组 DNA 分子与受体细胞膜结合进入受体细胞。

⑤带有重组体的细胞培养扩增，获得大量的细胞繁殖群体。目的基因导入受体细胞后，便随着受体细胞的繁殖而复制。

⑥筛选和鉴定转化细胞，获得使外源基因高效稳定表达的基因工程菌或细胞。从大量细胞繁殖群体中，筛选出获得重组 DNA 分子的受体细胞，然后从这些受体细胞中提取出扩增后的目的基因。重组 DNA 分子进入受体细胞后，受体细胞必须表现出特定的性状，才能说明目的基因完成了表达过程。

⑦将选出的细胞克隆的目的基因进一步研究分析，并设法使之实现功能蛋白的表达。将目的基因克隆到表达载体上，导入寄主细胞，使之在新的遗传背景下实现功能表达，产生出人类需要的蛋白质。

13.1.3　微生物学基础

微生物学是生物学的分支学科之一。它是研究各类微小生物(细菌、放线菌、真菌、病毒、立克次氏体、支原体、衣原体以及单细胞藻类)的形态特征、细胞的结构和组成、生理、生物化学反应、代谢调控、遗传变异、分类和生态的科学。微生物是整个生态系统中物质的主要分解者,在自然界物质和能量转化中占有特殊的地位。污染控制中的生物处理法主要是利用微生物细胞分泌的各种酶来催化微生物的代谢,将有机污染物分解转化成无机物。微生物的种类及结构在本书第一篇已详细介绍。这里简要介绍一下环境微生物学。

环境微生物学是环境科学中的一个重要分支,是 20 世纪 60 年代末兴起的一门边缘学科,它主要以微生物学的理论与技术为基础,着重研究有关自然环境现象、环境质量及环境问题中微生物的特点、作用规律及微生物在环境工程中应用的学科。

环境微生物学研究自然环境中的微生物群落、结构、功能与动态;研究微生物对不同环境中的物质转化以及能量变迁,修复、改善环境的作用与机理,进而考察其对环境质量的影响。由于微生物代谢类型的多样性,对各种污染物能较快地适应,只要能找到合适的微生物,提供适宜的条件,几乎全部有机污染物均可被微生物降解成无机物。

人类生活与生产过程中排出大量废物中带有大量的病原微生物,在一定条件下造成空气、土壤、水体等环境污染,有些细菌可引起管道腐蚀,有的可引起赤潮等现象。环境污染日益严重,环境微生物学主要深入研究并阐明微生物、污染物与环境三者间的相互关系与作用规律。环境微生物的另一任务是利用微生物作为环境监测的指标和手段。

目前,废气处理的微生物学研究工作主要有高效降解菌的驯化、分离筛选,通过投菌法以加速废气污染物的降解,提高降解效果;废水的处理主要利用生物膜系统进行分离降解;利用微生物原理进行有机固体废弃物的生化处理已取得一定进展,尤其是处理以有机垃圾为主的生活垃圾,以达到资源化、减量化、无害化的要求。

13.2　分子微生物学技术

随着人们对环境微生物的热切关注和科学技术的飞速发展,相关技术也得到了日新月异的发展。基于分子生物学的发展,通过基因工程技术,对微生物的基因进行定向改造,或将微生物的基因转入其他生物中,使其他生物获得新的性状,从而达到保护环境的目的。

核酸探针检测技术、利用引物的 PCR 技术、DNA 序列分析技术和电泳分离及显示技术都是重要的微生物分子技术,在探索微生物与污染环境之间的相互影响中发挥了重要作用,推进了污染环境微生物研究的发展。

分子水平的微生物检测技术进行微生物检测,目前研究较多的是应用核酸探针、PCR技术、生物传感器等生物高技术进行环境检测。

核酸探针、PCR 技术用于细菌、病毒检测,已利用核酸探针来检测水环境中的致病菌,如大肠杆菌、志贺氏菌、沙门氏菌、等致病菌,也可用于检测乙肝病毒、艾滋病病毒等。

13.2.1　核酸探针检测技术

以核酸分子杂交技术为核心,分析 DNA 序列及片段的探针是能与特定核苷酸序列发生碱基互补的已知核苷酸序列片段。由于核酸分子杂交的高度特异性及检测方法的高度灵敏性,使得核酸分子杂交技术广泛应用于对环境中的微生物的检测。

核酸分子杂交的原理是利用 DNA 能变性和重退火的特性,根据碱基互补配对的原则,具有互补序列的两条单链核苷酸分子在一定的条件下,碱基互补配对结合,重新形成双链。被标记的核苷酸探针以原位杂交、印迹杂交、斑点印迹和狭线印迹杂交等不同的方法,来检测溶液中、细胞组织内或固定在膜上的同源核酸序列。

影响杂交的因素有:

①核酸分子的浓度和长度(探针长度应控制在 50~300 个碱基对)。

②温度过高不利于复性,温度是较 T_m 值低 25 ℃。

③杂交液中的甲酰胺在低温下能使探针更稳定,更好地保留非共价结合的核酸。

④盐离子浓度较高能使碱基错配的杂交体更稳定。

⑤核酸分子的复杂性及非特异性反应。

探针的种类有 cDNA 探针、基因组探针、寡核苷酸探针、cRNA 探针等。cDNA 探针是目前应用最为广泛的一种探针。cDNA 是指互补于 mRNA 的 DNA 分子,cDNA 是由 RNA 经一种称为逆转录酶的 DNA 聚合酶催化产生的,将其载入适当的质粒载体上,将重组质粒扩增后,提取质粒分离纯化作为探针使用。基因组探针是将基因组文库里筛选得到的基因或基因片段克隆后,扩增、纯化、提取、分离纯化为探针。

探针的标记法有缺口平移法、随机引物法、PCR 标记法、末端标记法等。

13.2.2　聚合酶链式反应技术

聚合酶链式反应(PCR)即是在体外合成特异性 DNA 片段的方法,它能快速扩增目的基因 DNA 或 RNA 片段,在各领域广泛应用。在环境检测中,靶核酸序列往往存在于一个复杂的混合物如细胞提取液中,且含量很低。使用 PCR 技术可将靶序列放大几个数量级,再用探针杂交探测对被扩增序列作定性或定量研究分析微生物群体结构。PCR 技术在环境微生物学中的应用目前集中在研究特定环境中微生物区系的组成、结构,以分析种群动态和监测环境中的特定微生物,如致病菌和工程菌等。

1. PCR 技术的基本原理

PCR 是在生物体外进行的 DNA 复制过程,基本原理是 DNA 的半保留复制机理,以及不同温度下 DNA 分子可以在双链和单链间互相转变的性质,通过控制反应的温度,使双链 DNA 解链成单链,单链 DNA 再在 DNA 聚合酶作用下以 dNTP 为原料延伸为双链 DNA。PCR 反应类似于 DNA 的天然复制过程,其特异性依赖于与靶序列两端互补的寡核苷酸引物,是一种具有选择性的体外扩增 DNA 或 RNA 片段的方法。

PCR 由变性、退火、延伸三个基本反应步骤构成,每一步的转换通过温度的改变来控制。93 ℃左右变性,使模板 DNA 双链解离成单链;55 ℃左右复性,使引物与模板 DNA 单链的互补序列配对结合;70 ℃左右引物的延伸,形成新生 DNA 链。即高温变性、低温退火、中温延伸三个步骤构成 PCR 反应的一个循环,此循环的反复进行,就可使目的 DNA

得到高效快速扩增。

PCR 技术检测细菌即是利用细菌遗传物质的高度保守核酸序列,设计相关引物,对提取出的细菌核酸片段进行扩增,用凝胶电泳和紫外核酸检测仪观察结果。

2. PCR 反应的基本要素

参加 PCR 反应的物质主要有五种:引物、dNTP、酶、模板和 Mg^{2+}。

①引物是 PCR 特异性反应的关键,PCR 产物的特异性取决于引物与模板 DNA 互补的程度,每条引物的浓度 0.1 ~ 1 μmol 或 10 ~ 100 pmol。引物设计原则如下:

a. 引物长度一般为 15 ~ 30 个核苷酸,常用的为 20 个左右。

b. 引物的碱基尽可能随机,避免碱基堆积现象。G+C 含量以 40% ~ 60% 为宜,3′端不应有连续三个 G 和 C,避免五个以上的嘌呤或嘧啶核苷酸的成串排列。3′端和 5′端引物具有相似的 T_m 值。

c. 引物 3′端碱基是引发延伸的起点,要求严格配对,最佳碱基选择是 G 和 C,能够形成比较稳定的碱基配对,以避免因末端碱基不配对而导致 PCR 失败。

d. 两个引物之间不应存在互补序列,尤其应避免 3′端的互补重叠,否则会形成引物二聚体,产生非特异的扩增条带。

e. 引物自身不应存在互补序列以避免折叠成发夹结构。

f. 引物与非特异扩增区的序列的同源性不超过 70%,引物应与核酸序列数据库的其他序列不能有明显同源性,否则易导致非特异性扩增。

g. 引物中有或能加上合适的酶切位点,被扩增的靶序列最好有适宜的酶切位点,这对酶切分析或分子克隆很有好处。

h. 引物的 5′端可以修饰,如附加限制酶位点,引入突变位点,用生物素、荧光物质、地高辛标记,加入其他短序列包括起始密码子、终止密码子等。

②dNTP 是三磷酸脱氧核糖核苷酸的缩写,是 dATP、dGTP、dTTP、dCTP 的统称,是PCR 聚合酶链反应中的原料。dNTP 的质量与浓度和 PCR 扩增效率有密切关系。在 PCR反应中,dNTP 的浓度应为 50 ~ 200 μmol/L,尤其是注意四种 dNTP 的浓度要相等。

③酶。DNA 只能延伸,不能从头复制,因此要有引物才能启动 PCR 反应。PCR 反应的酶要求耐高温,因为大多数酶高温失活,而 DNA 解链和延伸都要很高的温度才能保证复制的准确性,现在一般使用的是 Taq DNA 聚合酶,作用是 5′-3′聚合和 3′-5′外切功能,加入引物根据不同的要求一般不同。目前有两种 Taq DNA 聚合酶供应,一种是从栖热水生杆菌中提纯的天然酶,另一种为大肠菌合成的基因工程酶。

④模板核酸即靶基因。模板核酸的量与纯化程度,是 PCR 成败与否的关键环节之一,传统的 DNA 纯化方法通常采用 SDS 和蛋白酶 K 来消化处理标本。RNA 模板提取一般采用异硫氰酸胍或蛋白酶 K 法。

⑤Mg^{2+} 的作用主要是 dNTP-Mg 与核酸骨架相互作用并能影响聚合酶的活性,一般情况下 Mg^{2+} 的浓度在 0.5 ~ 5 mmol 之间调整。Mg^{2+} 对 PCR 扩增的特异性和产量的影响很大。

3. PCR 反应的条件及步骤

PCR 扩增的操作程序基本相同,那根据引物与靶序列的不同,选择不同的 PCR 反应条件(温度、时间和循环次数)。标准的操作步骤如下:

（1）变性

第一步反应是双链 DNA 在 93 ℃左右变性,变性的温度与时间 PCR 是反应能否成功的关键因素。在一般情况下,93～94 ℃,1 min 是模板 DNA 变性的适宜温度,温度稍低则要延长反应时间。若温度过低,则解链不完全;若温度过高,则会影响酶的活性。

（2）复性

DNA 变性后温度快速冷却至 55 ℃左右,引物退火并结合到靶基因序列上,可使引物和模板结合。退火温度与时间,取决于引物、靶基因序列的长度和碱基组成。复性温度的计算公式为

$$复性温度 = T_m 值 - (5 \sim 10 \ ℃)$$
$$T_m 值(解链温度) = 4(G+C) + 2(A+T)$$

复性时间一般为 30～60 min。

（3）延伸

复性后温度快速上升至 70 ℃左右,在 Taq DNA 聚合酶的作用下,按照模板形成双链 DNA。PCR 延伸反应的时间,根据目的基因片段的长度而定。

PCR 循环次数主要取决于模板 DNA 的浓度。一般的循环次数选为 30～40,循环次数越多,非特异性产物的量则越多。对于较短的靶基因可将退火与延伸设为一个温度,一般是 93 ℃变性,55 ℃左右退火与延伸。

4. PCR 技术检测环境微生物

PCR 技术适用于检测不能培养的微生物,可用于土壤、沉积物、水样等环境标本的细胞检测。常规检测的第一步是从环境样品中提取微生物 DNA 或 RNA 时,首先对其进行纯化,以减少对 PCR 反应的干扰。提取核酸的方法主要有氯化铯密度梯度离心法、酚/氯仿抽提法、乙醇沉淀法、亲和层析法等。然后以提取的基因作为模板,进行 PCR 扩增,循环反应的总数在 30 左右。经过 PCR 反应扩增以后,通常进行琼脂糖凝胶电泳,在溴乙啶染色后,在紫外线灯下即可观察到清晰的电泳区带。还有其他一些方法可以比较容易地检测出来。

5. PCR 在环境微生物检测中的应用

自然环境中如土壤、水和大气都存在着很多微生物,包括病毒、一些致病菌等,应用 PCR 技术检测环境中的致病菌与指示菌的种类、数量及变化趋势等都是非常重要的。人们用 PCR 及基因探针方法检测沙门氏菌属、志贺氏菌属和产毒性大肠埃希氏菌简便、敏感,且用时短。

在研究遗传工程中构建的基因工程菌不可避免地进入到环境中。应用 PCR 技术对已知的基因工程菌进行检测已得到广泛应用。PCR 技术在环境微生物基因克隆中的应用弥补了用常规克隆方法获得的细菌基因的不足。采用 PCR 技术克隆、分析突变基因,分离基因,或构建新的基因序列简单、方便。

在分子生态学中,根据扩增的模板、引物序列来源及反应条件的不同,可将 PCR 技术分为反转录 PCR 技术(Rt-PCR)、竞争 PCR(C-PCR)、扩增的 rDNA 限制酶切分析技术(ARDRA)、随机扩增多态性 DNA 技术(RAPD)等。

13.2.3　DAPI 染色法检测微生物

DAPI 染色检测法是一种简易、快速和敏感地检测 DNA 的方法。DAPI 为 4,6 二脒基-2-苯吲哚,能与双链 DNA 小槽,特别是 AT 碱基结合,也可插入少于三个连续 AT 碱基对的 DNA 序列中。当它与双链 DNA 结合时,荧光强度增强,而与单链 DNA 结合则无荧光增强现象。DAPI 染色技术可以很好地与细胞核中的 DNA 结合,但无法指示细胞是否存活。正常的细胞核呈强荧光,细胞质无荧光;固定的组织细胞同样处理,也可得到相似的染色结果。在有支原体污染的细胞质和细胞表面可见孤立的点状荧光。

13.3　分子生物学技术在能源领域中的应用

13.3.1　检测基因工程菌

在特定的环境系统中,微生物只有个别亚群对特定有毒化合物能起降解作用。在自然环境中,微生物之间通过各种途径进行基因交换或突变,使微生物获得新的性状,利用基因工程技术定向改变微生物的性状来提高适应新环境的能力。另一个研究重点就是使环境基因工程菌在一定环境条件下处于优势菌群,有利于对污染物的降解。

微生物的多样性是生态环境的基础,保证环境内物质循环,维持环境的平衡,大多数生物治理污染的生物反应器都依赖于有特定功能的微生物群落。在微生物系统分析中,16S rRNA/DNA 的比率是检测微生物种群代谢活动的有效参数。在稳定的状态下,微生物的 RNA/DNA 比率与生长率成正比。

13.3.2　微生物酶检测

通过微生物的酶活性的测定,可以从分子水平上研究环境污染物的毒性。采用现代分子生物学方法研究酶与污染物及代谢产物之间的相互作用机理,可对污染物造成的环境影响作出更为准确的评价。

外源性化学物质大都是通过产生活性氧而对细胞产生毒害作用的,而这些化学物质可诱导细胞的抗氧化酶,故可利用抗氧化剂系统的成分来检测早期污染物的影响。脱氢酶对毒物的作用非常敏感,当受到毒物抑制时,脱氢酶活性明显下降。所以可以通过测定脱氢酶活性的下降程度来估测毒性的强弱。酶联免疫检测技术是利用抗原抗体反应所具有的高度特异性,以酶作为标记物,与已知抗体结合,然后将酶标记物的抗体作为标准试剂来鉴定未知的抗原。用酶联免疫检测的环境化合物要求是具亲水性且在水中稳定的化合物,如磺酰基尿素、氨基甲酸酯、除莠剂等。ELISA 是根据酶联免疫检测原理发展的一种固相免疫技术,是目前检测中最常用的方法。

13.3.3　生物膜法处理工艺

生物膜是由细菌、真菌、藻类、原生动物、后生动物和其他一些肉眼可见的微生物群落组成。生物膜法就是使这些微生物依附在固体表面呈膜状生长,实现有机污染物在微生物作用下降解的方法。微生物细胞能在水环境中牢固地附着载体表面,并生长、繁殖,由于细胞内向外伸展的胞外多聚物使微生物群体形成纤维状的结构,所以生物膜通常具有孔状结构,并具有很强的吸附能力。当污水在流过载体表面时,有机污染物就会被微生物所吸附并降解。微生物在载体表面上形成稳定的生态系统,具有较高的耐冲击能力和环境适应能力,容积负荷增高,处理能力增大。

在污水生物处理的发展中,活性污泥法和生物膜法一直占据主导地位。污水中有机污染物质种类繁多,成分复杂。但生活污水中的有机成分主要就是蛋白质、碳水化合物和油脂,此外还含有一定量的尿素。随着新型填料的开发和配套技术的完善,生物膜法处理工艺在近年来得以快速发展。膜生物反应器就是一种将污水的生物处理和膜过滤技术相结合的高效废水生物处理技术。

(1)厌氧生物膜法处理工艺

在有机废水的厌氧处理过程中,经大量微生物的分解代谢作用,最终被降解为甲烷、二氧化碳和水等。在此过程中,不同的微生物的代谢过程相互影响、相互制约,构成复杂的生态系统。

有机废物的厌氧降解过程可以被分为四个阶段:水解阶段(蛋白质水解,碳水化合物水解、脂类水解)、酸化阶段(氨基酸和糖类的厌氧氧化,较高级的脂肪酸与醇类的厌氧氧化)、产乙酸阶段(中间产物中形成乙酸、氢气,由氢气和氧化碳形成乙酸)和产甲烷阶段(乙酸形成甲烷,氢气和二氧化碳形成甲烷)。除此之外,如果污水中含有硫酸盐,还会有硫酸盐还原过程。

厌氧生物膜法处理工艺的反应器有厌氧滤器(AF)、厌氧流化床反应器(AFBR)、厌氧附着膜膨胀床反应器(AAFEB)等。

(2)好氧生物膜法处理工艺

好氧生物膜法技术即生物接触氧化法,是由生物滤池和接触曝气氧化池演变而来的。填料是生物膜核心技术之一。填料是生物膜的载体、微生物栖息的场所,其性能直接影响着生物接触氧化技术效果的好坏。填料的特性取决于填料的材质和结构形式,材质应具有分子结构稳定、耐腐蚀等特性,结构形式应具有比表面积大、空隙率高、切割气泡等特点。

填料填充方式有固定式填料、悬挂式填料、分散式填料等。固定式填料以蜂窝状及波纹状填料为代表,多由玻璃钢、薄形塑料构成;悬挂式填料包括软性、半软性、组合填料等;分散式填料包括堆积式、悬浮式填料等。

早期的生物接触氧化池填料选择的是砂石、竹木和金属制品等,主要用于处理低浓度、低有机负荷的污水,取得了比较好的效果。随着蜂窝直管填料和立体波纹塑料填料的出现,扩大了生物接触氧化法的应用范围,在原有处理范围的基础上还可以处理高浓度乃至有毒有害的工业废水。

第三篇 产甲烷菌与沼气化工程

第14章 产甲烷菌

14.1 产甲烷菌的研究进展

1974 年，Bryant 首次提出了产甲烷菌一词，将其与以甲烷为能量来源的嗜甲烷菌（*Methanotrophs*）区分开来。Schnellen 等首次从消化污泥中分离纯化出甲酸甲烷杆菌（*Methanobacterium Formicium*）和巴氏甲烷八叠球菌（*Methanosarcina Barkeri*）；20 世纪 90 年代初，国内外从各种不同的厌氧生态环境中分离获得的球状产甲烷菌纯培养菌有 20 多种。1987 年，Zellner 等报道了一种球状产甲烷细菌，并起名为小微粒甲烷菌（*Methanocorpuscu-lumparvm*）。1992 年第一株嗜冷产甲烷菌得以分离培养。2003 年，Simankova 等从冷陆地分离培养到五株产甲烷古菌。Ma 等从厌氧消化器中分离到一种新的甲烷杆菌。到目前为止，分离鉴定的产甲烷菌已有 200 多种。产甲烷菌的数目也将会随着研究的深入不断增多。

自 20 世纪 80 年代以来，我国科研工作者对厌氧消化处理中的产甲烷菌进行了非常深入的研究。1980 年，周孟津和杨秀山分离出巴氏八叠球菌；1983 年，钱泽澎分离出嗜树木甲烷短杆菌和甲酸甲烷杆菌；1984 年，赵一章等分离出马氏甲烷短杆菌菌株 C-44 和菌株 HX；1985 年，张辉等分离出嗜热甲酸甲烷杆菌；1987 年，刘光烨等在酒窖窖泥中分离出布氏甲烷杆菌 CS，钱泽澎等分离出亨氏甲烷螺菌；1988 年，陈美慈等分离出嗜热甲烷杆菌 TH-6。而在最近的十几年里，又陆续发现了一些新的产甲烷菌种，2000 年孙征发现的弯曲甲烷杆菌 Px1 极大地促进了产甲烷菌的研究进程。

14.2 产甲烷菌的定义及分类

14.2.1 产甲烷菌的定义

甲烷在地球大气中的平均质量浓度很低，只有 1.7×10^{-6} mg/L。但却是影响全球气候变化的重要气体。大气层的温室效应使全球气温升高,随之引发的多米诺效应对自然生态环境和人类社会有着深刻的影响。造成温室效应的主要气体是二氧化碳,甲烷则紧居其后,也具有强烈的温室效应。和大气中质量浓度为 345×10^{-6} mg/L 的二氧化碳相比,甲烷的质量浓度仅仅为其0.49%,但所造成的温室效应却为二氧化碳的25%。这是因为甲烷的红外吸收峰高,单位体积甲烷造成的温室效应为二氧化碳的30倍的缘故。

产甲烷菌是生活在厌氧生境,能将大量有机碳转化为甲烷的一类微生物。在自然界中,它属于一类独特的生理菌。在分类学上,它同其他古细菌一样,独立于真核及原核生物,是古细菌中一个最大的类群。由于它具有特殊的生理和生化功能,在某些类型天然气的形成过程中,产甲烷菌起着重要作用。

14.2.2 产甲烷菌的分类

几十年来,不同的微生物分类学家提出各种不同的分类观点,近来对产甲烷菌类地位的看法,也日趋一致。

14.2.2.1 根据最适生长温度

产甲烷菌有一些分类,但都不是很完善。其中,按温度来划分产甲烷菌是较完整的。以温度来划分产甲烷菌,主要是因为温度对产甲烷菌的影响是很大的。当环境适宜时,产甲烷菌得以生长、繁殖;过高、过低的温度都会不同程度抑制产甲烷菌的生长,甚至死亡。

根据最适生长温度(T_{opt})的不同,研究者将产甲烷菌分为嗜冷(T_{opt}低于25 ℃)、嗜温(T_{opt}为35 ℃左右)、嗜热(T_{opt}为55 ℃左右)和极端嗜热(T_{opt}高于80 ℃)四个类群。

1. 嗜冷产甲烷菌

嗜冷微生物是指能够在寒冷(0~10 ℃)条件下生长,同时最适生长温度在低温范围(25 ℃以下)的微生物可分为两类:专性嗜冷微生物(Stenopsychrophiles)和兼性嗜冷微生物(Eurypsychrophiles)。专性嗜冷微生物的最适生长温度较低,在较高的温度下无法生存;而兼性嗜冷微生物的最适生长温度较高,可耐受的温度范围较宽,在中温条件下仍可生长。嗜冷微生物的量化分类指标一直存在着争议。多数研究者参考最适生长温度(T_{opt})、最低生长温度(T_{min})和最高生长温度(T_{max})三个指标进行划分。其中,Morital建立了一种分类法,认为专性嗜冷微生物指 T_{opt} 低于15 ℃、T_{min} 低至0 ℃、T_{max} 低于20 ℃的微生物;兼性嗜冷微生物指 T_{opt} 高于15 ℃、T_{min} 低至0 ℃的微生物。Nozhevnikova 等认为,Morita 分类法主要是针对好氧微生物提出的,而厌氧微生物的生存温度通常高于好氧微生物,因此,他们提出的针对嗜冷产甲烷菌的分类方法温度范围更高:专性嗜冷产甲烷菌指 T_{opt} 低于25 ℃、T_{min} 低至10 ℃、T_{max} 低于30 ℃的产甲烷菌;兼性嗜冷产甲烷菌指 T_{opt} 高于25 ℃、T_{min} 低至10 ℃的产甲烷菌。

2. 嗜温和嗜热产甲烷菌

嗜温和嗜热产甲烷菌的 T_{opt} 分别为35 ℃和55 ℃,其生长的温度范围为25~80 ℃。1972 年,Zeikus 等从污水处理污泥中分离出第一株热自养产甲烷杆菌开始,各国研究人员已从厌氧消化器、淡水沉积物、海底沉积物、热泉、高温油藏等厌氧生境中分离出多株嗜热产甲烷杆菌。Wasserfallen 等根据多株嗜热产甲烷杆菌分子系统发育学研究,将其立为新属并命名为嗜热产甲烷杆菌属(*Methanothemobacter*),该属分为六种,其中 M. thermau-totrophicus str. Delta H 已经完成基因组全测序工作。仇天雷等从胶州湾浅海沉积物中分离出 1 株嗜热自养产甲烷杆菌 JZTM,直径为 $0.3 \sim 0.5 \ \mu m$,长为 $3 \sim 6 \ \mu m$,具有弯曲和直杆微弯两种形态,单生、成对,少数成串。能够利用 H_2/CO_2 和甲酸盐生长,不利用甲醇、三甲胺、乙酸和二级醇类。最适生长温度 $60 \ ℃$,最适盐浓度为 $0.5\% \sim 1.5\%$,最适 pH 值为 $6.5 \sim 7.0$,酵母膏刺激生长。菌株 JZTM 与标准株 M. thermautotrophicus strain delt H 的 16S rRNA 基因序列相似性为 99%。

3. 极端嗜热产甲烷菌

极端嗜热产甲烷菌的 T_{opt} 高于 $80 \ ℃$,能够在高温的条件下生存,低温却对其有抑制作用,甚至不能存活。

14.2.2.2　以系统发育为主的产甲烷菌最新分类系统

1776 年,Alessandro Volta 首次发现了湖底的沉积物能产生甲烷,之后历经一个多世纪的研究,利用有机物产甲烷的厌氧微生物大致被分为两类:一类是产氢、产乙酸菌,另一类就是产甲烷菌。W. E. Balch 等在 1979 年报道了 3 个目、4 个科、7 个属和 13 个种的产甲烷微生物,他们的分类建立在形态学、生理学等传统分类特征以及 16S rRNA 寡核苷酸序列等分子特征基础上。随着厌氧培养技术和菌种鉴定技术的不断成熟,产甲烷菌的系统分类也在不断完善。《伯杰系统细菌学手册》第 9 版将近年来的研究成果进行了总结和肯定,并建立了以系统发育为主的产甲烷菌最新分类系统。产甲烷菌分可为五个大目,分别是:甲烷杆菌目(*Methanobacteriales*)、甲烷球菌目(*Methanococcales*)、甲烷微菌目(*Methanomicrobiales*)、甲烷八叠球菌目(*Methanosarcinales*)和甲烷火菌目(*Methanopyrales*),上述五个目的产甲烷菌可继续分为 10 个科与 31 个属,它们的系统分类及主要代谢生理特性见表 14.1。目前研究产甲烷菌各级分类单元最有效的手段是多相分类(Polyphasic Taxonomy),该方法能较为客观、全面地反映产甲烷菌各个分类单元在自然系统进化中的地位,涉及的数据包括表型类、基因型类和系统发育标记类。其中表型信息主要是指形态和生理生化性状的分析;基因信息包括分子杂交(如 DNA-DNA 分子杂交、DNA-rRNA 分子杂交等)和分子标记(如 RFLP、SSCP 等);系统发育信息则主要是指 16S rDNA 的序列分析。利用全面系统的分类鉴定技术可以发现自然界中更多新的产甲烷菌类群,从而丰富产甲烷菌的分类地位。

表 14.1　产甲烷菌的分类

菌　名	营养类型	栖息地	最适生长条件
甲烷杆菌 CB12 (*Methanobacterium Strain CB*12)	H_2+CO_2,甲酸	中国,中温 沼气污泥池	56 ℃,pH 值为 7.4
甲烷杆菌 FTF (*Methanobacterium FTF*)	H_2+CO_2,甲酸	高温消化器	55 ℃,pH 值为 7.5
热聚甲烷杆菌 (*Methanobacterium Termoaggregans*)	专性自养,H_2+CO_2	牛粪便中	65 ℃, pH 值为 7.0 ~ 7.5
嗜热碱甲烷杆菌 (*Methanobacterium Thermoalcalphilum*)	专性自养,H_2+CO_2	沼气池中	60 ℃, pH 值为 7.5 ~ 8.5

续表 14.1

菌名	营养类型	栖息地	最适生长条件
热自养甲烷杆菌 (*Methanobacterium Thermoautotrophicum*)	专性自养, H_2+CO_2	污泥,黄石公园 温湿区域	$65\sim75\ ℃$, pH 值为 $7.2\sim7.6$
热甲酸甲烷杆菌 (*Methanobacterium Thermoformicicum*)	H_2+CO_2,甲酸	高温粪便消化器	$55\ ℃$,pH 值为 $7\sim8$
沃氏甲烷杆菌 (*Methanobacterium Wolfei*)	专性自养,H_2+CO_2	污泥和河流沉积物	$55\sim65\ ℃$, pH 值为 $7.0\sim7.5$
热自养甲烷球菌 (*Methanococcus Thermolithotrophus*)	甲酸,H_2+CO_2	地热区海底沉积物	$65\ ℃$,pH 值为 7.0, 4% NaCl
(*Methanogenium Frittonii*)	H_2+CO_2,甲酸	淡水沉积物	$57\ ℃$,pH 值为 $7.0\sim7.5$
嗜热产甲烷菌 (*Methanogenium Thermophilicum*)	甲酸,H_2+CO_2	核电厂海水 冷却管道	$55\ ℃$,pH 值为 7.0, 0.2 mol NaCl
产甲烷菌 UCLA (*Methanogenium Strain UCLA*)	甲酸,H_2+CO_2	厌氧污泥消化器	$55\sim60\ ℃$, pH 值为 7.2
甲烷八叠球菌 CHTI55 (*Methanosarcina Strain CHTI55*)	乙酸、甲醇、甲胺	高温消化器	$57\ ℃$,pH 值为 6.8
嗜热甲烷八叠球菌 (*Methanosarcina Thermophila*)	乙酸、甲醇、甲胺 三甲胺,H_2+CO_2	高温消化器	$50\ ℃$,pH 值为 $6\sim7$
嗜热乙酸甲烷丝菌 (*Methanothrix Thermoacetophila*)	未确定	温泉	$62\ ℃$ pH 值未报道

14.3　产甲烷菌的生理生化特征

14.3.1　产甲烷菌的共同特征

产甲烷菌虽然形态极不相同,但其生理功能又惊人地相似。近 30 年的深入研究表明,所有产甲烷细菌都具有以下一些共同的特征:

①生长非常缓慢,如甲烷八叠球菌在乙酸上生长时,其倍增时间为 $1\sim2$ d,甲烷菌丝倍增时间为 $4\sim9$ d。

②严格厌氧,对氧气和氧化剂非常敏感,在有空气的条件下就不能生存。

③只能利用少数简单的化合物作为营养。

④它们要求在中性偏碱和适宜温度环境条件。

⑤代谢活动主要终产物是以甲烷和二氢化碳为主要成分的沼气。

14.3.2　产甲烷菌的影响因素

1. 氧

Zehnder 和 Brock(1980 年)将淤泥样稀释瓶在 37 ℃好氧条件下剧烈振荡 6 h,使黑色淤泥变为棕色,然后将此淤泥置于空间为空气的密闭血清瓶中培养。结果发现氧很快被耗尽,而且甲烷的氧化与形成几乎以 1∶1 000 的速率平行发生,氧对于甲烷的氧化没有促进性影响,在氧耗尽后甲烷的形成和氧化都以比氧耗尽前更大的速率进行。这种经好氧处理的甲烷氧化和形成均比不经好氧处理下的要小。利用消化器污泥所获得的结果也与此相似,即氧不仅在某种程度上抑制甲烷的形成,也一直抑制甲烷的氧化。这也表明氧并不是影响甲烷厌氧氧化的直接因子。

2. 温度

与甲烷形成一样,甲烷厌氧氧化液呈现出两个最适的温度范围:中温性和高温性。甲烷形成的第一个最适范围在 30 ~ 42 ℃,最高活性在 37 ℃左右;第二个活性范围在 50 ~ 60 ℃,最高在 55 ℃左右。这些结果表明甲烷形成与氧化活性的适宜温度范围是十分一致的。

3. 抑制剂

2-溴乙烷磺酸是产甲烷细菌产甲烷的特异性抑制剂,它同样是甲烷厌氧氧化的强抑制剂。无论是在自然的厌氧环境中,还是活性消化污泥中,都显示出其抑制作用。而且甲烷的厌氧氧化过程比甲烷形成过程对此化合物似乎更为敏感。如在消化污泥和湖沉积物中抑制甲烷厌氧氧化活性 50% 的 2-溴乙烷磺酸浓度为 10.5 mol/L。而抑制 50% 甲烷形成活性则需 10.3 mol/L。2-溴乙烷磺酸对于以各种基质的甲烷形成和甲烷氧化抑制 50% 时的深度也不相同。另外,硫酸盐的存在不仅影响甲烷的形成,也影响甲烷的厌氧氧化,而且也呈现出硫酸盐对甲烷厌氧氧化的影响比对甲烷形成更大。随着硫酸盐浓度的增加,甲烷的厌氧氧化量占甲烷形成量的比率随之减小。在不存在或低浓度(1 mmol/L)硫酸盐情况下,甲烷的厌氧氧化量与甲烷形成量的比率随着温育时间的延长而增加,但随着硫酸盐浓度的增加,这种趋势渐趋消失。

14.4　甲烷的来源

14.4.1　产甲烷菌的自然环境

大气中甲烷来源的估计值见表 14.2。

表 14.2　大气中甲烷来源的估计值(Tyler,1991)

甲烷来源	甲烷生成量(10^6 t/年)
甲烷总量	355 ~ 870
人类活动形成甲烷总量	201 ~ 441
生物来源总量	302 ~ 715

续表 14.2

甲烷来源	甲烷生成量(10^6 t/年)
饲养动物	80 ~ 100
白蚁	25 ~ 150
水稻田	70 ~ 120
湿地、沼泽	120 ~ 200
垃圾填埋场	5 ~ 70
海洋	1 ~ 20
苔原	1 ~ 5
非生物来源总量	20 ~ 48
煤矿逸出	10 ~ 35
油气田逸失	10 ~ 30
输气管和工业逸失	15 ~ 45
生物量燃烧生成	10 ~ 40
水合甲烷	2 ~ 4
火山	0.5
机动车	0.5

　　水稻田、湿地和沼泽是生成甲烷的主要生态环境,反刍动物和白蚁则是甲烷重要的动物来源。

14.4.2　产甲烷菌的生态环境

　　产甲烷菌属于原核生物中的古菌域,具有其他细菌如好氧菌、厌氧菌和兼性厌氧菌所不同的代谢特征。产甲烷菌的甲烷生物合成途径主要是以乙酸、H_2/CO_2、甲基化合物为原料。产甲烷菌在自然界中分布极为广泛,在与氧气隔绝的环境几乎都有甲烷细菌生长,如海底沉积物、河湖淤泥、水稻田以及动物的消化道等。在不同的生态环境下,产甲烷菌的群落组成有较大的差异性,并且其代谢方式也随着不同的微环境而体现出多样性。

　　1. 海底沉积物

　　由于存在缺氧、高盐等极端条件,所以在海底环境中有大量产甲烷菌的富集。在已知的产甲烷菌中,大约有1/3的类群来源于海洋这个特殊的生态区域。一般在海洋沉积物中,利用 H_2/CO_2 的产甲烷菌的主要类群是甲烷球菌目(Methanococcales)和甲烷微菌目(Methanomicrobiales),它们利用氢气或甲酸进行产能代谢。在海底沉积物的不同深度里都能发现这两类氢营养产甲烷菌,此类产甲烷菌能从产氢微生物那里获得必需的能量。一些研究发现,甲基营养产甲烷菌也是海底沉积物中甲烷产生的主要贡献者,其主要类群有 Methanococcoides 和 Methanosarcina,它们所利用的甲基化合物一般来自于海底沉积物中的海洋细菌、藻类和浮游植物的代谢产物。硫酸盐在海水中的浓度为 20 ~ 30 mmol/L,这种浓度对产甲烷微生物来说是一种较适宜的底物浓度。但是海洋底部还存在大量的硫酸盐还原菌,它们和产甲烷菌相互竞争核心代谢底物,如氢气和醋酸盐等。在美国南卡罗纳州的 Cape 海底沉积物中,氢气主要是被硫酸盐还原菌所利用,氢气的浓度分压维持在 $0.1 \sim 0.3$ Pa,而这样的浓度已经低于海底沉积物中氢营养产甲烷菌的最低可用浓度。因此,在硫酸盐还原菌落聚集的沉积物上层,产甲烷菌的种类和菌落数量是相对有限的。在一些富含有机物的沉积物中,由于随着深度的增加硫酸盐浓度降低,因此在沉积物底部硫酸盐还原菌生长受限,从而使得产甲烷菌成为优势菌。Kendall 等研究发现,二甲硫醚和三甲胺分别来源于二甲基亚砜丙酸盐和甜菜碱,这些化合物并不能直接有效地被硫酸盐还原菌所利用,相反却是这类菌的"非竞争性"代谢底物。正是由于此类硫酸盐还原菌的"非竞争性"底物的存在,使得专性的甲基营养产甲烷菌才得以出现在不同深度的沉积物中。

2. 淡水沉积物

相对于海洋的高渗环境,淡水里的各类盐离子浓度明显要低很多,其硫酸盐的浓度只有 $100 \sim 200$ μmol/L。因此在淡水沉积物中,硫酸盐还原菌将不会和产甲烷菌竞争代谢底物,这样产甲烷菌就能大量生长繁殖。由于在淡水环境中乙酸盐的含量是相对较高的,因而其中的乙酸盐营养产甲烷菌占了产甲烷菌菌种的 70%,而氢营养产甲烷菌只占不到 30%。一般在淡水沉积物中,产甲烷菌的主要类群是乙酸营养的甲烷丝状菌科(Methanosaetaceae),同时还有一些氢营养的甲烷微菌科(Methanomicrobiaceae)和甲烷杆菌科(Methanobacteriaceae)的存在。在淡水沉积物中,不同代谢类型产甲烷菌的生态分布具有一些独特规律:第一,氢营养产甲烷菌在低 pH 值淡水环境中不易生长繁殖。例如,研究发现,在德国东北部的 Grosse Fuchskuhle 湖底环境的 pH 值小于 5,在沉积物中并没有发现氢营养产甲烷菌的存在,而只有乙酸营养产甲烷菌的分布。因为这样偏酸的 pH 值环境适宜耗氢产乙酸菌(Homoacetogens)的生长,从而使得大部分 CO_2 转化为乙酸,而非甲烷。第二,随着淡水环境里温度的降低,氢营养产甲烷菌和乙酸营养产甲烷菌的生长繁殖均受到抑制,这主要是由两方面的因素造成:首先,耗氢产乙酸菌的最适生长温度较低;其次,绝大多数产氢细菌在低温环境里生长受限,从而使得氢营养产甲烷菌的关键代谢底物——H_2 供应不足。第三,在一些研究中还发现,氢营养产甲烷菌的丰度和活性会随着淡水沉积物的不同深度而发生改变。第四,淡水环境中产甲烷菌类群的分布也随着季节的变化而变化。Julie Earl 等用 PCR-TGGE 技术对已经富营养化的 Priest 湖泊底部的沉积物和水样进行不同季节产甲烷菌群落变化的研究,结果显示,在冬季沉积物中产甲烷菌的类型要比夏季的多,其优势菌是甲烷微菌目(Methanomicrobiales)。

3. 稻田土壤

稻田土壤是生物合成甲烷的另一个主要场所,在稻田中,O_2、NO_3^-、Fe_3^+ 和 SO_4^{2-} 被迅速消耗掉,并产生大量的 CO_2,为产甲烷菌的生长和繁殖创造了有利条件。甲烷的生成是其微环境主要的生化过程,光合作用固定的碳素有 $3\% \sim 6\%$ 被转化为甲烷。由于稻田的氧气分压较大,并且相对干燥,所以稻田的产甲烷菌相对其他生境的产甲烷菌有较强的氧气耐受性和抗旱能力。稻田中的产甲烷菌类群主要有 Methanomicrobiaceae、Methanobacteriaceae 和 Methanosarcinaceae,它们利用的底物一般是 H_2/CO_2 和乙酸。研究发现,稻田里产甲烷菌的生长和代谢具有一定的特殊规律性。第一,产甲烷菌的群落组成能保持相对恒定,当然也有一些例外,如氢营养产甲烷菌在发生洪水后就会占主要优势。

第二,稻田里的产甲烷菌的群落结构和散土里的产甲烷菌群落结构是不一样的、不可培养的。水稻丛产甲烷菌群(Rice Cluster I)作为主要的稻田产甲烷菌类群,其甲烷产生主要原料主要是 H_2/CO_2。而在其他的散土中,乙酸营养产甲烷菌是主要的类群,甲烷主要来源于乙酸。造成这种差别可能是由于稻田里氧气的浓度要比散土中高,而在稻田里的氢营养产甲烷菌具有更强的氧气耐受性。第三,氢营养产甲烷菌的种群数量随着温度的升高而增大。第四,生境中相对高的磷酸盐浓度对乙酸营养产甲烷菌有抑制效应。这些特有的规律有助于人们清楚地了解稻田里甲烷的产生机制,从而采取相关的措施防止水稻田里碳素的流失。

晚稻不同生育期在不同基质上的产甲烷菌数量见表14.3。

表14.3　晚稻不同生育期在不同基质上的产甲烷菌数量　　　　　　个/g 干土

取样日期	H_2/CO_2		甲酸钠 (Sodium Formate)		甲醇 (Methanol)		乙酸钠 (Sodium Acetate)	
	MPN 法	滚管法	MPN 法	滚管法	MPN 法	滚管法	MPN 法	滚管法
苗期 (8月7日)	4.5×10^7	1.0×10^7	8.5×10^6	3.0×10^6	3.2×10^5	2.7×10^3	1.3×10^5	3.3×10^4
分蘖盛期 (8月28日)	1.2×10^9	7.6×10^7	3.7×10^8	3.7×10^8	2.4×10^4	1.9×10^4	1.2×10^8	1.3×10^3
孕穗期 (9月21日)	1.1×10^{11}	1.3×10^{10}	3.7×10^9	3.7×10^7	1.7×10^5	4.4×10^4	1.0×10^6	9.0×10^4
乳熟期 (10月5日)	3.1×10^{11}	1.1×10^{10}	4.5×10^9	4.5×10^6	3.5×10^5	1.5×10^5	1.5×10^3	7.8×10^4
收获期	1.6×10^{10}	1.8×10^{10}	7.0×10^7	7.0×10^6	2.2×10^5	1.3×10^3	1.2×10^6	2.1×10^5

表14.4　早稻田不同深度土壤中的产甲烷数量

采样日期	产甲烷基质	土壤深度/cm		
		$0 \sim 5$	$5 \sim 13$	$13 \sim 18$
5月25日	$H_2/CO_2/(个 \cdot (g 干土)^{-1})$	2.7×10^{10}	3.3×10^{10}	4.8×10^{10}
6月13日	$H_2/CO_2/(个 \cdot (g 干土)^{-1})$	4.7×10^8	4.7×10^7	1.4×10^6
6月25日	$H_2/CO_2/(个 \cdot (g 干土)^{-1})$	5.8×10^9	7.4×10^9	5.6×10^8

4. 动物消化道

在动物的消化道中,由于营养物质较丰富并且具备厌氧环境,故存在类群较丰富的产甲烷菌。如在人类的肠道中,产甲烷菌的类群主要是氢营养产甲烷菌,它们利用的底物主要是 H_2/CO_2。从人类的粪便中分离到两种产甲烷菌: *Methanobrevibacter Smithii* 和 *Methanosphaera Stadtmanae*。其中 *M. smithii* 是人类肠道中的优势菌种,其总数在肠道厌氧菌总数中占了大约10%。而 *M. stadtmanae* 的菌群则相对较少,它们既能以 H_2/CO_2 为代谢底物,同时也能利用乙酸和甲醇作为碳源,以上两种产甲烷菌都在其代谢的过程里都能编码一种膜黏附蛋白,这种蛋白使其能适应肠道这种较特殊的生态环境。食草动物利用其瘤胃中的各种微生物来分解纤维素和木质素等难分解的有机质,产生氢气、短链脂肪酸、甲烷等小分子产物。研究发现,不同的反刍动物每天的甲烷产量是不同的,如成年母牛每天能产生大约200 L甲烷,而成年绵羊每日的甲烷气产生量大约是50 L。在反刍动物的瘤胃中,氢营养产甲烷菌是产甲烷菌群的优势菌,其数量的变化主要受到动物饮食结构的影响。

5. 地热及其他地矿环境

在地热及地矿生态环境中均存在着大量能适应极端高温、高压的产甲烷菌类群。以往的研究发现大部分嗜热产甲烷菌是从温泉中分离到的。Stetter 等从冰岛温泉中分离出来的甲烷栖热菌(*Methanothermus sp.*)可在温度高达97 ℃的条件下生成甲烷。Deuser 等对非洲基伍湖底层中甲烷的碳同位素组成进行研究后指出,这里产生的甲烷至少有80%是来自于氢营养产甲烷菌的 CO_2 还原作用。多项研究显示出,温泉中地热来源的 H_2 和 CO_2 可作为产甲烷菌进行甲烷生成的底物,除陆地温泉中存在嗜热产甲烷菌外,在深海底热泉环境近年来也发现多种微喷口环境的产甲烷菌类群,它们不但能耐高温,而且能耐高压。例如,一种超高温甲烷菌(*Methanopyrus sp.*)是从加利福尼亚湾 Guaymas 盆地热液喷口环境的沉积物中分离出来的,其生存环境的水深约2 000 m(相当于20.265 MPa),水温高达110 ℃。甲烷嗜热菌(*Methanopyruskandleri*)也是在海底火山口分离到的,它是以氢为电子供体进行化能自养生活的嗜高温菌,其生长温度可达110 ℃。而在地矿环境中,由于存在大量的有机质,其微生物资源也很丰富并极具特点。甲烷菌在地壳层的分布比较广泛,在地壳不同深度、不同微环境中,其种、属及形成甲烷气的途径各异。周翥虹等报道,在柴达木盆地第四系1 701 m 的岩心中仍有产甲烷菌存在,并存在产甲烷的活性。张辉等指出近年来从油藏环境中分离得到的产甲烷菌主要有三类,包括氧化 H_2 还原 CO_2 产生甲烷的氢营养产甲烷菌、利用甲基化合物(依赖或不依赖 H_2 作为外源电子供体)产生甲烷的甲基营养型产甲烷菌和利用乙酸产甲烷的乙酸营养型产甲烷菌。

14.4.3　产甲烷菌的生态环境的分类

产甲烷菌广泛分布于各种厌氧生境,是厌氧食物链最末端的一个成员。产甲烷菌可以自由生活,也可以和动、植物以及别的微生物结成不同程度的共生关系。自由生活的产甲烷细菌的选择性分布与生境基质碳的类型和浓度、氧浓度和氧化还原电位、温度、pH值、盐浓度以及硫酸盐细菌和其他厌氧菌的活性有密切的关系。厌氧水解菌、产氢产乙酸菌、产甲烷菌,有时还有同型产乙酸菌在这条食物链的不同部位发生作用。在一些生境中,由于原始底物和生态条件的差异,这条食物链是不完整的,甲烷发酵只经历其中的1～2个阶段。据此可以粗略地把产甲烷细菌的生态环境分为三类。

第一类生态环境:代表为我国农村式沼气池和厌氧污水处理系统,经历甲烷发酵的全部四个阶段,即复杂有机物的水解发酵、产氢产乙酸、产甲烷和同型产乙酸阶段,如图14.1所示。

第二类生态环境:代表为反刍动物瘤胃只经历水解发酵和产甲烷两个阶段。瘤胃中发酵生成的各种脂肪酸迅速为肠道内壁吸收,因此,缺乏产氢产乙酸阶段,如图 14.2 所示。

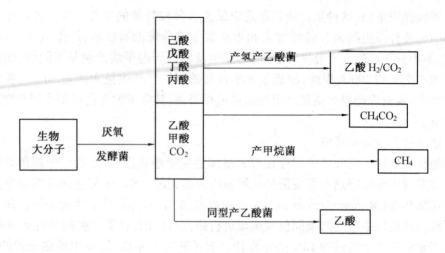

图 14.1　产甲烷菌的第一类生态环境

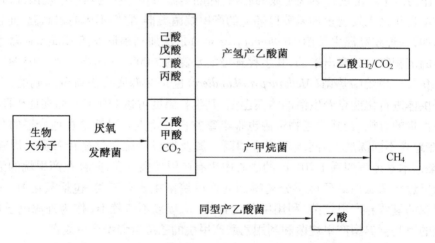

图 14.2　产甲烷菌的第二类生态环境

第三类生态环境:代表为温泉和海底火山热水口,这里主要通过地质化学过程产生 H_2 和 CO_2。甲烷的生成只包括同型产乙酸阶段和产甲烷阶段,如图 14.3 所示。

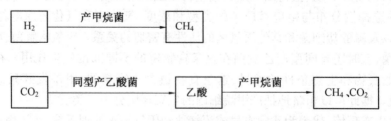

图 14.3　产甲烷菌的第三类生态环境

14.5　产甲烷菌的工业应用及研究意义

14.5.1　产甲烷菌的工业应用

1. 产甲烷菌在厌氧生物处理中的应用

产甲烷菌具有独特的代谢机制,能使农业有机废物、污水等环境中其他微生物降解有机物后产生的乙酸、甲酸、H_2 和 CO_2 等转换为甲烷,既可生产清洁能源,又可实现污水中污染物减量化;同时,其代谢产物对病原菌和病虫卵具有抑制和杀伤作用,可实现农业生产、生活污水无害化。因此,产甲烷菌及其厌氧生物处理工艺技术在工农业有机废水和城镇生活污水处理方面具有广阔的应用前景。

2. 产甲烷菌在煤层气开发中的应用

生物成因煤层气是在较低的温度条件下,有机质通过各种不同类群细菌的参与或作用,在煤层中生成的以甲烷为主的气体。产甲烷菌对煤层气的形成起着重要的作用,目前已发现产甲烷菌有低温型、中温型和嗜热型。生物成因煤层的形成方式主要有两种:一种是由 CO_2 还原而成的,另一种由甲基类发酵而成的,这两种作用一般都是在近地表环境的浅层煤层中进行的。地表深处煤层中生成大量生物成因气的有利条件是:大量有机质的快速沉积、充裕的孔隙空间、低温以及高 pH 值的缺氧环境。美国地质研究中心的 Elizabeth JP 等对煤层甲烷产生的过程中产甲烷菌群的生理活性和煤降解的过程作了相关分析,研究得出在产甲烷菌混合菌群的作用下煤样会发生降解产气。研究还建立了与之相适应的生物检测法,对煤的微生物降解产甲烷进行了定量的研究。近年来,使用产甲烷菌群开发煤层气资源主要使用两种方式:一种方式是直接从环境中筛选、驯化高效的厌氧菌群,将其接入难以开采的煤层中,在天然地质条件下利用微生物厌氧发酵开发次生煤层甲烷;另一种方式是通过设计合适的厌氧生物反应器,在实验室的条件下利用产甲烷菌等厌氧菌降解煤产生清洁能源。产甲烷菌群在煤的生物转化中起着重要的作用,然而要使其能投入工业应用还需要解决转化效率低、反应时间长、培养成本高等限制性问题。

14.5.2　产甲烷菌的研究意义

产甲烷菌的研究意义大致可概括为以下几个方面:

①为生物地球化学研究领域工作打开一个新的局面。

②是一个开展生物成矿研究的起点,它对拓宽我国金属和非金属矿床找矿具有重要的意义。

③是天然气成矿理论研究的一部分,对扩大天然气勘探领域有重要影响,尤其是在未熟-低成熟地区寻找靶区,具有理论指导意义。

④产甲烷菌酶系统的生气模拟实验能为生物气的储量计算提供可靠的数据。

⑤研究某些菌群在成油及形成次生气藏中的作用机理,以及微生物降解原油的机制。

⑥研究甲烷氧化菌,根据气体分子扩散运移机理,建立较好的地表勘探方法。

⑦有可能利用微生物代谢氯化合物的能力,来消除可能的环境污染物(如 CO 和氰化

物等），并有可能在实验室和工业上利用这些微生物的酶系促使若干种化合物在常规(常温、常压)条件下进行化学转化，为人类生产和生活服务。

⑧利用某些微生物作为食物链中一个新的环节，使家畜等能够间接利用甲烷为饲料；并有希望间接或直接地利用微生物产生的蛋白质和糖类，作为地球上迅速增长的人口的补充食物来源。

⑨通过细菌的生物活动，每天有大量甲烷气产生，可作为替补能源。

第15章 沼气基础

15.1 概述

15.1.1 沼气的定义

沼气(Marsh Gas)是有机物在隔绝空气和一定的温度、湿度、酸碱度等条件下,经过厌氧性微生物的作用产生的一种可燃气体。由于这种气体最先在沼泽中发现,所以称为沼气。沼气又是有机物质在厌氧条件下产生出来的气体,因此又称为生物气(Biogas)。沼气实质上是人畜粪尿、生活污水和植物茎叶等有机物质在一定的水分、温度和厌氧条件下,经沼气微生物的发酵转换而成的一种方便、清洁、优质、高品位的气体燃料。

15.1.2 沼气的发展历程

1. 国外沼气发酵技术的发展历程

早在几千年以前,人们就已经发现自然界存在着一种具有可燃性的气体;1776 年,意大利物理学家 A. 沃尔塔测出湖泊底部植物体腐烂产生的气体中含有甲烷;1875 年,俄国学者波波夫在河泥中加入纤维素,从产生的气体中检测出甲烷,由此发现沼气发酵是一系列微生物代谢过程,该发现奠定了沼气发酵应用的基础。此后,大量的微生物学家对沼气发酵的过程进行了大量探索和研究。1901 年,荷兰学者桑格对产甲烷菌的形态特征提出了较清晰的概念,并提出氢和二氧化碳的混合物能发酵产生甲烷;1916 年,俄国微生物学家分离出第一株产甲烷菌;此后沼气发酵原理和产甲烷菌陆续被发现,更进一步推动了沼气发酵的研究。

2. 我国沼气事业的研究历程

我国沼气事业开始于 1930 年,以前农村使用较多的是池型,并且受到国际上的重视,通常把它称作"中国式沼气池"。周培源教授于 1936 年在江西省宜兴县建造了水压式沼气池,用以烧饭点灯,随后浙江省诸暨县安华镇和河北省武安县也建造了沼气池。1958 年全国不少省市曾推广过沼气,但因技术不成熟和缺乏经验而没能发展起来。20 世纪 70 年代,由于农村燃料严重缺乏,国家又一次重视并大力推进沼气建设,再次掀起了沼气建设高潮。农村沼气用户从 1970 年的 6 000 户发展到 1980 年的 723 万户。但由于技术不成熟,没有专业施工队,多数沼气池质量问题突出,只能使用 1~3 年,出现了边建设边报废的情况;到了 80 年代中期,土法建设的沼气池基本上全部报废。

20 世纪 80 年代以后,我国开展了大量有关沼气发酵的理论和应用技术的研究,并取得了可喜的研究成果,沼气建设开始稳步发展。90 年代以来,经过多年的研究及开发,各地认真汲取沼气建设的经验教训,加强科研攻关和试点示范,沼气建设技术获得重大突破。沼气建设从池型设计、建设施工到使用管理逐步成熟,发酵工艺和综合利用技术处于世界领先水平,我国沼气事业蓬勃发展。

在我国,沼气的研究与废弃物资源化处理、沼气发酵产物综合利用和生态环境保护等农业生产活动密切相关,形成了以南方"猪—沼—果"、北方"四位一体"和西北"五配套"(在猪—沼—果的基础上增加太阳能暖圈和暖棚)为代表的农村沼气发展模式。"八五"期间平均每年新增 36 万户,"九五"期间平均每年新增 75 万户,到了 2000 年底,全国已有农村用沼气池 980 万户,其中,55% 的沼气池开展了综合利用。同时,畜禽养殖场大中型沼气工程建设开始起步,先后建设了一批示范工程。截至 2004 年底,全国已推广农村用沼气池 1 450 万户,大中型沼气工程 1 960 处。

从 20 世纪 90 年代初开始,大中型沼气工程的建设重视工程的环境效益并通过开展综合利用来增加工程的经济效益,把沼气工程作为一个有多种作用的系统工程进行设计和管理,通过高质量的设计、建造和优质配套设备来实现沼气工程的综合效益。研究开发了多种新型高效发酵工艺,使厌氧消化器的处理能力提高 2 ~ 10 倍,产气率提高 1 ~ 3 倍,化学需氧量(COD)去除率提高 10% ~ 20%。这些装置的出现与成功应用,不仅标志着我国沼气工程技术水平的提高,同时也为畜禽场沼气工程进一步推广应用和商业化奠定了坚实的基础。

目前,沼气技术的目标已从"能源回收"转移到"环境保护",沼气的利用不仅仅局限于点灯、做饭,已经发展到乡村集中供气和沼气发电,并且开展了沼渣、沼液的综合利用,形成了以沼气为纽带的生态家园富民工程,引导农民改变传统的生活和生产方式,提高了农民生活质量。

15.1.3　沼气的发展前景

首先,沼气能源在我国农村分布广泛,潜力很大,凡是有生物的地方都有可能获得制取沼气的原料,所以沼气是一种取之不尽、用之不竭的再生能源。其次,可以就地取材,节省开支。沼气电站建在农村,发酵原料一般不必外求。兴办一个小型沼气动力站和发电站,设备和技术都比较简单,管理和维修也很方便,大多数农村都能办到。据调查对比,小型沼气电站每千瓦投资只要 400 元左右,仅为小型水电站的 1/2 ~ 1/3,比风力、潮汐和太阳能发电低得多。小型沼气电站的建设周期短,只要几个月时间就能投产使用,基本上不受自然条件变化的影响。采用沼气与柴油混合燃烧,还可以节省 17% 的柴油。

我国地广人多,生物能资源丰富。研究表明,在 21 世纪无论在农村还是城镇,都可以根据本地的实际情况,就地利用粪便、秸秆、杂草、废渣、废料等生产的沼气来发电。

15.2　沼气的制取

15.2.1　沼气的主要成分

沼气是多种气体的混合物,主要成分是甲烷和二氧化碳。甲烷占 60% ~ 70%,二氧化碳占 30% ~ 40%,还有少量氢气、一氧化碳、硫化氢、氧气和氮气等。

其特性与天然气相似。空气中如含有 8.6% ~ 20.8%（按体积计）的沼气时，就会形成爆炸性的混合气体。沼气除直接燃烧用于炊事、烘干农副产品、供暖、照明和气焊等外，还可作内燃机的燃料以及生产甲醇、福尔马林、四氯化碳等化工原料。经沼气装置发酵后排出的料液和沉渣，含有较丰富的营养物质，可用作肥料和饲料。

15.2.2 制取沼气的条件

沼气是靠微生物的生命活动（新陈代谢和生长繁殖），即将有机废物转化而成的结果，因此制取沼气必须满足微生物的生活条件。沼气发酵需要的环境条件有：严格的厌氧环境，合适的原料，适宜的发酵液浓度、温度、pH 值，良好的接种物、避免有毒物质等，在满足这些条件的情况下，才能制取出沼气，并能获得较高的产气率。

1. 厌氧环境

产甲烷菌是严格的厌氧细菌，它们的整个生命活动（包括生长、发育、繁殖、代谢等）都不需要氧气。有机物质经微生物分解，在有氧的条件下只产生 CO_2，只有在无氧的条件下才产生出甲烷。所以，厌氧消化不能有氧气或含有氧气的空气介入。沼气池必须是密封的，不漏水，不漏气，是制取人工沼气的关键因素。

2. 合适的原料

自然界中沼气发酵原料十分广泛、丰富，几乎所有的有机物都可以作为沼气发酵的原料。根据沼气发酵原料的化学性质和来源，分为以下三类：

（1）富氮原料

在农村主要是指人、畜、家禽的粪便，这类原料氮素含量高，含有较多易分解有机物。常见沼气发酵原料的碳氮比见表 15.1。一般小于 25/1，不用进行预处理，分解和产气速度快，发酵周期短，一般在 30 ~ 60 d 人畜禽粪便的沼气含量见表 15.2。

（2）富碳原料

在农村主要是指农作物秸秆，这类原料的碳素较高，原料的碳氮比一般在 30/1 以上，入池前须经预处理，分解和产气速度慢，发酵周期长，一般约 90 d 常用发酵原料的产气量见表 15.2。

（3）其他类型的原料

①水生植物。如水葫芦、水花生等。这些原料繁殖速度快，组织鲜嫩，易被微生物分解利用，是沼气发酵的良好原料。

②城市有机废物。如人粪、生活废水和有机垃圾、有机工业废水、废渣、污泥等。常用有机物质的产气速度见表 15.4。

表 15.1 沼气发酵原料的碳氮比

发酵原料	碳素占原料质量 /%	氮素占原料质量 /%	碳氮比	产气潜力 /($m^3 \cdot kg^{-1}$ 干物质)
干麦秸	46.0	0.53	87:1	0.45
干稻草	42.0	0.63	67:1	0.40
玉米秸	40.0	0.75	53:1	0.50

续表 15.1

发酵原料	碳素占原料质量 /%	氮素占原料质量 /%	碳氮比	产气潜力 /(m³·kg⁻¹ 干物质)
大豆茎	41.0	1.30	32 : 1	
野草	14.0	0.54	27 : 1	0.44
鲜马粪	10.0	0.42	24 : 1	0.34
鲜猪粪	7.8	0.60	13 : 1	0.42
鲜人粪	2.5	0.85	2.9 : 1	0.34
鲜人尿	0.40	0.93	0.43 : 1	
鸡粪	35.7	3.70	9.7 : 1	0.31

表 15.2　人畜禽粪便的沼气含量

原料来源	日产鲜粪 /kg	干物质质量 分数/%	年产干物质量 /kg	实际沼气转换率 /(m³·kg⁻¹)	年产沼气量 /m³
人	0.25	20	18	0.30	5.4
猪	3.00	28	306	0.25	78.6
牛	15.00	20	1 095	0.19	208.0
鸡	0.10	30	11	0.25	2.7

表 15.3　常用发酵原料的产气量

发酵原料	每吨干物质产生的 沼气量/m³	沼气中含甲烷量/%	产生持续时间/d
人粪	240	50	30
牲畜厩肥	260 ~ 280	50 ~ 60	
牛粪	280	59	90
马粪	200 ~ 300	60	90
猪粪	561	65	60
麦秸	432	59	
玉米秸	250	53	90
谷壳	230	62	90
树叶	210 ~ 294	58	
废物污泥	640	50	
酒厂污水	300 ~ 600	58	

表 15.4　几种常用有机物质的产气速度

发酵原料	正常产气期间的平均产气率/($\text{m}^3 \cdot (\text{m}^3 \cdot \text{d})^{-1}$)	原料产气量/($\text{m}^3 \cdot \text{kg}^{-1}$)	产气速度(占总含量的%)			
			0~15 d	15~45 d	45~75 d	75~135 d
牛粪	0.20	0.12	11	34	21	34
水葫芦	0.40	0.16	83	17	0	0
水花生	0.38	0.20	23	45	32	0
水浮莲	0.40	0.20	23	45	32	0
猪粪	0.30	0.22	20	32	25	23
干青草	0.20	0.21	13	11	43	33
稻草	0.35	0.23	9	50	16	25
人粪	0.53	0.31	45	22	27	6

3.适宜的发酵液浓度

发酵原料的浓度太低时,会降低沼气池单位容积的沼气产量,不利于沼气池的充分利用;浓度太高时,不利于沼气细菌的活动,发酵原料不易分解,使沼气发酵受到阻碍,产气慢而少。

沼气池内发酵原料的质量分数随季节不同而变化,一般在夏季发酵原料的质量分数可以低些,但质量分数不得低于6%;冬季质量分数应该高些,在12%左右。农村户用沼气池在投入发酵原料时,最适比例为人粪便∶牲畜粪便、秸秆及青草∶水=1∶4∶5。常用发酵原料的含水量见表15.5。

表 15.5　常用发酵原料的含水量

发酵原料	含水量的质量分数/%	含干物质量分数/%
干麦秸	18.0	82.0
干稻草	17.0	83.0
玉米秸	20.0	80.0
野(杂)草	76.0	24.0
鲜牛粪	83.0	17.0
鲜马粪	78.0	22.0
鲜猪粪	82.0	18.0
鲜人粪	80.0	20.0
鲜鸡粪	70.0	30.0
鲜人尿	99.6	0.4

发酵原料的浓度与发酵原料在池内停留的时间有密切的关系,用公式表示为

$$\text{发酵原料停留时间} = \frac{\text{沼气池有效容积}}{\text{人畜粪便、作物秸秆等有机物质}(\text{L/d}) + \text{配制水量}(\text{L/d})}$$

4. 温度

温度是影响沼气的产生和产气率高低的重要因素。当温度适宜时,产甲烷菌的生命力旺盛,发酵进行顺利,沼气产生快,产气率高。沼气发酵的温度范围较广,一般在 8 ~ 60 ℃范围内均能发酵产气。

根据发酵原料的性质、来源和数量,及处理有机物质的目的、要求、用途等,可把沼气发酵分为高温发酵、中温发酵和常温发酵三类。

(1)高温发酵

温度范围是 45 ~ 60 ℃,最适宜的温度为 47 ~ 55 ℃,主要适用于食品、酿酒、发酵等工业生产排出的有机废水、废渣、糟液等。

(2)中温发酵

温度范围是 20 ~ 45 ℃,最适宜的温度为 30 ~ 35 ℃,适用于处理城市污泥、工业有机废水废物、大中型农牧场的牲畜粪便等。

以上两种类型,都需要设置供热和热交换系统、搅拌设备等,造价较常温发酵高,适用于经济效益较好的家庭农牧场沼气发酵设备。

(3)常温发酵

温度范围是 8 ~ 20 ℃,最适宜的温度为 10 ~ 20 ℃,发酵液的温度随季节的变化而变化。常温发酵类型常见于农村户用沼气池,又称为自然发酵或变温发酵。

在相同条件下和一定温度范围内,温度越高,产气率越高。温度与产气率的关系见表 15.6。

表 15.6　温度与产气率的关系

发酵温度/ ℃	每千克相同干物质的产气量/L
10	450
15	530
20	640
25	710
30	760

5. pH 值

由于厌氧发酵菌适宜在中性或微碱性的环境中生长繁殖,沼液的酸碱度适宜在 6.8 ~ 7.4。在发酵初期,由于产酸菌的活动,沼气池内会产生大量有机酸,导致 pH 值下降,但随着发酵的继续进行,氨化作用产生的氨可以中和一部分有机酸;同时,随着产甲烷菌的活动,大量的挥发酸随即被利用,这样可使 pH 值回升至正常值。但如果原料配比不当,或缺乏正常的操作管理,也会使挥发酸大量积累,pH 值下降。

6. 良好的接种物

在沼气发酵中,农村有机废物被分解成甲烷是由五类分别在各阶段发挥作用的不同细菌协作的结果,它们分别是:a. 初级发酵菌;b. 氧化氢的甲烷产生菌;c. 裂解乙酸的甲烷产生菌;d. 次级发酵菌;e. 同型乙酸产生菌。因此加入足够的所需要的沼气微生物作为接种物(也称为菌种)是极为重要的。在发酵原料中加入厌氧活性污泥作为接种物,可加快产甲烷的速度,一般 6 d 即可使产酸与产甲烷的速度达到平衡,菌种的接种量与发酵产气量有直接关系,见表 15.7。

表 15.7　接种量与发酵产气量关系

原料/g	接种量 /%	沼气量 /mL	甲烷质量分数 /%	每克人粪产气量 /mL
人粪 50	10	1 435	48.2	28.7
人粪 50	20	4 805	56.4	96.1
人粪 50	50	10 093	66.3	201.36
人粪 50	150	16 030	68.7	320.6

　　下水道里淤积的污泥,湖泊、池塘底部的污泥,粪坑底部的泥渣等,均含有大量沼气微生物,屠宰场的污泥、食品加工厂和酿造厂的污泥,由于有机物含量多,适宜于沼气微生物的生长,是作为接种物的良好来源。

　　农村户用沼气池,采用下水道污泥作接种物时,接种量一般为发酵液的 10% ~ 15%;当采用老沼气池发酵渣液作接种物时,接种量一般为发酵液 30% 以上;若用池底层沉渣作接种物时,接种量一般为发酵液的 10% 以上。

　　7. 避免有毒物质等

　　大多数植物都可用来作沼气池的原料,但并非所有植物都可以入池。如核桃叶、银杏叶、猫儿眼、黄花蒿、臭椿叶、泡桐叶、水杉、梧桐叶、断肠草、烟梗、辣椒叶等应严禁入池,因为它们中含有抑制或杀死甲烷菌的成分。同样,沼气池内更不能用农药、柴油及电石,否则会造成池内长期不产气。另外,豆饼、花生饼、棉子饼等在空气不足的情况下,会产生一种磷化三氢,这是一种有毒的气体,不仅对甲烷细菌不利,而且人畜接触后容易发生中毒,故此类麸饼也严禁入池。

　　8. 搅拌

　　搅拌对沼气发酵也是很重要的。如果不搅拌,池内会明显地呈现三层,即浮渣层、液体层及污泥层。这种分层现象将导致原料发酵不均匀,出现死角,产生的甲烷气难以释放。搅拌可增加微生物与原料的接触机会,加快发酵速度,提高沼气产量,同时也可防止大量原料漂浮结壳。搅拌主要包括机械搅拌、沼气搅拌和水射器搅拌三种方式。

　　搅拌的目的是使发酵原料分布均匀,防止大量原料浮渣结壳,增加沼气微生物与原料的接触面,提高原料利用率,加快发酵速度,提高产气量。图 15.1 所示为常用的三种搅拌方法:机械搅拌,通过机械装置运转达到搅拌的目的(图 15.1(a));气搅拌,将沼气从池底部冲进去,产生较强的气体回流,达到搅拌目的(图 15.1(b));液搅拌,从沼气池的出料间将发酵液抽出,然后又从进料管冲入沼气池内,产生较强的液体回流,达到搅拌目的(图 15.1(c))。在设计搅拌装置时,应该注意沼气池内的物质移动的速度不要超过 0.5 m/s,因为这个速度是沼气微生物生存的临界速度。

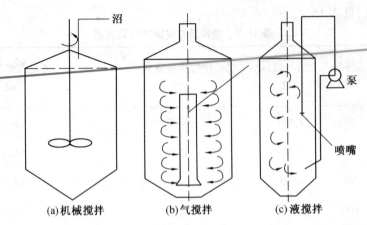

图 15.1　沼气发酵常用的几种搅拌方法

15.3　沼气发酵工艺分类

对沼气发酵工艺,不同的角度有不同的分类方法。一般从投料方式、发酵温度、发酵阶段、发酵级差、发酵浓度、料液流动方式、发酵容量的大小等角度,可作如下分类。

15.3.1　以投料方式划分

沼气发酵微生物的新陈代谢是一个连续过程,根据该过程中的投料方式的不同,可分为连续发酵、半连续发酵和批量发酵三种工艺。

(1)连续发酵工艺

沼气池发酵启动后,根据设计时预定的处理量,连续不断地或每天定量地加入新的发酵原料,同时排走相同数量的发酵料液,使发酵过程连续进行下去。采用这种发酵工艺,沼气池内料液的数量和质量基本保持稳定状态,因此产气量也很均衡。

这种工艺流程先进,但发酵装置的结构和发酵系统比较复杂,造价也较昂贵,因而适用于大型的沼气发酵工程系统。该工艺要求有充分的物料保证,否则就不能充分有效地发挥发酵装置的负荷能力,也不可能使发酵微生物逐渐完善和长期保存下来。因为连续发酵不会导致因大换料等原因而造成沼气池利用率的浪费,从而使原料消化能力和产气能力大大提高。

(2)半连续发酵工艺

沼气发酵装置初始投料发酵启动一次性投入较多的原料(一般占整个发酵周期投料总固体量的 $1/4 \sim 1/2$),经过一段时间,开始正常发酵产气,随后产气逐渐下降,此时就需要每天或定期加入新物料,以维持正常发酵产气,这种工艺就称为半连续沼气发酵。我国农村的沼气池大多属于此种类型。这种工艺的优点是:比较容易做到均衡产气和计划用气,能与农业生产用肥紧密结合,适宜处理粪便和秸秆等混合原料。

（3）批量发酵工艺

发酵原料成批量地一次投入沼气池,待其发酵完后,将残留物全部取出,又成批地换上新料,开始第二个发酵周期,如此循环往复。农村小型沼气干发酵装置和处理城市垃圾的"卫生填法"均采用这种发酵工艺。其优点是:投料启动成功后,不再需要进行管理,简单省事;缺点是:产气分布不均衡,高峰期产气量高,其后产气量低,因此所产沼气适用性较差。

15.3.2　以发酵温度划分

沼气发酵的温度范围一般为 10～60 ℃,温度对沼气发酵的影响很大,温度升高沼气发酵的产气率也随之提高,通常以沼气发酵温度划分为高温发酵工艺、中温发酵工艺和常温发酵工艺。

（1）高温发酵工艺

高温发酵工艺指发酵料液温度维持在 50～60 ℃,实际控制温度多在(53±2) ℃。该工艺的特点是:微生物生长活跃,有机物分解速度快,产气率高,滞留时间短。采用高温发酵可以有效地杀灭各种致病菌和寄生虫卵,具有较好的卫生效果。若维持消化器的高温运行和能量消耗,在有余热可利用的条件下,可采用高温发酵工艺,如处理经高温工艺流程排放的酒精废醪、柠檬酸废水和轻工食品废水等。

（2）中温发酵工艺

中温发酵工艺指发酵料液温度维持在(35±2) ℃,与高温发酵相比,这种工艺消化速度稍慢一些,产气率要低一些,但维持中温发酵的能耗较少,沼气发酵能维持沼气池不结壳,可保证常年稳定运行。为减少维持发酵装置的能量消耗,工程中常采用近中温发酵工艺,其发酵料液温度为 25～30 ℃。这种工艺料液温度稳定,产气量也比较均衡,采取增温保温措施是必要的。

（3）常温发酵工艺

常温发酵工艺指在自然温度下进行沼气发酵,发酵温度受气温影响而变化,我国农村户用沼气池基本上采用这种工艺。其特点是,发酵料液的温度随气温、地温的变化而变化,一般料液温度最高时为 25 ℃,低于 10 ℃以后,产气效果很差。其优点是:不需要对发酵料液温度进行控制,节省保温和加热投资,沼气池本身不消耗热量;缺点是:在同样投料条件下,一年四季产气率相差较大。南方农村沼气池在地下,还可以维持用气量。北方的沼气池则需建在太阳能暖圈或日光温室下,这样可确保沼气池安全越冬,维持正常产气。

15.3.3　以发酵阶段划分

根据沼气发酵分为水解、产酸、产甲烷三个阶段,以沼气发酵不同阶段,可将发酵工艺划分为单相发酵工艺和两相发酵工艺。

（1）单相发酵工艺

将沼气发酵原料投入一个装置中,使沼气发酵的产酸和甲烷阶段合二为一,在同一装置中自行调节完成,我国农村全混合沼气发酵装置,大多数采用这一工艺。

（2）两相发酵工艺

两相发酵也称两步发酵,或两步厌氧消化。该工艺是根据沼气发酵三个阶段的理论,把原料的水解、产酸阶段和产甲烷阶段分别安排在两个不同的消化器中进行。水解、产酸池通常采用不密封的全混合式发酵装置，产甲烷池则采用高效厌氧消化装置，如污泥床、厌氧过滤等。

两步发酵较之单相发酵工艺过程的气量、效率、反应速度、稳定性和可控性等方面都要优越，而且生成的沼气中的甲烷含量也比较高。从经济效益看，这种流程加快了挥发性固体的分解速度，缩短了发酵周期，从而降低了生成甲烷的成本和运转费用。

15.3.4　按发酵级差划分

(1)单级沼气发酵工艺

单级沼气发酵工艺即产酸发酵和产甲烷发酵在同一个沼气发酵装置中进行，而不将发酵物再排入第二个沼气发酵装置中继续发酵。从充分提取生物质能量、杀灭虫卵和病菌的效果以及合理解决用气、用肥的矛盾等方面看，是很不完善的，产气效率也比较低。但该工艺流程的装置结构比较简单，管理比较方便，因而修建和日常管理费用相对比较低廉，是目前我国农村最常见的沼气发酵类型。

(2)多级沼气发酵工艺

所谓多级发酵，就是由多个沼气发酵装置串联而成。第一级发酵装置主要是发酵产气，产气量可占总产气量的50%左右，而未被充分消化的物料进入第二级消化装置，使残余的有机物质继续彻底分解。多级发酵既有利于物料的充分利用和彻底处理废物中的BOD(生物需氧量)，也能在一定程度上缓解用气和用肥的矛盾。从延长沼气池中发酵原料的滞留时间和滞留路程、提高产气率、促使有机物质的彻底分解角度出发，采用多级发酵是有效的。对于大型的两级发酵装置，第一级发酵装置安装有加热系统和搅拌装置，以利于产气量，而第二级发酵装置主要是彻底处理有机废物中的BOD，不需要搅拌和加温。但若采用大量纤维素物料发酵，为防止表面结壳，第二级发酵装置中仍需设备搅拌。

把多个发酵装置串联起来进行多级发酵，可以保证原料在装置中的有效停留时间，但是总的容积与单级发酵装置相同时，多级装置占地面积较大，装置成本较高。另外，由于第一级池较单级池水力滞留期短，且新料所占比例较大，承受冲击负荷的能力较差。如果第一级发酵装置失效，有可能引起整个的发酵失效。

15.3.5　按发酵浓度划分

(1)液体发酵工艺

发酵料液的干物质浓度控制在10%以下，在发酵启动时，加入大量的水。出料时，发酵液如用作肥料，无论是运输、储存或施用都不方便。对于干旱地区，由于水源不足，进行液体发酵则比较困难。

(2)干发酵工艺

干发酵又称为固体发酵，发酵原料的总固体浓度控制在20%以上，干发酵用水量少，其方法与我国农村沤制堆肥基本相同。干发酵工艺由于出料困难，不适合户用沼气采用。

15.3.6　按发酵容量的大小划分

近年来，随着沼气工程技术的发展，沼气池按其发酵容量的大小划分有两种：农村户用沼气工艺和大中型沼气工艺。

15.4　沼气微生物学

15.4.1　沼气微生物

沼气是细菌在厌氧条件下分解有机物的一种产物。城市有机垃圾、污水处理厂的污泥、农村的人畜粪便、作物秸秆等,皆可作产生沼气的原料。细菌分解有机物的过程大体分为两个阶段:第一阶段,将复杂的高分子有机物质转化为低分子有机物,如乙酸、丙酸、丁酸等;第二阶段,将第一阶段的产物转化为甲烷和二氧化碳。

在上述过程中,起发酵分解作用的是多种细菌共同作用的结果。为了使沼气发酵持续进行,必须提供和保持沼气发酵中各种微生物所需的生活条件。产生甲烷的细菌是厌氧的,少量的氧也会严重影响其生长繁殖。这就需要一个能隔绝氧的密闭消化池。温度在厌氧消化过程中是一个重要因素,甲烷菌能在 $0 \sim 80$ ℃的温度范围内生存,有分别适应低温(20 ℃)、中温(30 ℃)、高温(50 ℃)的各类细菌,最适宜的繁殖温度分别为 15 ℃、35 ℃、53 ℃左右。甲烷菌生长繁殖最适宜的 pH 值为 $7.0 \sim 7.5$,超出此范围,厌氧消化的效率就会降低。在厌氧消化过程中担负废弃物发酵作用的细菌,还需要氮、磷和其他营养物质。投入沼气池的原料比例,大体上要按照碳氮比等于 $20 : 1 \sim 25 : 1$ 。此外,还应控制影响沼气发酵的有害物质浓度。

15.4.2　沼气微生物的生长规律

生物和生命活动以新陈代谢为基础,沼气发酵微生物的生长和代谢过程可分为适应期、对数生长期、平衡期和衰亡期四个时期。

1. 适应期

菌种刚刚接入新鲜培养液中,细菌的各种生理机能需要一个适应过程,细胞内各种酶系统要经过一番调整,这一时期细菌并不马上进行繁殖。适应期的长短与细菌的种类及环境变化条件有关。例如,繁殖速度快的酸化菌,一般适应期较短,繁殖速度慢的产甲烷菌适应期较长。此外接种量的多少、接种物所处的生长发育阶段及其前后生活条件都对适应期的长短有所影响。

2. 对数生长期

细胞经过一段适应期后,逐步以最快速度进行繁殖,即按 1,2,4,8,16,…的级数上升。这一段时间内发酵产物的增长速度随细胞数量的增加而上升。如果微生物所处的环境条件能够不断得到更新,所需的营养物质能够及时得到供应和保障,这种增长速度可以一直保持下去。这就是连续投料发酵可以获得高产气率的理论根据。

3. 平衡期

微生物细胞经过一定时期高速繁殖后,由于养料的消耗和代谢产物的积累以及其环境条件(如酸碱度、氧化还原势等)的变化,使得细胞繁殖速度减慢,少数细胞开始死亡,因此表现在一定时期内繁殖速度与死亡速度相对平衡。这一时期发酵液内细胞总数达到最高水平,是积累代谢产物的重要时期。

4. 衰亡期

由于培养基中营养物质的显著减少,环境条件越来越不适宜微生物的生长繁殖,细胞死亡速度加快,以至细胞死亡数目大大超过新生数目,活菌总数明显下降。

通过以上对微生物生长规律的分析,微生物在旺盛生长期内生长的速度高,生理活性也最强,如采用这一时期的微生物进行接种就可以缩短适应期。在发酵工艺上,采用连续投料发酵的方法,可以保证微生物始终在适应条件下旺盛生长,从而获得较高的产气量。

15.5　沼　气　池

15.5.1　修建沼气池的好处

兴办沼气的好处很多,综合起来主要有以下几个方面:

(1)兴办沼气有利于解决农村能源问题

一户 3~4 口人的家庭,修建一个 $10 m^3$ 的沼气池,只要发酵原料充足,并管理得好,就能解决点灯、煮饭的燃料问题。

(2)兴办沼气有利于促进农业生产发展

兴办起沼气后,大量畜禽粪便加入沼气池发酵,既可生产沼气,又可沤制出大量优质有机肥料,扩大了有机肥料的来源。凡是施用沼肥的作物不仅增强了抗旱防冻的能力,而且能提高秧苗的成活率。施用沼肥不但节省化肥、农药的喷施量,也有利于生产绿色无公害食品。

(3)兴办沼气有利于促进畜牧业的发展

办起沼气后,有利于解决"三料"(燃料、饲料和肥料)的矛盾,促进畜牧业的发展。

(4)兴办沼气有利于改善卫生条件

凡是建了沼气池的农民都体会到,利用沼气当燃料,无烟无尘,清洁方便。一些粪便、垃圾、生活污水等都是沼气发酵的好原料,随着这些原料进入沼气池的病菌、寄生虫卵等,在沼气池中密闭发酵而被杀死,从而改善了农村的环境卫生条件,对人畜健康都有好处。

(5)兴办沼气有利于保护生态环境

兴办沼气解决了农民的燃料问题,减少了森林砍伐和牛羊对山场的破坏,有利于保护林草资源,促进了植树造林的发展,减少了水土流失,改善了农业生态环境。

(6)兴办沼气有利于解放劳动力

办起沼气后,过去农民拣柴、运煤花费的大量劳动力就能节约下来,可以投入到农业生产第一线上去。广大农村妇女通过使用沼气,从烟熏火燎的传统炊事方式中解脱出来,节约了生火做饭的时间,减轻了家务劳动。沼气是一种清洁能源,所以各国都在农村推广使用。

15.5.2　沼气池的正确使用

1. 沼气池怎样正常启动

要使沼气池正常启动,首先,要选择好投料的时间,然后准备好配比合适的发酵原料,入池后原料搅拌要均匀,水封盖板要密封严密。一般沼气池投料后第二天,便可观察到气压表上升,表明沼气池已有气体产生。最初,要将产生的气体放掉(直至气压表降至零),待气压表再次上升时,在灶具上点火,如果能点燃,表明沼气池已经正常启动。如果还不能点燃,照上述方法再重试一次,若还不行,则要检查沼气的料液是否酸化或其他原因。

2. 沼气发酵怎样投料

经检查沼气池的密封性能符合要求即可投料。沼气池投料时,应根据发酵液浓度计算出水量,向池内注入定量的清水,将准备的原料先倒一半,搅拌均匀,再倒一半接种物与原料混合均匀,照此方法,将原料和菌种在池内充分搅拌均匀,将沼气池密封。

3. 沼气发酵投料宜在什么时间进行

农村沼气发酵的适宜温度为 15 ~ 25 ℃。因而,在投料时宜选取气温较高的时候进行,北方宜在 3 月份准备原料,4 ~ 5 月份投料,等到 7 ~ 8 月份温度升高后,有利于沼气发酵的完全进行,充分利用原料;南方除 5 月份可以投料外,下半年宜在 9 月份准备原料,10 月投料,超过 11 月份,沼气池的启动缓慢,同时,使沼气发酵的周期延长。在具体某一天什么时间投料,则宜选取中午进行投料。

4. 怎样配制沼气发酵原料

农村沼气发酵种类根据原料和进料方式,常采用以秸秆为主的一次性投料和以禽畜粪便为主的连续进料两种发酵方式。现以后一种方式举例说明。

我国农村一般的家庭宜修建 6 m³ 水压式沼气池,发酵有效容积约 5 m³。由于不同种类畜禽粪便的干物质含量不同,现以猪粪为例计算如何配制沼气发酵原料。

猪粪的干物质质量分数为 18% 左右,南方发酵质量分数宜为 6% 左右,则需要猪粪 1 200 kg,制备的接种物 500 kg(视接种物干物质含量与猪粪一样),添加清水 3 300 kg;北方发酵质量分数宜在 8% 左右,则需猪粪约 1 700 kg,制备的接种物 500 kg,添加清水 2 800 kg,在发酵过程中由于沼气池与猪圈、厕所修在一起,可自行补料。

5. 如何制备沼气发酵接种物

农村沼气发酵接种物一般采用老沼气池的发酵液添加一定数量的人畜粪便。比如,要制备 500 kg 发酵接种物,一般添加 200 kg 的沼气发酵液和 300 kg 的人畜粪便混合,堆沤在不渗水的坑里并用塑料薄膜密闭封口,1 周后即可作为接种物。如果没有沼气发酵液,可以用农村较为肥沃的阴沟污泥 250 kg,添加 250 kg 人畜粪便堆沤 1 周左右即可;如果没有污泥,可直接用人畜粪便 500 kg 进行密闭堆沤,10 天后便可作沼气发酵接种物。

第16章 厌氧发酵原理

16.1 沼气发酵基本原理

16.1.1 沼气发酵的概念

沼气发酵又称为厌氧消化、厌氧发酵,是指有机物质(如人畜家禽粪便、秸秆、杂草等)在一定的水分、温度和厌氧条件下,通过各类微生物的分解代谢,最终形成甲烷和二氧化碳等可燃性混合气体的过程。沼气发酵系统基于沼气发酵原理,以能源生产为目标,最终实现沼气、沼液、沼渣的综合利用,如图16.1所示。

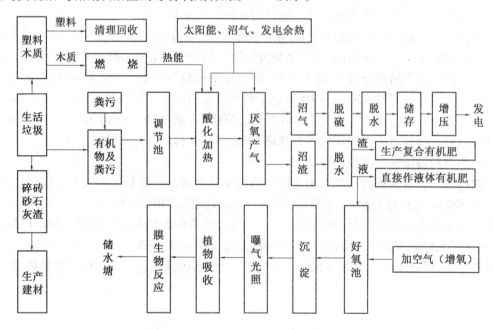

图16.1 沼气发酵系统

16.1.2 沼气发酵的特点

沼气发酵是一个复杂的生物化学过程,具有以下特点:

①参与发酵反应的微生物种类繁多,没有应用单一菌种生产沼气的先例,在生产和试验过程中需要用接种物来发酵。

②用于发酵的原料复杂,来源广泛,各种单一的有机质或混合物均可作为发酵原料,

最终产物都是沼气。此外,通过沼气发酵能够处理 COD 质量浓度超过 50 000 mg/L 的有机废水和固体含量较高的有机废弃物。

③沼气微生物自身能耗低,在相同的条件下,厌氧消化所需能量仅占好氧分解的1/30~1/20。

④沼气发酵装置种类多,从构造到材质均有不同,但各种装置只要设计合理均可生产沼气。

⑤产甲烷菌要求在氧化还原电位−330 mV 以下的环境生活,沼气发酵要求在严格的厌氧环境中进行。

16.1.3 沼气发酵的工程展望

1. 优化微生物细胞生长过程

细胞生长反应过程的研究是发酵过程优化的重要基础内容。研究细胞的生长反应,不仅要清楚地了解微生物从培养基中摄取营养物质的情况和营养物质通过代谢途径转化后的方向,还要确定不同环境条件下微生物代谢的分布。

运用基于化学计算关系的代谢通量分析方法,可提出微生物代谢途径的可能改善方向,为过程优化奠定良好的基础。

2. 生物反应器工程

生物反应器工程包括生物反应过程的参数检测与控制。生物反应器的形式、结构、操作方式、物料的流动与混合状况,传递过程特征等是影响生物反应器宏观动力学的主要因素。在工程设计中,化学计量式、微生物反应和传递现象都是需要解决的问题参数检测与控制时发酵过程中最基本的手段,只有及时检测各种反应组分浓度的变化,才有可能对发酵过程进行优化,使微生物发酵在最佳状态中进行。

3. 沼气工程规模化

沼气工程产业化的一个重要方面就是规模化。我国的沼气发酵必须从现在的局限于农村农户的个体发展模式向规模化生产转变。农村农户发酵模式设备简单、发酵不稳定、经济效益低。而工程化发酵具有等级化、规模化的特点,可以专人管理,综合利用,大大地提高了其经济效益。

4. 加强人才培训与科技研发

总体而言,我国现阶段所缺乏的就是科研型人才和应用型人才,这成了制约我国沼气工程发展的一个重要因素。因此,培养专业的研究和应用人才在未来的发展中极为迫切,这是关系我国未来沼气工程发展程度的重要因素。

16.2 沼气发酵机制

16.2.1 沼气发酵过程

沼气发酵是指各种固态的有机废物经过沼气微生物发酵产生沼气的过程。一般可大致分为三个阶段(图 16.2):

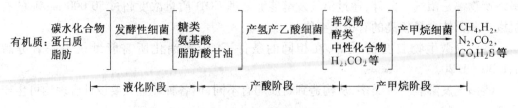

图 16.2　沼气发酵三阶段

1. 液化阶段

由于各种固体有机物通常不能进入微生物体内被微生物利用,因此必须在好氧和厌氧微生物分泌的胞外酶、表面酶(纤维素酶、蛋白酶、脂肪酶)的作用下,将固体有机质水解成相对分子质量较小的可溶性单糖、氨基酸、甘油、脂肪酸。这些相对分子质量较小的可溶性物质就可以进入微生物细胞之内被进一步分解利用。

2. 产酸阶段

各种可溶性物质(单糖、氨基酸、脂肪酸),在纤维素细菌、蛋白质细菌、脂肪细菌、果胶细菌胞内酶作用下继续分解转化成低分子物质,如丁酸、丙酸、乙酸以及醇、酮、醛等简单有机物质;同时也有部分氢、二氧化碳和氨等无机物的释放。但在这个阶段中,主要的产物是乙酸,约占70%以上,所以称为产酸阶段。参加这一阶段的细菌称为产酸菌。

3. 产甲烷阶段

由产甲烷菌将第二阶段分解出的乙酸等简单有机物分解成甲烷和二氧化碳,其中二氧化碳在氢气的作用下还原成甲烷。这一阶段称为产气阶段,或称为产甲烷阶段。

16.2.2　参与沼气发酵的细菌

一般认为,从各种复杂有机物的分解开始到最后生成沼气,共有五大生理类群的细菌参与,它们是发酵性细菌、产氢产乙酸菌、耗氢产乙酸菌、食氢产甲烷菌和食乙酸产甲烷菌。五群菌构成了一条食物链,根据其代谢产物的不同,前三群细菌共同完成水解酸化过程,后两群细菌完成产甲烷过程。

1. 发酵性细菌

可用于沼气发酵的有机物种类繁多,如禽畜粪便、作物秸秆、食品及酒精加工废水等,其主要化学成分包括多糖类(如纤维素、半纤维素、淀粉、果胶质等)、脂类和蛋白质。这些复杂有机物大多不溶于水,必须首先被发酵性细菌所分泌的胞外酶分解为可溶性的糖、氨基酸和脂肪酸后,才能被微生物吸收利用。发酵性细菌将上述可溶性物质吸收进入细胞后,经发酵作用将其转化为乙酸、丙酸、丁酸和醇类,同时产生一定量的氢气及二氧化碳。沼气发酵时发酵液中乙酸、丙酸、丁酸的总量称为总挥发酸(TVA)。在发酵正常的情况下,总挥发酸中以乙酸为主。蛋白类物质分解时,除生成上述产物外,还会有氨和硫化氢产生。

参与水解发酵过程的发酵性细菌种类繁多,已知的就有几百种,包括梭状芽孢杆菌、拟杆菌、丁酸菌、乳酸菌、双歧杆菌和螺旋体等。这些细菌多数为厌氧菌,也有兼性厌氧菌。

2. 产氢产乙酸菌

发酵性细菌将复杂有机物分解发酵所产生的有机酸和醇类中,除乙酸、甲酸和甲醇外均不能被产甲烷菌所利用,必须由产氢产乙酸菌将其分解转化为乙酸、氢和二氧化碳。

3. 耗氢产乙酸菌

耗氢产乙酸菌也称同型乙酸菌,这是一类既能自养生活又能异养生活的混合营养型细菌。这些菌在沼气发酵过程中的重要性还未被广泛地研究。

4. 产甲烷菌

在沼气发酵过程中,甲烷的形成是由一群高度专业化的细菌——产甲烷菌引起的。产甲烷菌包括食氢产甲烷菌和食乙酸产甲烷菌,它们是厌氧消化过程食物链中的最后一组成员,尽管它们具有各种各样的形态,但它们在食物链中的地位使它们具有共同的生理特性。它们在厌氧条件下将前三群细菌代谢的终产物,在没有外源受氢体的情况下,把乙酸转化为气体产物甲烷和二氧化碳,使有机物在厌氧条件下的分解作用得以顺利完成。产甲烷菌具有以下特性。

(1)生长要求严格厌氧环境

产甲烷菌广泛存在于水底沉积物和动物消化道等极端厌氧的环境中。由于产甲烷菌对氧高度敏感,使其成为难于研究的细菌之一。例如,甲烷八叠球菌暴露于空气中时会很快死亡,其数量半衰期仅为 4 min。在沼气发酵过程中,由于产甲烷菌和前述产酸细菌共同生活在一起,特别是发酵性细菌的代谢活动,不仅可将氧气消耗殆尽,并且可产生大量还原性物质,为产甲烷菌的生长繁殖创造了条件。所以在厌氧消化生态中,产酸菌既为产甲烷菌制造了食物,又为其创造了生活条件。而产甲烷菌则将产酸菌的代谢终产物——乙酸、氢气和二氧化碳加以清除,保证了产酸菌代谢路线的畅通。产甲烷菌制造了食物,又为其创造了生活条件。

(2)能利用的基质范围很窄

产甲烷菌只能代谢少数几种基质来生成甲烷,甚至有些产甲烷菌仅能利用一种基质。产甲烷菌能利用的基质大多是一碳或二碳化合物(如 CO_2、CH_3OH、$HCOOH$、CH_3COOH 等)甲胺类物质,极少数产甲烷菌能利用三碳异丙醇。

(3)生长的最适 pH 值在中性范围

大多数产甲烷菌生长的最适 pH 值在中性范围,甲酸甲烷杆菌最适生长 pH 值为 6.6 ~ 7.8,史氏甲烷短杆菌最适 pH 值为 6.9 ~ 7.4,巴氏甲烷八叠球菌最适 pH 值为 6.7 ~ 7.2,索氏甲烷丝菌最适 pH 值为 7.4 ~ 7.8,但也有个别种类可在 pH 值 4.0 或 pH 值 9.2 条件下生长。在厌氧消化器里,当 pH 值低于 5.5 时,沼气发酵会完全停止。

(4)生长缓慢

在生物界,微生物是繁殖最快的生物群体,如大肠杆菌在最适条件下繁殖一代只要 17 min,乳酸链球菌繁殖一代的时间为 26 min。但由于产甲烷菌“吃”的是产酸菌代谢的废物,如乙酸、甲酸、氢气和二氧化碳等结构简单、含能量少的物质,又生活于严格厌氧条件下,其代谢产物甲烷中仍含很高能量,所以代谢过程能量获得较少,生长繁殖缓慢。例如,梅氏甲烷八球菌,在以甲醇为底物时繁殖一代的时间为 8 h,以乙酸为底物时为 17 h。巴氏甲烷八球菌为 24.1 h,最适生长温度为 60 ℃的嗜热甲烷丝菌为 24 ~ 26 h,索氏甲烷丝菌则为 3.4 d。由于产甲烷菌繁殖缓慢,给沼气发酵带来很多困难和问题。

5. 不产甲烷菌

在沼气发酵过程中,不直接产生甲烷的微生物统称为不产甲烷菌,主要包括一些好氧菌、兼性厌氧菌和专性厌氧菌。它们的主要作用是将复杂的大分子有机物降解成为简单的小分子有机物,作为产甲烷菌转化沼气的前体。

不产甲烷菌的种类很多,数量也较大,其种类及数量随发酵原料的性质和发酵条件的不同而变化。按照形态及结构特征,不产甲烷菌分为细菌、真菌和原生动物三大群落;按照功能分为发酵性细菌群(水解性细菌)、产氢产乙酸细菌群和同型产乙酸细菌群。在沼气发酵过程中,以细菌的数量为最多。

6. 不产甲烷菌与产甲烷菌的关系

在沼气发酵系统里,无论是在自然界还是在沼气池里,不产甲烷菌与产甲烷菌都各自按照自己的遗传特性进行着代谢活动,它们之间相互依赖又相互制约,构成一条食物链。它们之间的相互关系主要表现在以下几个方面。

(1)不产甲烷菌为产甲烷菌提供食物

不产甲烷菌把各种复杂有机物如碳水化合物、脂肪、蛋白质进行厌氧降解,生成游离氢、二氧化碳、氨、乙酸、甲酸、丙酸、丁酸、甲醇、乙醇等产物,其中丙酸、丁酸、乙醇等又可被产氢产乙酸细菌转化为氢、二氧化碳、乙酸等。这样,不产甲烷菌通过其生命活动为产甲烷细菌提供了合成细胞物质和产甲烷所需的食物。产甲烷细菌充当着厌氧环境有机物分解中微生物食物链的最后一组成员。

(2)不产甲烷菌为产甲烷菌创造适宜的厌氧环境

沼气发酵过程中,由于进料使空气进入发酵池,原料、水本身也携带溶解氧,进出料口暴露于空气中,这些显然对于产甲烷细菌是有害的。它的去除需要依赖不产甲烷菌中那些需氧和兼性厌氧微生物的活动。各种厌氧微生物对氧化还原电位的适应也不相同,通过它们有顺序的交替生长和代谢活动,逐步将氧消化掉,使发酵液氧化还原电位不断下降,逐步为产甲烷菌生长和产甲烷创造适宜的厌氧环境,使环境的氧化还原电位降低至 -330 mV 以下,这时产甲烷细菌才会旺盛地活动。

(3)不产甲烷菌为产甲烷菌清除有毒物质

在以工业废水或废弃物为发酵原料时,其中可能含有酚类、苯甲酸、氰化物、长链脂肪酸、重金属等对于产甲烷细菌有毒害作用的物质。不产甲烷菌中许多种类能裂解苯环,从中获得能源和碳源,有些能以氰化物作为碳源,有些则能降解长链脂肪酸,生成乙酸和较短的脂肪酸。这些作用不仅能解除有毒物质对产甲烷菌的毒害,而且给产甲烷菌提供了养分。此外,不产甲烷菌产生的硫化氢,可以与重金属离子作用生成不溶性的金属硫化物沉淀,从而解除一些重金属的毒害作用。

(4)产甲烷菌为不产甲烷菌清除代谢废物,解除反馈抑制

不产甲烷菌发酵产物在环境中的积累可抑制同样产物的继续形成,这种作用称为反馈抑制。例如,氢的积累可抑制氢的继续产生,酸的积累可抑制不产甲烷菌继续产酸,并且积累浓度越高反馈抑制作用越强。在沼气发酵过程中不产甲烷菌最终形成的氢、乙酸、二氧化碳等,是不产甲烷菌的代谢废物,这些物质在环境中的积累,就会产生反馈抑制作用。

在正常的沼气发酵过程中,产甲烷菌会及时将不产甲烷菌所产生的氢、二氧化碳等利用掉,使沼气发酵系统中不致于有氢和酸的过多积累,就不会产生反馈抑制,不产甲烷菌也就得以继续正常生长和代谢。

（5）不产甲烷菌与产甲烷菌共同维持发酵环境的 pH 值

在沼气发酵初期，不产甲烷菌首先降解原料中的糖类、淀粉等物质，产生大量有机酸，产生的二氧化碳也部分溶于水，使发酵液 pH 值明显下降。而此时，一方面不产甲烷菌类群中的氨化细菌迅速进行氨化作用，产生的氨中和掉部分酸；另一方面，产甲烷细菌也利用乙酸、甲酸、氢和二氧化碳形成甲烷，消耗酸和二氧化碳。两个类群共同作用使 pH 值稳定在一个适宜范围，以利于沼气发酵。

16.2.3　厌氧发酵的有机物分解代谢过程

碳水化合物的分解代谢：

一般的碳水化合物包括纤维素、半纤维素、木质素、糖类、淀粉等和果胶质等。厌氧发酵的原料如农业废物等主要含碳水化合物，其中纤维素的含量最大。所以，厌氧发酵的速度与消化池中纤维素分解的快慢密切相关。

（1）纤维素的分解

$$(C_6H_{10}O_5)_n(纤维素) + nH_2O \longrightarrow nC_6H_{12}O_6(葡萄糖)$$

葡萄糖经细菌的作用继续降解成丁酸、乙酸最后生成甲烷和二氧化碳等气体。总的产气过程可用下述的综合表达式表达：

$$C_6H_{12}O_6 \longrightarrow 3CH_4 + 3CO_2$$

（2）糖类的分解

先由多糖分解为单糖，然后是葡萄糖的分解过程，与上述相同。

（3）类脂化合物的分解代谢

类脂化合物的主要水解产物是脂肪酸和甘油。然后，甘油转变为磷酸甘油酯，进而生成丙酮酸。在沼气菌的作用下，丙酮酸被分解成乙酸，然后形成甲烷和二氧化碳。

（4）蛋白质类的分解代谢

主要是含氮的蛋白质化合物，在细菌的作用下水解成多肽和氨基酸。其中的一部分氨基酸继续水解成硫醇、胺、苯酚、硫化氢和氮；一部分分解成有机酸、醇等其他化合物，最后生成甲烷和二氧化碳；还有一些氨基酸作为产沼细菌的养分形成菌体。

第17章 沼气工程

17.1 概 述

17.1.1 定义

沼气化工程(Biogas Engineering)是以规模化厌氧消化为主要技术,集污水处理、沼气生产、资源化利用为一体的系统工程。

17.1.2 沼气工程的分类

根据沼气工程的单体装置容积、总体装置容积、日产沼气量和配套系统的配置四个指标将沼气工程分为大型、中型和小型三类。

根据沼气工程的运行温度、最终目标和原料种类,大中小型沼气工程又可分为不同类型,见表17.1。

表17.1 沼气工程的类型

沼气工程类型	按发酵温度分	常温(变温)发酵型 中温(35 ℃)发酵型 高温(54 ℃)发酵型
	按工程目的分	能源生态型 能源环保型
	按原料种类分	处理食品工业有机废水工程型 处理畜禽粪污工程型 处理其他工业有机废水工程型

17.2 农村户用沼气工程

17.2.1 农村户用沼气工程的研究现状

目前亚洲各国农村户用沼气池推广应用情况差别很大,大体可以分为三类:一是发展情况好的国家,包括中国、印度和尼泊尔,这些国家有成熟的技术、完整的技术推广体系,产业市场也基本形成;二是越南,已经制订了周密的推广计划,正在实施,通过政府宣传,多数农民已经了解沼气技术的作用和好处;三是柬埔寨、老挝等国家,沼气技术推广应用才刚刚起步(胡启春和夏邦寿,2006)。

中国是世界上推广应用农村户用沼气技术最早的国家,中国农村户用沼气的基本结构如图 17.1 所示,20 世纪 90 年代以来,在发酵原料充足、用能分散的中国农村地区,户用沼气建设发展迅速,为中国农村能源、环境和经济的可持续发展作出了贡献。1996 年全国农村户用沼气为 489.12 万户,经过推广应用,到 2003 年发展到 1 228.60 万户,以年均 14.06% 的速度增加。1996 年和 2003 年农村户用沼气产气量分别为 158 644 万 m^3 和 460 590.27 万 m^3,折标准煤 113.0 万 t 和 330.21 万 t。

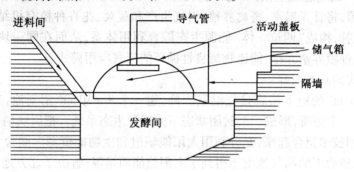

图 17.1　中国农村户用沼气的基本结构

17.2.2　我国农村户用沼气

农村户用沼气工程建设可以有效促进中国可再生能源的发展,缓解农村能源需求的压力,为 CO_2、SO_2 的减排作出了贡献,可减缓全球变暖的趋势。农村户用沼气工程建设有效地利用了农村生活、生产中的废弃物,改善了农村居民的生活环境,促进中国农村生产。下面介绍几种典型的农村户用型沼气工程模式。

17.2.2.1　西北"五配套"生态模式

"五配套"能源生态农业模式是解决西北干旱地区的用水、促进农业持续发展、提高农民收入的重要模式。其主要内容是,每户建一个沼气池、一个果园、一个暖圈、一个蓄水窖和一个看营房。"五配套"模式以农户庭院为中心,以节水农业、设施农业与沼气池和太阳能的综合利用作为解决当地农业生产、农业用水和日常生活所需能源的主要途径,并以发展农户房前屋后的园地为重点,以塑料大棚和日光温室等为手段,以增加农民经济收入、实现脱贫致富奔小康为目标。

这种模式的特点是,以土地为基础,以沼气为纽带,形成以农带牧(副)、以牧促沼、以沼促果、果牧结合的配套发展和良性循环体系。据陕西省的调查统计,推广使用"五配套"模式技术,可使农户从每公顷的果园中获得增收节支 3 万元左右的效益。

1.西北模式的基本内容

"五配套"的生态果园模式从西北地区的实际出发,依据生态学、经济学、系统工程学的原理,调控农业生态系统物质、能量的平衡和转化方向,以充分发挥系统内的生物与光、热、气、水、土等环境因子的作用,建立起生物种群互惠共生、相互促进、协调发展的能源—生态—经济良性循环发展系统。

西北模式以 5 亩(1 亩 ≈ 667 m^2)左右的成龄果园为基本生产单元,在果园或农户住宅前后配套一口 8 m^3 沼气池、一座 12 m^3 的太阳能猪圈、一眼 60 m^3 的水窖及配套的集雨器、一套果园节水滴灌系统。

2. 西北模式的效益

西北"五配套"生态果园模式实行鸡、猪主体联养,圈厕池上下联体,种养沼有机结合,使生物种群互惠共生,物能良性循环,取得了省煤、省电、省劳、省钱和增肥、增效、增产及减少病虫、减少水土流失、净化环境的"四省、三增、两减少、一净化"的综合效益。

17.2.2.2　北方"四位一体"生态温室模式

"四位一体"的生态温室模式以土地资源为基础、以太阳能为动力,以沼气为纽带,在农户庭院或田园,将日光温室、畜禽养殖、沼气生产和蔬菜、花卉种植有机结合,使四者相互依存,优势互补,构成"四位一体"能源生态综合利用体系,从而在同一块土地上,实现产气积肥同步、种植养殖并举、能流物流良性循环的沼气应用模式。

1. 北方模式的基本内容

在一个 150 m^3 的地下塑膜日光温室一侧,建一个 8 ~ 10 m^3 沼气池,其上建一个约 20 m^2 的猪舍和一个厕所,形成一个封闭状态下的能源生态系统。把厌氧消化的沼气技术和太阳热能利用技术组合起来,充分利用太阳能辐射和生物能资源。圈舍为沼气池提供了充足的原料,猪舍下的沼气池由于得到了太阳热能而增温;解决了北方地区在寒冷冬季的产气技术难题;猪呼出大量的 CO_2 使日光温室内的 CO_2 浓度提高,大大改善了温室内蔬菜等农作物的生长条件;使用优质沼肥,蔬菜产量和质量也明显提高。

2. 北方模式能量循环

北方模式取得了显著的效益,以庭园为基础,提高了土地利用率,高度利用时间,生产不受季节、气候限制,使冬季农闲变农忙;高度利用劳动力资源;缩短养殖、种植时间,提高养殖业和种植业经济效益(图 17.2)(崔富春,2005)。

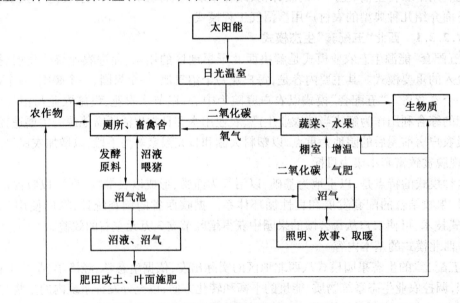

图 17.2　北方模式质能流动和利用图

17.2.2.3　南方"三位一体"能源生态模式

南方模式是以农户庭园为基本单元,利用房前屋后的山地、水面、庭院等场地,主要建设畜禽舍、沼气池、果园三部分,同时使沼气池建设与畜禽舍和厕所三结合,形成养殖—沼气—种植三位一体的庭院经济格局,达到生态良性循环、农民收入增加的目的。

1. 南方模式的基本内容

作为南方"猪—沼—果"能源生态农业模式的发源地,江西省赣州和广西壮族自治区恭城县给全国提供了发展小型能源生态农业,特别是庭院式能源生态农业模式的思路。通过沼气的综合利用,可以创造可观的经济效益。实践表明,用沼液加饲料喂猪,猪毛光皮嫩,增重快,可提前出栏,节省饲料约20%,降低了饲养成本,激发了农民养猪的积极性;施用沼肥的脐橙等果树,要比未施沼肥的年生长量高0.2 m,多长5~10个枝梢,而且植株抗旱、抗寒和抗病能力明显增强,生长的脐橙等水果的品质提高一或两个等级。

2. 南方模式的物质能量循环

南方模式结合南方的特点,围绕农业主导产业,因地制宜开展沼液、沼渣综合利用。除养猪外,还包括养牛、养羊、养鸡等庭园养殖业;除与果业结合外,还与粮食、蔬菜、经济作物等相结合,构成"猪—沼—果"、"猪—沼—菜"、"猪—沼—鱼"、"猪—沼—稻"等衍生模式(图17.3)。

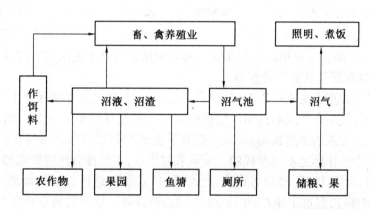

图17.3　南方模式物质能量循环示意图(崔富春,2005)

3. 南方模式的效益

(1)生态效益

"三位一体"生态模式为养殖场粪尿无害化处理和资源化利用创造了条件,使年排放的农业废弃物得到了资源化循环利用,有效地保护生态环境。

(2)能源效益

沼气是生物能源,也是可再生能源。在能源供应日趋紧张的形势下,利用农业废弃物开发利用沼气能源,也是缓解能源供应矛盾的一种有效途径。日产沼气约80 m^3 的沼气工程,如果用作生产、生活能源,每年可节约电量约为$4.8×10^4$ kW·h,节省液化气1.8 t。

(3)社会效益

沼气能源充足,供应当地农民做炊事燃料,有利于保护森林资源,提高农民用能水平和生活质量。"三位一体"能源生态模式为南方农村规模养猪场提供了高效的生态农业发展,为加快农村环境污染治理、保护生态环境起到了示范作用。

沼气集经济、生态、社会效益于一体,深受广大农民的欢迎。沼气的科学技术利用模式,实现了家居温暖清洁化、庭院经济高效化、农业生产无害化的目标。中国农村户用沼气技术经过几十年的推广应用已经逐渐趋于成熟,正在成为解决农村能源和环境问题的重要手段。

17.2.3　农村沼气建设

农村沼气建设是农村可再生能源利用的重要内容,也是国家惠农政策的重要载体。我国农村沼气工程实施三十几年以来,收到了良好的经济、社会、生态效益,对改善农村的能源结构和卫生条件,提高农民生活质量、健康水平和文明素质,促进农民持续增收节支,加快农村基础设施建设,建设资源节约型、环境友好型社会起到了积极作用,为新时期建设社会主义新农村、发展现代农业作出了重大贡献。为了促进农村沼气建设事业建设的发展,应遵循"循序渐进,统筹兼顾,因地制宜"的原则,即"培元固本"。

所谓培元,简而言之就是培植元气,蓄势藏能,维持农村沼气事业发展的强劲动力和发展后劲。具体来说,就是要抓沼气的综合利用,最大限度地发挥其整体效益。

(1)要充分发挥其能源生态效益

沼气30%的功能是烧水做饭,70%的功能是构建生态农业体系。实践证明,农村发展沼气,其生命力在于农民对"三沼"的利用,它的利用效果是吸引农户的关键,也是使沼气发展由自觉转变为自发的重要因素。"三沼"利用的成败在于农民能否掌握这项实用技术。因此,培元的重要举措之一就是加大综合利用相关技术的培训力度和宣传力度。

(2)要充分发挥其社会综合效益

发展以沼气为重点的农村能源,是建设资源节约型、环境友好型社会主义新农村的重要举措。农村沼气生态模式通过沼气把种植业和养殖业有机地结合在一起,延长了产业链,实现了能流、物流的多层次循环,大大提高了资源的利用效率。沼气在农业资源的深层次循环利用中的作用是不可替代的。发展农村沼气,不仅使农村的资源得到有效利用,而且通过改厕、改厨、改圈、改院等建设,把农村的"三废"(秸秆、粪便、垃圾)变成"三料"(燃料、饲料、肥料),促进了生产、生活、生态的协调发展。培元的另一重要举措就是政府转变或改变引导性资金投入方向,树立综合利用典型,带动整体前进。

所谓"固本",简而言之就是要巩固发展基础,保证事业发展不会出现反复。具体来说,就是要适当放缓发展节奏,多做一些回头看的工作,把构建沼气服务体系放在突出位置。虽然近年来沼气建设事业蓬勃发展,但是问题也随之产生,一是现在一些地方存在"大跃进"的工作作风,还有一些地方把沼气工程变成了"福利工程"、"政绩工程",忽视了农民在工程中的主体作用;二是投入的这些资金用于后续服务体系的比例太小。由于项目的连续申报和国债项目建设的特殊性,已使得地方政府的配套资金难以为继。因此,加强农村沼气服务体系建设已迫在眉睫。服务体系建设的及时和完善与否事关沼气事业持续健康发展的大局和广大建池农户的切身利益,是确保沼气池正常使用并充分发挥效益的重要基础。由于目前农民作为个体不具备建立体系的能力,同时民间资本不具备启动的实力。

因此,当前一要加大对后续服务体系建设的资金引导,以"服务专业化、管理物业化"为方向,坚持"政府投资为主、社会资金为辅"的发展原则,开展多元参与、形式多样的服务体系构建。二要快速建立以省级技术实训基地为依托、县乡服务站为支撑、乡村服务网点为基础、农民服务人员为骨干,覆盖城乡的沼气服务体系,为沼气农户提供优质、规范、高效、安全的服务,巩固沼气建设成果,形成"想发展者能发展,已使用者能用好"的保障格局。三要尽快成立独立的能源管理机构,整合现有涉及能源管理的政府体系,解决现存因机构重叠、职权不清、主体不明造成的能源工作进展慢、效率低的问题,建立一个覆盖城乡能够独立进行能源管理、利用、开发、规划等层面的新体系,开源节流,加大对可再生能源的利用,减少对现有能源的依赖,确保国家经济持续发展和能源战略安全。

17.2.4　建造农村户用沼气池应注意的事项

在建沼气池时,要严格遵守操作规程,防止发生事故。

1. 防止塌方

一般土质较好,地下水位较低的地基开挖池坑时,池壁可以不留坡度。对土质不好的松软土、沙土,要采取加固措施,以防止塌方。在地下水水位较高时,池坑周围要设排水沟,或在池坑中挖一个深水坑饮水排水。

2. 防止明火

因沼气中60%以上是甲烷,当沼气中的甲烷浓度积聚达到爆炸极限时,遇到微小火源就会发生等同于液化气爆炸的灾害事故。可以采用电灯照明施工,但要防止电器漏电。

3. 注意施工安全

在开挖池坑和砌筑建池等时,要防止石料滑落砸伤施工人员,运输石料和搭手架的绳索,必须结实、牢固,防止断裂、落架伤人。

4. 严格检查

在沼气池内抹刷时,应仔细检查池顶部、池壁等处有无裂缝,或有无容易掉落的石块等。

5. 及时加盖

沼气池建池质量的检查验收应以 GB/T4751—2002《户用沼气池质量检查验收规范》为准。

17.2.5　规划布局与"一池之改"

兴建农村户用沼气池,应与畜禽圈、厕所相结合,即所谓的"三结合",这样才能充分发挥沼气池的功能,获取更好的效益。因此,要建设"三结合"沼气池,首先要搞好规划布局,选好地址;在建池的同时,进行改圈、改厕、改厨,即农村沼气项目建设要求的"一池三改"。

1. 规划布局

一般来讲,猪圈、厕所和沼气池三者形成一个整体,应设置在住户庭院的一角,应选择避风向阳、土质坚实、地下水水位低、远离公路的地方。在确定选址时,应综合考虑饲养畜禽、如厕以及沼气池进出料和日常操作管理方便等因素。

2. 猪圈、厕所和沼气池三结合

①三者应尽量靠近,形成一体,最好是将沼气池建在猪圈下面,厕所紧靠猪圈。

②沼气池的进料口与厕所、猪圈排粪尿口相连通,使人畜粪尿自流入沼气池内。

③出料口应设置在操作、运作方便的地方。

④猪圈敞露部分应注意将雨水与粪尿分流。

3. 改圈

猪圈面积要根据饲养数量设定,地面应做成水泥地面,并留有一定坡度,坡向排粪尿口(与沼气池进料口连通)。

4. 改厕

厕所应紧靠沼气池与猪圈,便池应直通沼气池的进料口,以便粪尿自流入沼气池。

5. 改厨

为了便于安装和使用沼气灶具,应砌筑灶台。灶台长、宽、高分别为 80 cm、50 cm 和 65 cm左右。

通过"一池三改"彻底改变农村卫生面貌,提高农村环境和生活质量,促进农村走进现代文明。

17.2.6　农村户用沼气推广应用的现状、意义

1. 农村户用沼气推广、应用的现状

目前,我国沼气池的推广应用规模居世界首位,国家计划到2010年,要达到2 600万口。由此,建池数量将占到全国适宜沼气发展农户的20%。然而,如此巨大的建池量和惊人的发展速度,带来的管理压力可想而知。技术干部不但要负责新建池的规划、放线、施工,还要负责旧池管护使用中出现的各种故障的排除和综合利用技术的指导、培训等工作。

2. 推广应用户用沼气的意义

①沼气不仅能解决农村能源问题,而且能增加有机肥料资源,提高质量和增加肥效,从而提高农作物产量,改良土壤。

②使用沼气,能大量节省秸秆、干草等有机物,以便用来生产牲畜饲料和作为造纸原料及手工业原材料。

③兴办沼气可以减少乱砍树木和乱铲草皮的现象,保护植被,使农业生产系统逐步向良性循环发展。

④兴办沼气,有利于净化环境和减少疾病的发生。这是因为在沼气池发酵处理过程中,人畜粪便中的病菌大量死亡,使环境卫生条件得到改善。

⑤用沼气煮饭照明,既节约家庭经济开支,又节约家庭主妇的劳作时间,降低劳动强度。

⑥使用沼肥,提高农产品质量和品质,增加经济收入,降低农业污染,为无公害农产品生产奠定基础。

常用的物质循环利用型生态系统主要有种植业—养殖业—沼气工程三结合、养殖业—渔业—种植业三结合及养殖业—渔业—林业三结合的生态工程等类型。其中种植业—养殖业—沼气工程三结合的物质循环利用型生态工程应用最为普遍,效果最好。

17.2.7　户用沼气池在管护使用中最常见的问题

1. 常见问题

农户在使用沼气或沼气池运行管理过程中,最常见的问题有以下三个方面:

①用户缺乏沼气池运行管理的知识,无法保证正常、持续地用上并用好沼气。

②用户对灶具等沼气配套设备的自查、保养、维修能力较弱。

③一些农户对沼气给生活带来的变化和好处认识不足。

2. 常见问题的具体表现和排除方法

(1)发酵料液偏酸或偏碱

沼气池正常产气,要求的料液酸碱度在 pH 值 6~8 之间,在 pH 值 6.8~7.5 产气量最高。辨别的最简单方法是用眼睛去观察,当发现沼气池中的料液有点儿泛蓝色即表明料液偏酸了,如果是料液上泛起一层白色的膜就说明料液偏碱了。

①当发现料液偏酸时,取 3~4 kg 石灰兑上 4~5 桶清水,先充分搅匀后再直接从进料口倒入池中并搅拌,使石灰澄清液与池中的料液充分接触。

②当料液偏碱时,就用事先铡成 2~3 cm 长的青杂草浇上猪或牛的尿液并在池外堆沤处理 2~3 d,再从进料口投入池中并搅拌均匀,使新加入的青杂草与池中料液充分接触,使其尽快恢复正常。

(2)长期以猪粪作沼气池的发酵原料,气压高却点不着火或燃烧时间短

传统的养猪习惯以粮食喂猪为主,猪粪中的碳氮比为 C∶N=13∶1,而在其他条件都具备的情况下,碳氮比为 C∶N=(25∶1)~(30∶1)才能保证正常产气,所以会出现点不着等情况。

①利用每年春秋两季大出料的时机给沼气池中加入 1 方牛粪。

②在平常的入料过程中加入适量的富碳原料,如麸皮、秕壳、碎秸秆等农作物的残余物。

(3)发酵原料充足或料液发酵正常,但产气量不足

出现这种问题的原因是:发酵料液在池中形成沉淀或料液表面形成结壳。解决办法是:坚持经常性地搅拌沼气池发酵料液。

(4)沼气池及输气管路等出现漏气

沼气出现漏气有多种情况:

①输气管路等不漏气,但气压不上升且人为加压后又较快降压 1 个以上,沼气池发酵间漏气。应及时剔除表面密封剂,重新粉刷 2~4 遍后,重新刷密封剂。

②水封圈有气泡或密封胶泥局部变黑,密封盖漏气。可以采取的措施为:重新封盖,水封圈加满水,长期保证水封圈有水。

③安装沼气的房间能闻到臭鸡蛋味或硫黄味,输气管路、开关漏气或净化器 U 形壶的密封盖破裂。应及时查找漏气部位,更换损坏的零部件。

④只在做饭或点灯时能闻到臭鸡蛋味,说明脱硫剂失效。可以更换净化器中的脱硫剂。

17.3　大中型沼气工程

大中型沼气工程技术,是一项以开发利用养殖场粪污为对象,以获取能源和治理环境污染为目的,实现农业生态良性循环的农村能源工程技术。

它包括厌氧发酵主体及配套工程技术,主要是通过厌氧发酵及相关处理降低粪水有机质含量,达到或接近排放标准并按设计工艺要求获取能源——沼气;沼气利用产品与设备技术,主要是利用沼气或直接用于生活用能,或发电、烧锅炉、直接用于生产供暖、作为化工原料等。沼肥制成液肥和复合肥技术,则主要是通过固液分离,添加必要元素和成分,使沼肥制成液肥或复合肥,供自身使用或销售。

其关键技术是沼气厌氧发酵技术,包括常规和高效发酵工艺技术。

根据《沼气规模工程分类标准》,大中型沼气工程是指沼气发酵装置或其日产气量达到一定规模,即单体发酵容积不小于 100 m^3,或多个单体发酵容积之和不小于 100 m^3,或日产气量不小于 100 m^3 为中型沼气工程。如果单体发酵容积大于 500 m^3,或多个单体发酵容积之和大于 1 000 m^3,或日产气量大于 1 000 m^3 为大型沼气工程。人们习惯把中型和大型沼气工程放到一起去评述,称之为大中型沼气工程。

沼气工程的规模主要按发酵装置的容积大小和日产气量的多少来划分(表 17.2)(黎良新,2007)。

表 17.2　沼气工程规模的划分

工程规模	单池容积(V)/m^3	总池容积(V)/m^3
大型	≥500	≥1 000
中型	1 000>V≥100	1 000>V≥100
小型	<100	<100

17.3.1　大中型沼气工程与农村户用沼气池的区别

大型厌氧沼气工程的工艺,应以上级主管部门的审批文件为准,以小试、中试试验数据为依据,并参照当前国内外正在运行的同类工程的实际运行数据和经验进行设计,设计时应考虑当地的经济水平和发展现状,力求达到实际、适用、简单、方便、经济、高效。

中型沼气工程与农村户用沼气池在设计、运行管理、沼液出路等方面都有诸多不同,其主要区别见表 17.3(黎良新,2007)。

表 17.3　大中型沼气工程与农村户用沼气池的比较

	农村户用沼气池	大中型沼气工程
用途	能源、卫生	能源环保
沼液	作肥料	作肥料或进行好氧后处理
动力	无	需要
配套设施	简单	沼气净化、储存、输配、电气、仪表控制
建筑形式	地下	大多半地下或地上
设计、施工	简单	需要工艺、结构、设备、电气与自控仪表配合
运行管理	不需要专人管理	需要专人管理

17.3.2　大中型沼气工程的工艺类型

当前大中型沼气工程的发酵装置的单池容积一般为 500 m^3,如图 17.4 所示,沼气发酵装置产生的气体的储存设备如图 17.5 所示。

 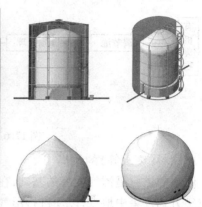

图 17.4　沼气发酵装置实物图　　　　图 17.5　沼气储存装置实物图

规模化畜禽场、屠宰场或食品加工业的酒精厂、淀粉厂、柠檬酸厂等的沼气工程,根据工程最终达到的目标基本上可以分为三种类型:一是以生产沼气和利用沼气为目标;二是以达到环境保护要求,使排水符合国家规定的标准为目标;三是前两个目标的结合,对沼气、沼渣和沼液进行综合利用,实现生态环境建设。沼气工程类型的确定,要根据厂家原料来源的具体情况,由工程建设单位和设计者共同确定。

工程建设涉及国家或集体的投资,一项工程的寿命至少定为 15~20 年,所以原料供应要相对稳定,尤其是以畜禽场粪污为原料的大中型沼气工程,更要注重粪便原料的相对稳定。同时,必须重视沼气、沼渣和沼液的综合利用,以环保达标排放为目标的大中型沼气工程,只有实行沼气、沼渣和沼液的综合利用,才能增大工程的经济效益。工程建设的批复文件,国家对资源综合利用方面的优惠政策,以及国家对工程建设项目的相关规定、工程设计的技术依托单位等,都是工程设计的具体依据,需要明确。工程建设项目必须符合国家或部门规定的相关条款要求,还要根据场地和原料来源的具体情况,进行全面综合设计。设计内容应该包括:工程选址和总体布置设计、工艺流程设计、前处理工艺段设备选型与构筑物的设计、厌氧消化器结构形式的设计、后处理工艺段设备选型与构筑物设计、储气罐设计、沼气输气管网设计及安全防火等。

总体布置在满足工艺参数要求的同时,要与周围的环境相协调,选用设备装置及构筑物平面布局与管路走向要合理,并符合防火相关条款规定。若以粪便为原料来源,在条件允许的前提下,还要考虑养殖场生产规模扩展的可能性。

17.3.3　大中型沼气工程的基本工艺流程

工艺流程是沼气工程项目的核心,要结合建设单位的资金投入情况、管理人员的技术水平、所处理物料的水质水量情况确定,还要采用切实可行的先进技术,最终实现工程的处理目标。要对工艺流程进行反复比较,确定最佳的和适用的工艺流程。

一个完整的大中型沼气发酵工程,无论其规模大小,都应包括如下的工艺流程:原料(废水等)的收集,原料的预处理,厌氧消化,厌氧消化液的后处理,沼气的净化、储存和输配以及利用等环节,如图 17.6 所示。

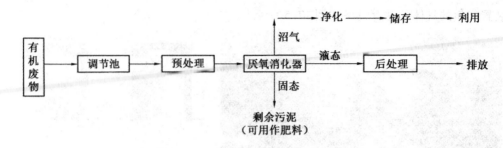

图 17.6　沼气工程的基本流程

1. 原料(废水等)的收集

原料的供应是沼气发酵的基础,在畜禽场设计时应根据当地的条件合理地安排废物的收集方式及集中地点,以便进行沼气发酵处理。因为原料收集的时间一般比较集中,而消化器的进料通常在一天内均匀分配,因此收集起来的原料一般要进入调节池储存,在温暖的季节,调节池兼有酸化作用,可以显著改善原料性能,加速厌氧消化。

2. 原料的预处理

原料中常混有畜禽场的各种杂物,如牛粪中的杂草、鸡粪中的鸡毛沙粒等,为了便于泵输送,防止发酵过程中发生故障,减少原料中的悬浮固体含量,在进入消化器前要对原料进行升温或降温处理等预处理。有条件的可以采用固液分离装置将固体残渣分出用作饲料。

3. 厌氧消化

厌氧消化是整个系统的核心步骤,微生物的生长繁殖、有机物的分解转化、沼气的生产均是在该环节进行,选择厌氧消化的工艺类型及消化器是整个沼气工程设计的重点。

厌氧消化的工艺类型,根据原料在消化器内的水力滞留期(HRT)、固体污泥滞留期(SRT)和微生物滞留期(MRT)的不同,分为三大类,见表 17.4。

表 17.4　厌氧消化的工艺类型

类型	滞留期特征	厌氧消化工艺举例
Ⅰ 常规型	MRT=SRT=HRT	常规消化、连续搅拌、塞流式
Ⅱ 污泥滞留型	(MRT 和 SRT)≥HRT	厌氧接触、上流式厌氧污泥、升流式固体床、折流式、内循环
Ⅲ 附着膜型	MRT≥(SRT 和 HRT)	厌氧滤器、流化床、膨胀床

注:HRT 为水力停留时间,SRT 为固体停留时间,MRT 为微生物停留时间。

在一定的 HRT 条件下,如何尽量延长 SRT 和 MRT 是厌氧消化水平提高的主要研究方向,根据所处理废弃物理化性质的不同,采用不同的消化工艺,是大中型沼气工程提高科技水平的关键。

4. 厌氧消化液的后处理

厌氧消化液的后处理是大型沼气工程不可缺少的环节,如果直接排放,不仅会造成二次污染,而且浪费了可作为生态农业建设生产的有机液体肥料资源。厌氧消化液的后处理的方法有很多,最简便的方法是直接将消化液施入土壤或排放入鱼塘,但土壤施肥有季节性且土壤的单位施肥面积有限,不能保证连续的后处理,可以将消化液进行沉淀后,进行固液分离,沼渣可用作肥料,沼液可用作农作物基肥和追肥、浸种、叶面喷肥、保花保果剂、无土栽培的母液、饲喂畜禽及花卉培养。

5.沼气的净化、储存和输配以及利用

在沼气生产过程中,微生物对蛋白质的分解及硫酸盐还原过程中,会产生一定量的硫化氢(H_2S),H_2S是一种腐蚀性很强的气体,可引起管道和仪表的快速腐蚀,燃烧时产生的SO_2会对人的身体健康产生不利影响;在沼气输送过程中,产生的水分会造成管路的堵塞。因此大中型沼气工程应设法脱除水分及H_2S,水分的脱除可以采用除水装置,H_2S的脱除可以采用脱硫塔,内可装脱硫剂。

沼气的储存通常用浮罩式储气柜和高压钢性储气柜。储气柜的作用是调节产气和用气的时间差,储气柜的大小一般为日产沼气量的1/3~1/2。

沼气的输配系统是指在沼气用于集中供气时,将其输送至各用户的整个系统,近年来普遍采用高压聚乙烯塑料管作为输气管道,不仅可以避免金属管道的锈蚀而且造价较低。

17.4 城市沼气

17.4.1 定义

在城市中,化粪池和下水道很多都是封闭空间,没有排气措施,垃圾场(池、屋)中的垃圾由于采取集中堆放和填埋会自然形成无数封闭小空间,如此也能形成产生和积聚沼气的条件。这些能生成大量沼气又无法及时排出的化粪池、下水道、污水渠和垃圾场(池、屋)等场所,可称之为城市沼气积聚场所。

近年来,随着城市化进程的加速,城市人口越来越稠密,粪便、污水、垃圾大量增加。城市沼气积聚场所也不断发生爆炸、中毒等安全事故。为此,笔者就城市沼气积聚场所的消防安全管理作初步探讨,并提出了应对措施。

17.4.2 城市沼气积聚场所的特点

1.易燃易爆性

许多化粪池、下水道、污水渠和垃圾场(池、屋)在设计、建设时没有考虑消防安全的因素,普遍存在空间过于狭小、通风措施不足等问题,容易积聚较多沼气。

因沼气中60%以上是甲烷,当沼气中的甲烷浓度积聚达到爆炸极限时,遇到微小火源就会发生等同于液化气爆炸的灾害事故。近年来,因沼气引起的爆炸事故接连不断。2001年6月5日,北京市西城区一家酒楼因厕所内下水道不畅,沼气积聚过多,排风扇电线接头打火引发爆炸,造成二人受伤。2004年3月14日,成都理工大学附近工人在铺设光缆线时引发沼气爆炸造成一人严重烧伤。大型垃圾填埋场一旦爆炸将产生相当于数千吨炸药的能量,其危险性显而易见。

2.毒害性

沼气中含有许多可导致人员中毒窒息的气体。化粪池、下水道、污水渠以及垃圾屋等沼气积聚场所,需要定期或不定期地进行清理、维修。

3. 点多面广

化粪池、下水道、污水渠以及垃圾屋等场所与城市的市政给排水一样，是城市必不可少的基础设施，分布在城市的大街小巷和各个角落，其数量之大，难以统计。任何部位都有可能引发火灾爆炸或中毒事故。

4. 多为隐蔽工程，施救困难

由于化粪池、下水道、污水渠和垃圾场等场所一般设在位置比较偏僻或是空间比较狭小的地方，一旦发生爆炸或中毒意外事故，救援车辆很难接近事故区域，救援人员也很难进入井下展开救援。特别是发生中毒事故时，常常是一个人在井下发生中毒，救援人员不明情况便强行进入救援，结果造成更多的人出事。2004 年 7 月 7 日，香港天悦广场一名工人在检修污水渠时发生沼气中毒死亡，一名消防员在救人时不幸殉职。

17.4.3　城市沼气积聚场所消防安全管理存在的问题

1. 无人管理

由于沼气积聚场所一直没有被当作危险场所，在消防安全管理方面也没有明确的规定，日常的监督管理工作就无从做起，一旦发生事故也无法对有关人员或单位追究法律责任。

2. 缺少危险警示标志

很多化粪池、下水道、污水渠的设置地点距离居民日常活动场所往往很近，一般设置在居民区（或单位区）道路旁以及室外活动场所下面。这些场所从建成到产生沼气，再到沼气与空气积聚的混合浓度达到爆炸极限需要一定的时间，就如同一个又一个暗藏的炸弹，也没有危险标志或警示，人们根本意识不到隐藏爆炸的危险，也不将这些场所定为危险场所，对自己身处危险区的情况知之甚少，缺乏必要的安全防范意识和措施，如果有人在上面燃放鞭炮或是扔烟头，火源就可能落入井内引爆里面的沼气造成伤亡事故。2002 年 2 月 1 日，深圳福田区几个小孩在景西大厦楼下燃放鞭炮，其中有个小孩拿了个鞭炮塞进一个下水道井盖孔，准备用打火机点燃鞭炮时，明火遇到井内积存的沼气，引起强烈爆炸，造成观看的一名 1 岁龄孩童被严重烧伤。

3. 从业人员防范意识不强

目前从事化粪池、下水道、污水渠以及垃圾屋清理作业的工人大多数没有经过严格培训，缺乏起码的安全常识，而工作过程又没有一套严格的安全程序，更没有检测设备。工作人员进入化粪池、下水道、污水渠之前往往没能对井下是否有积聚毒气进行探测，进入之后也没有足够的安全防护措施，比如呼吸器、防毒面罩等，因此中毒事件经常发生。

17.4.4　加强城市沼气积聚场所消防安全管理的建议

从城市沼气积聚场所具有的危险性及已经发生的事故来看，笔者认为完全可以将其定性为危险场所。然而人们却往往忽视沼气积聚场所的危险性以及消防安全设计、规划和管理，导致事故频发。为了加强城市沼气积聚场所的消防安全管理，应做好以下几个方面的工作。

1. 制定明确的法律规章，明确有关部门的消防安全管理职责

要防止类似事故的再次发生，必须要制定出台相应的法律规章，如《社区消防安全管

理规定》等,把防止化粪池、下水道、污水渠和垃圾场等沼气爆炸事故列为社区小区物业管理单位的日常消防管理工作之一,落实消防安全责任制,指定专人负责对沼气积聚场所的日常检查和管理,及时消除隐患,设立警示标志,防患于未然。

2.加强沼气积聚场所硬件设施建设

在设计、建造化粪池、下水道、污水渠以及垃圾屋等沼气积聚场所时,对有关技术人员应实行持证上岗制度,充分考虑选址、空间设置等消防安全因素;在沼气积聚场所安装检测设备,如可燃气体检测报警仪,可自动指示环境气体中可燃气体浓度数值及超限报警,从而提示人们及时消除隐患。

3.加强相关从业人员技术培训

对于从事清理、维修化粪池、下水道、污水渠以及垃圾屋等沼气积聚场所作业的工人,应进行严格培训,使其懂得安全常识,并要建立严格的安全操作规程,配备必要的如呼吸器、防毒面罩等安全防护装备,避免出现中毒事件。

4.开发城市沼气能源,从根本上消除大型城市沼气积聚场所安全隐患

众所周知,沼气是一种生物能,农村通常利用沼气做饭、照明。如果能够利用城市垃圾(包括粪便、污水)产生的沼气发电或制造汽车燃料,既能变废为宝,又能及时导除城市垃圾产生的沼气,从根本上消除大型沼气积聚场所的安全隐患。目前较为成熟的是垃圾沼气发电技术,使用和管理均较为方便,是国际上最受欢迎的城市垃圾处理方法。

第18章　沼气工程的产物利用

人、畜、禽粪尿经厌氧消化产生沼气后,残留的渣和液统称为沼气发酵残余物,其中残存的固体部分俗称为沼渣,其中富含腐殖质的有机物占 40% ~ 60%,全氮占 1.0% ~ 2.0%,并含有维生素、激素等,可作为饲料、肥料和栽培食用菌的基料。

沼液是沼气发酵残余的液体部分,是一种溶肥性质的液体。沼液不仅含有较为丰富的可溶性无机盐类,同时还含有多种沼气发酵的生化产物,在利用过程中表现出多方面的功效。沼液与沼渣相比较而言,虽然养分含量不高,但其养分主要是速效养分。这是因为发酵物长期浸泡在水中,一些可溶性养分自固相转入液相。

18.1　沼液的利用

18.1.1　沼液用作肥料

沼气发酵过程中,作物生长所需的氮、磷、钾等营养元素基本上都保持下来,因此沼液是很好的有机肥料。同时,沼液中存留了丰富的氨基酸、B 族维生素、各种水解酶、某些植物生长素、对病虫害有抑制作用的物质或因子,因此它还可用来养鱼、喂猪、防治作物的某些病虫害,具有广泛的综合利用前景。

18.1.2　沼液浸种

沼液中除含有肥料三要素(氮、磷、钾)外,还含有种子萌发和发育所需的多种养分和微量元素,且大多数呈速效状态。同时,微生物在分解发酵原料时分泌出的多种活性物质,具有催芽和刺激生长的作用。因此,在浸种期间,钾离子、铵离子、磷酸根离子等都能因渗透作用或生理特性,不同程度地被种子吸收,而这些离子在幼苗生长过程中,可增强酶的活性,加速养分运转和新陈代谢过程。因此,幼苗"胎里壮",抗病、抗虫、抗逆能力强,为高产奠定了基础。

沼液常用于水稻的浸种和育秧及小麦、玉米、棉花和甘薯浸种等,增产效果明显。例如,据试验,沼液浸麦种比清水浸麦种每亩多收 77.9 kg,增产 19.74%,比干种直播每亩多收 54.9 kg,增产 12.88%。再如,用沼液浸甘薯种,浸种与不浸种相比,黑斑病下降 50%,产芽量提高 40%,壮苗率提高 50%。

18.1.3　沼液防治植物病虫害

沼气发酵原料经过沼气池的厌氧发酵,不仅含有极其丰富的植物所需的多种营养元素和大量的微生物代谢产物,而且含有抑菌和提高植物抗逆性的激素、抗生素等有益物质,可用于防治植物病虫害和提高植物抗逆性。

(1)沼液防治植物虫害

用沼液喷施小麦、豆类、蔬菜棉花、果树等,可防治蚜虫侵害;用沼液原液或添加少量农药喷施,可防治苹果、柑橘等果树蚜虫、红蜘蛛、黄蜘蛛和螨等虫害。沼液原液喷施果树,红蜘蛛成虫杀灭率为91.5%,虫卵杀灭率为86%,沼液加1/3水稀释,红蜘蛛成虫杀灭率为82%,虫卵杀灭率为84%,黄蜘蛛杀灭率为25.3%。

(2)沼液防治植物病害

科学实验和大田生产证明,用沼液制备的生化剂可以防治作物的土传病、根腐病。

沼液浸泡大麦种子,可以明显减轻大麦黄花叶病,且随沼液浓度的增加而减少。用上海土壤肥料所研制的AFP(沼液+少量生化剂)和AFS(沼液浸种后用沼液泥篁)处理大麦种,黄花叶病发病率减少50%~90%,增产20%~50%。此外,沼液对大麦叶锈病也有较好的防治作用。试验证明,沼液叶面喷施可以有效地防治西瓜枯萎病、融麦赤霉病。此外,沼液对棉花的枯萎病和炭疽病、马铃1隧病、小麦根腐病、水稻小球菌核病和纹枯病、玉米的拳斑病以及果树根腐病也有较好的防治作用。

(3)沼液提高植物抗逆性

沼液中富含多种水溶性养分,用于农作物、果树等植物浸种、叶面喷施和灌根等,收效快,一昼夜内叶片中可吸收施用量的80%以上,足够及时补充植物生长期的养分需要,强健植物机体,防御病虫害和严寒、干旱的能力。

试验证实,用沼液原液或50%液进行水稻浸种,减轻胁迫对原生质的伤害,保持细胞完整性,提高根系活力,从而增强秧苗抗御低温的能力。用沼液对果树灌根,对及时抢救受冻害或其他灾害引起的树势衰弱有明显效果,用沼液长期喷施果树叶片,可防治小叶病和黄叶病,使叶片肥大,色泽浓绿,增强光合作用,有利于花芽的形成和分化。花期喷施能提高坐果率,果实生长期喷施,可使果实肥大,提高产量和水果质量。

在干旱时期,对作物和果树喷施沼液,可引起植物叶片气孔关闭,从而起到抗旱的作用。

18.1.4 沼液作叶面肥

沼液中营养成分相对富集,是一种速效的水肥,用于果树和蔬菜叶面喷施,收效快,利用率高。一般施后24 h内,叶片可吸收喷施量的80%左右,从而能及时补充果树和蔬菜生长对养分的需要。

果树和蔬菜地上部分每一个生长期前后,都可以喷施沼液,叶片长期喷施沼液,可增强光合作用,有利于花芽的形成与分化;花期喷施沼液,可保证所需营养,提高坐果率;果实生长期喷施沼液,可促进果实膨大,提高产量。

果树和蔬菜叶面喷施的沼液应取自正常产气的沼气池出料间,经过滤或澄清后再用。一般施用时取纯液为好,但根据气候、树势等的不同,可以采用稀释或配合农药、化肥喷施。

18.1.5 沼液养鱼

沼液作为淡水养殖的饲料,营养丰富,加快鱼池浮游生物繁殖,使耗氧量减少,水质改善,而且,常用沼液,水面能保持茶褐色,易吸收光热,提高水温,加之沼液的 pH 值为中性偏碱性,能使鱼池保持中性,这些有利因素能促进鱼类更好生长。所以,沼肥是一种很好的养鱼营养饵料。

鱼池使用沼肥后,改善了鱼池的营养条件,促进了浮游生物的繁殖和生长,因此,提高了鲜鱼产量。南京市水产研究所用鲜猪粪与沼肥作淡水鱼类饵料进行对比试验,结果后者比前者增产 19% ~ 38%。同时,施用沼肥的鱼池,水中溶解氧增加 10% ~ 15%,改善了鱼池的生态环境,因此,不但使各类鱼体的蛋白质含量明显增加,而且影响蛋白质质量的氨基酸组成也有明显的改善,并使农药残留量呈明显的下降趋势,鱼类常见病和多发病得到了有效的控制,所产鲜鱼营养价值高,食用更加安全可靠。

18.2　沼渣的利用

18.2.1　沼渣作肥料

1. 沼渣作肥料的优点

有机物质在厌氧发酵过程中,除了碳、氢等元素逐步分解转化,最后生成甲烷、二氧化碳等气体外,其余各种养分元素基本都保留在发酵后的剩余物中,其中一部分水溶性物质保留在沼液中,另一部分不溶解或难分解的有机、无机固形物则保留在沼渣中,在沼渣表面还吸附了大量的可溶性有效养分。所以沼渣含有较全面的养分元素和丰富的有机物质,具有速缓兼备的肥效特点。

沼渣中的主要养分有:30% ~ 50% 的有机质、10% ~ 20% 的腐殖酸、0.8% ~ 2.0% 的全氮(N)、0.4% ~ 1.2% 的全磷、0.6% ~ 2.0% 的全钾。

由于发酵原料种类和配比的不同,沼渣养分含量有一定差异。根据对一些地区的沼渣的分析结果,若每亩地施用 1 000 kg(湿重)沼渣,可给土壤补充氮素 3 ~ 4 kg,磷 1.25 ~ 2.5 kg,钾 2 ~ 4 kg。

沼肥中的纤维素、木质素可以松土,腐殖酸有利于土壤微生物的活动和土壤团粒结构的形成,所以沼渣具有良好的改土作用。

沼渣能够有效地增加土壤的有机质和氮素含量。纯施化肥时会降低土壤有机质和含氮量,因此化肥与有机肥要配合使用。

沼渣作为一种优质有机肥,在实际应用中能够起到增产的作用。一项试验证明,在每亩施用沼渣 1 000 ~ 1 500 kg 的条件下,配合其他措施,水稻约能增产 9.1%,玉米增产 8.3%,薯增产 13%,棉花增产 7.9%。

沼渣对不同的土壤都有增产作用,由于基础土质的区别,增产效果有一定的差异。沼渣对红壤地区的茶园改造和增产效果显著。将沼渣作为底肥施用,对茶园行间土壤进行深耕(20 ~ 30 cm)的基础上,第一年每亩施沼渣(液)2 000 ~ 4 000 kg,第二年再施 2 000 ~ 3 000 kg,分别在每年的 3 月中旬、5 月下旬和 7 月下旬进行。各次施沼渣的数量不同,3 月施总量的 50%,5 月和 7 月分别施总量的 25%。采用这一措施可使低产茶园亩产量达到 50 ~ 60 kg。

2. 沼渣作肥料的用法

（1）沼渣作基肥

一般作为底肥每亩施用量为 1 500 kg,可直接泼洒田面,立即耕翻,以利沼肥入土,提高肥效。据四川省农科院生产试验,每亩增施沼肥 1 000 ~ 1 500 kg(含干物质 300 ~ 450 kg),可增产水稻或小麦10% 左右;每亩施沼肥 1 500 ~ 2 500 kg,可增产粮食9% ~ 26.4%,并且,连施三年,土壤有机质增加 0.2% ~ 0.83%,活土层从 34 cm 增加到 42 cm。

（2）沼渣作追肥

每亩用量 1 000 ~ 1 500 kg,可以直接开沟挖穴,浇灌作物根部周围,并覆土以提高肥效。山东省临沂地区沼气科研所在玉米上的试验表明,沼渣肥密封保存施用比对照增产 8.3% ~ 11.3%,晾晒施用比对照增产 8.1% ~ 10%,沼液直接开沟覆土施用或沼液拌土密封施用均比对照增产 5.7% ~ 7.2%,而沼液拌土晾晒施用比对照增产 3.5% ~ 5.4%。有水利条件的地方也可结合农田灌溉,把沼液加入水中,随水均匀施入田间。

（3）沼渣与碳铵堆沤

沼肥内含有一定量的腐殖酸,可增加腐殖质的活性。当沼渣的含水量下降到60% 左右时,可堆成 1 m³ 左右的堆,用木棍在堆上扎无数个小孔,然后按每 100 kg 沼渣加碳铵 4 ~ 5 kg,拌和均匀,收堆后用稀泥封糊,再用塑料薄膜盖严,充分堆沤 5 ~ 7 d,作为底肥,每亩用量 250 ~ 500 kg。

（4）沼渣与过磷酸钙堆沤

每 100 kg 含水量50% ~ 70% 的湿沼渣,与 5 kg 过磷酸钙拌和均匀,堆沤腐熟 7 d,能提高磷素活性,起到明显的增产效果。一般作为基肥每亩用量 500 ~ 1 000 kg,可增产粮食 13% 以上,增产蔬菜15%。

18.2.2 沼渣配制营养土

营养土和营养钵主要用于蔬菜、花卉和特种作物的育苗,因此,对营养条件要求高,自然土壤往往难以满足,而沼渣营养全面,可以广泛生产,完全满足营养条件要求。用沼渣配制营养土和营养钵,应采用腐熟度好、质地细腻的沼渣,其用量占混合物总量的20% ~ 30%,再掺入50% ~ 60% 的泥土,5% ~ 10% 的锯末,0.1% ~ 0.2% 的氮、磷、钾化肥及微量元素、农药等拌匀即可。如果要压制成营养钵等,则配料时要调节黏土、沙土、锯末的比例,使其具有适当的黏结性,以便于压制成形。

18.2.3 沼渣栽培食用菌

沼渣含有机质30% ~ 50%、腐殖酸10% ~ 20%、粗蛋白质5% ~ 9%、全氮1% ~ 2%、全磷0.4% ~ 0.6%、全钾0.6% ~ 1.2% 和多种矿物元素,与食用菌栽培料养分含量相近,且杂菌少,十分适合食用菌的生长。利用沼渣栽培食用菌具有取材广泛、方便、技术简单、省工省时省料、成本低、品质好、产量高等优点。

目前较常见的综合利用有沼渣菇床栽培蘑菇、平菇以及沼渣瓶栽灵芝。

灵芝的生长以碳水化合物和含碳化合物如葡萄糖、蔗糖、淀粉、纤维素、半纤维素、木质素等为营养基础,同时也需要钾、镁、钙、磷等矿质元素,能够满足灵芝生长的需要。利用沼渣瓶栽灵芝能够获得较好的经济收益。

18.2.4　沼渣养殖蚯蚓

蚯蚓是一种富含高蛋白质和高营养物质的低等环节动物,以摄取土壤中的有机残渣和微生物为生,繁殖力强。据资料介绍,蚯蚓含蛋白质 60% 以上,富含 18 种氨基酸,有效氨基酸占 58% ~62%,是一种良好的畜禽优质蛋白饲料,对人类也具有食用和药用价值。蚯蚓粪含有较高的腐殖酸,能活化土壤,促进作物增产。用沼渣养蚯蚓,方法简单易行,投资少,效益大。尤其是把用沼渣养蚯蚓与饲养家禽家畜结合起来,能最大限度地利用有机物质,并净化环境。

沼渣养殖蚯蚓用于喂鸡、鸭、猪、牛,不仅节约饲料,而且增重快,产蛋量、产奶量提高。据测定,采用蚯蚓作饲料添加剂,肉鸡生长速度加快 30%,一般可提早 7 ~10 d 上市,小鸡成活率提高 10% 以上,鸭子的生长速度提高 27.2%,鸡鸭的产蛋率均提高 15% ~30%,生猪生长加快 19.2% ~43%。奶牛每天每头喂蚯蚓 250 g,产奶量提高 30%。近年来,为发展动物性高蛋白食品和饲料,国内外采用人工饲养蚯蚓,已取得很大进展。蚯蚓不仅可做畜禽饲料,还可以加工生产蚯蚓制品,用于食品、医药等各个领域。

18.3　沼气的利用

18.3.1　沼气施二氧化碳肥

沼气中一般含有 55% ~65% 的甲烷和 30% ~45% 的二氧化碳,燃烧 1 m³ 标准沼气(60% 甲烷,40% 二氧化碳)可产生 0.975 m³ 二氧化碳,同时释放出 21 520 kJ 的热量。根据光合作用原理,在种植蔬菜的塑料大棚内燃点一定时间、一定数量的沼气,因棚内二氧化碳浓度和温度增高,可有效地促使蔬菜增产。

1. 施加二氧化碳肥原理

二氧化碳是作物进行光合作用的主要原料。二氧化碳施肥是蔬菜保护栽培中增产效果极为显著的一项新技术,增产幅度一般在 30% 左右,尤其对于日光温室的冬季生产,增产的效果更明显。光合作用形成有机物质约占蔬菜作物总干重的 90.5%(其中只有5% ~10% 的物质是由土壤及肥料提供的),由此可见,二氧化碳是蔬菜作物生长发育所需的重要因素之一。

外界大气中二氧化碳的质量分数约为 0.03%(即 300 mg/kg),一般变化不大。但在日光温室中,特别是冬季生产中,温室内二氧化碳浓度随光合作用的强弱变化比较大。二氧化碳浓度的不足,将直接影响蔬菜作物的生长和产量。在其他季节,可以通过通风来解决,但在寒冷的冬季,通风会导致温室内气温的下降,从而影响温室内蔬菜作物的生长。这时解决日光温室内二氧化碳不足的可行性办法,就是进行二氧化碳施肥。

实践证明,施用二氧化碳的蔬菜植株生长健壮,叶绿素含量高,叶色深绿有光泽,开花早,雌花多,花果脱落少,而且嫩枝叶上冲有力,抗病性强。

2.二氧化碳施肥的效能

（1）促进蔬菜的光合速率

黄瓜叶片光合速率的测定表明，在不同二氧化碳浓度时其光合速率有很大差异。

（2）增加蔬菜的生物量

无论是叶菜类还是果菜类，在二氧化碳浓度增加时，其株重、叶面积及干叶比均增加。

（3）提高果菜的结果率

增施二氧化碳不但可以促进蔬菜的营养生长，而且可使黄瓜的雌花增多，坐果率增加。试验表明，施二氧化碳后黄瓜的结瓜率可提高27.1%。在青椒开花结果期增施二氧化碳，也得到同样的结果，单株开花数增加2.4个，单株坐果率增加29%。

（4）提高蔬菜产量

增施二氧化碳，促进了蔬菜的生长发育，相应的产量和产值均有较大幅度的增长，特别是早期产量增长更为明显。增施沼气二氧化碳的温室，黄瓜早期产量增长66%，产值增长84%，总产量增长31%，总产值增长30%。番茄和青椒在定植后开始增施二氧化碳，增产效果也很明显，试验表明，番茄较对照可平均增产21.5%，青椒较对照增产36%。

（5）提高蔬菜的品质

温室蔬菜增施二氧化碳后，不但增加了产量，提高了经济效益，同时也改善了蔬菜的品质，颜色正、口味好，到市场后大受消费者欢迎。经对黄瓜和番茄果实进行分析，果实中维生素C和可溶性糖的含量均有增加，黄瓜的可溶性糖比对照增加了13.8%。

18.3.2　沼气储粮

将沼气通入粮囤或储粮容器内，上部覆盖塑料膜，可全部杀死玉米象、长角稻谷等害虫，有效抑制微生物繁殖，保持粮食品质。首先选用合适的瓦缸、坛子、木桶或水泥池作为储粮装置。用木板作一瓶塞或缸盖，盖上钻两个小孔，孔径大小以恰能插入输气管为宜。将进气管连接在一个放入缸底的自制竹质进气扩散器（即把竹节打通，最下部竹节不打通，四周钻有数个小孔的竹管）上，缸内装满粮食，盖上盖子，用石蜡密封。输入沼气。第一次充沼气时打开排气管上开关，使缸内空气尽量排出，直到能点燃沼气灯为止，然后关闭开关，使缸内充满沼气5 d左右。

18.3.3　沼气保鲜水果

沼气适用于苹果、柑橘、橙等水果保鲜，储藏期可达120 d，而且好果率高，成本低廉，操作简单方便，无污染。储藏地点要求通风、清洁、温度较稳定、昼夜温差小；储存方式有箱式、薄膜罩式、柜式、土窑式、储藏室五大类。对水果要求八成熟，采收时应仔细，不能有破损。在阴凉、干燥处预储2～3 d，其中二氧化碳控制在30%～35%，甲烷控制在60%～65%，温度4～15 ℃，相对湿度94%～97%，储藏2个月后，每10 d换气并翻动一次，定期对储藏环境进行消毒，注意防火。

18.3.4　沼气供热孵鸡

沼气孵鸡是以燃烧沼气作为热源的一种孵化方法。它具有投资少、节约能源、减轻劳动、管理方便、出雏率和健雏率高等优点。

利用沼气孵鸡,是一项投资少、见效快、充分利用生物质再生能源、增加农民的经济收入、开创致富门路的好途径。

18.3.5　沼气加温养蚕

在春蚕和秋蚕饲养过程中,因气温偏低,需要提高蚕室温度,以满足家蚕生长发育。传统的方法是以木炭、煤作为加温燃料,一张蚕种一般需用煤 40~50 kg,其缺点是成本高,使用不便,温度不易控制,环境易污染。在同等条件下,利用沼气增温养蚕比传统饲养方法可提高产茧量和蚕茧等级,增加经济收入。和煤球加温养蚕相比,产茧量增加 10%,每千克蚕茧售价高 0.54 元,全茧量高 0.03 g,茧层量高 0.05 g,茧层率高 0.9%。

第四篇 燃料乙醇工艺与技术

第19章 绪 论

19.1 概 述

地球上人类可利用的能源种类很多,总体上可分为一次能源和可再生能源。一次能源如石油、天然气、煤炭、核能等;可再生能源包括太阳能、风能、生物质能、水能及由可再生资源衍生出来的生物燃料等。目前消耗量最大的是石油、煤炭和天然气这些不可再生的一次能源。

近年来国内外油价不断上涨,经济发展的能源压力逐渐加大。国际上预测,石油进入枯竭期最多可延长到百年。我国是石油相对比较匮乏的国家,专家测算石油稳定供给不会超过 20 年。2006 年我国石油进口依存度已经达到了 50%,自 1993 年以来,已经连续多年成为石油净进口国,进口量急剧上升。由于近几年国内社会经济的高速发展和社会的进步,化石能源渐趋枯竭,我国石油严重供不应求。另一方面,我国的能源消耗以煤为主,这样无节制地使用化石能源,给环境和生态造成了严重的污染和破坏。因此,如果不及时利用可再生能源来替代石化产品,我国的能源和环境安全将会受到很大的威胁,由此导致的各种危机将大大影响国民经济的可持续发展。为了减少对化石能源供应的依赖性,积极寻找可再生的替代能源和资源势在必行。燃料乙醇被认为是最有发展前景的新型可再生能源之一,开发前景非常广阔。

我国的生物质资源十分丰富,粮食年产量为 4.5 亿~5.0 亿 t,产生秸秆 7.0 亿多吨。同时我国还有大量的不易耕种的农田,可作为能源等专用植物种植土地约有 1 亿多公顷,按 20% 计算,我国每年也可生产 10 亿多吨生物质。因此,我国具有良好的发展生物质燃料的资源优势。

我国是农业大国,但是生产的粮食相对过剩,不能很好地响应国家粮食可持续发展的号召。如果将直接作为饲料用于生产肉、蛋、奶的大量粮食中的一部分用于生产燃料乙醇,除了可生产燃料乙醇外,还可生产出高蛋白饲料。用这些饲料加上适量的稻草,生产出的肉、蛋、奶的数量高于直接用粮食饲料所得。因此,用这些直接作为饲料的粮食生产燃料乙醇是一项利国利民的好事,既不影响口粮安全,又可部分缓解能源紧张的问题,实为一举两得。既响应了粮食生产的可持续发展战略，又有效地解决了粮食转化问题，稳定粮食价格和增加农民收入，也使国家拥有一个可靠的粮食转化和调控手段，促进农业生产和消费的良性循环。

广泛推广使用变性燃料乙醇是我国政府"十五"期间确定的一项重要战略举措。九届人大四次会议通过的《国民经济和社会发展第十个五年计划纲要》对乙醇汽油的开发应用做出了明确要求，原国家计委和原国家经贸委将此作为调整和优化产业结构的重点来抓。《变性燃料乙醇》和《车用乙醇汽油》两项强制性国家标准已于 2001 年 4 月 18 日向社会发布，这为我国积极稳妥地推广使用车用乙醇汽油起到技术保证作用。这两项标准的实施，标志着我国在探索可再生能源的道路上迈出了新的步伐。在"十一五"国家高技术研究发展计划中，将再生能源技术作为其中的一个专题，着重发展以纤维素、木质素为原料制备乙醇等液体燃料新技术。

从国家战略出发，我国从 2002 年以先试点后推广的方式发展燃料乙醇，随后在河南郑州、南阳、洛阳和黑龙江的哈尔滨、肇东五个城市进行了燃料乙醇的试点工作获得成功。国家发改委继续扩大试点，在河南、黑龙江、辽宁、吉林、安徽五省全省范围内试用，湖北、山东、河北、江苏等省部分地区进行推广。到 2005 年底，我国已有九省上百个地市基本实现使用车用乙醇汽油，并逐渐在全国推广。

19.2　燃料乙醇的概念

根据中华人民共和国国家标准"变性燃料乙醇"（GB 18350—2001）和"车用乙醇汽油"（GB 18351—2001）的规定，燃料乙醇是未加变性剂的、可作为燃料的无水乙醇。变性燃料乙醇是以淀粉质（玉米、小麦等）、糖类（薯类）为原料，经发酵、蒸馏制得乙醇，脱水后再添加变性剂（车用无铅汽油）改性而得。根据变性燃料乙醇国家标准，乙醇中改性剂的体积分数为 1.96% ~ 4.76%，水分不得大于 0.8%，不可食用。车用乙醇汽油，就是指在不添加含氧化合物的液体烃类（汽油）中加入一定量的变性燃料乙醇和改善性能的添加剂，用于点燃式内燃机汽车的燃料，是替代和节约汽油的最佳燃料，具有价廉、清洁、环保、安全、可再生等优点。为规范燃料乙醇的发展，一些国家制定了相应的国家标准，表 19.1 为我国变性燃料乙醇国家标准（GB 18350—2001）。

表 19.1　我国变性燃料乙醇国家标准（GB 18350—2001）

项　目	质量指标
乙醇/（体积分数,%）	≥92.1
甲醇/（体积分数,%）	≤0.5
水/（体积分数,%）	≤0.8
实际胶质/[mg·(100mL)$^{-1}$]	≤5.0
无机氯/（mg·L^{-1}）	≤32
乙酸/（mg·L^{-1}）	≤55

续表 19.1

项　目	质量指标
铜/($mg \cdot L^{-1}$)	≤0.08
改性剂/(体积分数,%)	1.96 ~ 4.76
pH 值	6.5 ~ 9.0
外观	清澈透明,无肉眼可见悬浮物和沉淀物

变性燃料乙醇中,由于水分的增加易造成乙醇汽油相分离(上层为乙醇的油相,下层为富含乙醇的水相),导致汽车运转故障。所以,必须对水分严加控制,以避免出现油水相分离的问题。巴西国家标准规定,20%乙醇汽油水的体积分数不能超过 1%。美国规定,10%乙醇汽油中水的体积分数不能超过 0.4%。中国规定 10%乙醇汽油中水的分数体积不能超过 0.15%。变性燃料乙醇国家标准还规定了甲醇、实际胶质、酸度、铜的限量指标,目的是防止车用乙醇汽油在发动机燃烧过程中腐蚀金属部件及堵塞管路系统。

19.3　燃料乙醇的特性

燃料乙醇作为一种清洁能源,作为内燃机代用燃料具有独特的优势。乙醇俗称酒精,是由碳、氢、氧三种元素组成的有机化合物,结构式是 C_2H_5OH,相对分子质量为 46,是一种无色透明、易挥发、易燃烧的液体。乙醇是一种传统的基础有机化工原料,广泛应用于有机化工、日用化工、食品饮料、医药卫生等领域。

世界各国之所以将目光聚焦到燃料乙醇这一"绿色能源",究其原因是人们对乙醇极优越的物理、化学特性有了深入的认识和了解。乙醇与汽油相比,其中氢的质量分数、密度、辛烷值等性质都非常接近。它的主要特性可概括为以下四个方面:

①乙醇是燃油的增氧剂,使汽油增加内氧,燃烧充分,降低有害物质的生成,能有效降低汽车尾气的排放,达到节能和环保的目的。

②乙醇具有极好的抗爆性能,调和辛烷值一般在 120 以上,通常炼油厂所产汽油的辛烷值为 88 ~ 90,而车用汽油的辛烷值一般要求为 90 或 93,向汽油中添加燃料乙醇,由于其辛烷值为 112.5,可提高汽油的抗爆性能,清洁汽车引擎,减少机油替换。

③在新配方汽油中,乙醇还可以经济有效地降低芳烃、烯烃含量,降低炼油厂的改造费用。

④更重要的是燃料乙醇是太阳能的一种表现形势,在整个自然界系统中,燃料乙醇的整个生产和消费过程可形成无污染和非常清洁的二氧化碳闭合循环过程。永恒再生,永不枯竭,对维持地球温室气体的平衡,将会起到积极作用。

燃料乙醇也有不利的方面。燃料乙醇热值低,汽化潜热大,在少量的水存在下还容易产生相分离。在低温条件下,乙醇汽油不易启动;另外汽化潜热大使化油器中形成的燃气混合比低(乙醇空燃比仅为 9),比汽油正常燃烧所需的理论空燃比 15 低得多,影响混合气的形成及燃烧速度,使汽车驱动性能下降,影响最大功率的发挥,不利于汽车的加速性。

19.4　发展燃料乙醇的意义

　　发展包括燃料乙醇在内的可再生能源在全球范围内越来越被重视,其原因主要有以下几点:一是地球上的化石能源储量越来越少,将面临枯竭,必须寻找它的替代品;二是人类对自身生存环境的重视,促使人们开始开发和使用清洁的绿色能源产品;三是开发利用燃料乙醇,为世界上许多国家的经济发展,尤其是农业大国,带来了显著的好处。

19.4.1　解决能源危机

　　由于石油、天然气和煤炭等化石燃料的不可再生性,碳排放量高,随着经济的发展,能源消耗不断增加,能源供应严重不足,一定程度上威胁着世界各国经济的发展。在经历了几次石油的大幅度攀升后,寻求替代能源成为一国发展经济和保护环境的重要任务之一,可再生能源的发展得到快速发展,生物质能产业的发展也得到较快的发展。中国能源需求紧张,石油外贸依存度高,亟须发展可再生能源,以保障中国能源安全,燃料乙醇的发展有效地解决了这一矛盾,并为中国能源多元化拓宽了道路。

　　当前,各国经济和社会可持续发展面临的能源、环境、农业等问题越来越突出。而地球上生物质资源十分丰富,生物质作为唯一可转化为液体燃料的可再生资源,正日益受到重视。其中又以燃料乙醇最易工业化,是人类可利用的大宗能源之一。与普通汽油相比,乙醇以其燃烧更完全、一氧化碳排放量较低、燃烧性能与汽油相似等优良特性,被誉为21世纪的“绿色能源”。目前,世界各国都加快了推广使用燃料乙醇的步伐。美国、巴西、欧盟均作出规划,要求车用乙醇汽油中添加一定比例的燃料乙醇。

　　从能源安全出发,新能源和可再生能源的开发利用是我国政府大力倡导的能源战略。为促进中国液态燃料乙醇快速发展,我国政府先后制定了《可再生能源法》《车用乙醇汽油“十五”发展专项规划》《“十一五”车用乙醇汽油推广应用专项规划》等法规政策。自2001年以来,国家计委把车用乙醇汽油推广使用试点作为调整和优化产业结构的重点工作来抓。

　　燃料乙醇作为车用燃料的替代品,将对节约石油资源,确保国家能源安全具有重大的战略意义。为加快农村地区、边远地区、民族地区能源发展,构建低碳经济体系,减少碳排放量,推动节能和替代能源的发展,有着重要推动作用。为气候问题及可持续发展建立了一个友好的平台,将促进全球化经济形势下中国经济的稳定、健康和可持续发展。

19.4.2　减少环境污染

　　乙醇是可再生的无限闭路循环的清洁物质,乙醇和植物(包括粮食)一样,是太阳能的一种转化形式。植物通过光合作用,产生生产乙醇所需的基本原料,在生产和消费过程中,又全部分解为植物光合作用的原料,周而复始,永无止境。进一步讲,植物光合作用的主要产物为六碳糖,六碳糖是纤维素和淀粉的基本分子。在生产乙醇的过程中,六碳糖中的两个碳转化为二氧化碳,四个碳转化为乙醇。乙醇作为能源经使用消费后,又转化为四个二氧化碳回归自然界。这六个二氧化碳分子经光合作用,又原封再合成一个六碳糖,就这样永远闭路地在大自然中循环。对维持地球温室气体的平衡,将起到积极的作用。

同时,乙醇作为汽油的添加剂完全可以替代有害的增氧剂和防爆剂,例如,甲基叔丁基醚(MTBE)、乙基叔丁基醚(ETBE)和四乙基铅。MTBE 易溶于水,容易从地下储罐、管道和其他汽油分配系统的设备渗漏渗入地下水从而污染地下水。ETBE 也会对地下水和大气造成严重的污染。用燃料乙醇替代 MTBE、ETBE,可避免对地下水造成污染。另外燃料乙醇价格低,经济性好。在新配方汽油中,乙醇还可以有效降低烯烃、芳烃含量,降低炼油厂的改造费用。

19.4.3　促进经济发展

实施燃料乙醇计划,给巴西带来了很大收益:一是形成了独立的经济能源运行系统、规模生产,使得乙醇在巴西赢得了和汽油相当的竞争力;二是刺激了农业、乙醇相关行业大发展,在农村只需很少的投资就可以产生成千上万的就业机会,稳定了甘蔗生产链,糖浆可以生产燃料酒精,甘蔗叶和甘蔗渣可以转化为电力,处理过的水及酒糟可以作为非常好的灌溉肥料用以生产甘蔗;三是大气和生态环境显著改善,实现了物质的循环,如图 19.1 所示。据统计,因为甘蔗的生产及酒精和甘蔗渣的利用,巴西每年减少 1 亿 2 700 万吨碳的排放(以 CO_2 形式),相当于该国所有化石燃料 CO_2 排放量的 20%。

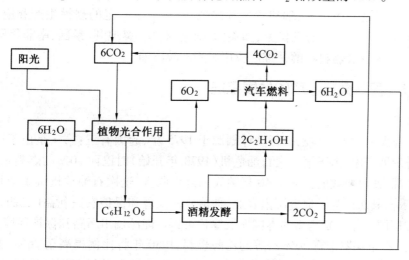

图 19.1　光合作用与燃料乙醇的物质循环示意图

美国政府实施燃料乙醇政策以来,促进了美国农业的发展,改善了环境,明显降低汽车废气的排放,降低 CO 约 20%~30%,挥发性有机化合物(VOC)12% 左右,有害物质排放总量减少 30% 以上,减少了原油进口,为社会提供了大量的就业机会。以 1997 年为例,全年美国共生产燃料乙醇 500 多万吨,转化粮食 1 500 余万吨,为社会提供了近 20 万个工作机会,并使联邦政府增收 36 亿多美元。随着乙醇产量的扩大以代替 MTBE,将扩大乙醇生产能力和提高农业产量的直接花费结合起来,将会增加经济需求 117 亿美元,这意味着,7 年内,国内生产总值(GDP)增加将高于 117 亿美元,将在整个经济领域内提供近 5 万个工作机会,并使联邦政府增加地方税收 4.5 亿美元,提高美国商业平衡 2 亿美元,预算净收入超过 3.6 亿美元。

　　我国将有计划地开发利用土地资源发展能源农林业,促进生物质能产业快速发展。形成一个新型的能源农业产业链,带动传统农业向现代农业转变,创造大量就业机会,促进新农村的产业建设,必将为中国农村城镇化建设提供有力的帮助。据研究,如果生物燃油开发量能达到 1.05 亿 t(其中生物乙醇 0.16 亿 t,生物柴油 0.89 亿 t),将创造 5 000 亿元左右的年产值,吸纳 1 000 万以上的劳动力,特别是农村劳动力,为农村的经济发展提供了有力的支持。另外,利用不适宜农作物生长的荒山荒地种植能源作物,还能增加植被覆盖面积,绿化环境,可减轻土壤侵蚀和水土流失,改善农业生态环境和农村面容面貌。

　　因此,在我国发展包括燃料乙醇在内的生物能源产业是解决石油短缺、环境问题和带动农村经济发展,实施可持续发展的重要战略之一。

19.5　燃料乙醇工业的发展

　　20 世纪初,乙醇开始作为车用燃料应用,后因石油的大规模、低成本开采而中断。随着一些先进农业国劳动生产率的大幅度提高,以及 20 世纪 70 年代中期以来的石油危机,燃料乙醇在一些国家重新获得发展。美国、巴西于 20 世纪 70 年代中期率先推行燃料乙醇计划,加拿大、法国、西班牙、瑞典等国随之效仿,形成了一定的规模生产和应用市场。目前,一些具有农业资源优势的国家,如英国、荷兰、德国、奥地利、泰国、南非等国政府也已制订规划,积极发展燃料乙醇并推广应用车用乙醇汽油。

19.5.1　国际燃料乙醇的发展概况

19.5.1.1　巴西

　　巴西政府大力发展燃料乙醇行动计划源于 1975 年,起因有三:第一是出于国家能源安全和经济发展考虑,由于第一次石油危机(1973 年开始)时巴西 30% 的燃料依赖进口,造成油价暴涨,使巴西政府失去了 40 亿美元的外汇收入,这次石油危机沉重地打击了巴西的国民经济;其次是为了促进国内农业、种植业的发展和保护农民利益(巴西是世界最大的甘蔗种植国);第三是基于为本国发展绿色可再生能源创出新路和保护环境。

　　1977 年,在圣保罗推行 20% 乙醇的乙醇燃料,1980 年将比例提高至 26%,并在全国推广。巴西是目前世界上唯一不供应纯汽油的国家,汽油发动机车辆均使用乙醇汽油。主要车用燃料有三种:纯乙醇(乙醇含量大于 93%)、乙醇汽油(乙醇含量为 20% ~ 26%)和柴油。目前巴西乙醇产量的 97% 用于燃料,有 370 万辆以纯乙醇为燃料的汽车。

　　2004 年,巴西的乙醇产量达 1 139 万 t,乙醇消费量超过 952 万 t,出口量 180 万 t。同年,车用燃料构成中,柴油占 55.7%,按照乙醇占 25% 的比例调和的乙醇汽油占 35.3%,纯乙醇直接作为汽车燃料的占 6.6%。

19.5.1.2　美国

　　美国是世界上燃料乙醇的主要生产国,早在 20 世纪 30 年代,美国就开展了燃料乙醇的研究及应用工作,70 年代的世界石油危机和 1990 年美国国会通过空气清净法(修正案)后,是美国燃料乙醇两个主要发展时期。

　　1930 年,乙醇汽油混合燃料在美国加州地区首次面市,1978 年,含乙醇 10% 的混合汽油在加州大规模使用。1979 年,美国国会为减少对进口原油的依赖,从寻找替代能源的角度出发,建立了联邦政府的"乙醇发展计划(使用 E10,减免联邦消费税)",开始大力推广使用含 10% 乙醇的混合燃料,联邦政府计划的实施使美国的乙醇工业得到迅速发展,乙醇产量从 1979 年的 1 000 万加仑(1 加仑≈4.546 升)迅速增加到 1990 年的 8.7 亿加仑。

1990 年,美国国会通过空气清净法(修正案),要求从 1992 年冬季开始,美国 39 个 CO 排放超标地区必须使用含氧量 2.7% 的含氧汽油(相当于添加 7.7% 乙醇),这些地区汽油的销量约占全美汽油市场的 20%。研究表明,添加 10% 乙醇可减少 CO 排放 25% ~ 30%,由于美国联邦政府减免乙醇汽油 5.4 美分每加仑消费税的计价基础是添加 10% 乙醇(含氧量约为 3.5%),因此,含氧汽油中乙醇的加入量通常为 10%。除含氧汽油要求外,空气清净法(修正案)还要求从 1995 年开始,美国 9 个臭氧超标地区使用新配方汽油。目前,美国约有 17 个州在使用新配方汽油,新配方汽油的用量约占全美汽油消耗量 3.5 亿 t 的 1/3,其中,约有 85% 的新配方汽油使用 MTBE,大约有 8% 的新配方汽油使用乙醇,乙醇添加量则为 5.7%(含氧量 2.0%)。除了用于增氧之外,燃料乙醇中约 50% 用于提高汽油辛烷值。

除添加 5.7%、7.7%、10%(体积分数)乙醇外,1993 年,美国加州开始实施替代燃料车辆计划,制定了用于轻型车的 E85(乙醇 85% +汽油 15%)和用于重型卡车和公共汽车的 E95、E100(95%、100%)乙醇的燃料规格。

目前,美国乙醇生产能力约为 22 亿加仑每年,58 个乙醇生产厂分布在 19 个州,2001 年生产乙醇达到 21 亿加仑,美国燃料乙醇产地和使用地均主要集中在中北部和西部地区。

1998 年 10 月,美国 EPA(国家环保总局)成立了一个 22 人组成的专门研究 MTBE 的政府工作小组。该小组回顾总结了迄今为止得到的所有信息和研究结果,比较了不同含氧化合物的生产成本和使用价格,对每一种含氧化合物的现在和未来前景进行了评估,并研究了 MTBE 污染地下水的原因及防治技术。1999 年 7 月 27 日,该政府工作小组并在国际互联网上公布了他们的研究报告,该小组的结论认为,MTBE 可以有效减少空气污染,同时也对地下水及饮用水源构成了严重污染。而且,MTBE 污染地下水构成的危害要大于其清洁空气的作用。因此,为防止美国饮用水遭受污染应当限制使用 MTBE,该小组建议由美国国会授权各州和联邦政府禁用 MTBE 或对 MTBE 进行严格管制。

1999 年 7 月 26 日,美国国家环保局局长卡罗尔·布朗纳发表公告,美国 EPA(国家环保总局)将与国会合作,尽快进行必要的立法,在不牺牲清洁空气方面已取得利益的前提下,帮助各州在当前法律下减少使用 MTBE,并使用含有其他含氧化合物(主要为乙醇)的清洁汽油。

2009 年 1 月,美国参议院审议并投票决定在新配方汽油中 MTBE 的法律议案,通过了在 2004 年禁止使用 MTBE 的决议。

美国共有 50 个州,其中,20 个州生产燃料乙醇,主要集中在中北部和西部地区。在 2002 年,这 20 个州已建有 73 家工厂,总计生产能力达到 632 万 t/年,另外还有 34 套装置在扩建中。从 2002 ~ 2012 年这十年中,美国采取增加财政补贴等办法,鼓励乙醇生产商大量生产燃料乙醇,并支持他们同普通燃料生产企业进行竞争,2012 年燃料乙醇产量已扩大到 1 440 ~ 1 500 万 t/年。

19.5.1.3　欧洲国家

欧共体乙醇年产量在 175 万 t 左右,乙醇汽油的使用量在 100 万 t 以上。1992 年欧共体通过法律,统一各种矿物油的消费税,对于可再生资源为原料生产燃料的试验性项目,成员国可采取免税政策,包括燃料乙醇都有税收优惠。由于燃料乙醇生产成本较汽油高,税收优惠的原则是将乙醇汽油价格调到与汽油相当的水平。由于欧共体税收优惠政策的推动,燃料乙醇在欧共体的应用从 1997 年乙醇产量的 6% 扩大到 2001 年的 12%,而且还有继续上升的空间和潜力。

欧共体积极发展燃料乙醇是基于以下几方面原因:一是石油价格的不断攀升;二是为减少对石油的依赖;三是为了增加就业机会;四是将资金留在本国;五是乙醇汽油提高了汽油的动力性能;六是环境污染问题。最直接的动力是欧洲国家的农业丰收形成的农产品过剩问题。现在欧共体中法国、西班牙和瑞典已生产和使用乙醇汽油。最近欧共体中其他成员国如荷兰、英国、德国、奥地利等国家的农业部也已向政府提出规划,要求发展燃料乙醇工业。

19.5.2　我国燃料乙醇的发展概况

我国最早大量使用燃料乙醇是抗日战争爆发以后,由于日军封锁,汽油来源断绝,油料奇缺,军用和民用燃料只有求助于乙醇,燃料乙醇工业在后方发展很快,当时河南、陕西、四川大约有 50 多家燃料乙醇生产厂,年产 30 000 余吨。在 20 世纪六七十年代及 80 年代初我们都开展和进行过燃料乙醇的应用和研究,特别是 1992 年,为了支持北京申奥,中国工程院承担了汽油乙醇清洁燃料的课题,进行了系统的开发研究。但由于种种原因未付诸于实际。

我国从 2001 年开始,先后在河南、黑龙江、吉林、安徽等九个省市开始试用车用乙醇汽油,采取地方立法的手段,在试点城市封闭运行。"十五"期间,国家批准了包括吉林燃料乙醇有限责任公司、河南天冠燃料乙醇公司、安徽丰原生物化学股份有限公司和黑龙江华润乙醇有限公司等四家燃料乙醇试点企业,这些试点企业以消化陈化粮为主来生产燃料乙醇。车用乙醇汽油的发展很快,并已具有一定的规模。近几年,燃料乙醇在全国几个省市进行了推广,都取得了很好的成效。目前中国推广 E10(乙醇体积分数 10%)乙醇汽油的省份从原来试点的 4 个扩大到 9 个。推广使用车用乙醇汽油已作为我国的一项战略举措,随着车用乙醇汽油在全国范围的使用,必将为我国创造出更巨大的经济效益和社会效益。

2005 年,我国的燃料乙醇产量为 10×10^8 L,2005 年底,我国已成为仅次于美国、巴西的世界第三大燃料乙醇生产国。2006 年燃料乙醇产量达到 13.6×10^8 L,2007 年达到 16×10^8 L,2008 年达到 19.2×10^8 L。2007 年 8 月 8 日,中国政府公布《可再生能源中期发展规划》,提出发展以非粮食物质为原料的燃料,到 2010 年,燃料乙醇年产量可超过 65×10^8 L。

与美国和巴西不同,中国的乙醇开发和生产始终处于政策博弈中。为了避免与民争粮、与粮争地,2005 年 2 月颁布了《可再生能源法》,国家以立法的形式鼓励包括燃料乙醇在内的生物质液体燃料的发展。2006 年 8 月,中粮集团率先出台"2007—2011 年生化能源战略规划",计划在广西、河北、辽宁、四川、重庆和湖北等地新建以木薯、红薯为原料的工厂。中粮集团在广西、河北、内蒙古三地已有共计 $80×10^4$ t 乙醇项目进入前期准备阶段,这些项目都避免直接以玉米、小麦等粮食为原料。由于燃料乙醇的生产渐趋多样化,因此不会造成对某种原料的过分依赖,而且随着科技的进步,纤维乙醇的开发成功,燃料乙醇的生产不会对国家粮食安全造成威胁。这样既缓解了石油紧缺矛盾,节省外汇,又有助于增加和稳定农民收入,实现农业生产的良性循环,同时降低了汽车尾气的污染水平,有利于环境的改善。

19.6　燃料乙醇发展前景及展望

由于燃料乙醇的应用可以带来巨大的经济、社会和环境效应,所以世界各国对它已有了不同程度的研究和应用。随着现代生物技术与工程技术的不断发展,高产菌株的获取将变得相对容易,发酵工艺及精馏技术也得到不断改进,这些都为燃料乙醇的大规模生产提供了技术保证。发展燃料乙醇可在一定程度上解决我国的石油资源短缺和环境污染等问题,有利于保证国家能源安全和社会的可持续发展。随着燃料乙醇的研究领域和应用范围不断扩展,燃料乙醇在可再生燃料市场中将占据主要地位,发展前景广阔。

我国燃料乙醇产业的发展正处于转型期,早期使用陈化粮和目前使用玉米作为原料都已经不能适应形势,新型的纤维质类原料生产乙醇还没有取得大规模工业化生产,产品燃料乙醇还面临甲醇和二甲醚等其他替代能源产品的潜在的冲击。但是燃料乙醇的技术研究储备,及其工业化生产的探索,对于我国的能源安全仍然有重要意义。乙醇成为新的基础产业是一个不可逆转的方向,其未来市场主要有近、中、远三个方向:近期市场是车用燃料;中期市场是作为燃料电池的燃料;石化工业是乙醇的远期市场。

2006 年 12 月 14 日国家发改委、财政部联合下发的《关于加强生物燃料乙醇项目建设管理,促进产业健康发展的通知》,总结了中国"十一五"期间燃料乙醇产业可持续发展的 7 条原则,其内容是:

①因地制宜,非粮为主。

②能源替代,能化并举。

③自主创新,节能降耗。

④清洁生产,循环经济。

⑤合理布局,留有余地。

⑥统一规划,业主招标。

⑦政策支持,市场推动。

这些原则无疑为燃料乙醇产业的可持续发展指引了方向。以这些原则为指导,结合我国的具体情况,以下针对燃料乙醇产业的可持续发展提出一些具体建议。

1. 加强燃料乙醇产业国际经济与技术合作

从宏观层次看,燃料乙醇产业的可持续发展是与世界范围内的人口、资源与环境的协调发展相一致的。因此,世界各国在发展燃料乙醇产业时,应加强国际经济与技术合作。国际经济合作方面,世界银行与发达国家应对发展中国家发展燃料乙醇产业给予支持,提供低息、无息贷款,多渠道提供开发、建设资金。国际技术合作方面,燃料乙醇生产技术较成熟的国家如巴西、美国应为其他国家同类企业提供技术援助或进行技术贸易,以提高生产技术,降低生产能耗,减少环境污染。

2. 鼓励燃料乙醇企业"走出去"

目前,中国燃料乙醇企业仍以"立足国内"为主,表现为产品主要在国内市场销售,生产原料主要来自国内。也有个别企业已经开始将产业链的部分环节延伸至境外。2005年10月,河南天冠在老挝租赁5万公顷土地种植木薯,将产业链的上游投放到国外,既解决了原料供应紧张的问题,又为东道国提供了就业机会,实现了"双赢"。可以预见,在不久的将来,随着燃料乙醇产业的成长,燃料乙醇产业链不同环节的国际分工将是大势所趋。出于前瞻性的考虑,燃料乙醇企业应当把"走出去"作为企业发展战略之一。例如,中国一些企业可以将燃料植物种植环节投放到与中国南方地区气候条件相近的邻国,如越南、老挝、缅甸、柬埔寨等国,甚至还可以投放到非洲、南美洲等地区。条件成熟时,还可以将乙醇发酵环节、燃料乙醇勾兑环节向这些地区转移。同时,政府也应出台更多配套政策,鼓励燃料乙醇产业"走出去"。

3. 建立燃料乙醇产业区域协调发展体系

燃料乙醇产业是以农业为依托发展的产业,中国各省区由于气候、纬度、海拔等差异较大,农作物生产的比较优势不同。为了贯彻"因地制宜,非粮为主"的原则,有关部门与科研院所已经对不同省区以不同植物为原料生产燃料乙醇进行了可行性评估或调查研究,具体有:湖北,以甘薯为主要原料;河北,以甘薯、甜高粱为主要原料;江西,以甘薯、木薯为主要原料;西北地区,以甜高粱为主要原料;北方地区,以甜菜为主要原料;广东、广西,以甘蔗、木薯为主要原料。2008年3月国家发改委制定的《可再生能源发展"十一五"规划》,也对各地区燃料乙醇生产原料进行了规划:在广西、重庆、四川、海南等地,以薯类作物如木薯和甘薯、农作物秸秆为主;在山东黄河入海口地区、内蒙古的黄河沿岸地区以及东北、新疆等地,以甜高粱茎秆为主。不难发现,各地区燃料乙醇作物既具有一定的替代性,又具有一定的互补性,为各省区间燃料乙醇产业协调发展提供了良好条件。因此,各省区间应加强协调合作,这对于中国粮食安全、促进燃料乙醇产业的可持续发展是非常有益的。

4. 促进燃料乙醇产业集群化发展

根据现有的技术水平,采用植物生产的乙醇不仅可以制成燃料乙醇,还可以提炼出乙烯、环氧乙烷、乙二醇、醇醚等。以"植物-乙醇"产业链为核心,可以横向并发出数条产业链,同时,燃料乙醇产业集群化发展有利于提高"植物-乙醇"产业链的效率与效益,也更有利于燃料乙醇产业安全,从而有利于燃料乙醇产业可持续发展。

5. 燃料乙醇生产企业适度规模化

为了降低燃料乙醇生产过程中的能耗与提高经济性,减少植物原料在生产中的运输是必要的。巴西在这方面的成就比较突出,巴西主要以甘蔗为原料生产燃料乙醇,并计算出甘蔗的经济运输距离为17 km。巴西的燃料乙醇企业都建在蔗田里,周围17 km半径内全部种植甘蔗,节省了运输费用。由此可见,合理计算经济运输半径尤为必要。经济运输距离的大小决定了燃料乙醇生产企业原料的供应状况,从而决定了企业生产规模。因此,根据原料植物经济运输距离决定企业规模将是燃料乙醇产业的特色之一。

6. 燃料乙醇生产原料供应多样化

燃料乙醇的生产原料有多种,包括水稻、小麦、玉米、甘蔗、甜菜、木薯、甘薯、甜高粱、葛根、苎麻、马铃薯、棉籽、菜籽、农作物秸秆、林灌木、桉树、柳树、杨树、柳枝稷等纤维质原料。燃料乙醇生产原料应该实现多样化,其依据是生物多样性。燃料乙醇工业化生产必定会加剧生物多样性的破坏程度,这是与生物多样性原则背道而驰的。因此,从生物多样性的角度出发,为了燃料乙醇产业的可持续发展,保持燃料乙醇生产原料多样化是必要的。

7. 燃料乙醇生产应避免新污染

国家应适当加强宏观调控,解决好乙醇生产中的废水、废渣处理,综合利用问题,不能因为发展清洁能源而造成新的污染。

总之,面对能源安全、粮食安全、社会安全等受到威胁的新形势,燃料乙醇产业的可持续发展是一个世界性的难题,也是一项系统工程,需要不同国家、社会各界通力合作才可能使问题得到解决。

第 20 章　生产燃料乙醇的生物质原料及预处理

工业上生产乙醇的方法概括起来可分为两大类:化学合成法和生物发酵法。用化学方法使乙烯与水结合生成的乙醇称为合成乙醇,以区别于用发酵法制取的乙醇。乙醇与燃料乙醇的最大区别在于燃料乙醇工艺中增加了脱水设备。酒精厂生产的乙醇产品对水的含量要求并不太苛刻,但是燃料乙醇工业需要生产出无水乙醇。随着石油化学工业、天然气开发和加工工业的发展,开辟了巨大的乙烯气资源,乙烯水合法的原料得到了充分保证;还因乙烯水合法劳动生产率比发酵法高,基建投资也比发酵法低,所以人们开始利用乙烯水合法生产乙醇。

但是,化学合成法生产乙醇产生的杂质较多,且乙烯是石油的工业副产品,近年来由于原油资源短缺及乙烯价格上涨,该方法应用受到限制,逐渐被生物发酵法所取代。化学合成乙烯的原理方法在化学有机课本上已有详细的介绍,这里不再赘述。

生产燃料乙醇的生物质原料资源可以分为三类:糖类,包括甘蔗、甜菜、糖蜜、甜高粱等;淀粉类,包括玉米、小麦、高粱、甘薯、木薯等;纤维类,包括秸秆、麻类、农作物壳皮、树枝、落叶、林业边角余料等。

可用于生物发酵制乙醇的原料很多,从乙醇生产工艺的角度来看,凡是含有可发酵性糖或可变为发酵性糖的物料都可以作为乙醇生产的原料。随着乙醇生产工艺和应用的发酵微生物范围不断扩大,技术不断改进,乙醇发酵的原料范围也在不断扩大。在选择原料时,应考虑几个原则:原料碳水化合物含量较多,影响发酵的杂质尽可能少;来源丰富,易于收集和储藏;价格低廉、便于运输等。

由于原料的成分和结构的不同,造成乙醇生产工艺的差异。目前,淀粉质原料和糖蜜原料已广泛用于乙醇的生产,而纤维质原料用于乙醇生产还存在着许多技术和成本问题。从可持续发展的角度看,纤维质原料将是生产乙醇的主要原料来源之一。

原料的处理是乙醇生产的关键技术之一,也是决定生产成本的关键。不同种类的原料必须被转化为可被微生物利用的发酵性糖后,才能够进行发酵。所以,原料的处理不仅影响到原料的利用,而且对后续的发酵和精馏也会产生很大的影响。对于不同的原料,其预处理工艺具有显著的差别,以下将分别介绍不同原料种类及其处理的工艺。

20.1　淀粉质原料处理

淀粉类生物质原料生产燃料乙醇的主要过程是淀粉糖化和乙醇发酵,工业化乙醇生产工艺就是围绕这两个环节进行的。为了使淀粉质原料成为可被酵母利用的糖类,原料必须经过一系列的预处理程序,才能进入发酵阶段。预处理过程一般包括:除尘、粉碎、输送、蒸煮、液化和糖化。

1. 除尘

淀粉质原料在收集时,可能会混进沙土、杂物,甚至金属夹杂物等。这些杂质如果不预先除去,会严重影响后续工序的正常进行。特别是金属夹杂物和石块极易造成机械设备运转部位的磨损和损坏。杂物还易堵塞阀门、管道、泵和关键设备,使生产过程不能正常进行。

原料的除杂通常采用筛选和磁选。筛选多选用振动筛除去原料中的较大杂质及泥沙,常见的设备为气流-筛分分离机。磁选多选用磁力除铁器除去原料中的磁选杂质,如铁钉和螺母等,常见设备为永久性磁力除铁器和电磁除铁器。

原料的除杂多置于原料粉碎之前,通常先筛选后磁选。但对于粉渣等原料,可先磁选再筛分。如果原料含沙太多,在粉碎之前还可设置除沙器或除沙池。

2. 粉碎

在乙醇发酵生产中,为了加速蒸煮、糖化、发酵的反应速率,对于使用的固体原料常需将其粉碎。在实际生产中,粉碎效果的好坏,不仅直接反映出粉碎操作的合理性和经济性,而且会间接影响到蒸煮、糖化、发酵和后续的板框过滤等程序。

在乙醇生产行业,粉碎通常分为干法和湿法两种生产工艺。目前国内大多数乙醇生产企业是采用干法粉碎生产工艺,而且均是采取二次粉碎法。因为这样能使原料粉碎得更细,节省能耗。在美国,一部分谷物中性乙醇和燃料乙醇是用湿磨法工艺生产的。

在粉碎工序中,衡量粉碎质量的主要工艺指标是粉碎度,它是影响乙醇最终产量的一个重要因素。粉碎度主要靠粉碎机的筛孔直径来控制。因蒸煮工艺的差异,对粉碎度的要求也各不相同。从理论上讲,粒度越细,对节约蒸煮蒸汽、减少还原糖损失、提高淀粉利用率等越有利。但粒度过细,也会带来粉碎机生产能力的大幅下降、耗电量急剧上升、预热时黏度增加快造成粉浆输送困难等弊病。

因此,粉碎度的确定必须根据具体情况,综合考虑生产规模、设备能力、燃料和电力供应、工艺要求与原料情况等诸方面的因素。

3. 输送

在目前的乙醇生产中,输送方式主要有两种:机械输送、气流输送。

(1)机械输送

机械输送是指利用机械运动输送物料,通常多用于固体物料的输送。机械输送设备种类繁多,目前主要有带式输送机、斗式提升机和螺旋输送机等类型。带式输送机是连续输送机中效率最高、使用最普遍的一种机型,它可用来输送散粒物品和块状物品。斗式提升机多用于垂直方向的输送,带式和螺旋式输送机多用于水平方向的输送。

(2)气流输送

气流输送就是采用风力输送,利用风机产生的气体在管道中高速流动,借助风力将粉碎后的粉末原料送入料管,由低位向高位运送,原料中的金属、泥土和石块等杂质因密度比较大,不能被气流带走而滞留在接料器底部或直接落在地上。气流输送特别适合输送散粒状或块状物料,它主要具有以下优点:它能大大降低粉碎机锤片和筛面的消耗;改善物料在输送过程中对设备管道的磨损和堵塞;消除粉碎车间粉尘的飞扬,改善了劳动条件;易于生产连续化和自动化。所以,有条件的工厂均可采取气流输送的方式。

4. 蒸煮

蒸煮的目的就是使薯类、谷类等淀粉质原料,吸水后在高温高压条件下使植物组织和细胞彻底破裂,从而使其中的淀粉由颗粒状变成溶解状态的糊液,易于为液化酶和糖化酶所作用;同时通过高温高压蒸煮,可对原料进行灭菌。

蒸煮通常分为间歇蒸煮和连续蒸煮。间歇蒸煮是一种比较陈旧的蒸煮方法,目前已基本淘汰殆尽。连续蒸煮有低温蒸煮和高温蒸煮两种类型。随着科学技术和生产工艺的进展,无蒸煮工艺正在成为可以取代高温蒸煮的新工艺。无蒸煮工艺是目前世界各国广泛研究的一种新的工艺。该工艺大致分为生料发酵、低温蒸煮、挤压膨化和超细磨四类。

生料发酵是完全排除对淀粉质原料进行热处理的一种乙醇生产工艺。该工艺节能效果明显,受到人们的普遍关注。

低温蒸煮是采用高于淀粉糊化温度,但不高于 100 ℃,另加高温淀粉酶作液化剂的一种无蒸煮工艺。该工艺能耗低、营养损失少,但在实际操作过程中必须严格液化过程,使物料彻底液化。否则会严重降低原料的淀粉出酒率,同时,如物料在管道内长时间滞留则易发生老化现象而堵塞管道。

在实际生产中,无论采用何种工艺,原料的加热都会引起其组分的变化。例如,在微酸性条件下加热,戊聚糖分解成木糖和阿拉伯糖,木糖进一步分解为糠醛;果胶在高温高压下会形成甲醇,因此,在蒸煮过程中必须严格控制工艺操作。

5. 液化糖化

在乙醇生产中,酵母菌不能直接把淀粉转化成乙醇,而是通过糖化酶把淀粉先转化成葡萄糖,然后才能把葡萄糖转化成为乙醇及其他副产物。为了加快糖化酶的作用机会,提高糖化酶水解反应速率,必须用 γNA-淀粉酶将大分子的淀粉水解成糊精和低聚糖。但是淀粉颗粒的结晶性结构对酶作用的抵抗力强,例如,一淀粉酶水解淀粉颗粒和水解糊化淀粉的速度约为 1：20 000。因此,不能直接将淀粉酶作用于淀粉,需要先加热淀粉乳,使淀粉颗粒吸水膨胀、糊化,破坏其结晶结构。

(1)淀粉的结构及水解

淀粉作为葡萄糖基组成的高分子物质,多以颗粒的形式存在于植物细胞内部。它的化学成分是 C：44.4%；H：6.2%；O：49.4%,化学式 $(C_6H_{10}O_5)_n$。淀粉是由直链淀粉和支链淀粉组成的,它们都是由葡萄糖单元构成的。直链淀粉的葡萄糖单元以 1,4-糖苷键连接成直链结构,如图 20.1 所示,平均含有 200 ~ 980 个葡萄糖单元,相对分子质量相当于 32 000 ~ 160 000。直链淀粉易溶于温水,溶解后黏度较低。

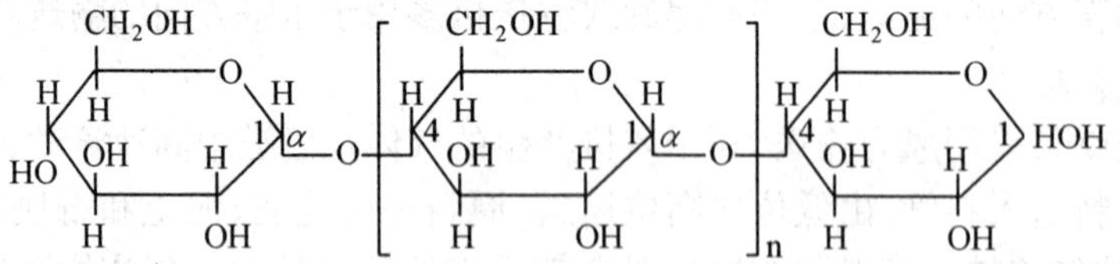

图 20.1　直链淀粉结构

支链淀粉则是由葡萄糖分子脱水缩合组成,连接成一种不规则树枝状的结构,在它的分子结构中除了 α-1,4 结合外,还具有 α-1,6 结合构成的分支状结构,如图 20.2 所示。

支链淀粉相对分子质量较大,平均含有 600 ~ 6 000 个葡萄糖单元,相对分子质量为 100 000 ~ 1 000 000。支链淀粉要加热后才开始溶解,溶液的黏度较大。

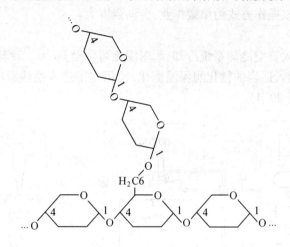

图 20.2　支链淀粉结构

淀粉经蒸煮后淀粉分子间的结合减弱,淀粉颗粒之间分开,体系黏度增大,形成均一的黏稠体系。这种现象称为淀粉糊化。糊化后,当温度继续上升到 120 ℃时,支链淀粉开始溶解,网状组织被破坏,淀粉溶液变成黏度很低的流动性醪液,这种现象称为液化。

（2）液化

液化的方法多种多样,以水解动力学可分为酸法、酸酶法、酶法及机械液化法;以生产工艺不同分为间歇法、半连续法和连续法;以加酶方式分为一次加酶、二次加酶、三次加酶液化法;以酶制剂耐温性分为中温酶法、高温酶法、中温酶与高温酶混合法等。

喷射液化是目前使用最广泛的液化工艺,它利用低压蒸汽喷射器来完成淀粉的液化。淀粉在 α-淀粉酶的水解作用和喷射产生的剪切作用下,能很快地将淀粉液化。喷射液化具有连续液化、操作稳定、液化均匀、淀粉利用率高等优点,此外对蒸汽压力要求低,且不易堵塞,无振动。其流程如图 20.3 所示。

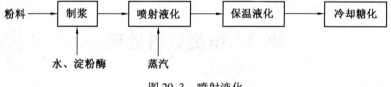

图 20.3　喷射液化

在乙醇生产过程中,必须严格控制液化程度,液化程度既不能太低,但也不能太高。液化程度低,黏度大,不利于管道输送;同时,液化程度低,料浆易老化,不利于糖化和发酵。葡萄糖淀粉酶的水解过程是酶分子先与底物分子生成络合结构,而后发生水解催化作用,其液化程度高,不利于糖化酶生成络合结构。

6. 糖化

糖化就是把由葡萄糖淀粉酶转化成的糊精和低聚糖进一步水解成葡萄糖等可发酵性糖的过程。糖化工艺通常包括间歇糖化工艺和连续糖化工艺两种。间歇糖化为单罐作业,劳动强度大,主要为小乙醇厂所采用;在现代化的大乙醇厂,均采用连续糖化工艺。

（1）间歇糖化

将液化醪在糖化罐冷却至 60 ℃左右,加入糖化酶均匀搅拌,糖化 25～35 min,冷却后即可进入发酵罐。该操作方式为单罐作业,劳动强度大。

（2）连续糖化

液化醪首先进入真空冷却系统冷却,瞬时温度可降至 60 ℃。冷却后的液化醪进入糖化罐后,根据用量加入适当的糖化酶保温糖化,糖化完毕进入换热器内继续冷却至 30 ℃后进入发酵工段(图 20.4)。

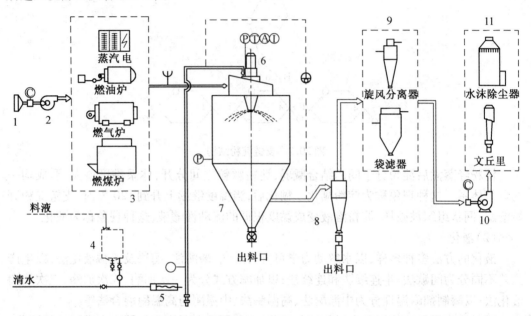

图 20.4　连续糖化工艺

1—过滤器;2—送风机;3—加热器(电、蒸汽、燃油、煤);4—料槽;5—料泵;

6—雾化器;7—干燥塔;8——一级吸尘器(旋风分离器);9—二级吸尘器(旋风分离器、袋滤器);

10—引风机;11—混式除尘器(水沫除尘器、文丘里)

20.2　糖类原料处理

使用糖类生物质原料生产乙醇,和淀粉质原料相比,可以省去蒸煮、液化、糖化等工序,其工艺过程和设备均比较简单,生产周期较短。但是由于糖类生物质原料的干物质浓度大,糖分高,产酸细菌多,灰分和胶体物质很多。因此对糖类生物质原料发酵前必须进行预处理。糖类生物质原料的预处理程序主要包括稀释、酸化、灭菌、澄清和添加营养盐等。

1. 稀释

糖类原料制取的糖汁含糖较高,为了使其适合于酵母生长、繁殖和发酵的需要,同时降低原料中无机盐对酵母的影响,必须对糖蜜进行稀释,降低糖的浓度。

稀释糖蜜的工艺一般分单浓度流程和双浓度流程。单浓度流程即在整个生产过程采用统一的稀糖液浓度（体积分数），一般为22%～25%。双浓度流程即是将糖蜜原料稀释成两种浓度较稀的酒母稀糖液用于酵母培养，一般为12%～14%；较浓的基本稀糖液用于乙醇发酵，一般为33%～35%。

单浓度稀糖液连续制备流程可根据酸化的方式分为酸加在原料糖蜜中和酸加在60%浓度的稀糖液中两类，其流程分别如图20.5、20.6所示。

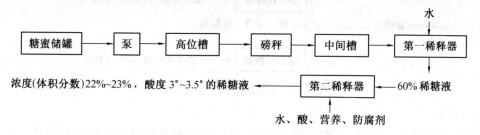

图20.5　单浓度稀糖液连续制备流程Ⅰ

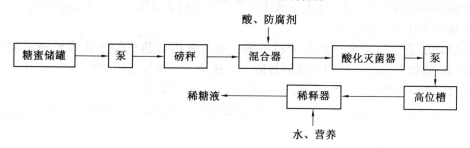

图20.6　单浓度稀糖液连续制备流程Ⅱ

糖蜜的稀释方法一般有间歇式和连续式两种。

①间歇稀释法是分批在稀释罐中进行的，稀释罐中装有搅拌装置。

②连续稀释法是浓糖汁不断地流入连续稀释器，稀释水及添加剂等不断定量加入，稀糖液不断地排出。

2. 酸化

糖汁加酸酸化的目的是防止杂菌的繁殖，加速糖汁中灰分和胶体物质沉淀，同时调整稀糖液的酸度，使其适合于酵母生长。甘蔗糖蜜的 pH 值为6.2，呈微酸性，甜菜糖蜜的 pH 值是7.4，呈微碱性，而酵母发酵的最适 pH 值为4.0～4.5，所以工艺上必须对糖蜜原料加酸酸化。

糖汁的酸化最常用硫酸，也可使用盐酸。使用硫酸酸化，易产生硫酸盐使设备结垢。用盐酸酸化，具有回收酵母的色泽好、设备无结垢的优点。但盐酸的用量大，且对设备腐蚀严重。在最初间歇发酵时，酸是直接加到稀糖液中的，而在连续发酵的工艺中，酸改为加入到稀释至40%～60%浓度（体积分数）的稀糖液中，随后再将此稀糖液进一步稀释到所需的浓度。近年来，还有将酸直接加到浓缩糖汁中，这样可以简化工艺，糖液可以一次稀释到所需浓度，同时增强了酸化灭菌的效果，在一定程度上降低了生产成本。

双浓度稀糖液制备流程如图20.7所示。

单浓度流程中，加酸量应保证稀糖液的 pH 值在4.0～4.5（相应的酸度为5～6）；双浓度流程，基本稀糖液一般不加酸，酒母稀糖液的浓度为14～18°Bx，pH 值要求为3.8～4.4（酸度相当于6～7）。

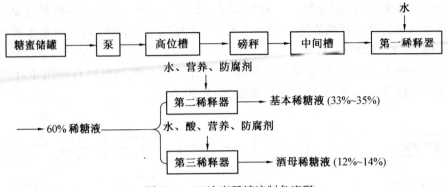

图 20.7　双浓度稀糖液制备流程

3. 灭菌

糖液中常常含有杂菌,主要是野生酵母、白念珠菌和乳酸菌等一类的产酸菌,为了保证稀糖液发酵得以正常运行,除了加酸提高酸度来抑制杂菌生长繁殖外,还要进行灭菌。

灭菌的方法主要有:

①物理法是通过加热达到灭菌目的的。通常采用通蒸汽的方法将稀糖液加热至 80～90 ℃,维持 1 h,即可达到灭菌的目的。加热除了灭菌外,还有利于澄清作用。但该方法需要消耗大量的蒸汽,增加了生产成本,因此其应用受到了限制。

②化学灭菌法是添加化学防腐剂来杀灭杂菌的。常用的防腐剂有漂白粉、甲醛、氟化钠等。

4. 澄清

糖液中含有较多的胶体物质、色素、灰分和其他悬浮物质,它们对酵母的生长、繁殖和代谢有害,应尽量予以澄清处理,保证糖液的质量。

糖液的澄清方法有机械澄清法、加酸澄清法和加絮凝剂澄清法。

①机械澄清法是采用压滤或离心的方法进行处理的。糖蜜原料经稀释、酸化后,利用离心分离机或压滤机将沉淀进行分离去除,该方法国内应用较多。

②冷酸通风澄清法又称加酸通风沉淀法,是将糖蜜加水稀释至 50°Bx 左右,加入 0.2%～0.3% 的浓硫酸,同时加入 0.01% 的高锰酸钾,通入压缩空气 1 h,静置后去除沉淀,上清液作为制备糖液用。

③热酸处理法是用 60 ℃ 温水稀释糖蜜至 55°Bx 右,同时添加浓 H_2SO_4,调整至 pH 值为 3.5～3.8 保温并通入无菌空气,酸化 5～6 h,取上清液为制备糖液。也有先加酸酸化,后加热稀释的做法,同样可以达到较好的澄清效果。

④加絮凝剂澄清法是在糖液中加入絮凝剂,常用的絮凝剂有 $8×10^{-6}$ mg/L 的聚丙烯酰胺、硅藻土等。胶体微粒及灰分由于絮凝剂的吸附作用而相应碰撞成团凝聚,再经静置沉淀去除。

5. 添加营养盐

由于糖蜜原料经一系列处理后丢失了大部分营养成分,为了保证酵母的正常繁殖和发酵,应当在糖液中适当添加酵母生长需要的氮源、磷源、生长素、镁盐等。通过生产实践和原糖液的组分测定可知,甘蔗糖液中缺乏的主要营养成分是氮素和镁盐。甜高粱茎秆糖液也缺乏氮素和镁盐,还缺少少量的钾盐和磷酸盐等。甜菜糖液中不缺乏氮素,但其磷酸盐的含量不足。由于各种糖质原料的来源和制备方法不同,原料中所含盐类成分和数量也不相同,因此必须对糖汁原料进行分析,了解酵母所需营养盐缺乏种类和程度,依此决定添加营养盐的种类和数量。

20.3　纤维类原料处理

纤维质原料具有较复杂的结构,微生物不能直接利用其进行发酵,需要将其水解为单糖,为微生物发酵利用。

20.3.1　纤维类原料的结构与性质

纤维素构成了植物的细胞壁,对细胞起着保护作用。它的主要有机成分包括纤维素、半纤维素和木质素三部分。细胞壁中的半纤维素和木质素通过共价键连接成网络结构,纤维素束镶嵌在其中,如图20.8所示。

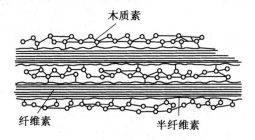

图20.8　细胞壁构成的示意图

20.3.1.1　纤维素

纤维素是天然高分子化合物,是由很多 D-吡喃葡萄糖彼此以 β-1,4 糖苷键连接而成的线形巨分子。几十个纤维素分子平行排列组成小束,几十个小束则组成小纤维,最后由许多小纤维构成一条植物纤维素。纤维素的化学式为$(C_6H_{10}O_5)_n$,这里的 n 为聚合度,表示纤维素中葡萄糖单元的数目,其值一般在 3 500~10 000,纤维素由碳 44.44%、氢 6.17%、氧 49.39% 三种元素组成。它的相对分子质量可达几十万,甚至几百万。

纤维素大分子间通过大量的氢键连接在一起形成晶体结构的纤维束。这种结构使得纤维素的性质很稳定,它不溶于水,无还原性,在常温下不发生水解,在高温下水解也很慢。只有在催化剂存在下,纤维素的水解反应才能显著地进行。纤维素经水解可生成葡萄糖,该反应可表示为

$$(C_6H_{10}O_5)_n + nH_2O \longrightarrow nC_6H_{12}O_6$$

20.3.1.2　半纤维素

半纤维素不像纤维素那样,仅有 D-葡萄糖基相互以 β-1,4 连接方式形成直链结构的均一聚糖的单一形式。半纤维素既可成均一聚糖也可成非均一聚糖,它还可以由不同的单糖基以不同连接方式连接成结构互不相同的多种结构的各种聚糖,故半纤维素实际是这样一群共聚物的总称。在植物细胞壁中,它位于许多纤维素之间,好像是一种填充在纤维素框架中的填充料。凡是有纤维素的地方,就一定有半纤维素。

半纤维素是来源于植物的聚糖类,半纤维素的多聚糖的聚合度(DP)为 60 ~ 200。半纤维素的种类和数量变化范围很广,它与植物的种类、组织的类型、生长阶段、环境、生理条件、储藏和提取都有很大的联系。因此,难以得到各种半纤维素的标准糖组成成分。

半纤维素易于水解。有些半纤维素的成分在冷水中的溶解度很大。半纤维素溶于碱溶液中,也能被稀酸在 100 ℃ 以下很好地水解,也能被相应的各种半纤维素酶所分解。

半纤维素中木聚糖的水解过程可表示为

$$(C_5H_8O_4)_m + mH_2O \longrightarrow mC_5H_{10}O_5$$

20.3.1.3　木质素

木质素是一类由苯丙烷单元通过醚键和碳碳键连接的复杂的无定形高聚物。它和半纤维素一起作为细胞间质填充在细胞壁的微细纤维之间,加固木化组织的细胞壁,也存在于细胞间层,把相邻的细胞黏结在一起。木质化的细胞壁能阻止微生物的攻击,增加茎干的抗压强度。木质化能减小细胞壁的透水性,对植物中输导水分的组织也很重要。

木质素分子式可表示为$(C_6H_{10}O_2)_n$,它不能被水解为单糖,且在纤维素周围形成保护层,影响纤维素水解。木质素中氧含量低,能量比纤维素高,一般水解留下的木质素残渣常用作燃料。

不同的纤维质燃料含有的纤维素、半纤维素、木质素量不同,常见纤维质原料的主要组成见表 20.1。

表 20.1　常见纤维质原料的主要组成

原料	纤维素/%	半纤维素/%	木质素/%
玉米芯	45	35	15
麦秸	30	50	15
草	25 ~ 40	35 ~ 50	10 ~ 30
树叶	15 ~ 20	80 ~ 85	0
硬木	40 ~ 55	24 ~ 40	18 ~ 25
软木	40 ~ 50	25 ~ 35	25 ~ 35
报纸	40 ~ 55	25 ~ 40	18 ~ 30

20.3.2　水解工艺

水解是破坏纤维素和半纤维素的氢键,将其降解成可发酵性糖:戊糖和己糖。目前,常见的水解工艺主要有浓酸水解、稀酸水解和酶水解,它们有不同的作用机理。

20.3.2.1　浓酸水解

浓酸水解在 19 世纪即已提出,它的原理为结晶纤维素在较低温度下能完全溶解在72% 的硫酸和 42% 的盐酸中。转化成含几个葡萄糖单元的低聚糖,把此溶液加水稀释并加热,经一定时间后就可把低聚糖水解为葡萄糖。

浓酸水解的优点是糖的回收率高(可达 90% 以上),可以处理不同的原料,相对迅速,水解后的糖降解较少。但对设备要求高,且酸必须回收。目前,美国 Arkenol 公司采用离子排斥法(所谓的色谱分离)对水解后的糖酸混合液进行分离(图 20.9),取得了很好的效果。

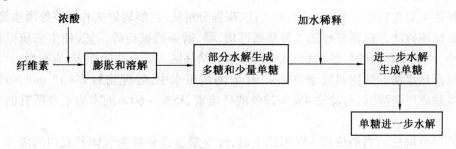

图 20.9　Arkenol 工艺

20.3.2.2　稀酸水解

稀酸水解时,溶液中的氢离子可和纤维素上的氧原子相结合,使其变得不稳定,容易和水反应,纤维素长链即在该处断裂,同时又放出氢离子,从而实现纤维素长链的连续解聚,直到分解成为最小的单元葡萄糖。所得的葡萄糖会进一步反应,生成乙酰丙酸和甲酸等副产物;半纤维素水解得到戊糖,也会进一步分解形成糠醛。这样就可以把稀酸水解纤维素过程看作是一个串联一级反应:

$$\text{纤维素} \xrightarrow{K1} \text{糖} \xrightarrow{K2} \text{降解产物}$$

不同研究得到的速率常数有很大的差异,不过一般认为纤维素水解反应的活化能要比葡萄糖分解的活化能高,所以,采用较高的水解温度是有利的。对硫酸来说,原来常用的水解温度在 170～200 ℃,在 20 世纪 80 年代后,随着技术的进步,水解的温度在 200 ℃以上,最高可达 230 ℃以上。

影响稀酸水解的因素主要有原料粉碎度、液固比、反应温度、时间、酸种类和浓度等。原料越细,其和酸的接触面积越大,水解效果越好。液固比在水解中不宜过高,一般液固比为 8～10。液固比越高,单位原料的产糖量越大,但所得糖液的浓度下降,会增加后续发酵和精馏工序的费用。温度对水解速率影响很大,温度升高,原料分解速度增加,水解时间缩短,但高温同时也加快了单糖的分解,所以,应综合考虑温度和时间的影响。稀酸水解常用硫酸和盐酸作为催化剂,盐酸的水解效率优于硫酸,但盐酸价格较高,腐蚀性大。此外,磷酸和硝酸也可被用来水解纤维素,也得到了不错的效果。总之,稀酸水解工艺简单,原料处理时间短,酸不用回收,但糖的产率较低,且会产生对发酵有害的副产品,对设备腐蚀性高。

20.3.2.3　酶水解

酶水解是生化反应,加入水解器的是微生物产生的纤维素酶。它的优点在于:可在常温下反应,水解副产物少,糖化得率高,不产生有害发酵物质,可以和发酵过程耦合。但是由于木质纤维素致密的复杂结构及纤维素结晶的特点,需要采用合适的预处理方法。

1. 原料的预处理

原料的预处理是酶水解工艺中的一个重要环节。由于构成生物质的纤维素、半纤维素和木质素间相互缠绕,且纤维素本身存在晶体结构,会阻止酶接近纤维素表面,故生物质直接酶水解时效率很低。通过预处理可除去木质素,溶解半纤维素,或破坏纤维素的晶体结构,从而增大其可接近表面,提高水解产率。纤维素原料的预处理方法包括物理法、化学法、物理化学结合法和生物法等。

（1）物理法

物理法主要包括机械粉碎、液态热水法、高温分解法、高能辐射法和微波处理法等。

①机械粉碎法。机械粉碎法主要是通过切、碾、磨等机械粉碎工艺，使生物质原料的粒度变小，增加其和酶的接触面积，减少纤维素的结晶区。该方法能耗大，成本高。

②液态热水法。把物料置于 $200 \sim 230$ ℃的高压水中，处理物料 $2 \sim 15$ min，$40\% \sim 60\%$ 的生物质可被溶解，可除去 $4\% \sim 22\%$ 的纤维素、$35\% \sim 60\%$ 的木质素及所有的半纤维素。

③高温分解法。当加热到 300 ℃以上时，纤维素迅速分解为气体和残留的固体。如果温度低一点，分解速度就会减慢，还会产生低挥发性的副产物。在热解过程中加入氧会加快反应的速度，在反应过程中加入氯化锌和碳酸钠作为催化剂，可以在较低温度下实现对纯纤维素的分解。

④高能辐射法。采用高能射线如电子辐射、射线对纤维素原料进行预处理可以降低纤维素原料的聚合度（DP），增加活性，有利于纤维素的水解。有研究称，电子辐射剂量为 $0 \sim 10^6$ rad 时，只引起纤维素聚合度的下降，辐射剂量大于 10^6 rad 时，才能提高纤维素的水解速度及转化率。

⑤微波处理法。微波是一种新型节能的加热技术，已成功地运用于有机化学、无机化学及高分子化学领域，但是目前微波用于处理纤维素原料还仅仅停留在实验室阶段。

（2）化学法

化学法包括碱处理、稀酸处理和臭氧处理等。

①碱处理法。碱处理法是利用木质素能溶解于碱性溶液的特点，用热的或冷的稀碱液（NaOH 或液氨）处理生物质原料，引起木质纤维素溶胀，内表面积增加，纤维素结晶性降低，木质素和碳水化合物之间的结构链分离，以及木质素结构破坏。该法处理过程中搅拌很困难，不利于传送，后处理也比较麻烦。

②稀酸处理法。稀酸水解纤维素的技术已比较完善。用稀硫酸处理可以达到较高的反应速率，纤维素的水解率提高也比较明显。在高温下，纤维素水解适合采用稀酸预处理。稀酸水解法降低了反应条件，且可以提高木聚糖转化成木糖的转化率。稀酸预处理有两种基本类型：高温（大于 160 ℃），连续反应，低固体负荷 $5\% \sim 10\%$；低温（小于 160 ℃），间歇反应，高固体负荷 $10\% \sim 40\%$。该法主要存在酸的回收、中和、洗脱等问题，易造成浪费及环境污染。

③其他处理法。目前研究的预处理方法还有臭氧处理、有机溶剂处理、氧化处理等预处理方法，但这些方法都因缺乏竞争力而很少被应用。

（3）物理化学结合法

物理化学结合法主要包括蒸汽爆破、氨纤维爆裂、CO_2 爆裂等。

①蒸汽爆破法。蒸汽爆破是在高温、高压下将原料用水或水蒸气处理一段时间后，立即降至常温、常压的一种方法。主要工艺过程：用水蒸气加热原料至 $160 \sim 260$ ℃（$0.69 \sim 4.83$ MPa），作用几秒或几分钟，然后减压至大气压。经蒸汽爆破后，木质素与纤维素分离，使得纤维素酶水解的接触面增大。在蒸汽爆破过程中，高压蒸汽渗入纤维内部，以气流的方式从封闭的孔隙中释放出来，使纤维发生一定的机械断裂，同时高温、高压加剧纤维素内部氢键的破坏，游离出新的羟基，增加了纤维素的吸附能力。以稀硫酸或 SO_2 先浸

润生物质,然后再用汽爆法处理,更有利于提高处理效率。该法结合了物理法和化学法的长处,弥补单一方法的不足,将化学添加剂与蒸汽爆破方法相结合,可大大提高预处理过程中原料的利用率。

②氨纤维爆裂法。该法是将木质纤维素原料在高温和高压下用液氨处理,然后,突然减压,造成纤维素晶体的爆裂,可去除部分半纤维素和木质素,并降低纤维素的结晶性,提高纤维素酶和纤维素的接近程度。氨纤维爆破法适合于木质素含量低的草本科植物、阔叶材和农作物的剩余物的预处理。氨纤维爆破法预处理不产生或产生极少量的抑制性的降解产物半纤维素中的糖损失也少,但经此处理的半纤维素并未分解,需另用半纤维素酶水解,另外需要氨的压缩回收装置,因此投资成本较高。

③CO_2爆裂法。CO_2爆裂法的原理与水蒸气爆裂原理相似,在处理过程中部分CO_2以碳酸形式存在,增加木质纤维素原料的水解率。主要工艺:用 4 kg CO_2 处理每千克木质纤维素原料,在 5.62 MPa 压力处理后减压爆裂处理,其效果比蒸汽爆裂法和氨纤维爆破法差,缺乏经济竞争力。

(4)生物法

生物法是用一些微生物如白腐菌、褐腐菌、软腐菌等真菌来降解木质素。它能够有效地和有选择性地降解植物纤维原料中的木质素。由于成本低和设备简单,生物法预处理具有独特的优势,可用专一的木质酶处理原料,分解木质素和提高木质素消化率。此种方法虽然在试验中取得了一定的成功,但该过程速度还是太慢,无法实际应用。

2. 酶催化水解

木质纤维素原料经过适当预处理后,可以利用纤维素酶催化水解纤维素生成葡萄糖。纤维素酶是一种很复杂的酶,是降解纤维素成为葡萄糖单体所需的一组酶的总称。一般认为其主要包括三个组分:内切葡聚糖酶、外切葡聚糖酶和纤维素二糖酶,每一组分又有若干亚组分组成。纤维素水解生成葡萄糖的过程必须依靠这三种组分的协同作用才能完成。

①内切葡聚糖酶(EG),其作用是随机切割 β-1,4 葡萄糖苷键,使纤维素长链断裂,断开的分子链有一个还原端和一个非还原端。主要产物是纤维糊精,只能水解部分纤维素,不能单独作用于结晶纤维素。

②外切葡聚糖酶(CBH),通过从游离的链末端脱除纤维二糖单元来进一步降解纤维素分子,CBH 单独作用于天然结晶纤维素时活力较低,但它能同 EG 协同作用,彻底水解结晶纤维素。

③β-葡萄糖苷酶(CB),也称纤维二糖酶,水解纤维二糖产生葡萄糖。它对纤维二糖和纤维三糖的水解很快,随着寡糖中所含葡萄糖单元的增加,水解速度下降。

酶催化水解纤维素时,对于非结晶区仅 EG 即可单独完成,对于结晶区需要 EG 和 CBH 的协同作用,而 CB 组分的加入会大大加强这种协同作用。

3. 纤维素酶生产

自然界中很多细菌、霉菌和放线菌及动物都能产生纤维素酶,不同来源酶的组成、性质和催化特性不同。微生物除了能高效地水解纤维质外,成本还较高,所以,现在人们的研究主要集中在寻找高效产酶的微生物和开发低成本生产工艺两方面。

工业上很少利用细菌作为产菌菌种,因为细菌产生纤维素酶的量少,分离提取也较困难。而且大部分细菌不能分解晶体结构的纤维素,因为它们的酶系统不完善,缺乏外切葡聚糖酶。放线菌如分枝杆菌、原放线菌纤维素酶产量极低。丝状真菌不但产酶高,而且能分泌水解纤维素所需的三种酶,各组分间还可以产生协同作用。其中木霉属(Trichoderma)真菌的产量最高。里斯木霉(T. Reesei)和绿色木霉(T. Virde)又是木霉属种活性较高的菌种,常用于纤维素酶的生产。

各种微生物所分泌的纤维素酶不完全相同,如不少 T. reesei 菌株可产高活性的内切葡萄糖酶和外切葡萄糖酶,但它们产很少的 β-葡萄糖苷酶。而属于 Aspergillus 系的 A. phoenicis 虽水解纤维素能力差,但分解纤维二糖的能力却很强。在生产纤维素酶时可混合培养纤维素酶的生产工艺分为固态发酵和液态发酵两类。

①固态发酵是指微生物在没有游离水的固体培养基上生长。但固态发酵也是需要水分的,水分是以吸附或结合的形式存在于固体基质内部。由于固体发酵水分含量低,所以采用的主要微生物是霉菌。纤维素酶固态发酵流程如图 20.10 所示。

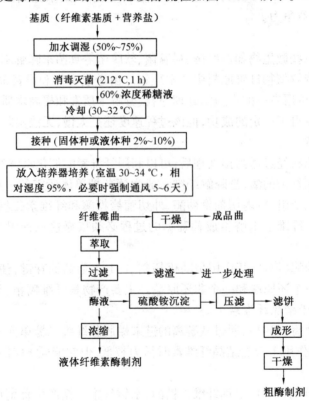

图 20.10　纤维素酶固态发酵流程图

固态发酵的优点是能耗低,对原料要求低,产品中酶浓度高,可直接用于水解。缺点是需人工多,不易进行污染控制,产得的纤维素酶很难提取、精制,各批产品性质重复性差。

②液态发酵法是目前大规模生产纤维素酶的主要方法,微生物的接种在含营养成分的液体中进行。液态发酵原料利用率高、生产条件易控制、需人工少,适宜于大规模生产,易进行污染控制,各批产品性质重复性好。缺点是能耗大,原料要求高,产品中酶浓度低。

第21章 乙醇的发酵工艺

不同的原料经过不同的预处理后,即可进入发酵工序。由原料得到的可发酵性糖经过微生物的作用,可把糖转变为乙醇和CO_2。从表面看,乙醇发酵过程很简单,但发酵过程却发生着非常复杂的生物化学反应过程。此外,不同种类的微生物对营养需求的不同,处理后原料所含成分的差异,以及发酵工艺的多样性都决定了乙醇发酵是一个复杂的过程。

21.1 乙醇发酵常用微生物

乙醇发酵过程中最关键的因素是产乙醇的微生物,生产中能够发酵生产乙醇的微生物主要有酵母菌和细菌。不同的代谢途径的工程菌也可作为发酵糖生成乙醇的良好菌种,根据不同的原料具体介绍发酵制乙醇的各种微生物。

21.1.1 淀粉质原料发酵常用菌种

(1)酵母

淀粉质原料发酵最常用的菌种是酵母。乙醇生产中常用的酵母菌种有酿酒酵母(*Saccharomyces cerevisiae*)、卡尔斯伯酵母(*S. uvarum*)、粟酒裂殖酵母(*Schizosaccharomyces pombe*)和克鲁衣夫酵母(*Kluyvermyees SP*)及其变种等。

通过长期的生产实践,人们筛选了很多具有优良性质的酵母,主要的有拉斯2号(RaseⅡ)酵母、拉斯12号(RaseⅫ)酵母、K字酵母、南阳五号酵母(1300)、南阳混合酵母(1308)等。此外,还要一些其他类型的菌种。

①活性干酵母(AADY)。活性干酵母是经优选的乙醇酵母繁殖得到菌体后,再经干燥得到的一种保持活性的干酵母制品,经复水活化后即能完全恢复其正常的繁殖、发酵功能。它主要有如下优点:可节省酵母培养的投资,简化生产环节,提高劳动生产率;活性干酵母质量稳定,活化操作简单,能保证发酵的稳定性;活性干酵母种类多,具有较强的适用性;能有效提高发酵率,降低生产成本;干酵母含水分低,储运方便,能随时投入生产。

目前,活性干酵母已经广泛应用于乙醇企业中。经过多年的推广,国内不少乙醇企业已经成功地将活性干酵母应用于发酵生产,实现了提高酒分、降低消耗等目标。

②自絮凝酵母。通过原生质融合技术可以使酵母获得自絮凝的特征,在培养和发酵过程中自絮凝形成毫米级大小的颗粒。

与现有各种乙醇发酵工艺技术相比,自絮凝颗粒酵母乙醇发酵新工艺具有突出优点:

a. 酵母细胞在发酵罐中实现完全固定化,这一无载体固定化细胞技术降低了生产成本;

b. 单位体积发酵罐中酵母密度可以高达 50～100 g/L(干重),细胞密度显著提高,平均发酵时间缩短,发酵罐设备生产强度相应提高;

c. 原料的前处理及酵母细胞的完全固定化,使进入后续精馏系统的发酵液比较清洁,有利于实现清洁生产。

自絮凝酵母乙醇发酵技术的推广应用给乙醇发酵工艺技术带来了重大突破。

③酵母基因工程菌。利用基因工程技术,可以赋予酵母新的特性。对于淀粉质原料用酵母,目前主要研究集中在酿酒酵母中表达淀粉酶基因,包括 α-淀粉酶基因和糖化酶基因。常用的酿酒酵母一般缺乏水解淀粉的酶类,不能直接利用淀粉质原料,如果能够表达淀粉酶基因,则酵母就有可能直接利用淀粉质原料进行发酵。人们把细菌或霉菌中产淀粉酶的基因片断克隆到酵母中,构建了不同种类的酵母工程菌。虽然构建分解淀粉酿酒酵母的工作已取得相当大的进展,但仍存在不少问题需要解决,如构建的多数菌株利用糊精及淀粉的能力是有限的,而且降解速率较慢等。

(2)运动发酵单胞菌(*Zymomonas mobilis*)

运动发酵单胞菌最早是 Lindner 从龙舌兰酒中分离得到的。为革兰阴性、兼性厌氧细菌,圆端肥粗,为杆状细胞,细胞长为 2～6 μm,单个或成双,周生鞭毛运动。

该菌能专一地发酵葡萄糖或果糖,并生成乙醇和 CO_2。运动发酵单胞菌耐糖能力高、耐乙醇能力强、低生物量和高乙醇收率以及发酵速度快等优点。但它的缺点是碳源利用面窄,所以,当以淀粉质原料发酵制乙醇时需要对原料进行处理使其转化为可被利用的糖类。有报道称将运动单胞菌与其他微生物如黑曲霉共固定化,可以解决碳源利用面窄的问题。

21.1.2　糖类原料发酵常用菌种

自然界中,酵母的种类繁多,用于发酵糖分生产乙醇的也不少,但是必须满足以下要求才能达到真正的应用价值:

a. 具有高的发酵性能,能快速并完全地将有效糖分转化为乙醇;

b. 繁殖速度快,具有较高的比生长速率;

c. 具有高的耐高浓度糖和乙醇的能力,即对自身的代谢底物和产物的稳定性好;

d. 抗杂菌能力强,抗有机酸能力高,对杂菌的代谢产物稳定性好;

e. 对复杂成分培养基适应能力强;

f. 对温度、酸度和盐度突变性适应能力高,即自身具有较高的适应环境的能力。

目前国内外常用的发酵糖分的酵母菌种有:台湾酵母 396 号(F-396)、As. 2.1189、As. 2.1190、甘化Ⅰ号、川 102、K 字酵母、я 字酵母等。

21.1.3　纤维质原料发酵常用菌种

利用淀粉质原料进行发酵制乙醇的酵母也可适用纤维质原料的发酵,但主要是利用纤维素水解生成的葡萄糖、半乳糖和甘露糖等六碳糖。而半纤维素的水解产物主要是以木糖为主的五碳糖,其含量占了相当大的部分,所以发酵木糖等五碳糖是利用纤维质原料进行乙醇发酵的重要因素。

目前,已经发现包括细菌、真菌和酵母在内的 100 多种能够代谢木糖为乙醇的微生物,其中以管囊酵母(Pachysolen Tannophilus)、树干毕赤酵母(Pichia Stipitis)和休哈塔假丝酵母(Candida shechatae)研究最多,也最具有工业应用前景。虽然这些菌种能发酵木糖,但在发酵半纤维素水解液时却并不成功。利用基因工程技术开发能发酵木糖的微生物是最有希望的方法。

(1)酿酒酵母基因工程菌

酿酒酵母(Saccharomyces Cerevisiae)是生产乙醇的最佳菌株。它有许多优良的特性,是一种安全的微生物,在厌氧条件下可以良好地生长并能够发酵葡萄糖获得较高的乙醇产率,同时还具有很好的乙醇耐受性。此外,对一些生长抑制因子如乙酸、糠醛等也具有较高的抗性。酿酒酵母不能直接利用木糖,但能够利用木酮糖,所以利用这个特点,通过基因工程手段引入木糖向木酮糖的代谢途径可以构建能够利用木糖的酿酒酵母重组菌株。

引入由木糖向木酮糖的代谢可以采取两种途径:一是在酿酒酵母菌中克隆并表达利用木糖的两个基因,即木糖还原酶基因 XYL1 和木糖醇脱氢酶基因 XYL2。另一条途径是引入细菌木糖异构酶基因(xylA),也可以使酿酒酵母转化木糖为木酮糖,目的均是在酿酒酵母菌中引入转化木糖形成木酮糖的代谢途径,然后进一步代谢木酮糖产生乙醇。

(2)大肠杆菌基因工程菌

大肠杆菌(Escherichia coli)的野生菌株能够利用非常广泛的碳源,其中包括六碳糖(葡萄糖、果糖、甘露糖)和五碳糖(木糖、阿拉伯糖)以及糖酸等物质,说明大肠杆菌可以利用木质纤维素降解产生的各种糖类。但是野生型大肠杆菌缺少强有力的产醇发酵酶系统,厌氧发酵时糖代谢的主要产物是各种有机酸,乙醇含量很低。乙醇合成由两种关键酶PDC(丙酮酸脱羧酶)、ADH(乙醇脱氢酶)催化,在 E. coli 中存在微弱的 ADH 活性。为了实现糖酵解时碳的通量流向乙醇,可引入这两个关键酶基因到大肠杆菌中,促使丙酮酸(糖代谢的中间产物)定向转化成乙醇。

(3)运动发酵单胞菌

基因工程菌(Zmobilis)是一种能够用于生产乙醇的优良菌种。它具有独特的 ED 糖酵解途径和高效的将丙酮酸转化成乙醇的丙酮酸脱羧酶(PDC)和乙醇脱氢酶(ADH)酶系统,此外它对乙醇及纤维材料水解物中毒性因子有较高的耐受性,能够比传统酵母生产的乙醇高出 5% ~10%,体积浓度高出 5 倍。但由于缺乏同化木糖的代谢途径而不能利用木糖,所以可以通过代谢工程的手段引入木糖代谢途径。

21.2　酵母的培养

酵母是乙醇发酵成败的最为关键的因素,所以有必要了解乙醇酵母的特性及培养工艺。乙醇酵母的培养就是生产一定数量的优质、强壮、无杂菌酵母的过程。

21.2.1　乙醇酵母的形态

酵母一般呈卵形、椭圆形或卵圆形。酵母形态和大小在不同的培养基中会发生变化,因营养耗竭所致固体斜面上的酵母常出现腊肠形,甚至假菌丝状,在合适的培养基中传代培养,形态能恢复正常。一般来说,年轻强壮的酵母多呈卵圆形,细胞大,壁薄空泡小,原生质均匀细腻,不易被美蓝染色;衰老的酵母瘦长,壁厚空泡大,原生质不均匀,易被染色。

21.2.2　乙醇酵母的生理特性

（1）乙醇酵母的繁殖方式

乙醇酵母在生产条件下以出芽繁殖为主。当环境适合酵母生长繁殖时,酵母吸收营养在细胞一端突起,随机进行核分裂,突起的一端继续生长,直至长到母体的1/2时,从母体脱落形成新个体。当营养丰富时,没有脱落的子细胞也各自出芽,会形成成串的细胞。只有在营养极端缺乏的特殊情况下才采用孢子繁殖。

（2）乙醇酵母的营养物质

乙醇酵母以葡萄糖、麦芽糖为碳源,以有机氮或无机氮为氮源。其他如某些矿物质元素、维生素等也是酵母生长繁殖不可缺少的物质。在营养丰富的培养基中生长的酵母酶系活性较高,发酵能力和繁殖能力强。

（3）乙醇酵母的呼吸方式

酵母的呼吸方式有两种:有氧呼吸和无氧呼吸。有氧呼吸是酵母在有氧的条件下呼吸作用,菌体大量繁殖,很少产生乙醇。无氧呼吸是酵母菌在缺氧的条件下呼吸,产生乙醇和二氧化碳。所以在乙醇发酵时应维持无氧条件,以保证呼吸的正常运行,乙醇酵母扩增培养时,应供应充足的氧气,以保证有氧呼吸的正常进行,促进酵母细胞的繁殖。

（4）乙醇酵母的环境条件

影响乙醇酵母生长的除了营养物质和氧气外,主要影响因素是培养基的 pH 值和培养温度。酵母菌适合于在微酸环境中生长繁殖和发酵。一般地说,乙醇酵母能在 pH 值为 3.0～4.0 的环境中生长繁殖,酵母的耐酸性为扩增培养中加酸抑制杂菌繁殖创造了条件。乙醇酵母能在 pH 值为 3.0～6.0 的环境中发酵。乙醇酵母最适繁殖温度为 25～30 ℃,最适发酵温度为 30～33 ℃。乙醇酵母耐低温不耐高温,超过 40 ℃酵母很快衰老死亡。

21.2.3　乙醇酵母的酶系统

乙醇酵母的发酵作用是借助于酵母细胞内的酶来完成的,酵母细胞中的酶主要有:酒化酶、转化酶、麦芽糖酶、淀粉酶、肝糖酶等,现分别表述如下。

（1）酒化酶

酒化酶是乙醇发酵的关键性酶,为细胞内酶。其发酵作用随糖液温度升高而加快,其耐高温可至 100 ℃以上。酒化酶作用还跟糖液的浓度有关,一般含 15%～20% 糖的溶液,发酵迅速;浓度(体积分数)过高,发酵速度减慢,浓度高达 40%时,发酵终止。

酒化酶的作用能力与酵母的老嫩有关,年轻强壮的酵母,酒化酶作用能力强,反之则弱。酒化酶的最适 pH 值为 4.5～5.8。

（2）转化酶

转化酶也称蔗糖转化酶或蔗糖水解酶,该酶的作用是将蔗糖转化为葡萄糖和果糖,为细胞外酶。该酶的存在为酵母在蔗糖溶液中生长繁殖和发酵提供了条件。

（3）麦芽糖酶

麦芽糖酶可以把一分子的麦芽糖转化为两分子的葡萄糖,酵母中麦芽糖酶含量越高,发酵速度越快。

（4）淀粉酶

部分酵母中含有淀粉酶,可以把可溶性淀粉转化为单糖。

（5）肝糖酶

肝糖酶为细胞内酶,当发酵液中的营养耗尽时,该酶可以将酵母体内的肝糖分解,进行自我消化。

21.2.4　乙醇酵母的生长周期

乙醇酵母的整个生长过程分六个时期,即原始静止期、生长期、对数期、迟缓期、静止期和衰老期。

（1）原始静止期

酵母在新环境中的适应阶段,细胞处于静止状态,完全不繁殖。

（2）生长期

酵母吸收养分,开始出芽,随着时间延长,细胞总数增多。

（3）对数期

酵母繁殖最快的时期。每个酵母以较短的时间间隔出芽繁殖,酵母总数成对数增长。此阶段产生的酵母繁殖和发酵能力最强。

（4）迟缓期

出芽间隔延长,生长速度下降,但酵母细胞总数仍在缓慢增加。培养基中养分基本上已被消耗。

（5）静止期

发酵液中的养分接近耗竭,新细胞的产生和老细胞的死亡维持着一个动态平衡,酵母的细胞总数基本保持不变。

（6）衰老期

发酵液中的养分完全耗竭,酵母细胞死亡数迅速增加,活细胞总数逐渐减少。

21.2.5　乙醇酵母的培养工艺

乙醇发酵所需酵母的接种量一般为10%,对于大型发酵罐来说,所需的酵母量是很大的,所以必须进行扩大培养才能满足生产要求。乙醇酵母可从种子经几代扩增培养得到,也可以通过活化活性干酵母得到。乙醇酵母的扩增培养一般包括种子培养和酒母培养两个步骤。种子培养包括固体斜面培养、液体试管培养、液体三角瓶和卡氏罐培养。酒母培养包括小酒母培养和大酒母培养。

21.2.5.1　种子培养

（1）固体斜面培养

固体斜面培养是酵母的第一代培养。最合适的是麦芽汁培养基,也可以是米曲汁培养基,麦芽汁中不仅含有适量的麦芽糖和葡萄糖,还含有丰富的维生素和无机盐,是一个非常适合酵母菌生长的完全培养基。在麦芽汁斜面上生长的固体酵母,色泽洁白,保存时不起皱、不老化,酵母能长期保持年轻强健。麦芽汁或米曲汁的外观糖度以 $12° \sim 13°Bx$ 为宜,自然 pH 值,加琼脂 1.8% ~2.0%,蒸汽杀菌 40 min,摆成斜面。空白培养 3 ~4 d,至表面无水珠且又无杂菌后,于接种箱内接种。接种后的斜面,在 29 ~30 ℃的恒温下培养 48 ~56 h 即成熟。

培养时应严格控制时间,时间太短酵母太嫩,时间过长酵母则太老,因此应及时中止培养,放到 0 ~4 ℃冰箱保存。为防止酵母衰老,固体斜面应两个月传代一次。

(2)液体试管培养

液体试管培养以麦芽汁或米曲汁为培养液,糖度 $12° \sim 13°Bx$,用磷酸调整培养液 pH 值为 4.0 ~4.5,这一目的一方面是为了对酵母进行耐酸驯化,另一方面是补充酵母繁殖所需要的磷。液体试管每支装糖液 15 mL 左右,杀菌后接种,接种量一般为肉眼可见的一个小白点即可,液体试管培养温度 29 ~30 ℃,时间为 24 h。

必须严格防止接种量过大,培养时间过长,否则营养很容易耗竭,造成酵母衰老,对发酵不利。液体试管培养酵母的老嫩,一般用目测,酵母过老的试管,溶液浑浊,底部酵母泥多,手摇试管,泡沫松散无力,消散很快;酵母较嫩的液体试管液层较清澈,底部酵母泥少,手摇试管,产生大量洁白的泡沫,泡沫多且经久不散。

无菌操作做得较好时,常采用液体传代法接种试管。该方法使酵母原始静止期基本消失,酵母一直处于旺盛的繁殖的阶段,酵母细胞均匀强健,繁殖力和发酵力很强。液体传代法是每天从前一天的液体试管中,接出 2 ~3 环到一支新的液体试管中,24 h 一代,反复循环。需接三角瓶时,根据三角瓶数目,在前一天多接几支液体试管,保留一支作传代用。

(3)液体三角瓶培养

液体三角瓶培养所用的培养基与液体试管培养相同。在 500 mL 三角瓶中装入 250 ~300 mL糖度为 $12° \sim 13°Bx$ 的糖液,杀菌后接种,在 28 ~29 ℃温度下培养 15 ~18 h,耗糖率控制为 20% ~40%。耗糖率太低,酵母嫩,细胞数少;耗糖率过高,酵母数虽多但较衰老。

(4)卡氏罐培养

卡氏罐培养所用的培养液一般采用酒母糖化醪。外观糖度在 $12° \sim 13°Bx$,pH 值为 4.0 ~5.0,还原糖 7% ~9%。卡氏罐培养一定要采用高温高压严格灭菌后才能接种。培养温度宜低不宜高,一般以 27 ℃为宜。

考核卡氏罐培养质量指标有两个,即酵母耗糖率高低和酵母有无染菌,耗糖率在 25% ~40%之间,酵母年轻健壮,耗糖率过高,酵母衰老。耗糖率过小,酵母过嫩。酵母有无感染杂菌,可以通过显微镜检查得知。除此之外,其他参考指标还有出芽率(芽生率)、细胞总数和死亡细胞数等,一般芽生率要求在 20% 以上,细胞总数每毫升 0.6 亿 ~1.0 亿,死亡细胞数应在 1% 以下。

21.2.5.2　酒母的培养

(1)接种前处理

为了获得活力强的酵母,取得较好的发酵成绩,在酵母接种之前还必须进行严格的预处理。比如调整酒母培养的营养条件及杀菌等。

①酒母培养应选择质量好的原料。在选择原料时,若采用间歇蒸煮方法,酒母醪液可

单独蒸料。若采用连续蒸煮工艺，可根据蒸煮锅的容量，在取酒母培养液之前，连投几锅高质量原料，以保证酒母料中至少有80%左右的高质量原料。

②酒母培养料应在酒母工段冷却，一般冷却至60～62 ℃，调整糖度至12°～13°Bx，加入糖化酶，糖化酶用量比糖化工序增加25%～35%，糖化约4 h，还原糖应保持在7%以上。

③酵母细胞的增殖需要合成大量的蛋白质，因此需氮源。对于山芋干、木薯等含蛋白质少的原料作酒母培养料时，必须在酒母料糖化结束后，补充氮源。使用较多的是硫酸铵和尿素。用量要根据不同原料来决定，一般用量为：硫酸铵0.05%～0.1%或尿素0.03%～0.05%。

④可用0.1%～0.15%稀硫酸调节培养液的pH值至3.5～4.0，以抑制生酸细菌的繁殖。

⑤酒母糖化醪的还原糖含量对酒母的培养影响很大，必须要注意还原糖含量的调节。一般要求酒母糖化醪中的还原糖含量要高于7%。但还原糖含量高所需糖化时间过久，糖化剂消耗也会增多，工厂中一般控制为10%～12%。

⑥酒母培养料杀菌的目的是杀死可能从糖化醪输送管路中和糖化剂中带来的细菌。酒母培养料一般采用85 ℃杀菌。一般小酒母培养料采用85～90 ℃杀菌，大酒母培养料采用80～95 ℃杀菌，保温时间是30～60 min，停汽后静置40 min再用冷却水降温。

酒母的进出管路安装要求简单，不留死角，每次使用前后，都必须用蒸汽压通冲净，充分杀菌。酒母培养罐的空罐冲洗必须彻底，必要时加化学药剂清洗杀菌，洗净后用直接蒸汽加热至90～95 ℃，保持30 min。

（2）酒母的接种方式

目前工厂大规模发酵乙醇所用的接种方法主要有：卡氏罐接入法、大酒母分割法、小酒母连续分割法、主发酵料分割法等。

（3）酒母的培养方法

酒母的培养方法主要有间歇培养法、半连续培养法和连续培养法等。

①间歇培养。该法分小酒母罐和大酒母罐两个阶段进行培养。先将酒母罐刷洗干净，并对罐体、管道进行杀菌后，将酒母糖化醪打入小酒母罐中，并接入上阶段已培养好的酵母菌。通入无菌空气，使酒母与醪液混合均匀，并能溶解部分氧气，供酵母增殖使用。控制醪温28～30 ℃进行培养，待糖分降低40%～45%（外观糖测定），其乙醇含量为3%～4%（体积分数），并且液面有大量CO_2冒出，即培养成熟。酒母打出后，洗刷罐体，并杀菌准备下一批酒母培养使用。间歇培养的生产效率低，但酵母质量易于控制，故仍被工厂使用。

②半连续培养。半连续培养也称分割培养法，根据实际生产又分小酒母分割和大酒母分割。小酒母分割是将2/3的小酒母成熟醪送入大酒母罐内作菌种，进行大酒母培养，余下的1/3再补加新鲜糖化醪连续培养，待培养成熟后再次分割，如此反复进行。这样不仅可以省去卡氏罐的培养，而且缩短了小酒母的培养时间。在条件好的工厂，可以7～10 d换一次酵母菌种，或者更长时间。大酒母分割可将4/5的酒母成熟醪送往发酵车间。其他作为下一批的种子，补入新鲜的糖化醪，培养成熟后可再次分割。

③连续培养。连续培养是按顺流方式，在一只或几只顺次连接的罐中进行。糖化醪

沿首罐连续加入新鲜糖化醪,同时加入酵母种液。醪液连续流动,酵母不断繁殖,当醪液从最后酵母罐流出时,已是成熟的酵母醪,可送入发酵罐中。

(4)酒母培养温度

酵母的培养温度宜低不宜高,一般控制在 27～29 ℃,超过 30 ℃时,酵母容易衰老。培养温度应力求稳定,避免大幅度波动。

(5)成熟酵母的质量指标

成熟酵母最重要的质量指标是合适的耗糖率和无杂菌污染。

①酒母耗糖率。酒母按耗糖率的高低区分为:老酒母(耗糖率>45%)、嫩酒母(45%≥耗糖率≥20%)和未成熟酒母(耗糖率<20%)。

未成熟酒母中的酵母虽年轻但细胞数太少,不能满足正常发酵的需要。若使用未成熟酒母,不仅发酵时间延长,而且其抑制杂菌繁殖的能力差,容易造成发酵过程中升酸增加。

老酒母的酵母细胞数多,发酵迅速,主发酵来得早且来得猛,但是老酒母中的酵母已接近衰老,其后发酵能力较差,导致残糖增加。

耗糖率适中的嫩酒母,酵母正处于对数增长期,年轻健壮,发酵力强,乙醇发酵成熟醪中残糖含量低。

对于质量较好的原料,因为营养条件较好,酵母下罐后还会大量繁殖,实际生产中酒母培养的耗糖率一般控制在 20%～30%;而质量较差的原料,如霉变瓜干、淀粉粉渣等,酒母耗糖率宜高一些,一般控制在 35%～45%;若原料中含单宁较多,酒母耗糖率应提高到 40%～50%。

②酒母有无杂菌。酒母培养过程中有没有染上杂菌(主要是醋酸菌、乳酸菌等)是判断酒母质量的一个十分重要的指标。酒母有没有染菌是通过镜检来查知的。

除此之外,衡量酒母质量优劣的指标还有细胞数、芽生率、酒母酸度等。通常要求:因 CO_2 溶解及酸性代谢物质产生,酒母酸度略有升高,生产上要求,酒母酸度较糖化醪酸度增高小于 0.5 滴定酸度(滴定酸度是指 1 mL 醪液所消耗 0.1 mol/L NaOH 毫升数);细胞数为 0.7 亿～1.2 亿个/mL;芽生率为 20%～30%。

(6)酒母培养异常现象与防治对策

酵母在扩增培养过程中,会出现一些异常现象,表 21.1 列出了乙醇酵母培养过程中异常情况及处理方法。

21.2.6　活性干酵母的应用

随着乙醇生产技术的不断提高,酵母菌种的工艺和质量也在不断进步。活性干酵母(AADY)的应用就是典型的范例。活性干酵母在乙醇生产中的使用简要介绍如下。

(1)干酵母的用量

干酵母的用量应根据干酵母的活性大小(即酵母菌数多少)和活细胞率的高低而定。活性低或活细胞率低的干酵母的使用量就应大些。常温 AADY 的用量一般为原料量的 0.08%～0.12%;耐高温 AADY 的用量一般为原料量的 0.05%。耐高温 AADY,跟常温 AADY 及其他酵母相比,繁殖能力强,繁殖能力强的酵母用量相应就可少些。

表21.1　乙醇酵母培养过程中异常情况及处理方法

异常情况	产生原因	处理方法
细胞数少	①接种量少;②培养温度低;③营养不足;④供氧不足	①适当补种,加大通风;②适当提高培养温度,延长培养时间;③补充养分
出芽率低,酵母空胞大	①营养不足;②培养温度高;③培养时间长	①补充养分;②降低培养温度;③缩短培养时间
杂菌多	①杀菌不彻底;②糖化醪带菌	①严格管道设备的杀菌;②糖化醪液中加入$(2\sim4)\times10^{-6}$的灭菌灵
酵母死亡率高	①酸度高;②漏蒸汽使培养温度过高;③醪液中有毒物质多	①调整醪酸度;②维修蒸汽管阀;③补种并增加营养
耗糖率低	①培养温度过低;②接种量少;③糖液浓度过高;④时间过短	①提高温度;②加大接种;③调整糖液浓度;④延长培养时间

（2）复水活化方法

干酵母含水量通常在5%以下,需经复水活化才能逐步恢复正常细胞活性。AADY是速溶的,投入水中后能迅速吸收水分,3～5 min细胞恢复为含水量75%;再经约3 h活化,可基本恢复活性,并开始出芽,成为具有正常生理功能的自然状态酵母细胞。复水6 h左右能进行旺盛繁殖。

复水活化工艺控制的关键是温度和时间。为减少细胞中干物质在复水期间的损失,复水温度最好控制在38～40℃;0.5 h后要降至34℃以下,否则出芽率降低,甚至会老化和死亡。复水活化的时间应根据活化液的性质与活化温度而定:如以清水复活,因水中缺乏营养物质,时间以14～20 min为限,不宜过长,否则酵母菌容易老化;如活化液含糖较高(4%以上),活化时间可以长一些(4 h左右),含糖低(1%左右),则活化时间应控制在2 h以内;如活化温度在30℃以下,活化时间可较长,而若活化温度较高,则活化时间宜短。干酵母复水活化较好时,镜检细胞无结团现象,活细胞率高并开始出芽。

乙醇活性干酵母复水活化的方法通常有三种:

①清水复水活化。用5～10倍量38～40℃清水,将干酵母投入搅匀,活化15 min左右即投入发酵罐,此时酵母并未恢复活性,有待在罐中继续完成活化。

②糖水复水活化。用10～50倍量38～40℃的2%蔗糖水,搅匀,使酵母菌复水。15～30 min后将温度降至30～34℃活化1～3 h,即可投入发酵罐。酵母菌经3 h的活化可基本恢复活性,开始出芽;但要达到6 h后才能进入旺盛繁殖期。

③糖化醪复水活化。用5～10倍量38～40℃,40°～50°Bx糖化醪复水15 min,活化1～3 h即可投入发酵罐。

在复水活化过程中进行适当搅拌,可促使二氧化碳的排出和氧的溶入,因而能提高酵母菌增殖的速度和数量。

上述三种复水活化方法中,以糖化醪法最好,其次为糖水法,再次为清水法。也有直接将干酵母撒入发酵罐中的,其效果较上述三种方法稍差。除此之外,干酵母复水后先在酒母罐增殖和扩大培养1～2级,而后再接入发酵罐。该法虽能减少干酵母的用量,但扩培耗费大量的人力、物力,还会产生杂菌,乙醇产率低,不可取。

21.3　乙醇发酵机理

21.3.1　酵母菌乙醇发酵的代谢途径

酵母乙醇发酵是酵母菌在厌氧条件下利用其自身酶系进行厌氧呼吸,将糖类生物质原料中的单糖或双糖转化为乙醇,同时产生其自身生命活动所需的三磷酸腺苷(ATP)的过程。其反应的总方程式为

$$C_6H_{12}O_6+2ADP+2H_3PO_4 \longrightarrow 2C_2H_5OH+2CO_2+2ATP$$

从酵母菌乙醇发酵的代谢途径上分析,可将这一过程分为四个阶段:第一阶段,葡萄糖经过磷酸化,生成活泼的1,6-二磷酸果糖;第二阶段,1,6-二磷酸果糖裂解成为两分子的磷酸丙糖(3-磷酸甘油醛);第三阶段,3-磷酸甘油醛经氧化、磷酸化后,分子内重排,释放出能量,生成丙酮酸;第四阶段,丙酮酸继续降解,生成乙醇。图21.1是酵母菌乙醇发酵的代谢途径(EMP途径)。

如图21.1所示,从反应底物葡萄糖开始至生成中间产物丙酮酸止,这一段是葡萄糖分解途径中有氧、无氧都必须经历的共同反应历程,称之为EMP途径。在有氧条件下,EMP途径是三羧酸循环、氧化磷酸化作用的前奏。而在无氧条件下,EMP途径生成的丙酮酸在不同的生物细胞中有不同的代谢方向,酵母菌将丙酮酸转化成为乙醛,再转化成乙醇。酵母菌乙醇发酵过程是在各种乙醇转化酶的催化作用下发生的,有12步生化反应。

①葡萄糖的磷酸化——6-磷酸葡萄糖的生成。葡萄糖在己糖激酶的催化下,由ATP供给磷酸基,转化成6-磷酸葡萄糖。反应需要Mg^{2+}激活。

②6-磷酸葡萄糖和6-磷酸果糖的互变。6-磷酸葡萄糖在磷酸己糖异构酶的催化下,转变为6-磷酸果糖。

③3,6-磷酸果糖生成1,6-二磷酸果糖。3,6-磷酸果糖在果糖激酶的催化下,由ATP供给磷酸基及能量,进一步磷酸化,生成活泼的1,6-二磷酸果糖,反应需要Mg^{2+}激活。

④1,6-二磷酸果糖分解生成3-磷酸甘油醛。一分子1,6-二磷酸果糖在醛缩酶的催化下,分裂为一分子的磷酸二羟基丙酮和一分子的3-磷酸甘油醛。

⑤磷酸二羟基丙酮和3-磷酸甘油醛互变。磷酸二羟基丙酮和3-磷酸甘油醛是同分异构体,两者可以在磷酸丙酮异构酶催化作用下互相转化,反应平衡时,平衡点趋向于磷酸二羟基丙酮。

⑥3-磷酸甘油醛脱氢并磷酸化生成1,3-二磷酸甘油酸。

⑦3-磷酸甘油酸的形成。1,3-二磷酸甘油酸在磷酸甘油酸激酶的作用下,将高能磷酸(酯)键转移给ADP,其本身变为3-磷酸甘油酸,反应需要Mg^{2+}激活。

⑧3-磷酸甘油酸和2-磷酸甘油酸互变。在磷酸甘油酸变位酶的催化作用下,3-磷酸甘油酸生成中间产物2,3-二磷酸甘油酸,并进而生成2-磷酸甘油酸。

⑨2-磷酸烯醇式丙酮酸的生成。在烯醇化酶的催化下,2-磷酸甘油酸脱水,生成2-磷酸烯醇式丙酮酸,反应需要Mg^{2+}激活。

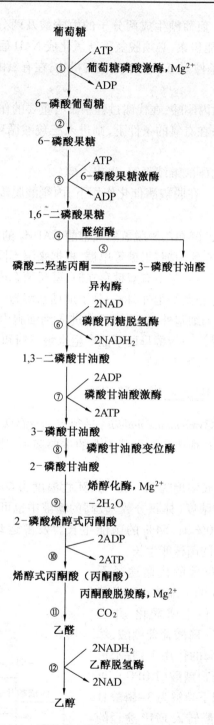

图 21.1　酵母菌乙醇发酵的代谢途径（EMP 途径）

⑩丙酮酸的生成。在丙酮酸激酶的催化下,2-磷酸烯醇式丙酮酸失去高能磷酸键,生成烯醇式丙酮酸。烯醇式丙酮酸极不稳定,不需要酶催化即可转变成丙酮酸。

以上十步反应可以归纳成为(不计水分子的出入)

$$C_6H_{12}O_6 + 2ADP + 2H_3PO_4 + 2NAD \longrightarrow 2C_2H_5OH + 2CO_2 + 2NADH_2 + 2ATP$$

从总反应式可见,一分子葡萄糖生成两分子的丙酮酸及两分子的 ATP,并使两分子 NAD 还原成 NADH₂,后者不能积累,必须脱氢重新氧化成 NAD 后才能不断地推动全部反应,NADH₂ 上的氢在无氧的条件下可以交给其他有机物;在有氧的条件下,则可经呼吸链最终交给分子氧。

由上述 EMP 途径生成的丙酮酸,在代谢过程中具有重要的作用,在无氧条件下,可继续降解生成乙醇或其他产物;在有氧的条件下,则进入三羧酸循环,葡萄糖被彻底氧化成二氧化碳和水。

无氧条件下,酵母菌将丙酮酸继续降解,生成乙醇。

⑪丙酮酸脱羧生成乙醛。在脱羧酶催化作用下,丙酮酸脱羧,生成乙醛和 CO_2,反应需要 Mg^{2+} 激活。

⑫乙醛还原生成乙醇。乙醛在乙醇脱氢酶及辅酶 NADH₂ 的催化下,还原成乙醇。

糖类生物质原料不但含有葡萄糖、果糖等单糖,根据来源不同,还含有大量的蔗糖、麦芽糖等双糖、三糖和多糖。当培养基中有双糖存在时,酵母菌合成双糖水解酶的功能被激活,合成好的蔗糖水解酶被分泌到细胞外,将一分子蔗糖水解为一分子葡萄糖和一分子果糖。麦芽糖水解酶不能分泌到细胞外,麦芽糖只有进入到细胞内才能与麦芽糖水解酶接触,被水解为两分子的葡萄糖。一般酵母菌不能产生水解三糖和多糖的酶类,所以不能直接利用糖类生物质原料中的三糖和多糖。

21.3.2　发酵运动单胞菌乙醇发酵机理

前已述及,运动单胞菌(*Zymomonas mobilis*)是很有前途的发酵生产乙醇的细菌微生物。在将来极有可能取代酵母成为乙醇发酵工业的主要菌种,故对其发酵乙醇途径进行简介。

发酵运动酵母的最适生长温度为 30 ~ 36 ℃,死亡温度为 60 ℃,生长 pH 值为 3.5 ~ 7.9,最适 pH 值为 5 ~ 7。在浓度(体积分数)较高的糖液中也可以生长,浓度为 33% 时,80% 的菌能生长;浓度为 40% 时,54% 的菌能生长。发酵运动单胞菌在乙醇浓度为 7.7% ~ 10% 时,47% ~ 73% 的菌株能生长。

发酵运动单胞菌与酵母菌的代谢途径不同,它是按 ED 途径进行代谢的。细菌乙醇发酵过程是葡萄糖分子在第六位上磷酸化,并在 NADP 的参与下,脱氢形成 6-磷酸葡萄糖酸,然后在 6-磷酸葡萄糖酸脱水酶的作用下,脱水形成 2-酮-3-脱氧-6-磷酸葡萄糖酸(KDPG),再在脱氧酮糖酸醛缩酶的作用下裂解为 3-磷酸甘油醛和丙酮酸,3-磷酸甘油醛转入 EMP 途径的后部分,转化为丙酮酸。丙酮酸再脱羧生成乙醛,乙醛被还原生成乙醇。该途径也称为 KDPG 途径。整个代谢反应途径如图 21.2 所示。

细菌乙醇发酵的总反应式为

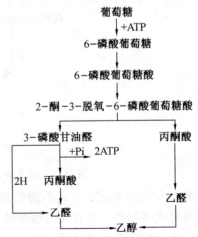

图 21.2　发酵运动单胞菌降解葡萄糖途径

$$C_6H_{12}O_6+ADP+H_3PO_4 \longrightarrow 2CH_3CH_2OH+2CO_2+ATP$$

21.3.3 乙醇发酵的副产物

乙醇发酵过程中主要生成产物是乙醇和二氧化碳,但同时也伴随着大量的副产物。按化学性质分主要有醇、醛、酸和酯四大类化学物质。这些物质的生成会造成乙醇产量的降低,所以,有必要了解其生成机理从而控制其生成,下面介绍一些主要副产物形成的机理。

正常的乙醇发酵中,总有少量的甘油生成,质量分数占发酵成熟醪的 0.3% ~ 0.5%。原因为发酵初期,酵母细胞内没有足够的乙醛作为受氢体,导致 NADH 浓度升高,被 3-磷酸甘油脱氢酶用于磷酸二羟丙酮的还原反应,生成 α-磷酸甘油,NADH 被氧化成 NAD⁺。3-磷酸甘油则在磷脂酶的作用下水解,生成甘油。反应如下:

$$磷酸二羟丙酮 \xrightarrow[\substack{\diagup \\ NADH_2 \quad \diagdown NAD}]{3-磷酸甘油脱氢酶} 3-磷酸甘油 \xrightarrow[\substack{\diagup \\ H_2O}]{3-磷酸甘油酯酶} 甘油$$

在发酵醪中加入 $NaHSO_3$ 或者使发酵醪处于碱性条件下,则酵母的发酵以甘油生成为主。其反应为

$$C_6H_{12}O_6+NaHSO_3 \longrightarrow CH_2OHCH(OH)CH_2OH+HOCH(CH_3)OSO_2Na+CO_2$$

$$2C_6H_{12}O_6+H_2O \longrightarrow C_2H_5OH+2CO_2+CH_2OHCH(OH)CH_2OH$$

因此,在以乙醇生产为目的的发酵中,避免甘油的生成影响乙醇产率,必须严格控制乙醇发酵的酸性环境。

(1)琥珀酸

琥珀酸的生成与发酵醪中谷氨酸的存在有关。如果向发酵醪中添加谷氨酸,则可增加琥珀酸的产量。其生成机理是

$$\underset{葡萄糖}{C_6H_{12}O_6}+\underset{谷氨酸}{COOHCH_2CH_2CHNH_2COOH}+2H_2O \longrightarrow \underset{琥珀酸}{COOHCH_2CH_2COOH}+2C_3H_8O_3+NH_3+\underset{甘油}{CO_2}$$

上述反应中,磷酸甘油醛为受氢体,所以反应中除生成琥珀酸外,还有甘油的生成。这就解释了在正常发酵条件下,也会有少量甘油生成的原因。反应中生成的氨被用于合成蛋白质,琥珀酸和甘油分泌到发酵醪中。

(2)杂醇油

乙醇发酵过程中,还会产生碳原子数在 2 个以上的高级一元醇,是多种高沸点化合物的一类混合物,呈黄色或棕色,具有特殊的气味,它们溶于高浓度乙醇而不溶于低浓度乙醇及水,呈油状,又称为杂醇油。一般情况下,杂油醇产生量占醪液量的 0.3% ~ 0.5%。其主要生成反应为

$$\underset{异亮氨酸}{CH_3CH_2CH(CH_3)CH(NH_2)COOH}+H_2O \longrightarrow \underset{活性戊醇}{(CH_3)_2CHCH_2OH}+NH_3+CO_2$$

$$\underset{亮氨酸}{(CH_3)_2CHCH_2CH(NH_2)COOH}+H_2O \longrightarrow \underset{异戊醇}{(CH_3)_2CHCH_2CH_2OH}+NH_3+CO_2$$

$$\underset{缬氨酸}{(CH_3)_2CHCH(NH_2)COOH}+H_2O \longrightarrow \underset{异丁醇}{(CH_3)_2CHCH_2OH}+NH_3+CO_2$$

（3）有机酸

乙醇发酵过程中，由于乳酸菌、乙酸杆菌和丁酸菌的污染，在发酵醪中生成乳酸、乙酸、丁酸等有机酸物质。

某些乳酸菌具有乳酸脱氢酶，能以丙酮酸作为受氢体而生成乳酸：

$$丙酮酸 \xrightarrow[\text{乳酸脱氢酶}]{NADH_2 \quad NAD} 乳酸$$

乙酸的生成是因为发酵醪液中的乙酸杆菌氧化乙醇而得到的：

$$\underset{葡萄糖}{C_6H_{12}O_6} \xrightarrow{乙酸杆菌} \underset{乙酸}{CH_3COOH} + H_2O$$

发酵的中间产物——乙醛，进一步合成，或由于细菌污染，会引起丁酸的生成：

$$C_6H_{12}O_6 \xrightarrow{丁酸菌} CH_3CH_2CH_2COOH + 2CO_2 + 2H_2O$$

由上可知，乙醇发酵生成的副产物有些是由于酵母菌的生命活动引起的，有些是细菌污染所致。杂菌污染生成副产物不仅消耗了供产乙醇用的碳源，降低乙醇产率，还增加了分离乙醇的难度。因此，控制杂菌污染是优质乙醇高产的重要环节。

21.4　乙醇发酵过程

发酵体系中的糖分经酵母发酵后，最终生成乙醇、CO_2 和热量。乙醇从酵母细胞排除后很快扩散到周围的介质中，一般乙醇的发酵介质体系为水介质，乙醇和水任意互溶后，使得酵母细胞周围的乙醇浓度变低，降低了产物抑制的程度，使发酵顺利进行；CO_2 也会很容易溶解在介质体系中，使体系的 pH 值呈下降趋势。当 CO_2 饱和后，体系的 pH 值不再降低，被吸附在酵母细胞表面，直至超过细胞吸附能力，这时 CO_2 变成气态，形成小的气泡上升。当气泡增大，其浮力超过细胞的重力时，气泡就带着细胞上浮，直至气泡破裂，CO_2 释放到空气中，而酵母细胞则留在醪液中慢慢下沉。随着 CO_2 的产生，带动了醪液中的酵母上下运动，能使酵母细胞和发酵液充分接触，使发酵快速充分地进行。发酵过程中产生的能量，一部分为酵母细胞的新陈代谢利用，另一部分以热的形式释放到发酵介质中，表现为发酵过程中体系温度的上升。图 21.3 表明了发酵过程中 pH 值和温度的变化趋势。

乙醇发酵过程根据动力学研究，可分为发酵前期、主发酵期和发酵后期三个不同阶段，在乙醇发酵过程中菌体浓度、残糖浓度、酒精浓度等变化趋势如图 21.4 所示。

（1）发酵前期

发酵前期，酵母细胞密度并不高，酵母进入发酵醪中会迅速地进行繁殖。此时，醪液中含有一定量的溶解氧和充足的营养物质，所以酵母增殖速度较快。此时，由于酵母细胞浓度较低，发酵的作用强度不大，同时由于发酵醪中溶解氧的存在，因此，CO_2 和乙醇的生成量都较少，糖分的消耗也比较少，在此阶段发酵醪的表面比较平静。

前发酵期的长短与接种量有关，接种量大则前发酵期短，反之则长。生产中酵母接种量以 5% ~ 10% 为宜，间歇发酵的前发酵期为 6 ~ 8 h，连续发酵不存在前发酵期。由于前

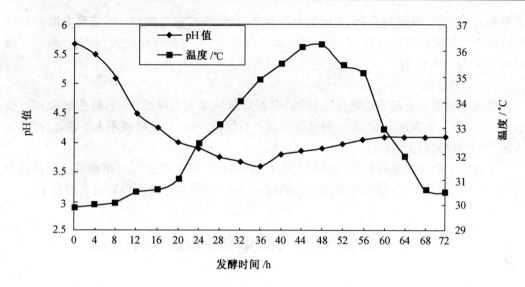

图 21.3　发酵过程中 pH 值和温度的变化趋势

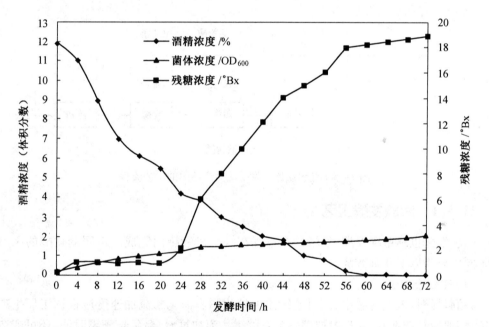

图 21.4　乙醇发酵过程中菌体浓度、残糖浓度、酒精浓度变化趋势

发酵期发酵作用不强,所以醪液温度上升不快。发酵醪的温度应控制在 28 ~ 30 ℃,超过 30 ℃会使酵母早期衰老,温度太低会使酵母生长缓慢。

（2）主发酵期

酵母细胞已经完成大量增殖过程,醪液中酵母细胞数可达 10^8 个/mL 以上,发酵醪中溶解氧已基本消耗完毕,酵母基本停止繁殖而进入厌氧乙醇发酵阶段。此时,糖分的消耗速率和乙醇的产率显著提高。酵母代谢产生大量乙醇和 CO_2 的同时也释放出大量的热量,致使发酵液的温度快速上升,此时,应及时采取冷却措施。根据酵母性能,主发酵阶段的温度控制在 30 ~ 34 ℃。温度太高,易使酵母早衰,降低活力,也易造成细菌污染。由于

大量 CO_2 的产生,从表现上看,发酵液上下翻动,发酵程度较为激烈。主发酵期时间的长短取决于发酵醪的营养成分,若发酵醪中糖分含量高,主发酵时间就长,反之则短。一般时间长短为 12 h 左右。

(3)发酵后期

醪液中的糖分大部分被酵母消耗掉,可发酵糖浓度大大降低,产生的乙醇和 CO_2 很少,产热也少。从表现上看,在发酵液表面虽仍有气泡产生,但发酵液不上下翻动,酵母和发酵后固形物絮凝沉淀。

上述三个阶段只是根据发酵特征大体上划分的,实际生产过程中很难将它们截然分开,但在实际生产中,尽量缩短发酵前期的时间,对于提高生产效率将有很大的意义。

21.5　淀粉类原料制取燃料乙醇的工艺

淀粉质原料发酵法生产乙醇的工艺流程如图 21.5 所示,乙醇发酵工艺分为间歇发酵、半连续发酵和连续发酵三种。

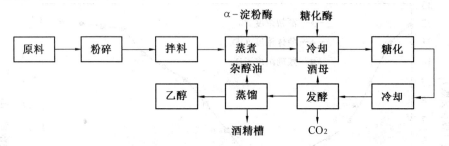

图 21.5　淀粉质原料发酵法生产乙醇的工艺流程

21.5.1　间歇发酵工艺

间歇发酵也称单罐发酵,发酵的全过程在一个发酵罐内完成。按照糖化醪的添加方式不同可分为以下几种方法。

(1)连续添加法

将酒母醪打入发酵罐中,同时连续添加糖化醪。糖化醪流加速度应根据工厂生产量来定,一般应控制在 6~8 h 内加满一个发酵罐。流加过慢,会延长满罐时间,还可能造成发酵物质的损失。流加过快,则会造成发酵醪中酵母密度小,对杂菌无抑制,可能造成染菌。连续添加法基本消除了发酵的迟缓期,所以总发酵时间相对较短。

(2)一次加满法

该法是将糖化醪冷却到 27~30 ℃后,送入已经清洗、灭菌的发酵罐中,一次加满,同时加入 10% 的酒母醪,经 60~72 h 发酵即得到成熟发酵醪。该法操作简单,易于管理,但初始酵母密度低,发酵迟缓期延长,初始生长和发酵速度低。该法主要在小型发酵工厂中使用。

(3)分次添加法

此法是将糖化醪分几批加入发酵罐。一般先加入发酵罐容积约 1/3 的糖化醪,同时加入 8% ～10% 的酒母醪,每隔 3 ～6 h 左右,加入第二个和第三个 1/3 糖化醪,直至加满发酵罐容积的 90% 以上为止。该法的优点是:发酵旺盛,迟缓期短,有利于抑制杂菌繁殖。采用这种方法最好使酵母增殖发酵、糖耗同步,然后及时补充糖化醪。间隔时间不要太短,否则会影响酵母的增殖,间隔时间也不宜过长,否则可能造成原料发酵不彻底,成熟醪残糖过高。

(4)分割主发酵醪法

该法是将处于旺盛主发酵阶段的发酵醪分割出 1/3 ～1/2 到第二罐,然后两罐同时补加新鲜糖化醪至满罐,继续发酵。当第二罐又处于主发酵阶段时,再次进行分割。采用该法的前提是发酵醪基本不染菌。具有节省酵母用量、接种量大、发酵时间短的优点,但易染杂菌,一般不主张采用。

21.5.2　半连续发酵工艺

半连续发酵是主发酵阶段采用连续发酵,后发酵阶段采用间歇发酵的方法。根据糖化醪流加方式的不同,半连续发酵又分为以下两种方法:

①第一种方法是将一组发酵罐串联起来,使前几只发酵罐始终保持连续主发酵状态,从第三只罐流出的发酵液分别顺次加满其他发酵罐,完成后发酵。应用该方法可节省大量酒母,缩短发酵时间,但必须注意消毒杀菌,防止杂菌污染。

②第二种方法是将若干发酵罐组成一个罐组,每只罐之间用溢流管连接。生产时,先制备发酵罐提交 1/3 的酒母,加入第 1 只发酵罐内,并在保持主发酵状态的前提下流加糖化醪。满罐后,通过溢流管流入第 2 只罐,当充满 1/3 体积时,糖化醪改为流加入第 2 只罐,当第 2 只罐加满后,溢流入第 3 只罐……如此下去,直至最后 1 只罐满罐。最后,从首罐至末罐逐个顺次将成熟发酵醪送去蒸馏。此法可以节省大量酒母,发酵时间缩短,但每次新发酵周期开始时要制备新的酒母。

21.5.3　连续发酵工艺

间歇发酵过程中,发酵罐中的培养液始终不更新,因此,发酵过程中的各个参数,如糖浓度、乙醇浓度、菌体数、pH 值等会不断发生变化,酵母菌受到环境变化的影响较大,不能始终保持最高的发酵状态。另外,间歇发酵过程的辅助时间较长,设备利用率也较低,且控制不易全部自动化。如果采用连续发酵的方法,就能很好地解决上述这些问题。

连续发酵可分为全混连续发酵和阶梯式连续发酵两大类。

①全混连续发酵是微生物在一个设备中进行的,液体培养基混合搅拌良好,以保证整个发酵液的均一性。根据控制的方法又可分为化学控制器法(恒化器法)和浊度控制器法(恒浊器法)两类。

②阶梯式连续发酵是乙醇发酵较常采用的发酵形式。发酵过程是在同一组罐内进行的,每个罐本身参数基本不变,但罐与罐之间按一定规律形成一个梯度。从首罐至末罐,可发酵物浓度逐罐递减,乙醇浓度逐罐增加。发酵时,糖化醪连续从首罐加入,成熟发酵醪连续从末罐流出。这种工艺有利于提高淀粉的利用率和设备利用率,自动化程度高,极大地减轻了劳动强度,提高了生产效率。但设备投资大,且容易产生杂菌污染。

21.6　糖类原料生产燃料乙醇的工艺

糖蜜乙醇发酵的机理和营养要求与淀粉质原料乙醇发酵完全相同。但糖蜜乙醇发酵也有自己特有的特点。这里主要介绍糖蜜的发酵工艺,如图21.6所示。

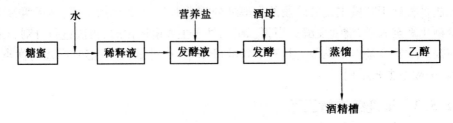

图21.6　糖类原料生产燃料乙醇的工艺流程

糖蜜乙醇发酵的方法很多,也可分为间歇发酵、半连续发酵和连续发酵。

21.6.1　间歇发酵工艺

间歇发酵又可分为以下几种操作方法。

(1)普通间歇发酵法

发酵罐空罐清洗后用蒸汽杀菌100 ℃保温0.5～1 h,冷却至30 ℃后,接入培养成熟的酒母醪液,并补入温度为27～30 ℃的发酵糖液进行发酵。发酵温度控制在33～35 ℃。发酵时间一般为32～36 h,通常40～50 h即可送去蒸馏,成熟醪酒度为6.5%～7%(体积分数),发酵效率达86%～87%。

(2)分割式间歇发酵法

此法是利用发酵正常的主发酵醪,把它抽出1/3～1/2送入第2发酵罐,作为第二发酵罐的酒母,用稀糖液加满两罐,第1只继续发酵直至终了,送去蒸馏。第2罐进入主发酵阶段后,再分割1/3～1/2至第3罐,再用稀糖液加满两罐,如此依次进行下去。稀糖液浓度(体积分数)一般为18%～20%,发酵温度为33～35 ℃,发酵时间30～36 h,成熟醪酒度6%～7%。该法可省去大部分酵母制备时间,但容易染菌。为此,除了认真进行糖蜜酸化(pH4.0)和添加五氯苯酚钠外,每天还应更换一次新鲜菌种。

(3)分段添加间歇发酵法

此法是在发酵罐内加入10%～20%的酒母后,分3次或更多次加入基本稀糖液,第一、二次加入罐容积约20%的基本稀糖液,第三次加入40%～50%的稀糖液,以后保持罐内醪液糖浓度一致,有利于酵母的正常发酵。要保持一定时间的通风,如果没有通风设备,添加速度应尽量慢。当糖度降到5.5%～6%时,才开始添加基本稀糖液,最后一次糖液的添加应保证成熟醪酒度在8.5%～9%。发酵温度控制在30～35 ℃,发酵时间36～48 h。

(4)连续流加间歇发酵法

连续流加间歇发酵法是先将发酵醪总量约30%的成熟酒母醪送入发酵罐,然后加入数量相同的浓度为14%的酒母稀糖液。通风,使其与酒母混匀,加速酒母的增殖,使发酵醪浓度降至 7.0% ~7.5% 。开始连续流加浓度为 32% ~35% 的基本稀糖液,保持发酵醪的浓度在 10% 左右。流加至满罐后,任其发酵结束。发酵温度控制在 33 ~34 ℃,总发酵时间在 15 ~20 h,发酵醪乙醇含量在 9% (体积分数)以上。

该法的特点是把成熟的酒母一次加入发酵罐中,然后连续流加基本糖液,连续流加基本糖液的速度应控制,使发酵糖液的浓度大致相同,这样可使发酵时间大大缩短,发酵醪中乙醇含量增高。

21.6.2 半连续发酵工艺

半连续发酵是主发酵阶段采用连续发酵,后发酵阶段采用间歇发酵的发酵方式。具体的方法在淀粉质原料发酵乙醇半连续发酵中已经介绍过,这里不再叙述。

21.6.3 连续发酵工艺

连续发酵乙醇的工艺已比较成熟,也是目前最合理的发酵工艺,已报道的连续发酵工艺的方案很多,归纳起来有两种基本流程,即单浓度单流加连续发酵法和双浓度双流加连续发酵法。

(1)单浓度单流加连续发酵法

单浓度单流加连续发酵法是只用一种浓度的糖液进行单流加以实现连续发酵的流程。该流程以稀糖液与成熟酵母同时进入第一只发酵罐内,酵母繁殖和稀糖液发酵同时进行,产生含足够量的酵母细胞的发酵醪,并且连续加入稀糖液,发酵罐满罐后依次进入下一罐连续发酵直至发酵成熟。

(2)双浓度双流加连续发酵法

双浓度双流加连续发酵法是使用两种不同的糖液,即酒母稀糖液和发酵稀糖液(基本稀糖液)进行双流加以实现连续发酵流程。

一般对质量好、纯度高的糖蜜采用单浓度单流加连续发酵法与双浓度双流加连续发酵法均可,但对纯度低、质量差的糖蜜宜采用双浓度双流加连续发酵法。双浓度双流加连续发酵法中,酒母稀糖液与发酵高糖液流加液比通常取 1∶1,而流加糖比例为优质糖蜜4∶6,劣质糖蜜 3∶7。

21.7 纤维类燃料生产燃料乙醇的工艺

纤维类原料的乙醇发酵工艺根据原料处理方法的不同可分为酸水解乙醇发酵工艺和酶水解乙醇发酵工艺(图 21.7)。

21.7.1 酸水解乙醇发酵工艺

(1)浓酸水解工艺

使用浓度(体积分数)约为 70% 的硫酸,在 100 ℃ 温度条件下处理木质纤维素,破坏纤维素之间的晶型结构,使其成为可流动的不定形物质,这一过程也称为纤维素的溶解或去结晶。纤维素成为不定形物质后,加水将酸的浓度稀释到 20% ~30%,并在 100 ℃ 温

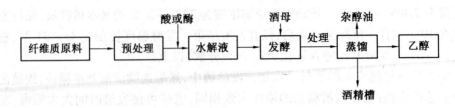

图 21.7　纤维类燃料生产燃料乙醇工艺

度下维持约 1 h,使半纤维素部分水解,固液分离后得到残渣和水解物,残渣可以二次加酸,使纤维素最大限度地降解,再次进行固液分离,最后得到残渣主要成分是难降解的木质素,木质素可以进一步利用。固液分离得到的水解产物在发酵前必须进行糖酸分离,分离得到的稀酸可以进入蒸发系统浓缩后循环使用,得到的糖液中和后进入发酵阶段。

(2)稀酸连续渗滤水解工艺

稀酸连续渗滤水解工艺采用固体生物质原料充填在反应器中酸液连续通过的反应方式。它的主要优点有:生成的糖可及时排出,减少了糖的分解;可在较低的液固比下操作,提高所得糖的浓度;液体通过反应器内的过滤管流出,液固分离自然完成,不必用其他液固分离设备;反应器容易控制。

木材经粉碎后,由带式输送器填入水解器,水解后剩下的木质素通过排渣器排出器外。水解用酸从储罐中经计量器用往复泵送往水解器。水解液从水解反应器流出后,接连通过高压蒸发器和低压蒸发器,在高压蒸发器中水解液温度从 175～180 ℃降至 140～150 ℃。在低压蒸发器中进一步降到 105～110 ℃,水解液最后送往中和器。

(3)稀酸二级水解工艺

稀酸二级水解工艺中,纤维质原料共进行两次水解过程。原料经粉碎后和酸浸泡后进入第一级水解反应器,反应器的温度升到 190 ℃,用 0.7% 的硫酸水解,停留时间 3 min,可把约 20% 的纤维素和 80% 的半纤维素水解。离开一级反应器的水解液经液固分离后,糖液进入 pH 值调节器。固形物经螺旋压榨器脱水后进入二级水解器中,此时温度升到 220 ℃,用 1.6% 的硫酸水解,停留时间 3 min,可把剩余的纤维素水解为葡萄糖。水解液与一级水解液混合后,经酸碱中和后,可进入发酵阶段。

21.7.2　酶水解乙醇发酵工艺

酶水解工艺的流程变化比较多,基本上可以分为两类,即非同步水解与发酵工艺和同步水解与发酵工艺两类。现简单介绍如下:

(1)非同步水解与发酵工艺(Separate Hydrolysis and Fermentation,SHF)

非同步水解与发酵工艺的特点是纤维素水解和糖液的发酵在不同的反应器内单独进行。图 21.8 和图 21.9 显示了两种 SHF 的工艺流程。

在图 21.8 SHF 流程(一)中,预处理得到的含木糖的溶液和酶水解得到的含葡萄糖的溶液混合后首先进入第一台发酵器,在该发酵器内用第一种微生物把混合液中的葡萄糖发酵为酒精。随后在所得的醪液中蒸出酒精,留下未转化的木糖进入第二台发酵器中,木糖被第二种微生物发酵为酒精,所得醪液再次被蒸馏。这种工艺提高了木糖的利用效率,但增加了设备成本。

在图 21.9 所示的 SHF 工艺中,预处理得到的含木糖的溶液和酶水解得到的含葡萄

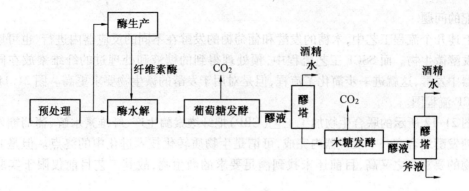

图 21.8 SHF 流程(一)

糖的溶液分别在不同的反应器发酵,所得的醪液混合后一起蒸馏。和流程(一)相比,少了一个醪塔,有利于降低生产成本。当所有的微生物发酵木糖和葡萄糖的能力提高后,该工艺流程安排比较合理。

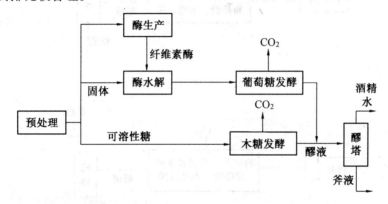

图 21.9 SHF 流程(二)

(2)同步水解与发酵工艺(Simulataneous Saccharification and Fermentation,SSF)

在此类工艺中,纤维素的水解和糖液的发酵在同一个反应器内进行,由于酶水解的过程又被称为糖化反应,故被称为同时糖化和发酵工艺。图 21.10 为 SSF 工艺流程。

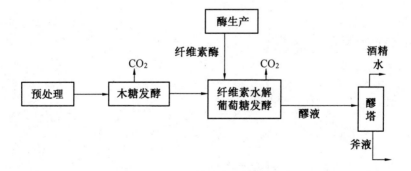

图 21.10 SSF 工艺流程

在 SSF 工艺流程中,纤维素的水解和糖液的发酵在同一个反应器内进行。和 SHF 相比,它不但简化了流程,而且可消除葡萄糖对水解的抑制作用。但存在水解和发酵的条件不匹配的问题。

　　上述几个流程工艺中,木糖的发酵和葡萄糖的发酵在不同的反应器内进行,也可用不同的发酵微生物。而 SSCF 工艺流程中,预处理得到的糖液和处理过的纤维素放在同一反应器中发酵,这就进一步简化了流程,但是对用于发酵的微生物要求更高。图 21.11 即为 SSCF 流程图。

　　图 21.12 所示的联合生物加工工艺(CBP)把纤维素酶生产、纤维素水解、葡萄糖发酵和木糖发酵结合在一个反应器内完成,可谓是生物质转化技术进化中的终点。但是其对微生物的要求高之又高,目前还未找到满足要求的微生物,故其工艺目前仅限于实验室规模。

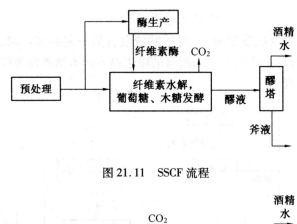

图 21.11　SSCF 流程

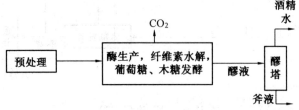

图 21.12　CBP 流程

第 22 章　乙醇蒸馏脱水技术与工艺

用普通方法蒸馏成熟发酵醪液只能得到体积分数为 97.6%，沸点为 78.15 ℃ 的乙醇与水恒沸混合物，无法得到无水乙醇。要脱出剩余的水需要采用特殊的脱水方法。目前使用的方法主要有吸水剂脱水法、共沸脱水法、真空脱水法、萃取法、蒸馏和膜脱水法、有机物吸附脱水法、离子交换脱水法等。

22.1　乙醇脱水方法概述

（1）吸水剂脱水法

吸水剂脱水法主要是以固体吸水剂如生石灰、分子筛或液体吸水剂如甘油、汽油吸去乙醇中的水分得到无水乙醇，常用的吸水剂是生石灰法、分子筛等。

生石灰吸附法是利用氧化钙与酒精中残余的水反应，生成氢氧化钙脱去水，理论上脱去 1 kg 水需要生石灰 3 kg，但是由于氧化钙吸水反应不彻底及氧化钙还会与发酵副产物乙酸等反应生成乙酸钙等，因此实际生产中，生石灰用量要多于理论值，无水乙醇的得率仅为理论产量的 75% 左右，尚有 25% 左右的乙醇留在生石灰中，这些乙醇虽可以通过加水蒸馏回收，但最终损失也多达 5%～8%。该法劳动强度大，产品质量差，无水乙醇得率低，目前已很少使用。

分子筛脱水法是用沸石等对水分子有选择性吸附功能的多孔材料做吸附剂，组装成分子筛塔，当 95%～96%（体积分数）乙醇通过塔时，多孔材料吸附水分子和少量乙醇分子，当分子筛塔被液流饱和后，转入另一新塔，同时将饱和塔再生，回收排出液流的乙醇。分子筛脱水法的优点为：产量大，成品质量好，能耗少，投资、运行费用低，安装、操作简便，劳动强度低，便于自动控制，消除了添加剂的处理和污染问题。用到的主要设备有：分子筛塔、罐、泵、换热器、再沸器和蒸发器，其中关键设备是分子筛塔及填充材料。

（2）共沸脱水法

共沸脱水法是以共沸原理为基础的脱水方法，常用的共沸剂为苯、戊烷、环己烷等。共沸脱水法生产乙醇是最早工业化的方法。

（3）真空脱水法

真空脱水法是利用真空条件下乙醇-水恒沸混合物向乙醇浓度增大方向发展，达到一定真空度（0.005 MPa）蒸馏得到无水乙醇的方法。

（4）萃取法

萃取法是应用能使乙醇-水共沸点移位的盐类溶液来达到脱水增浓的目的。常用的萃取剂有有机溶剂和某些盐类，如氯化钙、醋酸钾等。

（5）蒸馏和膜脱水法

蒸馏和膜脱水法是将体积分数为 95% 左右的精馏乙醇通过高分子膜脱水得到无水乙醇。此方法生产成本低、耗能少，有很好的发展前途，若能解决膜通量小、膜堵塞等关键问题获得高效膜组件，其工业化的步伐会进一步加快。

（6）有机物吸附脱水法

有机物吸附脱水法是用淀粉、玉米粉、纤维渣等多糖物质做吸附脱水剂，脱出恒沸混合物中的水分。

（7）离子交换脱水法

离子交换脱水法采用具有离子交换功能的材料做交换剂，通过离子交换的方式达到脱出恒沸混合物中水分的目的。离子交换材料经过再生可以重复使用，常用的离子交换材料为聚苯乙烯钾型强酸性树脂。此法可得 99.5%（体积分数）以上的无水乙醇，但乙醇的损失达 10% 左右。

22.2　共沸脱水法生产无水乙醇的工艺

22.2.1　共沸脱水法的原理

在乙醇-水二元恒沸混合物中加入第三种成分（共沸剂）会形成三元恒沸混合物，利用三元恒沸混合物的沸点与乙醇-水二元恒沸混合物沸点的差异，可以通过蒸馏的方法得到纯度更高、浓度更高的乙醇，从而达到脱水的目的。例如，环己烷-乙醇-水三元共沸物的组成（质量分数）为：环己烷 76%，乙醇 17%，水 7%；水对乙醇的质量比为 0.41，比乙醇-水恒沸物的这一质量比 0.046 要大；沸点为 62.1 ℃，比乙醇或乙醇-水溶液的恒沸点 78.15 ℃ 都低得多。所以，只要有足量的环己烷作为夹带剂，在精馏时水将全部集中于三元恒沸物中从塔顶馏出，无水乙醇从塔底馏出。生产中常用的共沸剂有苯、戊烷、环己烷等。生产用于化妆品、医药等工业的乙醇，采用环己烷做共沸剂。燃料乙醇生产一般用成本较低的苯做共沸剂。表 22.1 所列是乙醇-水-苯混合物的沸点值。

由表 22.1 可知，乙醇-水-苯组成的三元共沸混合物沸点为 64.85 ℃，比其他任意二元恒沸混合物的沸点均低。在精馏时，只要有足够的苯存在，沸点最低的三元混合物将作为头级杂质从塔顶排出，从塔底就可以取出更高浓度的乙醇。为保证三元恒沸物带走系统中的全部水分，一方面要及时补加苯，另一方面进入三元恒沸体系乙醇溶液的质量分数不能低于 80%。体系正常运转时苯的消耗量一般小于乙醇溶液量的 0.1%。

表 22.1　乙醇-水-苯混合物的沸点值

混合物组成	共沸混合物组成（体积分数）/%			沸点/℃
	乙醇	水	苯	
乙醇-水	95.57	4.43	—	78.15
乙醇-苯	32.4	—	67.6	68.25
苯-水	—	8.83	91.17	69.25
乙醇-水-苯	18.58	7.4	74.1	64.85

　　图22.1为共沸脱水法生产乙醇的基本流程。原料乙醇-水溶液与共沸剂苯在精馏塔1中蒸馏,三元恒沸物进入分凝器2并在其中部分冷凝,冷凝液回入精馏塔塔顶,未凝蒸汽进入冷却器3,冷凝液进入倾析器4,在倾析器中冷凝液分为两层,上层为贫水富苯层,回入精馏塔中,下层含苯少,含水、乙醇多,将其导入洗涤罐5,在洗涤罐中不溶于水的苯被分离出来;乙醇进入脱水塔6,脱水至94%(质量分数)左右时送回乙醇精馏塔1继续脱水,废水从脱水塔6的塔底排出。

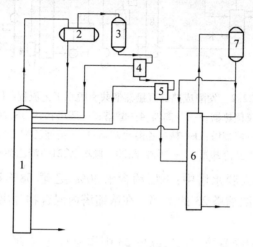

图22.1　共沸脱水法生产乙醇的基本流程
1—精馏塔;2,7—分凝器;3—冷却器;4—倾析
器;5—洗涤罐;6—脱水塔

　　精馏塔1一般有63块塔板,苯加在上面第10块塔板上。在稳定操作条件下,该塔内形成三个区,顶部10块塔板为一个区,这个区是乙醇-水-苯三元恒沸物,乙醇含量为68%~72%(质量分数)。中间区包括30块塔板,即第11~40块,该区含有乙醇和苯组成的二元混合物,乙醇浓度为97%~99.9%(质量分数)。第三个区包括20块塔板,倾析器4的下层淡酒从在该区第40~43塔板上送入精馏塔,苯从苯和乙醇的混合物中分离出来,乙醇从塔底导出。

　　共沸脱水法生产无水乙醇的流程主要有两种形式:一种形式是发酵成熟醪直接蒸馏脱水;另一种形式是由体积分数为95%的精馏乙醇进入共沸体系脱水。

22.2.2　发酵成熟醪直接蒸馏共沸脱水工艺流程

　　1. 发酵成熟醪直接蒸馏共沸脱水工艺流程(Ⅰ)
　　图22.2是发酵成熟醪直接蒸馏共沸脱水工艺流程(Ⅰ)。该装置可以用来生产精馏乙醇,也可生产无水乙醇。此流程对杂质的排除比较彻底,生产的乙醇产品品质较好,可用于化学、医药、电子、化妆品等行业。

　　精馏乙醇用泵送往脱水塔14的顶部,该塔在开塔时先充满乙醇和苯的混合液。蒸汽沿塔上升,其组成逐步接近三元恒沸物的组成。水分全部进入该混合物中,并进入分凝器18和冷凝器19。乙醇从脱水塔14的底部取出,由泵15经冷却器16冷却后送往成品贮罐。

　　恒沸混合物从分凝器18经冷凝器19冷却后进入倾析器20,并在其中分层。上层含

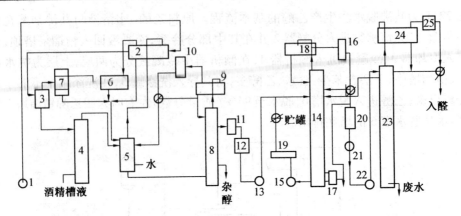

图 22.2　发酵成熟醪直接蒸馏共沸脱水工艺流程（Ⅰ）

1—醪液泵；2—醪液预热器；3—分离器；4—醪塔；5—醛塔；6,9,18,24—分凝器；7,10,
19,25—冷凝器；8—精馏塔；11—精馏乙醇冷却器；12—精馏乙醇贮罐；13,15,22—泵；
14—脱水塔；16—成品冷却器；17—再沸器；20—倾析器；21—淡乙醇贮罐；23—浓缩塔

有 90% 左右的苯，可回入脱水塔中；下层约含水 30%、乙醇 58% 和苯 12%，先送往贮罐21，而后再用泵 22 送往浓缩塔 23 的上部。在浓缩塔内混合物分离，乙醇和苯进入分凝器24，水从塔底导出。

　　从分凝器 24 出来的冷凝液回入浓缩塔 23 中作为回流，未凝的气体进入冷凝器 25 冷凝等。由此，部分冷凝液流往脱水塔，另一部分仍回入浓缩塔 23，第三部分则送往醛塔 5。带有部分苯的浓乙醇由浓缩塔 23 的顶部塔板取出送入脱水塔 14。

　　脱水系统运行的结果是得到乙醇和水。苯在系统内循环，如不计损失，苯的数量是不变的。在实际操作中，苯的消耗量约为乙醇量的 0.5%，乙醇损失约为 1%。每 100 L95%（体积分数）的精馏乙醇共沸脱水消耗汽量为 140～175 kg，消耗水量为 210～270 L。

　　2. 发酵成熟醪直接蒸馏共沸脱水工艺流程（Ⅱ）

　　图 22.3 是发酵成熟醪直接蒸馏共沸脱水工艺流程（Ⅱ）。该工艺在欧洲被广泛采用，又被称为 Melle 法。在该系统中，倾析所得富苯混合液作为回流，浓缩塔起到原有精馏塔和苯回收塔的作用，因此发酵成熟醪可以直接用来生产乙醇。

　　发酵成熟醪液经过预热后进入蒸馏塔，除去酒糟。为了除去头级杂质，蒸馏塔上部装有一段小直径的排醛段。蒸馏塔顶部排出质量分数为 20% 的稀乙醇蒸气，导入浓缩塔底部，而有一部分则作为共沸塔的加热热源。浓缩塔的作用像是一个精馏段，乙醇蒸气在上升过程中得到浓缩，杂醇油则从塔的中下部取出，倾析后得到富水相回入浓缩塔的顶部，因苯能从浓缩塔的下部被蒸出向塔顶移动，这样，无苯的稀乙醇就能从浓缩塔底部排出，并送往蒸馏塔顶部。倾析器中下层富苯相流入浓缩塔的中下偏上部位。在该加料板以上，液相中苯和乙醇变得越来越浓，一部分这种液体在浓缩塔中部引出送入共沸塔中部。乙醇是该塔的塔底产物。浓缩塔和脱水塔顶部产生的三元共沸物经冷凝和分层后得到富含苯和水的两个相，并分别回入浓缩塔和共沸塔的有关部位。

　　Melle 法蒸馏浓缩乙醇的蒸气消耗量为每升乙醇 3 kg（发酵成熟醪中乙醇的质量分数为 6.5%），比单独生产 94%（质量分数）乙醇，随后脱水制成无水乙醇的蒸气用量（3.4 kg/L）要低一些。

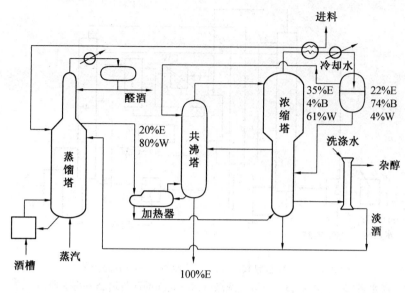

E—乙醇；　W—水；　B—苯

图22.3　发酵成熟醪直接蒸馏共沸脱水工艺流程(Ⅱ)

22.2.3　精馏乙醇共沸脱水工艺流程

精馏乙醇共沸脱水工艺是将95%(体积分数)左右的精馏乙醇加入共沸体系进行脱水的技术,与发酵成熟醪直接蒸馏共沸脱水工艺相比,这种方法更具灵活性。因采用的设备不同,精馏乙醇共沸脱水工艺有很多流程路线,这里介绍几个有代表性的工艺路线。

1.精馏乙醇共沸脱水工艺流程(一)(节能流程)

精馏乙醇共沸脱水工艺流程(一)(节能流程)如图22.4所示。

由图22.4可知,精馏乙醇加入脱水塔1的顶部;三元恒沸物进入分离器2,贫水相冷凝液回入脱水塔1,富水相经过再沸器5加热后送入共沸剂回收塔4,以回收共沸剂环己烷及乙醇。从分离器2出来的未凝气体在冷凝器6中继续冷凝,经洗涤塔3洗涤回用。最终无水乙醇从脱水塔1底部接出,废水从分离器2及共沸剂回收塔4的底部经冷凝器6排出。共沸剂环己烷在系统内循环。

该流程的优点是:①热能实现多效利用,能耗低,所以被称为节能流程;②产品质量好;③因增加了洗涤塔3,对有机相实现再次回收,减少了环己烷和乙醇的损失。

2.精馏乙醇共沸脱水工艺流程(二)(常压流程)

精馏乙醇共沸脱水工艺流程(二)(常压流程)如图22.5所示。

由图22.5可知,脱水塔顶部的三元共沸物首先经冷凝器5冷凝下来,该液体作为脱水塔的回流,另一部分再冷却后送入分离器中。分离器中的贫水相送入脱水塔的第50块塔板,富水相送入回收塔中,以回收共沸剂和乙醇。回收塔顶部的蒸气经冷却后,一部分送入回收塔中,另一部分送入脱水塔中,以利用其中的共沸剂和回收其中的乙醇。该流程操作起来相对较复杂,热能利用较好。因1、2两塔均为常压操作,也称常压流程。

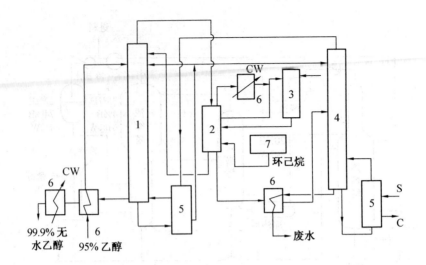

图 22.4 精馏乙醇共沸脱水工艺流程(一)(节能流程)
1—脱水塔;2—分离器;3—乙醇气洗涤塔;4—共沸剂回收塔;5—再沸器;6—冷
凝器;S—蒸汽;C—冷凝器;7—环己烷贮罐;CW—冷却水

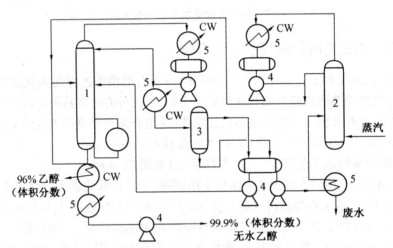

图 22.5 精馏乙醇共沸脱水工艺流程(二)(常压流程)
1—脱水塔;2—共沸剂回收塔;3—分离器;4—泵;5—冷凝器;CW—冷却水

3. 精馏乙醇共沸脱水工艺流程(三)(双浮阀塔流程)

图 22.6 为精馏乙醇共沸脱水工艺流程(三)(双浮阀塔流程)。此系统共有两个塔,一个为脱水塔,另一个为回收塔,均用不锈钢制造。脱水塔塔顶部由乙醇、水、环己烷形成三元共沸物,中下部为脱水后的乙醇,从该塔底导出合格的乙醇。回收塔主要将环己烷、乙醇回收,同时可以去除一定量的水分。

脱水塔塔径为 1.5 m,共有 65 块板,为圆浮阀结构。它同时接收 96%(体积分数)乙醇和环己烷。在该塔上部形成三元共沸物,乙醇-水-环己烷三元共沸物的蒸汽进入分离器。在分离器中,该混合物分为两部分。一部分为富水相,一部分为富环己烷相。富水相被送入回收塔回收其中的乙醇和环己烷,富环己烷相被送入脱水塔中重新使用。在脱水

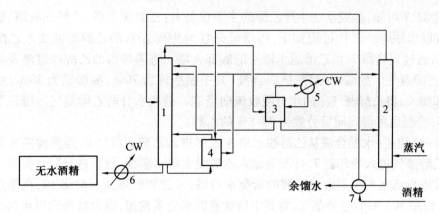

图22.6　精馏乙醇共沸脱水工艺流程(三)(双浮阀塔流程)
1—脱水塔;2—回收塔;3—分离器;4—再沸器;5—冷凝器;6—成品冷却器;7—热交
换器;CW—冷却水

塔下区的塔板上,环己烷从乙醇-环己烷混合物中分离析出,无水乙醇热蒸气在此区段下部塔板上导出经冷却得到乙醇成品。

回收塔塔径为 1.0 m,塔板结构为圆浮阀。该塔的主要作用是回收混合液中的乙醇、环己烷。由于环己烷、乙醇的沸点比水的沸点低,乙醇和环己烷集中在回收塔的顶部,出来的蒸气(环己烷、乙醇和水)在再沸器 4 中冷凝,冷凝液一部分进入脱水塔中回收重复使用,另一部分回流至回收塔。回收塔底部排出的余馏水(含乙醇少于 0.02%)经废水处理后排放。

为了降低生产能耗,研究人员对共沸工艺进行了改进,开发出热耦合共沸精馏、热泵恒沸精馏等分离无水乙醇的工艺。比如,热耦合共沸精馏法是采用两塔系列,用热耦合方式对塔压作出规定,使用浓缩塔的冷凝器给脱水塔再沸器提供热量,并回收其塔底的余馏水预热进料。这样,输入浓缩塔再沸器的热量就可提供整个系统所需能量。大大降低了能耗和工艺用水量。

22.3　萃取法生产无水乙醇的工艺

22.3.1　萃取法的原理

萃取法的原理是在含水乙醇体系中加入第三种溶剂时,体系的蒸气张力平衡曲线发生改变,共沸点消失,改变了原溶液中乙醇和水的相对挥发度,使原料的分离变得容易。例如,加入适量的溶剂(乙二醇等)或盐(甲苯甲酸钠、水杨酸盐、醋酸钾、醋酸钠、氯化钙等),就可以使乙醇和水的沸点差加大,不但易于分离,同时可降低能耗。下面主要用加盐萃取法来说明萃取法生产无水乙醇的工艺流程。

22.3.2　盐萃取法的工艺流程

醋酸盐脱水生产无水乙醇工艺流程如图 22.7 所示。

　　由图 22.7 可知,盐脱水法生产乙醇的主要设备有:乙醇脱水塔、乙醇回收塔、脱水剂溶解罐和脱水罐等。工作过程如下:将质量分数为 94% 左右的乙醇溶液加入乙醇贮罐 1 内,然后通过预热器 2,由乙醇脱水塔 4 的底部入塔。进入塔内的乙醇经过蒸发罐 3 加热,变为乙醇蒸气。醋酸钾-醋酸钠混合液(其中醋酸钾为 70%,醋酸钠为 30%)由脱水塔的上部加入,将乙醇蒸气中的水分吸收流向塔底。被脱水分的乙醇蒸气由塔顶部进入冷却器 5,冷凝后可得到质量分数为 99.8% 的乙醇。

　　乙醇-醋酸盐-水混合液从乙醇脱水塔 4 底部进入乙醇回收塔 6,经煮沸室 8 加热乙醇变为乙醇蒸气进入冷却器 7,冷凝后流入乙醇脱水塔 4 底部,重新进行脱水蒸馏。坠入乙醇回收塔煮沸室 8 中不含有乙醇的盐类水溶液,经过暂贮罐 9 和贮罐 10,再输送进入脱水罐 11,用 300 ℃ 的过热蒸气,将其中所含有的水分蒸发掉,混合盐得到脱水再生。再生混合盐经过带有回流冷却器与搅拌器的脱水剂溶解罐 12 冷却,用冷却器 5 流出的乙醇溶解,又成为醋酸钾-醋酸钠的混合液,再进入脱水塔 4,进入下一个循环。

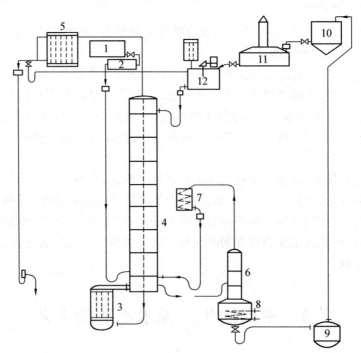

图 22.7　醋酸盐脱水生产无水乙醇工艺流程

1—乙醇贮罐;2—预热器;3—蒸发罐;4—乙醇脱水塔;5—冷却器;6—乙醇回收塔;7—冷却器;8—煮沸室;9—暂贮罐;10—贮罐;11—脱水罐;12—脱水剂溶解罐

　　由于操作过程中固体盐的溶解、回收、加料、输送以及盐结晶会引起设备堵塞、腐蚀等问题,使得操作比较困难。此工艺采用了混合盐溶液做萃取剂加以改进,具有设备简单、投资费用低、热能利用好、乙醇损失少(一般为 0.1% ~ 0.5%)、脱水剂基本没有损耗、无污染等优势。

22.4　有机物吸附法生产无水乙醇的工艺

近年来在研究利用多糖、有机物做乙醇脱水剂生产乙醇方面取得了较大的进展。研究表明,玉米淀粉、薯类淀粉、玉米粉、纤维素、甘蔗渣等都可用作脱水剂,其中玉米粉对乙醇蒸气的吸水、脱水和玉米粉再生过程都很稳定。

吸附法生产无水乙醇工艺流程如图22.8所示。由图22.8可知,在乙醇精馏塔塔顶增设2个用玉米粉等填充的吸附塔,两个塔交替使用,一个吸附,另一个再生,以保证生产连续。乙醇蒸气由蒸馏塔进入吸附塔,其中的水分被玉米粉等吸附,无水乙醇蒸气进入冷凝装置。玉米粉等吸附饱和后可用$80 \sim 120 \, ℃$的空气、氮气或CO_2再生,吹扫出吸附塔的乙醇-水混合蒸气再送回精馏塔进行蒸馏。

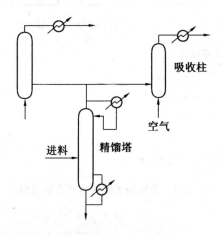

图22.8　吸附法生产无水乙醇工艺流程

玉米粉等吸附功能减弱、失效后可做发酵生产的原料。此外,玉米粉等有机物质做脱水吸附剂在生物质原料综合利用方面还显现出独特的优势。比如玉米粉等生物质原料做脱水吸附剂与胚芽油及蛋白质的提取工艺结合起来,既可实现乙醇脱水目的,又有利于达到产品组分分离和综合利用。因此,这一不引入化学试剂,耗能很少且无污染的乙醇脱水工艺将得到快速发展。

图22.9为玉米粉吸附法生产乙醇流程。该流程不仅可以得到乙醇,同时对玉米粉提油,更有利于玉米粉发酵生产乙醇。

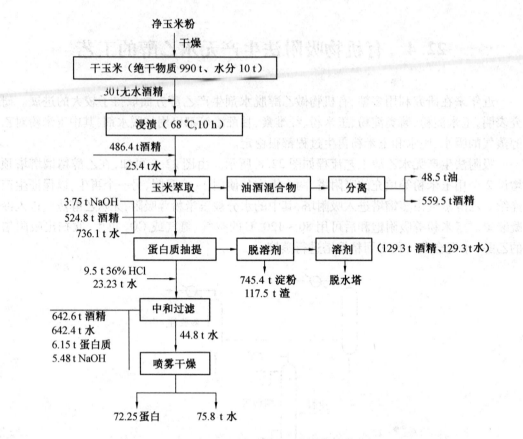

图 22.9　玉米粉吸附法生产乙醇流程

第五篇 石油与煤炭微生物学

第 23 章 石油中的微生物

23.1 石油与石油微生物简介

在当今工业及汽车行业如此发达的社会中,能源越来越成为人们关心的话题,石油是现代社会重要的能源之一,在欧盟国家,2005 年燃油的硫含量要降低到 50 mg/L 以下,美国政府制定了更加严格的标准,汽油含硫量低于 30 mg/L,柴油含硫量低于 50 mg/L,从石油源头开始减少对环境的污染十分重要。石油深埋于地球表面之下,对于石油的研究也在进一步加深。在地壳中形成石油的有四个不可缺少的因素,分别是生油岩、盖层、储集层及圈闭层。主要通过岩石形成过程中的沉积作用、成岩作用以及退化作用和地壳运动形成了油藏。随着石油资源的不断开发,对于原油的采出程度越大,其开采难度也就越大,石油的存储量也在逐年减少,故对于石油性质的研究也在不断深入,石油的生物作用也受到广泛关注。在油藏的形成过程中,其埋藏的深度以及其所处的地理地质特性决定了油藏的温度与压力,同样也影响着油气流体的组分,以及石油微生物的种类和数量。

在某一特定的油藏中油气流体主要为烃类物质:烷烃、环烷烃、芳香烃等。其中烷烃可分为两种结构:直链烷烃和支链烷烃。甲烷为最简单的烷烃,当甲烷中的氢原子被甲基所取代时就会生成其他烷烃;当所生成的其他烷烃中的氢原子被卤素等取代时就会生成卤代烷烃等物质。对于石油可生物降解性的研究中,利用色谱分析发现直链烷烃大量存在的石油的可生物降解性差。在石油的储层流体中含有大量的多环烷烃和多环芳香烃,其中结构简单的为环戊烷和环己烷以及甲苯、二甲苯等。芳香烃具有较好的水溶性,其在蓄水层中的浓度与地下矿床有关,类异戊二烯、甾烷、藿烷常常被用来系统、定量地分析油气流体的性质。石油开采一般可分为一次采油、二次采油及三次采油,其中:一次采油是依靠油藏本身固有的能量及压力而进行的自喷式开采;二次采油是通过向油藏内加注水或气体等,使得油藏压力增大,从而进一步开采出更多石油;三次采油则是采用多种方法和技术来改善油藏物性,从而提高油气采收率,其中微生物提高采收率也是一种重要的技术。

自 1926 年以来,Edson S. Bastin 等人率先报道其在油田采出水中发现多种微生物,并对这些微生物进行了生态学研究,这打开了探索研究深埋于地下油藏中微生物的大门。近年来,有些观点认为在油藏所处的深层生物圈中生存的主要是内源微生物。内源微生物被认为附着在固体表面,形成生物膜,在不同的温度下培养石油样品,可得到不同类型的微生物群落。有些观点认为是在开采石油的过程中或是在二次采油的注水时向原油中引入了大量的微生物,进一步研究发现石油样品中培养出多种未知的微生物群落,这一点证实在石油中生存着内源微生物。

在石油中发现多种微生物,其中有多种硫酸盐还原菌、油田发酵细菌、产甲烷菌等,有些是嗜热古菌和嗜热细菌,还有些属于中温古菌和中温细菌,不同油藏中的微生物种类不同,各种微生物的生理特性也不同,油藏中的微生物生长的最适温度、盐度以及 pH 值均与所在的油藏环境一致,一般条件下,高温油田中嗜热古菌和嗜热细菌多一些,包含有甲烷杆菌属(*Methanobacterium*)、热厌氧杆菌属(*Thermoanaerobacter*)、厌氧棒菌属(*Anaerobaculum*)和石油神袍菌(*Petrotoga*)等。在油藏中存在着不同的微生物种群,在油藏中这些微生物的代谢活动与油藏内部环境息息相关,同样这一点也影响着石油的开采工作及其效率,为了实现微生物采油以及提高采油效率,就必须关注油藏内微生物的营养及其代谢活动(表 23.1)。

表 23.1　采油微生物的代谢产物及作用

代谢产物类型		作用
气体 (CO_2, CH_4, H_2, N_2, H_2S)		增加驱动压力 溶解于原油中使原油黏度下降,改善流动性 使原油膨胀
酸	有机酸(甲酸、乙酸、丙酸等低相对分子质量酸)	溶解孔孔喉中的碳酸盐石或碳酸盐岩的胶结物,提高孔隙度和渗透率
	无机酸(H_2SO_4)	与碳酸盐石反应时产生 CO_2
有机溶剂(醇类、酮类、醛类)		溶解于原油中降低原油黏度;溶解孔喉中的重质组分
生物表面活性剂		降低水油岩石界面张力;乳化原油;改变湿润性
生物聚合物		提高驱动相黏度,改变流度比;堵塞高渗透层,增大水驱动油效率,并降低水油比
生物体(细胞)		细胞体堵塞高渗透层 细胞体在水油界面分裂,降低界面张力 细胞体在水岩石界面生长,改变润湿性

对于大多数硫酸盐还原菌纯培养物,它们的最适宜生长条件与原位油藏条件一致,目前,分离到的硫酸盐还原菌划分为四大类,其生理特征具有很大的差异。硫酸盐还原菌最适宜的生长温度在 25～83 ℃之间,最适宜的盐度范围为 0～6%,其生理特征的差异表明硫酸盐还原菌群是复杂的微生态系统的一部分,这些微生态系统促进了碳和矿物的生物地球化学循环,进一步深入地了解这些地下生态系统,研究这些微生物在生态体系中的作

用和重要性将是地球微生物学研究面临的重大挑战之一。

23.2　石油中的硫酸盐还原菌

23.2.1　硫酸盐还原菌的类型

23.2.1.1　硫酸盐还原菌的界定

硫酸盐还原菌(Sulfate-Reducing Bacteria,SRB)可以说是一类相对严格厌氧的原核微生物,而硫酸盐还原菌在缺氧状态或者是当所处的环境内含有微量空气时,硫酸盐还原菌一般不会因为空气的存在而引起硫酸盐还原菌死亡,而当其所在的环境中的氧逐步减少到厌氧状态时,处于休眠或者较弱代谢条件下的硫酸盐还原菌就会逐步地活跃繁殖起来。在硫酸盐还原菌的家族中不仅仅包括细菌,其中还包含一些古菌,它们是一类形态各异、营养类型多样同时又都能利用所处环境中的硫酸盐或者其他形式的含硫化合物作为其代谢过程中的电子受体来异化环境中各类有机物质的微生物。硫酸盐还原菌能够利用有机酸或醇,并将其氧化而生成乙酸或者将其完全氧化为二氧化碳,硫酸盐还原菌能够利用乳酸、乙醇、乙酸、丙酸及更长链脂肪酸等100多种化合物。通常情况下,自养型硫酸盐还原菌可以将二氧化碳作为碳源,以氢作为其电子供体和能源,以含硫化合物作为电子受体,而异养型的硫酸盐还原菌以环境中的含碳有机物作为其碳源,在其代谢活动中,产生的代谢产物中除了二氧化碳和水以外,还产生高浓度的硫化氢作为其呼吸代谢的最终产物。

硫酸盐还原菌广泛存在于自然界之中,在自然界内几乎所有的厌氧环境中都生存着硫酸盐还原菌,它们都在为整个生物圈之中的硫的循环贡献着一份力量,硫酸盐还原菌还广泛存在于地下管道及油气井等缺氧的环境中,这些硫酸盐还原菌的厌氧呼吸作用进行硫酸盐还原作用,在该过程中硫酸盐还原菌将有机物和氢作为其进行代谢活动的电子供体,以硫酸盐作为电子受体,除了硫酸盐以外,其他含硫的化合物,如亚硫酸盐、硫代硫酸盐和硫等都可作为硫酸盐还原菌的电子受体。在地球硫循环中硫酸盐还原菌扮演着十分重要的角色,在海洋沉积物中有50%的含碳物质的矿化过程是由硫酸盐还原菌进行的,对于埋于地球表面之下的碳钢管路或油气井,硫酸盐还原菌的存在是引起其腐蚀的重要原因之一,故对硫酸盐还原菌的研究主要集中在对碳钢腐蚀影响等方面,包括油田、船舶、海洋工程等。

硫酸盐还原菌通常属于嗜热性的革兰氏阴性的微生物类型,在一般情况下硫酸盐还原菌不产生芽孢,而在淡水或者是在其他含盐量较低的环境中比较容易分离得到革兰氏阳性并且产生芽孢的硫酸盐还原菌的菌株。此外,在自然界中存在的还有革兰氏阴性嗜热真细菌、革兰氏阴性古细菌等,虽然硫酸盐还原菌是厌氧微生物,但是它分布广泛,可以存在于土壤、水稻田、海水、盐水、自来水、温泉水、地热地区、油井和天然气井、动物肠道等厌氧环境中,还可以从一些受污染的环境中检测到 SRB 的存在,如厌氧的污水处理厂废物、被污染的食品中等。迄今为止,已有40个属的硫酸盐还原菌被划分为以下4大类:变形菌,革兰氏阳性菌,嗜热革兰氏阴性高温脱硫杆菌属,嗜热革兰氏阴性高温脱硫弧菌属和高温脱硫菌属。硫酸盐还原菌分别有地下脱硫状菌(*Desulfacinum Infemum*)、陆地脱硫状菌（*Desulfacinum Bubterratt*）、花金龟脱硫杆菌（*Desulfobacterium Cetonicum*）、杆状脱硫叶菌（*Desulfobulbus Rhabdoformis*）、嗜盐脱硫肠状菌（*Desulfotomaculum Halophilum*）、弧形脱硫菌（*Desulfobaaer Vibrioformis*）、长链脱硫弧菌（*Desulfovibrio Capillatus*）、巴氏脱硫弧菌（*Desulfovibrio Bastinii*）、细长脱硫弧菌（*Desulfovibrio Gracilis*）、高温油藏脱硫肠状菌（*Modmthermocistemum*）、加蓬脱硫弧菌（*Desulfovibrio Gabonensis*）、长脱硫弧菌（*Desulfovibrio Longus*）、越南脱硫弧菌（*Desulfovibrio Vietnamensis*）、挪威热脱硫杆菌（*Thermodesul Fobacterium*）、阿普歇伦脱硫微菌（*Desulfomicrobium Apsheronum*）等。

23.2.1.2　硫酸盐还原菌系统

硫酸盐还原菌传统的分类方法主要是依据 SRB 的形态学、生理学和生物化学特征而划分的。在典型硫酸盐还原菌的分类特征之中，硫酸盐还原菌的细胞形态学具有高度多样性是重要的分类特征，SRB 通常有杆状、球状和弧状三类。依据硫酸盐还原菌对底物利用情况的不同，可以将其划分为两大类：其中一类硫酸盐还原菌能够将底物完全氧化为二氧化碳，而另一类硫酸盐还原菌不能完全氧化底物，其最终生成的产物为乙酸和二氧化碳；按照此特征分类的硫酸盐还原菌种，第一类硫酸盐还原菌能够利用大量的底物，主要为有机物，包括脂肪酸和芳香化合物等，而第二类硫酸盐还原菌则几乎不能利用脂肪酸，其主要利用硫酸盐类的物质，在其代谢活动中，硫酸盐被还原生成硫化物的最后一步是通过六电子转移给亚硫酸盐而完成的，此代谢过程是在亚硫酸氢盐还原酶的作用下进行的，该酶也被称为异化亚硫酸盐还原酶。依据异化亚硫酸盐还原酶的光学特征，将其划分为几种不同的类型，如脱磺基绿胶霉素。因为异化亚硫酸盐还原酶含有血红素和 Fe-S 簇，因此每一类异化亚硫酸盐还原酶可采用特定的吸收光谱进行鉴定，依据其辅基在组成上和结构上的差异而导致的光谱吸收存在的差异而进行区分和鉴别，依据硫酸盐还原菌的许多其他性质可以对硫酸盐还原菌进行分类和鉴定，例如电子供体、脂肪酸成分、细胞色素的主要类型、免疫相似性以及（G+C）含量等指标也都可以作为硫酸盐还原菌分类的重要指标。

下面我们将简单介绍硫酸盐还原菌（SRB）的生态学特征。

（1）SRB 需要的碳源、氮源

硫酸盐还原菌不同菌属之间的生长所利用的碳源不同，在硫酸盐还原菌的代谢活动之中，其最普遍利用的有机物质为 C_3、C_4 脂肪酸，此外 SRB 还可以利用一些挥发性脂肪酸类物质（如乙酸盐、丙酸盐、丁酸盐等）、醇类物质（如乙醇、丙醇等），另外 SRB 还可以利用葡萄糖作为其代谢活动所需的碳源。许多学者对 SRB 所需碳源进行实验研究发现在硫酸盐还原菌所能利用的各类碳源物质中，硫酸盐还原菌对乳酸盐的利用效果最好。铵盐是大多数硫酸盐还原菌生长所需的氮源，与此同时在自然界中存在着多种硫酸盐还原菌，它们还能够固氮，可以利用空气中的氮气作为其代谢所需的氮源，拓宽了其可以选择的碳源的种类，还有些硫酸盐还原菌的菌种能够利用氨基酸中的氮，故其能够将氨基酸作为氮源，此外还有少数的硫酸盐还原菌的菌种能通过异化还原硝酸盐和亚硝酸盐获得代谢过程中所需要的氮，如脱硫弧菌固氮亚种等。

（2）SRB 适宜的溶解氧

SRB 在厌氧的环境中生长活跃，根据有关报道，SRB 是相对严格厌氧的微生物菌种，按照严格的分类标准对其进行分类，可以将 SRB 归类到兼性厌氧菌的大类中，例如在研究溶解氧含量对脱硫弧菌生长的影响实验中,发现在实验条件下此类 SRB 的菌种能够耐受环境溶解氧浓度,但是其对于环境中的溶解氧的耐受能力有限,在高溶解氧环境下该类 RSB 菌种不能生长,其中的主要原因是在该种 SRB 菌种的胞内含有抗分子氧的保护酶(如超氧化物歧化酶、氧化酶、过氧化氢酶等),这些酶都是该种 SRB 细胞氧化还原过程中间步骤的参与者。最近,在对于 SRB 菌种溶解氧耐受能力研究中,针对脱硫弧菌展开了进一步研究,其中抗分子氧保护酶的研究是重点研究方向之一,在该 SRB 菌属的巨大脱硫弧菌分离提纯出一种氧化还原酶类,这种酶类存在于代谢过程末端。在脱硫弧菌中也含有红素还原酶,类似的,该种 SRB 菌种的氧利用途径可能同样存在于该种 SRB 菌种的细胞内,但 SRB 菌种的氧的利用途径与好氧微生物细胞内的氧代谢途径有所不同,好氧微生物细胞内氧的代谢需要大量的氧,是在氧浓度较高的环境下进行的,而对于我们所研究的该种 SRB 菌种只有在氧浓度较低时才利用这些酶来进行代谢活动,在氧浓度较高的环境中,其代谢活动是受到抑制的。尽管在含有微量氧的环境中,该种 SRB 菌种能够利用细胞内的抗分子氧保护酶来进行有氧利用的代谢活动,但是对于 SRB 获取能量的主要途径仍是异化还原硫酸盐。然而,硫酸盐还原反应必须在较低的氧化还原电位的环境下才能够进行,环境中较高的氧浓度会导致氧化还原电位过高,而引起 SRB 菌种异化硫酸盐还原反应受到抑制,因此,当所处的环境中氧浓度过高时,SRB 菌种的生长受到抑制作用,而在低溶氧浓度环境中,SRB 菌种还是可以生长的,但其生长状态不如在厌氧条件下生长得旺盛。

（3）SRB 适宜的 pH 值、盐度

在微生物生长所需要的环境因素中,pH 值是微生物生长的重要因子,一般情况下,细菌生长所需要的 pH 值都处在中性偏碱的范围之内,但是这并不适用于生态系统中的所有的微生物,对于某种特殊微生物菌群其生长所需要的 pH 值范围可能不在这个范围内,在自然法则和生物生存规律(自然选择规律)的作用下,我们发现微生物菌群生长所需要的适宜的 pH 值都与其长期生长的环境 pH 值相一致。不同种类的硫酸盐还原菌一般可在 pH 值为 5.0~9.5 的范围内的环境中生存,其中生长于内陆淡水中的硫酸盐还原菌的最适 pH 值相对于生长在海水或者矿区等的硫酸盐还原菌的最适宜的 pH 值要偏低一些,也就是其多需要的酸度相对于其他菌属要高一些,其最适宜的 pH 值的范围为 6.0~6.5。盐度对微生物菌群的影响主要是通过水中渗透压的变化来影响微生物物质的运输过程,微生物细胞的细胞膜就像是一种渗透薄膜,起着细胞内外的物质交换通道的作用,当周围环境的盐度过高时,由于渗透压的作用会引起微生物细胞质壁分离,从而造成微生物细胞脱水死亡现象的发生。

（4）SRB 的生长温度

纵观硫酸盐还原菌各个菌种所适宜的生长温度,发现通常条件下,硫酸盐还原菌一般在 -5~75 ℃ 的环境下生存,但是某些特殊的硫酸盐还原菌的菌种可以在 -5 ℃ 以下的环境中生长,而一些具有芽孢的 SRB 菌种也可以耐受 80 ℃ 甚至更高的温度而在高温的环境下生存。SRB 菌种有较强的适温能力,并且能很快适应其所处的新的温度环境。大部分陆生的 SRB 菌种是中温菌,其适温范围为 30~40 ℃;而在深埋于地下的油藏中、探油井系统中生存的 SRB 菌种一般属于嗜热微生物,其温度一般在 55~75 ℃,有的甚至可以更高。

（5）其他环境因子

关于 SRB 菌种的其他环境因子的相关研究报道相对于以上的环境因子来看,其研究不多,SRB 菌种在培养基中有无微量元素和维生素 C 的条件下都可以生长,说明了实验中所投加的微量元素和维生素 C 并不是 SRB 菌种在代谢过程中所需要的必需因子;在实验中发现 SRB 菌种的代谢过程要求环境中氧化还原电位低于−100 V 时才能正常生长,有些特殊的 SRB 菌种需要培养基的氧化还原电位低于−150 V 才能生长,而在氧化还原电位较高的条件下不能够生长,这也就说明了较低的氧化还原电位对 SRB 菌种的生长及其代谢活动是必需因子。SRB 菌种在含有 Fe^{2+} 存在的培养基中能够生长得更好,这是因为 Fe^{2+} 是 SRB 菌种细胞中各种酶(如细胞色素酶、铁还原酶、红素还原酶、过氧化氢酶等)的活性基成分,在 SRB 菌种细胞内部铁元素通过自身价态的相互转化过程,起到了完成 SRB 菌种细胞中所有酶之间的传递电子的作用,但是 SRB 菌种细胞对于 Fe^{2+} 的浓度范围也是有要求的,也就是说 Fe^{2+} 的浓度不是越高越有助于 SRB 菌种细胞的代谢活动,而是在 Fe^{2+} 的浓度较低时,SRB 菌种细胞的代谢活动随着 Fe^{2+} 的浓度的增大而逐步变得旺盛,随着其浓度继续提高,逐步达到饱和状态,当 Fe^{2+} 浓度达到饱和值以后,SRB 菌种细胞生长对 Fe^{2+} 的需要就达到了饱和,此时再继续增大 Fe^{2+} 的浓度对微生物细胞的生长并不出现明显的促进作用。H_2S 的浓度对 SRB 菌群的生长也有一定的影响作用,因为 H_2S 对 SRB 菌群能够产生毒害作用,在 H_2S 的浓度较低的条件下,其对于 SRB 菌群的生长的抑制作用较小,随着 H_2S 的浓度的增加,其对 SRB 菌群的生长的抑制作用也不断地增大,一般当 H_2S 的浓度达到饱和值时就会抑制 SRB 菌群的生长。

23.2.1.3　硫酸盐还原菌的检测

国内外学者对硫酸盐还原菌的检测方法进行了许多探索和研究,发明了多种检测技术。从原理上讲,主要分为:培养法、显微镜直接计数法、代谢产物定量法、免疫学法、ATP法、硫离子选择电极法等。下面对以上几种方法进行简单的说明。

（1）培养法检测硫酸盐还原菌方法

在对于硫酸盐还原菌的检测方法中较为常见的培养法主要有以下三种,分别为测试瓶法、琼脂深层培养法和溶化琼脂管法。测试瓶法主要是利用瓶装的含乳酸盐、硫酸盐和 Fe^{2+}(或金属铁)的培养基对待测的水样进行接种而后进行培养,确定待测水样中 SRB 菌群的含量的方法;琼脂深层培养法采用的培养基与测试瓶法中所采用的培养基基本上一致,只是略有不同,琼脂深层培养法采用的培养基中不仅含有乳酸盐、硫酸盐和 Fe^{2+}(或金属铁)等物质,还向其中加入了亚硫酸钠作为还原剂和除氧剂,该培养法可以以培养基变黑的状态作为硫酸盐还原菌的生长标志,但该法是通过观察培养基变黑所需时间的长短来计数的,需要连续不间断地对培养基进行观察,确定培养基是否已变黑,琼脂深层培养法的优点是简单易行、不需要特殊的仪器设备、能在 5 d 内得到对硫酸盐还原菌的检测结果;另外一种检测硫酸盐还原菌的培养法为溶化琼脂管法,该方法是以胰蛋白胨作为硫酸盐还原菌生长的唯一营养源,并在实验所选的培养基中加入亚硫酸钠作为除氧剂,此方法的优点也是不需要特殊的仪器设备,与以上两种方法进行对比,优点还有能够在 3 d 之内培养并且能够得到对于硫酸盐还原菌的检测结果,该方法的缺点为操作较为繁琐,实验结果有时难以观察。

（2）显微镜直接计数法检测硫酸盐还原菌的方法

显微镜直接计数法的基本原理如下：在检测过程中选取异硫氰酸盐荧光素作为粘附剂和荧光标记物，因为异硫氰酸盐荧光素能够黏附到任何蛋白质上，微生物（包含硫酸盐还原菌）在经异硫氰酸盐荧光素处理之后，将其放在配有荧光的显微镜下，将染色细菌放大 1 000 或 1 600 倍就可观察到所研究的微生物（包含 SRB），而后选用直接读数片直接测得所有的细菌总数；而在检测 SRB 菌群的显微镜直接计数法中，实验选取间接荧光抗体技术，这是因为间接荧光抗体只能在 SRB 菌群上着色，而与在荧光显微镜上观察可得到 SRB 菌群的数量，从而对 SRB 菌群进行检测。

（3）其他检测硫酸盐还原菌的方法

免疫学法原理是基于 SRB 胞内的腺苷-5'-磷酸硫酸盐还原酶的还原反应产生的产物与显色剂反应来测定 SRB 菌群的含量的；ATP 法通过测定水样中 ATP 的含量来检测水样中的生物总数，ATP 法只能测出样品中微生物总数，将其应用于厌氧系统 SRB 菌群的检测具有一定的实际意义，能在 1 d 之内得到检测结果；硫离子选择电极的基本原理就是用硫离子选择电极及银-氯化银、参比电极测量电池电动势，根据电动势可以转换为 S^{2-} 的浓度，并由标准 S^{2-} 浓度进行校正，可实现 SRB 菌群的在线分析。

23.2.2　硫酸盐还原菌的生物作用

微生物具有较强的适应能力，只要其所处的环境的温度合适、时间足够长（地质年代）来保持其环境状态相对较为稳定，微生物就能够在该环境中生长繁殖。在厌氧环境的条件下，当环境中的营养物质、能源物质及碳源物质充足时，能够以硫酸盐作为电子受体，以有机物或者氢作为电子供体的氧化还原过程称为硫酸盐呼吸，而参与该过程的微生物称为硫酸盐还原菌。

在厌氧呼吸过程中，硫酸盐还原菌将硫酸盐还原为硫化物是一个复杂的八电子传递过程，该过程需要大量的酶进行一系列有序的酶促反应而完成。硫酸盐呼吸与好氧呼吸相比，由于 SO_4^{2-}/HS^- 对的氧化还原电位较低，因此其在呼吸过程中所获得的能量相对较低。在硫酸盐呼吸过程中，硫酸根离子的化学性质相对稳定，不容易发生氧化反应而被还原，也正是由于 SO_4^{2-}/HSO_4^- 对氧化还原电位低于其他氧化还原对，才使得电子转移发生的第一步始于此。硫酸根离子被还原前，首先在 ATP 硫化酶作用下，生成腺苷酰硫酸（APS），由 ATP 硫酸化酶反应产生的焦磷酸，随后在反应中所产生的焦磷酸被焦磷酸酶水解成磷酸，从而促进腺苷酰硫酸（APS）的产生。在反应代谢过程中，APS 作为电子受体，腺苷酰硫酸还原酶催化 APS，生成亚硫酸和 AMP，目前 APS 还原的电子供体还不清楚，故对于 APS 还原的电子供体是什么物质有很多的假设与讨论，其中一种说法是从普通脱硫弧菌分离的一种黄素蛋白，还原 APS 的同时能够氧化黄素腺嘌呤二核苷酸（NADH），则认为黄素腺嘌呤二核苷酸可能是还原 APS 的电子供体。亚硫酸盐含有自由电子对，反应活性比硫酸盐高，HSO_4^-/HS^- 对氧化还原电位为 -0.116 V，亚硫酸还原酶通过六电子传递反应还原亚硫酸盐，该反应可能存在两种方式：最简单的代谢方式是直接通过六电子传递，不产生任何中间产物；另一种方式是以三硫酸和硫代硫酸为中间产物的 3 个连续的双电子传递，在体外利用亚硫酸还原酶还原亚硫酸盐时发现了该过程。

目前的研究水平下，在硫酸盐还原菌中，电子由供体流向受体的传递机制的研究探索中现阶段没有统一的模式。在研究中发现硫酸盐还原菌中存在着大量的电子载体,如铁氧还蛋白、甲萘醌、细胞色素、黄素氧还蛋白等。电子通过膜整合蛋白传递至铁硫蛋白,铁硫蛋白位于质膜上,然后电子直接传给亚硫酸还原酶或腺苷酰硫酸还原酶或其他的电子传递体;周围介质中的氢气被氧化,氧化氢所产生的电子通过跨膜蛋白传递至细胞质内的电子受体,形成膜电位和质子梯度,有利于化学渗透合成 ATP。硫酸盐还原菌典型的底物之一为乳酸盐,大多数硫酸盐还原菌都能利用乳酸,并将乳酸氧化为丙酮酸,氧化乳酸的反应过程由膜结合乳酸脱氢酶催化完成。

23.3　石油中的产甲烷菌

23.3.1　嗜热产甲烷菌的类型

由于油藏物理化学和地球化学特征的多样性,油藏代表了一个独特的生态环境。地质储层的深度和性质决定了油藏是独特的高温(深度每增加 100 m,温度增加 2~3 ℃)或高盐环境。微生物菌群包含了中温、嗜热、超嗜热的细菌和古菌(图 23.1),从各种极端环境中都检测到与已知的可培养古菌亲缘关系较远的 16S rRNA 基因序列或系统发育型。

(a) 超嗜热古细菌

(b) 嗜热产甲烷菌

图 23.1　古、细菌产甲烷菌

深层油藏温度通常高于 80 ℃,自然选择作用下,为了适应所生存的环境,处于深层油藏的微生物的最适生长温度大于 80 ℃,嗜热菌属于高温球菌属(*Thermococcus*)、炽热球菌属(*Pyrococcus*)和古丸菌属(*Archaeoglobus*)。高温球菌属最适宜生长温度为 80~90 ℃,炽热球菌最适宜生长温度为 95~100 ℃,古丸菌属中大部分为超嗜热菌属。

在低温油藏的低盐和高盐油层水中广泛分布着中温产甲烷古菌,低温油藏或地层水生态环境适合于产甲烷古菌的生长,目前在油藏中分离出的古菌有很多种,包括甲烷杆菌、嗜热碱甲烷杆菌、布氏甲烷杆菌、热自养甲烷热球菌、马氏八叠球菌、嗜热自养甲烷杆菌、伊氏甲烷杆菌、盐水甲烷嗜盐菌、矿物油甲烷盘菌、耐盐甲烷卵圆形菌、西西里甲烷八叠球菌等。

23.3.2　产甲烷菌的古菌检测研究

目前构建 16S rRNA 基因文库是分析微生物菌群最常用的技术手段,可以了解微生物的丰度和生理功能,对于油藏生态系统,有很多种微生物菌群在现有的技术水平下是不可培养的,所以 16S rRNA 基因序列克隆、测序是研究油藏微生物群落的有效途径,结合培养技术和分子生物学手段研究高温油藏的微生物菌群多样性,在研究中发现部分微生物如热球菌属古菌等,部分微生物在目前的技术水平下,能够利用 16S rRNA 基因杂交试验检测到,但是现有技术不能满足其试验室培养。对于低温低盐油藏中微生物的研究也在不断发展,同样依据 16S rRNA 基因序列对其进行微生物多样性研究,结合分子生物学发现了多种产甲烷菌,其中包括乙酸营养型产甲烷菌、甲基营养型产甲烷菌、氢营养型产甲烷菌等;地下原油的生物降解被认为是好氧生物引起的,但是在对产甲烷古菌的进一步研究中发现,产甲烷菌的代谢过程对油藏中原油有生物降解作用,在一些受石油污染的地下水中,烃厌氧降解的末端反应是乙酸营养型产甲烷菌起主导作用。

利用培养方法和分子生物学方法是研究石油微生物的重要方法,古菌是油藏微生物群落重要的组成部分,主要包括硫氧化菌、硫酸盐还原菌和产甲烷菌等,油藏中存在产甲烷菌和产甲烷过程已被人们所认识,与甲基营养型产甲烷菌不同,乙酸营养型和氢营养型产甲烷菌也许在油藏中具有重要作用。到目前为止,还未从油藏中分离到能够在原位条件下降解烃的微生物,这将有赖于采样技术和培养方法的进一步完善。

23.4　发酵性微生物

在油藏环境中蕴藏着多种代谢途径不同的微生物,油藏埋藏于地下,原油中的有机物大部分为非极性物质,具有疏水性,地下水中的溶解氧含量少,原油与地下水相比,其中所含的溶解氧可谓是极少,再加上其氧化还原电位低,好氧微生物与厌氧微生物相比较,厌氧微生物更占有优势地位,故在油藏中生存着产甲烷菌和发酵性细菌,在前面我们简单地介绍了油藏中的产甲烷菌,下面主要讨论发酵性细菌,特别是异养型发酵细菌。

对于油藏中微生物的生存,温度与盐度都是十分重要的化学参数,同样油藏内的高压也影响着微生物的生长,受目前采样、分离、培养技术的限制,研究得到的微生物为中性微生物,微生物的能源型物质也是以石油烃类为主,均是通过厌氧微生物过程进行微生物降解的,油层水化学性质的多样性决定了能存活于油藏环境中的微生物的代谢特征。

发酵性细菌是油藏中重要的微生物群落,其生长油层的盐度范围较广,按照其所生存的油层盐度可以大致将其分为三类:轻度耐盐发酵性细菌、中度耐盐发酵性细菌和强耐盐发酵性细菌;其生长油层的压力也对其代谢过程产生一定的影响;在生长过程中发酵性细菌的能源物质为有机物,主要包括糖、缩氨酸、氨基酸或有机酸,通过底物磷酸化发酵过程来获得其生长的能量,温度是微生物生长中不可忽视的重要因素,同样地,按照其生长的最适宜温度与油层特征可大致分为三类:中温发酵性细菌、嗜热发酵性细菌和超嗜热发酵性细菌。

油藏中分离出的异养型中温发酵性细菌主要是一些轻度或中度嗜盐菌,如梭菌属、真杆菌属、互养菌属的厌氧细菌，其中某些中度嗜盐菌的能源物质包含糖类，能够利用糖类发酵产生有机酸和气态产物，从而有利于提高原油采收率。油田采出水中分离出的异养型的盐厌氧发酵细菌也主要是一些中度嗜盐菌，依据其生存油层的差异，其利用的底物种类和代谢产物种类均存在一定的差异，其中某些微生物可利用碳水化合物产生乙酸，而不产生乙醇；某些异养发酵微生物不能利用碳水化合物，而是利用蛋白胨和氨基酸而产生乙酸、异丁酸等；某些异养发酵以纤维二糖、甘露醇等作为碳源而产生乙酸、氢和二氧化碳。

油藏中分离出的异养型嗜热发酵细菌主要是热袍菌目，嗜热菌所能选择的底物的范围很大，不仅能够以碳水化合物作为能源，还能够利用复合有机物作为能源，大部分的嗜热发酵细菌都能够还原硫代硫酸盐，其所适应的盐度范围较广，有些微生物有周生鞭毛能够运动，如运动石油神袍菌。嗜热菌对于油藏生态系统有重要的作用，某一种热厌氧杆菌，不仅能利用碳水化合物进行代谢，还能用硫代硫酸盐作为电子受体利用氢，某些嗜热发酵细菌还能形成生物膜，利用这一微生物的代谢特性，有助于开采石油，从而提高原油采收率。

23.5　铁还原性微生物

在油藏的岩石中含有铁氧化物，油藏中含有铁离子，这为油藏中铁还原性微生物的研究埋下伏笔，但是对于铁还原性微生物的研究，与前几种微生物相比要少一些，油藏微生物群落结构包括了严格厌氧或兼性厌氧的铁还原菌，现已发现并分离出的铁还原性微生物能够以氢氧化铁及含硫盐类或者是蛋白胨作为电子受体。从油藏中分离出的铁还原菌有：嗜热脱铁杆菌、腐败希瓦氏菌等，据研究表明栖热袍菌属、热厌氧杆菌属和热球菌属的细菌以铁离子作为电子受体时，能够氧化氢，这表明铁还原具有重要的生态意义。油藏中铁还原菌的代谢途径有多种，对于油藏中铁还原菌的研究需要进一步的探索。

23.6　硝酸盐还原微生物

硝酸盐还原微生物也是油藏中重要的微生物之一，在油藏中硝酸盐含量较少，如果向油藏中注入硝酸盐，能够使得油藏中微生物所处的环境的氧化还原电位发生改变，从而使得原有的处于优势地位的硫酸盐还原菌得到抑制，因为硫酸盐还原菌与硝酸盐还原菌之间存在着竞争关系，两者相互竞争有机酸，某些硝酸盐还原菌在以硝酸盐作为电子受体的同时还能够氧化环境中的硫化物，再加上硫酸盐还原菌受到抑制，从而使得硫化物的浓度降低了。

油藏中的硝酸盐还原菌分为好氧型硝酸盐还原菌、微好氧型硝酸盐还原菌、兼性厌氧型硝酸盐还原菌和严格厌氧型硝酸盐还原菌几类。油藏中的硝酸盐还原菌可以分为自养型和异养型两种，自油藏中分离出的硝酸盐还原菌有：嗜醋酸脱氮弧菌、地下地芽孢杆菌、乌津地芽孢杆菌、油水海杆菌、食琥珀酸盐油杆菌等，其电子供体的范围较广，如酵母粉、氨基酸、蛋白胨、H_2、乙酸盐、柠檬酸盐、丙酮酸盐、苹果酸盐、戊酸盐、延胡索酸盐、纤维二糖、糖、乳酸盐、琥珀酸盐、烃($C_{10} \sim C_{16}$)、十六烷、姥姣烷等。有些硝酸盐还原菌属于中温严格厌氧型微生物,在代谢过程中能够氧化乙酸盐,同时将硝酸盐作为其电子受体,还原为铵盐。利用硝酸盐能够明显改变油藏微生物菌群结构是值得研究的一个方向。

硝酸盐(硝酸钙或硝酸钠)通常用于污水处理,消除因硫酸盐还原菌生长引起的恶臭气味,硝酸盐处理是一种广泛应用于油田微生物控制的新技术,有希望替代杀菌剂处理。近年来,新技术发展迅速,如井下硝酸盐类化学制品处理,控制硫酸盐代谢,限制酸化速度;在注入水中添加硝酸盐,控制微生物腐蚀,最大限度减少杀菌剂的使用。

第 24 章　石油微生物作用

24.1　石油微生物活动消极作用

24.1.1　石油微生物的降解作用

24.1.1.1　石油微生物降解危害简述

油藏通常为高温环境,同时油藏压力可变,油藏中微生物的生物降解作用发生的温度一般在 40~80 ℃,在高压环境下进行的。油藏中岩层排放出的原油,在转运的过程中会发生一系列变化,其中主要的变化之一就是石油微生物的降解作用,有观点认为原油的生物降解作用主要是由好氧微生物作用产生的,随着研究的深入,大部分观点认为原油的生物降解作用主要是由厌氧硫酸盐还原菌和发酵性细菌的厌氧氧化过程引起的。

影响石油微生物降解作用的主要因素为温度、压力、营养物质等。若油藏内环境的温度低于或高于微生物降解作用的温度,会对微生物的厌氧氧化作用产生影响,甚至会使得微生物的代谢活动产生休止现象;当温度过高时降解程度较低,浅层油藏原油重质含量增加。油藏内稍稍的压力波动在此可以忽略不计。当微生物与原油充分接触后,便相应地产生了原油的生物降解作用,在生物降解的过程中原油的含水层的体积及含水层与油柱的接触面积大小,都决定了油水界面微生物对营养物质和电子受体的获得量,而两者充分接触的时间则与油藏充注的时间有很大的联系。若油藏充注时间长则原油与微生物的接触时间长,则发生原油生物降解作用的概率会大一些。石油充注历史和新鲜原油的混合速率是控制油藏原油生物降解的重要因素,若原油内微生物所需要的能源和碳源物质充足则更有助于其生物降解速率的提高,磷和氮是微生物的必需生长因子,而油藏中的营养物质相对匮乏,这一点将会使得石油微生物的降解作用受到影响。

经微生物降解作用后的原油的一些特性如黏度、pH 值以及某些离子或有机物的含量会发生相应的改变,也会给石油工业采油加大一定的难度,一般来看,生物降解后的原油的黏度会增加,微生物厌氧氧化作用后会使原油的 pH 值降低,通常会用酸值来衡量原油的 pH 值的变化情况,酸值越高,则原油所具有的腐蚀作用会增加,会给石油的冶炼造成很大的障碍,生物降解作用还会使得原油总的有机物含量如直链脂肪酸、类异戊二烯酸、环烷酸、单环和多环芳香酸等酸性物质增加,以及胶质、沥青质还有硫和镍等金属离子的含量增加,会导致原油的开采难度加大。

24.1.1.2　降解微生物简介

石油污染的生物修复以石油烃类化合物的生物降解为基础,而石油烃类化合物的生物降解发生与否以及其发生后进行反应的速度、反应进行的程度等方面又受多种因素的影响。石油烃类生物降解的发生,应具备三个必备条件:①石油烃类物质的存在;②具有可生物降解的石油;③存在能够生物降解石油的微生物。其中微生物的作用很重要,下面我们对于降解微生物进行简单介绍:第一类降解微生物为细菌,在生物圈内有许多细菌能以石油烃类作为碳源和能源,氧化烃类使之降解,如甲烷氧化菌能氧化甲烷,不断将其分解氧化,直至变成二氧化碳和水,能降解石油烃类的细菌较多,其中最为主要的有:无色杆菌属、不动杆菌属、棒杆菌属、节杆菌属、产碱杆菌属、黄杆菌属、芽孢杆菌属、微杆菌属、假单孢菌属、微球菌属等;第二类降解微生物为霉菌,能利用烃类的霉菌种类也很多,其中较为常见的有头孢霉菌、曲霉菌和镰刀霉菌等;第三类降解微生物为酵母菌,有不少酵母菌也能利用石油烃类使之发生生物降解,其中较为常见的有假丝酵母属、红酵母属和掷孢酵母属等。

研究降解石油的微生物作用中以上三类微生物对于整个石油降解作用的贡献率时发现,降解石油烃类的能力依赖于微生物群落的组成,研究发现如果某一土地的土壤长时间内受到苯的污染后,被污染的土壤所含的苯中,有80%的苯被细菌进行生物降解,20%的苯被真菌进行生物降解。大量研究表明,当降解微生物菌群处于石油污染环境中时,利用烃类化合物的微生物数量急剧增长,也就是说当某一环境受到石油污染时,即该环境的有机物,特别是烃类物质的含量会增加,那么该环境中能够进行生物降解的微生物的数量会在短时间内增加。一般来说,在正常环境下能够进行生物降解作用的微生物大约只占生境中总体微生物群落的1%,而当环境受到石油污染时,能够进行生物降解作用的微生物的比例可提高到生境中总体微生物群落的10%,有时候甚至可以达到总体微生物群落的90%。

24.1.1.3　微生物对不同组分降解作用概述

不同种类的微生物对原油不同组分的降解能力有所不同,而且同一种微生物可以以不同的降解速率同时利用原油中的多种组分。微生物降解原油中的烃类物质,通常石油微生物会优先降解丙烷和丁烷,结构对称的烷烃比异构烷烃更容易被石油微生物生物降解。原油中生物降解作用往往会产生大量的甲烷气体,在产生甲烷的过程中氢气具有重要的调节作用,它的来源有多种途径,如脂环化合物和环烷-芳香化合物的芳构化作用或者是有机物成熟作用及矿物水解等作用,二氧化碳主要来自于原油的微生物发酵过程,通过二氧化碳还原产生甲烷是原油生物降解的主要末端代谢途径。原油中的芳香烃抗生物降解能力较烷烃要强一些,如苯和甲苯比环己胺和环己基甲烷更难于被生物降解,异构烷烃、烷基环己烷比取代基相对更少一些的烷烃更容易被微生物进行生物降解,同样甲基在主链上的位置也对烃类物质生物降解的难易程度产生影响,当某烃链上含有多个甲基时,若甲基的位置相邻近时该烷烃的性质则比较稳定。

在原油中同位素的生物降解作用一般是微生物优先利用同位素偏轻的组分,如果被生物降解的烷烃的碳原子数越多,则微生物对烷烃末端碳原子的生物作用对整个分析同位素组成的影响越小。当长链脂肪烃的碳原子数大于15时,一般情况下,微生物优先利用烷烃,然后才利用降姥鲛烷等无环类异戊二烯烷烃;通常15个碳以上的饱和烃被生物降解的程度较小,短链烷烃优先降解。原油的组分复杂,所以原油被降解的程度存在着差异性,油层埋深越浅,原油被生物降解程度就越高。研究发现,原油中微生物的降解作用中,特定的微生物菌群能够选择性地利用特定的环烷烃。原油中的双环倍半萜较容易被生物降解,三环萜烷广泛分布于石油和烃源岩抽提液中,相对于双环倍半萜,三环萜烷要难进行生物降解一些,在生物降解后,原油中的双环倍半萜的含量相对逐渐较少,而三环萜烷的含量相对逐渐增加;五环萜烷在生物降解中含量的变化趋势一般为先增加后减少,这是因为在进行生物降解的初期,微生物优先利用那些较易降解的组分,到后期微生物才开始利用原油中的五环萜烷,则其含量降低了。

通常条件下,单环烷基苯最易被石油微生物利用,在微生物降解作用的早期便开始了单环烷基苯的降解,原油中相对分子质量相对较小和水溶性相对较好的化合物更易被石油微生物所利用降解,相对分子质量相对较高和水溶性相对较差的化合物易被生物利用。石油微生物对于芳香烃的降解速率的影响因素主要有烷基化的程度和烷基取代位点的位置,烷基取代位点的位置不同,其所具有的抗生物降解的能力也不同,侧链长度不同的甾烷、单芳甾烷和三芳甾烷的抗生物降解性也不同,单芳甾烷的抗生物降解能力最强,芳构化甾烷具有很强的抗生物降解能力,只有在某些极端条件下才能被微生物降解利用。烷基化多环芳烃热成熟度参数被广泛用于评估沥青和生油岩的热成熟度,芳烃在不同成熟度下被生物降解的程度不同,稳定的多环芳烃比不稳定的多环芳烃具有较弱的抗生物降解能力。

原油中的含氮化合物主要有两大类:烷基咔唑的非碱性衍生化合物,以及嘧啶和喹啉的碱性衍生化合物。环和取代基越多,咔唑的抗生物降解能力越强,对烷基咔唑而言,烷基的位置对生物降解作用有显著影响,烷基与氮原子毗邻的烷基咔唑易被生物降解;烷基酚在好氧和厌氧条件下能够被微生物利用,石油微生物作用既能产生烷基酚,也能降解烷基酚,与上述我们所讲的例子相同,烷基苯酚水溶性高,故其也易于被微生物降解利用,随着微生物降解程度的不断深化,原油中所有烷基苯酚的含量均呈下降趋势。微生物降解作用对原油的消极作用之一为使原油的 pH 值降低,酸值增大,从总体上看,在石油微生物的降解作用中,原油中有机酸的含量处于上升的状态。

生物降解作用是生物作用、化学作用及物理作用相互影响的过程。对生物降解过程的认识有利于在石油勘探过程中准确预测油田的生物降解风险。在生物降解过程中,微生物代谢油和水产生甲烷和二氧化碳,生物降解作用造成原油酸化,使得原油成熟度及石油运移等的指示剂不再有效,生物降解作用使得原油物理性质和组分:硫、胶质、沥青和金属离子含量上升,烃中的同位素偏重,为原油的开采与炼制增大难度。

24.1.2　石油微生物的腐蚀作用

在石油工业中产生的腐蚀作用大致可以分为两类:一类是由石油微生物引起的;另一类是由非生物因素所产生的腐蚀作用。在实际的工业运行中,往往是这两类腐蚀作用并存。

石油微生物的腐蚀作用的范围包括油井管路、压力容器及地面设施管道内部腐蚀作用,影响微生物腐蚀作用的因素有很多,pH 值是微生物腐蚀中重要的参数,氢离子(包含氢离子(H^+)和阴离子(X^-))的产生和消耗也是一个关键因素,在腐蚀过程中最常见的三种氧化剂分别是酸性溶液中的氢离子、碳酸水中的氧及中性去气溶液中的水分子,微生物腐蚀过程中,细菌代谢产生弱酸,提供氢离子,特别是碳酸、氢硫酸和乙酸,处于微生物腐蚀状态的金属的电子和离子不断地向液相中转移,发生电化学反应,不仅反应物发生电化学反应,阳性和阴性腐蚀产物也会相互之间发生反应,在此过程中腐蚀性产物可作为悬浮固体被分散或者作为多孔介质附着于反应界面上,从而形成抗腐蚀的保护层。腐蚀介质局部化学性质改变(如原位 pH 值)是影响腐蚀电化学的重要因素,很多腐蚀机制都与氢氧根吸附物有关,而氢氧根吸附物受硫酸氢根和氢氧根外层电子层影响。

在不锈钢氯化物腐蚀中,氧腐蚀是电化学反应中的重要参数,事实上在石油工业腐蚀中,若只有微生物而其他腐蚀条件不提供支持,则微生物对腐蚀介质产生的影响特别小,在高温含硫气井中,即使不存在微生物,油井也会出现局部腐蚀,对于简单的外部腐蚀的预防措施有涂漆、涂防腐层及阴极保护;对于电化学腐蚀,向腐蚀金属的表面投加阻蚀剂,阻蚀剂将吸附于腐蚀金属的表面,从而降低电化学腐蚀速率。微生物典型的腐蚀作用会产生小点蚀核,当微生物引起的酸化作用使得 pH 值变化时,会引起这些点腐蚀作用增强。

在研究中发现,电化学腐蚀产物能够起到一定的保护腐蚀层的作用,其保护作用的原理为:腐蚀层是一层活性膜,可在石油工业腐蚀电化学、化学、反应物运输及反应产物之间形成循环交互作用,能显著改变腐蚀金属表面局部电解液的组分。事实上,在电化学反应过程中,液相表面状态所起到的保护作用要更大一些,当存在着弱酸时,弱酸中的阴离子可以作为电解液的主要缓冲剂,从而可起到一定的保护作用;当存在强酸时,H$^+$浓度通过迁移缓冲液中局部有效浓度的混合而得以调整,当在低温条件下发生微生物腐蚀时,腐蚀过程中溶解度和沉淀的溶度积对于腐蚀层中反应的扩散有一定影响,例如硫化亚铁沉淀,当可溶层处于稳定状态时,几乎所有 Fe^{2+} 都在内部金属层界面发生沉淀作用,在金属表面的将腐蚀层逐渐变厚,与此同时腐蚀形成的固态腐蚀产物的量将会下降,当 Fe^{2+} 的浓度较高时,腐蚀层变厚,腐蚀层的保护性能较好;在不可溶阴离子层,增加硫化亚铁溶解度,Fe^{2+} 将在腐蚀层外面形成沉淀,这类腐蚀层的保护性能很差,腐蚀层也将被腐蚀。当含有大量的硫酸盐还原菌和硫代硫酸盐还原菌时,管道发生微生物腐蚀,此时发生的腐蚀所产生的危害并不是将管路腐蚀泄漏,而是微生物腐蚀所产生的硫化物量大将所在的输油管路堵塞,从而增大了输油难度。

发生微生物腐蚀的原因很多,微生物腐蚀不仅受微生物影响,而且还取决于非生物因素的影响,有些酸性物质也会促进生物腐蚀的进行,也许不同的物质对于生物腐蚀的消极或积极的作用是不同的。非局部腐蚀是一个不可逆过程,微生物消耗不能改变非局部腐蚀反应速度,微生物腐蚀钢铁时产生氢气能够被所在的小生态系统中的其他微型动物或者微生物所利用,对微生物的腐蚀作用也有一定的影响。

对于微生物腐蚀所带来的危害所采取的处理措施可对微生物腐蚀起到一定的防治作用,或者是将微生物腐蚀程度尽可能抑制,可采用杀菌剂或者阻蚀剂,但有时杀菌剂处理效果不稳定,需要两者同时使用。常见的杀菌剂有生物稳定型杀灭剂、氧化型化学试剂和非氧化型化学试剂。生物稳定型杀灭剂能够对微生物起到抑制作用,其所需要的投加量较大一些,若投加量不足,生物腐蚀作用会继续扩大,生物稳定型杀灭剂不是灭菌,主要是抑制作用,若使用灭菌剂需要确定好其最小的安全投加量。在使用杀菌剂或者化学药剂时,需要把握好杀菌剂或化学药剂的用量以及药剂与微生物的接触时间(也可称为药剂的停留时间),在灭菌或杀菌的过程中,为有效处理微生物腐蚀,化学杀菌剂必须充分扩散到微生物所在的管壁,接触金属表面的黏附细菌(包括硫酸盐还原菌),要有效杀灭生物膜,必须优化接触时间和投加速度,针对不同药剂的灭菌效果以及其氧化性的强弱,可采用连续处理和间歇处理两种方式进行。抗腐蚀的氧化性化学试剂种类较多,也是常用的氧化剂,如臭氧、氯气、次氯酸盐、溴、次溴酸盐及二氧化氯等,此类氧化性试剂的氧化性强,一般情况下只用于紧急情况。非氧化型化学试剂有戊二醛、四羟甲基硫酸磷、双硫氰酸盐、丙烯醛、甲醛等,此类非氧化型化学试剂往往具有生物毒性,对油藏中的微生物会产生毒害作用,在生物自然选择规律的作用下,如果长期使用某类非氧化型化学试剂,经自然选择后生存下来的微生物会对该类非氧化型化学试剂产生生物抗性,与此同时,其对生物腐蚀的防治作用会减弱。在向油藏中注水时,通常严格控制注入水的氧含量和亚硫酸盐含量,能够在一定程度上减轻微生物的腐蚀作用。

24.1.3　石油微生物膜的危害

24.1.3.1　石油微生物膜的形成与影响因素

工业生产中形成的生物膜包含大量的好氧微生物、厌氧微生物、兼性厌氧微生物、兼性好氧微生物等,这些微生物又包含着异养型微生物和自养型微生物,当工业生产中石油管路中的微生物形成微生物膜时,微生物的代谢作用和微生物的不断增殖将会引起原油的储集岩堵塞、滤膜阻塞、管道流动性降低、微生物污染、石油产品酸化等一系列运行问题;其中的微生物污染现象将导致原油降解,使得石油流体中的悬浮固体增加,改变了总体流体组分等问题。

微生物附着于生物或非生物表面,随着微生物的不断增长形成均匀的、含有黏液的微生物薄膜,即为微生物膜,微生物膜可以看作一个小小的生态系统,它可以适应不同的生活环境,如在工业污水的处理中常常采用生物膜法来净化水质,同样在油藏流体中微生物菌群也可形成生物膜生存于其中。生物膜的产生所需要的时间相对短,首先在固相的表面形成有机分子的条件膜,促使原始微生物细胞附着于固相表面(如管壁)、容器内部或多孔介质,在此基础上,微生物细胞开始不断增殖,当微生物细胞初步附着于管壁中时,多种细菌开始合成蛋白质,产生胞外聚合物,促使细胞固定于物体表面,与此同时细胞开始分泌胞外聚合物,构成三维立体结构,从而逐步形成生物膜的多层结构,有利于微生物吸附微粒物质和微生物细胞之间的连接,随着生物膜的成熟,细菌趋向于聚集生长,促进了复合生物膜结构的发育。生物膜始终处于动态稳定变化,随着时间的推移,生物膜也会出现周期性的更新,脱落的单个或者多个微生物可能随着石油流出,或者在流动过程中又吸附于其他管壁处形成新的生物膜。生物膜的形成过程如图24.1所示。

生物膜中微生物量的大小与所处的环境和微生物自身特点有关,环境异质性将影响可溶性化学物质(包括抗菌剂)穿越生物污染层,显著影响生物膜控制的处理效果;当管内的石油流量大且流速慢时,微生物的营养充足,而流体对于微生物膜的剪切力较小,此时微生物膜相对较厚,此时也有一定的作用,如金属表面硫酸盐还原菌生物膜较厚,腐蚀层保护性好,腐蚀速率也很低;当管内的石油流速较大时,流体对于微生物膜的剪切力较大,则所形成的微生物膜的厚度较小,如在高速流动的管道,往往沿流动方向拉伸,形成丝状膜;而对于微生物本身,细胞的基因表达能够对环境变化产生反馈调节,如在黏附细胞附着于表面的几分钟内,黏附细胞即开始产生胞外聚合物,而改变生物膜的其他表型特征。同时管壁表面的平整度对于微生物膜的微结构以及微生物膜的种类有一定的影响,

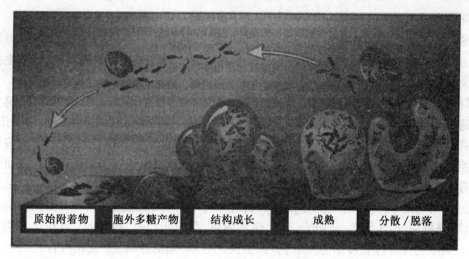

| 原始附着物 | 胞外多糖产物 | 结构成长 | 成熟 | 分散／脱落 |

图 24.1　生物膜的形成过程

生物膜的微结构对于微生物细胞的活性也会产生一定的影响。

24.1.3.2　膜细菌

生物膜细胞通过细胞间遗传物质和化学信号交换,形成了一个稳定的、多物种交互式复合微生物群落,也可以说生物膜是一种微生态系统,伴随着生物膜的成熟,生物膜结构更加复杂,生物膜内微生物之间存在着竞争与互利共生的关系,微生物之间的竞争关系使得生物膜内的不同种类微生物之间的生态位发生分离,会逐步在微生物膜上出现优势群种,从而微生物膜上微生物之间的关系会逐步从中间竞争关系发展为种内竞争为主的关系;在不同种微生物之间还存在着互利共生的关系,微生物彼此之间提供其代谢所需要的养料或者为彼此创造出较为适宜的生存环境,如好氧细菌消耗氧气,利于硫酸盐还原菌生长或者铁质管道生物膜内互利共生将促进腐蚀细菌在其他微生物菌群下层生长繁殖。

在实验室检测油田微生物的方法有多种,ATP 检测、放射呼吸测定技术、免疫化学法、荧光染色法和荧光显微技术,生物膜的生物学分析、生物化学分析、化学分析,以及酶活分析等,上述部分方法与在 23.2.1.3 小节中所阐述的对于硫酸盐还原菌的检测方法相近。基于离线技术的商业检测套件和生物传感器可广泛用于油田检测,通常采用传感器检测微生物特征,而不检测微生物生长情况。电化学传感器用于检测生物膜发生危险的时间,以及两次杀菌剂处理期间,生物膜再次形成所需的最大时间间隔,基于此间歇处理旨在定期破坏生物膜,这是因为浮游生物并不能造成腐蚀,不需要在生物膜形成前就将其破坏。一些杀菌剂溶解度大,可透过细胞膜,这类杀菌剂只能防止油藏酸化,而不能避免微生物的腐蚀作用。

依据生物膜监测技术的水平,将其划分为三类:

第一类生物膜检测技术能够监测到表面污染,由于技术水平限制在现阶段内的表面监测只能监测出在管路或油藏中出现了表面污染与否,而无法区分产生表面污染的原因是微生物作用还是由于无机沉积物而引起的,表面监测污染技术的主要设备包括光学传感器、超声设备、热阻和石英微天平技术等。

第二类生物膜检测技术不仅仅能检测出污染的发生,还能区分其是由微生物还是无机沉积物所引起的,该类生物膜检测技术采用生物化学探针、遗传学方法和激光共聚焦显微镜等技术设备。

　　第三类生物膜检测技术在第二类生物膜检测技术的水平之上发展而来,若检测出污染是由微生物引起的,该技术还能够做进一步的检测,即其还能够探测生物膜中微生物的活性及其生存能力,通常采用一些遗传学、化学和酶学方法进行检测。

　　目前正在发展多种技术,以便能够实时监测物体表面的细菌数量和繁殖速度,这些技术普遍用于净水处理系统,如核能工业,同时有一些技术也具有应用于油田系统的潜能。激光共聚焦扫描显微镜技术、荧光原位杂交技术和变性梯度凝胶电泳技术是目前应用于热交换系统的生物膜监测的常规技术,也可直接用于石油工业。当前限于实验室研究的方法有很多种,值得今后进一步研究,例如 EPS 检测的 X 射线光电放射光谱学方法、激光共聚焦扫描电镜干涉差显微镜、显微放射自显影术、β 射线缩微影像术、磷脂脂肪酸印迹法、电导分析法、EPS 化学、光声光谱法、滴定测量、微电极(pH,测定 pH 值和营养物离子等)、末端限制性片段长度多态性分析、天然荧光技术、酶活性测量(荧光报告)、绿色荧光蛋白标记、荧光分光光度法;目前适用于工业系统的方法也包含多种,例如管壁的光纤设备(采用 NAD/NADP 自发荧光)、浊度、扭矩环反应器(离线)、热导电阻在线超声波探测仪(超音频反射计)、激光(反射聚焦)、红外在线监测仪、石英晶体微量天平、变性基因组凝胶电泳、活体染色、荧光原位杂交、原位 PCR、电化学(ECN、BIOX、BIOGEORGE 探针)、化学变化法(废水处理厂)、氧化还原电位探针、循环伏安法、基于光密度的生物监测仪、生物传感器等方法。

24.1.3.3　石油工业生物膜的实际意义

　　生物膜能够运用于污水处理系统、微生物采油和生物修复。而且,生长于生物膜内的细胞比浮游微生物细胞具有更强的抗菌剂抗性,使用抗菌素处理时,浮游微生物细胞的对数减少值比生物膜细胞的对数高出 2～4 个数量级,在某些极端条件下,生物膜密切接触管壁、容器内壁及固体表面,因此,与浮游细胞相比,生物膜细胞更能改变这些接触面,在某些特定环境下,保护性生物膜可以抑制生物腐蚀。但生物膜也会带来一些问题,需要昂贵的补救措施。

　　生物膜对于油田的影响是两面性的。其积极方面是,在油田的应用中,好氧微生物和兼性好氧微生物(好氧条件下生长)能够降低生物腐蚀速率。消极方面是,若不能有效控制生物膜生长,将给油田系统带来一系列不良后果(如直接影响运行安全与经济效益,并引起油藏环境条件的改变;在淡化装置和反渗透装置存在着微生物腐蚀和污染等)。

　　在石油工业生产中,有效预测和控制微生物的代谢活动,也会为石油工业生产带来好处,如利用微生物提高采收率、降低开采成本或最大限度地减少环境影响等。

　　微生物提高原油采收率技术便是将微生物代谢运用到石油生产中的积极的例子之一。目前有多种方法利用微生物提高原油采收率,如在注入水中添加微生物产物(聚合物或表面活性剂);向储层中注入微生物,促进生物膜形成,改变水驱方向;注入营养物质,刺激油藏微生物生长,产生二氧化碳(增加储层压力)、酸(增加流体流动性)或表面活性剂。

　　当出现原油泄漏时,可以利用生物降解作用来减少泄漏的原油对周围环境的污染作用,那些能选择性利用烃快速生长的微生物具有很好的商业应用价值,可用于海洋泄漏油生物修复,该方法与化学分散剂处理方法相比,前者对环境更友好,也更加符合我国环境友好型社会的政策。

微生物作用还可以进行微生物修复。烃降解细菌、烃、无机营养成分、沙土和水构成一个复合体,可将烃废弃物转变为有机土壤。微生物脱硫也可大量应用于生产上,大部分原油都有大量含硫化合物,需要炼制前将其去除,目前采用的技术是利用微生物将硫和硫化物转变为硫酸盐或其他易被处理的含硫化合物。

24.2 石油微生物作用及生物技术

24.2.1 石油微生物作用

24.2.1.1 注水过程中的微生物作用

很多油藏都经历过生物降解过程,油藏地层水中含有大量的氮和磷和各种营养类型的微生物,微生物通过协同作用而不需要外源电子受体就能够对原油进行降解,向油藏内注入水有利于形成微生物适应的内环境,通常认为生物稳定性的化合物对微生物的活动有抑制作用,向油藏注水稀释了油藏中原有的流体物质,破坏了岩石中的生物稳定性化合物,含水饱和度的上升改善了油藏中微生物生长的环境,让油藏孔隙中的微生物利用已脱气的原油生长。硫酸盐还原菌可随注入水进入油藏,硫酸盐还原菌代谢活动引起局部区域温度偏低。

当向油藏中注入的水的成分不同时,对于油藏内微生物的影响也不同,如果注入水含有硫酸盐,在注水井的近井处可形成硫酸盐还原菌生物膜;如果油藏注水为海水,因为海水中的氮、磷含量少,则在稀释后的流体中,氮、磷将可能成为油藏内微生物生长的限制因子;如果油藏注水中氮、磷含量充足,则为油藏中的微生物提供了充足的氮源和能源物质,能够促进微生物的生长繁殖。

24.2.1.2 硫化氢的影响

如果向油藏中注入的水中含有硫酸盐和容易进行生物降解的有机碳源时,硫化氢的含量将会提高。硝酸盐还原菌和硫酸盐还原菌是油藏微生物中具有代表性的两类,在油藏流体所创造的生态环境中,硝酸盐还原菌和硫酸盐还原菌之间相互竞争需要利用油藏流体中相同的原油组分(烷基苯、烷烃、烯烃等),一般情况下,如果这两类还原菌利用油藏中同样的石油烃,硝酸盐还原菌能够比硫酸盐还原菌获得更快的生长速度,若想在油藏中注入含有硝酸盐的水,硫化氢将被氧化,与此同时硝酸盐还原菌会逐步成为优势菌种,连续向酸化的注水管道中投加硝酸铵和磷酸钠,可以生物转化硫化氢并抑制硫酸盐还原菌的生长。

24.2.1.3 硝酸盐的影响

通过上述介绍可知,硫酸盐还原菌在石油环境中的氮源、碳源为硝酸盐,故适量的硝酸盐可以有效地抑制硫酸盐还原菌,通过检测可以得出,加入硝酸盐后的注入的水对油藏内的微生物活性有一定的影响,主要是对硫酸盐还原菌的影响,在注入硝酸盐之前,油藏内生物膜上硫酸盐还原菌数量占整个菌群的50%~90%,在整个小的生态系统中占主导优势地位,此时硫酸盐还原菌的生物作用较强,对于管壁的腐蚀作用也比较严重;在注入硝酸盐之后,硫酸盐还原菌的生长受到抑制,而硝酸盐还原菌的数量不断增加,此时油藏管壁的腐蚀作用得到一定的缓解。油藏的储量很大,油藏内的含碳有机物的量也很大,油藏酸化是油藏开采中常常遇到的问题,在预防油藏酸化上,硝酸盐起到了一定的作用,其主要的原理是,向油藏中注入硝酸盐后,使得注入井附近几乎没有硫化氢产生,此时继续向油藏中注入的水中便不含有或只含有微量的硫化氢,这样减少了硫化氢向采油井内部的运移,从而使得采油井硫化氢的产量降低,防止了油藏的酸化。硝酸盐注入法是一种环境友好型技术,处理过的采出液释放到海洋中不会造成污染,更重要的是其对工作环境有正面影响。

24.2.2　石油生物技术

24.2.2.1　石油生物技术简介

原油是推动工业化和经济持续发展的基本能源,目前通过新技术能开采出部分残余油,以减缓国内原油产量下降的趋势,延长油藏寿命。高原油产量技术是通过提高原油采收率、降低操作费用来延长单井的经济寿命的,开发长期经济的提高原油采收率技术的潜力是巨大的,微生物技术提高采油率更是值得研究的方向之一。微生物驱油具有几个显著特征:①微生物驱油较为经济,相对于热力驱油来看,能够在很大程度上降低能源的消耗,减少了能耗费用;②微生物生长速度快,在发生生物作用的同时能够产生其他的有用产物。目前微生物驱油还在进一步研究中,微生物在油藏内环境中的生长量以及其生物反应的全过程难以把握控制,是影响微生物技术推广的一大难题。

现将微生物在油藏条件下增加石油采收率可能的机理总结如下:

微生物降解高相对分子质量的石油烃,主要是正构烷烃和脂环烃及芳烃侧链黏度或凝固点,改善其流动性,增加出油量;微生物的不断生物作用产生低相对分子质量的有机酸,溶蚀孔喉中岩石表面的碳酸盐矿物或无机垢透性,提高原油产量;在微生物降解石油烃类物质时也会产生气体如甲烷、二氧化碳、氮气等,同时由于气体的产生,增加了管路或者是岩层中的压力,从而增加地层压力,降低原油黏度,能溶解碳酸盐矿物,增加渗透性,因此提高油藏的出油量;在微生物降解高分子有机烃类物质的过程中会产生低相对分子质量的有机溶剂,如醇、酮类等溶于原油中,降低原油黏度表面活性剂,改善其流动性;产生表面活性物质,降低界面能力,改变润源性,提高注入水的洗油能力,表面活性物质还能使原油分散、重油乳化,从而提高稠油采收率;产生生物聚合物,增加注入水的黏度,改善流度比,并能封堵高渗透层,深部调剂,改善水的波及效率,增加剩余油采收率。

利用微生物法大量回收残留在填砂模型或砂岩岩心中的原油,需要三种微生物产物:第一种微生物产物为提高置换流体黏度的聚合物、第二种微生物产物为生物表面活性剂、第三种微生物产物为醇类物质,下面我们简单探讨一下有利于生物驱油的微生物代谢产物及其可能的作用。据气态方程可知,当石油工程将油藏中的石油抽出后,油藏能的压力会降低,经微生物作用后向油藏中释放出二氧化碳、甲烷等气体。微生物产物的作用可能是恢复油藏内的压力,可使原油膨胀,降低原油黏度,从而使得原油从岩心中能够相对容易地脱离下来。厌氧烷烃代谢的一个机制是延胡索酸激活反应,这个反应产生的烷基琥珀酸具有表面活性;很多厌氧发酵菌利用易发酵的碳水化合物(如糖蜜)产生大量的酸,乙酸、乳酸、丁酸等酸类物质能通过其酸性腐蚀作用促进岩石中碳酸盐的溶解,提高岩石渗透性,使得碳酸盐岩壁的孔隙度增大,使其表面积相对减小,对于原油的吸附能力减弱,从而提高石油的采收率;乙醇、丁醇、丙酮等有机溶剂对于提高石油提取率的作用是降低原油黏度,改变润湿性,促使原油从多孔介质中释放;像多糖或蛋白质等聚合物主要通过控制流速和调整渗透性来促进原油产量的提高。

24.2.2.2　石油本身微生物采油技术

在将微生物作用应用于采油技术时,我们将微生物按照其进入油藏的方式分为油藏内自身固有的微生物和由油藏外进入的微生物。

下面先介绍油藏内固有的微生物应用采油技术的原理。其原理如下:第一阶段为生物好氧发酵阶段,首先将注水井或者靠近井的地带厌氧的和兼性厌氧的烃氧化菌激活,在烃氧化菌的作用下发生烃类的氧化反应,在烃类发生部分氧化时会产生醇、脂肪酸以及可作为表面活性剂的其他组分;第二阶段为厌氧发酵阶段,由于氧化还原电位逐渐降低,产甲烷菌和硫酸盐还原菌在缺氧层被激活,降解石油产生甲烷和二氧化碳等气体,这些物质在溶于油后,就会增加油的流动性,进而提高原油的采收率。在整个微生物作用的过程中,微生物产生的同位素轻的甲烷与总甲烷的比例在不断地增加。

在第一阶段中,如果井眼周围原油被冲洗得较为干净,还需适当注入原油;油层中缺乏氧和氮源、磷源,所以为了微生物保持充足的生物活性,还要向油藏中注入空气和含氮、磷的矿物质。在氮源不充足的情况下,微生物的繁殖速度相对会变得缓慢,而且此时微生物所利用的碳源的代谢去向也会受到影响,会将碳源转化为胞上黏液,而不是形成细胞质;如果微生物所处的生境中的磷源不足,细胞不能合成足够的三磷酸腺苷来维持代谢功能,使得微生物的活性下降。微生物好氧发酵作用主要导致地层水中碳酸氢盐和乙酸盐含量的增加,从而引起油藏酸值增加,微生物的厌氧发酵主要导致甲烷含量增加。

24.2.2.3　外源石油微生物技术

相对于油藏本身固有的微生物而言,外源微生物为从油藏外部进入到油藏内的微生物,而外源微生物采油即指将地面培养的微生物菌种或孢子与营养物一起注入地层,而后微生物菌种在油藏内生长繁殖,产生大量代谢物如酸、低相对分子质量溶剂、表面活性物质、气体、生物聚合物等,增加地层出油量,从而达到提高原油采收率的目的。外源微生物采油技术通常包括单井周期性外源微生物采油技术和外源微生物强化水驱,前者包括微生物吞吐采油、微生物酸化压裂、微生物清防蜡等,主要是针对油井采油率的提升而采取的措施;后者包括微生物驱油、微生物深部调剖、微生物选择性封堵、微生物循环水驱以及生物工艺法采油(注入生物表面活性剂和生物聚合物)等,主要在注水井上展开进行。下面介绍提高原油采收率的几种措施:

（1）微生物增效水驱提高原油采收率

微生物水驱主要利用的是微生物溶液对油隙的作用,进行微生物水驱时首先确定注采井网,然后向采油井中注入微生物溶液营养剂和生物催化剂的混合液,当该混合液在油藏中被驱替水推进时,可以形成气体和微生物产物,均有助于促进油岩中原油的解脱释放和流动,随后这些原油可通过生产井抽汲产出。

（2）利用微生物改善碱驱提高原油采收率

将微生物技术与复合驱(碱-表面活性剂-聚合物)结合为一种新的经济有效的技术,其基础是微生物能改善原油,产生酸性组分(有机酸),在油/水界面上与碱混合物反应,产生表面活性物质,降低界面张力,它的实际效果优于单纯的微生物驱。

(3)微生物选择性封堵提高原油采收率

微生物选择性封堵高渗透层能够改善微生物作用的波及效率,目前技术水平达到的两种微生物选择性封堵技术的类型有:一是具有生存力的微生物细胞的封堵技术;二是非生存的微生物封堵(主要为细菌残体)。具有生存力的微生物细胞封堵技术依靠微生物胞体对油藏内岩石表面具有黏附能力,逐步产生生物膜附着在岩石壁上或占据孔隙空间,从而使得有效渗透率降低60% ~ 80%;非生存的微生物封堵主要是依靠微生物胞体残骸,如杆状细胞(死细胞),通过机械堵塞孔喉通道,从而起到封堵的作用。

(4)微生物调剂技术提高原油采收率

微生物调剂技术的核心部分在于微生物膜的形成,微生物膜是由微生物细胞生长繁殖过程中产生的多层薄膜,在油藏内形成的微生物膜能够吸附在固体颗粒的表面或者吸附于油藏的岩壁上,其主要成分为微生物聚合物和微生物团物质,该工艺包括注入生产生物聚合物的细菌孢子和营养物质,通过在油层岩石的孔隙中注入微生物和营养物质来降低厚油层产水部位的渗透率,以及在高渗透层条带形成有弹性的生物膜,微生物调剂技术不完全取决于微生物代谢产物的化学体系,它更适用于厚油层或高渗透油层的深部处理,也比较容易达到预期的效果,微生物调剂技术克服了聚合物凝胶、石英砂水泥封堵和选择性封堵等常规做法的不足之处。

外源微生物采油需要对所要注入油气井或是注水井中的微生物菌种进行地面培养和选育,从而经过层层的分离驯化、改良获得性能优异的微生物菌种。由于微生物在注入油藏内后,当前技术不能对微生物的生长再进行很好的控制,故在将微生物菌液注入油藏之前需要进行以下几项工作:①为微生物菌种选取最佳营养物;②针对所选用的微生物菌种对试验油藏原油及其他碳源的代谢活性进行研究;③研究微生物菌种与油藏流体矿物及油藏条件(温度、压力、矿化度)的适应性;④研究微生物菌种在油藏多孔介质中的运移情况;⑤研究微生物菌种在油藏环境中遗传稳定性问题及保持油藏条件下微生物的活性。关于微生物采油菌种筛选、性能评价以及与油藏环境条件适应性的研究报道相对较多,技术也较为成熟,关于微生物采油菌种在油藏条件下活性保持和遗传稳定性问题则是技术的关键所在。随着分子生物学和生物技术的发展,人们采用基因工程技术来构建石油降解工程菌已经取得一些进展。超级细菌的提出也为微生物提取原油的技术的开发提出方向,即将降解石油组分中不同链长的菌的基因提取出来,再将所提取出的基因克隆到同一株细菌上,使克隆后的细菌能降解石油中大部分甚至所有的烃类物质。超级细菌的最明显的特征即为同一株细菌能够解决目前需要多种微生物配合才能降解的难降解物质的问题。由于油藏条件的复杂性,目前,比较可行的办法是如何延续菌种在油层中的生物活性,及时补充一些含氮、磷的生物活性物质,以及研究菌种在油藏条件下生理特征和代谢活动的变化规律,从而对于微生物提高原油提取率进行人工调控,关于这方面的研究已取得一些进展。

24.2.2.4　含油废弃物生物处理技术基本原理

自然界中存在着多种石油烃类降解菌,微生物均具有可驯化性,通常情况下,经筛选驯化后的烃类降解菌能有效地降解石油烃类。含油废物的生物处理技术的核心部分为微生物的选择、培养及驯化,含有废弃物的生物处理技术可简单地做以下描述:即将废油基钻井液及含油钻屑等含油废弃物与适量天然水(淡水、海水)混合,在适宜温度和pH值条件下,向混合后的溶液中添加无机营养物,在有氧状态下对其进行生物处理,经过室内及污染现场应用试验可以得出,生物处理技术能有效地降解油类,大大降低含油废弃物中的油含量。生物处理法具有成本低、简单易行等优点,当含油废弃物的含油量较高时,生物处理所需时间相对较长,故有时需要增加预处理设备,如果在进行微生物处理之前,首先对含油废弃物的混合液进行物理的或化学的预处理方法除去大部分油类,再将剩余的油类采用微生物处理法,则更为经济、简便、有效,也能够保障处理后残余物质内的含油量能够符合排放标准。

进行微生物处理含油废弃物之前需要对含油废弃物的量以及需要的微生物菌种进行简单的分析。首先要了解待处理的含油废弃物的初始油含量,以及设定起始油含量。初始含油量为工业生产中产生的含油物质的油的百分含量,起始油含量为进入生物反应器的废弃物中所含油量。起始油含量的高低,不仅会影响生物处理效果,而且会影响含油废弃物在反应器中的停留时间及最终残余油含量。一般而言,起始油含量越高,油类物质的去除率就越低,最终残余油含量越高,生物处理效果越差,而要达到规定的排放指标,则需要更长的反应(停留)时间,因此,为了获得较好的生物处理效果,应对含油废弃物进行预处理,尽置降低起始油含量。生物处理中菌种的投加与投加量也很重要。

自然界中普遍存在着多种烃类降解微生物,其中在含油污水中分布最为广泛,在含油废弃物生物处理过程中,采用烃类降解菌培养基培养烃类降解菌,以提高微生物对石油烃类的降解能力,既可在运行过程中逐步形成烃类降解菌,也可在反应器中投入经筛选驯化过的烃类降解菌种。一般前者需要相当长的运行过程,而后者可快速实现生物处理。在适宜的温度、pH值及有氧条件下,模拟现场条件在油污土壤、油污海水、油污污泥中对烃类降解菌进行驯化,可以添加原油或柴油作为唯一碳源,并适当添加氮、磷等无机营养物质,加入少量含油污水作为选取的烃类降解菌的菌种来源,即可培养和驯化出高效烃类降解菌。

24.2.2.5　采油废水与微生物

在油田生产过程中,采出液经油水分离后产生大量的采出水,通常情况下这些采出水经处理后作为注入水注入地层进行二次采油。然而,目前我国大部分油田原油综合含水率已达80%,有的甚至达到90%～95%,随着油田开采期的延长,尤其是在油田开发达到中后期时,原油含水量越来越高,而且采油污水的产生量还在增加,已大大超过了注水量的需求,剩余的采油废水必须在处理后排入周围的生态环境之中。根据我国环境保护标准要求,这些采油废水的排放必须达到国家《污水综合排放标准》的要求。

钻井废水是油气田的主要工业废水之一,来源于钻井过程的起、下钻作用时钻井液的返排流失,钻井液循环系统的渗褐,设备和平台清洗等环节。钻井废水具有盐含量高、悬浮物含量高、COD高、色度高等特点,含有石油类、重金属及稳定的高分子物质,排入环境会严重污染环境。COD是采油废水外排达标的关键指标,研究和开发经济有效的COD处理技术对全面实现采油废水的达标排放具有重要意义。而要有效地去除COD,必须深入探讨油田采油废水的有机构成,以便了解COD的来源,寻求有效的COD处理方法。

采油废水是以石油污染为主的有机污染废水,在废水处理中,COD的去除是一项重要任务。目前国内外普遍采用的COD去除方法主要有以下几类:化学法、生物法、综合处理工艺等。其中化学法去除废水中 COD 的方法又有多种方法:如氧化剂氧化法、电解处理法、催化氧化法、膜分离方法、吸附处理法以及混凝沉淀法等。生物处理法同样包含多种生物工艺技术:活性污泥法、生物膜法(好氧生物膜法、厌氧生物膜法(接触氧化法))、氧化塘、厌氧生物处理等,其中活性污泥法是以活性污泥为主体,处理废水的主要构筑物是曝气池,活性污泥法是目前国内应用最为广泛的生物处理方法,其优点是投资和运行费较低,操作管理较为简单,抗冲击能力强等,缺点是占地面积较大,污泥量大,需要增加污泥处理设施等。

在生物处理方法中,好氧生物膜法包括生物滤池、生物转盘、生物氧化塔等,其主要特征是在设备或构筑物中设置滤料层,即微生物聚集的载体,当工厂的建设用地紧张或者处理污水的场地受到限制时,可以采用生物膜法,因为生物膜法占地面积小,产生的剩余污泥量少,有时无需剩余污泥处理,污水处理效果好,生物处理方法对挥发酚、硫化物、油类及悬浮物等污染物也有很好的去除效果,但操作管理较为严格,受冲击难以恢复。接触氧化法同样在污水处理设备中增加了滤料层,使得微生物的生长有所依附,生物接触氧化法一般由油体、载体和曝气池系统等组成,是一种具有活性污泥和生物膜法特点的处理方法。

氧化塘是对于水体自净能力的一种强化,氧化塘又称为稳定塘,是一种水深相对较浅,具有围堤和防渗层的废水处理塘,氧化塘能够充分富氧,有时不需要人工曝气,氧化塘投资少,管理起来简单,但占地面积大,一般利用现有水塘作为污水的最后一级处理。厌氧生物处理的主要特点是可以在厌氧反应器中稳定地保持足够的微生物的含量,使废水中的有机污染物在微生物的作用下,降解为二氧化碳和甲烷。一般厌氧反应器分为厌氧活性污泥池、上流式厌氧污泥层反应器、厌氧滤池、厌氧复合床及反应器等。

目前综合处理工艺也可以称为污水的生化处理工艺,污水生化处理的工艺是将以上各种方法结合起来,例如,普遍采用的 A—O 法,即对含油污水首先进行厌氧处理,再进行好氧处理(活性污泥或生物接触氧化法),去除 COD 效果较好;氧化沟污水处理工艺也是将厌氧、曝气、沉淀融为一体的构筑物,氧化沟通常采用折流式设计,使污水在沟内停留时间较长,分为三段,一段为厌氧处理,一段采用曝气设备进行充氧,另一段作为沉淀池进行絮凝沉淀,利用进水、出水位置和曝气方式的不同改变每一段在水处理中的作用,使每一段的微生物都处于稳定期后期,以保持微生物具有最好的生物活性,使得去除含油有机物达到良好的效果。将微生物处理方法与污水处理的化学方法相结合也是改进综合处理方法的一个拓展方向。

微生物絮凝剂是一类由微生物产生的有絮凝活性的次生代谢产物,由于这类絮凝剂比普通化学絮凝剂具有多种优势,已经筛选到许多絮凝剂产生菌,微生物絮凝剂具有应用范围广、絮凝活性高、安全无毒、不污染环境等特点,有很广泛的应用前景,即微生物絮凝剂具有广泛的应用领域。其中絮凝剂产生菌分布比较广泛,种类也较多,有放线菌、霉菌、酵母菌、细菌等。通常采用化学混凝方法处理钻井废水,絮凝剂的种类对处理效果具有显著影响,一般来说化学混凝絮凝剂对钻井废水处理效果不佳,但处理费用却高并会引起二次污染。利用微生物絮凝剂处理钻井废水,既可提高絮凝效果,又可解决二次污染问题。因此微生物絮凝剂在钻井废水处理中具有良好的应用前景。

目前关于微生物絮凝剂的假说有多种:关于微生物絮凝剂的絮凝机理的离子键、氢键结合学说,黏质假说,吸附架桥学说,菌体外纤维素行为学说,离散细胞和伸展桥链之间的三维基质模型假说,病毒学说等。目前人们所接受的学说有离子键、氢键结合学说。离子键、氢键结合学说能够解释大多数微生物絮凝剂引起的絮凝现象,以及对微生物絮凝作用的影响的各种生物的或是客观存在的环境因子,并且经试验研究得到了试验事实的支持。离子键、氢键结合学说的观点为:尽管微生物絮凝剂的性质不同,对液体中固体悬浮颗粒的絮凝作用的原理相近,它们通过离子键、氢键的作用与悬浮物结合。由于絮凝剂的相对分子质量较大,一个絮凝剂分子可同时与几个悬浮颗粒结合。在适宜条件下,迅速形成网状结构而沉积,从而表现出较好的絮凝能力。在生物絮凝作用中产用的絮凝剂如微生细胞、酒精酵母、活性污泥、河底沉积物、木炭粉粉煤灰、高岭土、泥水浆、精细矿粉、膨润土等都有较强的絮凝作用,微生物絮凝剂具有较好的絮凝活性。如在沉降活性污泥中的微生物时,若出现不能有效降解污泥的现象时,采用非生物絮凝剂,其浓度高时黏度大,不易达到预期的效果,而采用微生物絮凝剂能够实现。微生物絮凝剂在石油工业中的应用有很大潜力。微生物絮凝剂无毒性,可以用于食品、医药及发酵行业。当然,微生物絮凝剂也存在着成本高等缺点,利用工业废弃物作为发酵培养基来降低成本将成为微生物絮凝剂的研究重点。

第25章 煤炭中的微生物

25.1 概　述

25.1.1 煤炭业发展现状

我国是世界上少有的以煤为主要能源的国家之一,煤炭工业是目前我国重要的支柱产业,我国煤炭资源比较丰富,同样我国是煤炭大国,煤炭也是我国主要的燃料和化工原料,因此对矿区污染治理的研究具有深远的现实意义。矿产资源是人类社会的重要财富,它在工业化过程中对人类文明和社会进步起着重要的作用,但是在矿产资源不断开发利用并为人类创造巨大财富的同时,它也极大地改变了矿山生态系统的物质、能量循环,产生了严重的负面效应,使人类面临严峻的挑战。我国作为发展中国家,近年来面临此方面的问题相当突出,严重制约着国民经济的可持续发展和社会稳定,这已经引起政府和矿山企业的高度重视。

在倡导可持续发展理念的今天,应当用可持续发展的基本观点来认识和指导这些问题的研究,提倡资源开发和保护并重,重视人地关系,使矿区"生产—环境—社会—经济"符合协调发展的要求。近年来,高品位优质的煤炭资源日益枯竭,而含硫大于2%的高硫煤在煤炭总开采量中所占比例越来越大,如不经过脱硫处理就直接燃烧,产生的二氧化硫等有害气体会严重污染环境,破坏生态平衡。煤炭脱硫是减少其造成大气污染的重要方式,由于矿区污染主要来源于煤系特有的两种固体废弃物——煤矸石和粉煤灰,因此对于矿区受污染环境的修复就应该从污染源的治理开始,即从煤矸石和粉煤灰的综合利用开始。

25.1.2 煤炭业产生废物的危害

煤炭业产生废物的危害之一为侵占耕地。煤矸石、粉煤灰具有产生量大、利用率低的特点。据统计,目前我国煤矸石年排放量约占煤炭产量的10%,其中大部分就近自然混杂堆积储存。煤炭业产生废物的危害之二为污染空气,我国现存的煤矸石、粉煤灰绝大多数采取露天堆放,极少采取相应的生物、化学等无害化处理。全国国有煤矿大约1/3的矸石山释放出大量的二氧化硫、氮氧化物等有害有毒气体,并伴有大量烟尘,对矿区环境造成严重污染。煤矸石、粉煤灰在堆放、运输和大风天气下,极易形成粉尘污染,还会污染水体及土壤,向水体和土壤中引入有害重金属,有害组分存在超标或浓度过高现象。当粉尘大时,也会对城市景观造成影响。煤矸石、粉煤灰在自然堆放过程中,其结构均较分散,诱发滑坡、泥石流、矸石山爆炸等自然灾害。

　　煤炭是我国最主要的一种一次能源,煤炭中通常含 0.25% ~7% 的硫。煤炭中的硫分为可燃硫和不燃硫。不燃硫主要是硫酸盐,可燃硫又分为无机硫和有机硫。化石燃料含有大量的硫化物(无机硫和有机硫),在燃烧过程中,这些硫化物会生成二氧化硫、氮氧化物等有害有毒气体,化石燃料的大量使用已经造成了严重的空气污染。其中对于环境的危害可以按可燃硫与不可燃硫分别讨论,黄铁矿是煤炭中无机硫存在的主要形式,占 60% ~70%,易存在于煤炭燃烧后的灰分之中,有机硫则以二苯噻吩和硫醇的形式存在,占 30% ~40%,而硫酸盐的含量极少且易洗脱,可燃硫在燃烧之后可生成二氧化硫随烟气排入大气,是引起酸雨的主要物质。

25.1.3　煤炭固体废物

　　煤炭固体废物主要有两种:煤矸石和粉煤灰(图 25.1),下面分别介绍这两种固体的性质与用途。

(a) 煤矸石　　　　　　　　　　　　　　　(b) 粉煤灰

图 25.1　煤矸石和粉煤灰

　　煤矸石是夹在煤层中的岩石或采煤和洗煤过程中排出的废弃物;煤矸石中比较常见的矿物成分有长石、石英、黏土矿物、白云岩及石灰石等碳酸盐类矿物、黄铁矿等,其相对含量与煤系地层的沉积环境、岩层组合及特性等因素有关。煤矸石的产地分布和原煤产量有直接关系,煤矸石从颗粒构成上来看,一般为粒度约为 10 cm 粒径的块石、黏粒、胶粒;煤矸石的化学成分比较复杂,主要为一些金属元素和非金属元素的氧化物,含有微量的重金属元素,这也为我们在对煤矸石资源再利用时拓展了方向,可以从煤矸石中提取重金属。

　　制造建材是目前技术水平下煤矸石的最大用途之一,煤矸石具有和动土相类似的化学成分,可以代替动土组分进行配料,生产水泥、轻质骨料等建筑材料,不仅可以减少动土用量,还可以减少固体废弃物占地量。煤矸石制造建材既可利用其中矿物组分,又可充分利用其中含量不等的可燃成分。在目前煤矸石的用途中常见的主要有:①煤矸石以一定比例来代替熟土燃烧制成水泥熟料;②将自燃后的煤矸石粉碎生产混凝土楼板;③以煤矸石为原料,用半硬塑挤压方式生产煤矸石空心砖;④以煤矸石为原料生产烧制砖。煤矸石的用途有多种,大部分是用作建材原料,既减少了大量煤矸石所占的土地面积,同时又为建筑建设工程提供了原料。

　　粉煤灰也是煤炭固体废物之一。粉煤灰在我国的应用主要体现在以下几个方面:将粉煤灰应用于建筑和筑路工程之中(如粉煤灰水泥,路基等);将粉煤灰用作填充物;在粉煤灰中加少量水泥或石灰作为一般性建筑物基础的回填;处理矿井地表塌陷等;还可以将粉煤灰引用于废水处理工程之中,可以除去工业废水中的重金属离子;或将粉煤灰用于改良土壤,覆土造田改良酸性、碱性土壤并增加土壤的蓄水性;在制农肥时加入粉煤灰也是其中的一大用途。

25.2　煤炭微生物种类及特征

目前,利用微生物在煤燃烧之前脱除其中的硫化物在国内外引起重视。与物理和化学方法相比,该方法具有投资少,运转成本低,能耗少,可专一地除去极细微地分布于煤中的硫化物,减少环境污染等优点。依照目前对于煤炭的微生物处理水平,应用较多的为煤炭的微生物脱硫技术,也针对这一点,本书着重对脱硫微生物进行介绍。

广泛的生物脱硫微生物是光合细菌和无色硫细菌两类。光合细菌脱硫,由于条件苛刻,研究进展不大,仍处于序批式试验或实验室小试阶段,且主要以处理气体硫化物为主;无色硫细菌脱硫,近年来很活跃,并取得一些进展,已进行了中试和生产性试验,效果很好。生物脱硫按照硫元素存在方式的不同可分为无机硫脱除和有机硫脱除两种。二苯并噻吩是化石燃料中含量最高、难降解的有机硫化物的典型代表,目前分离得到可选择性的从二苯并噻吩中脱除有机硫的细菌包括假单胞菌、短杆菌、戈登氏菌、红球菌、棒杆菌、诺卡氏菌等。

光合细菌的种类繁多,但只有紫色硫细菌和绿色硫细菌的一些种能代谢硫化物。紫色无硫细菌只有极少数,能忍受并利用较高浓度的硫化物。无色硫细菌以化能自养型为主。大多硫杆菌能够氧化硫化氢、元素硫、硫代硫酸盐和硫酸盐等,而形成硫酸,并从此过程中获得能量。常见的化能自养无色硫细菌有氧化硫硫杆菌、氧化亚铁硫杆菌、排硫硫杆菌以及脱氮硫杆菌。硫杆菌属的营养类型为无机硫化物严格和兼性自养,适宜生长温度的范围为 20~40 ℃,适宜生长 pH 值范围为 1.2~5.0;氧化亚铁硫杆菌和氧化硫硫杆菌是无机自养硫杆菌中研究和应用最为广泛的两种,分布于硫化矿床、酸性矿水及土壤中。氧化亚铁硫杆菌是硫细菌中唯一能氧化亚铁的微生物,在微生物湿法冶金领域一直受到重视,特别适合于从低品位的矿石中浸出和回收稀有贵重金属,有低成本、低能耗、无污染等特点。目前,煤炭脱硫常用的微生物有:硫杆菌属、细小螺旋菌属、硫化叶菌属、假单胞菌属、贝氏硫细菌属、埃希氏菌属等;脱除无机硫的微生物主要有:氧化亚铁硫杆菌、氧化硫硫杆菌等;脱除有机硫的微生物主要有:假单胞菌、不动杆菌、根瘤菌等。其中硫螺旋菌属的能源物质为 Fe^{2+},营养类型为自养型微生物,适宜生长温度范围为 20~40 ℃,适宜生长的 pH 值范围为 1.0~5.0;假单胞菌属的能源物质为有机硫化物,营养类型为异养型微生物,适宜生长温度范围为 28.7~8.5 ℃;大肠杆菌的能源物质为有机硫化物,营养类型为异养型微生物,适宜生长温度范围为 30~40 ℃,适宜生长的 pH 值为 7.0;红球菌属的能源物质为有机硫化物,营养类型为异养型微生物,适宜生长温度为 30 ℃,适宜生长的 pH 值为 7.0;芽孢杆菌属的能源物质为有机硫化物,营养类型为异养型微生物,适宜生长温度为 28.7~8.5 ℃;硫化叶菌属的能源物质为无机硫和有机硫化物,营养类型为异养型微生物,适宜生长温度为 40~90 ℃,适宜生长的 pH 值范围为 1.0~5.8。

第26章　煤炭微生物技术

26.1　煤炭微生物脱硫技术研究现状

在我国煤炭既是主要的矿物燃料,又是重要的化工原料,火力发电、冶金、化工以至人民生活等方面都与煤炭密切相关。煤炭工业在国民经济中占有相当重要的地位,占我国一次能源的75%,高硫煤储量约占煤炭总储量的33%。随着煤炭开采向西北、西南和深部发展的同时,高硫煤开采比例也逐年增加。煤炭中一般都含有一定量的硫,主要为无机硫,其次为有机硫,即煤中硫的分布形态规律如下:煤中硫的绝大多数为无机硫,有机硫的含量通常不足0.5%。煤炭中含有的无机硫主要来自海水,包括硫酸盐硫、元素硫、硫化物;煤中有机硫主要来自成煤原始植物的蛋白质、有硫醇、硫醚、硫醌、杂环硫等。在煤炭之中硫酸盐硫为不可燃硫,其他为可燃硫。煤炭的含硫量依煤的品种而异,一般在0.5%~7.0%之间。煤中的硫分极大地影响了煤的利用,同时煤中硫燃烧产生大量的二氧化硫,严重地影响了生态环境与经济发展,因此开发经济有效的脱硫技术对提高煤炭品质、减小对环境的影响都具有重要的现实意义。

煤炭中的硫分为以黄铁矿为主的无机硫和以二苯并噻吩(DBT)等为典型代表的有机硫,在煤炭燃烧过程中,产生大量有害物质并排放到周围环境,造成严重的环境污染。我国每年约有2.5×10^7 t二氧化硫排入大气,其中90%来自煤的燃烧。煤的微生物脱硫是由生物湿法冶金技术发展而来的,它是在常温常压下,利用微生物代谢过程的氧化还原反应达到脱硫的目的。目前,对黄铁矿脱硫率可达90%,有机硫脱硫率可达10%。在以后的几十年里,在微生物脱硫方面进行了大量的工作,其中包括对细菌与煤炭中黄铁矿相互作用的机理研究,能够用于脱硫的菌种及其对黄铁矿氧化能力的研究。煤炭生物脱硫技术是新型交叉学科矿物生物技术领域内一个前瞻性的研究课题。由于它具有反应条件温和,成本较低,环境污染较小等优点,因此被认为是一种环境友好的煤炭脱硫新技术。当前,加强对煤炭生物脱硫技术的研究,必将为煤炭的清洁生产和高效、经济、合理地利用探索出一条有极大发展前景的新途径。

26.2　煤炭脱硫微生物技术

26.2.1　微生物脱硫原理

生物脱硫原理,简单地说,就是在温和的条件下利用各种适宜的微生物菌群将化合态或有机态的硫释放出来的过程,主要利用的是特殊的微生物对含硫的环境污染物或者含硫矿石有独特的消化能力,将原本存在于煤矿中的多种化合物的不同形态的硫转化成为水溶性的化合物;类似的,煤炭的微生物脱硫生物法是利用微生物能选择性地氧化煤中的有机硫和无机硫,从而达到除去煤炭中硫的目的,其优点是微生物方法具有专一性和高效性,能够选择性地脱除煤炭中结构复杂、散布粒度很细的无机硫,同时又能脱除煤炭中的部分有机硫,而且生物脱硫方法相对于化学法等还具有投资少、运行成本低、脱硫效果好的特点。对于煤炭脱硫的早期研究中所采用的物理和化学脱硫方法,步骤简单,需要在高温、高压下,使用腐蚀性过滤剂等较为严格的条件下进行脱硫,而且其所采用的处理设备比较复杂,容易引发二次污染;和传统的物理化学法相比,生物脱硫技术具有可在常温、常压的条件下进行,生产成本低耗能少,专一性强,二次污染小的优点,是目前国内外脱硫研究的重点。

　　煤炭的生物脱硫技术是在极其温和的条件下,通常是温度低于 100 ℃、常压下进行,利用氧化-还原反应使煤炭中硫转化成水溶性的硫酸根离子,从而使得煤炭中的硫脱除,或者将微生物作为捕集剂,来改变原料表面特性,然后利用浮选法进行脱硫。它是一种低能耗的脱硫方法,不仅生产成本低,而且不会降低煤的热值。采用微生物技术脱除煤中的硫具有诸多优点,微生物法要求的反应条件温和,常温常压,对设备的要求也低得多,因此,成本较低、流程简单,容易实现,对煤结构也无明显破坏,且对生态环境保护有益,极具推广价值和发展潜力。微生物法脱硫是人工加速自然界硫循环的过程。

　　煤炭脱硫的方法主要有燃烧前脱硫技术、燃烧中固硫脱硫技术和燃烧后烟道气脱硫等 3 种,其中,燃烧前脱硫技术是目前水平中从源头上减少燃煤对大气污染的重要措施之一,煤炭的燃烧前脱硫技术主要简述为:通过对煤炭进行洗选从而减少煤炭中的硫分、灰分,以降低二氧化硫的排放的选煤技术、水煤浆技术、型煤技术和动力煤配煤技术等。对于我国这样的发展中国家来说,煤炭的燃前脱硫,尤其是通过选煤来降低煤的含硫量具有非常重要的意义。选煤是洁净煤技术的源头,既能脱硫又能降低灰分,同时还可以提高热能利用效率,并且选煤的费用又远远低于燃烧中固硫脱硫技术和燃烧后烟道气脱硫。尽管还存在许多问题,但这种技术对生态环境的效益是其他脱硫方法不可取代的。据分析可知,微生物方法脱硫成本相对低一些,因此以企业自身经济投资的角度来看,该种方法要比现行的煤炭燃烧中的脱硫技术、燃烧后的烟道气脱硫技术和其燃烧前的脱硫技术都更具竞争力。我国在煤炭微生物脱硫技术研究的系统性上还存在一定缺陷,而且现有的几乎都是实验室条件和半工业化条件下的。因此,开发适合我国的微生物脱硫技术具有广阔的前景,对满足日益增长的能源需求和遵循日益严格的环保法规具有特别重要的意义。

　　煤炭燃烧中脱硫(固硫)技术是在采用低温沸腾床层燃烧(800 ~ 850 ℃)的过程中,向炉内加入固硫剂如碳酸钙、氧化钙或氧化镁等粉末,使煤炭中的不同形式的硫转化成硫酸盐的形式,之后随着锅炉渣一同排出,可脱除 50% ~ 60% 的硫。其脱硫效率受到温度的限制,而且固硫剂的磨制过程中需要消耗大量的能量,燃烧后增加了锅炉的排灰量。采用该方法无法将所有的硫转化成硫酸盐,只能在一定程度上降低烟气中的硫含量,不能从根本上解决烟气的污染问题。此技术目前尚不成熟,而且存在易结渣、磨损和堵塞等难题,成本高。

煤炭燃烧后脱硫又称烟道气脱硫(Flue Gas Desulphurization,FGD),是指对燃烧后产生的气体进行脱硫。按产物是否回收,烟道气脱硫可分为抛弃法和回收法;按照脱硫过程的干湿性质又可分为湿式脱硫、干式脱硫和半干式脱硫;按脱硫剂的使用情况,可分为再生法和非再生法。FGD法技术上比较成熟,属末端治理,经过小试和中试已投入工业运行。尽管脱硫率可高达90%,但工艺复杂,运转费用高,副产品难以处置。

煤炭燃烧前脱硫是在煤炭燃烧前就脱去煤中硫分,避免燃烧中硫的形态改变,减少烟气中硫的含量,减轻对尾部烟道的腐蚀,降低运行和维护费用。燃烧前脱硫较之另两种脱硫工艺有许多潜在的优势,而且符合"预防为主"的方针。因为众多家庭用煤、中小锅炉用煤量大,来源不一,不易控制,而在选煤厂就把硫脱除到一定范围,从源头进行控制,所以燃烧前脱硫具有重要意义。

煤炭的燃烧前脱硫可分为物理脱硫法、化学脱硫法和生物脱硫法3种。其中,物理脱硫法通常是采用重选、磁选和浮选等传统选矿脱硫工艺,物理脱硫法工艺操作过程相对来看较为简单,但是经物理方法选矿后不能够脱除煤炭中的有机硫,只能脱除煤炭中的无机硫,而且煤炭中的无机硫的晶体结构、大小和分布都会影响物理重选或磁选等方法的脱硫效果,以及煤炭的回收率。化学脱硫法主要是利用氧化剂将煤炭中的硫氧化,或是将煤炭中的硫置换出来,从而达到脱除煤炭中的硫的目的,与物理脱硫方法相比较,其最大的优点是在脱硫过程中不受煤炭中硫的晶体结构、大小和分布的影响,能脱除大部分的无机硫,同时还能脱除煤炭中相当部分的有机硫,化学脱硫技术也存在着不足之处,主要是化学法脱硫工艺必须在高温高压条件下进行,其能耗相对较高,费用多。生物脱硫法主要是是利用微生物的选择性、高效性和专一性的特征,选择性地氧化煤炭中的有机硫或无机硫,从而去除煤炭中的硫,在生物脱硫工艺中微生物能专一地脱除煤炭中的硫,如像黄铁矿这样结构复杂、散布粒度极细的无机硫,还能够脱除煤炭中的部分有机硫,生物脱硫方法其反应条件温和,所需要的投资相对较少,成本较低,环境污染小,是一种环境友好的煤炭脱硫新技术。下面简单介绍微生物脱硫的原理。

1. 黄铁矿硫的脱除机理

煤炭中的硫有60%~70%为黄铁矿硫,30%~40%为有机硫,而硫酸盐硫的含量极少而且容易洗脱除去,黄铁矿的微生物脱除,是利用脱硫微生物的氧化分解作用来降解煤炭中的硫,目前一般认为微生物脱除黄铁矿中硫的机理主要有两个方面:第一个方面为黄铁矿主要存在于潮湿并且氧气充足的环境中,这是比较适宜微生物生长的环境,从而微生物能够自发地缓慢地进行其代谢活动,从而将黄铁矿氧化为硫酸根和Fe^{2+},并放出热量;第二个方面为当煤炭环境中存在某些嗜酸硫杆菌时,黄铁矿的氧化反应速率将大大提高。微生物氧化黄铁矿的作用方式可以分为直接作用和间接作用两种,微生物直接氧化机理为微生物能够直接溶化煤炭中的黄铁矿,即煤矿中裸露的原煤与空气接触时,经微生物的生化作用,发生氧化反应$4FeS_2+15O_2+2H_2O \longrightarrow 4H^++8SO_4^{2-}+4Fe^{3+}$,在此过程中微生物细菌起催化剂的作用,这些微生物细菌不断将浸出液中的Fe^{2+}氧化为Fe^{3+},微生物作用具有高效性,因此Fe^{3+}与黄铁矿能够迅速反应,从而与物理、化学脱硫工艺相比,在相同的反应时间内能够生成更多的Fe^{2+}和Fe^{3+},$FeS_2+7Fe_2(SO_4)_3+8H_2O=15FeSO_4+8H_2SO_4$;微生物间接氧化作用主要是指在微生物脱硫的过程中,微生物催化氧化黄铁矿生成硫酸根和Fe^{3+},该Fe^{3+}作为强氧化剂又与煤炭中的金属硫化物发生反应,将黄铁矿中的硫氧化为硫酸根或元素硫。理论上是将这两种作用分开阐述,但是在实际微生物脱硫的过程中是同时存在的,两种作用共同将煤炭中的黄铁矿氧化溶解,将煤炭中的可燃硫转变为不可燃硫,依据复合作用理论的观点,微生物氧化黄铁矿过程中,既有微生物的直接作用,又有通过 Fe^{3+} 氧化的间接作用,目前大多数研究者都赞同这一微生物作用机理。

2. 微生物浸出法脱硫的基本原理

微生物浸出法脱除煤中黄铁矿的过程,实质是微生物的氧化过程,与上述的微生物脱硫的原理相近,即在这个过程中微生物作为一种催化剂转化不溶性无机物黄铁矿为可溶性形式,从而获得其生长代谢所必需的能量,同时微生物浸出法脱除煤中黄铁矿的过程又是一个复杂的发生电子转移的电化学过程,在此过程中,伴随着微生物生长代谢、生物氧化、浸出液及黄铁矿界面的电化学行为特征和现象。微生物浸出作用主要是利用嗜硫菌对黄铁矿晶格的直接氧化,或者通过脱硫微生物的代谢产物对黄铁矿晶格的间接氧化作用,使不溶性黄铁矿转化成可溶性硫酸进入溶液,而达到脱硫的目的,在脱硫过程中微生物细菌附着在煤粒表面上与煤粒表面的硫矿发生作用,从而使矿物氧化溶解,实际上,直接氧化和间接氧化是同时或交替进行的,微生物细菌催化氧化煤中黄铁矿为硫酸亚铁,高铁与黄铁矿发生氧化还原反应,产生亚铁,在这个过程中,微生物细菌生长的能量主要来源于电子沿电子传递链转移时所释放的能量,微生物生长和脱硫过程中矿浆氧化-还原电位变化将受环境中 pH 值、氧的含量以及环境体系中氧化-还原组分浓度的影响,同时 Fe^{2+}/Fe^{3+} 浓度变化将直接关系到微生物浸出体系的反应行为和脱硫效率,利用电化学原理强化和调控煤炭的微生物脱硫在这样的循环能够大大加速煤炭中黄铁矿的氧化速度。

微生物浸出脱硫法就是利用微生物的氧化作用将黄铁矿氧化分解成铁离子和硫酸,将有机硫转化成水溶性产物(如硫酸、硫酸盐等),硫酸等可溶性物质溶于水后将其从煤炭中排除的一种脱硫方法。微生物浸出法的研究历史相对较长,工艺技术上也较为成熟,由于它是将煤炭中无机硫或部分有机硫直接代谢转化而进行脱除,从而依据其原理,如果选用适宜的高效的微生物进行微生物法浸出脱硫时能够同时处理煤炭中的无机硫和有机硫,理论上具有很大的应用价值,但是其处理时间相对较长,该法不适宜应用于连续处理系统,但是对于煤矿生产企业、储煤场、洗煤厂等煤炭储存期较长的场合,采用浸出法无疑具有极大的经济性。因此,为了加快脱硫反应速度,提高浸出效率,开发研究出了微生物浸出空气搅拌式反应器,即利用空气对煤粉和含微生物的反应溶液进行搅拌脱硫,该法对微生物损伤小,还可以迅速提供微生物生长所需要的 CO_2 和 O_2,因此处理时间可以大大缩短。目前煤炭企业一般采用空气搅拌式浸出反应器,该反应器提高脱硫效率,处理时间缩短至半天到一周,我国煤矿企业体系大,应用提高其脱硫速度和效率,寻求煤炭温和净化脱硫的新方法,对解决我国燃煤造成的 SO_2 污染具有重要的意义。

3. 微波脱硫技术的原理

微波是指频率在 300 MHz ~ 300 GHz,即波长在 100 cm ~ 1 mm 的电磁波。微波作为一种辅助手段不仅可改善反应条件、加快反应速度、提高反应产率,还可促进一些难以进行的反应发生,已在很多领域得到广泛研究与应用,而利用微波进行煤炭脱硫是一个有前途的脱硫新方法。利用微波脱硫技术工艺能够使煤炭的脱硫率达到30% ~ 40%;如果将微波脱硫技术作为化学脱硫的辅助手段,煤炭中硫的脱除效率能够达到75%。根据不同介质具有吸收不同频率微波能的这一物理性质,将微波技术与煤炭脱硫技术相结合应用于煤炭脱硫领域的实践中是一个明智的选择。

煤炭经微波辐照后,在微波的作用下煤炭中的黄铁矿将会转变为磁黄铁矿,转化后形成的磁黄铁矿比黄铁矿更容易在微生物浸出作用下从煤炭中洗脱出来,而且磁黄铁矿的浸出速度是黄铁矿浸出速度的 5~20 倍,因此在煤炭脱硫工艺中利用微波技术对煤炭进行预处理,再结合微生物浸出工艺可以提高微生物法煤炭脱硫的效率。在微波脱硫技术中,煤粉粒径的大小将影响微波辐照条件下黄铁矿向磁黄铁矿转化的程度,进而影响煤炭中硫的微生物脱除效果,粒径越小,脱硫率越高。在微生物浸出过程中,煤粉粒径越小,黄铁矿和磁黄铁矿直接暴露在煤炭颗粒的表面与微生物接触的面积就越大,吸附的微生物细菌就越多,也就更有利于微生物对硫铁矿和磁黄铁矿的氧化;如果煤粉粒径减小,颗粒表面积增大,在微波辐照下,黄铁矿与其邻近的煤组分基本结构单元中发生键合作用的水和二氧化碳等在煤粒内部进行原位热化学反应,黄铁矿向磁黄铁矿转化的程度增大,微波辐照对黄铁矿转化为磁黄铁矿有一定的促进作用。

在实验室验证微波对于生物法煤炭脱硫技术的影响作用时可采用以下方法,首先对所选用的样品进行处理,取出需要处理的煤样,采用快速定性滤纸进行过滤,随后取少量的滤液来测定滤液中所含的 Fe^{2+}、总铁、pH 值和硫酸盐浓度;将快速定性滤纸上的煤样用蒸馏水冲洗直至滤液呈中性为止,再将滤纸上剩余的煤样烘干,烘干后测定处理后煤样中硫的含量。处理后煤炭中的全硫含量可以采用自动测硫仪进行测定;其中的 Fe^{2+} 和总铁浓度可以采用分光光度法测定;测定其 pH 值时可选用精密酸度计进行测定;SO_4^{2-} 浓度可以采用铬酸钡分光光度法测定;煤粉中黄铁矿和磁黄铁矿的成分分析采用电子能谱仪进行测定。适当控制微波辐照时间,能够达到最佳脱硫效果,但过长的辐照时间将使磁黄铁矿分解为陨硫铁,对硫分离脱硫不利。经微波照射后,煤中的部分黄铁矿转化成磁黄铁矿,由于磁黄铁矿的晶体结构中存在铁亏损,呈现出较低的晶体对称性,与其他硫化物相比,更容易被氧化;提高煤浆浓度,固相剪切力增大,使吸附在煤炭上的微生物受损,细菌的活性降低。煤浆浓度过高也会阻碍氧和二氧化碳的传递,导致液相氧传递系数下降,细菌的生长和代谢活动受到限制,煤浆浓度较低时,煤浆中铁和硫化物含量不能满足微生物生长需要,从而导致脱硫效率降低。当电磁波通过具有复合介电常数的介质时,一部分电磁波的能量被介质吸收而转化成热能,当硫化物被迅速加热到反应温度时,煤质并未明显发热,煤质温度的提高有利于热传导过程的进行。这样可能既脱除了硫又不破坏煤质的理想状况。

在微波与微生物联合脱硫过程中微生物能脱除更多的硫,单纯微波脱硫效率较低,磁黄铁矿更容易被浸出。在生物浸矿中,用微波做外加辐射源,矿物选用硫化矿,微波能提升生物浸矿的效果,还使硫化矿中的硫含量下降。微波与微生物联合脱硫率高于单纯微生物,是因为磁黄铁矿晶体结构中存在铁亏损,呈现出较低的晶体对称性,与其他硫化物相比具有更强的反应能力,微波预处理和微生物联合煤炭脱硫技术的主要特点是大大缩短了微生物脱硫周期。

4. 微生物表面法脱硫的原理

微生物浮选脱硫技术,即微生物表面预处理浮选脱硫法,其工艺流程如图 26.1 所示。这种方法的原理是:首先将煤炭粉碎成为微粒,再将粉碎后的煤炭粒与水混合,然后在其悬浮液中吹进微细气泡,使得煤和黄铁矿的表面均可附着气泡,在此种条件下,由于空气和水的浮力作用,煤炭和黄铁矿将会一起浮于水面不能分开。如果向煤炭粒与水混合后的溶液中投加脱硫微生物,这时由于微生物的选择性,投加的微生物将只附着在黄铁矿颗粒的表面,使得黄铁矿的表面由疏水性变成亲水性;而投加的微生物很难附着在煤颗粒表面,而使得煤炭粒仍保持其原油的疏水性表面的特点。再向煤炭粒的水溶液中鼓入微小气泡,此时在气泡的推动下,煤炭粒上浮而黄铁矿颗粒下沉,从而把煤和黄铁矿分开。

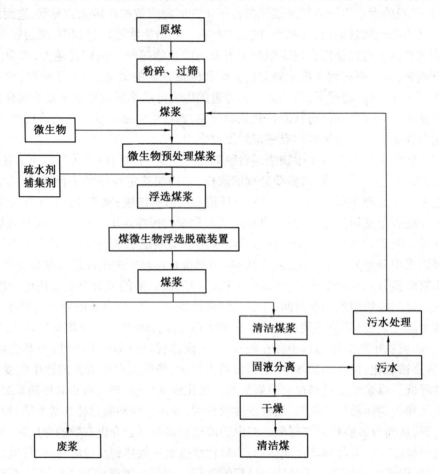

图 26.1　微生物浮选脱硫工艺流程

　　微生物表面预处理浮选法可以大大地缩短微生物脱硫的处理时间,所采用的脱硫菌对黄铁矿有很强的专一性,在很短的时间内能显著地抑制黄铁矿的悬浮性。采用该方法微生物在数秒内就能起作用,脱硫时间只需数分钟即可,从而大幅度地缩短了处理时间。此外,该方法在脱除煤中黄铁矿时,矿物质也同时作为尾矿,因此可达到同时脱硫脱灰的目的。微生物表面预处理浮选法克服了浸出法脱硫时间长的缺点,但其适用范围较窄,仅用于末煤的处理;且其浮选柱需增加必要的辅助设备,确保微生物正常生长所必需的温度和 pH 值,确保浮选过程中脱硫的高效性,这在一定程度上增加了管理的复杂性和运行成本。

　　5. 微生物选择性絮凝脱硫法的原理

　　微生物选择性絮凝脱硫法是采用本身疏水的细菌吸附于煤粒的表面,通过细菌的吸附,使煤粒形成稳定的絮团,而这种细菌很少吸附到黄铁矿表面。其实质是利用细菌对不同矿物絮凝能力的不同,即选择性吸附能力的差异,来实现煤与黄铁矿的分离。该法的关键是能够筛选培育出具有选择性絮凝作用的微生物菌种,可利用草分枝杆菌对矿浆进行预处理,由于该菌对煤炭显示出良好的选择性絮凝,使煤颗粒的表面更加疏水,而灰分与黄铁矿则保持分散,从而实现煤与灰分和黄铁矿分离的目的。煤样粒度过大,则降低了煤粒与细菌的接触概率及黏着概率,从而使细菌在煤表面的吸附程度减弱,导致脱硫率有所下降;当煤样粒度过细时,由于煤泥覆盖及机械夹带等原因而造成脱硫率和脱灰率降低。草分枝杆菌是一种短杆状的微生物,杆长通常为 $1.0 \sim 2.0~\mu m$,广泛存在于土壤及植物叶子中,它具有许多独特的化学性能,如较高的负电性和较高的疏水性,它无毒无害,对所有动物都不致病,在其表面含有多种基团,如黏多糖、蛋白质、脂类、糖蛋白、纤维素、核酸以及离子化的葡聚糖和胞核酸等物质。位于细胞壁最外层的脂多糖层对草分枝杆菌的性能起了决定性的作用,草分枝杆菌表面含有环烷烃、脂环烃、芳香环多种具有高度的疏水性有机官能团。这些特性决定草分枝杆菌能够作为选矿药剂使用,草分枝杆菌的化学性能是由其表面的细胞壁化学结构和它表面的组成物质决定的。草分枝杆菌属革兰氏阳性棒状原核生物,广泛地存在于自然界中。因此,草分枝杆菌是一种强疏水性微生物,具有较强的疏水性,所以对疏水性的煤会产生较强的疏水作用力,并有选择地覆盖在表面疏水的煤颗粒上,从而使煤颗粒的表面更加疏水,这种疏水性的增加可通过浮选分离煤絮团。草分枝杆菌菌体表面还含有—OH、—NH、—COO 等多种离子化基团,使其带有较强的电性。通过试验研究发现,草分枝杆菌对煤泥水具有良好的选择性絮凝脱硫效果。研究表明,生物选择性絮凝脱硫法是煤炭脱硫的一种新的有效方法。

由于随着菌液浓度的增加,煤粒的吸附量逐渐增大,导致浮选体系中絮凝团的大小与紧密度都增加,这将有利于煤中硫的脱除。当增大到一定程度时,吸附量达到平衡,所以菌液浓度再增加,脱硫率不但不增加,反而有所下降。不同的矿浆浓度对浮选脱硫也有较大的影响,随着矿浆浓度的增加,脱硫率和脱灰率都呈下降趋势,所以较低的矿浆浓度有利于煤的脱硫,但是矿浆浓度过低,会影响处理量,增加生产成本。pH 值对脱硫及脱灰的影响,主要是由于矿浆酸碱度的变化影响细菌及悬浮煤粒的表面电荷的性质、数量及中和电荷的能力。除了以上方法外,目前还有一些正处在实验室研究阶段的煤炭生物脱硫方法,如细菌油团聚法和生物-非生物脱硫法等。微生物氧化有机硫的生化机理也有两种:一种是芳烃化合物的同系化,随后转移到细胞内,它是微生物与典型的不溶性基质(如苯并芘或二苯并噻吩)相互作用;二是芳环在细胞外解离,转化为可溶性产物进入细胞内,它要求微生物必须具有某些外酶。

26.2.2　煤炭微生物脱硫工艺

目前,利用微生物选铜矿、金矿、铀矿等已实现工业化并投入生产实践之中,而用微生物进行煤炭脱硫则处于实验室实验和半工业化应用阶段。各国研究人员对微生物脱硫工艺也进行了大量的研究,通过研究实验结果,认为较为成熟、较有应用前景的工艺方法有如下几种:浸出脱硫法、表面改性法、生物浮选法、生物选择性絮凝法等,下面依次来介绍其工艺。

1.微生物浸出脱硫法

该方法是利用微生物细菌对煤炭进行脱硫的一种处理手段,顾名思义采用的工艺过程为浸出法工艺过程,为了提高煤炭脱硫效率,对于煤炭脱硫菌进行浸出前的预处理也尤为重要,常用的预处理技术为微波技术,近年生物磁学的研究和应用发展极为迅速,在矿业领域包括煤炭行业中,将生物磁技术与煤炭的生产加工相结合就形成了磁生物技术。磁生物技术主要研究磁场或磁化水等磁化作用对矿业微生物的生物效应。对脱硫细菌进行前处理,磁场可在很宽的范围内对生物产生影响,在一定磁化培育条件下的煤系氧化亚铁硫杆菌对煤样浸出的最大脱硫率大,具有更好的脱除煤中黄铁矿硫的效果。

2.微生物表面改性法工艺

微生物表面改性脱硫是基于微生物体和煤炭颗粒表面之间能通过某种作用形式产生吸附,煤炭粒的表面性质就会被微生物的表面性质所影响或取代,通过这种方式可不同程度地改变煤炭粒表面的物理化学性质。

微生物表面改性法工艺包括生物浮选法和生物选择性絮凝法,与在26.2.1小节中原理的介绍相呼应来阐述其工艺过程。

(1)微生物浮选法

将微生物技术与传统的浮选工艺结合起来处理各种难选矿石,首先要将煤炭进行粉碎,使其粉碎至细小的煤炭粒,以增大其表面积,在煤浮选领域,主要是在选煤设备悬浊液下方吹进微生物气泡,微生物吸附在黄铁矿上,却难以附着在煤颗粒表面,使黄铁矿表面变成亲水性而使煤粒仍保持疏水性表面的特点。在气泡的推动下,煤粒上浮而黄铁矿颗粒下沉,从而把煤和黄铁矿分开,时间短,同时除去灰分,微生物在这里既起生化作用又起抑制作用。煤炭中的黄铁矿和其他矿物黄铁矿有着不同的可浮性,用微生物抑制时也会有不同效果。实验尽量模仿煤炭脱硫工业浮选条件,用球红假单胞菌对实际煤炭中的黄铁矿进行微生物实验研究,有的微生物细菌能够降低黄铁矿的上浮率,且随 pH 值、调浆时间的增加,或随调浆菌液浓度增加,对于黄铁矿抑制效果增强,其上浮率可下降25%左右。

(2)生物选择性絮凝法

与微生物浮选脱硫不同,微生物选择性絮凝脱硫是利用本身疏水的细菌吸附于煤粒的表面,使煤粒形成稳定的絮团,而这种细菌很少吸附在黄铁矿表面,其实质是利用细菌对不同矿物絮凝能力的不同,即选择性吸附能力的差异,实现煤与黄铁矿的分离。

26.2.3　影响煤炭微生物脱硫的因素

影响煤炭微生物脱硫的因素很多,能源条件、细菌接种量、氮素营养和预处理煤样的时间等因素都会对微生物脱硫效果产生影响,主要包括:温度、pH 值,营养液(或悬浮液)的浓度以及碳源、氮源、能源、无机盐、生长因子等营养素。

(1)温度

每种微生物都有其生长的温度范围,不同种属的微生物生长的最适宜温度不同,在选取温度时,温度应根据所用菌种生理特性而定,如氧化硫硫杆菌最适宜生长温度在 30 ℃左右;同时也应考虑到生物浸矿多为放热反应,为避免热量积累,保证温度的相对稳定,不影响微生物的生长和活性,必要时需要有冷却设备,综合整个系统各个部分所需要的温度条件进行匹配,从而使得整个系统处于最佳的温度范围以内。同样每种微生物也都有其最适宜的 pH 值范围,pH 值过高或者 pH 值过低都会影响微生物对于煤炭中硫的脱除效果,pH 值是微生物生态环境的重要参数。

（2）氧化还原电位

由于脱硫微生物多为需氧化能自养菌,需要维持一定的氧化还原电位,因此要保证水中适量的溶解氧。

对于同一种氧化亚铁硫杆菌而言,采用不同能源培养基质进行培养,所得到的培养后的氧化亚铁硫杆菌的脱硫能力也存在着一定的差异,经大量实验可知,在不同的能源基质中采用亚铁盐作为能源培养出的氧化亚铁硫杆菌的菌株脱硫效果较好。

在将煤炭粉碎以及煤炭粉碎后与水溶液相结合的过程中,煤炭的粒度以及煤浆的浓度都会影响微生物与煤炭粒的结合,从而影响煤炭脱硫的效果。对于煤炭粒度,黄铁矿沥出速度与其表面积成一级动力学关系,煤颗粒越小、孔隙度越大,黄铁矿越易沥出,粒度越小,其表面积也就越大,其具有的吸附能力也就越强,与微生物的吸附力也就越强,越有助于微生物与煤炭粒表面有机硫的生化反应的进行。在选取时煤样粒度要适中,过粗时,降低了黄铁矿颗粒和微生物细胞的接触概率和黏着概率,减弱了细菌在黄铁矿颗粒表面的吸附强度,而使黄铁矿的抑制减弱,导致脱硫率的下降;过细时,由于吸附煤灰等将造成脱硫率下降。对于煤浆浓度,煤浆浓度过高,固相剪切力不利于微生物的生长和活动,试验表明煤浆浓度越低效果越好,最大不能超过 20%（按质量记）。

同样微生物在脱硫过程中起很大的作用,在煤炭粒与水的混合液中,微生物的数量也会对脱硫效果产生影响,一般情况下,煤浆中具有活性的脱硫微生物的细胞数量越多,其脱硫效果越好;当脱硫菌体量达某一限度后,继续增加菌量,此时脱硫效果也没有明显的提高;煤浆中添加适量氮素营养有助于脱硫菌的生长和脱硫能力的提高;两种氮素营养以添加硫酸铵的效果较好;脱硫前煤样经酸预浸洗,可减少煤中的碱性物质,有利于改善微生物的脱硫条件,提高微生物的活性,从而可提高煤脱硫效率,缩短煤脱硫反应的时间。微生物对环境十分敏感。研究表明,微生物对生长条件的要求相当苛刻,温度过高过低都会抑制其生长,微生物的接种浓度也与脱硫效果有联系,经研究发现,在微生物脱硫的反应过程中,存在最佳细胞浓度,每克黄铁矿的最佳接种量为 $10^6 \sim 10^{13}$ 个细胞。生长因子也会产生很大的影响,对于铁离子,脱硫微生物细菌以 Fe^{2+} 为能源,Fe^{2+} 被细菌氧化为 Fe^{3+},而 Fe^{3+} 作为硫化矿的氧化剂参与反应,被还原为 Fe^{2+},如此循环下去。同时,Fe^{2+} 和 Fe^{3+} 还是 pH 值和氧化还原电位的重要影响因素。研究表明 Fe^{2+} 最佳初始浓度为3 g/dm^3。

26.2.4　现有脱硫工艺中有待提高的部分

微生物脱硫技术有很大的发展前景,故其也有很多方面值得再提高再强化,分别体现在微生物菌种的选取培养、微生物脱硫的机理以及微生物脱硫工艺的成本等方面。

1. 在微生物的菌种方面

目前,在煤炭脱硫工艺中现有的脱硫菌菌种单一,生长周期较长,而且脱硫的速度相对较慢,因而脱硫效率不高,制约了微生物脱硫技术的工业放大和推广实施。针对目前在微生物脱除有机硫菌种单一的问题的解决,研究人员已经找到一些能从煤炭中脱除噻吩硫的微生物菌种,但由于煤炭中有机硫存在形式复杂,而且不同地域的煤矿中煤炭的有机组成不同,其有机硫的差异很大,很难找到一种合适的微生物细菌对于多种煤炭中的有机硫都有较好的脱除效果,但这也是微生物脱硫技术在今后需要提高的部分,就是探寻能脱除多种形式有机硫的菌种,以提高脱硫效率。目前对于煤炭的脱硫技术均在酸性介质中进行,包括煤炭表面的改性过程以及煤炭的分选过程,微生物菌体是微生物脱硫技术发展的核心,寻找高效的、低能耗的微生物菌种,是突破微生物菌种限制的关键点,微生物菌体脱硫的效率直接影响除硫的效果。在微生物菌体与煤炭中硫的反应过程中,存在最佳细胞浓度,如果在培养投加微生物时,所加入的微生物细胞的浓度不在最佳细胞浓度的范围之内,会引起煤浆中微生物细菌生长速度慢、生长繁殖时间长、微生物菌体数量低、煤浆中酸度值高等问题,这些情况的发生都会使微生物的脱硫效率不高,从而制约了工业应用。

2. 在微生物脱硫工艺的机理方面

对煤炭脱硫细菌的作用机理了解也还不够深入,关于煤中无机硫的脱除机理存在着很多说法,目前还没有一个定论,而对有机硫的脱除机理也只是研究了二苯噻吩的脱除机理,其他的如硫醇、硫醚、还有硫醌等的脱除机理和方法到现在也还没有十分清晰。由于煤炭中的有机硫存在多种结构和形式,有着不同的新陈代谢机制,作用机理复杂,脱硫更加困难,因此脱硫机理还有待于深入研究。微生物浮选脱硫法比单纯浸出脱硫法在反应时间方面要省时一些,是很有发展前途的方法,微生物浮选脱硫法能够将吸附煤炭表面的微生物絮凝剂与吸附在黄铁矿表面的微生物实现混合培养。整个工艺的开端也就是在进行微生物处理前的预处理工作对于整个工艺后续流程中的每一个环节都会产生影响,故在进行浮选之前的预处理很值得进一步研究,基础理论的研究方面,微生物脱硫理论研究有待于进一步深化,以指导工艺设计,优化工程技术参数。虽然目前对微生物脱硫机理(包括脱硫微生物的生物代谢机制及生长动力学,细菌对煤炭中的吸附氧化膜)做了相关研究,但有许多机理尚未弄清仍处于探讨之中,特别是微生物对煤中有机硫的脱硫机理方面。整体来说,煤炭微生物脱硫研究还处于起步阶段。

3. 在微生物脱硫工艺的成本方面

微生物的培养基成本较高,目前微生物脱硫处理工艺一般都是在酸性条件下开展的,故在微生物脱硫过程中产生的酸性废液对装置材料的质量要求比较高,煤炭的粉碎、煤炭粉碎后与水混合以及煤炭浆液的搅动过程的动力消耗较大,在微生物脱硫过程中,煤炭的粒度、搅动的力度以及微生物所处环境的 pH 值都会影响脱硫效果,在脱硫工程中常常会遇到这样的问题:不是煤浆要求过细,就是脱硫时间长、能耗高,这些都在一定程度上增加了煤炭微生物脱硫的生产成本。

26.3　微生物煤矿地修复

26.3.1　微生物修复煤矿地的意义

煤矿区是当今世界陆地生物圈最为典型、退化最为严重的生态系统之一,煤矿废弃地范围内污染物种类多、成分复杂。煤矿在开采过程中由于采出大量的矿石和岩石,破坏了矿区范围内的土地,使这一部分土地成为废弃地;同时由于废水的排放以及其他污染源的作用,对矿区范围外的土地利用也会带来严重的危害,对环境影响比较大,在岩土环境中滞留期长的污染物包括有机污染物、各类形态存在的硫分及重金属类物质。自然界有着丰富的微生物资源,由于微生物具有分布广泛、种类多样、繁殖迅速等特点,使其在自然界物质能量循环和转化中起着巨大的生物降解作用,是整个生物圈维持生态平衡不可缺少的重要组成部分。微生物几乎能够降解全部现有的化合物,只要满足特定的环境和营养条件,微生物种群就能彻底清除污染,修复并稳定被破坏了的生态平衡。从保护环境的要求出发,必须做到生产期间尽可能不断地恢复被破坏的土地,消除各种污染源的危害,在闭矿后对被废弃的土地进行全面恢复工作,生态修复被采矿活动破坏的土地,因地制宜地恢复到所期望的状态是当前世界各采矿大国的热点课题。这里所说的煤矿废弃地修复是指生态系统的恢复和重建,包括污染防治、土体重构、植被再建,最终达到破坏土地的恢复利用。微生物技术是目前国内外治理煤矿污染的新方法,应用于煤矿废弃地的修复,具有成本低、适用性强、无二次污染等特点,具有良好的发展前景。

26.3.2 微生物修复煤矿技术原理

1. 微生物对有机污染物的修复机理

受煤矿开采活动影响的区域土壤中饱和烃的含量远高于无矿区域。煤矿区的表层土壤中饱和烃馏分包括烷烃、甾类、萜类等系列几十种代表性化合物,煤矿中饱和烃类物质对周围环境的污染以矸石山周围和炼焦区最为严重;矿区煤及矸石等堆放、储藏、运输、加工过程中大量煤岩屑或煤灰长期沉降积累是矿区土壤有机质的主要输入源。对于煤矿区废弃地有机污染的处置,微生物方法是根据土壤污染状况,富集、驯化污染土壤中的土著微生物,或人工接种具有降解能力的高效微生物,通过该类微生物生命活动使土壤的污染物断链、分解成为低相对分子质量的无害物质。当煤矿区域的土地受到有机污染物的污染后,该矿区的一些微生物就会在污染物的诱导作用下产生能够分解相应有机污染物的诱导酶,从而能够将污染物降解转化成为其他形式。

2. 微生物对重金属污染物的修复机理

煤矿区废弃地所含微量元素的化学特征与煤及矸石相似,但也有其独特性。重金属元素有:Cu、Zn、Fe、As、Cr、Pb、Hg、Mn、Ag等,在煤矿区废弃地中的重金属元素一般以有机吸附、胶体吸附或重金属碎屑形式存在。微生物可以通过多种直接或间接作用影响环境中重金属的活性,如微生物的氧化还原作用可以改变变价重金属离子的价态,降低重金属在环境中的毒性;微生物可以通过电性吸附和专性吸附直接将重金属离子富集于细胞表面,降低重金属在环境中的生物有效性。微生物可以氧化环境中的多种重金属元素,某些自养细菌如硫-铁杆菌类能氧化Cu、Mo、As、Fe等。某些细菌产生的特殊酶能还原重金属,且对Cd、Ni、Mn、Zn、Co、Pb和Cu等有亲和力,如有能使Cd形成难溶性磷酸盐。通过沉淀作用固定重金属离子;淋滤作用能除去污染环境的重金属,微生物的代谢作用能产生多种相对分子质量较小的有机酸,微生物能有效地将Mg、Ca、Al、Fe、Cu等溶解。如从洗选矸石中筛选出一种具有固氮作用的梭菌,在厌氧条件下能通过酶促反应直接溶解氧化铁、氧化锰,通过分泌有机酸使环境pH值降低,从而溶解Cr、Cu、Pb、Zn的氧化物。

为了强化生物降解作用,常采用增加碳源、通气或引入优势微生物种群等措施,促进污染物的生物降解。微生物还可以改变环境中重金属的形态及其在固体系中的分配,促进超富集植物对重金属离子的吸收。合理利用微生物的这些作用,可以有效地进行重金属污染的微生物修复。由于土壤中的微生物种类繁多,各种污染物在不同条件下的分解形式是多种多样的,主要有氧化还原反应、水解、羟基化、异构化及环破裂等过程,并最终转变为对生物无毒性的残留物和二氧化碳,这与土壤基质因素和微生物的种群、数量、活性等因素有关。

26.3.3　微生物修复煤矿地效果评估条件

煤矿区废弃地修复是涉及气候、地质、土壤、水文、植被、动物、微生物与人类活动及土地利用的系统工程,与资源开发、污染治理、灾害防治、景观建设、环境保护和矿区可持续发展紧密相连,需在矿区生态系统或更大尺度的系统内进行科学设计,构建起适合不同地区的生态修复监测评价体系。

污染防治效果的评价一般按照环境污染分析方法监测评价土壤环境、水环境和生物环境,主要包括土壤结构状况、土壤层化学成分和矿物成分变化、C/N/P 比例、地表水环境、地下水环境、植物体污染物含量及组分变化、生物毒性功能(对污染物的耐受量)以及微生物种类与数量等。建立开发前环境背景资料、开发中环境污染资料和修复动态监测资料,特别是微生物相关资料,这是污染防治效果评价的关键。

1. 土体重构效果评价

废弃地修复首先要做到的是保护生态重建所必需的宝贵土壤资源,尽量减少对本土的扰动,保持土著微生物活性。风化矸石山覆土处置时,分析客土加入的适应性,利用地理信息系统技术,筛选与优化客土材料,因地制宜地选取天然有机质土壤为改良材料,适当添加含各种对植物生长有益的有机质及无机质材料。露天采矿场采空区、排土场采用工程措施、生物措施进行土体重构时,要营造微生物繁殖生存的环境。

2. 植被再建以及生态重建效果评价

在污染防治、土体重构效果评价的基础上,具体研究考虑:煤矿区废弃地修复是否有天然生态系统予以保障;自然或人工诱发灾害的变化对微生物修复的制约与影响;煤矿区废弃地微生物修复持续性研究的思路。生态修复是系统工程,恢复植被环节考虑木本、草本植物间的选择,乔木、灌木植物间的选择,本土植物、非本土植物间的选择。考虑物种间的竞争,主要是考虑自身的适应性、物种的多样性、环境条件的匹配性,但对微生物修复技术而言,应着重评价生物和微生物的协调性。

26.3.4　微生物在煤矿区废弃地修复的应用

菌根真菌是自然界中普遍存在的一种土壤微生物,陆地90% 以上的有花植物都能够与它形成菌根共生体。在逆境条件下,菌根作用十分明显:改善植物的营养状况(尤其是在低磷状况下)、改良土壤结构、提高植物的抗逆性(如抗寒、抗旱、耐盐碱、抗重金属污染)、促进根瘤菌的生长和根瘤活性、提高植物对土传病害的免疫能力。这些功效是通过扩大根系吸收范围、活化土壤养分等机制来完成的。该研究系统分析了煤矸石的基本理化性状,利用菌根真菌和根瘤菌对煤矸石进行修复,主要取得了以下成果。

（1）生物接种

针对煤矸石治理难度较大的特点，通过强化接种丛枝菌与根瘤菌，连续对废弃物基质进行生物接种处理，使植物根系对机制理化性状有一定的改良与培肥作用，提高了基质的pH值，更趋近于植物正常生长的酸碱范围。

（2）长期种植豆科植物有利于基质中 N 的积累

接种丛枝菌根真菌尤其是双接种根瘤菌和丛枝菌根真菌促进了煤矸石中难溶性 P 的吸收和利用。针对煤矸石风化物颗粒粗且养分含量少，大面积覆土后复垦种植困难的现象，只能小面积覆土或直接复垦种植。矸石山的复垦种植关键是复垦初期如何能尽快建成一个有机氮库，以促进植物生长，因而保水保肥的基质条件是必需的，而且与根瘤菌共生的先锋豆科植被的选择也是必不可少的。试验研究表明，菌根真菌和根瘤菌联合接种可以互相促进豆科植物对 N 和 P 的吸收，显示出两种微生物在煤矸石山生态恢复中极大的利用潜力和应用前景。

26.3.5　微生物修复煤矿地的限制因素

微生物的专一性较强，种群、数量、活性等直接影响修复的效果。矿区废弃地类型不同，微生物群落不同，特定的微生物只对某种或某些化学成分发生作用。土著微生物、接种特异微生物的生长速度、代谢活性有差异性。微生物的活性受多因素影响，温度、氧气、水分、pH 值等环境因素的影响较大。煤矸石中重金属污染的微生物处置要比有机污染物的微生物降解复杂得多。废弃地基质包括岩土、矸石成分，土壤结构、成分、养分、氧含量、通气性、温度、湿度、pH 值、ORP 值、C/N 比、黏土含量等，污染物种类、含量。这些因素直接或间接控制微生物的活性，并影响其修复作用。对难以被生物降解的多环芳烃（PAHs）也有待进一步研究。生长因子、电子受体、共代谢基质等在微生物修复中发挥重要作用。当岩土中污染物浓度太低且不足以维持微生物的群落时，微生物修复难以奏效。采用生物–微生物联合及工程措施修复是不同类型矿区废弃地修复的主要途径。地质环境因素包括地形地貌、水文植被、气候气象、岩土稳定性、风蚀水蚀强度等。这些地质环境因素与废弃地所处地域及类型相关，它决定着微生物环境恢复与生态重建的总体面貌。

26.4　微生物降解煤

煤炭的生物降解转化研究始于 20 世纪 80 年代。德国法克斯和美国科恩发现，某些真菌能在煤块上生长，并能将煤炭转化为黑色液体。此后，煤的生物转化研究在世界上引起注意并取得了一定的研究进展。煤炭的生物降解转化利用与传统的工业转化方法相比，具有能耗低、转化条件温和、转化效率高、转化产物的经济效益和应用价值高、设备要求简单和绿色环保等一系列优越性，因而日益受到人们的重视和关注，相关研究正方兴未艾。从生物化学角度看，利用生物体内某种生物酶或多种生物酶来抑制有害微生物的生长或者有害物质的产生，或利用微生物对某种矿物质的选择性作用来生产无害和洁净矿物质的生物转化技术等，如煤炭生物转化技术应该属于绿色化学范畴，因为其加工过程是生物化学过程。国内外研究者已分离出若干微生物，而且这些微生物可降解经氧化处理后的低价煤的氧化状态。随着全球石油资源紧缺状况的加剧,开拓有广泛应用价值和前景的煤炭生物转化技术,实现以煤代油、煤炭绿色转化之路,既符合中国国情,又符合洁净煤技术的国际发展方向,还在一定程度上可缓解国际高油价对中国的冲击。这也是我国在能源战略上立足国内资源优势,保证能源持续、可靠供应,实现能源可持续发展,特别是煤炭行业可持续发展的一条重要途径。

煤炭生物转化属生物加工的范畴,是指煤在微生物参与下发生大分子的解聚作用,称生物降解或生物溶解,主要是利用真菌、细菌和放线菌等微生物的转化作用来实现煤的溶解、液化和气化,使之转化成易溶于水的物质或者烃类气体,从中提取有特殊价值的化学品及制取清洁燃料、工业添加剂与农植物生长促进剂等,最终实现煤的溶解、液化和气化。如把溶煤产物转化为具有很高附加值的单一的低分子芳烃类和可替代石油作为清洁燃料的甲烷、甲醇和乙醇等物质。目前微生物将纤维素转化为醇,将纤维素转化为沼气、氢气和一氧化碳为主的煤气甲烷化技术基本成熟,在常温和常压下即可进行。利用微生物降解石油和木质素的研究进展迅速,煤与石油、木质素同源,特别是年轻的低阶煤中就含有大量的类木质素物质,试验已证明能被微生物大量降解。

26.4.1　菌种的选育

降解煤微生物的筛选大致可分为两种途径:一种方法主要是根据微生物产生的一些特异代谢产物进行筛选,如能降解煤中有机化合物的某些成分和结构的酶、螯合剂等。由于煤具有类木质素结构,因此可以选用能降解木质素的微生物如云芝;又由于煤是含有芳环结构的芳香化合物,故可选用能降解芳环的细菌如假单胞菌属。另一种非常实用的方法是从长期暴露于自然界中的煤上分离微生物菌种。不同的微生物与不同煤样之间的作用不同,因而必须针对煤样来筛选降解微生物。目前被研究者们分离得到的可降解煤的菌类有很多种,如细菌有苏云金芽孢杆菌等;放线菌有链霉菌等;白腐真菌有黄孢原毛平革菌、彩绒革盖菌等;半知菌有土曲霉等;子囊真菌有粗糙脉孢菌等;类酵母真菌有热带假丝酵母、假丝酵母菌等;接合真菌有小克银汉霉,不同微生物与不同煤样的作用有一定的匹配关系,因此,不同煤种溶降解煤的微生物的筛选就显得非常重要。中国的煤种繁多,低阶煤的储量很大,进行菌煤匹配的筛选工作具有重大的实际意义。已经分离鉴定出用于溶降解煤试验的微生物有很多。

26.4.2　微生物降解煤实验研究方法

1. 固体表面降解煤

将配制好的琼脂固体营养培养基灭菌后倒平板。将可能有降解煤效果的菌种接种于培养基表面,待菌丝即将长满整个表面时,把处理过的煤样覆盖在菌丝体表面,培养后进行观察,记录现象并收集液体产物。由于固体培养基放大培养比较困难,所以这种方法主要用于研究。

2. 细胞液降解煤

将煤样直接加入培养液中,使菌体、煤样、培养液直接接触。煤样可以在接种时一并加入,或在培养一段时间后加入,待煤样降解后再分离液体与固体菌丝和未降解的煤。这种煤降解方式易于放大,且操作过程简单,易于应用。

3.胞外液降解煤

即用液体培养基深层培养菌种。实验室一般用摇瓶培养,待菌丝生长一段时间后,用真空过滤等方法收集菌体细胞外液,然后加入灭过菌的煤样进行降解实验。这种方法易于收集煤降解产物,胞外液中不含菌体细胞,易于深入研究煤降解过程和煤降解适宜条件。

26.4.3　微生物降解煤的机理

1.碱降解机理

研究者发现微生物降解煤时有碱的催化作用。此类碱性催化剂是一些微生物如真菌、放线菌等在培养期间产生的。放线菌在培养过程中会产生一种胞外物质,能够将煤液化,这种物质具有热稳定性,而且能抗蛋白酶,因此他们推断这种物质不是生物酶。后来他们又发现煤降解产物的量随培养基 pH 值的升高而增大。由于培养基 pH 值升高程度与培养基中所含多肽或多胺的量有关,因此初步判断在碱性环境条件下有助于微生物对煤的降解。

2.酶作用机理

一些研究者发现微生物新陈代谢过程中分泌的胞外酶能够降解煤。目前发现参与降解的酶主要有过氧化酶、氧化物酶、漆酶、水解酶和酯酶等。其中对木质素过氧化物酶、锰过氧化物酶及漆酶的研究比较深入。木质素过氧化物酶首先是在白腐真菌的黄胞原毛平革菌中被发现的,后来的研究发现在其他一些担子菌及子囊菌中也存在该酶。锰过氧化物酶首次是在黄胞原毛平革菌中发现的,其他许多白腐菌中也存在此酶。漆酶是一种含铜的多酚氧化酶,几乎存在于所有的木质素降解真菌中,也存在于很多霉菌和高等植物中。实际上,由于煤的微生物降解过程是一个复杂的生化反应过程,菌种不同,参与煤降解过程的活性物也不同。同一菌种在不同的培养基中,对不同的煤样,其分泌的降解煤活性物也可能不同。

3.螯合物作用机理

另外一些研究者认为微生物降解煤时,一些真菌会产生螯合剂,它可以与煤中金属离子形成金属螯合物,通过脱除煤中的金属,使煤结构解体,转化为水可溶物。多价金属离子如 Ca^{2+}、Fe^{3+} 和 Al^{3+} 在褐煤的分子结构中起桥梁的作用。利用云芝降解煤的实验中发现煤的降解程度与草酸盐有关,草酸盐是一种螯合剂,能够螯合煤中的多价金属离子,尤其是 Ca^{2+}、Fe^{3+} 和 Mg^{2+} 等金属离子,实验表明褐煤的金属离子经螯合剂作用后,其降解性得到了提高。

对于微生物降解煤产物的分析主要是利用现代物质分离技术和方法分析产物的组成、结构及物化性质,一般情况下应用工业分析、元素分析、红外光谱、核磁共振波谱、质谱分析等方法。

26.4.4　影响微生物降解煤的因素

预处理对微生物降解煤的影响使煤逐渐解聚的过程。降解条件对微生物降解煤的影响:经过氧化预处理或自然条件下高度氧化的煤更容易被微生物降解,这是因为氧化后的煤含氧量高,有利于菌种产生的氧化酶、酯酶、螯合剂等对煤作用,断开煤结构中的化学键。在实验室可以用硝酸、过氧化氢、臭氧等对煤进行人工氧化预处理。一些研究者在研究过程中还通过氯化、氧化、硝化及氨化对煤的分子结构进行化学修饰,使其更适合于一般土壤微生物的酶系统。结果显示,经过预处理的煤,其含氮量是天然煤的 5 倍,因此被细菌降解的速率要比原煤快。煤样粒度对微生物降解煤的作用影响很大,粒度越小,越易被微生物降解,直径小于 0.12 mm 煤样的降解转化率比直径为 0.15 ~ 0.12 mm 的煤样约高 15 倍。一般情况下,微生物降解煤的适宜温度约为 30 ℃,温度过高或过低对煤降解均不利。煤降解程度随降解时间延长而增大,在 2 ~ 5 d 增加较大,而在 5 ~ 7 d 增加较小,7 d 以后增加很少。试验的菌种对含氮培养基中的煤降解效果最好,培养基的氮含量高会形成较高浓度的铵离子,从而由于介质的碱化使得煤中的有机质易于从煤的网状结构中溶出。在进行微生物煤降解实验时,用液体摇瓶培养微生物,应使生成的菌球较小为宜,以充分发挥微生物降解煤的作用。

26.4.5　煤炭生物降解转化研究的发展方向

目前在溶煤菌种的寻求上还未取得突破性进展,尚未找到效果特别显著且适应广泛的廉价菌种。目前所报道的菌种对煤炭的降解转化能力有限,且菌种在生长过程中还需另外加入各种营养物,这使得溶煤成本大大提高。这一点也是制约煤的微生物转化技术工业化的瓶颈。通过现代生物工程手段选育、创造出高效煤炭转化菌种,进一步加快煤炭转化速度,降低溶煤成本,为工业化应用技术研究打下基础。

从当代生物技术的发展来看,各种新技术、新方法层出不穷,为我们彻底改造煤炭转化菌,培育性能优异的新菌种提供了技术上的支持。利用多样性的生物基因库,构成特定功能的微生物新种群,实现煤炭的高效转化对跨学科的研究,以实现最后的突破有着重要的意义。目前,细胞工程、基因工程在此领域的应用已经朝着构建能够降解特殊化合物超级工程菌的微生物方向前进,基因操作水平被用来提高微生物体内特异酶水平,而这些酶具有特异性生物转化的作用。研究表明,这些酶由降解质粒编码组成,降解质粒常见于细菌的细胞质,相对分子质量大,通过两个细菌的相互接触,质粒可从供体细菌转移到受体细菌,而供体细菌通过复制作用仍可保持这种质粒。降解质粒的发现及其转移和用生物工程构建特殊功能的超级新菌的成功为煤炭的生物转化开辟了广阔的前景。据报道,美国就已用 4 种假单胞细菌的基因注入同一菌株中,创造了有超常降解能力的超级菌,其降解石油的速度奇快,几小时就能够分解石油中 2/3 的烃类,而自然降解需要 1 年多才行。

人们一直希望用微生物降解转化煤来生成某些结构单一的、有较高经济价值的化学品。由于煤本身结构的复杂性及煤微生物溶解产物的组成和结构的复杂性,要想直接得到结构单一的化学品有一定的困难。但有报道把煤先气化再利用微生物间接转化成甲烷等单一化学品。研究者就微生物溶煤产物曾提出了许多可能的用途,但目前溶煤液态产物只在用作农作物生长促进剂方面取得了一定进展。鉴于煤的生物转化成本及效率,开发新的用途显得非常重要。

第六篇　新能源

第 27 章　生物制氢

27.1　概　述

　　在人类发现的元素里,氢元素是发现最早的元素之一,它被发现于 16 世纪初。在自然界中氢元素普遍存在,它是地球水资源的主要构成部分,占到了地球质量的 75%,主要是以化合物的形式存在于水中。在自然界众多的元素里,氢元素是最轻的。氢的基本特性主要有在常温常压下,它是一种气体,无色、无味、易燃烧。而人们经常说到的氢能,主要就是氢气所具有的能量,换一个角度来说,其实氢是一种二次能源,是一次能源的转换形式,也就是说氢主要是将能量存在于其内部,是一种能量存储的方式。

　　在当今世界中,除了发热量最高的核燃料外,就应该属氢的发热量高了,它的发热量是自然界所有化石燃料、化工燃料以及生物燃料中最高的。但是目前全球面临一个很严重的能源危机,这就是我们目前使用的这些石油、煤炭、天然气以及所有的化石能源,在我们不断的开采和浪费中,会逐渐枯竭,并最终消失在自然界,而我们目前的所有的生产生活的能量来源都无不依靠着这些能源,如果这些能源枯竭将会给人类带来不可估量的生存威胁。而且这些能源在使用过程中还不断地产生二氧化碳以及一些有害的气体,造成环境状况日益恶化,慢慢的,就会使得全球的环境以及气候出现严重的变化。氢能源作为一种二次能源在地球上的存量非常丰富,而且发热量还比较高,除了这些优点外,氢能源还具有以下优点:

　　①氢可以多种存在形式进行使用,可以是气态的、液态的、固态的,还可以是金属化合物等。它不但可以直接作为燃料进行燃烧,还可以作为一般的化学原料以及其他一些燃料的重要的合成元素。除了这些优点以外,氢能源在燃烧的过程中性能十分稳定,燃烧速度很快,可以瞬间进行燃烧。

　　②氢能源在燃烧过程中有一个重要的优点,那就是它在燃烧的过程中不会产生温室气体,这是它与其他燃料燃烧过程中最重要的区别之一,也是它得到人们广泛重视和开发利用的重要原因之一。它在燃烧的过程中除生成水和少量氮化氢外不会产生碳氧化合物、碳氢化合物及粉尘颗粒等对环境有危害的污染物。在所有的气体中,氢气的导热性最

好,比大多数气体的导热系数高出 10 倍。

③制造氢能源的方法很多,但是目前最好的制备方法主要是通过太阳能这种取之不尽、用之不竭的能源进行制备,这样不但大大地减小了氢能源的制造成本,而且还使得氢能源的价格和其他的化石燃料的价格能够相匹配。

从最近几年的氢能源的生产情况来看,全世界的氢生产量还不是很大,而且生产氢能源主要是通过电解水的方法和其他化学法从别的燃料或者化合物中转化而成。这两种制备方法中,电解水的制备方法占到了氢能源制备的 4% 左右,而化学法制备氢能源占到了氢能源总量的 90% 以上。但是这两种制备方法的成本都很高,而且在生产的过程中耗能高,并且对环境的污染比较严重。而目前研究的生物制氢的方法具有的优点主要是原料的存储丰富,并且在制备的过程中反应的条件比较温和、耗能比较低。通过这些分析我们可以知道氢能源是我们以后研究的重要能源之一,而如何通过合适的方法来进行氢能源的制备才是目前摆在众多研究工作者面前的最重要的课题之一。

27.2　制氢技术

氢能源在自然界中不是以单质的形式存在,自然界中根本不存在纯净的氢气,氢主要存在于其化合物中,而要得到氢就只能从这些化合物中进行分解、分离。到目前为止制备氢气的方法主要有以下几种:裂解水制氢、有机质的气化制氢和生物制氢等,主要以天然气、石油、煤为原料。目前在我国制备氢气主要有两种方法:一种是通过裂解、转化以及提纯得到;另一种则是通过含氢的气源进行变压吸附等得到氢气。其中裂解、转化和提纯得到的氢气主要是通过天然气、煤、石油等蒸气转化或甲烷裂解、氨裂解、水电解等方法得到氢气源,再分离提纯得到纯氢。而通过含氢气源得到的氢气主要是通过对半水煤气、城市煤气、甲醇尾气等用变压吸附法、膜法来制取纯氢。而我们经常说到的生物制氢目前还没有进入工业化的生产,还处于起步的阶段,但是从目前的情况来看,生物制氢的发展比较迅速。目前研究工作者还有一种构想就是将生物制氢与治理环境两者结合起来制备氢气,这种方法不但能够制备得到氢能源,还能够使得环境的污染得到一定程度的改善。但是这种方法有一个很严重的问题就是生物制氢的制氢量比较小,虽然产氢的速度比较快,但是产氢率比较低,如果我们在以后的研究工作中能够克服生物制氢的这些缺点,那么生物制氢就能够得到更加广泛的研究,也将成为未来制氢的主要方法之一。就目前的氢气的制备情况以及使用来看,氢能源目前主要是作为一种化工原料使用,并非作为能源使用,要想发挥出氢气的能源有效性,就必须对氢气的制备进行研究,进行工业化的氢气生产,只有这样才能使氢气得到更加有效的利用。下面我们就来简单地介绍一下天然气制氢、裂解水制氢、有机质气化制氢以及生物制氢等几种制氢方法。

27.2.1　天然气制氢

天然气在自然界的存量也比较丰富,而其得到的成本不是很高,因此长期以来,天然气制氢都得到了很多科学研究工作者的认可,主要原因是天然气制氢是化石燃料制氢工艺中最为经济与合理的制备方法之一。而天然气制备氢能源的过程主要分为了两部分,这两部分分别是蒸气转化制备转化气和变压吸附提纯氢气。其主要的过程是将压缩并且脱硫后的天然气与水蒸气进行充分的混合,然后在镍催化剂的作用下于820~950 ℃将天然气物质转化为氢气(H_2)、一氧化碳(CO)和二氧化碳(CO_2)的转化气,转化气可以通过变换将一氧化碳(CO)变换为氢气(H_2),成为变换气,这就完成了天然气制备氢气的第一部分的过程。而第二部分主要是将变换气通过适当的变压吸附提纯得到我们需要的高浓度的氢气。天然气制备氢气的大致过程就是这样,随着研究的不断深入,目前对天然气的研究已经很成熟了,科学研究者还将天然气制备氢气分为了四种方法,分别是甲烷水蒸气重整法、甲烷催化部分氧化法、甲烷自热重整法和甲烷绝热转化法。

27.2.2　裂解水制氢

通过不断的研究,目前主要是将裂解水制氢的方法分成了四种,分别是利用电能将水裂解得到氢气、利用热能将水进行热解而得到氢气、利用太阳能将水进行光解而得到氢气以及利用放射能等能量将水进行水解而得到氢气。而利用电能水解得到氢气和利用热能水解得到氢气是目前研究比较成熟的两种裂解水制备氢气的方法。下面我们就来具体阐述这两种制备氢气方法的过程:

利用电能水解制备氢气的主要工作原理是:将酸性或者碱性等电解质溶液溶入水中以此来增加水的导电性能,然后通过电源产生的电流使得水分别在电源的阴极和阳极产生氢气和氧气。这个电解的过程需要注意的是电解水制备氢气过程中的能源主要是通过外加电源来提供的。而目前我们主要对电解水制备氢气分成了三类,分别是碱性水溶液电解、固体聚合物电解质进行水的电解以及利用高温条件下的水蒸气进行电解。在这三种方法里面,目前研究比较多的主要是碱性水溶液进行水的电解,这种方法主要是以碱性溶液作为增加导电的介质,然后采用高压以及高温等方法使得水在外加电源的作用下电解,这种方法目前是最易掌握的,使用最广泛的裂解水制备氢气的方法。但电解水制氢存在的最大问题就是槽电压过高,导致电能消耗增大,进而导致成本增加。

而对于利用热能进行水电解的方法目前也有很多制备方法和研究,其中最主要的热能电解水制备氢气的方法是采用循环剂对反应的过程进行控制以及增加反应的速度和控制制备氢气的成本。目前比较常用的循环剂主要有金属以及其化合物、碳的氧化物和卤素等。具体的利用热能进行水的裂解的过程如下:

$$AB + H_2O + Q \longrightarrow AH_2 + BO$$
$$AH_2 + Q \longrightarrow A + H_2$$
$$2BO + Q \longrightarrow 2B + O_2$$
$$A + B + Q \longrightarrow AB$$

从以上的反应过程中我们可以清楚地看到 AB 为循环试剂,在这一过程中对于循环剂是没有消耗的,只是起到了一个中间的衔接的作用。而对于这样的反应,我们研究的重点就是如何得到我们希望的那个能够使反应发生的温度,目前我们主要是利用催化剂的特性,能够降低反应发生需要的能量,使得其反应的发生能够被我们合理地控制在我们需要的工业化水平的范围之内。这样我们使用较低的能量就可以使反应发生,节约了大量的能量,而且还使反应过程比较温和以及容易控制。

27.2.3　有机质气化制氢

有机质气化制备氢气是目前制备氢气的主要方法之一,它的制备原理主要是通过高温等条件使得有机质进行裂解得到氢气,而这些有机质主要是秸秆、煤、石油等原料。在这个制备氢气的反应过程中,除了产生我们需要的氢气以外,还产生了很多其他有害以及有益的气体,其中有害的气体主要是产生大量的二氧化碳以及一氧化碳等碳的氧化物,而有益的气体主要是产生了新的能源气体甲烷。但是这些气体都是混合物,我们必须对它们进行分离纯化才能够得到更加纯净的氢气能源。利用有机质气化制备氢气投资很大,而且消耗了大量的能量,这不是一种有效的、长期的制备氢气的合理的方法,这种方法的缺点严重地阻碍了有机质气化制备氢气的更加进一步的研究。

27.2.4　生物制氢

生物制氢是目前制备氢气的主要发展方向之一,它制备氢气的主要原理是利用微生物等生物体在常温常压下,利用微生物体内的各种酶的生物催化功能来进行催化使得氢气能够产生。这种制备氢气的方法目前主要分为了两大部分,分别是厌氧发酵有机物制备氢气和光合作用下微生物制备氢气。生物制备氢气受到诸多因素的影响,这些影响因素最大是生物体的物质代谢和能量的代谢,这两个因素是生物体产生氢气的主要影响因素,主要原因是氢的释放是生物体能量代谢过程中的产物之一。换句话说就是生物体利用太阳能或者对有机物质进行分解获得能量后,以相关的酶作为催化剂,分解含有氢元素的碳氢等化合物,从而释放出氢气。

自从生物制氢方法在全球得到广大科学研究者的广泛关注后,我国对生物制氢的研究也进行了深入的研究。目前我国的中国科学院、清华大学以及厦门大学等许多高等学院相关的重点实验室都在开展对生物制氢的研究,其中最为显著的成效就是哈尔滨工业大学目前已经建立了相当规模的生物制氢示范工程,为生物制氢的研究和进一步的理论和实践的参考提供了坚实的基础。

27.3　生物制氢技术研究进展

生物制氢的想法主要是在 20 世纪 70 年代世界石油危机的背景下提出来的,在当时的情况下,各国政府以及相关领域的科学工作者都意识到了新的能源的形式成为世界得以维持的要素之一,因此他们都在迫切地寻找着新的能源来代替石油,就在当时,Lewis 提出了生物制氢的想法,从那以后生物制氢才开始进入人们的视线,并且第一次被人们认为是具有实用性的能源替代的方法之一。从此,科学工作者们开始以如何制备氢气为思路开展了一系列的有关氢能源的制备以及氢能源的量产等方面的研究。而在石油危机结束,石油价格回归正轨的情况下,当时科学研究者已经对氢气的制备以及氢气应用研究有了一定程度的掌握。但是当石油危机结束以后,人们又开始不再研究氢能源来对石油进行替代了,因而氢能源的研究又开始慢慢地在人们的视线中消失,很多的国家和科学工作者都放弃了研究新的能源对现有的能源进行替代。但是随着环境的日益破坏以及能源资源的逐渐减少,世界在面临这两种压力的同时,科学工作者们又意识到了生物制氢的重要性。因此,氢能源的制备和研究又一次兴起,各种现代化的生物技术在生物制氢领域得到了广泛的应用,使得生物制氢的技术得到了突飞猛进的发展。

27.3.1　光合生物产氢研究进展

早在 18 世纪,科学工作者们就开始意识到了微生物和藻类的特殊性能,它们能够在一定的条件下产生氢气。Nakamura 在 1973 年通过对光合细菌的研究,得到了光合细菌在一定的条件下能够产生氢气的结论,并且他是首先发现这一现象的,随后科学工作者在此基础上进行了大量的研究。1949 年 Gest 也研究了光合细菌产氢的过程,其主要是通过光合细菌在光照厌氧的条件下是否产氢,结果显示其在该条件下能够产生氢气,并且还探明了光合细菌在光照厌氧条件下的产氢的基本原理,为后续的产氢原理的研究打下了坚实的基础。20 世纪 70 年代末,Lambert 对蓝细菌的产氢情况进行了细致的研究,他主要研究了 *Oscillatoria Brevis*, *Calothrix Scopulorum* 和 *C. Membranacea* 等几种蓝细菌的产氢情况,通过研究他发现蓝细菌的产氢量主要在 0.103 ~ 0.168 $\mu l/(mgSS \cdot h)$ 之间。Sasikala 于 1991 年对红球形杆菌的产氢情况进行了研究,通过研究发现红球形杆菌在厌氧的条件下对乳酸厂的废水的产氢速度达到了 5.9 mmol $H_2/(gSS \cdot h)$。生物制氢的研究随着不断的深入,目前对光合微生物制氢的研究主要集中在了微生物如何产氢的原理、高活性产氢菌株的筛选和选育、细胞固定化、原料选用、诸多环境影响因素等方面的研究。由于微生物本身的代谢就是一个复杂的过程,因此到目前为止对生物制氢的过程还是有很多的地方没有完全理解或者弄明白,还存在很多未知的地方,而对于光合微生物的制氢的研究也还是处于实验室的研究阶段,根本无法将其用于实际的生产过程,对于将光合微生物的制氢过程用于实际的工业化生产还有很远的路需要走,因此我们应该加强对其制氢过程的相关的环节的研究,以求早日弄清楚其产氢过程,以便早日投入到实际的生产中。

27.3.2　纯菌种发酵制氢研究进展

早在 20 世纪 60 年代左右,Magna 通过对蓝细菌的研究,发现了蓝细菌在厌氧发酵条件下的制氢情况。从那以后科学工作者们就开始对微生物发酵产氢的相关的细菌进行寻找和研究。通过多年的研究,科学工作者们将发酵产氢细菌主要分为两类,分别是专性厌氧细菌和兼性厌氧细菌,而这两类细菌主要包括了肠杆菌属(*Enterobacter*)、梭菌属(*Clostridium*)、埃希氏肠杆菌属(*Escherichia*)和杆菌属(*Bacillus*)四类,其中肠杆菌属和梭状菌属研究得较多。发酵型细菌的产氢原理主要是能够利用固氮酶活氢化酶,将多种不同的底物进行分解,从而得到我们需要的氢气。而这些底物中研究得最多的主要是甲酸、乳酸、丙酮酸、短链脂肪酸、葡萄糖、淀粉、纤维素二糖和硫化物等。通过多年的研究,我们得到了相关的细菌产氢的底物来源以及其在相关催化剂的作用下产氢的能力。具体的产氢细菌、碳源以及产氢能力见表 27.1。

表 27.1　常见发酵产氢细菌及其产氢能力

细菌种属及编号	碳源	产氢能力($mol\ H_2/mol$ 底物)
Enterobacter aerogenes E. 82005	糖蜜	1.58
Enterobacter aerogenes HU–101	葡萄糖	1.17
Enterobacter cloacae IIT–BT 08	葡萄糖	2.3
Clostridium butyricum IFO13949	葡萄糖	1.9
Rhodopseudomonas palustris P4	葡萄糖	2.76
Citrobacter sp. Y19	葡萄糖	2.49

通过表 27.1 我们可以清楚地看到,大多数的发酵产氢细菌的碳源主要是葡糖糖等含有碳元素的有机碳,而这些发酵产氢细菌的产氢能力主要集中在了 $1.2 \sim 2.8\ mol\ H_2/mol$ 底物。通过比较发现目前发酵产氢细菌的产氢能力还不是很高,可能是我们在产氢过程中的某些环节的研究还不够深入,使得产氢在某些环节大量损失。

而近年来大量的科学研究者对嗜热性产氢微生物进行了大量的研究,主要研究的有热厌氧杆菌属、厌氧微生物、热解糖热厌氧杆菌和地热脱硫肠状菌等。Kanai 等从日本温泉中分离得到的一株产氢嗜热球菌其最适宜生长温度为 85 ℃。任南琪等筛选到一株能耐受 pH 3.3 的产氢细菌 B49,最大比产氢速率高达 $25\ mmol/(g \cdot h)$。通过多年的研究我们发现嗜热性产氢微生物能够在较高温度或者较高的 pH 值条件下进行生存发酵而产生大量的氢气,根据研究我们发现嗜热性氢气细菌的产氢量远远高于发酵型产氢细菌的产氢量,这对于生物制氢的研究提供了一定的参考发展方向。

27.3.3　混合菌种发酵制氢的研究进展

通过大量科学工作者的研究,我们可以知道微生物之间有着复杂的生存关系,它们之间有的是共生的关系,有的是互生的关系,总之这个关系是复杂的。而多年来科学研究工作者发现一个很明显的现象,它是纯菌种研究过程中的一个重要的难点课题,纯菌种很难在复杂多变的环境中进行很好的繁殖和进行产氢的功能,而一定程度的混合的菌种发酵的过程却克服了这个纯菌种难以逾越的难题。而科学工作者根据产氢的过程的不同,将混合菌种发酵制氢分成了两大类,这两类混合菌种发酵制氢主要是同类群生物的混合制氢、光合生物法发酵型生物进行混合制备氢气。

Miyamoto 等人研究了同类群生物之间的混合制氢情况,试验主要是通过对藻类和光合细菌的混合培养,通过对氢气的产量进行了其混合产氢的能力的比对研究,试验的结果表明,这两种细菌进行混合后产氢的速率是单独使用藻类细菌进行产氢速率的四倍左右,而且产氢的数量得到了大大的提高,达到了原来氢气摩尔质量的五倍左右。James 等人主要对发酵型细菌和光合细菌进行混合产氢的情况进行了研究,它们选用的主要是以纤维素作为细菌作用的底物,选用了野生型混合培养的暗发酵型细菌和光合细菌进行混合,使这两种细菌同时作用于纤维素,试验结果发现氢气的产量达到了 $1.2 \sim 4.3\ mol\ H_2/mol$ 葡萄糖,比单独使用其中的一种细菌进行产氢的速率以及产氢的摩尔质量都有一定的提高。

而我国在世界这种大环境的影响下,也对混合菌种产氢的情况进行了大量的研究,研究的主要方向是厌氧活性污泥混合制氢的研究,这类研究在中国取得了一定的成就。通过研究发现多种菌种之间的相互的协同作用能够很好地弥补单一菌种由于环境复杂多变以及污泥的性质或者状态对其产氢的效果造成的严重影响。与此同时,多种菌种的混合产氢比单一菌种产氢的速率以及产氢的摩尔质量都大大地提高。而中国对厌氧活性污泥研究最深入的主要是任南琪等的研究,早在1990年他就提出了利用碳水化合物作为原料的发酵法进行生物制氢的技术,提出了利用厌氧的活性污泥来进行氢能源的制备。在不断的研究中,他又于1995年提出了利用工厂等产生的有机的废水作为原料,利用已经被驯化的厌氧活性污泥作为混合菌种的发酵菌种来进行氢能源的制备,这个理论的提出大大地减少了生物制氢的成本,并且能够将废物进行利用,使得资源被最大地重复利用,最主要的是这种理论和试验的成功突破了传统的单一菌种和细胞固定化技术的生物制氢方法,这种方法极大地提高了产氢的能力和产氢的纯度。

27.4　生物制氢微生物

产生氢气的微生物很多,根据多年来对生物制氢微生物的研究,目前得到大家的公认的分类方法主要是将产氢的微生物分成了四大类,分别是绿藻、蓝细菌、光合细菌以及发酵型细菌,这种分类方法主要是从产氢微生物的种类来进行划分的。这种分类是狭义的产氢微生物分类方法,而广义的产氢微生物种类主要分成了两大类,分别是光合微生物和非光合细菌,其中的光合微生物主要包含了绿藻、蓝细菌和厌氧光合细菌,非光合细菌主要包含了严格的厌氧细菌、兼性厌氧细菌以及好氧细菌等。

27.4.1　狭义产氢微生物

通过多年的研究,我们对产氢微生物的产氢特点以及产氢的速率等相关的方面有了一定程度的掌握,下面我们主要对狭义的产氢微生物进行详细的介绍,具体的情况见表27.2。

通过对表27.2的研究,我们可以知道我们所谓的四大类产氢微生物中,并不是每一类中的所有的细菌都能够产氢,只有其中的一部分能够产氢。从表中我们可以清楚地看到绿藻可以产氢的微生物主要包含了莱茵衣藻、歇生栅藻、绿球藻和亚心形扁藻;蓝细菌可以产氢的微生物主要有鱼腥蓝细菌、颤蓝细菌、丝状蓝细菌、黏杆蓝细菌、丝状异形胞蓝细菌以及多变鱼腥蓝细菌;光合细菌能够产氢的细菌主要是球形红细菌、荚膜红细菌、嗜硫小红卵菌、深红红螺菌、沼泽红假单细菌以及沼泽假单胞菌;而发酵型细菌中能够产氢的细菌主要包含了丁酸梭菌、嗜热乳酸菌、巴士梭菌、类腐败梭菌、产气肠杆菌、阴沟肠杆菌以及蜂房哈夫尼亚菌。在这几种产氢微生物中只有发酵型细菌不需要光,而其他几种细菌都需要光的作用。在这几种产氢微生物中绿藻类微生物的产氢速率最慢,而蓝细菌产生的氢气中经常混合其他气体。

表 27.2　产氢微生物及其产氢特点比较

产氢体系	特点	可产氢微生物
绿藻	需要光;可由水产生;转化的太阳能是林木和农作物的 10 倍;体系存在氧气威胁;产氢速率慢	莱茵衣藻 歇生栅藻 绿球藻 亚心形扁藻
蓝细菌	需要光;可由水产生;主要是固氮酶产生氢气;具有从大气中固氮的能力;氢气中混有氧气;氧气对固氮酶有抑制作用	鱼腥蓝细菌 颤蓝细菌 丝状蓝细菌 黏杆蓝细菌 丝状异形胞蓝细菌 多变鱼腥蓝细菌
光合细菌	需要光;可利用的光谱范围较宽;可利用不同的有机废弃物;能量利用率高;产氢速率高	球形红细菌 荚膜红细菌 嗜硫小红卵菌 深红红螺菌 沼泽红假单细菌 沼泽假单胞菌
发酵型细菌	不需要光;可利用的碳源多;可产生有价值的代谢产物如丁酸等;多为无氧发酵,不存在供氧;产氢速率相对最高;发酵废液在排放前需处理	丁酸梭菌 嗜热乳酸菌 巴士梭菌 类腐败梭菌 产气肠杆菌 阴沟肠杆菌 蜂房哈夫尼亚菌

27.4.2　广义产氢微生物

27.4.2.1　光合微生物

绿藻、蓝细菌和光合细菌虽然都属于产氢的光合微生物,但是它们作用的条件各不相同,其中绿藻和蓝细菌主要是在光照、厌氧的条件下对水进行分解得到氢气,这种情况通常被研究工作者称为光解水产氢,而光合细菌通常是在光照、厌氧条件下对有机物进行分解得到氢气,这种产氢的方式通常被研究工作者称为光合产氢或者说是有机化合物的光合细菌的光分解法。这三者之间的主要区别在于绿藻和蓝细菌作用的底物主要是水,而光合细菌作用的底物主要是有机化合物,而将这三者通常划分在一起的原因主要是它们在进行产氢的过程的条件是一样的,都需要一定程度的光照和在厌氧条件下进行,因此我们经常将这三者放到一起进行讨论和研究。

27.4.2.2　非光合细菌

而非光合产氢微生物与光合产氢微生物的主要区别就在于光合产氢微生物需要有光

照,而非光合产氢微生物不需要光照,这一类产氢微生物主要是发酵型微生物。这一类产氢微生物主要是在无光照、厌氧的条件下对有机物进行分解而产生我们需要的氢气,这种产氢的方式也经常被我们称为暗发酵产氢或者有机化合物的发酵制氢法。而我们根据氧气的存在对产氢微生物的产氢的影响,将发酵制氢微生物分为严格厌氧发酵产氢菌、兼性厌氧发酵产氢菌和好氧发酵产氢菌。下面我们来详细地了解一下这三类产氢微生物。

(1)严格厌氧发酵产氢菌

严格的厌氧发酵型产氢细菌对于氧气的存在十分敏感,氧是严格厌氧发酵型产氢细菌是否能够产氢的关键因素,严格厌氧的发酵型细菌即使是短时间接触氧气也会使得其发酵的过程中断,而使得氢气的产生受到严重的影响,主要原因是严格厌氧产氢微生物的发酵过程是为其产氢过程提供能量的关键因素,一旦发酵被中止,那么就无法提供能量,就无法进行产氢的后续过程。严格厌氧发酵产氢菌主要包括产氢梭菌(*Clostridia*)、嗜热产氢菌(*Thermophiles*)等。这一类细菌还有一种区别就是产氢的菌株不同,其产生氢气的能力也不尽相同,存在着很大的差异,其中丁酸梭菌(*C. Butyricum*)产氢量为416 mol H_2/mol 葡萄糖,而阴沟肠杆菌 ITT2BT08(*Enterobacter cloacae* ITT2BT08)的产氢量达 212 mol H_2/mol 葡萄糖。这类产氢微生物的分解能力很强,它们能够分解利用多种有机质产氢,也能利用纤维素和半纤维素等大分子糖类产氢。

(2)兼性厌氧发酵产氢菌

兼性厌氧发酵产氢菌与严格厌氧发酵产氢菌和好氧发酵产氢菌最主要的区别就是它既可以在有氧的条件下进行发酵产氢,还可以在无氧的条件下进行发酵产氢。我们通过科学的研究发现这类发酵型细菌虽然在有氧和厌氧下都能够进行产氢,但是其在有氧的条件下进行发酵产氢的效果要比厌氧条件下产氢的效果好得多。具有产氢能力的兼性厌氧发酵菌在厌氧条件下可以分解利用多种有机物产生氢气和二氧化碳,产氢能力不受高浓度氢气的抑制,但缺点是产氢量比较低。

(3)好氧发酵产氢菌

通过对以上两种发酵型产氢菌的研究,我们可以发现好氧型发酵产氢菌与其他两种发酵产氢菌的主要区别是它必须在有氧的条件下进行发酵产氢。这一类发酵产氢菌在有氧的条件下能够很好地生长,并且还具有十分完整的呼吸链。这一类好氧发酵产氢菌需要在氧气下进行发酵的主要原因是,只有其氢的最后受体是氧气时才能够正常地进行完整的呼吸链,不然就不能完成整个发酵过程。而好氧产氢菌主要包括芽孢杆菌(*Bacillus*)、脱硫弧菌(*Desulfovibrio*)等。

通过对以上三种发酵型产氢菌的简单介绍,我们知道这三种发酵型产氢菌之间的产氢能力没有严格的区别,但是从我们的研究中我们可以发现发酵型产氢细菌多数都是厌氧型的发酵产氢菌。通过多年来不断研究,科学工作者们发现其中产氢量比较高的细菌主要是巴士梭菌(*Clostridium Pasteurianum*),丁酸梭菌(*C. Butyricum*)和拜氏梭菌(*C. Beijerinkii*),而产氢量比较低的发酵型细菌主要是丙酸梭菌(*C. Propionicum*)和大肠杆菌(*E. Coli*)。

27.5　生物制氢机理

微生物之间的关系本来就很复杂,当只研究单一的微生物时还比较容易些,但是当我们研究混合菌种进行产氢时,其产氢的机理就更加复杂,需要考虑到产氢过程中微生物的各种酶类以及产物之间的相互作用的结果以及外部环境对其产生影响相关的要素。这些都无时无刻在影响着微生物产氢的能力,因此研究出微生物产氢的机理就显得尤为重要,这样就可以帮助我们控制产氢过程的相关的影响因素,从而提高微生物的产氢能力以及为生物制氢的进一步的研究和工业化的实践打下坚实的基础。下面我们主要来研究狭义绿藻产氢机理、蓝细菌产氢机理、光合细菌产氢机理以及厌氧发酵型细菌的产氢机理。

27.5.1　绿藻产氢系统

绿藻产氢的主要原料是水,主要是在光照的条件下使水直接经过生物的作用而发生光解,产生我们需要的氢,根据对绿藻产氢机理多年来的研究,我们知道藻类都可以通过相同的生物过程进行反应,而得到我们需要的氢,这个生物光解过程简单地表示为

$$2H_2O \longrightarrow 2H_2 + O_2$$

但是对这个过程进行详细的研究我们可以发现,其实这个过程主要包含了两个步骤来完成产氢的过程,分别是裂解水–释放氧气的光系统和生成还原剂还原二氧化碳的光系统。生成还原剂还原二氧化碳的过程中主要是吸收了光照后进行水的光解,在这个过程中释放出了质子、电子以及氧气,这个电子在裂解水–释放氧气的过程中被传递给了铁氧还原蛋白,而可逆氢化酶又接受还原态的铁氧还原蛋白传递的电子并释放出氢气。这一过程中电子的传递情况以及最后氢气的产生过程如图 27.1 所示。

$$H_2O \longrightarrow PS\,II \longrightarrow PS\,I \longrightarrow Fd \longrightarrow 氢化酶 \longrightarrow H_2$$
$$\downarrow$$
$$O_2$$

图 27.1　绿藻产氢的电子传递途径

在这两个系统中,两个光子(每一系统一个光子)用来转移水中的一个电子和还原二氧化碳或形成氢气。这种产氢的机理主要代表了绿藻类微生物的歇生栅藻。但是有一个很明显的矛盾就是绿藻产氢一般是在厌氧的条件下进行的,而在绿藻进行产氢的过程中实际上是有氧气产生的,因此我们在这个过程中必须及时地使氢气和氧气分离,使绿藻产氢的外部环境的氧的含量保持在较低的环境下,经过多年的研究,一般认为氧气的浓度达到 1.5% 时,会使得发酵反应的过程中止,主要是氧气的浓度使得脱氢酶的活性失活所引起的。

27.5.2　蓝细菌产氢系统

蓝细菌和绿藻一样,在进行产氢的过程中都需要有一定的光照条件,但是它们在最后的产生氢气的过程却不是完全一样的。蓝细菌主要是先将水在光照的作用下转化成有机物,然后在一定的条件下通过有机物的裂解为蓝细菌的生长提供必要的能量而得到氢,我

们通常将这个产氢的过程称为间接的生物光解产氢。这样一来蓝细菌产生氢主要就是通过两个过程来完成了,这两个过程详细的转化情况为

$$12H_2O+6CO_2 \xrightarrow{\text{光能}} C_6H_{12}O_6+6O_2$$

$$C_6H_{12}O_6 \longrightarrow 12H_2+6CO_2$$

通过不断的发展,蓝细菌现在是一个品类繁多的微生物种群,其中能够通过光能进行自养的微生物主要是革兰氏阳性菌。而蓝细菌在结构上也具有很大的区别,主要有单细胞的、丝状的以及聚居的。这些蓝细菌在自然界存活的条件主要是空气、水、矿物质以及光照,通过这些生活条件我们可以发现其实它的存活条件很简单。蓝细菌之所以能够进行产氢,主要是其体内含有很多和氢代谢及氢合成相关的酶类,这些酶主要分为固氮酶和氢化酶。固氮酶主要使有机物分解产生氢;而氢化酶是一种可逆的酶,它既可以催化氢的氧化,还可以催化氢的合成。有关氢化酶和固氮酶在产氢过程中的相互作用的关系如图27.2 所示。

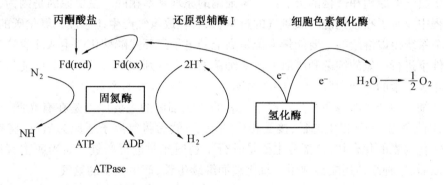

图 27.2 蓝细菌中固氮酶催化产氢和氢化酶催化产氢

从图 27.2 我们可以清楚地知道蓝细菌中固氮酶和氢化酶之间的关系,通过图中的路线我们可以知道固氮酶的作用机理主要是将氮气通过固氮酶使得氢元素固定在氮的化合物上,然后在 ATP 提供的能量下将氢离子合成氢气而释放出来。而氢化酶产氢的主要机理就是将固氮酶中脱落下来的氢离子进行催化得到氢气而释放出来。在蓝细菌产氢的过程中主要的影响因素就是氧气的含量,因为氧气的含量会直接影响蓝细菌发酵的过程中的氢化酶以及固氮酶的活性。

27.5.3 光合细菌产氢系统

从微生物分类的角度来进行分析,光合细菌应该隶属于原核生物类,而这类光合细菌产氢的原理主要是生成还原剂还原二氧化碳和产生氢气,在这个过程中电子的供体主要是有机物或者是具有还原态的硫化物,而这一类光合细菌产氢作用的底物主要是有机物。光合细菌在光照作用下进行氢气的释放主要是在固氮酶的催化作用下完成的,主要通过光合磷酸化提供的能量。

光合细菌产氢的主要过程就是利用光能磷酸化对有机物进行裂解,固氮酶产氢过程中需要的能量主要是来自于光合磷酸化提供的能量,而这个能量的转化过程主要是通过光捕获细菌中的叶绿素 Bchl 和类胡萝卜素吸收光子后,将能量传递给光合作用中产生的

高能电子。而这个高能电子就会进行能量的转移,转移的方向主要是电子供体—铁蛋白—钼铁蛋白—可还原底物。通过这些分析后我们可以知道在光照的条件下固氮酶在磷酸化提供的能量下,接受传递给其的电子,将氢离子还原为氢气,并且把空气中的氮气转化生产含有氮的化合物,这个过程即固氮酶产氢的过程。其详细的过程为

$$N_2+12ATP+e^-+6H^+ \longrightarrow 2NH_3+12(ADP+Pi)$$

$$2H^++4ATP+2e^- \longleftrightarrow H_2+4(ADP+Pi)$$

下面我们来讨论在有光照情况下,考虑氮源的情况对整个产氢过程的影响情况,当整个反应过程在缺氮时,固氮酶就无法转化生成氮的化合物,这时最主要的影响就是在第二部分的过程中产生氢气和还原性的二氧化碳。而当氮源充足,固氮酶就能够将氮转化为相应的氮的化合物,而这时就会耗损氢离子,直接影响到氢气的释放。

光合细菌除了在光照的条件下能够产生氢气外,也能够在无光照的条件下,通过一定酶的催化作用,使得葡糖糖等有机物质在一定的条件下进行分解释放出氢气。而这种情况下产生氢气的原理和严格的厌氧型产氢细菌的原理基本相同。主要原因是因为在整个转化过程中没有了吸收光能释放氧气的过程,只有释放氢气产生还原性二氧化碳的过程,因此整个系统得以继续的主要能量来源是高能的电子经环式磷酸化产生 ATP。这种在无光照条件下进行产氢的细菌和厌氧型产氢细菌的主要区别在于其进行产氢的能量的来源不受到相关因素的限制,其产生氢的能力明显高于严格厌氧的产氢细菌。

光合细菌的产氢能力明显高于严格厌氧的产氢细菌的主要原理是在有光照、有氮源的情况,固氮酶由 ATP 提供能量,接受相应的电子,然后将氢离子还原为氢气,将空气中的氮源转化为氮的化合物,这部分主要是进行了利用光照进行产氢。而当底物有机物被消耗完以后,这种细菌还能够利用二氧化碳而继续生长,产生更多的氢气。

通过以上的分析我们可以知道光合产氢细菌的相关作用的机理,从机理中我们可以知道光合细菌能够使水进行分解,主要是作用于有机物。光合细菌在产氢过程中和绿藻以及蓝细菌产氢过程中的主要区别在于,光合产氢细菌的过程中没有产生氧气的这个过程,因此就不用进行复杂的氧气和氢气的分离。因此,光合产氢细菌生产氢气的能力明显高于其他的产氢方式,而且工艺比较简单,产生氢气的浓度也比其他几种产氢的浓度高得多。但是光合产氢细菌的产氢过程也是一个复杂的过程,受到了很多因素的影响,而且就目前的研究而言,对光合产氢过程中的碳的代谢以及固氮酶的机理还不是很清晰明了,并且外部的环境还对其产氢的过程有着复杂的影响。

通过多年来的研究我们得到了影响光合产氢过程中的主要影响因素,这些因素主要是光合细菌的种类、光照情况、温度、碳源、氮源以及相关的酶代谢过程。这些因素之间相互影响,相互作用,共同对光合产氢的过程产生影响。这些影响因素主要从光合产氢过程的本身情况和外部作用的环境情况两方面进行研究。

通过对以上的分析,以及将光合产氢细菌与绿藻和蓝细菌进行比较我们可以发现其具有的优点主要是其需要光照所利用光谱的范围比较广;氢气的产生量比较高,而且纯度比较高;在无氧的条件下进行,不产生氧气,对反应的过程起到了一定的保护作用;能够利用大多数的有机废弃物,其作用的底物的来源比较广泛也比较充足。但是这种光合产氢细菌也存在着一定的缺点和不利于操作的地方,主要表现在固氮酶的作用机理很复杂,而且其在作用的过程中需要大量的能量,对能量的耗损太大,不利于能源的节约;其需要的

光照量很大,但是在实际的过程中其光照的转化率比较低;并且这种光合产氢细菌的反应器的占地面积很大,投资成本较高。

27.5.4 厌氧发酵生物制氢系统

厌氧微生物产氢时作用的底物主要是碳水化合物,并且还有一个比较重要的条件就是需要在没有光照和没有氧气的情况下进行。厌氧微生物在进行发酵产氢的过程中碳水化合物首先要经过 EMP 途径使其转化为丙酮酸,合成 ATP 和还原态的烟酰胺腺嘌呤二核苷酸($NADH+H^+$)。在这部分进行作用的发酵底物比较广泛,葡糖、淀粉以及纤维素等都可以作为底物进行发酵。其实在这个发酵的过程中就会产生一定的电子,这些电子就决定了最后能够产生氢气的量。根据不断深入的研究,利用同位素标记法我们发现,如果作用的底物是乙酸,理论上每 1 mol 葡萄糖可以产生 4 mol 的分子氢气,其具体的过程为

$$C_6H_{12}O_6+2H_2O \longrightarrow 2CH_3COOH+4H_2+2CO_2$$

而当在发酵的过程中,作用的底物是丁酸等六碳糖时,通过同位素标记法我们得到了每 1 mol 葡萄糖可以产生 2 mol 的分子氢气,具体的过程为

$$C_6H_{12}O_6 \longrightarrow CH_3CH_2CH_2COOH+2H_2+2CO_2$$

通过对以上两种情况的分析,我们可以发现其实产氢的最终结果和最后作用的末端的底物是密切联系在一起的。图 27.3 就是丁酸和乙酸为末端底物进行产氢的详细的过程。

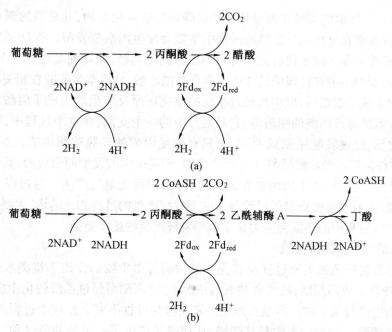

图 27.3 发酵产氢产酸过程示意图

通过对产氢过程机理多年来的研究,我们认为要想使得整个产氢的过程能够持续产生,首先要维持好代谢过程中 $NADH+H^+/NAD^+$ 的平衡,而为保证这对平衡主要是要能够保证氧化型辅酶 I 的供给量才行,氧化型辅酶 I 可以通过丙酸、丁酸、乙酸以及乳酸发酵进行转化而成。因此,对于整个发酵的过程可以将其分成三类,分别是丁酸型发酵产氢、

丙酸型发酵产氢以及乙醇型发酵产氢。

在整个厌氧发酵产氢的过程中首先必须将原有的底物进行分解,以得到丙酮酸,再将丙酮酸在丙酮酸转化酶的作用下,将其转化为乙酰辅酶 A,而在这个过程中会生成 2 mol 的氢气和二氧化碳。而乙酰辅酶 A 与 NADH 相互作用产生丁酸或者乙醇等,NADH 被氧化为 NAD⁺ 并释放氢气。下面我们就来详细介绍一下这三种发酵的过程和原理。

(1)丁酸型产氢发酵类型

通过多年的研究,我们发现丁酸型产氢发酵的典型代表主要是丁酸梭状芽孢杆菌和酪丁酸梭状芽孢杆菌。在科学研究者的不断努力中,目前已经表明,很多的可溶性碳水化合物的发酵类型主要是丁酸型发酵。在整个过程中碳水化合物首先必须经过三羧酸循环使得碳水化合物形成丙酮酸,然后丙酮酸在相应的脱氢酶的作用下进行脱羧,同时将电子转移为铁氧还原蛋白,然后还原的铁氧还原蛋白在氢化酶的作用下释放出氢气,这个过程就是丁酸型产氢发酵的主要机理过程。

其实根据上面我们已经介绍的乙酸和丁酸作为末端底物的发酵产氢过程我们可以知道,乙酸发酵的过程中产生了大量的 NADH+H⁺,由于离子无法马上得到释放,会使得系统的 pH 值过高,从而对反应的整个过程产生严重的负影响。而在丁酸进行发酵型产氢的过程中,没有产生那么多的 NADH+H⁺,能够使得物质之间得到迅速的转化,使得反应能够一直朝着设计的路线进行下去,有利于葡糖的分解发酵产氢。

(2)丙酸型产氢发酵类型

丙酸型产氢发酵的类型主要是那些难以降解的碳水化合物,其典型的碳水化合物就是纤维素,纤维素在进行厌氧发酵的过程中常常会发生丙酸型发酵。丙酸型发酵的详细过程就是:首先必须让碳水化合物进行分解以得到葡萄糖,然后葡萄糖经过 EMP 途径转化为丙酮酸,而丙酮酸在转羧酶的作用下生产草酰乙酸,然后草酰乙酸在相关的酶的催化作用下还原生成了琥珀酸,琥珀酸经过相应的催化还原反应最后生成了丙酸。丙烯酸途径只存在少数能够产丙酸的细菌里,它只是其中的一个支路,在这个过程中,葡萄糖降解为丙酮酸之后,经过乳酸还原成丙酸,而只有少量丙酮酸经脱羧酶生成乙酸,同时产生 ATP。丙酸杆菌等不经乙酰辅酶 A 旁路产丙酸,而是由丙酸发酵而形成的,其中包括部分 TCA 循环机制。此外,由于丙酸杆菌属无氢化酶,因而无氢气产生。通过以上的分析我们可以发现,丙酸型发酵产氢的过程与丁酸型发酵产氢的过程相比的话,主要的区别是丙酸发酵型产氢过程中的还原力能力比丁酸型发酵产氢的途径要强。

(3)乙醇型产氢发酵类型

乙醇型发酵产氢的主要过程是首先在酵母菌等微生物的作用下将碳水化合物经过 EMP 过程转化生成丙酮酸,然后在缺氧的情况下,将丙酮酸经过乙醛转化生成乙醇,这个过程是典型的酵母菌发酵。但是乙醇型产氢发酵的过程不完全是这个过程,它主要是丙酮酸在乙酰辅酶 A 过程中走的是其旁路,从而除了产生了一定量的氢气和二氧化碳外,还同时生成了乙醇、乙酸以及丁酸等物质。其详细的过程如图 27.4 所示。

通过对以上三种发酵产氢类型的详细的分析,我们不难看出几种发酵产氢的类型都是经过将葡糖转化为丙酮酸,然后丙酮酸再经过一系列的反应从而释放出我们需要的氢气。通过对三种发酵产氢类型的比较,可以知道在这三种发酵类型中,丙酸发酵并不产生氢气,因此为了使得研究生物制氢,在这里就不考虑丙酸产氢发酵这个过程了。而对于丁

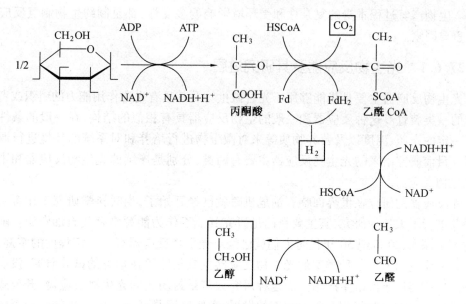

图 27.4　乙醇性发酵产氢途径

酸发酵产氢和乙醇发酵产氢的过程来说,都是可以产生氢气的。但是从它们最后产生的末端的产物来看,丁酸发酵产氢末端的最终产物主要是 $NADH+H^+$,氢气,丁酸等,而乙醇发酵产氢的末端最终产物主要是乙醇、乙酸、丁酸、二氧化碳和氢气,从这个最终的末端产物来看,乙醇发酵产氢的末端产物更加稳定,操作的过程更加容易控制。通过以上的分析,我们应该在乙醇型发酵产氢方面加大研究的力度,因为从几种发酵类型来看,乙醇发酵产氢的效果最好,而且乙醇发酵产氢这个过程还能够不那么容易受到外部环境的影响。

　　通过这部分的研究我们知道光合制氢目前还不能够在工业上进行实际的实践生产,而厌氧发酵产氢过程以及工艺如果能够在工业上进行实际生产,其比光合制氢过程具有如下的优点:厌氧发酵产氢的菌种的产氢能力很强,比一般的光合细菌产氢的能力要强很多,而且其在一定的时间段内的繁殖能力比光合细菌的繁殖能力要强;光合细菌产氢作用的底物是单一的,只能对一部分或者一类底物进行作用,而厌氧发酵型产氢作用的底物比较广泛,它可以作用于不同的有机物,进行连续的产氢,中间不用间断;还有一点就是厌氧微生物能够对污泥以及废弃的污水进行有机物的分解而产生氢气,这对于环境的净化和保护也是十分有利的,它有机地将环境保护和生物制氢相结合起来,是未来生物制氢发展的主要方向和思路。

27.6　生物制氢反应器及其研究进展

　　衡量发酵反应器的性能根据两条标准:①反应器的发酵产物的产生能力,即单位时间、单位体积反应器的目的发酵产物产量;②反应器的产物收率,即单位数量底物转化为目的发酵产物的比率。

　　经过多年的研究,目前对于生物制氢反应器的研究进展主要有两种反应器,分别是光生物反应器和厌氧生物产氢反应器,这两种产氢的反应器是目前研究最广泛、最多的产氢仪器。生物产氢过程本身的复杂性和受环境影响的多变性,都是制约生物制氢反应器发展的重要因素。

27.6.1　光生物反应器及其研究进展

光生物反应器主要是指能够用于光合微生物及其具有光合作用能力的组织或者细胞培养的一类装置。这种反应器和一般的生物反应器具有相似的结构,在一般的条件下都需要一定的光照、温度以及营养物质等来对微生物进行培养和对系统的环境进行调节和控制。目前研究出来的光生物反应器主要有两类,分别是连续的光生物反应器和半连续的光生物反应器。

光反应器的研究在世界面临石油危机时就已经开始了,当时科学研究工作者主要是用绿藻进行了大量的研究,其主要目的是研究其能否作为能源来替代石油资源。随着研究的不断深入,20 世纪 50 年代时人们就已经对光生物反应器有了一定程度的掌握,但是这时人们研究出来的各种类型的光生物反应器主要是停留在理论的试验研究,没有任何一种光反应器用于实践生产中。而这种研究大多是封闭式的光生物反应器,开放式的光生物反应器也在这时得到了很大程度的发展,主要原因是开放式的光生物反应器的操作条件容易控制,不像密闭式的光生物反应器那样难以控制,受到外部环境的影响较大;此外,开放式的光生物反应器的投资成本比较低,而且相关的设备要求也没有密闭式的光生物反应器那样精密,占地空间还比较小,能够很好地利用空间。开放式的光生物反应器主要用于螺旋藻、小球藻和盐藻等多种微藻的大规模培养并取得了良好的效果。光生物反应器的设计和相关的工作原理还要源于 1983 年 Pirt 等人对其的研究。自此,Cook 研制出第一台垂直管状光生物反应器以来,各种类型的光生物反应器相继问世,主要有垂直柱式、水平回旋管式、垂直或水平板式及传统搅拌罐式反应器等类型。下面我们就来详细地介绍一下开放式光生物反应器和密闭式光生物反应器。

（1）开放式光生物反应器

所谓的开放式光生物反应器,顾名思义,就是指在一种开放的条件下进行生物的培养和相关的过程反应。目前开放式光生物反应器主要有两种基本的类型,分别是水平式的光生物反应器和倾斜式的光生物反应器。水平式的光生物反应器的得名主要原因是它的反应器的系统是水平放置在地上,反应器中的培养液或者说营养液不能实现自己供给,必须通过外部的力量使得培养液能够循环,而这种循环主要是通过桨轮或者旋转臂的转动来实现。而倾斜式的光生物反应器和水平式光生物反应器最主要的区别就是它的反应器是放置于一个倾斜面上,而其培养液同样不能通过内部的循环而自己供给,也必须在外部的力量下使得培养液进行循环,但这种循环主要是依靠泵的动力使培养液在斜面上形成湍流来完成。其中最典型的开放式光生物反应器是 1969 年 Oswald 设计的跑道池反应器。

虽然开放式生物反应器构造简单,不占用较大的空间,而且建造的成本也比较低。但是它也具有很多缺点,主要原因是它是开放式的,而微生物的繁殖条件有的比较严格,受外部环境的影响比较大,因此其培养的条件就不稳定,容易受到外部的干扰而影响最后的产氢效果,并且这种开放式的光生物反应器,需要的光照量比较大,但是在实际的转化过程中其光合转化的效率却很低,能量主要还是依靠微生物的内部物质循环来提供,这对微生物的生长不利。

（2）密闭式光生物反应器

密闭式光生物反应器，顾名思义，其最主要的特点就是它是密封的，和外部环境是隔绝的。密闭式光生物反应器目前主要是用透明的材料建造的，主要是有利于内部的微生物利用光照，还有一点就是有利于观察内部反应变化的现象。这种密闭式的光生物反应器和开放式的光生物反应器相比主要优势是它可以实现一定程度的连续式的生产，并且由于其与外部的环境是隔绝的，不容易受到外部环境的影响，能够按着微生物生长的既定的目标进行下去，并且这种光生物反应器的应用范围比较广，产氢的效率也比较高，当然产氢的纯度也比较高。但是密闭式光生物反应器的建造成本比较高，需要较高的投资才有可能完成，但是一旦建成光生物反应器，它对于反应过程中的温度以及相关微生物生长的条件能够进行有效的控制，并且也容易操作，还能够在一定程度上降低环境的污染。

27.6.2　厌氧发酵制氢反应器及其研究进展

反应器的类型或者构造情况对生物产氢的影响很大，对于厌氧发酵制氢反应器的研究具有代表性的成果主要有邢新会等对一些有代表性的废弃生物质产氢过程的特性参数进行了详细总结，为生物产氢过程中的相关机理提供一定的参考作用。随着研究的不断深入，厌氧发酵制氢反应器已经从以前的固定式制氢反应器发展到了喷淋式的反应器，这种喷淋式的反应器可以增大物质之间相互接触的表面积，对于反应的速率和摩尔质量都有很大程度的提高，这种技术得到了很多科学研究者的认可和研究。而后任南琪等研制了新型的连续式的反应器，反应器采用混合发酵区与沉淀分离区合建的一体化结构，内设气-液-固三相分离器，反应区内壁设竖向挡板，利用高浓度的厌氧活性污泥，采取具有提升能力的扇形涡轮搅拌器达到固、液充分混合，并迅速释放氢气。这种反应器的具体构造如图 27.5 所示。

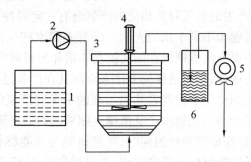

图 27.5　连续流混合培养生物制氢系统
1—废水箱；2—计量泵；3—反应器；4—搅拌器；
5—湿式气体流量计；6—水封

27.7　生物制氢现存的问题

生物制氢虽然从世界第一次出现石油危机时就开始得到了一定程度的研究，但是经过几十年以来的研究,我们对于其真正的反应发酵的过程和相关机理还不是十分清楚,还有待于进一步的研究和探讨。主要是因为这些过程都具有相关的指标和相关理论的参数,而这些都能够影响到最后的产氢效果,我们只有弄清楚其在反应过程中可能出现的支路的反应,或者相关的物质之间的相互作用的关系,才能够真正掌握这种反应的机理,以便更好地进行生物制氢的研究。微生物本身的代谢就是一个复杂多变的情况,物质之间的相关作用十分复杂,而且对外部环境还比较敏感,我们只有掌握好这些方面的内容才能够对生物制氢有一个比较好的理论方面的掌握,只有这样我们才能将生物制氢真正运用到实践生产中去,只有这样才能够提高生物制氢的效率和产量以及纯度,环境友好,还能够节约一定的成本。

27.7.1　光合细菌产氢

光合细菌的产氢机理我们已经做了一个大致的介绍,光合细菌产氢过程中,对光能的转化率比较低,而其作用的底物成本比较高。除此之外,目前我们对于光合细菌的产氢的机理还不是特别清楚,还有一些方面和相关的参数指标没有弄清楚,这些都是制约光合细菌产氢量以及产氢纯度的重要因素。但是光合作用也有一定的优点,那就是其底物作用的范围比较广泛,能够根据提供的底物的类型对所需要类型的光合细菌进行筛选,而这种特点也是光合产氢细菌能够得到关注的重要原因。目前我们可以根据底物的情况,利用化学以及基因工程对所需要的菌株进行培养,从而得到能够对其底物产生效果的光合细菌。

27.7.2　光解水产氢

光解水产氢菌与光合细菌存在同样的问题,那就是其对光的利用率比较低,而且其产氢的能力也不高。光解水产氢菌除了面临这两个需要克服的问题外,还有一个问题就是它在进行产氢的过程中,产生的氧气对其相应的产氢酶有一定的抑制作用,高浓度的氧气能够作用于整个产氢的过程而不利于水的光解。针对光解水产氢菌的这些问题,我们以后研究光解水产氢菌的主要方向应该放在如何挑选和培养出对氧气不敏感或者对氧气的浓度有一定的抵抗作用的菌株,通过这样的方法来克服其在产氢过程中速率较低的问题。同时我们还可以通过一定的化学手段或者基因工程的手段对产氢的菌株进行培养,使其能够挑选出对光能利用率较高的光解水产氢菌株。如果我们只是研究光解水产氢的菌株这些还远远不够,我们应该在研究菌株的同时,注意研究与其能够相适应的反应器,使得其耐氧问题和光的转化问题能够同时得到解决,为以后研究如何提高光照转化效率提供一定的理论和实践的基础。

27.7.3　厌氧发酵产氢

厌氧发酵产氢的产氢率很高,但是其对原料的转化效率却不是很高,而且其反应的产氢的速率也不是很高,并且对厌氧的条件要求还比较高,对外部环境的影响比较敏感。厌氧发酵产氢还有一个缺点就是其产氢过程中的气体的成分比较复杂,对氢气的分离有一定的困难,加大了成本的投入和降低了反应的速率。因此,在以后研究厌氧发酵产氢的过程中,我们应该更多地研究怎样能够有效地控制其最后的产物的量以及如何控制产物之间的相关作用,使得反应能够朝着产氢的方向进行。只有这样才能够提高产氢的速率,而且对产氢的纯度也是一种提高,这样也减轻了系统承受的负担。

27.8　氢气的应用前景及发展方向

目前从国际社会的发展形势来看,世界的能源资源在日益减少,能源的短缺情况日益严重并在不断地威胁着人类社会的发展,而且由于对能源资源的过度浪费和生产加工技术的落后使得其产生了大量的污染物,使得环境情况日益恶化。而氢能源具有很大的优势,那就它的发热量比较高,而且其在进行利用以后的产物比较单一,并且在燃烧后的产物对环境不会造成任何的影响。目前在工业生产中,氢能源的使用在逐渐地增加,需求量越来越大,但是由于制备氢气的工艺还不够完善,其产量还比较小,而且其在制备过程中的成本比较大,对原料的转化效率比较低,造成了大量原料的浪费。虽然氢气燃烧的产物对环境不造成污染,但是目前的氢气制备工艺还不够先进,在氢气的制备过程中,会向环境中排放大量的温室气体以及一些有毒有害的气体。因此,目前我们的目的就是希望能够全方位地、系统地对生物制氢过程中的机理以及其制备的应用技术进行研究,解决其在制备过程中的复杂性以及对环境的污染情况,提高产氢的效率和速率,为工业化生产提供一定的能源基础,节约大量的化石燃料等。我们还应该在降低生物制氢的成本以及加快生物制氢工业化进程中的相关配套的研究工作。生物制氢之所以能够得到较多科学工作者的认可主要原因是因为它能够在比较温和的条件下进行反应,然而我们现在亟待解决的问题就是制备氢气过程中的成本以及其效率问题。

随着科学技术的发展,人们对于氢气的研究已经有令人瞩目的成果。20 年代初人们对汽车发动机以氢气作为燃料的研究。然而,这项研究在近几年才得到了突破性的进展。氢气发动机的开发对于解决石油危机和城市大气污染无疑会带来很大的推动作用。除了这些取得的成就以外,我们以后研究氢能源的利用还可以将其用于生物燃料电池以及进行氢能源发电等,虽然这些技术我们还没有得以实现,但是这些都是以后氢能源研究发展的方向。

针对目前生物制氢的产氢效率和产氢的速率问题,我们可以利用化学或者基因工程等手段,培育和挑选出能够适合环境生长,并且具有较高产氢能力的菌株来解决生物制氢的产氢效率和产氢速率。

第28章　生物柴油

　　生物柴油是指植物油（如蓖麻油、菜籽油、大豆油、花生油、玉米油、棉籽油等）、动物油（如鱼油、猪油、牛油、羊油等）、废弃油脂或微生物油脂与甲醇或乙醇经酯转化而形成的脂肪酸甲酯或乙酯。生物柴油是典型的"绿色能源"，具有环保性能好、发动机启动性能好、燃料性能好、原料来源广泛、可再生等特性。大力发展生物柴油对经济可持续发展、推进能源替代、减轻环境压力、控制城市大气污染具有重要的战略意义。

28.1　生物柴油的燃料特性

28.1.1　生物柴油的燃料性能

　　表28.1是目前已开发的生物柴油品种与燃料性质（张红云等，2007）。

表28.1　生物柴油品种与燃料性质

植物油脂	运动黏度 /$(mm^2 \cdot s^{-1})$	密度 /$(g \cdot L^{-1})$	低热值 /$(MJ \cdot L^{-1})$	闪点 /℃	浊点 /℃	十六烷值	碘值
2号柴油	2.6~4.0(40 ℃)	0.85	43.39	60~72	-15~5	40~52	8.6
米糠油甲酯	4.736(20 ℃)	0.891	39.426	>105	-4	—	—
花生油甲酯	4.9(37.8 ℃)	0.883	33.6	176	5	54	—
豆油甲酯	4.08(40 ℃)	0.883~0.888	37.24	110~120	-3~-2	54~56	133.2
豆油乙酯	4.41(40 ℃)	0.881	—	160	-1	48.2	
菜籽油甲酯	4.83(40 ℃)	0.882~0.885	37.01	150~170	-4	51~52	97.4
菜籽油乙酯	6.17(40 ℃)	0.876	—	185	-2	65.4	99.7
向日葵油甲酯	—	0.880	38.59	183		49.0	125.5
棉籽油甲酯		0.880	38.96	110		51.2	105.7
棕榈油甲酯	4.5(40 ℃)	0.870	—	165		52.0	—
动物油甲酯	—			96	12		
废菜籽油甲酯	9.48(30 ℃)	0.895	36.7	192		53	
废棉籽油甲酯	6.23(30 ℃)	0.884	42.3	166		63.9	
废食用油甲酯	4.5(40 ℃)	0.878	35.5	—		51	
巴巴酥油甲酯	3.6(37.8 ℃)	0.879	31.8	164		63	

表 28.1 中的数据和一些研究表明,生物柴油的燃料性能与石油基柴油较为接近,且具有无法比拟的性能。

①点火性能佳。十六烷值是衡量燃料在压燃式发动机中燃烧性能好坏的质量指标,生物柴油十六烷值较高,大于 45(石化柴油为 45),点火性能优于石化柴油。

②燃烧更充分。生物柴油含氧量高于石化柴油,可达 11%,在燃烧过程中所需的氧气量较石化柴油少,燃烧比石化柴油更充分。

③适用性广。除了做公交车、卡车等柴油机的替代燃料外,生物柴油又可以做海洋运输、水域动力设备、地质矿业设备、燃料发电厂等非道路用柴油机之替代燃料。

④保护动力设备。生物柴油较柴油的运动黏度稍高,在不影响燃油雾化的情况下,更容易在气缸内壁形成一层油膜,从而提高运动机件的润滑性,降低机件磨损。

⑤通用性好。无需改动柴油机,可直接添加使用,同时无需另添设加油设备、储运设备及人员的特殊技术训练(通常其他替代燃料有可能需修改引擎才能使用)。

⑥安全可靠。生物柴油的闪点较石化柴油高,有利于安全储运和使用。

⑦节能降耗。生物柴油本身即为燃料,以一定比例与石化柴油混合使用可以降低油耗,提高动力性能。

⑧气候适应性强。生物柴油由于不含石蜡,低温流动性佳,适用区域广泛。

⑨功用多。生物柴油不仅可作燃油又可作为添加剂促进燃烧效果,从而具有双重功能。

⑩具有优良的环保特性。生物柴油中硫含量低,使得 SO_2 和硫化物的排放低,可减少约 30%(有催化剂时可减少 70%);生物柴油中不含对环境会造成污染的芳香族芳烃,因而产生的废气对人体损害低。检测表明,与普通柴油相比,使用生物柴油可降低 90% 的空气毒性,降低 94% 的患癌率;由于生物柴油含氧量高,使其燃烧时排烟少,CO 的排放与柴油相比减少约 10%(有催化剂时可减少 95%);生物柴油的生物降解性高。

28.1.2 生物柴油的排放性能

近来许多研究证实,无论是小型、轻型柴油机还是大型、重型柴油机或是拖拉机,燃烧生物柴油后碳氢化合物都减少 55%~60%,颗粒物减少 20%~50%,CO 减少 45% 以上,多环芳烃减少 75%~85%(张红云等,2007)。

28.2 生物柴油的制备方法

具有某种结构符号的脂肪酸甘油酯(即甘油三酸酯)的植物油和动物脂肪通常被作为生物柴油的原料。对于不同的油料,其脂肪酸的碳氢链的长度和双链数目是不同的,如植物油一般是拥有 18 个碳原子和两三个双链。这些油料通常不能被直接用于燃料,其主要原因是其主要成分脂肪酸甘油酯分子长链间的引力大,所以黏度比较高、挥发度低且低温流动性差,将其加工成生物柴油能够解决这些天然油料存在的问题。

近 20 年来,各国相继兴起了研究生物柴油的热潮。生物柴油的制备有物理法和化学法两种。物理法包括直接混合法和微乳液法;化学法包括高温热裂解法和酯交换法。其中以酯交换法工业应用最为广泛。具体分类如图 28.1 所示(聂小安,蒋剑春,2008)。

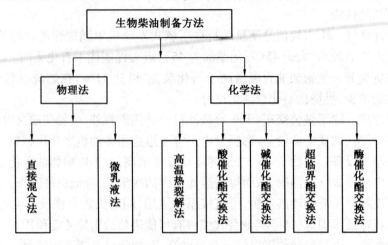

图 28.1　生物柴油制备方法

　　使用物理法能够降低植物油的黏度,但难以解决积碳及润滑油污染等问题;而高温热裂解法的主要产品是生物汽油,生物柴油仅仅是副产品。相比之下,酯交换法是一种更好的制备方法。生物柴油生产方法比较见表 28.2。

表 28.2　生物柴油生产方法比较

生产方法		原料	优缺点
直接混合法		植物油	可再生,热值高,但黏度高易变质、燃烧不完全
微乳化法		动植物油	有助于充分燃烧,可和其他方法结合使用
高温裂解法		植物油	高温下进行,需要常规的化学催化剂,反应物难以控制,设备昂贵
酯交换反应法	①碱催化	动植物油及食品工业废油	优点:反应时间短,成本低。缺点:使用大量甲醇;反应物中混有游离的脂肪酸和水,对酯交换反应有妨害作用;残留碱时柴油中有脂肪酸盐(肥皂)生成,容易堵塞管道,改酯交换反应生成物必须水洗,洗涤过程产生含碱催化剂、甘油、甲醇的废液必须处理
	②酸催化		油脂中游离脂肪酸和水的含量高时催化效果比碱好
	③酶催化		游离脂肪酸和水的含量对反应无影响,相对清洁;缺点:如不使用有机溶剂就达不到高酯交换率;反应系统中如甲醇达到一定量,酯酶就失活;酶价格偏高;反应时间较长
	④无催化		产率高于催化过程,反应温度低,过程简单、安全和高效;甲醇需要超临界处理且用量大,时间相对较长

28.2.1　物理法

28.2.1.1　直接混合法

　　直接混合法是将天然油脂与柴油、溶剂或醇类直接混合制备均匀液体燃料的方法。由于天然油脂存在黏度过高的缺陷,研究人员将天然油脂与柴油混合以降低其黏度,提高挥发度,结果表明,此类混合物燃料可以用作机械的替代燃料,然而仍然存在黏度过高和低温下有凝胶现象等问题。目前该方法基本被微乳液法所取代。

28.2.1.2　微乳液法

微乳液法是将两种不互溶的液体与离子或非离子表面活性剂混合而形成直径为 1 ~ 150 nm 的胶质平衡体系,是一种透明的、热力学稳定的胶体分散系,可在柴油机上代替柴油使用。这种微乳状液除了十六烷值较低外其他性质均与 2 号柴油相似。

1984 年,Ziejewshki 等人以 53.3% 的葵花籽油、13.3% 的甲醇以及 33.4% 的丁醇制成微乳液,在 200 h 的实验室耐久性测试中没有严重的恶化现象,但仍出现了积碳和润滑油黏度增加等问题。2001 年,Neuma 等人使用表面活性剂(如豆油皂质、十二烷基磺酸钠及脂肪酸乙醇胺)、助表面活性剂(成分为乙基、丙基和异戊基醇)、水、炼成柴油和大豆油为原料,开发了可替代柴油的新的微乳状液体系,其组成为:柴油 3.160 g,大豆油 0.90 g,水 0.050 g,异戊醇 0.338 g,十二烷基磺酸钠 0.676 g。该微乳液的性质与柴油最为接近。

微乳液法虽然从一定程度上改善了植物油的燃烧性能,短期使用没有大的不良后果,但乳化后植物油的黏度仍然很高,此方法与环境有很大的关系,因环境的变化易出现破乳的现象。

28.2.2　化学法

我国现有生物柴油制造商普遍采用化学法来制备生物柴油。化学法根据过程不同分为:高温热裂解法、酸碱催化酯交换反应、酶催化酯交换法以及无催化剂超临界酯交换反应。高温热裂解法、酸碱催化酯交换反应是生物柴油制造技术的基础,酶催化酯交换法以及无催化剂超临界酯交换反应是生物柴油制造技术的亮点与发展主流,应引起我国制造商的广泛关注。

化学催化酯交换法是目前生产生物柴油的主要方法,即用动物或植物油脂与甲醇、乙醇等低碳醇在催化剂作用下于一定温度下进行酯交换反应,生成相应的脂肪酸甲酯或乙酯,再经洗涤干燥即得生物柴油,如图 28.2 所示。

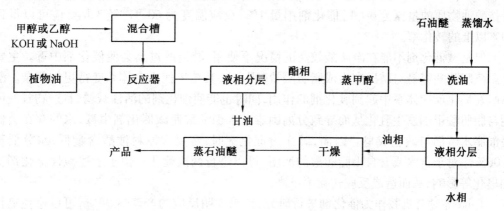

图 28.2　化学催化法生产生物柴油的典型工艺流程图

化学催化酯交换法易于工业化,投资少,见效快;但也存在很多缺点:后序设备重复多,易产生较多的废水,增加了污染程度,工序较复杂,而且醇必须过量,能耗高。

28.2.2.1　高温热裂解法

高温热裂解法是在空气或氮气流中由热裂变引起化学键断裂而产生小分子的过程。三酰甘油高温裂解可生成一系列混合物,包括烷烃、烯烃、二烯烃、芳烃和羧酸等。不同的植物油热裂解可得到不同组分的混合物。

最早对植物油进行热裂解的目的是合成石油。1993 年,Pioch 等人对植物油经催化裂解生产生物柴油进行了研究,将椰油和棕榈油以 SiO_2/Al_2O_3 为催化剂,在 450 ℃裂解。裂解得到的产物分为气、液、固三相,其中液相的成分为生物汽油和生物柴油。分析表明,该生物柴油与普通柴油的性质非常相近(吴谋成,2008)。

28.2.2.2　酸催化酯交换法

酸催化酯交换法一般使用布朗斯特酸作为催化剂,较常用的催化剂有浓硫酸、苯磺酸和磷酸等。由于浓硫酸价格低廉且资源丰富,成为最普遍的酯交换催化剂。

Crabbe 等人研究表明,在 95 ℃甲醇与棕榈油物质的量比为 40∶1,5% H_2SO_4 条件下,脂肪酸甲酯产率达到 97%需 9 h;而在 80 ℃和相同条件下,要得到同样产率需 24 h。Freedmann 等人发现,在 117 ℃,丁醇与大豆油物质的量比为 30∶1,1% H_2SO_4 条件下,脂肪酸丁酯产率达到 99%需 3 h;而在 65 ℃,在等量的催化剂和甲醇条件下,脂肪酸甲酯产率达到 99%需 50 h。可以看出酸催化酯交换过程产率高但反应速率慢,分离难且易产生"三废"。

与碱催化相比,酸催化转酯反应慢得多,但当甘油酯中游离脂肪酸和水含量较高时酸催化更合适。据 Lotero 等人报道,当植物油为低级油(如硫化橄榄油、食用废油等)时,在酸性条件下可使转酯反应更完全。

28.2.2.3　碱催化酯交换法

碱催化酯交换反应,通常可使用无机碱或有机碱(NaOH、KOH、NaOMe、KOMe、有机胺等)作为催化剂。在无水情况下,碱性催化剂催化酯交换活性通常比酸催化剂高。

Jose M. Encinar 等人研究发现,氢氧化钾的催化效果最好,依次是甲醇钾、氢氧化钠。最佳醇油物质的量比为 6∶1,催化剂用量 1%,反应温度为 60 ℃,经 3 h 反应可以得到90%以上的转化率。

但是碱催化剂不能在游离酸较高的情况下使用,游离酸过高会使催化剂中毒。主要是游离脂肪酸容易与碱反应生成脂肪酸盐(肥皂),其结果使反应体系变得更加复杂。游离酸在皂化反应体系中起到乳化剂的作用,同时也能使催化剂的活性减弱,且产物甘油可能与脂肪酸甲酯发生乳化从而导致分离困难。水也常常使碱催化剂中毒,水的存在会促使油脂水解而与碱生成皂。因而,碱作为催化剂时,常要求原料油酸含量低,水分低于0.06%。对于含水或含自由脂肪酸的油脂,可以进行两次酯化。由于上述碱性催化剂受到皂化等影响,从而造成反应转化率不高。

Tinja 等对有机胺作为催化剂进行研究,结果表明反应的产率达 98%,可以避免皂化和反应中水的影响,反应产物可以快速分离。目前生物柴油工业化生产工艺主要是均相的酸、碱催化酯交换反应,很多都是在常压低温下进行。均相酸碱催化剂的优点是反应转化率高,但是废催化剂会带来环境等问题。例如,反应过程中使用过量的甲醇,后续处理过程较烦琐,油脂原料中的水和游离脂肪酸会严重影响生物柴油产率及品质,废碱、酸液排放容易对环境造成二次污染等。

28.2.2.4　酶催化酯交换法

酶催化酯交换法是利用脂肪酶为催化剂的酯交换反应,其转化生物柴油的原理即脂肪酶在较为温和的条件下能够催化脂肪酸或三酰甘油分别与甲醇等低碳醇通过酯化或转酯化反应,生成长链脂肪酸单酯(生物柴油)(杨继国等,2004)。

该工艺的催化剂脂肪酶是一类能催化酯类水解、合成或转酯反应的酶类,广泛分布于动植物与微生物中,来源较为丰富,目前实验室及工业上所用的脂肪酶多数由微生物发酵而来。部分脂肪酶催化具有一定的酰基位置或脂肪酸类别或链长等特异性,因而可通过合理调配使其充分发挥催化活性。脂肪酶既能催化酯化反应也能催化转酯反应,因此具有丰富的原料来源,既可对粗、精制动植物油脂(主要为三酰甘油)进行醇解,也能对废油脂(含三酰甘油及游离脂肪酸)进行转化,真正起到提供新型清洁能源、环保净化的作用。

2001 年,Ban 等人以橄榄油和油酸为原料进行酶催化反应,产物中的甲酯质量分数达到 90%。

酶催化酯交换法具有以下特征:①专一性强,包括脂肪酸专一性,底物专一性和位置专一性;②反应条件温和,醇用量少;③产物易于分离与富集,无污染排放,对环境友好;④广泛的原料适应性,对原料没有过高的要求;⑤设备要求不高;⑥安全性好。但是亟待解决的问题是如何提高酶的活性和防止酶中毒。

28.2.3　无催化剂条件下生产生物柴油

为了解决酯交换反应中遇到的成本高、反应时间长、反应产物与催化剂难于分离等问题,开发了不使用催化剂的新工艺。M. Diasakou 等人研究了在加热条件下大豆油与甲醇的酯交换反应,进行了动力学的研究,得到了无催化剂条件下反应的特点。醇油比21∶1,在235 ℃下反应10 h,甲酯质量分数超过了85%;醇油比27∶1,220 ℃下反应8 h,甲酯含量质量分数达到67%。同时发现甘油二酸酯和甘油三酸酯的转化率明显高于甘油一酸酯,即在无催化剂条件下三步反应中前两步反应进行得快,而最后一步反应则进行得很慢。

2001 年,Sake 和 Susiana 提出了超临界一步法制备生物柴油的工艺(图 28.3)。反应在一预加热的间歇反应器中进行,反应温度350～400 ℃、压力45～65 MPa,菜籽油与甲醇的原料比为1∶42。研究发现,经过超临界处理的甲醇能够在无催化剂存在的条件下与菜籽油发生酯交换反应,其产率高于普通的催化过程,且反应温度较低,同时还避免了使用催化剂所必需的分离纯化过程,使酯交换过程更加简单、安全和高效。

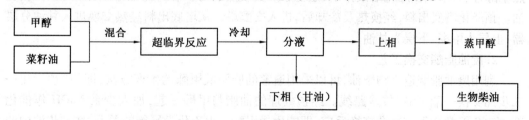

图 28.3　超临界一步法制备生物柴油工艺流程图

28.4　生产生物柴油的具体实例

28.4.1　餐饮业废油脂制造生物柴油的工艺

采用动植物油脂作为替代燃料的缺点在于油脂的分子较大,大约为石化柴油的 4 倍,其黏度较高,约为 2 号石化柴油的 12 倍,另外还有挥发性差、与空气的混合效果不佳、易产生热聚合作用等。其中油脂的高黏度特性,是其不适合于柴油发动机的关键因素之一,所以首先应考虑如何降低其黏度以及排除相关因素。这方面通常的方法有稀释、热分解、微细乳化以及酯交换(醇解)等。其中最好的方法是将油脂酯交换,而制造甲酯(即所谓生化柴油或脂肪酸甲酯)则为目前最常用的方法。

1. 预处理

在油脂进行酯交换时,要严格控制油脂中的杂质、水分和酸值。而餐饮业废油脂是含有杂质的高酸值油脂,含有游离脂肪酸、聚合物、分解物等,对酯交换制甲酯十分不利,必须进行预处理。对餐饮业废油脂进行预处理可考虑的方法有物理精炼和甲醇预酯化。

(1)物理精炼

首先将油脂水化或磷酸处理,除去其中的磷脂、胶质等物质。再将油脂预热、脱水、脱气进入脱酸塔,维持残压,通入过量蒸汽,在蒸汽温度下,游离酸蒸汽共同蒸出,经冷凝析出,除去游离脂肪酸以外的净损失,油脂中的游离酸可降到极低量,色素也能被分解,使颜色变浅。设备材料需用不锈钢,脱酸塔需要真空及中压过热蒸汽加热。由于真空脱酸是在高温下进行的,所以微量的氧也能使油脂氧化,因此油要先脱气,设备要求严密。

(2)甲醇预酯化

首先将油脂水化脱胶,用离心机除去磷脂和胶等水化时形成的絮状物,然后将油脂脱水。原料油脂加入过量甲醇,在酸性催化剂存在下,进行预甲酯化,使游离酸转变成甲酯。

蒸出甲醇水,经分馏后,即可得到无游离酸的甲酯。回收的甲酯可反复使用。为了避免催化剂的污染,酯化后需要中和水洗等后处理步骤。用原触媒中压预酯化,一般酯化条件为 3 MPa,温度 250~260 ℃,酯化后,游离酸质量分数可降低到 0.3%。这时油脂即可送到酯交换工序。甲醇预酯化与酯交换可以在一个系统中进行。预酯化可采用导热油加热甲醇,然后水从预酯化塔顶排出,送至甲醇回收蒸馏塔。塔底残液经分层后可以回收甘油。预酯化塔底出料,经换热及冷却后,进入交酯塔。从塔底出料经热交换进入甘油分层器,上层为甲酯,下层为甘油。

2. 废油脂酯交换工艺

利用废油脂制造生物柴油,可以采用通常的脂肪酸甲酯的生产方法,即用“预酯化—二步酯交换—酯蒸馏”技术路线。经预处理的油脂与甲醇一起,加入少量 NaOH 作催化剂,在 60 ℃常压下进行酯交换反应,即能生成甲酯。由于化学平衡的关系,在一步法中油脂到甲酯的转化率仅达到 96%。为超脱这种化学平衡,采用二步反应,即通过一个特殊设计的分离器连续地除去初反应中生成的甘油,使酯交换反应继续进行,就能获得 99% 以上的转化率。另一方面,由于碱催化剂的作用生成了脂肪酸盐(肥皂),色素和其他杂质混合在少量的脂肪酸盐(肥皂)中,产生一深棕色的分离层,在分离操作时将其从酯层分离掉。通过这种精制作用就能以高转化率获得浅色的甲酯。

这里最重要的反应是酯交换,反应过程如图28.4所示。

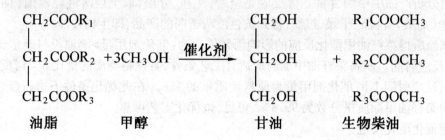

图 28.4　油脂酯交换反应过程

3. 工艺流程

根据上面的分析,可以得出利用废油脂制造生物柴油的工艺流程,如图28.5所示。

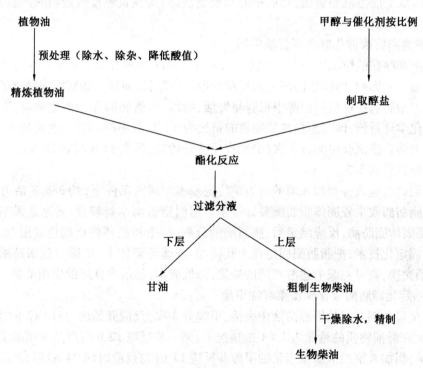

图 28.5　利用废油脂制造生物柴油工艺流程

28.4.2　燃料油植物生产生物柴油的工艺

28.4.2.1　菜籽油生产生物柴油的工艺

江苏工业学院精细化工重点实验室分别使用碱催化和酶催化对菜籽油生产生物柴油的酯化工艺进行了研究。

1. 碱催化酯化反应

将一定量的菜籽油置于 500 mL 三口烧瓶中,水浴加热至一定温度后恒温,并加入氢氧化钠-甲醇溶液,开动搅拌,开始计时。间隔一定时间,取样,经分层、中和、洗涤后,由气相色谱分析产品中甲酯含量。待反应完全后,冷却、分层,取上层溶液经蒸馏(回收甲醇)、中和(加酸)、洗涤、干燥、过滤,得到黄色澄清透明的产品,即生物柴油。

经试验所得菜籽油甲酯化反应的影响因素依次为:催化剂用量>醇油投料摩尔比>反应温度>反应时间。制备菜籽油甲酯的最适宜工艺条件为:投料物质的量比 6:1,反应温度 40 ℃,反应时间 1 h,催化剂用量为原料油质量的 1%。在此优化条件下进行反应,得到产物中菜籽油甲酯质量分数为 99.8%,可见,该优化工艺可靠。

2. 酶催化酯化反应

分别取一定量的菜籽油、甲醇(物质的量比为 1:3)及正己烷投入到 250 mL 的锥形瓶中,加入一定量的脂肪酶,将锥形瓶置于 50 ℃ 的恒温水浴振荡器中,开始反应,并计时。间隔一定时间,取样,静止,分层,由气相色谱分析上层产品中甲酯含量。待反应完全后,冷却、分层,取上层溶液经蒸馏(回收甲醇)、反复洗涤,得到黄色澄清透明的产品,即生物柴油。

(1)游离脂肪酶催化制备菜籽油甲酯

在无溶剂存在的情况下,以游离脂肪酶 LipolaseMT 为催化剂,考察了不同状态脂肪酶对反应结果的影响,固体脂肪酶是未经预处理的颗粒状,而液体脂肪酶则经过了适当的预处理。因脂肪酶在过量的甲醇中很容易失活,所以,以脂肪酶作为催化剂时,甲醇用量一般采用化学计量值,即与原料油的物质的量比为 3:1,且甲醇不宜一次性加入,否则易引起酶的失活。该试验甲醇分 3 次(分别在反应开始时、反应 14 h 时和 28 h 时)加入,每次加入甲醇总量的 1/3。

在相同的反应条件和加入酶的活力单位也基本相同的条件下(约 388.8 活力单位),采用液体脂肪酶效果较固体脂肪酶要好得多。但因脂肪酶本身较贵,无论是采用液体脂肪酶,还是固体脂肪酶,反应结束后,脂肪酶的分离、再生和循环使用均比较困难。因此,采用酶的固定化技术,把脂肪酶固定在大孔树脂、蚕丝等载体上,用固定化脂肪酶作催化剂,催化酯交换,则可克服上述游离酶的缺陷,降低成本,显示出良好的应用前景。

(2)固定化脂肪酶催化制备菜籽油甲酯

为避免催化剂在过量甲醇溶液中失活,甲醇分 3 次(反应开始时、反应 12 h 时和 24 h 时)加入。在醇油物质的量比为 1:1 的情况下,第一步反应 12 h 后产品中甲酯质量分数为 10.17%,当加入第二个摩尔当量的甲醇并反应 12 h(总反应时间 24 h)后,产品中甲酯质量分数达 28.1%,之后又加入第三个摩尔当量的甲醇,继续反应 12 h(总反应时间 36 h),产品中甲酯质量分数高达 84.34%。可见,为了提高油脂的转化率,采用甲醇的分步加入是行之有效的。

(3)固定化酶的循环利用

在预先加入正己烷的锥形瓶中,加入一定量的菜籽油和甲醇(醇油物质的量比为 3:1)及适量的固定化脂肪酶,然后置于 50 ℃ 的水浴恒温振荡器中,开始反应并计时。反应 14 h 后,倾出反应混合液,而将固定化脂肪酶留下,供下一循环使用。固定化脂肪酶重复使用 4 次,所得产品中甲酯质量分数从 61.35% 降至 0.87%。由此可知,该固定化脂肪酶在重复使用过程中,存在较严重的失活现象,其稳定性不够理想,还有待于进一步研究,以提高其稳定性。

3. 生物柴油与 0 号柴油的调和

生物柴油是一种单烷基酯含氧清洁燃料,不含矿物油,能以任何比例与石油柴油调和制成调和生物柴油。目前,国际上惯用的是在柴油中调入 20% 的生物柴油作为燃料使用。江苏工业学院精细化工实验室对 0 号柴油和生物柴油以不同比例进行调和研究,考察调和油的性能,以达到改善柴油性能的目的。0 号柴油与生物柴油以不同比例调和后,其性质见表 28.3。

表 28.3　0 号柴油与生物柴油调和油的性质

生物柴油百分比/%	运动黏度/($mm^2 \cdot s^{-1}$)	冷滤点/℃	密度/($g \cdot cm^{-3}$)
0	3.5	2	0.858 1
20	3.9	2	0.862 0
50	4.4	3	0.867 5
75	4.9	-4	0.872 2
100	5.5	-11	0.877 0

由表 28.3 可以看出,0 号柴油的运动黏度和密度均随生物柴油调入比例的增大而增大,其冷滤点则随生物柴油调入比例的增大呈逐渐下降的趋势,这是因为生物柴油的平均分子质量和密度比 0 号柴油大,但冷滤点却比 0 号柴油低得多。可见生物柴油与 0 号柴油调和后,除黏度和密度有所增加外,柴油的低温流动性,即冷滤点得到明显改善(表28.4)。

表 28.4　生物柴油(菜籽油甲酯)与国外 DIN V51.606 及 0 号柴油性能比较

理化性质	生物柴油	DIN V51.606	0 号柴油(GB252-94)
密度(25 ℃)/($kg \cdot m^{-3}$)	877.2	876~900	0.8581
运动黏度(40 ℃)/($mm^2 \cdot s^{-1}$)	5.6	4.0~5.56	3.0
硫含量/%	0.014	<0.01	0.026
闪点/℃	>170	>110	72
十六烷值	>47	>49	50
冷滤点/℃	-11		4
中和值/($mgKOH \cdot g^{-1}$)	0.372		0.48
碘值/(g 碘 $\cdot 100 \ g^{-1}$ 油)	88.6		1.9

28.4.2.2　大豆油生产生物柴油的工艺

2003 年,清华大学化学工程系刘德华等人进行了非水相脂肪酶催化大豆油脂合成生物柴油的研究,得到了很好的效果。

1. 实验材料

Lipozyme TL IM 是一种 1,3 位专一性的微生物脂肪酶(75 IUN/g,EC3.1.13),来源于

嗜热真菌 Thermomyces lanuginosus,固定在硅胶颗粒上。棕榈酸甲酯、硬脂酸甲酯、油酸甲酯、亚油酸甲酯、亚麻酸甲酯和十七碳酸甲酯,均为色谱纯试剂;食用大豆油,产自黑龙江省;其他试剂均为市售分析纯试剂。

2. 实验方法

（1）转酯反应

在 50 mL 三角瓶（具塞）中加入 9.659 g 大豆油和适量的甲醇混合物,并置于可自动控温的往复摇床中加热至一定温度后,加入一定量的脂肪酶 Lipozyme TL IM 开始反应,定时取反应液用于甲酯含量分析。

将所取 100 μL 反应液离心分层,取上层液与十七碳酸甲酯（内标物）混合溶于正己烷中,振荡均匀,注入气相色谱分析,由气相色谱测定反应物中的脂肪酸甲酯含量。

（2）气相色谱分析

使用 GC-14B 气相色谱仪,HP-5 毛细管柱（半径 0.1 mm,长 10 m）,FID 检测器。载气（氮气）100 kPa,空气表压 50 kPa,氢气表压 50 kPa。采用程序升温,柱温 180 ℃,维持 30 s 后以 10 ℃/min 的速度升温至 305 ℃,再维持该温度 10 min。进样口温度和检测器温度分别为 245 ℃和 305 ℃。

3. 结果与讨论

（1）脂肪酶量对酶促大豆油脂转酯反应的影响

反应条件为:甲醇/大豆油的物质的量比 3:1,摇床转速 150 r/min,反应温度 40 ℃时,脂肪酶质量分别为油质量的 30%、50%、60% 和 70% 时,产物脂肪酸甲酯得率随时间变化,当脂肪酶质量为油的 60% 时,酶促反应速度随酶量的增加而增大;而当脂肪酶量继续增大,酶促反应速度反而有一定的下降,过多酶的存在可能增大了反应过程中的传质阻力。

（2）温度对酶促大豆油脂转酯反应的影响

温度对酶的影响较为复杂,在酶的稳定范围之内,升高温度能加快反应进程。反应条件为:甲醇/大豆油物质的量比 4:1,脂肪酶质量为油的 60%,摇床转速 150 r/min 时,不同反应温度对脂肪酶催化大豆油脂转酯反应的影响不同,当温度低于 40 ℃时,酶促反应速度随温度的升高而增加;当温度超过 40 ℃后,酶促转酯反应速度变慢,甲酯得率降低,这可能是由于较高温度使得脂肪酶部分失活所致,故认为 40 ℃最合适。

（3）醇油比对酶促大豆油脂转酯反应的影响

要完全转化 1 mol 油脂为目的产物,至少需要在反应体系中加入 3 mol 甲醇,但过多的醇又导致酶的严重失活。当反应条件为:脂肪酶质量为油的 60%,反应温度 40 ℃,摇床转速 150 r/min 时,不同醇油比下甲酯得率随时间变化,当醇油物质的物质的量比过低（3:1）或者过高（5:1）时,甲酯得率均较低。这是因为该转酯反应为可逆反应,反应底物浓度过低不利于反应的进行,而过多的甲醇又会引起脂肪酶的失活。当反应体系中的醇油物质的量比为 4:1 时,可获得较高的脂肪酸甲醇得率（92%）。

（4）有机溶剂对酶促大豆油脂转酯反应的影响

由于甲醇在大豆油脂中的溶解性不佳,未能溶解的甲醇在油相界面形成液浦后附着于脂肪酶颗粒表面,引起酶的失活。尝试在反应体系中加入能同时溶解甲醇和大豆油脂的有机溶剂正己烷,探讨了有机溶剂的加入对酶促转酯反应活性的影响。当反应条件为:

甲醇/大豆油的摩尔比 4∶1,脂肪酶质量为油的 30%,反应温度 40 ℃,摇床转速150 r/min 时,当反应体系中没有加入有机溶剂正己烷时,反应几乎难以进行。而当反应体系中加入正己烷后,脂肪酶保持了较高的浮性,最终可获得甲酯得率 98%。

（5）甲醇的分批加入对酶促大豆油脂转酯反应的影响

一次性加入甲醇的方式虽然也能够获得较高的甲酯得率,但是必须以牺牲较大量脂肪酶为代价(质量为油的 60%)。经过研究,当酶质量仅为油的 30% 时,分批加入甲醇对该酶促转酯反应有较大的促进作用。首先将物质的量比为 1∶1 的大豆油脂和甲醇混合,当加入的甲醇几乎反应完全后,再加入 1 mol 甲醇,以此类推。当总甲醇加入物质的量比为 4∶1 时,甲酯得率可高达 95%,远远高于一次性加入甲醇的甲酯得率(其他条件相同时,不到 20%)。另外发现甲醇的分批加入可以大大提高脂肪酶的稳定性。

28.4.2.3 SKET 公司生产生物柴油的工艺

SKET 公司采用 CD2 生物柴油生产工艺。在该工艺中通过采用离心机分离,与塔式分离法相比具有分离效果好和产品得率高、设备占地小、操作简单等优点。该工艺是将完全脱胶和脱酸后的菜籽精炼油泵入过热交换器,在温度达到约 70 ℃ 时进入酯交换反应塔。在油进入反应塔前将特殊比例的甲醇-KOH 混合物与该菜籽油混合。当生产开始正常后,加热和冷却通过设计的热回收热交换来完成,这样可以节约生产过程的能量消耗。作为预备步骤,所使用的甲醇-KOH 混合物应在一特殊搅拌罐中先被预热。甲醇来自于罐区,然后与催化剂 KOH 混合,并通过一特殊设计的催化剂定量装置被加入到工艺过程中。

由菜籽油、甲醇和催化剂组成的反应混合物被泵入第一步 22 级的反应塔中。在塔底部来自酯交换反应后的甘油-甲醇-KOH 混合物经特殊设计的结构被连续地排出至工艺收集中间罐。反应后的甲酯混合物由塔上部排出,并进入第一台离心机被分为重相(甘油和甲醇)和轻相(生物柴油 RME)。该分出的生物柴油继续进入第二步 22 级的酯交换塔中与 KOH-甲醇进行进一步的反应。进行第 2 次酯交换反应的目的是将反应物中的残留油脂进一步与 KOH-甲醇液进行反应,以使反应完全并获得较高的产品得率。经该反应后,所获得的反应混合物可达到 99% 的酯交换率。同第一步酯交换一样,该反应的混合物由塔顶进入第二台离心机被分成两相。第二台离心机的出料分为重相:水、甘油、甲醇、皂和微量生物柴油组成的混合物;轻相:生物柴油、少量的水和杂质。将所得的轻相生物柴油继续进入一两步水洗工段。在水洗工段中也包含两台离心机,生物柴油被首先经酸水洗涤以脱皂、催化剂和甲醇,同时由于酸的使用可使得工艺过程中所发生副反应而生成的皂被酸化为脂肪酸,该脂肪酸在随后的甲醇回收和甘油处理工序中被分出。该生物柴油再经下一步的水洗可将在生物柴油中的游离甘油含量降低至一较低值。经如此洗涤和提纯后的生物柴油仅含有少量的水。为除去该残余水分,将处理后的生物柴油泵入真空干燥塔。

柴油经热量回收利用后即为最终产品。含有甲醇和甘油水的混合物作为副产品可加以收集,然后进行进一步的加工步骤,如蒸发浓缩、蒸馏等以回收甘油和甲醇,所回收的甲醇可被重新用于酯交换工序中。蒸馏甘油可达到 99% 以上的纯度,可用作药用甘油。

第 29 章 甲醇能源经济

近几年,人们普遍认识到不可再生矿物燃料确实在逐渐减少,为减少它们的损耗,人们正在努力寻找解决方案。更有效和更经济地利用矿物燃料是显而易见的,还要努力寻找到各种可代替的其他能源,更安全地使用原子能,包括"氢经济"。然而除了更好地解决后矿物燃料时代我们所有能源需求之外,还需要有更方便和安全的交通燃料,以及为合成大量的碳氢化合物需要的碳氢化合物原料。"氢经济"并不能满足这些需求,但"甲醇经济"能实现此目标。

"甲醇经济"所包含的内容有:

①用现存的天然气资源,通过它们的氧化转变来生产甲醇(和/或二甲醚),而无须先生成合成气。

②可利用工业废气 CO_2 的氢化再循环生产甲醇,但是最终是以空气为无穷无尽的碳源。

③甲醇和二甲醚可作为一种很方便的交通燃料,不仅可利用在 ICEs,而且可用在新一代燃料电池,包括甲醇燃料电池(Direct Methanol Fuel Cell,DM-FC)。

④利用甲醇为原料可生产乙烯和(或)丙烯,这为合成碳氢化合物及它们的产物提供了基础。

"甲醇经济"使人类不再依赖于日益减少的石油和天然气,当然,同时也在利用和储存各种可供选择的能源(可再生的能源和原子能)。通过空气中过多的 CO_2 的化学再循环,还可以减轻由于人类造成的全球气候变暖。

29.1 甲醇的用途

29.1.1 甲醇和二甲醚作为运输燃料

使用醇(甲醇或乙醇)作为燃料跟内燃机密不可分。但是后来由于丰富石油的开采,低廉的石油价格抑制了醇燃料的使用。但是,随着石油和天然气资源的不断减少,人们重新意识到寻找替代燃料才是最终的解决办法,甲醇作为将来运输燃料进入了一个新的时期。甲醇容易脱水生成二甲醚,具有较高的十六烷值和良好的性能,特别是对于柴油发动机,它是一种很有效的燃料。20 世纪 90 年代,Haldor Topose 首先促进了二甲醚作为柴油发动机燃料的应用。人们对二甲醚的关注日益增强。

1.甲醇作为内燃机燃料

汽油是含有不同碳氢化合物和添加剂的复杂混合物,与之相比,甲醇是一种简单的化学物质。它的能量密度是汽油的一半,即 2 L 的甲醇含有和 1 L 汽油相等的能量。尽管甲醇的能量含量比较低,但它有着较高的辛烷值100(平均研究辛烷值 RON 是107和发动机辛烷值 MON 是92),即燃料和空气的混合物在放电点火之前能够被压缩到较小的体积,这就允许发动机能以较高的压缩率(10~11,而汽油发动机的压缩率是8~9)工作,因此比汽油发动机更有效。甲醇的较高火焰速度可以使甲醇在汽缸里更快、更完全地燃烧,可以进一步提高发动机工作的效率。

另外,使用专门的甲醇发动机能够使燃料更经济,甲醇的汽化热比汽油高出3.7倍,这样当甲醇由液态变成气态时,就可以吸收更多的热量,有利于除去发动机的热量。人们期望将来优化的甲醇发动机不仅与汽油发动机有着相似的性能,而且可以减少冷却装置,提高加速度和里程数,同时有着更小、更轻的发送机组。除此之外,甲醇汽车有着较低空气污染物的排放,比如碳氢化合物、氮氧化物、二氧化硫和微尘。

2. 甲醇和二甲醚作为往复式(压缩点火式)内燃机用的柴油燃料的替代品

甲醇燃烧时不产生烟和微粒,而柴油的燃烧会产生微粒,容易致癌,被认为是明显的健康危害。通过加入添加剂(一般为辛基硝化物或四氢呋喃基硝化物)提高甲醇的十六烷值,可以替代柴油应用于公共汽车。并且,与柴油相比,甲醇的蒸气压大很多,这种高蒸气压使得重型柴油发动机在非常寒冷的天气也可以启动,从而避免了常规的柴油发动机在冷启动时会发出的白烟。

底特律柴油公司对于 6V-92TA 型号的柴油机专门研发了其甲醇版本,在20世纪90年代初美国环保总属(EPA)和加利福尼亚州空气资源部(CARB)认证其为最低排放的重型柴油机。用甲醇取代柴油作为燃料还可以使尾气排放的微粒以及 NO_x 的数量显著减少。由于甲醇中不含硫,因此 SO_x 的排放而导致的酸雨也几乎不再发生。已用甲醇为燃料的柴油机动力的汽车队伍遍布美国各地,包括洛杉矶、迈阿密、纽约都在试用。

另一个选择是使用二甲醚——一种用在柴油机上时比甲醇更好、热效更高的燃料。

二甲醚简称 DME,是醚类化合物中结构最简单的一种,它是一种无色、无毒、无腐蚀性的非致癌物质,并且对环境无污染,今天其主要用途是在各种喷雾剂中用作气溶胶喷射剂,取代已禁用的 CFC 气体。DME 的沸点是-25 ℃,在室温条件下以气体形态存在,但是 DME 通常以液体形态储存于压缩罐中,这与 LPG(液化石油气)很相似(LPG 的主要成分为丙烷和丁烷,主要用于烹饪或供热)。

DME 用作交通工具替代燃料的优点在于它的十六烷值高达55~60,而常规的柴油燃料中十六烷值为40~55,甲醇中十六烷值更低,因此如托普索公司(Haldor Topsoe)所采用的那样,DME 可以高效地用于柴油机中。和甲醇相同,DME 燃烧完全,不会产生煤烟、黑烟或二氧化硫,即使没有经过废气处理也仅产生很低量的氮氧化合物以及其他的排放物(表29.1和表29.2)。

表29.1　二甲醚(DME)的性质

化学式	CH_3OCH_3	沸点/℃	-24.9
相对分子质量	46.07	20 ℃下液体密度/($kg \cdot m^{-3}$)	668
外观	无色气体	内能	6 880 kcal/kg
气味	轻微的甜味		317 kcal/mol

续表29.1

化学组成/%		十六烷值	55~60
碳	52	闪点/℃	-41
氢	13	自燃点/℃	350
氧	35	空气中可燃范围/%	3.4~17
熔点/℃	-138.5		

表29.2　DME与柴油燃料物理性质的比较

项目	DME	柴油燃料
沸点/℃	-24.9	180~360
20 ℃下蒸气压/($kg \cdot m^{-3}$)	5.1	—
20 ℃下密度/($kg \cdot m^{-3}$)	668	840~890
热值/($kcal \cdot kg^{-1}$)	6 880	10 150
十六烷值	55~60	40~55
自燃点/℃	350	200~300
空气中可燃范围/%	3.4~17	0.6~6.5

3.生物柴油燃料

另一种将甲醇应用于柴油引擎和发动机上的方法是使用生物柴油燃料。生物柴油是用各种植物油和动物脂肪做成的,将它们与甲醇反应,通过酯化反应得到叫做脂肪酸甲酯的物质就是生物柴油。生物柴油可以和各种规格的柴油以任何比例混合使用。

生物柴油是一种可再生的可国产化的燃料,它也可以减少未燃烧的烃类、一氧化碳、颗粒物质、硫化物和二氧化碳(一种主要的温室气体)的排放。最近几年,主要在欧洲和美国,生物柴油机的使用率有了实质性的提高,但是生物柴油机的原料还很有限,所以这种柴油机只能满足我们对能源的较小的一部分要求。生物柴油并不能替代那种从碳氢化合物获得的柴油,因为它不能在用量上满足运输系统对燃料的需求。

4.先进的甲醇动力汽车

只需对现存的引擎和燃料系统做微小的改进,甲醇及它的衍生物(DME,DMC,Biodiesel)就可以作为汽油和柴油的替代品用在 ICE 动力汽车上。

29.1.2　甲醇重整产生氢用于燃料电池

由于甲醇中不存在的 C-C 键,极大地提高了它转化为氢的效率(80%~90%)。而且甲醇中不含硫这种污染燃料电池的物质,这样甲醇提炼器在低温下运行的时候,不会有氮氧化合物生成。车载提炼器的使用可以快速并有效地把易于储存分配的液体燃料转化成氢气。直到今天,甲醇是唯一一种通过实际操作证明可以实际操作用量用在燃料电池上的液体燃料。

车载甲醇提炼器推动 FCVs 的潜力已经被许多原型机及汽车公司所证实。1997 年,Daimler Chrysler 公司生产了第一台甲醇作为燃料的 FCV-Necar 3,这是一款改造过的 A 级梅塞德斯-奔驰紧凑型汽车,它装备有可以提供 50 kW 的燃料电池并且可以连续行驶 400 km。2000 年,改进版本带有 85 kW 燃料电池的 Necar 5 问世(图 29.1)。这辆汽车被厂家描述为已经适合日常使用的车型。

图 29.1　Daimler Chrysler 公司出品的甲醇驱动的
Necar 5 型燃料电池汽车

1. 直接甲醇燃料电池(DMFC)

直接甲醇燃料电池是不依赖氢的产生,利用电解水、天然气或者碳氢化合物的重整过程产生的。与普通的电池和 H_2-PEM 燃料电池相比,甲醇理论上有相对较高的体积能量密度(图29.2),这对于小的便携式的仪器是至关重要的。

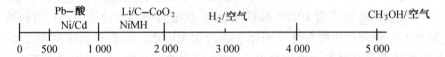

图 29.2　电池、H_2-质子交换膜燃料电池和直接甲醇燃料电池的理论能量密度

过去基于甲醇的 PEM 电池使用一个分离器从液态甲醇中释放出氢,之后纯态的氢被使用到电池堆中,然而 1990 年,喷气推进实验室和南加利福尼亚州大学的研究者们发明了一种简单的 DMFC。这种电池由两个被质子交换膜(PEM)隔离的电极组成,电极通过一个外部的电路连接,使得甲醇与空气的化学反应产生的自由能直接转化为电能(图29.3)。

电池的阳极放在甲醇和水的混合体系中(通过外部的一个容器流入得到供应)。甲醇在阳极被氧化产生质子,质子由于传导作用通过 PEM,而电子由于传导作用通过外部的电路。含有铂作为催化剂的阴极暴露在氧气或者空气中,在常压或者加压的状态下。质子交换膜(PEM)的两面都涂有催化剂(阳极以 1:1 Pt-Ru 为催化剂,阴极以 Pt 为催化剂),通常阴极和阳极分别被一个气体扩散的导电的碳电极和一个液态的碳电极结构固定,这样分别有利于氧气的还原和甲醇的氧化反应(1)和(2)。

阳极反应:
$$CH_3OH+H_2O \longrightarrow CO_2+6H^++6e^- \tag{1}$$

阴极反应:
$$1.5O_2+6H^++6e^- \longrightarrow 3H_2O \tag{2}$$

总反应:
$$CH_3OH+1.5O_2 \longrightarrow CO_2+2H_2O \tag{3}$$

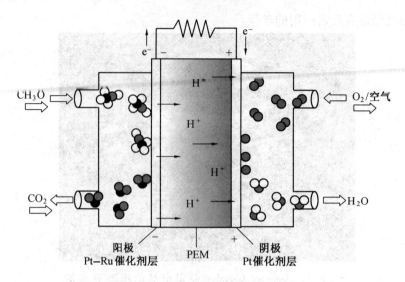

图 29.3 直接甲醇燃料电池(DMFC)

室温下,从总的反应[式(3)]得出理论开放电压为 1.21 V,理论效率将近 97%。但实际上 DMFCs 的运行仍低于其理论上的 Nernstian 势。

2. 依赖其他燃料的燃料电池和生物燃料电池

依赖其他燃料的直接氧化燃料电池,比如乙醇、甲醛、甲酸、二甲醚、二甲氧基甲烷和三甲氧基甲烷。很多国家研究者对这种电池加大了研究,但是迄今为止,该电池的研究没有像 H_2-PEM 燃料电池或者 DMFC 那样成功,虽然混合燃料电池的应用是可行的。

生物燃料电池使用生物催化剂把化学能转化为电能。以有机初级材料比如乙醇、硫化氢、有机酸或者葡萄糖作为氧化过程的底物,以生物催化剂、酶,甚至单细胞的有机体作为催化剂,但是该系统产生的能量量级很小(微瓦到纳瓦)。

3. 可再生的燃料电池

可再生燃料电池的概念是依据甲醇/甲酸燃料电池提出的(图 29.4)。这种方法成功的关键是有效地捕获 CO_2,并且通过电化学把它还原成 HCOOH 或者 CH_3OH。许多实验室正在集中研究以期取得 CO_2 的高效电化学还原。

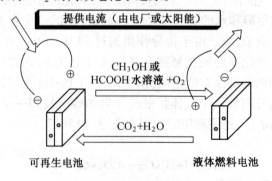

$$CO_2 + 2H_2O \rightleftharpoons CH_3OH + 3/2O_2$$
$$或 CO_2 + 2H_2O \rightleftharpoons HCOOH + O_2$$

图 29.4 CO_2 可再生燃料电池系统

29.2　甲醇的生产

29.2.1　用矿物燃料生产甲醇

目前生产甲醇的方法主要是由合成气生产的。用于甲醇生产的合成气可以通过对煤炭、焦炭、天然气、石油、重油和沥青之类的任何含碳物质进行重整或部分氧化而获得。合成气是根据以下方程式通过异相催化剂媒介产生的氢气、一氧化碳和二氧化碳的混合物。

$$CO+2H_2 \Longleftrightarrow CH_3OH \tag{1}$$

$$CO_2+3H_2 \Longleftrightarrow CH_3OH+H_2O \tag{2}$$

$$CO_2+H_2 \Longleftrightarrow CO+H_2O \tag{3}$$

20 世纪 20 年代，BASF 公司首次采用合成气在高压（250～350 atm）和高温（300～400 ℃）条件下工业化生产甲醇。从那时起直到第二次世界大战结束，大部分的甲醇都是用煤炭衍生的合成气以及炼焦炉和钢铁厂等工业设施的废气生产出来的。1946 年，美国 71% 的甲醇还是由煤得到的，然而到了 1948 年底，差不多 77% 的甲醇却是由天然气得到的。20 世纪 60 年代，Synetix 公司开发了一种使用铜–锌基催化剂的工艺，这种新工艺使合成气可以在压力为 50～100 atm 和温度为 200～300 ℃ 的条件下转化成甲醇。

但是，合成气通过催化剂一次，仅有部分转换成甲醇，因此在反应器的出料口通过浓缩分离甲醇和水之后，剩下的合成气再回到反应器中循环利用，效率较低。最近，人们还引入了甲醇生产的液相工艺，特别是空气产品公司（Air Products）发明的液相甲醇生产工艺（LPMEOH），在这一生产工艺中粉末状的催化剂悬浮在惰性的油中，从而为在催化剂中除去反应的热量和控制温度提供了一个有效方法（图 29.5）。反应中，合成气被简单地鼓进液体。这一过程也促进了合成气向甲醇转化的更高的转化率，因此合成气通过反应器一次就足够了。

29.2.2　通过甲酸甲酯生产甲醇

为了降低目前甲醇生产工艺所需的压强和温度，同时也为了提高工艺的热力学效率，另一条在更温和的条件下把 CO/H_2 混合气转化成甲醇的路线已经被开发出来了。在这些路线中最著名的是由 Christiansen 在 1919 年首次提出的经由甲酸甲酯合成甲醇。

$$CH_3OH+CO \longrightarrow HCOOCH_3$$

$$HCOOCH_3+2H_2 \longrightarrow 2CH_3OH$$

$$CO+2H_2 \longrightarrow CH_3OH$$

这条甲醇合成路线由两步组成。甲醇首先被羰基化成甲酸甲酯，甲酸甲酯接下来和氢气反应产生两倍量的甲醇。羰基化反应用甲醇钠或甲醇钾（$NaOCH_3$ 或 $KOCH_3$）作为均相催化剂在液相进行。它是一项经过论证的并已经实现商业化生产甲酸的技术。最近，Amberlyst 和 Amberlite 树脂作为异相催化剂对甲醇羰基化也表现出了高反应活性。随后，甲酸甲酯与氢气反应（氢化）生成甲醇的过程在液相或气相中均可进行，此反应通常使用铜基催化剂（亚铬酸铜，铜负载在硅石、铝铂、氧化镁上等）。虽然羰基化反应和氢

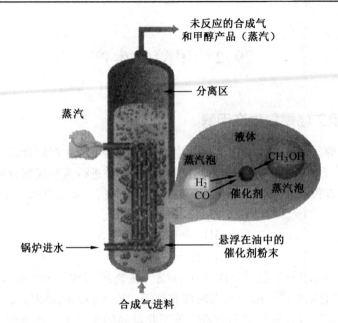

图 29.5　空气产品公司开发的 LPMEOHTM 悬浮鼓泡反应装置
中的甲醇合成

化反应可以在两个独立的反应器中进行,但二者最好在同一个反应器中结合进行反应。为了在一个单独的反应器中同时进行羰基化反应和氢化反应,人们研究了不同的催化剂组合,特别是 CH_3ONa/Cu 和 CH_3ONa/Ni。镍基体系活性高且选择性好,但因为反应过程中生成的 $Ni(CO)_4$ 具有挥发性和毒性,从而导致这种工艺在工业应用中具有困难性和危险性。由于铜基体系具有相似的活性和选择性,但却没有伴随镍基体系的毒性问题,因此铜基体系是首选催化剂。

29.2.3　甲烷选择性氧化生成甲醇

现存的、通过合成气生产甲醇的工艺的主要缺点是在第一步高吸热性的水蒸气重整中需要大量的能源。这种工艺首先在一个氧化反应中把甲烷转化成 CO(和少量的 CO_2),CO 必须再被还原成甲醇,从这方面来讲工艺的效率也很低,因此直接将甲烷选择性地氧化成甲醇是一个非常好的方法,但是实际应用起来并非那么容易。甲烷直接氧化成甲醇的主要问题是:氧化产物自身(甲醇、甲醛和甲酸)比甲烷具有更高的反应活性,最终反应生成 CO_2 和水。也就是说,在热力学上更有利于甲烷的完全氧化。

$$CH_4 \begin{cases} \xrightarrow{0.5O_2} CH_3OH \\ \xrightarrow{O_2} CH_2{=}O+H_2O \\ \xrightarrow{1.5O_2} CO+2H_2O \\ \xrightarrow{2O_2} CO_2+H_2O \end{cases}$$

于是人们探索了能达到高的转化率,同时又不产生完全氧化而生成 CO_2 的精细调控的反应条件,然而目前还没有成功地实现能让直接氧化转化法与传统的基于合成气的甲醇生产方法形成竞争的工艺,即集高产率、高选择性和催化剂高稳定性于一体的工艺。

甲烷的氧化方法有许多种,包括均相气相氧化、异相催化氧化以及光化学氧化与亲电氧化。

29.2.4　利用生物质制取甲醇

生物质是指和植物或动物有关的任一类型的物质,即由生命体产生的物质。这包括木材与木材废料、农作物及其无用废物、城市固体垃圾、动物粪便以及水生植物和藻类。

生物质原料通常需要经过预处理,包括:干燥、研磨成大小一致且水分含量不高于$15\% \sim 20\%$的颗粒。预处理过的生物质被送入气化器,进行气化过程。生物质原料气化通常是一个两阶段过程。第一阶段为高温热解或干馏气化,在此阶段,干燥的生物质在缺少氧气而不能完全燃烧的空气中被加热到$400 \sim 600\ ℃$。得到的热解气含有一氧化碳、氢气、甲烷、挥发性焦油、二氧化碳和水,大约占最初燃料质量$10\% \sim 25\%$的残留物是木炭。第二阶段是炭转化气化,由上步裂解残留的木炭在$1\ 300 \sim 1\ 500\ ℃$与氧气反应产生一氧化碳。得到的合成气经纯化被送到甲醇生产部门。

29.2.5　利用二氧化碳生产甲醇

自然界中很容易大量地获得CO_2,如从燃烧矿物燃料的发电厂、工业废气中回收,或从大气中分离CO_2。从20世纪30年代开始,科学家们就开始研究如何通过催化氢化或电化氢化把CO_2用化学方法转化成甲醇,接着转化成烃类燃料。这种工艺的CO_2净排放量接近零,因为当甲醇被用作燃料时,从现有的排放源释放的CO_2被循环利用。

近年来,获得氢的工艺方法已经很成熟,所以将CO_2氢化生成甲醇已不是难题。但是,其经济效益不如一氧化碳和氢气高。Olah和Praksh最近发现了一些方法可以克服CO_2转化成甲醇上的一些困难。利用CO_2的电化还原或者光化还原,除了甲醇之外,还可以得到甲醛和甲酸,且具有高选择性和良好的转化率。和以前讨论的甲烷的氧化转化不同的是,甲醛和甲酸在接下来的一步可被转化成甲醇,其中甲酸提供所需要的氢。

$$HCHO + HCO_2H \longrightarrow CH_3OH + CO_2$$

第30章　生物丁醇

丙酮、丁醇作为优良的有机溶剂和重要的化工原料,广泛应用于化工、塑料、有机合成、油漆等工业。丙酮-丁醇发酵曾是仅次于酒精发酵的第二大发酵过程。但是,从20世纪50年代开始,由于石油工业的发展,丙酮-丁醇发酵工业受到冲击,逐渐走向衰退。随着石化资源的耗竭以及温室效应的日趋严重,可再生能源日益受到人们的关注。作为丙酮丁醇发酵的主要成分之一的丁醇因具有良好的燃料性能而使该发酵过程重新受到高度重视。

30.1　生物丁醇的燃料特性

正丁醇系统命名为1-丁醇,熔点为-90.2 ℃,沸点为117.7 ℃,相对密度为0.810。具有脂肪族伯醇的化学性质,工业上广泛用作溶剂。正丁醇可由淀粉经特殊细菌作用发酵制得,也可由丙烯、一氧化碳、氢合成。

和生物乙醇相比,生物丁醇在燃料性能和经济性方面具有明显的优势。这些优势主要有以下几个方面:①丁醇不易于与水相混合,丁醇与汽油的混合性更好,能够与汽油达到更高的混合比;在不对汽车发动机进行改造的情况下,乙醇与汽油混合比的极限为15%,而汽油中允许调入的丁醇可以达到20%。②丁醇具有较高的能量密度,丁醇分子结构中含有的碳原子数比乙醇多,单位体积能储存更多的能量,测试表明,丁醇能量密度接近汽油,而乙醇的能量密度比汽油低35%。③丁醇的蒸汽压力低,对水的溶解性比乙醇小得多,并且可在炼油厂调和后用管道运送,不像乙醇必须在分销终端进行调和。丁醇的前景比其他生物燃料如乙醇或生物柴油更乐观,因为丁醇既不需要特殊车辆,也不必改造原有车辆发动机,而且这种新型燃料更环保。

杜邦公司与BP公司对所作的新燃料进行了基于实验室的发动机试验和行车试验,结果表明,生物丁醇的性能在关键参数上与无铅汽油相似,生物丁醇可作为燃料组分,生物丁醇配方可满足良好的燃料关键性能要求,包括高的能量密度、受控的挥发度、高的辛烷值和低含量的杂质,调和10%的丁醇燃料与无铅汽油燃料很相似。另外,生物丁醇的能量密度与无铅汽油相近。

30.2　丁醇转化原理

30.2.1　丙酮丁醇生产中常用的微生物

能够发酵生成丙酮丁醇的微生物种类甚多,主要的生产菌有两类:醋酪酸梭状芽孢杆菌和糖–丁基丙酮梭菌。

（1）醋酪酸梭状芽孢杆菌（*Clostridium acetobutylicum*）

醋酪酸梭状芽孢杆菌简称丙酮丁醇菌，该菌是 Weizmann 于 1912 年从谷物分离而得，即所谓魏斯曼型菌，是一种属于梭菌属的革兰氏染色阳性、细胞呈梭状、能产生丙酮和丁醇等溶剂的厌氧芽孢杆菌。细胞大小 $0.6 \sim 0.9$ μm×$2.4 \sim 4.7$ μm，常含细菌淀粉粒；以周生鞭毛运动；芽孢卵圆形，次端生；表面菌落圆形、凸起，直径 $3 \sim 5$ mm，边缘不规则，色灰白，半透明，表面有光泽；严格厌氧；能分解蛋白质和糖类；以生物素和对氨基苯甲酸作生长因子；在玉米粉培养液中生长旺盛，可产生大量的丙酮、丁醇和乙醇等溶剂，故是重要的工业发酵菌种；广泛分布于土壤和谷物等种子表面。

（2）糖–丁基丙酮梭菌（*Clostridium saccharobutyl-acetonicum*）

糖–丁基丙酮梭菌也是梭状属菌株，适合于糖蜜发酵，与醋酪酸梭状芽孢杆菌很相似。和醋酪酸梭状芽孢杆菌一样，属于梭菌属的革兰氏染色阳性菌，其菌落为圆形或不规则形，滑面或粗面，隆起，半透明或不透明，不产生色素。

需厌氧条件，培养温度宜低，最适发酵温度为 $29 \sim 31$ ℃；最适 pH $5.6 \sim 6.2$；能充分利用无机氮源；不生成吲哚，不生成或极少生成硫化氢；能发酵葡萄糖、果糖、乳糖、蔗糖、麦芽糖、棉籽糖、玉米淀粉可溶性淀粉、糊精、肝糖等。

另外，还有一些其他菌种，如适用于农林副产物水解液或亚硫酸盐纸浆废液发酵的费地浸麻梭状芽孢杆菌（*Cl. felsineum*）、丁基梭状芽孢杆菌（*Cl. butvlicum*）等。

30.2.2　丙酮–丁醇的发酵机理

丙酮–丁醇发酵可分为产酸期和产溶剂期两个阶段，其代谢途径如图 30.1 所示。在发酵初期，产生大量的有机酸（乙酸、丁酸等），pH 值迅速下降，此时有较多的 CO_2 和 H_2 产生。当酸度达到一定值后，进入产溶剂期，此时有机酸被还原，产生大量的溶剂（丙酮、丁醇、乙醇等），也有部分 CO_2 和 H_2 产生。

30.2.2.1　产酸期

葡萄糖是丙酮丁醇菌容易利用的糖类，经过糖酵解（EMP）途径产生丙酮酸。五碳糖也可以被丙酮丁醇菌利用，通过磷酸戊糖途径（HMP），转化为 6-磷酸果糖和 3-磷酸甘油醛，进入 EMP 途径。丙酮酸和 CoA 在丙酮酸–铁氧还蛋白氧化还原酶的作用下生成乙酰-CoA，同时产生 CO_2。铁氧还蛋白通过 NADH/NADpH 铁氧还蛋白氧化还原酶及氢酶和此过程耦合，调节细胞内电子的分配和 NAD 的氧化还原，同时产生 H_2。

乙酸和丁酸都由乙酰-CoA 转化而来。在乙酸的形成过程中，磷酸酰基转移酶（PTA）催化乙酰-CoA 生成酰基膦酸酯，接着在乙酸激酶（AK）的催化下生成乙酸。丁酸的形成较复杂，乙酰-CoA 在硫激酶、3-羟基丁酰-CoA 脱氢酶、巴豆酶和丁酰-CoA 脱氢酶 4 种酶的催化下生成丁酰-CoA，然后经磷酸丁酰转移酶（PTB）催化生成丁酰磷酸盐，最后丁酰磷酸盐经丁酸激酶去磷酸化，生成丁酸。

30.2.2.2　产溶剂期

溶剂产生的开始涉及碳代谢由产酸途径向产溶剂途径的转变。这种转变机制目前尚未研究透彻。早期的研究认为，这种转变和 pH 值的降低以及酸的积累是密不可分的。在产酸期产生大量的有机酸，不利于细胞生长，所以产溶剂期的酸利用被认为是一种减毒作用。但是 pH 值的降低以及酸的积累并不是产酸期向产溶剂期转变的必要条件。

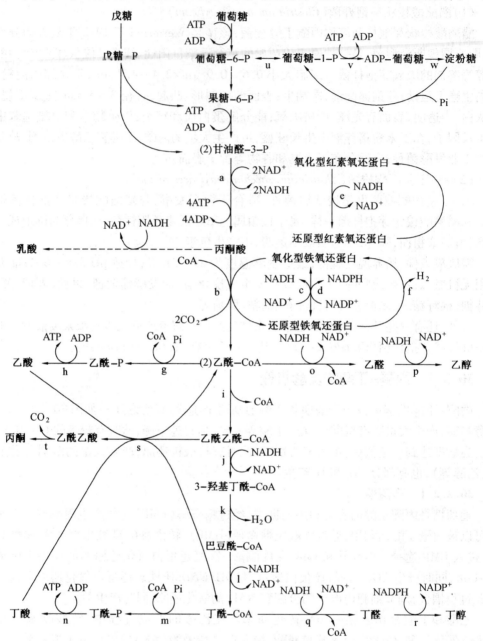

图 30.1　丙酮丁醇发酵代谢途径

酶代号：a—3-磷酸甘油醛脱氢酶；b—丙酮酸-铁氧还蛋白氧化还原酶；c—NADH-铁氧还蛋白氧化还原酶；d—NADPH-铁氧还蛋白氧化还原酶；e—NADH-红素氧还蛋白氧化还原酶；f—氢酶；g—磷酸酰基转移酶；h—乙酸激酶；i—硫激酶；j—3-羟基丁酰-CoA 脱氢酶；k—巴豆酸酶；l—丁酰-CoA脱氢酶；m—磷酸丁酰转移酶；n—丁酸激酶；o—乙醛脱氢酶；p—乙醇脱氢酶；q—丁醛脱氢酶；r—丁醇脱氢酶；s—乙酰乙酰-CoA：乙酸/丁酸：CoA 转移酶；t—乙酰乙酸脱羧酶；u—葡萄糖磷酸变位酶；v—ADP-葡萄糖焦磷酸化酶；w—淀粉糖合成酶；x—淀粉糖磷酸化酶。

乙酰乙酰-CoA：乙酸/丁酸：CoA 转移酶是溶剂形成途径中的关键酶之一,有广泛的羧酸特异性,能催化乙酸或者丁酸的 CoA 转移反应。乙酰乙酰-CoA 转移酶在转化乙酰乙酰-CoA 为乙酰乙酸的过程中可以利用乙酸或丁酸作为 CoA 接受体,而乙酰乙酸脱羧形成丙酮。乙酸和丁酸在乙酰乙酰-CoA：乙酸/丁酸：CoA 转移酶的催化下重利用,分别生成乙酰-CoA 和丁酰-CoA。丁酰-CoA 经过两步还原生成丁醇。乙酸和丁酸的重利用通过乙酰乙酰-CoA：乙酸/丁酸：CoA 转移酶直接和丙酮的产生结合,因此在一般的间歇发酵中不可能只得到丁醇而不产生丙酮。

30.3　丙酮-丁醇发酵技术

传统的丙酮丁醇发酵主要以间歇发酵和蒸馏提取的方式进行,目前产量一般只有 15 ~ 18 g/L。以该生产方式,丙酮丁醇的产量只有达到 22 ~ 28 g/L 才能够有经济竞争力。目前,较低的产物浓度导致后续分离提取占总成本的大部分,所以开发低能耗的发酵与提取工艺对增强丙酮丁醇发酵的经济竞争力是至关重要的。丙酮丁醇发酵的生产工艺改进主要有 4 个方面:萃取发酵、气提发酵、渗透蒸发和廉价原料发酵。

30.3.1　萃取发酵

萃取发酵是采用萃取和发酵相结合的方法,利用萃取剂将代谢产物从发酵液中分离出来,控制发酵液中丁醇的浓度小于其对微生物生长的抑制浓度,减轻或消除产物抑制。萃取发酵的关键是选择优良的萃取剂。浙江大学杨立荣等从 13 种有机物 Clostridium acetobutylicum 的毒性以及它们的物理性质出发,选出了油醇和混合醇(油醇和硬脂醇的混合物)作为丙酮丁醇发酵的萃取剂,当初始葡萄糖质量浓度为 110 g/L 时,发酵后折合水相总溶剂质量浓度达到 33.63 g/L,葡萄糖的利用率达到 98%。江南大学胡翠英等以四种生物柴油作为萃取剂,进行了丙酮丁醇萃取发酵研究,丁醇的生产强度最高可以达到 0.213 g/(L·h),比对照提高了 10.9%。Ishizaki 等人以甲基化的天然棕榈油为萃取剂进行丙酮丁醇萃取发酵,结果 47% 左右的溶剂被萃取到棕榈油层中,葡萄糖的消耗率由 62% 提高到 83%,丁醇产量由 15.4 g/L 提高到 20.9 g/L。

30.3.2　气提发酵

气提发酵的原理是在一定温度的稀释液中,通入恒定流速的惰性气体时,溶液组分被气提到气相中,从而达到发酵产物的及时分离。Qureshi 等人报道在间歇发酵中,气提发酵可以利用 199 g/L 的葡萄糖,产生 69.7 g/L 的总溶剂,远远高于非气提发酵。Ezeji 等人研究了气提分离工艺对丙酮丁醇发酵的影响,该工艺和间歇发酵相比,溶剂产率和产量分别提高 200% 和 118%。以 H_2 和 CO_2 为载气,采用半连续发酵和气提产物回收耦联的工艺,发酵 201 h,溶剂产率提高 400%,总溶剂产量可以达到 232.8 g/L。

30.3.3　渗透蒸发

渗透蒸发是利用膜对液体混合物中组分的溶解与扩散性能不同,在膜两侧组分的蒸汽分压差作用下,对液体混合物进行部分蒸发,从而实现其分离的一种膜分离技术。由于渗透蒸发的高分离效率和低能耗的特点,使得它在丙酮丁醇发酵中有广阔的发展前景。渗透蒸发技术的关键是选择合适的膜,以期达到最佳的分离效果。Qureshi 等人合成了一种硅树脂-硅质岩膜,大大提高了对丁醇的流动性和选择性。Liu 等人便用聚合膜 PEBA2533 进行了渗透蒸发分离丙酮丁醇乙醇的研究,证明了该膜有很大的应用前景。

30.3.4　廉价原料发酵

廉价原料用于丙酮丁醇发酵可以大大降低生产成本。丙丁菌可直接有效利用玉米等淀粉物质或糖蜜等原料,但这些原料的成本相对比较高。纤维素类、剩余农副产品、生活垃圾等原料已是丙酮丁醇发酵廉价原料开发的热点。Jesse 等人以 *Clostridium beijerinckii* BA101 为生产菌种,以压榨花生和农业废弃物为主要发酵底物进行丙酮丁醇发酵,总溶剂产量分别达到 21.7 g/L 和 14.8 g/L。荷兰学者以城市垃圾(DOW)作为底物进行丙酮丁醇发酵,在含 10% DOW 而不添加任何其他营养物质的情况下每 100 g DOW 可以产生 4 g 总溶剂,当添加一定廉价的纤维素和葡萄糖苷酶时,产量可以达到7.5 g。Kobayashi 等在富含有机质的活性污泥中添加葡萄糖,以 *Clostridium saccharoperbuty lacetonicum* N1-4 为生产菌种进行丙酮丁醇发酵,丁醇终质量浓度可以达到 9.3 g/L。这些研究为丙丁菌的廉价底物发酵奠定了一定的基础,但其溶剂终质量浓度较低,尚缺乏实际产业化的意义。

第31章 生物燃料电池

燃料电池最主要的特点就是能够高效和直接地将通过化学反应的能量转化为电能而被加以利用,它属于电化学设备中的一种。而它能够进行工作,主要是有源源不断的生物化学反应的能量供应。它主要具有的优点是:转换能量的转化率比较高,不受到很多规则的限制;它是一种洁净、无污染、噪声低的能源;它的蓄积容量比较大,模块结构、积木性强,比功率高;在进行实际运用的时候,能够进行集中或者分散等方式进行给电。燃料电池目前所用能量的来源主要有氢、甲醇、化石燃料以及生物材料,而生物材料是一种能够进行长期运行的燃料电池,是以后发展的方向,下面我们就来详细地了解一下生物燃料电池。

31.1 概　　述

生物燃料电池主要是利用微生物或者酶作为催化剂将化学能量转化为电能。这种燃料电池的特点是其工作的效率比较高,而且对环境没有污染。其能够得到科研工作者的认可主要是因为其原料的来源比较广泛,自然界的葡萄糖以及淀粉等都可以作为其原料的来源;其在进行反应的时候所需条件比较温和,其操作的过程比较简单,很容易掌握,并且生产建设的成本相对较低;其生物相容性比较好,目前关于生物相容性取得的成绩主要是将这种生物燃料电池植入人体,作为心脏起搏器,这种设备主要是以人体内的葡萄糖和氧为原料实现运作。

31.1.1 生物燃料电池的发展

生物燃料电池是被英国植物学家 Potter 首次发现的,其主要是在研究细菌的培养液的时候,发现其能够产生电流,然后其在相应的技术下进行更进一步的研究,结果就制造出了世界第一个生物燃料电池。而生物燃料电池得以全面发展和研究是在 1950 年左右,主要是美国空间科学的研究促进了生物燃料电池,他们利用宇航员的尿液和活细菌制造了一种能在外太空使用的生物燃料电池。随着科学技术的不断发展,在 1970 年左右,对于生物燃料电池的研究逐渐从以前的间接生物燃料电池转向了直接生物燃料电池。而在20 世纪 80 年代的时候,对于生物燃料电池的研究十分活跃,主要是因为其能够进行电子的传递,而且能够作为小功率的电源。当到了 20 世纪 90 年代的时候,对于生物燃料电池的研究,主要是用生物燃料电池作为电源来提供一定的电能,而在这个时期最主要的成就主要是用污水为底物的新型微生物燃料电池,可以在对污水进行生物处理的同时获得电能。随着科技的不断发展,进入 21 世纪以后,科学研究者对生物燃料电池的研究主要是其电子的传递过程以及相应的应用,而在这个阶段的研究使得生物燃料电池迅速在环境相关领域得到了很大的发展,并且取得了很多举世瞩目的成就。

31.1.2　生物燃料电池的工作原理

　　生物燃料电池的工作原理主要是当生物燃料电池的原料在电池的阳极时,其在催化剂的作用下能够发生氧化,使得电子通过一定的路线传递到达阴极,而质子则出现于电子相反的路径,从阴极到达了阳极,并且被还原,这样就实现了其放电的过程,其具体的方程式如下所示:

阳极反应:　　　　　　$C_6H_{12}O_6 + 6H_2O \longrightarrow 6CO_2 + 24H^+ + 24e^-$

阴极反应:　　　　　　　　$6O_2 + 24H^+ + 24e^- \longrightarrow 12H_2O$

　　从生物燃料电池的反应方程式我们可以清楚地看到,其主要是进行电子和质子的移动的过程,而在这个移动的过程中发生了氧化-还原反应,在生物燃料电池的阳极主要是电子的失去,发生了氧化反应,而在生物燃料电池的阴极主要是得到了电子,发生了还原反应,就是在这个氧化-还原反应中实现了电子转移,将化学能转化为了电能,从而实现了放电的过程。生物燃料电池的工作示意图如图 31.1 所示。

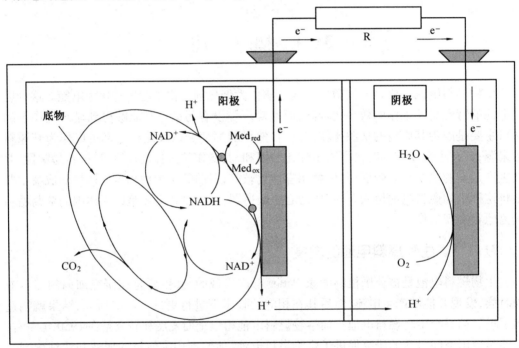

图 31.1　生物燃料电池结构及其工作原理

31.1.3　生物燃料电池的类型

　　随着科技的发展,生物燃料电池得到了很大的发展,目前已经有了很多种类的生物燃料电池,而其主要是按照催化剂的形式和电子转移的方式进行分类的。

　　按照使用催化剂形式的不同,生物燃料电池可以分为微生物燃料电池和酶燃料电池。前者利用微生物整体作为催化剂,后者直接利用酶作为催化剂。目前大多数的催化燃料电池主要是在阳极使用催化剂进行催化,在阴极使用催化剂的情况很少,但是近几年来,对于阴极使用催化剂的情况也得到了很大程度的研究。

而根据生物燃料电池的电子转移的方式不同,又可以将生物燃料电池分为直接生物燃料电池和间接生物燃料电池。直接生物燃料电池主要是燃料在电极上进行氧化,电子直接被转移到了电极上。间接生物燃料电池与直接生物燃料的区别就是,其燃料没有在电极上直接氧化,而是在别的地方进行氧化后利用载体将电子转移到电极上。另外,还有一种间接生物燃料电池是利用生物化学方法生产燃料(如发酵法生产氢、乙醇等),再用此燃料供应给普通的燃料电池。截至目前,对于生物燃料电池,使用载体进行电子转移的间接生物燃料电池较多,使用这种间接生物燃料电池较多的原因主要是电子附着在载体上以后,载体可以穿过细胞膜或者蛋白质外壳到达需要反应的部位,这种方式主要是使得电子的转移很稳定而且转移的速度也比较快。而对于选择的载体我们需要考虑到以下几方面:①容易与生物催化剂及电极发生可逆的氧化还原反应;②氧化态和还原态都较稳定,不会因长时间氧化还原循环而被分解;③介体的氧化还原电对有较大的负电势,以使电池两极有较大电压;④有适当极性以保证能溶于水且易通过微生物膜或被酶吸附,在催化剂和电极间能快速扩散。

而生物燃料电池的性能的发挥受到很多因素的影响,这些因素主要是原料的易氧化程度、连通整个电路的总电阻、电子附着在载体上进行传递的快慢以及传递的稳定性、质子通过膜传递到阴极的速率以及阴极上的还原速率。其中对生物燃料电池影响最大的主要是电子附着在载体上的转移速度,主要是因为蛋白质以及酶等大分子物质对其传递有一定的阻碍作用,如果电子不能顺利地转移和传递,那么就无法构成完整的回路,就不会将化学能转化为电能。经过多年的研究,目前主要是采用氧化还原分子作介体、通过导电聚合物膜连接酶催化剂与电极等方式来提高和改善电子传递的速度以及传递的环境。而目前研究较多的主要是无隔膜无介体的生物燃料电池,这种电池的主要优点就是提高了质子转移的速度以及缩小了电池的体积,极大地方便了人们的使用。

31.2　微生物燃料电池

31.2.1　概述

微生物燃料电池的缩写主要是 MFC,其主要是利用微生物的生理生长活动,将化学能转化为电能。这种燃料电池的优点就是其利用的原料比较广泛,因此其主要用于有机废水的处理,这种技术的使用实现了资源的最优化使用。

31.2.1.1　微生物燃料电池的分类

微生物燃料电池主要是从反应器的外形、电池中是否进行质子交换、电子传递的方式以及微生物的种类进行了分类,每种分类下面还进行了细分,具体的详细分类如下所示。

①从反应器的外形上主要将微生物燃料电池分为了双极室微生物燃料电池和单极室微生物燃料电池两大类。双极室微生物燃料电池的主要特点就是其极板间距、膜材料以及极板的材料等都是能够改变的,其条件容易控制,操作的过程比较简单。而单极室微生物燃料电池主要和那些化学的燃料电池差不多,极板之间不需要加入物质,但是其效率很低。

②按照电池中是否使用质子交换膜主要将微生物燃料电池分为有膜型和无模型两大

类。有模型主要就是在电池中有质子交换膜,而无模型微生物燃料电池没有了质子交换膜,其主要是利用阴极材料的防控气渗透的作用进行反应。

③根据电池传递方式的不同主要将微生物燃料电池分为需要载体进行传递电子的微生物燃料电池和不需要载体进行电子传递的微生物燃料电池两大类。不需要载体就进行电子转移的燃料电池主要是因为细菌的氧化还原酶固定在细胞表面,起着电子传递的作用。它们在进行电子传递的时候就不需要进行电子附着在载体上进行传递。而对于需要载体进行电子传递的微生物燃料电池来说,它们的表面没有那种氧化还原酶,主要是靠一些不容易与介质和极板进行反应的物质来充当载体,目前主要是选用那些可溶性的载体,主要是它们传递电子的速度比较快,它们可以形成可逆的氧化还原电对,并且氧化形式和还原形式非常稳定,对生物无毒无害不易降解。但是载体的造价很高,而且在进行电子传递的过程中会被一定的物质降解,会严重地影响其持续工作的能力。因此,综合考虑电池的使用寿命以及稳定性,目前大多数的科研工作者主要将研究微生物燃料电池的重点放在了不需要载体进行电池传递的微生物燃料电池上面。

④按照微生物本身的种类不同主要将微生物燃料电池分为纯菌的微生物燃料电池和混菌的微生物燃料电池。随着研究的不断深入,目前发现一些金属还原细菌能够直接向阳极传递电子,这使得电子传递的效率大大的提高,而这些主要是存在于那些废弃物中,而其进行电子传递的过程中主要利用 $Fe(Ⅲ)$、$Mn(Ⅳ)$ 等作为电子受体。从这个例子我们可以发现纯种微生物燃料电池的工作效率很高,但是其缺点主要是原料利用的范围过低,主要是其对底物的过于专一性的原因引起的。而混合菌种微生物燃料电池的能量转换效率很高,这种微生物燃料电池与纯种微生物燃料电池相比较的主要优点就是其对环境影响的抵抗能力比较大,对底物的作用范围更广,对底物的作用效果更明显;具有较高的能量转换情况,并且其能量的利用率比较高。而这种混合菌种的菌群主要是对沉积物中的微生物进行驯化得到的。通过多年的研究发现,具有电化学活性的细菌家族中存在固氮菌(*Azoarcus* 和 *Azospirillum*)。

31.2.1.2　电极

在微生物燃料电池中电极的作用十分重要,它主要是接受电子和失去电子的关键部分,正是由于这种重要性,其对制备电极材料的要求主要是具有良好的导电性以及具有无腐蚀性的功能。目前,微生物燃料电池的阳极材料主要是采用具有良好导电性能的石墨、碳布和碳纸等材料,随着科技的发展,为了进一步提高电子传递的效率,在以前的技术基础上,对一些电极的材料进行一定的改良,以便其能够进行更高效的电子传递。而对于电极的阴极来说,其使用材料目前主要是铂碳材料,有的时候也使用锰的化合物或者一些惰性材料。有研究表明,在阳极,采用柱型石墨电极较石墨盘片电极产生的电压高出2倍。在阴极采用石墨盘片和石墨毡时,容积功率大致相同,而采用柱型石墨电极时,开始阶段和前两种的容积功率相近,但随后容积功率明显下降。

对于电极的研究,我们主要要集中在如何提高电极的催化效果,电极自身的稳定性以及如何降低电极的极化作用。目前研究表明,在阴极使用铂/石墨的时候,极板之间的极化作用很小,并且其催化的效果很明显,电子传递的速度以及效率很高。目前为了降低电极之间的极化作用,主要有增加电极表面的表面积以及增加极板之间的距离,但是这些又会在某种程度上减小电子转移的速度以及能量转化的效率。因此,我们在进行电极的研究的时候,主要还是从电极自身的材料性能上进行研究。实验的研究证明,这些材料的使用能够大大地提高电流的密度以及电子传递的效率和速度,而且实验已经证明过渡金属材料能完全替代微生物燃料电池中应用的传统阴极材料。而目前用于污水、污泥处理的微生物燃料电池的电极材料主要是氟化聚苯胺涂覆铂电极。有研究将微生物氧化剂修饰的石墨阳极和普通石墨电极进行了对比评估,石墨改性包括通过吸附蒽醌-1,6-磺酸或1,4-萘醌,石墨陶瓷复合(含 Mn^{2+}、Ni^{2+}),石墨改性掺杂粘贴(含 Fe_3O_4 或 Fe_3O_4 和 Ni^{2+})。结果发现这些阳极比普通石墨阳极动力学活性高 1.5~2.2 倍。

31.2.1.3 质子交换膜

质子交换膜主要是说具有良好的质子传递功能,并且能够有效地防止物质的扩散作用。在进行质子交换的时候质子交换膜能够起到质子传递的作用,并且其主要的功能是在进行质子传递的过程中,还能够有效地阻止其他物质传递到质子的传递的方向,影响质子的传递效果。目前运用的质子交换膜主要有全氟质子交换膜-Nafion,这种质子交换膜的主要优点就是其质子传递的效率比较高,它的缺点主要是在传递质子的同时对其他物质的阻碍作用不明显,并且其成本也比较高。目前研究者的主要工作是在进行质子传递的过程中是否一定需要质子交换膜,而目前研究出来的结果主要是在取消质子交换膜的时候,电池的输出功率比不取消质子交换膜要高出很多,而且其生物燃料电池的电池内阻降低了很多。但是有一个严重的问题就是取消了质子交换膜以后在一定的时间使电池的性能确实有一定程度提高,但由于质子交换膜的取消使得氧气能够从阴极进入阳极,从而加快了阳极电极材料的氧化以及腐化,并且由于氧气的作用使得一些细菌能够在阳极进行生长和繁殖,到了一定的程度后这些情况就严重地影响了电池的整体性能,严重的时候可能完全使得这种生物燃料电池停止工作。由于质子交换膜的取消使得阳极的污水能够进入阴极,使得阴极能够和污水或者污泥直接接触,这就使得阴极的催化剂的性能受到了严重的影响,加快了催化剂的中毒,使得生物燃料电池严重不稳定。

31.2.1.4 微生物

微生物是生物燃料电池性能的关键所在,目前对于生物燃料电池的研究主要集中在微生物的电化学活性上。具有代表性的菌种见表 31.1。

表 31.1 已鉴定的微生物燃料电池内代表性菌属

代谢类型	微生物	终端细菌电子载体	加入氧化还原载体
氧化型代谢	铁还原红育菌	未知	
	硫还原地杆菌	89 kDa c-细胞色素	
	嗜水气单胞菌	c-细胞色素	
	大肠埃希氏菌	氢化酶	中性红
	腐败希瓦氏菌	苯醌	
	铜绿假单胞菌	绿脓菌素,吩嗪,羧基酰胺	
	溶解欧文氏菌	未知	Fe(Ⅲ)CyDTA
	脱硫弧菌	S^{2-}	
发酵型代谢	丁酸梭菌	绿脓菌素	
	尿肠球菌	细胞色素	未知

从表 31.1 我们可以知道,能够用于微生物燃料电池的微生物主要是一些代谢方式为氧化型的细菌,而其中还有一些发酵型的代谢方式,但是其数量很少,而且对这类细菌的

研究也不是很深入,还有很多的地方没有探究明白。

按照微生物代谢的情况,我们可以知道大多数的微生物都能够作为燃料电池的微生物,但是由于有的细菌有坚韧的细胞壁,这就使得其对电子的阻碍作用很大,从而影响了电子的传递过程。而目前处理这些细菌的方式主要是将其进行改良或者添加一定的中间介质,但是中间介质有的具有一定的毒性。因此,这些方式没有得到很大的运用。随着对微生物的不断研究,目前发现一些微生物在进行代谢的过程中能够产生一些物质能够改变其坚韧的细胞壁的情况,从而使得电子的传递情况以及传递的环境得到了一定改善,这些细菌主要是大肠杆菌和 *Desulfobulbaceae* 菌科细菌等,但是这类细菌的转化效果比较低。随着近几年的科技以及研究的不断深入,科学家们发现了一些不需要介质就能够将电子穿过坚韧的细胞膜而到达相应的电极,这类微生物主要是利用了细胞色素和其自身分泌的相关物质进行电子的传递的,这类细菌主要是腐败希瓦氏菌、铁还原红螺菌、地杆菌和嗜水气单胞菌等。

多年的研究发现,无载体的生物燃料电池是我们研究的主要方向,它能够使得在生物燃料电池进行转化过程中的很多问题得到简化或不存在。目前对于生物燃料电池的主要研究是将分子生物学运用到生物燃料电池中,这种研究手段的运用,使得生物燃料电池得到了极大的关注和对其更加深层次的研究,为很多问题的研究和解决提供了一定的思路和技术支持。

31.2.1.5 底物

生物燃料电池的底物作用范围主要是由其催化剂以及电极的性质决定的。目前对于生物燃料电池的研究已经由以前的小分子研究转移到了大分子底物的研究中,目前研究的大分子底物有半胱氨酸、蛋白胨和牛肉膏、淀粉和类纤维素等。一些学者对大分子底物的降解情况和产能的效率两方面进行了综合研究,研究结果表明,其产能效果和大分子底物的降解情况呈正比。近年来,应用 MFCs 由养猪废水获取电能,最大功率密度达到 $P_{max} = 261$ mW/m^2(200 Ω),比用同样系统处理生活污水产能高出 79%。应用单室 MFCs 处理含蛋白质污水,1 100 m/L 牛血清蛋白获得 $P_{max} = 354 \pm 10$ mW/m^2,库仑效率(Coulombic efficiency)= 20.6%。各种底物的试验数据积累,为 MFCs 在污水处理领域应用提供了充分的依据。

31.2.2 间接微生物燃料电池

间接微生物燃料电池主要是指在电子传递的过程中,电子没有在电极上进行直接的传递,而是通过一定的中间介质将电子传递到电极上。虽然微生物都能够作为微生物燃料电池的催化剂或者中间介质,但是由于部分微生物的自身原因,使得电子无法附着在其内部进行电子的传递。因此,在选择燃料电池微生物的时候主要是选择氧化还原介体促进电子传递。大多数的微生物燃料电池都是利用间接微生物燃料电池的工作原理进行运行的,其原理主要是底物在微生物或酶的作用下被氧化,电子通过介体的氧化还原态的转变从而将电子转移到电极上。一些有机物和金属有机物可以用作微生物燃料电池的氧化还原介体,其中较为典型的是 Fe(Ⅲ)EDTA 和中性红等。

间接微生物燃料电池的电子传递中间体的性能主要取决于电子传递中间体的材料的性能,要求这种材料必须具备很高的氧化还原速率。而在实际的操作过程中,我们主要是将多种中间体混合使用,这样能够极大地提高电子传递的速度,而且对电池的影响作用不大。在进行间接微生物燃料电池中间介质的研究的时候,虽然硫堇很适合于用作电子传递介体,但是当以硫堇作为介体时,由于其在生物膜上容易发生吸附而使电子传递受到一定程度的抑制,导致微生物燃料电池的工作效率降低,为了将微生物燃料电池中的生物催化体系组合在一起,需要将微生物细胞和介体共同固定在阳极表面。另外,这种电子传递的中间体的成本比较高,而且在使用的过程中其提供的能量的转化不是很高,并且电池的功率也不是很大,因此这种中间介质在实际操作的时候,其实并不怎么适合作为中间体使用,即使需要使用这种中间介质的时候,一般都是将其与其他的中间体进行混合使用。通过多年的研究,我们虽然对中间介质的最佳材料没有明显的研究成果,但是我们知道了其主要是必须具备较高的氧化还原速率,这就为以后的研究提供了很明确的思路。但是这种燃料电池的中间介质具有一定的氧化还原的性质,这种性质又不适合燃料电池的长期使用,因此,间接的生物燃料电池不适合我们进行长期的使用,只能够进行短期的使用。

31.2.3　直接微生物燃料电池

直接微生物燃料电池主要是将燃料在电极上氧化的同时,电子直接从燃料分子转移到电极上的燃料电池,这种电池主要是能够在不具有氧化还原性质的介质中进行存在和进行。从废水或海底沉积物中富集的微生物群落也可用于构建直接微生物燃料电池。无介体生物燃料电池的出现大大推动了燃料电池的商业化进展。下面举一些目前研究较多的直接微生物燃料电池的实例。

(1)腐败希瓦菌燃料电池

腐败希瓦细菌主要是一种还原铁的细菌,其工作的原理主要是在无氧化还原介质中,能够利用乳酸盐将化学能转化为电能的过程。这种细菌的主要特点是能够利用细胞膜上的相关色素进行电子的转移。通过不断深入的研究发现,这种电池的性能好坏还与细菌的浓度、极板间距离以及表面积等密切相关。

(2)硫还原泥土杆菌燃料电池

硫还原泥土杆菌燃料电池主要是将电子附着在高价铁的氧化物上面,然后将石墨电极放入厌氧的污水中,将另一电极放入具有氧气的溶解水中,通过高价铁离子氧化物将电子进行传递,就能够将化学能转化为电能。通过对这种燃料电池的深入研究发现,这种细菌能够对电子进行定量的研究,这种性能在其他燃料电池中都没有发现过,这种性能主要和电极上大量的细胞有密切的关系。

(3)氧化铁还原微生物燃料电池

氧化铁还原微生物燃料电池主要是能够利用糖类物质而产生电能,它无须催化剂就可将电子直接转移到电极上,并且其转化的效率比较高,达到85%左右。目前我们使用的生物燃料电池主要使用的原料是有机酸,需依靠发酵性微生物先将糖类或复杂有机物转化为其所需小分子有机酸方可利用。而这种电池能够将糖类进行完全的氧化还原,其优点是可以进行重复利用,在进行循环的过程中没有能量的损失,电池使用寿命比较长以及电池使用时性能比较稳定。

31.2.4　微生物燃料电池的应用前景

目前对于微生物燃料电池的运用主要是在生物修复、废水处理以及生物传感器方面。

（1）生物修复

这种方式主要是利用燃料电池中微生物利用有机废物产生电能，从而达到净化环境、保护环境和节约资源的作用。

（2）废水处理

生物燃料电池目前在废水处理方面取得了十分显著的成效，这种电池主要是能够对废水中的废物进行利用，并且净化水质。目前这种技术在废水以及污泥的处理方面得到了十分广泛的应用，具有广阔的发展前景。

（3）生物传感器

例如，乳酸传感器、BOD 传感器。因为电流或电量产出和电子供体的量间有一定的关系，所以它可用作底物含量的测定。

31.2.5　微生物燃料电池的发展趋势

①继续深入研究并完善生物燃料电池的产能理论。虽然目前我们对生物燃料电池的研究取得了一定的成效，但是微生物本身的代谢过程是一个复杂的过程，对于其具体产能的中间过程，我们还是了解得有限，我们需要对其中间的电子传递过程作更加详细的研究。

②高活性微生物的选用。对于目前微生物燃料电池的产能效果不是很明显的情况，我们应该通过一定的手段对一些适合的微生物进行驯化以便筛选出具有高活性的微生物。或者我们可以利用分子生物学以及基因工程等手段对相关微生物进行改造以便培养出更加高效的微生物。

③对于阴阳极材料的选择仍是微生物燃料电池研究的重点之一。在研究微生物燃料电池的过程中，除了微生物自身的原因以外，最终的产能转换效果还受到了电极材料的影响。低电量输出往往由于阴极微弱的氧气还原反应以及氧气通过质子交换膜扩散至阳极。特别是对于一些兼性厌氧菌而言，氧气扩散到阳极会严重影响电量的产生，因为这类细菌很可能不再以电极为电子受体而以氧气作最终电子受体。

④质子交换膜对于维持微生物燃料电池电极两端 pH 值的平衡、电极反应的正常进行都起到重要的作用。在进行质子交换的时候，由于物质的移动，对应电解液的浓度也会产生相应的改变，而如何维持这种平衡就显得十分重要。因此，在选择质子选择膜的时候，我们需要寻找到能够使得质子高效通过，并且对其他物质的通过具有明显阻碍作用的质子交换膜。而经过多年的研究以后，我们仍然还没有找到十分合适的质子交换膜，在今后的研究中可以思考将质子的传递和对其他物质的阻碍作用分成两个方面来进行研究。

⑤进一步优化反应器的结构，提高电子和质子的传递效率。对于电池最终的能量转化情况除了与微生物以及质子交换膜等情况有关以外，还与其两个极板之间的距离、电解液以及电极比表面积等密切相关，这些都是和电池的构造有关的。因此，我们在进行生物燃料电池的研究的同时就需要考虑到电池的用途，以便设计出适合的电池构造。电池的构造主要有单极室、双极室、平板式以及管式等。

⑥通过在电极表面进行贵金属纳米粒子以及碳纳米管等物质的修饰。利用纳米粒子的尺寸效应、表面效应等奇妙的特性来实现直接的、快速的电子传递。

⑦研究运行参数对 MFC 产电效率的影响,构建 MFC 的反应动力学模型。

31.3　酶生物燃料电池

31.3.1　概述

酶生物燃料电池主要是利用酶的活性进行能量的催化转化,而这些酶主要是从生物体系中提取出来的,然后将其利用到阳极上进行催化。这种燃料电池与微生物燃料电池的主要区别就是微生物燃料电池是利用微生物进行催化氧化的,而这种燃料电池是利用酶进行催化氧化的。酶生物燃料电池的电池功率比较高,但是酶的活性受到很多因素的影响,并且酶具有专一性,它只能对某一类物质进行催化氧化,因此其作用的底物的范围比较狭窄。传递介质就是把电子从被氧化的燃料运送到电极表面的化合物,这些传递介质一般是机染料或有机金属的复合体,它们能够存在于溶液中或固定在电极表面。

31.3.2　两极室酶燃料电池

两极室酶燃料电池主要是利用电子介体修饰的葡萄糖氧化酶作为电池的阳极,固定化过氧化酶作为阴极,在相应的辅助下将葡萄糖氧化,使其释放出电子,并且在相应的载体的作用下转移到电极上,而质子则通过膜扩散到阴极,在阴极发生还原反应,从而与外部电路连接就形成完整的回路,这就实现了将化学能转化为电能的过程。其具体的转移过程如下所示:

阳极反应：$\beta-D-$葡萄糖$\xrightarrow{\text{GO}_x(\text{FAD}/\text{FADH}_2)}$葡萄糖酸内酯$+H^++2e^-$

阴极反应：$H_2O_2+2H^++2e^-\xrightarrow{\text{MP}-11}2H_2O$

Pizzariello 等人研究的酶燃料电池,在能量不断补充的情况下,能够持续地进行一个月的放电作业,这促使了燃料电池在工业上的应用。除了这种电池以外,如果我们运用还原态的烟酰胺腺嘌呤二核苷酸代替 Pizzariello 等人使用的电极材料,并在阳极使用乙醇脱氢酶或乳酸脱氢酶,其产生的电流密度比 Pizzariello 等人研究生产的电池产能效果好很多,并且其输出的功率也很大。酶生物燃料电池的优点主要是这些电池能够在常温或者常压下进行工作,对于能量转化的条件不高,转化过程容易掌握,操作过程简单。两极室燃料电池在其电池的性能上具有很多的优点,但是这种燃料电池在构造上比较复杂,主要是因为考虑酶活性的原因,使得酶需要一定的密封等条件,这就使得电池的构造工艺变得复杂,并且对最终电池的体积和重量就有一定的难度。而且隔膜会增加电池内阻,使电池的输出性能降低,因此近年来人们开始致力于无隔膜酶燃料电池的研究。

31.3.3　无隔膜酶燃料电池

这种燃料电池主要是用一定的物质将阴极和阳极两个电极隔绝开来,但是这种形式的构造不利于电池功率的释放,因此目前主要研究无隔膜的生物燃料电池。无隔膜酶燃料电池主要就是利用一定的物质将阴极和阳极进行分离,而不是使两个电极隔绝,这种情况下可以极大地提高电池的功率释放以及能量的转化。目前运用较多的主要是以异丙基苯过氧化物作为电池的阴极,以葡萄糖作为电池的阳极,这种情况下其释放的功率较高,并且电流的密度也比较大。这种无隔膜的酶燃料电池属于两极室的酶燃料电池,主要是其阴极和阳极都在不同的液体中,两个电极之间有一定的距离,并且不是直接接触的。

酶燃料电池最初是以单极室的无隔膜形式出现的,其当时主要是以不含辅基的葡萄糖氧化酶作为阳极,Cyt c/CO$_x$ 作为阴极,并在相应的 pH 值和温度下运行,其产生的电流密度达到 105 $\mu A/cm^2$,但是这种形式的电池电压和功率多不高,而且电流输出还不稳定。随着不断地深入研究,逐渐采用均相混合作为燃料研究单极室无隔膜酶燃料电池,这种混合使得电池的电流和功率得到了很大的提高。在其后,科学研究者主要通过对酶活性的研究,逐渐将重点转移到了氧化还原聚合物以及固定酶等技术手段的研究,这使得酶燃料电池实现微型化成为可能。然而,目前这些酶燃料电池的工作时间多不长,一般持续工作的时间不到一个星期,对于其实现工业化的运用有很大阻碍作用。而目前的研究是如何将这些生物燃料电池植入到体内实现一定的医用价值,但是这种电池的使用寿命,使其植入体内的现实不可能实现。但是随着不断地研究发现,使用胆红素氧化酶电极能够很好地解决这个问题,将 BOD 和 GO$_x$ 碳纤维电极植于一粒葡萄中,可以产生 2.4 $\mu W/mm^2$ 的电流。虽然 BOD/GO$_x$ 电池的电压略低于 LacⅡ/GO$_x$ 电池,但是由于能够在 pH 值为 7 的含氯离子溶液中工作,因此有进一步研究的价值。目前这类电池取得的最显著的成效就是能够将这种电池注入人的表皮组织内进行血糖浓度的检测。这为酶燃料电池的应用及其以后的研究思路提供了一定的理论和实践的参考价值。

31.3.4　酶燃料电池的应用及发展趋势

酶燃料电池具有一定的生物相容性,因此利用酶燃料电池的这种特性,我们可以制备得到不需要载体介质的酶微生物燃料电池,能够实现这种微生物燃料电池的微型化,这就为将微生物燃料电池植入人体成为可能。由于不同的酶能够作用于不用的底物,这就使得酶燃料电池作用的底物具有选择性。因此,酶燃料电池也可以作用于多种天然的有机物,这就使得酶燃料电池成为一种清洁能源。通过多年的研究,目前酶燃料电池已经在环境保护和医疗方面取得了显著的成绩。而目前很多科研工作者正在研究将太阳能和酶燃料电池结合利用的新思路。但是酶燃料电池的发展受到很多因素的影响:燃料被氧化的速度;被催化剂作用而释放的电子到达电极的速度;整个回路的电阻过高;酶的催化活性和酶的特性;质子在阴极的还原情况等。

31.4　微生物燃料电池的应用与前景

31.4.1　微生物燃料电池的发展

微生物燃料电池在最近几年得到了很大程度的发展,主要是因为无隔膜燃料电池的思路以及利用太阳能等生物燃料电池,其中最具代表性的主要是利用光合作用和含酸废水产生电能。

其中利用光合作用主要是利用能够利用太阳能的细菌,而目前主要利用的细菌是蓝绿藻,研究这种细菌产生电能的试验主要是将其置于有光照和无光照的条件下进行了对比,从而得到了在有光照的条件下产生的电流比较稳定,但是目前这种燃料电池产生的电流的密度还不是很大,而且由于光照的不稳定就会使得产生的电能不稳定。虽然产生的电流不是很稳定,但是它的成功为利用太阳能制备生物燃料电池成为可能,也为其研究和发展提供了一定的理论基础和实践经验。

对于直接用含酸的废水作为燃料电池的原料来源生产电能的试验,主要是使用了一种可还原硫酸根离子的微生物(脱硫弧菌),通过这种方法将其制备成了管状的生物燃料电池。通过这种方法得到的电流密度不是很大,其处理废水的处理率达到了 35% ~ 75% ,利用这种方法使得利用污水进行发电制备生物燃料电池,同时还能够处理废水中的污水,而且这种方法目前已经在很多的地方得到了实际的运用,取得了显著的成效。

31.4.2　生物燃料电池的价值和应用

①生物燃料电池的转化率比较高,并且生产成本比较低。

②生物燃料电池能够利用废水废物进行发电,同时还能够净化水质等。

③它能够将生物燃料电池制备成传感器,能够检测人体糖类的变化情况等,从而可以实现对信息的检测和转化情况。

④由生物转化成效率高、价廉、长效的电能系统。

⑤利用废液、废物作燃料,可净化环境,同时能产生电能。

⑥以人的体液为燃料,做成体内填埋型的驱动电源,即微生物燃料电池可成为新型的人体起搏器。

⑦制成介体微生物传感器,即可以从转化能量的微生物电池发展到应用转换信息的微生物电池。

31.4.3　微生物燃料电池存在的问题与前景

由于微生物燃料电池的高效性使得微生物燃料电池得到了人们的重视,但是其输出的功率和强度还不能满足人们对其的要求,其使用寿命也是研究工作者比较头疼的问题。其中制约微生物燃料电池功率输出最大的因素主要是电子的传递速率,电子转移的速率主要和载体、电势以及中间隔膜密切相关。除了这些条件影响着微生物燃料电池电子的传递外,极板间的距离以及极板的材料等也是影响电子传递和最终还原的因素。在电子的传递过程中,蛋白质等大分子物质对电子的传递具有一定的阻碍作用,使得电子无法传递到外界,电流的密度受到严重的影响。虽然目前为了解决这些问题已经使用了很多的方法,但是这些方法一般都是在解决了当前问题后,又会为电子传递的后续过程造成一定的影响。除了蛋白质等分子对电子具有阻碍作用以外,电子在微生物内部更难通过其坚韧的细胞膜。虽然利用中间载体能够使得电子躲过蛋白质以及微生物细胞膜的阻碍作用,但是这些载体的活性部位不够大,传递电子的效率不够高,而且整个传递的过程还比较复杂,受到诸多因素的影响,这就使得这种方法的利用受到了一定的限制。因此,目前我们研究微生物燃料电池的主要方向就是如何使得电子的传递速度较快,使得输出的功率和电流密度比较大,并且比较稳定。目前对于解决这个问题最常用的方法主要是利用一些基因工程和分子生物学等手段来进行研究。

①对微生物酶分子的蛋白质外壳进行修饰,使它能够允许电子通过,然后再把修饰后的酶固定到电极上。

②在比微生物细胞更小的尺度上,直接用导电聚合物固定酶。导电聚合物就像导线一样,穿过蛋白质外壳,将电极延伸至酶分子活性中心附近,缩短电子传递的距离,进而实现电子的直接传递。

③利用一定的技术对基底的电极进行修饰,主要是为微生物创造一个良好的环境,目前主要用到的手段有模拟生物膜、溶胶-凝胶膜、自组装膜、碳纳米管、活性炭、金属或半导体氧化物纳米粒子等。这些方法主要是使得酶具有一个良好的环境,使得其活性能够更好地发挥,从而使得最终电流密度和功率能够稳定地输出。

虽然生物燃料电池经过了很多年的研究,但是其在一些关键的问题上还是了解得有限,但是其目前正处于较快的发展阶段。目前生物燃料电池已经能够利用废水废弃物进行发电,能够制成生物传感器检测人体的糖类浓度变化以及在医学上取得了显著的成效。再加之目前生物电极、纳米技术、基因工程以及分子生物学的应用使得生物燃料电池具有比较坚实的技术支持,并且我们已经知道生物燃料电池是一种清洁的能源,其能够净化环境,并且能够产生电能,充分地实现了能源与环境的友好协作。

第七篇　能源微生物工程实验

实验1　普通光学显微镜的使用

在微生物学实验中,必不可少的工具就是显微镜,用来观察微生物的形态、大小等。显微镜的种类有很多,有普通的光学显微镜,还有较高级的相差显微镜、荧光显微镜、暗视野显微镜以及高级的电子显微镜和原子力显微镜。但是,无论是普通的还是高级的显微镜,它们的基本原理都是相同的,只要清楚普通光学显微镜的结构、原理,熟练掌握其操作方法,那么在使用较复杂的显微镜时,也不会感到困难。一般而言,实验室所采用的均是普通光学显微镜。

一、显微镜的结构

目前实验室用的多为双筒显微镜,如图1所示。现代普通光学显微镜利用目镜和物镜两组透镜系统来放大成像,故又常被称为复式显微镜,它们由机械装置和光学系统两大部分组成。

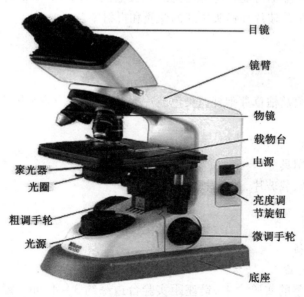

图1　双筒显微镜

机械装置的主要作用是使整个光学系统坚固在一个光轴直线上,而且能精确地调节各光学部件之间的距离,使显微镜能产生清晰的物像。其组成包括镜座和镜壁、镜筒、物镜转换台、载物台、调焦装置的粗调节器和细调节器。

光学系统是显微镜最主要的部分,起分辨和放大目的物的作用。其组成包括接目镜、接物镜、聚光器、反光镜和光源。

二、普通光学显微镜的结构和基本原理

在显微镜的光学系统中,物镜的性能最为关键,它直接影响着显微镜的分辨率。而普通光学显微镜通常配置的放大倍数较大的几种油镜,对微生物学研究最为重要。与其他物镜相比,油镜的使用比较特殊,需在载玻片与镜头之间加滴镜油,这主要有如下两方面的原因:

1. 增加照明亮度

油镜放大倍数可达 100×,放大倍数这样大的镜头,焦距很短,直径很小,所需要的光照强度却很大。从承载标本的玻片透过来的光线,因介质密度不同(从玻片进入空气,再进入镜头),有些光线会因折射或全反射,不能进入镜头,致使在使用油镜时会因射入的光线较少,物像显示不清。所以为了不使通过的光线有所损失,在使用油镜时应在油镜与玻片之间加入与玻璃的折射率($n=1.55$)相仿的镜油(通常用香柏油,其折射率 $n=1.52$)。

2. 增加显微镜的分辨率

显微镜的分辨率或分辨力是指显微镜能够分辨两点之间的最小距离的能力。从物理学的角度看,光学显微镜的分辨率受光的干涉现象及所用物镜性能的限制,可表示为

$$分辨率=\frac{\lambda}{2\gamma_{NA}}$$

式中,λ 为光波波长;γ_{NA} 为物镜的数值孔径值。

光学显微镜的光源不可能超过可见光的波长范围($0.4 \sim 0.7\ \mu m$),而数值孔径值则取决于物镜的镜口角及玻片和镜头之间的介质和折射率。

三、实验器材

1. 菌种

金黄色葡萄球菌及枯草芽孢杆菌染色玻片标本,链霉菌及青霉的水封片。

2. 溶液或试剂

香柏油、二甲苯。

3. 仪器或其他用具

显微镜、擦镜纸、载玻片、盖玻片、纱布等。

四、操作步骤

1. 观察前的准备

(1)显微镜的安置

置显微镜于平整的实验台上,镜座距实验台边缘约 $3 \sim 4\ cm$。镜检时姿势要端正。在取、放显微镜时应一手握住镜臂,一手托住底座,使显微镜保持直立、平稳。切忌用单手提拎;且不论使用单筒显微镜或双筒显微镜均应双眼同时睁开观察,以减少眼睛疲劳,也便于边观察边绘图或记录。

（2）光源调节

安装在镜座内的光源灯可通过调节电压以获得适当的照明亮度,而使用反光镜采集自然光源或灯光作为照明光源时,应根据光源的强度及使用物镜的放大倍数选用凹面或凸面反光镜并调节其角度,能使视野内的光线均匀、亮度适宜。

（3）目镜间距调节

根据使用者的个人情况,调节双筒显微镜的目镜,双筒显微镜的目镜间距可以适当调节,而左目镜上一般还配有屈光度调节环,可以适应眼距不同或两眼视力有差异的不同观察者。

（4）聚光器数值孔径的调节

调节聚光器虹彩光圈与物镜的数值孔径值相符或略低。有些显微镜的聚光器只标有最大数值孔径值,而没有具体的光圈数刻度。在使用这种显微镜时可在样品聚焦后取下一目镜,从镜筒中一边看着视野,一边缩放光圈,调整光圈的边缘与物镜边缘相切或略小于其边缘。因为各物镜的数值孔径值不同,所以每转换一次物镜都应该进行这种调节。

在聚光器的数值孔径值确定后,若需要改变光照强度,可通过升降聚光器或改变光源的亮度来实现,原则上不应再通过虹彩光圈的调节。当然,有虹彩光圈聚光器高度及照明光圈强度的使用原则也不是固定不变的,只要能获得良好的观察效果,有时也可以根据不同的具体情况灵活运用,不是拘泥不变的。

2. 显微观察

在目镜保持不变的情况下,使用不同放大倍数的物镜所能达到的分辨率及放大率都是不同的。一般情况下,特别是对于初学者,进行显微观察时应遵循从低倍到高倍再到油镜的观察程序,因为低倍数物镜视野相对大,易发现目标及确定检查的位置。

（1）低倍镜观察

将金黄色葡萄球菌染色标本玻片置于载物台上,用标本夹夹住,移动推进器使观察对象处在物镜正下方。向下移动 10 倍物镜,使其接近标本,用粗调节器慢慢升起镜筒,使标本在视野中初步聚焦,再使用细调节器调节到图像清晰。通过玻片夹推进器慢慢移动玻片,认真观察标本各部分,找到合适的目的物,仔细观察并记录所观察到的结果。

在任何时候使用粗调节器聚焦物像时,必须养成先从侧面注视小心调节物镜靠近标本,然后用目镜观察,慢慢调节物镜离开标本进行准焦的习惯,以免因一时的误操作而损坏镜头及玻片。

（2）高倍镜观察

在低倍镜下找到合适的观察目标并将其移至视野中心后,轻轻转动物镜转换器将高倍镜移至工作位置。对聚光器光圈及视野亮度进行适当调节后微调细调节器使物像清晰,利用推进器移动标本仔细观察并记录观察到的结果。

在一般情况下,当物像在一种物镜中已经清晰聚焦后,转动物镜转换器将其他物镜转到工作位置进行观察时,物像将保持基本准焦的状态,这种现象称为物镜的同焦。利用这种同焦现象,可以保证在使用高倍镜或油镜等放大倍数高、工作距离短的物镜时仅用细调节器即可对物像清晰聚焦,从而避免由于使用粗调节器时可能的错误操作而损坏镜头及玻片。

（3）油镜观察

在高倍镜或低倍镜下找到要观察的样品区域后,用粗调节器将镜筒升高,然后将油镜转到工作位置。在待观察的样品区域加滴香柏油,从侧面注视,用粗调节器小心地将镜筒降下,使油镜浸在镜油中并几乎与标本相接。将聚光器升至最高位置并开足光圈,若使用聚光器的数值孔径值超过 1.0,还应在聚光器与载玻片之间加滴香柏油,保证其达到最大的效能。调节照明使视野的亮度合适,用粗调节器将镜筒徐徐上升,直至视野中出现物像并用细调节器使其清晰准焦为止。

有时按上述操作仍然找不到目的物,则可能是由于镜头下降还未到位或因油镜上升太快,以致眼睛捕捉不到一闪即过的物像。遇此情况,应重新操作。另外,应特别注意不要因在下降镜头时用力过猛或调焦时误将粗调节器向反方向转动而损坏镜头及载玻片。

3.显微镜用毕后的处理

①上升镜筒,取下载玻片。

②用擦镜纸拭去镜头上的镜油,然后用擦镜纸蘸少许二甲苯(香柏油溶于二甲苯)擦去镜头上残留的油迹,最后再用干净的擦镜纸擦去残留的二甲苯。切忌用手或其他纸擦镜头,以免使镜头沾上污渍或产生划痕,影响观察。

③用擦镜纸清洁其他物镜及目镜,用绸布清洁显微镜的金属部件。

④将各部分还原,反光镜垂直于镜座,将物镜转成"八"字形,然后再向下旋。同时把聚光镜降下,以免接物镜与聚光镜发生碰撞。

五、显微镜的保护

①显微镜是贵重的精密仪器,使用时必须注意,以保持清洁并避免机械损伤,同时应放置于干燥处。

②接物镜和接目镜要保持洁净。镜筒内无论何时都要插入接目镜,以防止尘埃进入后堆积于物镜的背面。凡是不用的接目镜均需妥善保管,避免落上灰尘。

③应避免显微镜在阳光下暴晒或接近热源,以防止透镜的胶黏物膨胀或融化而使透镜脱落或破裂。

④显微镜不应与强酸、强碱、氯仿和乙醚等有机溶剂接触,避免去漆或损坏机件。

⑤由于有机物和水蒸气可引起镜头长霉,切忌用布头和手指擦拭镜头,夏季防止水沾污镜头,冬季注意不能有水汽凝结,如已被污染,应及时擦去。

实验 2　玻璃器皿的灭菌

微生物学实验中常用的培养皿、试管和三角瓶等,洗涤得是否干净、灭菌是否彻底等因素,直接影响实验结果,因此,这项工作不容忽视。

1.玻璃器皿的包扎

玻璃器皿使用前必须经过灭菌,通常采用干热灭菌和高压蒸汽灭菌。无论哪种方法,都应预先将玻璃器皿包扎好。培养皿用报纸(或牛皮纸)包好,吸管要在顶端塞上少许棉花(或脱脂棉),再用报纸包好,试管和三角瓶塞上棉塞后,也用报纸包扎好。

(1)棉塞的制作

制作时所用的棉花为市售的普通棉花,不宜用脱脂棉,因为脱脂棉易吸水而导致污染,棉塞的制作应按器皿口径大小进行。试管棉塞应有 3~4 cm 长。常用的方法有:取适量棉花铺成长方形,纵向松卷起来对折后塞入管(或瓶)口或将棉花铺成方形,于其中央衬以小块棉花,用左手拇指为中心制作棉心,再由外侧棉花包入制成棉塞。另外,也可根据需要,购买市售的产品。制作好的棉塞最好用纱布包好,以利于使用和保存,如图 2 所示。

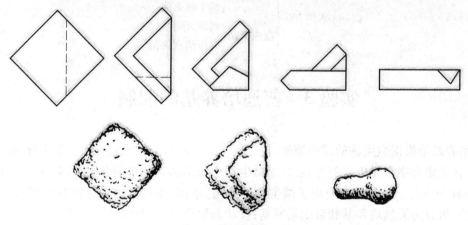

图2　棉塞的制作过程

正确的棉塞与试管口(或三角瓶口)的形状、大小、松紧完全适合,过紧会妨碍空气流通,操作不便;过松则达不到滤菌的目的。棉塞过小容易掉进试管内。正确的棉塞头较大,约有 1/3 在管外,2/3 在管内,如图 3 所示。

为了防止灭菌时受潮或者进水,在棉塞外应用报纸包扎。

(2)器皿的包扎

微生物学实验用的培养皿和吸管等应事先包扎,然后灭菌备用。吸管应在管口约 0.5 cm 以下的地方塞入长约 1.5 cm 的棉花少许,以防止微生物液吸入口中或口中细菌吹入吸管内。棉花的松紧程度以吹气时通气流畅而不致下滑为准。然后,将吸管尖端放在 4~5 cm 宽的长条纸(可用报纸或牛皮纸)的一端,约与纸条成 45°角,折叠纸条,包住吸管尖端,然后将吸管紧紧卷入纸条内。末端剩余纸条折叠打结,如图 4 所示包好后等待灭菌。培养皿可按 7 套或 9 套为一叠,用纸包好,待灭菌。

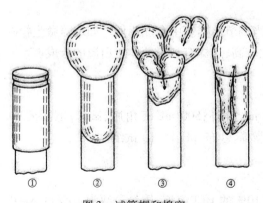

图3　试管帽和棉塞
①试管帽;②正确的棉塞;③④不正确的棉塞

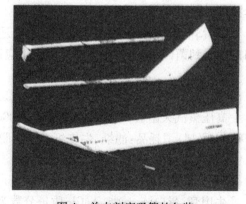

图4　单支刻度吸管的包装

2.灭菌方法

灭菌是指采用物理和化学的方法杀死或除去培养基内和所用器皿中的一切微生物。玻璃器皿的灭菌一般采用干热灭菌法,也可以采用高压蒸汽灭菌法,见表1。

表1　灭菌方法

$$
\text{灭菌方法}
\begin{cases}
\text{干热灭菌}
\begin{cases}
\text{焚烧接种环}\\
\text{烘干箱灭菌}
\end{cases}\\
\text{湿热灭菌}
\begin{cases}
\text{间歇灭菌}\\
\text{高压蒸汽灭菌}
\end{cases}
\end{cases}
$$

实验3　普通培养基的配制

培养基是根据微生物的营养需要,按比例人工配制而成的营养物质。除水分、碳水化合物、含氮化合物和无机盐类外,需投配微生物生长所必需的各种生长元素,并且选择适当的 pH 值条件。培养基主要用于微生物的分离、培养、鉴定。培养基的种类很多,按成分划分,可分为天然培养基和合成培养基;按状态划分,可分为固体培养基、半固体培养基和液体培养基;按用途划分,可分为基础培养基、选择培养基、加富培养基和鉴别培养基。

一、培养基的配置原则

根据不同微生物的营养需要,配制不同的培养基。不同的微生物所要求的营养物质是不同的。从微生物的营养类型来看,有自养型和异养型。配制自养微生物所用的培养基,应完全是简单的无机盐,因为它们具有较强的合成能力,可将这些简单的物质及 CO_2 合成自身细胞的糖、脂肪、蛋白质、核酸、维生素等复杂物质。其次,培养异养微生物所用的培养基至少要有一种有机物或多种有机物。注意各营养物质的浓度、配比。微生物的成长需要一个适当的营养平衡条件,如果营养物质的浓度、比例不满足这一条件,均会对微生物的成长造成抑制,特别是碳氮比例失调影响更为明显。再次,调解适宜的 pH 值条件。各类微生物生长繁殖的最适宜 pH 值是不同的,多数细菌、放线菌的 pH 值为 7.0 ~ 7.5。为了维持培养基较恒定的 pH 值条件,一般在配制培养基时加入一些缓冲剂或不溶性的碳酸盐。

最后,根据所需培养某微生物的目的,适当调节培养基中合成比例。如培养微生物的目的是得到菌体,其培养成分中氮源含量应比较高,这样有利于菌体蛋白质的合成。

二、实验仪器

高压蒸汽灭菌器;电炉;玻璃器皿;1 000 mL 烧杯;500 mL 三角瓶、试管;电子天平、ϕ90 mm 平皿;消耗品:滤纸、牛皮纸、线绳、脱脂棉、纱布、pH 1 ~ 10 试纸。

三、实验试剂

牛肉膏、蛋白胨、琼脂、NaCl、质量分数为 10% 的 HCl 溶液、质量分数为 10% 的 NaOH 溶液。

四、操作步骤

1. 营养琼脂培养基

蛋白胨 10 g,牛肉粉 3 g,NaCl 1.5 g,琼脂 18 g,蒸馏水 1 000 mL,pH 值 7.4 ~ 7.6。

2. 培养基的溶解

根据培养基配方,准确称取各种原料成分,在容器中加入所需水量一半的水。然后依次将各种原料加入水中,用玻璃棒搅拌使之溶解。某些不易溶解的原料如蛋白胨、牛肉膏等可事先在小容器中加少许水,加热溶解后再加入容器中。有些原料需用量很少,可先配成高浓度的溶液按比例换算后取一定体积的溶液加入容器中。加热使其充分溶解,并补足需要的全部水分,即成培养基。

3. 调节 pH 值

培养基配好后,一般要调节至所需的 pH 值。常用盐酸及氢氧化钠溶液进行调节。调节培养基酸碱度最简单的方法是用精密 pH 试纸进行测定,用玻棒蘸少许培养基,点在试纸上进行对比,如 pH 值偏酸,则加质量分数为 5% 的氢氧化钠溶液,偏碱则加质量分数为 5% 盐酸溶液。经反复几次调节至所需 pH 值,此法简便快捷。

4. 分装

培养基配好后,要根据不同的使用目的,分装到各种不同的容器中。不同用途的培养基,其分装量应视具体情况而定,要做到适量、实用。培养基是多种营养物质的混合液;大都具有黏性,在分装过程中,应注意不使培养基沾污管口和瓶口,以免污染棉塞,造成杂菌生长。分装培养基,通常使用大漏斗(小容量分装)。两种分装装置的下口都连有一段橡皮管,橡皮管下面再连一小段末端开口处略细的玻璃管或 1 mL 塑料接头。在橡皮管上夹一个弹簧夹,分装时将玻璃管或枪头插入试管内。不要触及管壁,松开弹簧夹,注入定量培养基,然后夹紧弹簧夹。止住液体,再抽出试管,仍不要触及管壁或管口。如果大量成批定量分装,可用定量加液器将培养基盛入 1 000 mL 或 500 mL 的三角瓶中。如图 5 所示。

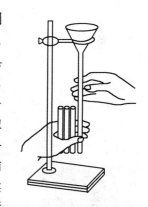

图 5　培养基分装装置

5. 塞棉塞和包扎

培养基分装到各种规格的容器(试管、三角瓶、克氏瓶等)后,应按管口或瓶口的不同大小分别塞以大小适度、松紧适合的棉塞,做法如图 2 和图 3 所示。

6. 培养基的灭菌

棉塞外面容易附着灰尘及杂菌,且灭菌时容易凝结水汽,因此,在灭菌前和存放过程中,应用牛皮纸或旧报纸将管口、瓶口或试管筐包起来。培养基制备完毕后应立即进行高压蒸汽灭菌。如延误时间,会因杂菌繁殖生长,导致培养基变质而不能使用。特别是在气温高的情况下,如不及时进行灭菌,数小时内培养基就可能变质。将培养基置高压蒸汽灭菌器中,以 121℃、1 kg/cm^2 压力,灭菌 20 min,然后贮存于冷暗处备用。

7. 斜面的制作

灭菌后,需做斜面的试管,在温度 80 ℃ 左右时摆放斜面。斜面的斜度要适当,使斜面的长度不超过试管长度的 1/2,如图 6 所示,摆放时不可使培养基沾污棉塞,冷凝过程中勿移动试管。待斜面完全凝固后,再收存。

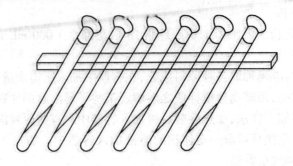

图 6　斜面摆放法

8.平板制作

制作平板培养基时,将培养基全溶后,降温 50 ~ 55 ℃,以无菌操作,将培养基导入平皿内,每皿约 15 ~ 20 mL,平放冷却,即成平板培养基,如图 7 所示。

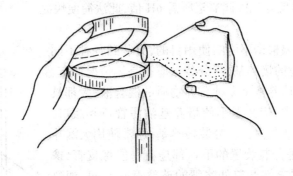

图 7　平板培养基制法

9.无菌检查

灭菌后的培养基,尤其是存放一段时间后才用的培养基,在应用以前,应置于生化恒温培养箱内,恒温 37 ℃培养 48 h,确定无菌后方可使用。

10.染色

染色剂配方见表 2。

表 2　常用指示剂配置及酸碱度指示范围

指示剂	色调变更 酸-碱	pH 感应界	稀释 0.1 g 指示剂所需的 10 mol/L NaOH/mL	加蒸馏水 至/mL	质量分数 /%	10 mL 培养基需加指示剂的数量/mL
溴酚蓝	黄-蓝	3.0 ~ 4.6	1.49	250	0.04	0.5
溴甲酚紫	黄-紫	5.2 ~ 6.8	1.85	250	0.04	0.5
溴百里酚蓝	黄-蓝	6.0 ~ 7.6	1.60	250	0.04	0.5
甲基红	红-黄	4.4 ~ 6.0	—	250	0.02	0.2
酚红	黄-红	6.8 ~ 8.4	2.82	250	0.02	0.5
麝香草酚蓝	黄-蓝	8.0 ~ 9.6	2.15	250	0.04	0.252

实验 4　细菌的纯种分离、培养和接种

一、实验目的

了解分离纯化微生物的原则;掌握纯种分离的方法。

二、实验原理

在自然界,各种各样的微生物混杂存在。研究某种微生物时,须首先使其从混杂的环境中分离出来。常用的分离方法有平板稀释法和平板划线法等,其基本原理都在于高度分散混菌,使单个微生物细胞在固体培养基上生长,从而形成单个菌落。

三、实验仪器与材料

1. 仪器及其他用具

恒温培养箱,恒温水浴锅,显微镜灭菌,平皿(直径 9 cm),吸管(1 mL,10 mL),玻璃涂布棒(刮刀),接种环(针),载玻片,酒精灯。

2. 培养基及试剂

已灭菌的肉膏蛋白胨琼脂培养基,装有 4.5 mL 无菌水的试管,革兰氏染液。

3. 菌种

藤黄微球菌和大肠杆菌的混合菌液。

四、实验步骤

1. 平板涂布法

(1)制备平板

于稀释涂布前 3~5 d,将已灭菌、融化的瓶装肉膏蛋白胨琼脂培养基冷却至 55 ℃左右(置恒温水浴锅)。右手握瓶,在靠近火焰处用左手拔下瓶塞,瓶口通过火焰 2~3 次(以烧去可能附着于瓶口的微生物)后稍离火焰,但保持在火焰上方无菌区内。左手将瓶塞夹在右手小指与无名指间(塞进瓶口的一端朝外)。然后左手取平皿,无名指和小指托住皿底,大拇指和中指夹住皿盖,在火焰上方无菌区内启开皿盖,迅速注入培养基 15 mL左右,立即合上皿盖。平皿静置于桌上,冷凝即成平板,室温下放置,使平板表面干燥无水膜,以利于形成单菌落。平板标记 10^{-4}、10^{-5}、10^{-6} 各 3 皿。

(2)稀释菌液

用无菌吸管取混合菌液 0.5 mL,注入 4.5 mL 无菌水中,充分混匀,成 10^{-1} 稀释液,继续稀释至 10^{-6}。

(3)涂布

吸取 10^{-6}、10^{-5}、10^{-4} 稀释菌液,分别滴一滴(约 0.05 mL)于相应标记的平板中央,用无菌刮刀在平板表面涂布均匀。使用同一个无菌刮刀涂布不同浓度菌液时,应注意从低浓度涂到高浓度。

（4）培养

室温放置 1 ~ 2 h，待接种菌液被培养基吸收后，倒置于 37 ℃恒温箱培养 2 ~ 3 d。再室温培养 3 d 或 2 d，使菌落性状表现较充分。

（5）转接斜面

在无菌操作条件下，用接种环挑取平板上的单菌落，在营养琼脂斜面上自底部往上轻划一直线，斜面试管置 37 ℃恒温箱，培养 24 ~ 48 h。

（6）检验

仔细观察斜面菌苔的颜色、光泽、透明度等是否一致，并取少许培养物涂片，革兰氏染色，镜检菌体形态、染色反应等，可知分离纯化是否成功。

2. 平板划线法

（1）制备平板

同前。

（2）划线

划线的方式很多，其目的都是使平板上菌体逐渐变稀，最终能形成单菌落。常用的有下列两种：

①接种环或针头稍弯的接种针火焰灭菌并冷却后，取混合菌液，在靠近平皿边缘处的平板上，用接种环前缘或针尖的弯曲部位接触平板，接种棒与平板成 30° ~ 40°划 3 ~ 4 条平行线。

然后转动平皿约 50°，灼烧接种环（针），冷却后，通过前一区划 2 ~ 3 条平行线，并继续划 2 ~ 3 条不通过前一区的平行线。再转动平皿，如此反复划出 4 ~ 5 区。

②接种环（针）取样品后，在平板上作连续划线。

（3）培养、转接斜面、检验

均同前。

五、实验结果

描述分离的菌落形态特征及镜检菌体形态。

六、思考与讨论

1. 为什么要待培养基冷却至 55 ℃左右再倾倒平板？
2. 在恒温培养箱中培养微生物时为什么要将平板倒置？

实验 5　质粒 DNA 的分离纯化和鉴定

一、实验目的

①了解质粒 DNA 的分离、纯化和鉴定的一般原理。
②掌握用碱裂解法小量制备质粒 DNA 技术。
③掌握 DNA 电泳技术。

二、实验原理

质粒是染色体外的 DNA 分子,大小从 1 kb 到 200 kb 不等。大多数质粒是双链环状分子,可以从细菌中以超螺旋的形式被分离纯化。质粒可以在众多的细菌中存在,但多数具有宿主选择性。质粒是细菌内的共生型遗传因子,携带额外的遗传信息。它利用细菌的酶和蛋白质,独立于宿主染色体进行复制和遗传,并且赋予宿主细胞一些表型。经过改造的质粒可以携带外源目的基因进入细菌,并在其中进行高效表达。通常用作基因工程的质粒载体含有遗传选择标记,可以在相应的选择条件下赋予宿主生长优势。

质粒提取常用的方法有碱裂解法、煮沸法等。

碱裂解同时结合去垢剂 SDS 从细菌中分离质粒 DNA 的方法是 Birnboim 和 Doly 于 1979 年发明的。当细菌悬液与高 pH 值的强阴离子去垢剂混合后,细胞壁被破坏,染色体 DNA 和蛋白质变性,质粒 DNA 被释放到上清溶液中。尽管碱溶液完全打断了碱基配对,但由于环形质粒 DNA 在拓扑结构上是相互缠绕在一起的,因此质粒的 DNA 链不会彼此分开。只要处理不太剧烈,当 pH 值恢复中性后 DNA 的两条链会立即重新配对。

在裂解过程中,细菌蛋白质、破碎的细胞壁以及变性的染色体 DNA 形成一些网状的大复合物,表面被十二烷基硫酸包裹。当 Na^+ 离子被 F 离子取代时,这些复合物将被有效地从溶液中沉淀出来。当变性物通过离心被去除后,可从上清液中得到质粒 DNA。

本实验介绍用碱裂解法小量制备质粒 DNA 和检测的过程。

三、实验材料和仪器

1. 菌株和质粒

E. coli DH5α,携带有 pUC19 质粒。

2. 缓冲液及试剂

溶液 1：50 mmol/L 葡萄糖,25 mmol/L Tris – HCl(pH 8.0),10 mmol/L EDTA(pH 8.0)。溶液 1 一次可配置约 100 mL,在 121 ℃高压蒸汽灭菌 15 min。于 4 ℃保存。

溶液 2：0.2 mol/L 氢氧化钠(从 10 mol/L 贮存液中现用现稀释),1% SDS(从 10% SDS 贮存液中现用现稀释)。

溶液 3：5 mol/L 乙酸钾 60 mL,冰乙酸 11.5 mL,水 28.5 mL。所配成的溶液中钾的浓度为 3 mol/L,乙酸根的浓度为 5 mol/L。

此外还有无水乙醇,冰预冷的 70% 乙醇,酚/氯仿,TE(pH 8.0),TE(pH 8.0)含 20 μg/mL RNaseA,LB 培养基,氨苄青霉素。

3. 仪器及其他用具

摇床,振荡混合器,离心机,微量取液器,枪头,eppendorf 管。

四、实验步骤

1. 质粒 DNA 的小量快速提取

①挑取大肠杆菌 *E. Coli* DH5α 单克隆,接种到含氨苄青霉素 100 μg/mL 的 2 mL 培养液中,37 ℃ 250 r/min 培养过夜。

②用 1.5 mL 的微量离心管收集 1.0 mL 菌液。在最高速度离心 30 s,剩余的菌液保

存于 4 ℃。

③尽量去除上清液。

④加入 100 μL 冰预冷的溶液 1,在振荡器上剧烈振荡,使细菌完全悬浮。

⑤加 200 μL 新鲜配制的溶液 2,盖紧盖子,快速颠倒 5 次,以混匀溶液,并确保整个管子表面都与溶液 2 接触。切勿振荡。

⑥加 150 μL 冰预冷的溶液 3。盖紧盖子,颠倒数次以保证溶液 3 与黏稠的裂解物混合均匀,置冰上 3 ~ 5 min。

⑦4 ℃最高速度离心 5 min,将上清液转移到新的离心管中。

⑧加等体积的酚/氯仿,盖紧盖子,振荡 30 s。4 ℃最高速度离心 2 min,将上清液转移到新的离心管中。

⑨加等体积的氯仿,盖紧盖子,振荡 30 s。4 ℃最高速度离心 2 min,将上清液转移到新的离心管中。

⑩加 2 倍体积的无水乙醇,振荡混匀后置室温 2 h。

⑪4 ℃最高速度离心 5 min。

⑫小心吸除上清液。将离心管倒置在吸水纸上,吸干流出的液体。尽量吸干管壁的液滴。

⑬加 1 mL 70% 的乙醇。颠倒管子数次。4 ℃最高速度离心 2 min。

⑭按步骤⑫的方法,去除上清液。

⑮将离心管敞开盖子置室温 5 ~ 10 min,直至管中的液体完全蒸发。

⑯用 50 μL 含 20 μg/mL 无 DNase 的 RNaseA 的 TE(pH 8.0)溶解 DNA。振荡若干秒,保存于-20 ℃。

2. 质粒 DNA 的纯化(PEG 法)

①加等体积饱和酚,混匀,12 000 r/min,室温离心 5 min。

②取上清液,加等体积氯仿,混匀,12 000 r/min,室温离心 10 min。

③取上清液,加等体积 13% PEG 8 000,置冰上放置 30 min。

④12 000 r/min,室温离心 10 min,弃上清液,用 TE 溶解备用。

3. DNA 电泳检测

①用 1×TAE 配制 0.7% 的琼脂糖凝胶。

②置微波炉中加热至沸腾。

③按 1ng/100 mL 的量加入溴化乙啶。

④待稍冷却后倒入胶槽中,制备 DNA 检测用凝胶。

⑤待凝胶完全凝固后,将凝胶放入电泳槽中。在电泳槽中加入 1×TAE 至液面恰好漫过凝胶表面。

⑥吸取 10 μL DNA 样品与 1 μL 10×电泳样品缓冲液混匀。

⑦将样品加入凝胶的样品孔中。

⑧在实验组样品旁的样品孔中加入 5 μL DNA 相对分子质量标准。

⑨在加样孔侧接负电极,相反方向接正电极,以 5 V/cm 的恒定电压电泳。

⑩电泳结束后,将凝胶取出,置紫外暗箱观察 DNA 样品的电泳情况,进行记录或拍照。

五、实验结果

绘图表示质粒的电泳情况,并依据相对分子质量标准判断片段的大小。

六、质粒快速提取的注意事项

①步骤③和步骤1中,应尽可能去除残存的液体。不然残存物质可能影响限制性酶对质粒 DNA 的切割。

②步骤⑤及步骤⑥中不可剧烈震荡离心管,不然易造成质粒 DNA 断裂。

③步骤⑭中,吸除上清液时要十分小心。因为此时沉淀与管底贴附不紧。

④步骤⑮中,质粒 DNA 不宜过于干燥,不然将难以溶解,并可能变性。通常室温下干燥 10 ~ 15 min 足以保证乙醇的蒸发,同时 DNA 不至于脱水。

⑤所用离心管及枪头在使用前必须灭菌。

实验 6　微生物沼气发酵

微生物利用生活有机物垃圾、污水、粪便、农副产品及废弃有机物产生沼气,既可以治理环境污染,又可以利用废物产生能源,而且是重要的再生能源。特别是我国农村大力推广的“沼气生态园”,将沼气池、厕所、畜禽舍建在日光温室内,成为“四位一体”模式,形成以微生物发酵产沼气、沼液、沼渣为中心的种植业、养殖业、可再生能源和环境保护“四结合”的生态系统,在我国经济和社会的可持续发展中都起重要作用。但微生物产沼气费时、费事,效率较低,许多问题亟待研究解决。进一步研究微生物产沼气的机制、条件和工艺是提高其效率的主要途径之一。

进行微生物产沼气实验,有利于深刻认识微生物产沼气的机制,也为进一步研究和制取微生物产沼气提供了一种简捷方法。

用富含淀粉等有机质的稻米或面条替代废弃有机物产沼气,首先是许多异养微生物将淀粉等不同有机质,在有氧条件下,分解生成简单的有机酸、醇和 CO_2 等,然后是产甲烷菌将乙酸、CO_2、H_2 等在厌氧条件下,转化生成甲烷,从而形成以 60% ~70% 甲烷为主,其次为 30% ~40% CO_2,尚有极少数其他气体的沼气。发酵的原料、温度、pH 值、菌种、反应器等,对沼气产生的速度、质和量都有很大影响。微生物产沼气是一个非常复杂的过程,其机制还没有完全清楚,但可以肯定,它是多种微生物经好氧和厌氧混合发酵的结果。

一、实验器材

1. 菌种

来自于培养室的环境。

2. 培养基

50 g 稻米或面条。

3. 仪器和其他用品

2 个 1 000 mL 左右带盖的塑料饮料瓶、50 cm 长的乳胶或塑料软管、医用 2 号注射针头、橡皮塞、接种环、剪刀、强力黏胶、500 mL 的玻璃杯等。

二、实验步骤

1. 发酵装置的制备

将接种环烧红,在 2 个塑料饮料瓶近底部各烙穿一小孔,孔径大小与乳胶管口径相近,再将一瓶盖中央烙穿一小孔,孔径大小与 2 号注射针头的尾端大小相近。将乳胶管的两端分别插入两塑料瓶的小孔内,用强力黏胶密封乳胶管与塑料饮料瓶的相交处。将 2 号注射针头的尾端嵌入瓶盖的小孔,同样密封瓶盖与 2 号注射针头的相交处。待密封处干燥后,用水检验,要确认密封处不漏水,才能算完成制备。这种连接在一起的 2 个带盖的塑料瓶可称为发酵装置,带注射针头瓶盖的塑料瓶可称为发酵罐,另一塑料瓶则称为储存罐(图 8)。这种装置可用于实验室的一些发酵实验。

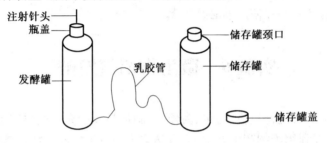

图 8 　微生物产沼气的发酵装置示意图

2. 好氧发酵

取 50 g 稻米或面条,置于玻璃杯中,加入 200 mL 的自来水,放 28 ~ 37 ℃发酵,24 ~ 48 h 后,见水表面有许多小气泡,表明好氧发酵成功。如果需要加快实验的速度,便将稻米或面条加水煮熟,并置于 37 ℃发酵 24 h,同样可以使好氧发酵成功。

3. 厌氧发酵

将储存罐的盖盖上,并拧紧,好氧发酵过的物料和发酵液全部装入发酵罐,并加自来水将发酵罐灌满,拧紧罐盖,使水滴从注射针头的针尖中溢出,针尖扎入一小橡皮塞,密封注射针头的针管。将全套发酵装置放在 28 ~ 37 ℃室内,打开储存罐的盖,进行厌氧发酵,并经常观察厌氧发酵的状况。

4. 沼气的检验

厌氧发酵时,在发酵罐中,微生物发酵物料持续地产生沼气,聚集在发酵罐液面的上方,并产生压力将发酵罐中的物料和发酵液逐渐地排入储存罐中。发酵 4 h 后,定期记录排入储存罐中的物料和发酵液的量,表示厌氧发酵产沼气的量,由于存在 $CO_2 + H_2O \Longrightarrow H_2CO_3$ 反应,因而沼气中含有 CO_2 的量较少,使其可以燃烧。待发酵液绝大多数被排入储存罐时,将储存罐提升,放在高处,使储存罐底部高于发酵罐的瓶盖部,拔去发酵罐注射针头上的橡皮塞,这时发酵液将回流到发酵罐,沼气从注射针孔排出,对准注射针的针尖点火,则可见到针尖处有气体燃烧,因沼气的火焰小,而且色淡,亮处不易看清,但可见针尖被烧红或用纸片可在针尖上方被点燃。如果气体离开火源能自行燃烧,说明气体中甲烷含量已达 50% ,CO_2 量在 40% 以下,也表明发酵产生了沼气。1 000 mL 沼气,从针尖排出可燃烧 7 ~ 8 min。

5. 检测产沼气的总量

沼气燃完后，待储存罐的发酵液全部流回发酵罐，将储存罐的盖盖上，并拧紧，小橡皮塞再次扎入发酵罐盖上的针尖，放在 28～37 ℃ 室内，再打开储存罐的盖，进行厌氧发酵，并经常观察厌氧发酵的状况，记录所产气体的量。待发酵液绝大多数被排入储存罐时，便可以进行第二次沼气的检验。如此从厌氧发酵到沼气的检验，还可进行第三、第四……直至产沼气很少。每次所产沼气相加，则是 50 g 稻米或面条在本次实验条件下产生沼气的总量。

6. 产沼气的发酵条件实验

根据实验目的要求的需要，可用此发酵装置或再添加某些设备，如水浴锅、搅拌器，进行产沼发酵条件实验，包括发酵原料（有机垃圾、秸秆、人畜粪便）、碳氮比、温度、pH 值、搅拌、活性污剂的添加、有害物的控制等实验。将实验得到的产沼气速度、总量等分析比较，获得的结果对大规模生产沼气有参考意义和价值。

实验 7　固定化酵母发酵产啤酒

啤酒（beer）一般是指以大麦为主要原料，其他谷物、酒花为辅料，经大麦发芽、糖化制作麦芽汁、酵母发酵等工序，获得的一种含多种营养成分和 CO_2 的液体饮料。啤酒的生产和销售遍及世界各地，是全球产销量最大的饮料酒，生产的啤酒已达 1.5 亿 t，我国 2001 年啤酒总产量为 2 200 万 t，仅次于美国，居世界第二位。世界年人均消费量为 21 L，德国和捷克为160 L以上，我国为 11 L。虽然啤酒种类繁多，名称不计其数，但其营养价值大同小异。它素有"液体面包"的雅称，它所含的各种氨基酸、糖、维生素、无机盐等，不仅营养均衡，也易被人体吸收，而且有一定的保健功能，如：维生素 B_{12}、叶酸，可改善消化机能、预防心血管疾病。啤酒的风味和口感也是各种各样，但以其特有的"麦芽的香味、细腻的泡沫、酒花的苦涩、透明的酒质"为人们所喜爱，能满足不同人的需求。营养丰富和风味独特都是啤酒业作为微生物生物技术最大产业之一，经久不衰的重要原因。

啤酒的生产过程主要包括大麦发芽、捣碎麦芽、加入辅料糖化、加热、添加酒花、煮沸、分离酒药、除去凝固物、冷却麦芽汁、发酵、过滤、包装与灭菌等。啤酒生产最重要的是发酵工艺，主要，分为传统发酵和露天大罐发酵两大类型，后者具生产规模大、投资较少、见效快、自动化强等优势，因而在逐步取代传统发酵。固定化酵母发酵产啤酒，以其可重复使用、实现生产连续化、生产周期短、后处理较简便等优点，成为一种备受关注的新型发酵产啤酒工艺。

大麦浸泡吸水后，在适宜的温度和湿度下能发芽，在此过程中则产生糖化酶、葡聚糖酶、蛋白酶等水解酶，这些酶一方面可水解麦芽本身的组分，如淀粉、半纤维素、蛋白质等，分解生成麦芽糖、糊精、氨基酸、肽等低分子物质，另一面可进一步水解辅料（如大米粉已添加淀粉酶水解淀粉），将其含有的高分子物质，分解生成同样的低分子物质。辅料的使用可减少麦芽用量，降低蛋白质比例，并改善啤酒的风味和色泽，也可降低原料成本。

酒花（hops）属桑科律草属植物，用于啤酒发酵的为成熟的雌花，它所含酒花树脂是啤酒苦涩的主要来源，酒花油赋予啤酒香味，单宁等多酚物质促使蛋白质凝固，有利于澄清、防腐和啤酒的稳定。

采用海藻酸盐作为固定化载体,固定化微生物细胞,这是一种比较成熟的包埋固定化方法,用来固定化酵母产啤酒,能够发挥固定化发酵工艺的优势。固定的啤酒酵母利用麦芽汁中的低分子物质产啤酒,发酵的基本原理与乙醇发酵原理属大同小异,只是由于发酵原料、工艺等的差别,从而产出了啤酒。

一、实验器材

1. 菌种

啤酒酵母。

2. 培养基和原料

麦芽汁培养基、大麦、大米、酒花(或酒花浸膏、颗粒酒花)、耐高温淀粉酶、糖化酶等。

3. 溶液和试剂

2.5%海藻酸钠、1.5% $CaCl_2$、0.025 mol/L 碘液、乳酸或磷酸等。

4. 仪器和其他用品

搪瓷盘或玻璃容器、纱布、无菌封口膜、糖度计、水浴锅、三角烧瓶等。

二、操作步骤

1. 麦芽粉的制备

取 100 g 大麦放入搪瓷盘或玻璃容器内,用水洗净后,浸泡在水中 6～12 h,将水倒掉,放置 15 ℃阴暗处发芽,上盖纱布一块,每日早、中、晚淋水一次,麦根伸长至麦粒的 2 倍时,即停止发芽,摊开晒干或烘干,磨碎制成麦芽粉,贮存备用。

2. 麦芽汁的制备

将 30 g 大米粉加入 250 mL 水中,混合均匀,加热至 50 ℃,用乳酸或磷酸调 pH 值至 6.5,加入耐高温 α-淀粉酶,其量为 6 U/g 大米粉,50 ℃保温 10 min,1 ℃/min 的速度一直升温至 95 ℃,保持此温度 20 min,然后迅速升至沸腾,持续 20 min,并加水保持原体积,约 5 min 内迅速降温至 60 ℃,成为大米粉水解液备用。70 g 麦芽粉加入 200 mL 水中,混合均匀,加热到 50 ℃,用乳酸或磷酸调节 pH 到 4.5,保温 30 min,升温至 60 ℃,然后与备用的大米粉水解液混合,搅拌均匀,加入糖化酶,其量为 50 U/g 大米粉和麦芽粉,60 ℃保温 30 min,继续升温至 65 ℃,保持 30 min,补加水维持原体积,用碘液检验醪液,当结果不呈蓝色时,再升温至 75 ℃,保持 15 min,完成糖化过程。糖化液用 4～6 层纱布过滤,滤液如浑浊不清,可用鸡蛋白澄清,方法是将 1 个鸡蛋白加水约 20 mL,调匀至生泡沫时为止,然后倒在糖化液中搅拌煮沸,再过滤,制成麦芽汁,并用糖度计测量其糖度。

如果将麦芽汁稀释到 5～6 °Bé(波美度),pH 值约 6.4,加入 1.5%～2% 琼脂,121 ℃灭菌 20 min,即成麦芽汁琼脂培养基。将麦芽汁总量的一半煮沸,添加酒花,其用量为麦芽汁的 0.1%～0.2%,一般分 3 次加入,煮沸 70 min,补水至糖度为 10 °Bé,用滤纸趁热进行过滤,滤液则为加了酒花的麦芽汁。

3. 固定化酵母的制作

接种啤酒酵母于麦芽汁琼脂培养基斜面,28 ℃培养 24 h 后,从斜面接种一环酵母于装有 30 mL 麦芽汁的三角烧瓶中,28 ℃,100 r/min 摇床培养 24 h 后,于 4 000 r/min 离心

20 min,沉淀物加入生理盐水混均匀,其体积约为 10 mL,成为用于固定化的酵母悬液。2.5 g海藻酸钠水浴加热溶解于 100 mL 蒸馏水中,即为 2.5% 海藻酸钠,冷却至 30 ℃,然后与已经制备好的约为 10 mL 的酵母悬液混匀,用装有 2 号针头的注射器吸取此混合液,迅速地滴加在 300 mL 的 1.5% $CaCl_2$ 溶液中,或采用蠕动泵法,将混合液滴加入 1.5% $CaCl_2$ 溶液中,形成圆形颗粒。经过 2 ~ 3 h 硬化成形后,再用无菌生理盐水洗涤两次,便制成固定化酵母。可用无菌生理盐水浸泡固定化酵母,贮存在 4 ℃冰箱中备用。

4.固定化酵母发酵产啤酒

取 20 g 固定化酵母加到 250 mL 的三角烧瓶中,然后加入 50 mL 糖度为 10°Bé 的麦芽汁,用无菌封口膜封好瓶口,28 ℃静止发酵 48 h,倒出发酵液,即完成了固定化酵母第一次发酵产啤酒。再将麦芽汁加入经发酵过的固定化酵母中,进行第二次同样的发酵,收集发酵液,还可重复发酵几次。合并发酵液,即是固定化酵母发酵所产的啤酒。

用加了酒花的麦芽汁替换麦芽汁,加到盛有 20 g 固定化酵母的三角烧瓶中,其他发酵条件完全相同,也进行多次发酵,收集的发酵液同样是固定化酵母发酵所产的啤酒。

品尝实验所得的两种啤酒,注意色和味方面的差异。

三、实验结果

(1)制成麦芽汁多少毫升? 其糖度是多少?
(2)制成固定化酵母多少克? 其颗粒大小是否一致?

四、思考题

1.制备麦芽汁时,糖化的温度和时间对啤酒的产量和质量有什么影响?

2.试述如何改进固定化酵母发酵产啤酒,使其发挥更大效益,能够成为啤酒生产的重要工艺。

实验 8　利用微生物对石油污染土壤的生物修复

在石油的开采炼制、储运和使用过程中,不可避免地会造成石油落地污染土壤。石油是主要由烷烃、环烷烃、芳香烃、烯烃等组成的复杂混合物。其中多环芳香烃类物质被认为是一种严重的致癌、致诱变物质。石油通过土壤-植物系统或地下饮用水,经由食物链进入人体,直接危及人类健康。因此,近年来世界各国对土壤石油污染的治理问题都极为重视,目前的处理方法主要有三种:物理处理、化学处理和生物修复,其中生物修复技术被认为最具生命力。

利用微生物及其他生物,将土壤、地下水或海洋中的危险性污染物原位降解为二氧化碳和水或转化成为无害物质的工程技术系统称为生物修复(bioremediation)。大多数环境中都进行着天然的微生物降解净化有毒有害有机污染物的过程。研究表明,大多数下层土含有能生物降解低浓度芳香化合物(如苯、甲苯、乙基苯和二甲苯)的微生物,只要水中含有足够的溶解氧,污染物的生物降解就可以进行。但自然条件下由于溶解氧不足,营养盐缺乏和高效降解微生物生长缓慢等限制性因素,微生物自然净化速度就会很慢,需要采用各种方法来强化这一过程。例如提供氧气或其他电子受体,添加氮、磷营养盐,接种经驯化培养的高效微生物等,以便能够迅速去除污染物,这就是生物修复的基本思想。

石油污染土壤的生物修复技术主要有两类,一类是原位生物修复,一般适用于污染现场;另一类是异位生物修复,主要包括预制床法、堆式堆制法、生物反应器法和厌氧处理法。异位生物修复是将污染土壤集中起来进行生物降解,可以保证生物降解的较理想条件,因而对污染土壤处理效果好,又可以防止污染物转移,被视为一项具有广阔应用前景的处理技术。本实验采用异位生物修复技术堆式堆制处理方法,对石油污染土壤进行生物处理研究,通过监测土壤含油量、降解石油烃微生物数量、污染土壤含水量的变化等指标,反映该技术处理石油污染土壤的效果。

一、实验用品

1. 石油污染土样

采集自石油污染严重地区,如钻井台、加油站、汽修厂等。

2. 测定石油烃总量(TPH)的器材和试剂

从土壤中分离筛选高效降解菌的器材和试剂。

3. 仪器及其他用具

有机玻璃堆制池(长 100 cm、宽 60 cm、高 12.5 cm,下铺设长方形的 PVC 管,相隔10 cm 打一直径为 1 cm 的孔、上覆尼龙网、防止土壤颗粒把孔堵塞、PVC 管接于池外、供通气用、池旁设有渗漏液出口管)、50 W 空压泵、电烘箱、pH 计。

二、实验步骤

1. 高效石油烃降解菌的筛选

从石油污染土壤中分离筛选出高效石油烃降解菌,将该菌种接种于牛肉汤液体培养基中,30 ℃下培养至对数期。离心后收集菌体,使用生理盐水反复洗涤,最后菌体悬浮在生理盐水中,调节吸光度(OD_{660})为 1.5。

2. 土壤堆制池的运转和管理

(1)运转期间的管理。在待处理的石油污染土壤中,按比例加入肥料、水、菌液,充分搅拌后堆放在池中。具体为:100 kg 油土+1.36 kg 尿素+0.5 kg 过磷酸钙+1 L 菌悬液;另设一组不加菌悬液的对照组。在堆料 5 cm 深处进行多点采样,混合均匀后于 105 ℃烘至恒重,由烘干前后的质量求得含水率。根据测定结果,再补加适量的水分,将两组土壤的含水率调节为 30%。空压泵通气 20 min/d,实验共进行 40 d。为避免挥发等因素的影响,实验应在 25 ℃以下进行。

(2)运转期间的观察和测定。

①石油烃总量的测定:每天监测一次,测定方法见附录,并计算去除率。

②微生物数量的测定:每天监测一次,采用平板计数法。

③pH 值的测定:每天监测一次。

④含水量的测定:每天监测一次,根据测定结果,补加适当水分,使两组土壤的含水率保持在 30%。

实验9　餐厨垃圾厌氧制氢实验

一、实验目的

近年来,随着城市生活设施和居住条件的改善,城市垃圾中餐厨垃圾的发生量有越来越大的趋势。餐厨垃圾具有含水率高、易腐烂、营养丰富的特点。一方面具有较高的利用价值,另一方面必须对其进行适当的处理,才能得到社会效益、经济效益和环境效益的统一。与垃圾问题相似,传统能源储量日益减少以及能源需求的不断增长也是人类面临的巨大挑战,人们越来越认识到可再生能源的巨大潜力和发展前景。氢是一种十分理想的载能体,它具有能量密度高、热转化效率高、清洁无污染等优点。因此,作为一种理想的"绿色能源",其发展前景十分光明。

从现有制氢工艺来看,厌氧发酵制氢有着诸多优势和巨大发展潜力。目前,主要是研究利用有机废水为碳源,并取得了很大进展。而利用纤维素、淀粉、糖类等自然界储量很大且可再生的生物质资源,可以使生物制氢有更广泛的研究前景,而不是局限于废水处理方面。从成分上来说,餐厨垃圾非常适合作为厌氧发酵制氢的原料,这样既能处理固体废弃物,又能产生清洁能源,是比较合理的处理方案。通过本实验将了解利用餐厨垃圾厌氧发酵制氢的原理和方法。

二、实验原理

一般认为,有机质的厌氧降解分为四个阶段,即水解、酸化、产乙酸和产甲烷阶段。其中,产乙酸和甲烷阶段为限速步骤。在自然环境中,这些过程是在许多有着共生和互生关系的微生物作用下完成的,各种微生物适宜的生长环境可能不同。颗粒污泥中参与分解复杂有机物的整个过程的厌氧细菌可分为三类:第一,水解发酵菌,对有机物进行最初的分解,生成有机酸和酒精;第二,产乙酸菌,对有机酸和酒精进一步分解利用;第三,产甲烷菌,将 H_2、CO_2、乙酸以及其他一些简单化合物转化成为甲烷。

从以下的路线发现可以通过适当的方法,阻断产甲烷菌的生长,使反应停留在产酸产氢阶段,从而实现制氢。

$$\text{大分子有机物（多糖、蛋白质、脂肪）} \xrightarrow{\text{水解}} \text{小分子有机物（单糖、氨基酸、肽等）} \xrightarrow{\text{产酸、产氢}} \text{酸类、}H_2\text{、}CO_2 \xrightarrow{\text{产甲烷}} CH_4$$

三、实验材料与仪器

1. 实验材料

①餐厨垃圾可取自所在校区周围餐馆和食堂,固体总干重为40%左右为宜,需分离出其中的骨类和贝类等不易降解的物质。

②厌氧发酵所用活性污泥可选择当地污水处理厂的剩余脱水污泥。

③氢气标准气体。

④高纯氮气瓶。

⑤分析纯 $NaHCO_3$ 固体。

2. 实验仪器

①气相色谱仪。装配 TCD 检测器,2 mm×3 mm 不锈钢填充柱装填 60～80 目TDS-01 担体,载气为 N_2。

②电子秤或其他质量测量装置,测量范围大于 200 g。

③pH 计。

④电磁炉及蒸煮用锅具。

⑤湿式气体流量计(需另备匹配橡胶管若干),或者可以自制简易式排水法气体体积测量装置,在反应容器和流量计间需连接一个水封。

⑥温度控制装置。由数据控制仪、PT100 型温度探头、一定数量的电阻丝和电线,具体连接方法可参考数据控制仪的说明书。

⑦自制反应容器。由有机玻璃做成圆柱状主体,容积为 500 mL,外壁用连接温度控制装置的电阻丝缠绕以保持所需温度,顶部设气体出口,尺寸应为可与气体流量计通过橡胶管连接,另设温度探头入口,也可用合适容积锥形瓶等容器以水浴方式加热。

四、实验步骤

①活性污泥高温预处理。取污泥适量放在烧杯中,塑料薄膜封口,在 100 ℃下高温蒸煮 15 min,将厌氧活性污泥内菌群灭活,保留具有芽孢的厌氧微生物。

②将 200 g 餐厨垃圾(经预处理后)与高温处理后的活性污泥以体积比 9∶1 混合均匀,置入反应容器。将反应容器灌满水以驱除空气,然后加入 $NaHCO_3$ 使容器中 pH 值达到 6 左右。将温控探头和气体导管接好,密封容器(确保各接口密封良好),将反应容器气体导管与气体流量计接好(中间连接一个水封瓶)。

③将温度控制装置控制在(37±1)℃,进行厌氧制氢过程。每 8 h 记录一次产生气体的体积,并在橡胶管上对气体取样,用气相色谱检测,使用外标法得出其中的氢气含量。反应大概要进行 3 d 左右,直到气体流量计读数不再改变为止。

④数据处理。将得到的生物气体累计体积(mL)、氢气体积分数(%)、氢气产量(mol)的数据进行整理并分别做出其随时间(h)的变化曲线图。氢气产量的数据需要根据氢气体积通过标准气体状态方程得出,温度和压强数据可以从流量计上的温度计和气压计读出。

⑤在条件和时间允许的情况下,建议分组同时进行以下实验:在步骤(2)中 pH 值可以分别改变为 5 或 7,步骤(3)的温度控制仪可将设置分别改变为(20±1)℃或(50±1)℃,注意每次只改变其中一个步骤。将各组得到的数据汇总,可得到相同 pH 值条件在不同温度设置下的各数据比较图表,或者同温度条件在不同 pH 值情况下的各数据比较表。

五、思考与讨论

(1)若不对污泥进行高温处理,对实验结果会有怎样的影响?

(2)总结对于餐厨垃圾厌氧发酵产氢最适宜的 pH 值和温度条件(适用于进行步骤⑤后)。

实验 10　微生物吸附法去除重金属

一、实验目的

了解掌握生物吸附法去除重金属离子的方法。

二、实验原理

生物吸附就是应用生物材料(藻类、真菌、细菌以及代谢产物)吸附水溶液中的重金属。具有吸附剂来源丰富、选择性好、去除效率高等特点。尤其在低浓度废水处理中具有独特优势。在后处理中,采用一般的化学方法如调节 pH 值,加入较强络合能力的解吸剂,就可以解吸生物吸附剂上的重金属离子,回收吸附剂,以循环利用。

随着经济的快速发展,废水的大量排放,土壤和水体中重金属积累的加剧,重金属污染越来越引起人们的关注,治理和回收重金属也已成为人们日益关注的热点。由于重金属的来源不同,种类不同,而且在溶液中存在形态不同,因而处理方法也不同。含重金属废水的传统处理方法有三类:第一类是废水中重金属离子通过发生化学反应除去;第二类是使废水中的重金属在不改变化学形态的条件下进行吸附、浓缩和分离;第三类是借助微生物或植物的吸收、积累、富集等作用除去废水中的重金属,具体方法有生物絮凝法、生物吸附法。该法以原材料来源丰富、成本低、吸附速度快、吸附量大、选择性好等优势受到越来越多的关注。

三、实验材料与仪器

1. 菌种

酿酒酵母。

2. 培养基及试剂

PDA 液体培养基,50 mg/L $Pb(NO_3)_2$ 溶液,0.5% H_2SO_4,0.5% NaOH,1% HCl 溶液,1 mol/L HCl 溶液,95% 乙醇,双蒸水。

3. 仪器及其他用品

分光光度计、精密 pH 计、高压灭菌锅、天平、离心机、烘箱、三角瓶、烧杯、搅拌棒、离心管。

四、实验步骤

1. 菌体的培养

将酿酒酵母斜面菌种接种至种子培养基中,28 ℃振荡培养 24 h,然后转接至液体培养基中,28 ℃振荡恒温培养 48 h。5 000 r/min 离心 10 min,弃上清液,收集菌体待用。

2. 菌体的预处理

以蒸馏水洗涤 3 次然后离心(5 000 r/min,离心 10 min,下同),将 0.085 g 的微生物菌体分别浸泡于 0.1 mol/L 的 10 mL NaOH、0.1 mol/L 的 10 mL HCl 或 30% 的乙醇中

40 min,然后用蒸馏水洗涤 3 次,离心备用,并且以不经处理的菌液作为对照。

3.吸附实验方法

分别称取 200 mg 经预处理过的生物材料于各个瓶中,加入 100 mL 50 mg/L 的 $Pb(NO_3)_2$ 溶液,然后置于振荡器上振荡 24 h(室温 21 ℃)。通过滴加 0.1 mol/L 的 NaOH 或 HCl 调节在吸附平衡期间变化的 pH 值,使溶液的 pH 值保持在 5。用 0.45 μm 膜滤纸过滤,用原子吸收分光光度计测定滤液中剩余的重金属离子浓度。

4.重金属解吸实验

将已经吸附了重金属的微生物菌体投加到 0.1 mol/L $Na(CO_3)_2$、0.1 mol/L CH_3COOK、0.1 mol/L EDTA 或 HCl 水溶液中,调节 pH 值为 2,在 30 ℃下解吸 1 h,使用蒸馏水对解吸后的菌体洗涤 3 次,离心后备用。

5.再生菌体和回用实验

重复步骤 3 和 4,进行回用实验。

五、实验结果

比较不同处理方法的菌体在重金属去除效率上的差异,为什么会有这种差异?

参考文献

[1] 沈萍. 微生物学[M]. 北京:高等教育出版社,2000.

[2] 周群英,高廷耀,等. 环境工程微生物学[M]. 2版. 北京:高等教育出版社,2000.

[3] 徐耀先,周晓峰,刘立德. 分子病毒学[M]. 武汉:湖北科学技术出版社,2000.

[4] 王家玲,臧向莹,王志通. 环境微生物学[M]. 北京:高等教育出版社,1988.

[5] 徐亚同,翁鮇颖,等. 环境微生物学[M]. 北京:科学出版社,1985.

[6] 胡家骏,周群英. 环境工程微生物[M]. 北京:高等教育出版社,1988.

[7] 蒋文举,宁平. 大气污染控制工程[M]. 成都:四川大学出版社,2001.

[8] 顾国维. 水污染治理技术研究[M]. 上海:同济大学出版社,1997.

[9] 洪谷政夫. 土壤污染的机理与解析——环境科学特论[M]. 北京:高等教育出版社,1988.

[10] 林成谷. 土壤污染与防治[M]. 北京:中国农业出版社,1996.

[11] 徐亚同,史家樑,张明. 污染控制微生物工程[M]. 北京:化学工业出版社,2001.

[12] 马文漪,杨柳燕. 环境微生物工程[M]. 南京:南京大学出版社,1998.

[13] 范维珂. 分子生物学基因工程的原理与技术[M]. 重庆:重庆大学出版社,1999.

[14] 李爱贞. 生态环境保护概论[M]. 北京:气象出版社,2001.

[15] 王建龙,文湘华. 现代环境生物技术[M]. 北京:清华大学出版社,2000.

[16] 熊治廷. 环境生物学[M]. 武汉:武汉大学出版社,2000.

[17] 徐孝华. 普通微生物学[M]. 北京:中国农业大学出版社,1998.

[18] 袁志辉. 宏基因组方法在环境微生物生态及基因查找中的应用研究[D]. 重庆:西南大学,2006.

[19] 魏力,杨成运,李友国. 环境微生物群落功能研究的新方法和新策略[J]. 生态学报,2008,28(9):4424-4429.

[20] 张黎,周青. 环境微生物基因组学的生态学管窥[J]. 中国生态农业学报,2008,16(5):1322-1325.

[21] 成妮妮,郭春雷,彭谦. 宏蛋白质组学——研究微生物群落基因表达的新技术[J]. 微生物学通报,2007,34(2):347-349.

[22] 牛泽,杨慧,刘芳等. 元蛋白质组分析——研究微生物生态功能的新途径[J]. 微生物学通报,2007,34(4):804-807.

[23] 艾章朋. 沼气技术在农业生产上的综合利用[J]. 中国农村小康科技,2007,10:80-82.

[24] 岑沛霖,等. 工业微生物学[M]. 北京:化学工业出版社,2000.

[25] 陈泽智. 生物质沼气发电技术[J]. 环境保护,2000,10:41-42.

[26] 崔富春. 沼气农业工程技术[M]. 北京:中国社会出版社,2005.

[27] 胡启春,夏邦寿. 亚洲农村户用沼气技术推广研究[J]. 中国沼气,2006,24(4):32-35.

［28］王立群.微生物工程［M］.北京:中国农业出版社,2007.

［29］杨世关.内循环厌氧反应器试验研究［D］.郑州:河南农业大学,2002.

［30］张百良.农村能源工程学［M］.北京:中国农业出版社,1999.

［31］刘荣厚.燃料乙醇的制取工艺与实例［M］.北京:化学工业出版社,2008.

［32］马晓建.燃料乙醇生产与应用技术［M］.北京:化学工业出版社,2007.

［33］袁振宏.能源微生物学［M］.北京:化学工业出版社,2012.

［34］韩伟.环境工程微生物学［M］.哈尔滨:哈尔滨工业大学出版社,2010.

［35］张廷山.石油微生物采油技术［M］.北京:化学工业出版社,2009.

［36］祖元刚.生物柴油［M］.北京:科学出版社,2006.

［37］GEORGE A OLAN. Beyond Oil and Gas:The Methanol Economy ［M］.北京:化学工业出版社,2007.

［38］BIRGITTE K. Ahring. BiomethanationI［M］.北京:中国水利水电出版社,2012.

［39］张全国.沼气技术及其应用［M］.2 版.北京:化学工业出版社,2008.